工程压力容器设计与计算

（第2版）

王心明　W.Z. 麦克　编著

国防工业出版社

·北京·

内 容 简 介

　　本书较为详细地介绍压力容器设计与计算的基础理论和方法。本书从壳体应力分析着手，详尽地阐述现代压力容器的设计方法和设计规范准则，特别是对高温蠕变容器、低温容器、低周疲劳和断裂力学在容器设计中应用等设计内容进行系统的分析。本书各章节尽量吸纳 20 多年来在压力容器设计方面的最新成果。

　　本书适用于各级压力容器监管部门管理人员，化工、能源、交通和船舶等相关企业工程技术人员，设计研究单位科研人员及大专院校师生阅读，也可供有关外贸人员参考。

图书在版编目（CIP）数据

　　工程压力容器设计与计算／王心明，（美）麦克编著.
—2 版.—北京：国防工业出版社，2011.10
　　ISBN 978 - 7 - 118 - 07411 - 6

　　Ⅰ.①工…　Ⅱ.①王…②麦…　Ⅲ.①压力容器 - 设计
②压力容器 - 计算　Ⅳ.①TH490.2

　　中国版本图书馆 CIP 数据核字（2011）第 165111 号

※

国防工业出版社 出版发行

（北京市海淀区紫竹院南路 23 号　邮政编码 100048）
北京奥鑫印刷厂印刷
新华书店经售

*

开本 787×1092　1/16　印张 30¾　字数 708 千字
2011 年 10 月第 2 版第 1 次印刷　印数 1—4000 册　定价 58.00 元

（本书如有印装错误，我社负责调换）

国防书店：(010)68428422　　　发行邮购：(010)68414474
发行传真：(010)68411535　　　发行业务：(010)68472764

前　言

　　《工程压力容器设计与计算》第 1 版自 1986 年出版以来,压力容器及设备设计无论是理论还是方法上都取得了巨大的进步和变化;作为设计依据的压力容器规范或标准以及法规、规定和规程更加完善和系统化;围绕着压力容器材料、设计、制造、试验和检验检测及设备管理等方面的科学研究取得了一系列的丰硕成果,使最新的分析方法和最先进的计算技术得以运用于压力容器设计当中去,从而促使压力容器的设计更加细化、准确和完整;近些年来,由于对压力容器在极其复杂工作状态下产生失效原因、机制和后果进行广泛深入的理论分析、实验研究和案例验证,使人们能够从微观上认识导致容器失效的规律,找出预防方法,提出控制失效的安全措施;过去十几年,断裂力学在压力容器设计上运用已经达到很高的水平,从壳体材料裂纹萌生、裂纹开裂、裂纹稳定扩展和裂纹失稳等几个阶段能够用数学关系式定量地进行描述并成功地运用到压力容器设计上;受腐蚀、辐射、高温、高压及恶劣环境作用的或其中几个组合作用的压力容器,尤其是与交变载荷交互作用的压力容器研究也取得了长足的进步,依此制订的设计规则或规定已经用于重要容器实际设计中。总而言之,涉及多种学科的压力容器和设备设计学受现代化大规模生产的牵动和不断进步更新的工艺引领必然会更系统、更完整、更准确和更先进。

　　由于压力容器是石油化工、冶金、能源、医药等工业过程设备、动力设备和储藏设施中非常重要的装置或单元,因此它的设计水平、建造质量和生产能力基本上决定一个国家重型设备的制造水平。而作为通用设备的压力容器在国民经济和民众生活中已经占据重要的地位,所以发达国家从安全和适用性角度对这种设备所使用的材料选择、设计方法、制造工艺和管理制度等方面制定一系列法律、法规、标准和规范及其他指令性规章制度或法律文件。

　　近 30 年来,压力容器规范或标准取得成就更为明显,除了世界各国公认的最权威的美国 ASME 压力容器规范外,在这期间欧盟于 1997 年颁布承压设备指令,紧接着在 2002 年又制定了与其配套的 EN 13445 规范;法国压力容器和管道制造协会(SNCT)制定的非核压力容器规范(CODAP)自 1980 年正式颁布以来,每隔五年修订一次,该规范与 ASME Ⅷ 相似,按照规则设计和分析设计分为两个分册,即 CODAP 2005Div. 1 和 CODAP 2005Div. 2;英国压力容器规范从 1950 年颁布的 BS1500 规范,经过 BS1515(1965)和 BS5500(1976)修订后,当欧盟规范 EN13445 在 2002 年公布之后,以新的命名 PD 将 BS5500 变为 PD5500 规范,以适应 EH13445 规范没有广泛推广而暂时存在的空缺,但是其基本内容和应用范围不变,2009 年英国正式颁布英国版的欧盟 EN13445 规范;俄罗斯在著名压力容器专家拉奇科夫(2008 年谢世)等人领导下将苏联解体前后已有的部分化工和能源方面的规定、标准和设计方法等经过综合修订改编,加上近几年新制定的标准一并于 2007 年以国家名义正式公布一套压力容器和装置的规范;日本也从 2003 年开始对 JIS B 有关压力容器和锅炉标准进行归纳增补,于 2009 年编纂出版一套由 54 个标准组成的适用于压力容器和锅炉设计计算的标准汇编,也可以说是日本国家规范。对于高温压力容器,美国 ASME III NH、欧盟 EN 13445 – 3、英国 R5 和法国的 RCC – RM 等设计规定都是非常权威的高温或蠕变设计准则。我国从改革开放以来,根据国内外的经验和各相关的研究开发,由国家颁布几个非常重要的压力容器标准如 GB 150、JB 4732 和其他配套标准、法规和规定,据说,国家正在组织人力对 GB150 标准进行修订,估计在 2011 年颁布。这些标准和文件无疑对我国压力容器设计起到积极的指导和规范作用。编者与美国和日本压力容器规范专家讨论世界各国规范时,意见比较一致的看法是当今压力容器规范大体上分为两大体系,即美国的 ASME 和欧盟的 EN13445 规范,由其引领的各国规范和规定虽然具有各自的特点,但是从理论基础和设计思路上都没有脱离这两个规范的基本框架范畴。为了更深入地了解欧盟相关设计规范和标准,本书有选择地介绍一些内容。

鉴于上述认识和同行的建议,编者觉得有必要对本书第 1 版进行修订和补充,尽最大可能吸收最近 20 多年的新成果和新进展,以更新原版的一些过时的内容,同时改正第 1 版中存在的一些错误和不足。

编者在改革开放初期有机会参与和压力容器有关项目的研究开发组织、ASME VIII – 1 规范取证和技术引进工作,接触一些国外专家,收集在当时看来比较先进的压力容器方面的研究成果和标准,借以在我国推广和介绍,在压力容器技术培训讲义的基础上编写本书的第 1 版。自此以后,编者得到众多单位和个人的帮助和支持,学到很多知识,依此有条件修订本书的第 1 版。编者借第 2 版出版机会向他们表达最深切的感谢。这里特别感谢日本日立造船株式会社陆上机械、日本川崎株式会社、日本压力容器规范编辑委员会;美国休斯敦大学图书馆、休斯敦图书馆及德国亚森工业大学图书馆,使我得到完整的美国、日本和欧盟压力容器规范和其他相关最新资料。本书在编写过程中得到了许多同仁帮助:日本友人野村克人、宫本智勇和小林英男等;美国朋友 Richard H. Steph;大连理工大学王富岗教授、王泽武博士,大连北方大学李勇进博士。同时,还要对为出版本书做出大量工作的鹿道智高级工程师、谢世晶、张骞、朱立志表示谢意。这里特别感谢本书所引用的文献作者和出版单位。

由于编者学识粗浅、业务水平有限,实践经验不足,本书可能存在许多缺陷,敬请读者示教斧正,编者不胜感激。若本书尚能对我国压力容器设计与计算有所帮助,编者甚为自慰。

王心明

2010 年 10 月 于美国休斯敦

目　录

X

第1章 压力容器设计基础

1.1 概述

压力容器是指内外具有压力差的容器,一般情况下是内压大于外压。压力容器在人们生活和生产当中到处都能够见到,如日常生活中使用的液化气罐、高压锅;工业生产中的石化工业、化学工业各种过程和反应设备;能源和电力工业的锅炉和煤气化液化设备;原子能工业中的核反应堆压力壳;医药工业中的生产设施及气体和油品储存设备等。

(1)顾名思义,压力容器是具有压力的在某些场合还受高温、高压联合作用的生产高端安全设备。因此确保压力容器在使用期间的绝对安全是压力容器设计首要准则;在某些特殊情况下,压力容器还装有易燃易爆和强腐蚀物质,对这种类型的容器必须保证在使用期间不能出现重大故障或发生泄漏。压力容器在运行过程中由于种种原因产生损坏或失效是导致人身伤害和财产损失的重要原因。在压力容器设计时,还要考虑其系统的整体性。基于上述原因,设计时必须遵循压力容器规范所规定的各项要求和准则,这是不容置疑的最基本条件。同时,还要指出的是,压力储罐和压力容器尽管都属于压力装置范围之内,但在设计和建造方面是有明显区别的。

在石化、动力、原子能工业中使用的压力容器基本上是整个企业生产系统中的组成部分,因此设计时需要以整个生产系统为基准,考虑所设计压力容器在整个生产环节的作用和功能。但就容器本身而言,设计还是相对独立的,它的界定范围在规范或标准中有规定。

压力容器设计必须在保证安全条件下能够满足生产工艺条件、保证强度和稳定性要求,同时还必须考虑其经济性。

(2)对于受各种载荷作用的压力容器,设计时要充分掌握与所设计的压力容器相关的资料和设计数据,草拟设计方案,根据设计说明书和技术条件及用户要求,确定设计使用的规范或标准,利用规范和设计资料给出的计算公式计算出容器基本尺寸和壁厚,必要时还需进行效核。同时,对大型、高温、高压的重要压力容器,无论从经济还是安全角度,按照规范或设计规定对容器上的开孔接管、法兰、连接件等局部不连续处或危险部位进行应力分析,即分析设计。对于受交变载荷作用的压力容器,还需要对容器,尤其是高应力区域进行疲劳评定。当然,对于在高温下工作的容器需要进行高温蠕变校核,对于低温容器要进行防低温脆断设计。

(3)确保压力容器在生产过程中绝对安全是设计的必要准则,特别是石化和化工压力容器,核反应堆压力壳,及内含有毒、有害、高辐射物质的压力容器。但是,容器设计时还需考虑经济性,在安全和经济两者中求取最佳方案,也就是说采取什么措施防范可能产生的危险是设计者的技术水平和智慧的体现。设计出一台既经济实用、又安全的压力容器是一件很复杂的工作。因为用数学方程定量计算出来的结果并不能完全精确反映出结构的实际情况,这是因为:①容器在实际使用过程中的载荷状态(工况)要比设计时作为技术条件提出的复杂得多,由此也就不可能得出非常准确的计算值;②尽管目前在压力容器设计中运用数值法或实验测试法解决设计中的一些通过普通方法无法解决的计算问题,但是对一些特殊复杂的容器还是不能达到最为理想的要求。另外,就目前的检测、测试、监控手段和技术水平,还不可能完全掌握各种用途压力容器结构和元件的失效机制,预防各种失效的办法主要还是依赖于经验,因此设计使用的一些公式或结论都是依据一定的假设模型推导出来的,如材料是理想的弹塑性、材质是各向同性的,而实际上任何材料都是有缺陷(裂纹、气泡、夹渣等)的;对于结构局部高应力(局部应力)是用各种系数控制的,如应力集中系数、形状系数等,而这些系数在各种设计方法和设计标准中取法也不尽相同。必须指出的是,从经济角度考虑,除了特殊情况之外,只要能够满足压力容器设计规范或标准要求,基本上就能达到使用要求。

压力容器一般是依据规范或标准规定的准则进行设计,设计者在掌握压力容器建造所必需的设计基本知识后,最主要的就是需要完全掌握、熟悉压力容器规范或标准规定条款和内容并能运用自如。如果用户要求所制造的压力容器符合其他国家标准或规范时,则设计者还必须熟悉该国使用的或用户指定的规范或标准及其相关的配套规定、标准、法规和法律,同时对所设计的压力容器使用环境、技术条件和制造要求充分地了解和熟悉。必须指出的是,各国压力容器规范、标准和规则都是依据于具体理论和限定条件制定的,使用范围具有很强的针对性,就是同一个国家的规范或标准也不都是能够相互涵盖的,所以对于一个项目设计不能将规范或标准相互套用。

1.2 压力容器分类

由于压力容器用途比较广泛,分类方法也比较多。

(1) 按工作压力分为压力容器分为低压容器、中压容器、高压和超高压容器等。一般将工作压力低于 1.6MPa 的称为低压容器;工作压力为 1.6MPa~10MPa 的称为中压容器;工作压力为 10MPa~100MPa 的称为高压容器;工作压力高于 100MPa 的称为超高压容器。

(2) 按结构形式分为圆柱形容器、球形容器、非圆形容器;立式容器、卧式容器;薄壁容器(厚度/内径小于 0.1)和厚壁容器;单层壳体和多层容器;固定式容器和移动式容器等。

(3) 按工作原理分为反应容器、换热容器、分离容器和储存容器。

(4) 按工作温度分为常温容器、高温容器和低温容器。

(5) 按储存和内装介质毒性和易燃程度分为轻度危害、中度危害、高度危害和极度危害容器。

我国颁布的《压力容器安全技术检查规程》中,对压力容器分类是将适用于监察规程的容器(没有超高压)分为三类:第一、第二和第三类,见表1-1。

无论是中低压容器,还是高压、超高压容器,对其分类的目的是为压力容器在设计、制造、检验、运输、安装和容器在役运行过程中,提供监督管理办法和安全法规。因此,在设计时必须认真地研究分析所设计的压力容器属于哪一种类型。

表 1-1　《压力容器安全技术监察章程》规定的压力容器分类

容器分类	压力等级或其他因素	容器种类
三类	高压	①所有种类的容器 ②管壳式余热锅炉
	中压	①毒性程度为极度及高度危害介质的所有种类容器 ②易燃或毒性程度为中度危害介质,且 $pV \geq 10$ MPa·m³ 的储存容器 ③易燃或毒性程度为中度危害介质,且 $pV \geq 0.5$ MPa·m³ 的反应容器 ④管壳式余热锅炉 ⑤搪玻璃压力容器
	低压	毒性程度为极度及高度危害物质,且 $pV \geq 0.2$ MPa·m³ 所有种类容器
	其他因素	①屈服强度 $\sigma_y \geq 540$ MPa 材料制造的压力容器 ②移动式压力容器 ③ $V \geq 50$ m³ 的球形储罐 ④ $V > 5$ m³ 的低温液体储存容器
二类中压	中压	所有种类的容器
二类	中压(已划为三类的容器除外)	①易燃或毒性程度为中度危害介质,且 $pV \geq 10$ MPa·m³ 的储存容器 ②易燃或毒性程度为中度危害介质,且 $pV \geq 0.5$ MPa·m³ 的反应容器
	低压(已划为三类的容器除外)	①易燃或毒性程度为中度危害介质,且 $pV \geq 0.5$ MPa·m³ 的所有种类容器 ②易燃介质或毒性程度为中度危害介质的反应容器和储存容器 ③管壳式余热锅炉 ④搪玻璃压力容器
一类	低压(已划为三类二类的容器除外)	所有种类容器

1.3　压力容器失效方式

如前所述,现代化大规模生产最为关键的问题是生产安全,而承受各种载荷(包括压力)、温度、辐射、腐蚀等恶劣工作条件的压力容器在满足生产工艺条件的前提下,最为核心的问题就是安全,因此压力容器设计、选材、制造、检验检测及标准制定等,其出发点和目的也是以安全为基准。安全就是控制并防止压力容器和设备及其元件在使用寿命内产生失效或破坏的首要标准,所以必须了解和熟悉压力容器的失效类型、形式和原因,并以此指定有效的控制方法和手段。压力容器失效是在指定的使用寿命内,结构形状和尺寸发生变化,材料性能改变,从而容器失去使用功能或出现突发事件的破坏形式。常见压力容器失效表现形式为壳体过度变形、断裂、泄漏和垮塌。压力容器由于工作条件和环境不同,失效原因和形式也不尽相同,失效原因非常复杂。根据大量的实践经验积累和试验研究结果,就总体来看,压力容器和设备的失效方式主要有如下几种。

1. 过度变形

压力容器过度变形有整体过度变形或局部过度变形,即发生整体垮塌或局部垮塌而导致结构失效,这是强度失效。压力容器壳体的过度变形有弹性过度变形和塑性过度变形。失效特征如容器壳体产生大范围的鼓胀或局部鼓胀;对于法兰设计时除了满足强度要求外,还要考虑法兰刚度不足产生的塑性变形导致介质泄漏。

2. 韧性破坏

这是过度塑性变形形式,失效后继续加载而导致的壳体爆破破坏,也称塑性垮塌,属于超载或者因过度塑性变形使壳体壁厚减薄引起的爆破,因此会引起灾难性的后果,也是强度失效的一种重要形式,如图1-1所示。

3. 脆性破坏

这是由于材料脆性或结构严重缺陷引起的没有明显塑性变形的破坏形式,这种失效方式的特征是在较低应力状态下就能使结构发生断裂,因此又称为低应力脆断失效。这种失效破坏由于不可预见性,其危险性很大,常见的破坏形式如图1-2所示。

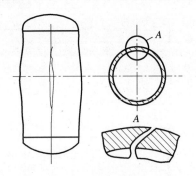
图1-1　压力容器壳体延性破坏

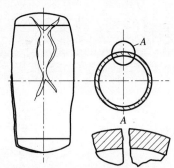
图1-2　压力容器壳体脆性破坏

4. 疲劳失效

这是一种在容器壳体,尤其是壳体不连续处应力集中区域由于交变载荷(应力)作用下,经过循环载荷一定次数作用后产生的断裂失效破坏。疲劳失效过程主要有疲劳裂纹萌生、稳态疲劳裂纹扩展和裂纹不稳定扩展三个阶段。这种失效方式在温度一定情况下取决于材料韧性、裂纹尺寸和应力水平。疲劳失效的结果是使壳体爆破或密封结构泄漏,是一种突发性破坏形式,其危险性特别大。图1-3较为详细地说明疲劳失效的条件和过程。

5. 蠕变失效

在蠕变温度范围内受各种载荷(稳态载荷、不同大小载荷或交变载荷)作用的壳体随时间产生永久塑性变形,从而导致结构损伤,当损伤达到一定程度时就会产生结构失效,蠕变失效判定准则有两个:在规定时间内产生指定蠕变变形量(平均值)时的应力值和在指定的时间内蠕变断裂时的应力值,前者称为蠕变强度极限,后者称为蠕变持久限。

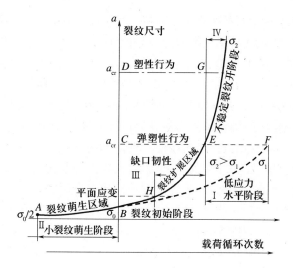

图 1-3　结构材料疲劳过程和失效原理

6. 腐蚀失效

腐蚀失效是因腐蚀作用使结构构件强度削弱而引起的破坏形式。腐蚀失效是与压力容器内含介质和生产工艺(如工作介质性质、环境和生产条件)密切相关的失效破坏形式。常见的腐蚀失效形式主要有均匀腐蚀、局部腐蚀、应力腐蚀、点腐蚀、晶间腐蚀、缝隙腐蚀、氯致腐蚀和介质辐射腐蚀等。在压力容器设计时特别要注意应力腐蚀和氢脆。

7. 失稳失效

这是容器或结构构件在外压(真空)作用下失去其原有的几何形状或稳定性的失效形式。几何形状的改变可能是总体的,也可能是局部的。

8. 泄漏失效

这是压力容器和承压密封系统中任何零部件损坏而产生的综合性失效方式。这种失效的结果将导致严重的环境污染和人身伤害。

9. 腐蚀疲劳失效

这是结构不连续处受交变载荷和腐蚀介质交互作用产生的失效破坏形式。如前所述,交变载荷使结构不连续处高应力区域表面产生初始疲劳裂纹并扩展;而腐蚀介质与交变载荷交互和联合作用又加速疲劳裂纹的扩展,导致结构最终的失效破坏。应当指出,结构材料对腐蚀介质敏感度大小是决定这种交互作用程度,即失效速度和使用寿命的关键因素。

10. 蠕变疲劳失效

这种失效形式是指结构不连续处高应力区域在蠕变温度范围内由于交变载荷作用而产生的蠕变疲劳交互作用的失效形式,在交变载荷作用下的蠕变变形比正常的蠕变变形要快得多。

1.4　压力容器设计准则

随着现代化大规模生产的不断发展,压力容器和设备领域的技术进步,试验方法和手段的现代化,金属材料科学迅速发展和新型材料的不断出现,规范或标准逐渐充实与完善,设计理论的成熟,使得压力容器设计准则随之有了很大的进展。由于压力容器向大型化、高参数(高温、高压、高辐射、强腐蚀和深冷)和长周期方向发展,需要制造出生产过程设备和动力装置中使用的大型容器和承压设备。例如压水堆压力壳,工作压力高达15MPa,工作温度400℃,重量650t;煤气化液化装置中的压力容器,压力为20MPa,温度500℃,重量2600t;石油精炼加氢反应器直径约5m,重量约1000t,以及上万立方米的特大型球罐等。针对这种情况,如果还是使用常规的设计方法设计,在技术上十分困难,甚至不可能,在经济上也是很大的浪费,因此在设计理论和方法方面必须有所进展和突破,这其中最主要的是压力容器设计准则。近几年经过大量的分析论证及试验研究,出现了弹塑性失效准则、塑性失效设计准则、疲劳失效设计准则、断裂失效设计准则和蠕变失效设计准则,并相应地被列入压力容器设计规范中,作为法定文件和规定予以执行。压力容器各种设计准则是对应其失效方式而建立的,在一定程度上是压力容器和元件对外加载荷作用的反应(抵抗能力)程度,由此建立设计准则。这种反应主要有:①弹性反应,即在稳态载荷作用下结构始终处于弹性状态,不会发生失效;②弹塑性反应,即在结构的某些局部部位上一部分是弹性反应,另一部分是塑性反应,这种反应对于持久的和变形控制下的载荷状态有可能发生潜在的大变形;③低周疲劳反应,如果结构对载荷呈弹塑性反应,又是在交变载荷或变化温差作用下产生拉伸和压缩变形交替重复作用后,会产生疲劳失效,即所谓的低周疲劳;④安定性反应,若循环载荷开始作用时在结构某些不连续处高应力区域产生小塑性变形,但在载荷卸除后变为弹性变形,在以后的载荷循环中没有产生塑性变形,仍为弹性状态,则为结构处于安定;⑤棘轮现象反应,如果拉伸与应变控制循环载荷联合作用或拉伸与温度循环变化联合作用,随着应变变化的次数增加,导致渐增性塑性变形,最后使结构垮塌,即渐增塑性变形,也称棘轮现象;⑥断裂反应,对于某些材料在低温低应力工况下,出现脆断失效;⑦总体垮塌反应,拉伸载荷和弯矩组合作用下结构整个截面变为塑性时,就会导致结构整体垮塌等。因此,根据结构的失效机制、失效形式和失效现象建立起来的表征材料对载荷作用抵抗能力的各种设计准则的基点,就是材料强度能够保证结构不会失效而安全工作。

压力容器和设备及承压元件设计时首先调查确认可能产生失效概率最大的最危险部位失效方式和原因,选择适当的失效判据和失效设计准则,根据设计标准或规范的要求进行设计计算和校核。对于稳态载荷作用的常温压力容器失效设计准则分为强度失效准则和刚性失效准则,而强度失效准则分为弹性失效准则和塑性失效准则,至于刚性失效是指结构因过度变形引起的泄漏或失去稳定而失效。然而在实际当中还需考虑温度、材料缺陷、载荷类型和作用状态等诸多因素的影响。目前压力容器设计文献和规范或标准所采用的设计准则大致归纳为以下10种。

1. 弹性失效设计准则

这是将压力容器总体结构最大设计应力限定在结构材料弹性极限或屈服强度以下,保证整体结构处于弹性安定状态的强度失效设计准则。对于弹性失效的设计指标有弹性极限 σ_e(MPa)、弹限强度(比例极限) $\sigma_{0.2}$(或 $\sigma_{0.1}$)(MPa)、弹性模量 E(GPa)、切变模量 G(GPa)、泊松比 μ。

2. 塑性失效设计准则

这是控制压力容器壳体在组合载荷作用下产生的应力使壳体整个壁厚完全屈服,或壳体局部区域在复杂载荷(拉伸和弯矩组合)作用下产生的应力使该区域完全处于屈服状态(产生塑性胶)设计方法,此载荷为极限载荷,或全屈服载荷。这种以极限载荷为设计准则,防止上述整体塑性变形的设计方法称为极限设计。结构极限载荷是通过极限载荷试验方法(详见第3章)或由塑性力学方法计算解出。塑性失效设计指标有屈服极限 σ_y(MPa)、剪切屈服极限和扭转屈服极限 τ_y(MPa)。

3. 弹塑性失效设计准则

这是将压力容器结构局部部位(不连续处)在组合载荷作用下产生的名义应力变化范围限制在结构安定性条件的容许极限应力(两倍屈服强度或三倍许用应力)以内的强度设计准则,因此,又称安定性准则。这种设计方式适用于载荷作用非比例递增、载荷大小变化不定场合。弹塑性失效的设计指标有屈服极限 σ_y(MPa)、抗拉强度 σ_b(MPa)。

4. 疲劳失效设计准则

这是将压力容器不连续处局部应力集中区域最大交变应力幅值限制在由规范或标准规定的或经过试验认定的低周疲劳设计曲线给定的该种材料许用应力幅值以内的强度设计准则,或者已知交变应力幅值和实际循环次数时,由疲劳设计曲线查得许用循环次数并与实际循环次数比较。欧盟应力容器设计规范 EN 13445 - 3 对于疲劳设计和设计校核是单独另辟一节介绍疲劳评定准则,而且将疲劳评定分为简单和详细两种方法,美国 ASME Ⅲ - 2 规范是将疲劳设计作为分析设计方法中的一个部分。同时在方法上也不尽相同。疲劳失效的设计指标有对称循环疲劳极限 σ_{-1}(MPa)、疲劳裂纹扩展速率 da/dN。

5. 断裂失效设计准则

这是防止压力容器结构或承压元件中的缺陷或裂纹在载荷作用下产生低应力脆断的强度设计准则或对裂纹行为的评估方法。断裂失效有两个方面的内容:①新制造的压力容器或承压元件因制造或试验过程各种原因产生的可以检测到的固有的缺陷和裂纹;②在役压力容器使用过程中产生的并在检测时发现的后生裂纹安全性评定问题,这两个方面应当包含在断裂失效设计准则里。断裂失效设计准则是用断裂力学方法限定裂纹尺寸或用材料性能指标(断裂韧性)予以控制,以防止产生低应力脆断破坏。从这个角度来说,断裂失效设计准则也是防脆断失效设计准则。抗断裂指标有两种:抗断裂失效指标和抗失效断裂韧性指标。对于抗失效断裂韧度指标有线弹性断裂平面应变断裂韧度 K_{IC}(MPa·$\sqrt{m}$)、弹塑性断裂韧度 J_{IC}(kJ/m^2)。抗断裂失效指标有抗拉强度 σ_b 和冲击韧度 α_k。

6. 蠕变失效设计准则

这是将在蠕变温度范围内运行的压力容器结构或元件在组合载荷作用下和指定使用时间内产生的蠕变变形平均值或蠕变断裂时的应力值限定在许用设计值范围之内,以防止蠕变失效的强度设计准则。蠕变失效的指标有蠕变变形极限 σ_n(MPa)、蠕变断裂持久限 σ_{-1}(MPa)。

7. 爆破失效设计准则

这是将作用在由实际金属材料(考虑应变硬化行为)制成容器壳体或元件上的载荷限制在爆破载荷(压力)以内的强度设计准则,这种以爆破压力作为设计判据,防止发生爆破破坏的设计准则称为爆破失效设计准则。这个失效设计准则有两个方面:一个是破损安全设计;另一个是先漏后爆。具体内容可见第6章和第14章。

8. 失稳失效设计准则

这是利用稳定性原理对受内外压作用的容器为防止其产生失稳皱折而需要的校核计算,失稳有环向失稳、轴向失稳和局部失稳三种形式。

9. 刚度失效设计准则

这是通过用结构力学方法对压力容器及结构进行变形分析和计算,将需要考虑的危险部位的特定点的线性位移及角度变化值限制在稳定性标准容许的范围之内,保证足够的刚度。

10. 泄漏失效设计准则

这是将压力容器部件、组件或附件如密封部件等的泄漏量或泄漏速率限制在容许设计规定值或范围之内的设计方法或者校核方法,其设计判据是密封介质泄漏率低于许用泄漏率。这种设计准则在美国 ASME Ⅷ规范和欧盟压力容器 EN 13445 标准中都有具体的计算方法。

在设计中还可能涉及一些温度失效指标,如低温容器设计涉及的材料无延性转变温度、弹性断裂转变温度、塑性断裂转变温度等,这些内容见第13章。

1.5　压力容器设计方法

目前,有关压力容器设计方法是根据工程力学(材料力学、弹性力学、板壳力学、塑性力学、结构力学等)的基本原理,用解析法、数值法、实测法和对比经验设计法建立起来的比较系统而完整的设计方法。随着现代化、大规模生产的不断发展,以及科学技术的进步,压力容器设计方法也在不断地完善和提高。在这个方面最集中的体现就是世界上大多数工业发达国家都制定了压力容器规范或标准。这就是目前使用的规则设计法和分析设计法。

1.5.1　规则设计法

规则设计是以载荷作用在压力容器总体结构及主要元件和部位产生的最大应力限制在结构材料屈服强度(弹性失效设计准则)以内的基本设计方法。这种方法以静载下弹性应力分析法并依据弹性失效准则为基础的经验设计方法。使用这种设计方法时不用进行详细的应力分析,对于不连续处局部应力和二次弯曲应力用较高的应力集中系数或形状系数予以控制,同时在计算时要考虑作用在容器或结构附件上所有载荷。设计者在确定设计载荷、选择适用材料和许用应力后就可以直接用规范给出的计算公式求出基本元件的厚度和应力,如果需要确定规则设计无法解决的其他载荷引起的应力时,设计者可以用分析设计、有限元分析、实验分析和与类似结构对比分析等方法进行分析计算。设计时计算得出的总体一次薄膜应力必须小于材料标准力学性能表中规定的或者按标准要求计算所得的许用应力值;在结构不连续局部区域最大一次薄膜应力加一次弯曲应力之和不得超过材料许用应力的1.5倍。该设计方法的最大优点是简单方便。但是,规则设计主要的不足是没有考虑容器在交变载荷作用下的疲劳问题;对容器局部不连续处的应力集中不能进行详细的应力分析,作出准确的定量计算;对压力容器在运行中可能出现的裂纹无法进行评定等。我国的 GB 150、美国的 ASME Ⅷ-1 和日本的 JIS B8265 的第 2 类、第 3 类容器就是使用这种设计方法。

1.5.2 分析设计法

分析设计是以极限载荷、安定性原则和疲劳寿命评定(在欧盟 EN 13445-3 规范中,将疲劳设计单独列出)为基准,用解析方法、数值法或实测法对压力容器的局部区域的应力详细分析、进行分类,并依据弹塑性失效准则或塑性失效准则予以控制。分析设计主要目的是防止结构塑性垮塌、防止局部失效、防止壳体失稳或褶皱引起的垮塌和防止循环载荷作用产生的失效。防止塑性垮塌的分析方法中有弹性应力分析法、极限载荷分析法和弹塑性应力分析法;而防止循环载荷失效方法中又分为疲劳评定和棘轮失效评定两个办法。有时还用断裂力学对结构潜在的或明显的裂纹进行评定。于是,对压力容器不连续部位的名义应力允许高于材料的屈服点或屈服强度,产生可控制的塑性区。其次,将应力分类并定义之后,进而了解复杂应力状态下各种应力行为和大小并确定其对结构材料失效所起的作用;另外,对峰值应力可以用疲劳分析予以评定。分析设计方法源于 20 世纪 60 年代为满足原子能核反应堆压力容器和管道及大型、高压、高温或由高强度材料制造的压力容器的设计需要,将普通设计方法与应力分析有效相结合起来的新的设计方法。1963 年,首先在美国压力容器规范 ASME Ⅲ(Nuclear components 核部件)中提出此方法,后来 ASME Ⅷ-2 在 1968 年引用该设计方法,以作为 ASME Ⅷ-1 的另一种设计方法。分析设计在压力容器设计中获得巨大的成功,以至于得到 100 多个国家的重视并引入本国压力容器规范中,如中国、欧盟、日本、南非和澳大利亚等。分析设计还得益于近三十年来计算技术和试验技术的迅速发展。分析设计的内涵是基于板壳理论弹性应力分析和应力分类,针对相应的失效方式,选择适当的设计准则或判据,用强度计算式确定容器壳体壁厚或元件尺寸。分析设计还考虑温度应力和疲劳设计,对大型容器和特殊工作环境及需要高度安全可靠的压力容器特别适用,尤其是对于定期检验非常困难的容器如核反应堆压力壳具有实际意义。同时,分析设计对压力容器的各种失效形式也作了深入分析,并在此基础上提出抗失效的防范措施。

需要指出的是,对于结构复杂、设计参数多的承压元件,其应力计算用解析法如板壳理论已经不可能,这时需要用数值法如有限元法和实测法来解决。然而在实际设计时,用有限元法求得的总应力与由板壳理论分析的应力分类方法不相匹配,因此提出能够表征最终失效时极限载荷有限元法。其次,由于在结构局部不连续处存在着应力再分布问题,若用极限载荷法进行分析就更接近于结构实际应力状态。

1.5.3 对比经验设计法

这是一种经验设计方法。对于用解析法很难进行应力分析和应力分类的压力容器及结构复杂无法确定结构参数且具有可借鉴的长期使用经验的同类型(包括工作参数)容器,可参照该容器进行设计。对比经验设计法特别强调容器使用的材料、制造工艺(尤其是热处理制度)和检验方法的可比性。

对于重要的压力容器设计文件中,必须包含风险评估内容。

1.6　压力容器规范设计

为了有效地管理、监督压力容器选材、设计、制造、检验检测和安装全过程,自 1914 年美国 ASME 锅炉和压力容器规范第一次问世以来,美国和英国等工业发达国家对锅炉和压力容器制定了许多确保安全的法规。后来,这些法规不断修订、更新、扩展和完善,已经形成了美国 ASME 的锅炉和压力容器建造规范、英国 PD5500—2000、法国 CODAP—2000 标准、德国 AD – merkblatt 规则、日本 JISB 8265、8266、8267 标准、俄罗斯 GOST R 52857—2007 标准及我国的 GB 150、JB 4732、JB/T 4735 标准及其他相适应的配套法规、规程和规定。2002 年欧盟为了统一管理其成员国的承压设备和压力容器建造,依据 BC5500、CODAP、AD – merkbratt 等欧洲国家规范制定了一套据称能与 ASME 规范并驾齐驱的压力容器规范。俄罗斯在苏联解体之后,在苏联化工压力容器标准基础上从 2005 年开始也制定了一套石化工业范围使用的压力容器和设备的规范。但是,如果仔细研究目前各国所使用的压力容器规范或规则,实质上主要是两个体系,即美国的 ASME 规范和欧盟 EN 13445 规范,形成两大权威规范并存的格局。应当指出,美国 ASME 压力容器规范是一套系统的、完整的、成熟的,也是世界上最为权威的规范,国内专家称其为封闭型技术管理规范。这里主要从设计角度简介我国 GB 150 和 JB 4732、美国 ASME Ⅷ – 1、2、3 和欧盟 EN 13445 等设计规范或标准的一些内容要点,并引用有关章节的设计方法,便于与我国标准对比。

对于高温压力容器设计规范或规定主要有美国 ASME – Ⅲ NH、规范案例 N – 47、N – 449 – 1、N201 – 4,法国 RCC – RM,英国 R5 和欧盟 EN13445 – 3 – 19 蠕变设计等规范,这些规范的详细内容见第 15 章。

1.6.1　GB 150、JB 4732 压力容器设计标准

GB 150—1998《钢制压力容器》是规则设计标准,采用第一强度理论和弹性失效设计准则。设计思路是将容器基本壳体的最大主应力限制在壳体材料的许用应力以下,对于局部不连续处的局部应力和成形封头用应力系数或形状系数予以限制,或者按照 JB 4732 的有关规定确定相关元件的尺寸。对于按 JB 4732 进行应力分类和计算时,应以 GB 150 标准的许用应力作为设计应力强度。

JB 4732 是 GB 150—1998 设计标准的另一种设计方法,也是应力分析设计标准,需要进行应力分类,并根据各种应力用不同的失效设计准则进行控制。由于进行应力分析,对材料选择、制造和检验检测提出更高的要求。JB 4732 标准还可以采用应力数值计算法、实验应力测试分析法对容器和元件进行详细的应力分析。

JB 4732 标准允许采用较高的应力强度,这对于大型、高压容器或结构和受载复杂的容器或元件来说是非常有益的。不仅可以解决 GB 150 标准处理不了的困难,同时能够减轻容器和结构的重量。但是由于设计分析计算工作量大,对材料、制造和检验检测要求严格,因此并非所有容器设计都要使用这种方法。通常情况下,如果遇到下述条件建议按照 JB 4732 设计容器或承压元件。

（1）容器名义厚度大于 25mm。

（2）压力容积乘积大于 10000（MPa × mm³）。

（3）球形储罐公称容积大于 650 m³，设计压力大于 1.6MPa。

JB/T 4735—1997《钢制焊接常压容器》的基本概念见表 1 – 2。

必须指出的是上述 GB 150 和 JB 4732 两个标准之间有较多的覆盖范围，可以综合考虑其压力和温度等因素，而 GB 150、JB/T 4735 和 JB 4732 三个标准之间没有相互覆盖。

表 1 – 2　我国三个压力容器标准对比表

项　目	JB/T 4735	GB 150	JB 4732
设计压力	$-0.02\text{MPa} < p_d < 0.1\text{MPa}$	$0.1\text{MPa} \leq p_d \leq 35\text{MPa}$，真空度不低于 0.02MPa	$0.1\text{MPa} \leq p_d \leq 100\text{MPa}$，真空度不低于 0.02MPa
设计温度	高于 – 20℃ ~ 350℃（奥氏体钢制容器和设计温度低于 – 20℃，但满足低温低应力工况，且调整后的设计温度高于 – 20℃ 的容器不受此限制）	钢材允许使用温度	低于以钢材蠕变控制其设计应力强度的相应温度（最高 475℃）
安全系数	碳素钢、低合金钢、铁素体高合金钢：$n_b \geq 2.5$，$n_y = n_{ty} \geq 1.5$；奥氏体高合金钢：$n_y = n_{ty} \geq 1.5$	碳素钢、低合金钢：$n_b \geq 2.7$，$n_y = n_{ty} \geq 1.5$，$n_D \geq 1.5$，$n_n \geq 1.0$；高合金钢：$n_b \geq 2.7$，$n_y = n_{ty} \geq 1.5$，$n_D \geq 1.5$，$n_n \geq 1.0$	碳素钢、低合金钢、铁素体高合金钢：$n_b \geq 2.6$，$n_y = n_{ty} \geq 1.5$；奥氏体合金钢：$n_y = n_{ty} \geq 1.5$
对介质限制	不适用于盛装高度毒性或极度危害介质的容器	不限	不限
设计准则	弹性设计准则和失稳设计准则	弹性失效设计准则	塑性失效设计准则和疲劳失效设计准则，局部应力用极限分析和安定性分析
应力分析方法	材料力学、板壳理论为基础，引入应力集中系数和形状系数	材料力学、板壳理论为基础，引入相应的应力集中系数和形状系数	塑性理论和板壳理论公式；弹性有限元法；塑性分析试验应力分析
强度理论	最大主应力理论	最大主应力理论	最大切应力理论
应力分析	不需要	不需要，超出本标准规定时，需要应力分析	需要，按本标准设计的球壳、圆柱壳体、封头等不需要应力分析
疲劳分析	不适用于需要疲劳分析的容器	不适用于需要疲劳分析的容器	需要，免除条件除外

1.6.2　ASME Ⅷ–1、2、3 设计方法

就压力容器设计规范而言，美国 ASME Ⅷ卷有三个分册，代表了三种不同的设计方法：第一分册为规则设计，也为常规设计方法（压力 $0.1\text{MPa} < p \leq 20.7\text{MPa}$）；第二分册是另一种设计方法，即分析设计方法；第三分册是高压容器，另一种设计方法（压力大于

70MPa）。规范制订的主要目的是为了确立安全建造容器并满足其使用所必须具有的最低要求,实践业已证明,用这部规范设计建造的压力容器可以保证其发生灾难性失效的概率减至最低水平。由于这部规范能够用于各个产业部门使用的承压设备和元件,因此对于具体工业部门的过程设备的设计,还需要附加一些规则或要求。关于 ASME Ⅷ规范各分册,我国自 1980 年开始就有其译本,且根据协议几乎每三年该规范修订后都重新翻译出版。若设计压力超过 20.7MPa 时,需要附加设计标准和建造规则。对于 ASME Ⅷ设计规范,我国一些著名学者和专家也出版了许多著作,对该规范作了详细的研究分析。由于国家有关部门组织力量对这部规范引进、消化、吸收和实际应用,无疑对我国相关研究机构、院校、管理部门和企业使用该规范或取得制造证书奠定非常重要的基础,也为提高我国压力容器设计、制造、检验检测和管理水平做出贡献。由于整部规范篇幅相当大,内容极为丰富,如果加上每年出版的新研究成果和规范案例,更使这部压力容器设计法规具有相当的使用价值。如果能够熟练地掌握并运用这部规范,那么对从事这方面工作的相关人员和企业是非常重要的。但是该部设计规范在使用过程中随着有限元分析和实验分析等方法的出现,也带来了在设计概念上的一些问题和不足。这些问题美国压力容器技术委员会和规范安全协会曾组织力量进行研究,由此在 ASME Ⅷ-2(2007 年版)作了较大的修改,主要是补充有限元分析和实验应力分析在压力容器设计中运用方面的内容。这里只介绍Ⅷ卷三个分册的基本内容,见表 1-3。

表 1-3　美国 ASME Ⅷ-1、2、3 简要介绍

	Ⅷ-1	Ⅷ-2	Ⅷ-3
	压力容器规则设计方法	另一种规则	高压容器另一种规则
颁布年份	1914	1968	1997
压力极限/MPa	0.1~20	一般 >4(没有限制)	一般 >69(不受限制)
主要内容	概论,结构形式和材料,U, UG、UW、UF、UB、UCS、UNF、UCI、UCL、UCD、UHT、ULT;强制性附录和非强制性附录	概论,材料、设计、制造和其他 AG、AM、AD、AF、AF、AR、AI、AT、AS	同 Ⅷ-2、KG、KM、KD、KF、KR、KE、KT、KS
安全系数	$S_T/3.5$；$\sigma_y/1.5$；(1.1/3.5) $S_T R_T$	$S_T/3$，$\sigma_y/1.5$，且考虑屈服强度和温度	$0.7 < S_y/S_T$
设计准则和应力分析	最大主应力理论;总体弹性分析;规则设计加质量系数、应力集中系数、几何形状系数;基本上不需要应力分析;纯薄膜应力,不考虑结构不连续处应力集中	适用于回转壳体,最大剪应力理论;总体弹性分析;薄膜应力和弯曲应力组合;需要进行详细应力分析和应力分类。除了设计规则外,需要考虑结构不连续、疲劳评定和其他应力分析,但是对于免除条件和规范附录 4、5 和 6 提出的原则者除外。许用应力比Ⅷ-1 高,相关要求也严格	适用于压力超过 69MPa 高压容器设计、制造、检测和试验。最大剪应力理论;设计规则需要进行弹性、塑性及其他分析。要求疲劳分析。除了未爆先漏外,还要求进行断裂力学评定,根据需要壳体可自增强处理,以在内壁产生残余应力
实验应力分析	正常情况下不需要	视要求可能需要	实验设计校准,但可能被免除

	Ⅷ－1 压力容器规则设计方法	Ⅷ－2 另一种规则	Ⅷ－3 高压容器另一种规则
材料和冲击试验	对材料限制较少,除免除外,需要冲击试验,免除条件见UG20、UCS66/67	对材料的限制较多,冲击试验要求同Ⅷ－1分册	对材料限制比Ⅷ－2限制多。要求断裂力学评定、断裂试验(裂纹尖端张开位移(STOD、K_{IC}和(或)J_{IC}))
无损检验要求	免除无损检验要求	要求无损检验(射线检验、超声波检验、磁粉检验和PT检验)	比Ⅷ－2限制较多。对接接头焊缝使用超声波检验;其他用射线检验,PT和MT检验
焊接与制造	各种类型焊接包括对接焊缝及其他	广泛使用对接焊,全渗透焊,包括非压力附件焊接	对接焊缝和其他连续方法
用户	用户或有关单位提供设计技术条件	用户设计说明和详细的设计条件和要求(见AG301－1),包括AD160疲劳评定	用户提供设计技术条件包括容器所含物料数据、操作寿命和其他要求等
制造者	制造者报告和数据与技术条件一致	制造者数据报告和技术条件与规范规定须一致	制造者数据报告和技术条件与规范规定须一致
水压试验	1.25	1.25	1.25(自增强容器可以免除)

需要指出的是,如何在实际设计中选用分册 1 和分册 2 两种设计方法有一个基本准则,就是其规范实用性和经济性。除了结构强度和稳定性要求之外,压力容器的总成本中占比重较大的部分是材料费用,因此对于厚壁容器使用分册 2 设计方法具有一定的吸引力。

1.6.3　欧盟 EN 13445 –3 规范

欧盟为了协调其成员国承压设备法规和标准,消除欧盟成员国内部技术贸易壁垒,颁布了一系列相关承压设备的 EEC/EC 指令和协调标准。97/23/EC《承压设备指令》于 1999 年 11 月 24 日生效,2002 年 5 月 30 日起在各成员国中贯彻执行。同时为了满足这个指令的基本安全要求,欧盟又颁布了为承压设备指令配套的技术标准,即 EN 13445,该标准也称为协调标准(Harmonized Standard)。并且要求各成员国将 EN 13445 转化本国语言的技术标准。例如英国转化后的标准为 BS EN 13445,德国转化后的标准为 DIN EN 13445 等。

欧盟压力容器技术标准颁布以后,与 ASME 压力容器规范形成了两大权威规范并存的局面。如前所述,如果能够把这两大流派的标准研究分析透彻并加以运用,就能掌握目前世界普通压力容器标准的基本水平。日本、加拿大、澳大利亚、新西兰等国家基本以

ASME 规范为基础制定符合本国实际情况的压力容器的技术标准;而俄罗斯、乌克兰等东欧国家的压力容器技术标准与欧盟标准非常接近。

欧盟压力容器技术标准与 ASME 规范的主要不同在设计方法上。欧盟 EN13445 也采用规则设计法和分析设计法,但是在规则设计法中采用"模块化"概念,而在分析设计中采用"分安全系数"和直接路线分析设计。

对于具体设计方法来说,规则设计是最基本的设计方法,把全压力循环次数在 500 次以下的载荷情况作为非循环载荷;相应的强度设计准则控制在许用应力以内。

欧盟规范的分析设计是规则设计另一种方法,用于计算或评定规则设计没有提及或不适用的压力容器设计计算方法。对于载荷循环次数大于 500 次的疲劳设计,该规范单辟章节专门叙述。疲劳设计有两种方法:基于规则设计的简化评定方法(主要是压力变化)和基于详细确定总体应力的复杂评定方法。详细的总体应力评定和计算采用有限元分析的数值法或实验应力分析等方法。因此这种方法适用于包括压力在内的其他所有载荷分析计算。对于法兰和换热器管板元件设计标准采用基于极限分析的分析设计方法。

欧盟规范分析设计有直接路线分析设计和应力分类路线分析设计,两种方法的分析程序是一样的。如果已经知道载荷类型和大小,可用分析设计校核载荷的容许性或适应性,验证载荷是否超过规范所允许的极限值;如果已经知道结构尺寸而不知道载荷大小,可用分析设计计算最大许用载荷。

1.6.4 法国压力容器规范 CODAP 和 RCC – M、RCC – MR 和 RCC – E

法国有 SNCTHE 和 AFCEN 两个机构负责编制制定压力容器规范,SNCT 是一家由法国压力设备企业出资资助的民营组织,负载制定编纂非核方面压力容器建造规范(CODAP)、工业管道建造规范(CODETI)和锅炉建造规范,同时做培训和咨询工作;而 AFCEN 是法国负责制定核岛装置和部件设计、建造和在役容器监测等规则的协会组织,主要任务拟定核子方面规范。主要规范有:RCC – M(PWR 核岛机械设施设计和建造规范)、RCC – RM(FBR 核岛机械设施设计和建造规范)和 RCC – E(核岛电力设备设计和建造规范)等。

法国压力容器规范 CODAP 自 1980 年颁布以来,每五年以活页版形式再版一次直到 2005 年,其间为了贯彻欧盟压力设备指令,在 2000 年作了重大修订;2005 年又仿照 ASME Ⅷ规范将 CODAP 规范分成两个分册,即 CODAP 2005 第 1 册和 CODAP 2005 第 2 册。基本内容也和 ASME Ⅷ一样,第 1 册为规则设计,第 2 册为分析设计。有所不同的是两册都有根据结构失效和可能失效的潜在原因进行危险等级分类;第 1 册设有疲劳简化分析程序;第 2 册增加蠕变设计内容。两部规范补遗一般每年 1 月 1 日出版;勘误根据需要随时刊出。

法国压力容器规范 RCC – M、RCC – MR 和 RCC – E 是法国在 20 世纪 70 年代按照美国西屋公司许可建造 PWR 时期,从 1971 年—1974 年着手拟定法国核能压力装置的建造规则。在按照 ASME Ⅲ规范建造 900MW 和 1300MW 核电厂后,由 AFCEN 组织制定的 RCC – M 规范在 1981 年正式颁布,直到 2007 年出版最新版本,而规范 RCC – MR 也于 1985 年公布。规范 RCC – M 和 RCC – RM 是一套完整的核岛设计和建造规则,它是集科

14

学研究成果、使用操作经验和维护管理最佳化为一体的先进的规范。现在法国所有的核岛都是按照这个规范维护管理的。

1.7　设计方法选择

无论是规则设计,还是分析设计都有其特点和不足。但是规则设计是压力容器设计的基础,分析设计是压力容器设计的另一种方法,这个区分在 ASME Ⅷ规范第 1 册和第 2 册适用范围中已经有了明确规定。为了解决这个问题,有人提出用规则设计准则法确定压力容器基本元件结构尺寸,用分析设计法对不连续处(包括总体的或局部的)和其他危险部位的应力状态进行详细分析研究,选择最佳结构形式和计算精确的壁厚值,以满足容器既安全又经济适用的两大要求。有些文献建议,对于薄壁容器采用规则设计法,而厚壁压力容器除了基本壳体(由一次薄膜应力控制壳体壁厚)仍用规则设计外,其他不连续处或复杂结构需要用分析设计法;有的文献还提出,EN 13445 - 3 比较适用于薄壁容器设计等。其次,对于高压容器,直接用 ASME Ⅷ - 3 设计方法。目前日本一些有关企业使用的设计思路值得研究,它们是依据 ASME 规范和 JIS B8265 ~ 8267 标准及相关配套法规、标准和规定为基础,结合使用经验和企业的实际情况,相应地制定企业标准或设计标准。有四条经验值得借鉴:①把 ASME Ⅷ - 1 规范和 JIS B8265 标准中的规则设计作为基础,对结构高危险区域则以分析设计为主要方法,配以数值法和实测法,制定出一套企业压力容器设计标准和验收方法。②建立压力容器及其设备资料库,有的公司设计部门收集到目前世界上正在运行的上千个重要压力容器的基本数据以及从 19 世纪到现在世界上压力容器及设备重大事故案例,对每次事故还组织相关人员分析研究事故的原因和经验教训,并写出报告。这对于经验比较设计非常有用。③特别重视对压力容器失效方式的研究,特别是失效原因的研究尤为重视。可以说,在石油炼化和化工设备失效方面,尤其是对由腐蚀、辐射、氢脆和高温引起的失效形式,日本有关单位的研究是非常深透的,经验也是很丰富的。④制造企业对每台压力容器从消化设计意图到制造成品出厂都有严格的管理规定和详细的工艺规则。每一台出厂容器或压力设备都有详细的档案。例如,对材料选择和验收、较厚钢板卷制加工及其表面检验、焊接工艺和局部不连续处检验等特别重视,管理很严格;接管和壳体焊接处的几何形状检验均用标准样板校准。应当说,日本压力容器企业验收标准不仅系统完整,而且水平很高。

1.8　设计基本要素

1.8.1　载荷及载荷工况

压力容器分析设计主要任务是研究分析并确定其在载荷作用下产生的应力和变形行为及其之间的关系,在进行应力分析时必须对压力容器受载状态有一个完整的系统的了解和评定,进而依此进行应力分析和计算。所以,在进行应力分析时,首先要确定作用在压力容器上的载荷。

众所周知,压力容器在正常运行过程中要受到压力、非压力载荷等多种复杂载荷的作用,在设计压力容器或承压设备时,必须认真地用最先进的方法分析并确定其在使用的整个过程中所受的各种载荷作用情况,同时分析结构在这些载荷作用下引起变形和应力,及可能产生的失效形式。

作用在压力容器上的载荷主要有内、外压力,液体静压头、容器自重,容器在工作状态下内装物料的重力载荷、风载荷、雪载荷、地震载荷,支承系统的反作用力、吊装力等局部载荷、冲击载荷(包括热冲击),各种温度状态下产生的不均匀载荷及由结构不连续处变形受到约束而产生的作用力(内力)等。作用在压力容器上的载荷主要按载荷作用形式和载荷类别进行分析。作用在压力容器上的波动载荷主要有如下几种。

(1)间歇生产时停车、启动和重复加压减压。

(2)由往复式压缩机或泵引起的压力波动。

(3)容器壳体或元件间温差引起的温度应力变化。

(4)容器内液体压力波动引起的变化。

压力容器设计时,通常是要对具体容器在操作过程、试压过程及检修过程中的载荷状况进行分析确定。同时,还要特别地注意操作情况下可能发生突发事故,如爆炸、燃烧或火灾等。

(1)载荷作用大小和方向不随时间变化为静(稳定)载荷,随时间变化的波动载荷为不稳定载荷。

①稳定(稳态)载荷。这是容器在其使用寿命期间承受的与时间无关的平稳不变的或者在允许范围内波动的载荷,由此载荷引起的应力最大值限定在结构材料许用水平以内。属于这种稳态作用的载荷有内外压力、静载荷、容器内载物、由附加管线连接和附属设备引起的载荷、容器支承产生的载荷、温度载荷和风载荷等。

②不稳定载荷。这是容器在不同时间间隔里承受的部分或全部的与时间有关的载荷,这种短期作用的变动载荷容许短时间内出现高应力,属于这种载荷有生产过程和现场水压试验、地震载荷、吊装载荷、运输过程载荷、竖起或紧急情况下产生的载荷、热载荷、开车和关车等交变载荷。

③冲击载荷。容器在工作时受介质冲击和压力急剧波动引起的载荷。

(2)载荷类型:总体载荷和局部载荷。

①总体载荷。连续均匀地作用在容器壳体截面上的载荷,由于容器必须承受这些载荷,因此相应的应力比较低些,属于这种载荷有:内外压力载荷(设计、操作、水压试验、静压头),由于风力、地震、安装和运输引起的载荷;由于静载荷、安装设备、扶梯和平台、管线和容器内载物引起的载荷;侧壁加热箱引起的热载荷等。

②局部载荷。这是由支承、内件、附加管线和附属设备在与容器壳体连接的局部区域引起的载荷,这类载荷具有很大的局限性,在容器的某个部分引起弯曲,其影响程度不会像总体载荷那样明显,因此允许由此载荷引起较高的应力存在,属于这种载荷有向内或向外作用的径向载荷、纵向或环向剪切力、扭转载荷。

③美国 ASME Ⅷ规范对压力容器作用载荷根据分析设计需要进行细化分类和组合。载荷条件分为四级:正常操作载荷、压力试验载荷、正常操作和偶然发生的组合载荷及非正常操作和偶然发生的组合载荷。并对每级载荷都赋予具体的内容,如正常操作和偶然载荷有:由元件和绝缘体、耐火材料、防火层、内置物、灌筑件、平台扶梯和其他计及部位支撑件等产生的静载荷;包括压力冲击的管路载荷;有效的活动载荷;正常操作时压力和液

体载荷;热载荷;风载、地震载荷、雪载荷及其他偶然载荷等。

在规范中对设计载荷参数予以定义:P为内、外设计压力;P_s为液体或堆积物料产生的静压力;D为容器、物料和计及部位附属设施的重量。这些重量包括容器和内置元件重量,裙座、吊耳、鞍座和支腿的重量及平台扶梯等附属设施的重量;在操作和试验状态下容器内介质重量;防火层和绝缘体的重量;由电机、机器、管道和其他容器等附属设备引起的反作用力等;L为附属设施的有效活动载荷和稳态、动态流体冲击力;E为地震载荷;W为风载荷;S_s为雪载荷;T为自限性载荷,即热载荷或作用位移等。这种载荷并不能明显影响垮塌载荷,但是在弹性随动引起应力松弛不足以使载荷重新分布的情况下必须考虑;W_{pt}是试验风载,压力试验需在有风载情况下进行时,用户应指定设计风速。

规范中还对上述各种设计载荷组合及在弹性应力分析中的许用薄膜应力做出规定。同时也给出极限载荷分析和弹塑性分析设计条件下载荷组合、设计判据和载荷系数值。

1.8.2 基本设计要素

压力容器根据压力不同,一般分为薄壁和厚壁,薄壁和厚壁划分与容器壳体内外直径和壁厚有关。GB 150 标准将圆柱壳体外径与内径之比小于 1:12,即壁厚 δ 与内径 D_i 之比 $\delta/D_i \leqslant 0.1$ 划为薄壁型容器。大于此两项值为厚壁容器。薄壁容器设计的理论基础是板壳理论,采用规则设计方法,需要满足强度、刚度、稳定性、耐久性和气密性等要求;其次还要使被设计的容器能够便于制造、安装、运输、操作和维修;应尽量节省材料,降低成本。

厚壁容器设计主要依据弹性理论、弹塑性理论、塑性理论;设计方法主要是分析设计法;计算方法有解析法、数值法和实测法等。对于某些要求疲劳分析的容器,还要进行疲劳设计评定。

压力容器设计的基本参数主要有设计压力、设计温度、结构尺寸(壁厚)、许用应力和焊缝系数等。

1.8.2.1 设计压力

设计压力是指容器顶部的最高压力,其与相应设计温度一起作为设计载荷用以确定容器壳体壁厚及其部件尺寸。设计压力一般取稍高于最大工作压力。压力容器的允许最高压力、允许设计压力和工作压力与爆破片装置相关压力之间关系如图 1 - 4 所示。

最大工作压力又称最高工作压力,指容器在使用过程中可能出现的最大表压。

若容器内盛装的是易爆介质时,它的设计压力应根据介质特性、爆炸时瞬间压力、爆破膜破坏压力以及爆破膜排放面积与容器中气相容积之比等因素作特殊考虑。爆破膜的实际爆破压力与额定爆破压力之差应在 ±5% 范围之内。

盛装液化气体的容器,设计压力是根据容器的充装系数和可能达到的最高温度来确定的。一般取与最高温度相应的饱和蒸气压力为设计压力。当只有受大气温度影响时,可取 40℃ 为其最高工作温度,地下容器取 30℃。

装有液体的内压容器,需要考虑液体静压力的影响。如果液体静压超过介质最大工

作压力的5%时,则设计压力取

$$p = p_i + \gamma H \tag{1-1}$$

式中:p_i 为工作压力(MPa);γ 为介质重度(kg/mm^3);H 为介质静液柱高度(mm)。

如果介质静压小于最大工作压力的5%时,则此流体静压可不予考虑。

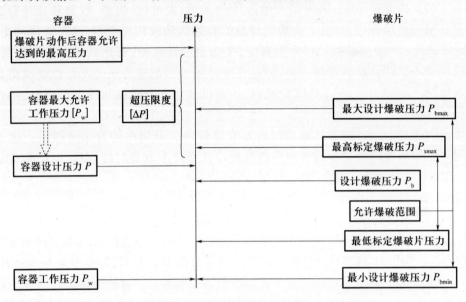

图1-4 设计压力与爆破装置的爆破压力之间关系

上述主要考虑将工作压力作为设计用的外载荷。然而,在实际情况下,还需要考虑容器自身重量、容器内装物、风载、地震、温差及连接附件引起的非压力载荷作用。确定这种状态下的设计压力时应结合具体受载情况进行仔细分析(表1-4)。

表1-4 设计压力选择

类 型		设 计 压 力
内压容器	无安全泄放装置	1.0 倍~1.10 倍的工作压力
	装有安全阀	不低于(等于或稍大于)安全阀开启压力(安全阀开启压力取1.05 倍~1.10 倍工作压力)
	装有爆破片	取爆破片设计压力加制造范围上限
	出口管线上装有安全阀	低于安全阀开启压力加上流体从容器流至安全阀处压力降
	容器位于泵进口侧,无安全泄放装置	取无安全泄放装置时设计压力,以 0.1MPa 外压进行校核
	容器位于泵出口侧,且无安全泄放装置时	取下列三者中最大值:①泵正常入口压力加 1.2 倍泵正常工作扬程②泵最大入口压力加泵正常工作扬程③泵正常入口压力加关闭扬程(泵出口全关闭时扬程)
	容器位于压缩机进口侧,且无安全泄放装置	取无安全泄放装置时的设计压力,以 0.1MPa 外压进行校核
	容器位于压缩机出口侧,无安全泄放装置	取压缩机出口压力

18

类 型			设 计 压 力
真空容器	无夹套真空容器	设有安全泄放装置	设计压力取 1.25 倍最大内外压力差或 0.1MPa 两者中最小值
		无安全泄放装置	设计压力取 0.1MPa
	夹套内为内压的带夹套真空容器	真空容器	设计外压力按无夹套真空容器规定选取①
		夹套（内压）	设计内压力按内压容器规定选取
	夹套内为真空的带夹套真空容器	容器（内压）	设计内压力按内压容器规定选取②
		夹套（真空）	设计外压力按无夹套真空容器规定选取
外压容器	一般		设计外压力不小于正常工作情况下可能产生的最大内外压力差
	在规定充装系数范围内，常温下盛装液化石油气或混合液化石油气（指丙烯与丙烷或丙烯、丙烷与丁烯等的混合物）的容器③④⑤	介质温度为 50℃ 的饱和蒸气压力低于异丁烷 50℃ 的饱和蒸气压力时（如丁烷、丁烯、丁二烯）	0.79MPa
		介质 50℃ 的饱和蒸气压力高于异丁烷 50℃ 的饱和蒸气压力时（如液态丙烷）	1.77MPa
		介质温度为 50℃ 的饱和蒸气压力低于丙烷 50℃ 的饱和蒸气压力时（如液态丙烯）	2.16MPa
两侧受压的压力容器元件			一般应以两侧的设计压力分别作为该元件的设计压力。当有可靠措施确保两侧同时受压时，可取两侧最大压力差作为设计压力

① 容器计算外压力应为设计外压力加上夹套内设计内压力，必须校核夹套试验压力（外压）下的稳定性。

② 容器计算内压力应为设计内压力加 0.1MPa，必须校核在夹套试验压力（外压）下的稳定性。

③ 对盛装液化石油气的压力容器，如设计单位能根据其安装地区的最高气温条件（不是极端温值）提供可靠的设计温度时，则可按介质在该设计温度下的饱和蒸气压来确定工作压力及设计压力，但必须事先经过设计单位总技术负责人的批准，并报送省级主管部门和同级技术鉴定部门——锅炉压力容器安全监察机构备案。

④ 对容积大于或等于 100m³ 的盛装液化石油气储存类压力容器，可由设计部门确定设计温度（但不得低于 40℃），并根据与设计温度对应的介质饱和蒸气压确定设计压力。

⑤ 充装系数按规定一般取 0.9，容积经实际测定的系数可取大于 0.9，但不得高于 0.95

1.8.2.2 厚度

1. 计算厚度

按规范或理论强度公式计算所得到的厚度。

2. 设计厚度

计算厚度与腐蚀裕量之和。

3. 有效厚度

名义厚度减去钢材圆整量 C。

4. 名义厚度

即在图纸上标注的厚度,其是按计算厚度考虑材料的负偏差 C_1,向上圆整到材料标准规格的厚度。

5. 最小厚度

设计时为满足容器制造工艺和保证容器刚性要求的不包括腐蚀裕量的最小厚度,需考虑制造、运输和安装及使用条件等因素的影响。根据规范和标准规定,对不同材料制造的圆柱壳体的最小厚度在规范中都有一定的要求。

(1)碳素钢和低合金钢:当内径 $D_i \leqslant 3800mm$ 时, $\delta_{min} = 2D_i/1000$,但不得小于 $3mm$;当内径 $D_i \geqslant 3800mm$ 时,按制造、运输安装实际条件需要确定。

(2)对于不锈钢:最小厚度等于 $2mm$。

(3)铝和铝合金容器:最小厚度等于 $3mm$。

有的企业根据压力容器的结构,如壳体、封头、接管、支座和内件分别规定其最小壁厚。同时容器使用环境不同,壳体和元件的最小壁厚也不尽相同(图 $1-5$)。

图 $1-5$ 压力容器壳体或元件厚度关系

6. 厚度附加量

厚度附加量主要由两部分组成,即

$$C = C_1 + C_2 \tag{1-2}$$

式中:C_2 为腐蚀裕量(mm)。

腐蚀裕量是根据容器与其接触的工作介质材料和性质有关,也与在这种介质作用下的容器使用时间有关,同时还要考虑介质对容器壳体的冲蚀和磨损。对于碳素钢和低合金钢,介质为空气或水蒸气时, C_2 不小于 $1mm$;对于不锈钢,若介质的腐蚀性很小时, $C_2 = 0$。当工作介质具有腐蚀作用时, C_2 也可以用介质对材料的均匀腐蚀率(大于 $0.1mm/$年)和容器实际使用时间来确定。

$$C_2 = kt \tag{1-3}$$

式中:k 为腐蚀速率(mm/年);t 为容器设计使用时间(年)。C_1 为容器壳体材料的壁厚负偏差值,通常按金属材料标准规定的最大负偏差值选取。当钢板或钢管的负偏差小于 $0.25mm$ 并不超过容器壳体名义厚度的 6% 时, $C_1 = 0$。压力容器常用的钢板和钢管负偏差见表 1-5 和表 1-6。

表 1-5 钢板厚度负偏差 C_1

钢板厚度	2.0	2.2	2.5	2.8~3.0	3.2~3.5	3.8~4.0	4.5~5.5
负偏差/%	0.18	0.19	0.2	0.22	0.25	0.3	0.5
钢板厚度	6~7	8~25	26~30	32~34	36~40	42~50	52~60
负偏差/%	0.6	0.8	0.9	1.0	1.1	1.2	1.3

表 1-6 钢管厚度负偏差 C_1

钢管种类	壁厚/mm	负偏差/%	钢管种类	壁厚/mm	负偏差/%
碳素钢	≤20	15	不锈钢	≤10	15
低合金钢	>20	12.5		>10~20	20

1.8.2.3 设计温度

设计温度是指容器正常工作过程中在相应设计压力下设定的壳壁或元件金属材料可能达到的最高温度或最低温度(-20℃以下),取温度沿壳体壁厚分布的平均值。设计温度通常由传热学计算,比较麻烦。

当金属温度不能通过传热计算或实测确定时,则应按以下规定选取。

(1)容器壳壁与介质直接接触且有外保温(或保冷)时,设计温度应按表 1-7 中的Ⅰ项或Ⅱ项确定。

(2)容器内介质用蒸气直接加热或由内置加热元件间接加热时,设计温度取最高温度。

(3)容器壳壁两侧与不同温度介质直接接触,应以工作温度较高一侧为基准来确定设计温度;当任一介质温度低于 -20℃时,则应以该侧的工作温度为基准来确定最低设计温度。

(4)安装在室外无保温的容器,当最低设计温度受地区环境温度控制时,可按以下规定选取:盛装压缩气体的储罐,最低设计温度取环境温度减 3℃;盛装液体体积占容器总容积 1/4 以上的储罐,最低设计温度取环境温度。环境温度取容器安装地区历年来"月平均最低气温"的最低值。

(5)室外裙座等钢结构,应以环境温度作为设计温度。

表 1-7 设计温度选取

介质工作温度 T/℃	设 计 温 度	
	Ⅰ	Ⅱ
$T < -20$	介质最低工作温度	介质工作温度减 0~10℃
$-20 ≤ T ≤ 15$	介质最低工作温度	介质工作温度减 5℃~10℃
$T > 15$℃	介质最高工作温度	介质工作温度加 15℃~30℃
注:当最高(低)工作温度不明确时,按Ⅱ项规定确定		

1.8.3 许用应力

对压力容器总计算成本详细分析可知,容器总成本中占比重最大的是材料费用,若其他成本因素相等时,容器壳体越薄,需要的材料就越少,材料费也就越少。决定容器壳体壁厚的关键因素是设计时选用的许用应力值。正确选择材料许用应力除了保证被设计的压力容器符合设计技术指标的各项要求外,满足强度条件和稳定性条件,还要考虑其经济性。当然,许用应力选择取决于诸多因素,如材料质量、设计水平、制造技术和生产工艺方法、质量管理措施及检验检测手段等。具体选择容器材料许用应力值时,主要是根据材料性能(强度、塑性或脆性等)、载荷特性(稳态静载荷或交变载荷)、温度和设计计算方法。

目前,常温下容器壳体材料许用应力值的确定是以材料的抗拉强度 σ_b 或屈服强度 σ_y 为依据,并除以相应的抗拉强度安全系数 n_b 或屈服强度安全系数 n_y 取得的,即

$$[\sigma] = \frac{\sigma_b}{n_b} \qquad [\sigma] = \frac{\sigma_b^t}{n_b}$$

$$[\sigma] = \frac{\sigma_y(\sigma_{0.2})}{n_y} \qquad [\sigma] = \frac{\sigma_y^t(\sigma_{0.2}^t)}{n_y}$$

式中: $[\sigma]$ 为许用应力(MPa); σ_b 为壳体材料抗拉强度下极限值(MPa); $\sigma_y(\sigma_{0.2})$ 为壳体材料常温屈服强度(或0.2%屈服点或弹限强度,也有比例极限之称)(MPa); σ_b^t 为壳体材料在设计温度下的抗拉强度(MPa); $\sigma_y^t(\sigma_{0.2}^t)$ 为壳体材料在设计温度下的屈服强度(或0.2%屈服点)(MPa); n_b 为抗拉强度安全系数; n_y 为屈服强度安全系数。

当碳素钢或低合金钢的设计温度超过420℃,合金钢超过450℃,奥氏体不锈钢超过550℃时,还必须考虑高温(蠕变)持久强度或蠕变极限的许用应力,即

$$[\sigma] = \frac{\sigma_D^t}{n_D} \qquad [\sigma] = \frac{\sigma_n^t}{n_n}$$

式中: σ_D^t 为高温(蠕变)持久强度(MPa); σ_n^t 为蠕变极限(MPa); n_D 为高温(蠕变)持久强度安全系数(材料许用应力系数); n_n 为蠕变极限安全系数(材料许用应力系数)。

关于安全系数的确定,各国规范或标准略有差别。安全系数是确定容器材料许用应力和容器在特定失效条件下的安全裕度,其值选择取决于容器使用材料的质量和制造水平、容器设计方法、容器制造工艺和生产管理水平以及容器在运行过程中的维护管理方式。

在设计过程中,经常引出屈服强度与抗拉强度之比,即屈强比 σ_y/σ_b 这一概念,这个概念对压力容器选材是特别重要的。钢制压力容器所用的壳体材料屈强比通常不得大于0.8。

根据我国有关压力容器标准规定,钢板、锻件、钢管在室温和不同温度下的许用应力值分别见表1-8~表1-10。

1.8.3.1 我国标准规定的许用应力

GB 150标准中钢材许用应力见表1-8。

表 1-8　钢材许用应力

材　料	许 用 应 力 取下列各值中最小值/MPa				
碳素钢、低合金钢	$\dfrac{\sigma_b}{\geqslant 2.7}$	$\dfrac{\sigma_y}{\geqslant 1.5}$	$\dfrac{\sigma_y^t}{\geqslant 1.5}$	$\dfrac{\sigma_D^t}{\geqslant 1.5}$	$\dfrac{\sigma_n^t}{\geqslant 1.0}$
高合金钢	$\dfrac{\sigma_b}{\geqslant 2.7}$	$\dfrac{\sigma_y(\sigma_{0.2})}{\geqslant 1.5}$	$\dfrac{\sigma_y^t(\sigma_{0.2}^t)}{\geqslant 1.5}$	$\dfrac{\sigma_D^t}{\geqslant 1.5}$	$\dfrac{\sigma_n^t}{\geqslant 1.0}$ ①
① 奥氏体高合金钢，当设计温度低于蠕变范围，且允许有微量永久变形时，可适当将许用应力提高至 $0.9\sigma_y^t$ （$\sigma_{0.2}^t$）。此规定不适用于法兰或其他有微量永久变形而可能产生泄漏或故障的使用场合					

JB/T 4735 标准中，钢材和螺栓材料许用应力分别见表 1-9 和表 1-10。

表 1-9　JB/T 4735 标准钢材许用应力

材　料	许 用 应 力 取下列各值中的最小值/MPa		
碳素钢、低合金钢、铁素体高合金钢	$\dfrac{\sigma_b}{2.5}$	$\dfrac{\sigma_y}{1.5}$	$\dfrac{\sigma_y^t}{1.5}$
奥氏体高合金钢	$\dfrac{\sigma_y}{1.5}$	$\dfrac{\sigma_y^t}{1.5}$ ①	
① 若结构元件允许有微量永久变形时，可适当提高许用应力，但不得超过 $0.9\sigma_y^t$。此规定不适用于法兰或其他当 有微量永久变形就产生泄漏或故障的场合			

表 1-10　JB/T 4735 标准螺栓许用应力

材　料	螺 栓 直 径	热 处 理 状 态	许用应力/MPa	
碳素钢	≤M22	热轧、正火	$\dfrac{\sigma_y^t}{2.7}$	
	M24 ~ M48		$\dfrac{\sigma_y^t}{2.5}$	
低合金钢 马氏体高合金钢	≤M22	调质	$\dfrac{\sigma_y^t(\sigma_{0.2}^t)}{3.5}$	$\dfrac{\sigma_D^t}{1.5}$
	M24 ~ M48		$\dfrac{\sigma_y^t(\sigma_{0.2}^t)}{3.0}$	
	≥M52		$\dfrac{\sigma_y^t(\sigma_{0.2}^t)}{2.7}$	
奥氏体高合金钢	≤M22	固溶	$\dfrac{\sigma_y^t(\sigma_{0.2}^t)}{1.6}$	
	M24 ~ M48		$\dfrac{\sigma_y^t(\sigma_{0.2}^t)}{1.5}$	

JB/T 4732 标准中钢材许用应力见表 1-11。

表 1-11　钢材许用应力

材　料	许 用 应 力 取下列各值中的最小值/MPa		
碳素钢、低合金钢、铁素体高合金钢	$\dfrac{\sigma_b}{2.4}$	$\dfrac{\sigma_y}{1.5}$	$\dfrac{\sigma_y^t}{1.5}$
奥氏体高合金钢	$\dfrac{\sigma_y}{1.5}$	$\dfrac{\sigma_y^t}{1.5}$	$\dfrac{\sigma_y^t}{1.11}$ ①
① 用于允许有微量永久变形的容器			

1.8.3.2 ASME Ⅷ规范规定的许用应力

ASME Ⅷ规范规定的许用应力见表1-12、表1-13。

表1-12 美国ASMEⅧ-1规范锻、铸和焊制用钢材的许用应力(MPa)

	低于室温		室温或高于室温						
	抗拉强度 σ_b	屈服强度 σ_y	抗拉强度 σ_b		屈服强度 σ_y		持久限 σ_D		蠕变极限 σ_n
锻或铸铁和非铁金属	$\dfrac{\sigma_b}{3.5}$	$\dfrac{2\sigma_y}{3}$	$\dfrac{\sigma_b}{3.5}$	$\dfrac{1.1\sigma_b R_T}{3.5}$	$\dfrac{2\sigma_y}{3}$	$\dfrac{2\sigma_y R_y}{3}$ ① 或 $0.95\sigma_y R_y$	$F_a\sigma_{Da}$	$0.9\sigma_{Dm}$	$1.0\sigma_n$
焊接管铸钢和非铁金属	$\dfrac{0.85\sigma_b}{3.5}$	$\dfrac{1.7\sigma_y}{3}$	$\dfrac{0.85\sigma_b}{3.5}$	$\dfrac{0.935\sigma_b R_T}{3.5}$	$\dfrac{1.7\sigma_y}{3}$	$\dfrac{1.7\sigma_y R_y}{3}$ ① 或 $0.765\sigma_y R_y$	$0.85F_a\sigma_{Da}$	$0.68\sigma_{Dm}$	$0.8\sigma_n$

① 奥氏体不锈钢和特定的非铁金属有两种许用应力值,其较低的许用应力值不得超过材料设计温度下屈服强度下限值的2/3,较高的许用应力允许超过2/3,但不得超过设计温度下屈服强度的90%。较高的许用应力只适用于允许有微小永久变形的场合,不适用于法兰或其他对应变敏感的结构

表1-13 ASMEⅧ-1规范螺栓材料许用应力(MPa)

	低于室温		室温或高于室温						
	抗拉强度	屈服强度	抗拉强度		屈服强度		持久限		蠕变速率
锻或铸钢和非铁金属	$\dfrac{\sigma_b}{4}$	$\dfrac{2\sigma_y}{3}$	$\dfrac{\sigma_b}{4}$	$\dfrac{1.1\sigma_b R_T}{4}$	$\dfrac{2\sigma_y}{3}$	$\dfrac{2\sigma_y R_y}{3}$	$0.67\sigma_{Da}$	$0.8\sigma_{Dm}$	$1.0\sigma_n$
焊接管铸钢和非铁金属	$\dfrac{\sigma_b}{5}$	$\dfrac{\sigma_y}{4}$	$\dfrac{\sigma_b}{5}$	$\dfrac{1.1\sigma_b R_T}{4}$	$\dfrac{\sigma_y}{4}$	$\dfrac{2\sigma_y R_y}{3}$	$0.67\sigma_{Da}$	$0.8\sigma_{Dm}$	$1.0\sigma_n$

1.8.3.3 欧盟标准规定的许用应力

EN 13445标准规定的许用应力见表1-14。

表1-14 EN13445规范规定的许用应力(设计温度下名义设计压力)

	设计条件	试验条件①②
除奥氏体不锈钢之外,$A<30\%$	$[\sigma]=\dfrac{\sigma^t_{0.2}}{1.5}$ 或 $\dfrac{\sigma^t_b}{2.4}$,取其较小值	$[\sigma]_T=\dfrac{\sigma^t_{0.2}}{1.05}$
奥氏体不锈钢(锻造) $30\%<A\leqslant35\%$	$[\sigma]=\dfrac{\sigma^t_{1.0}}{1.5}$	$[\sigma]_T=\dfrac{\sigma^t_{1.0}}{1.05}$
奥氏体不锈钢(锻造) $A\geqslant35\%$	$[\sigma]=\dfrac{\sigma^t_{1.0}}{1.5}$ 或 $[\sigma]=\min\left[\dfrac{\sigma^t_{1.0}}{1.2};\dfrac{\sigma^t_b}{3}\right]$	$[\sigma]_T=\min\left[\dfrac{\sigma^t_{1.0}}{1.05};\dfrac{\sigma^t_b}{12}\right]$
铸钢	$[\sigma]=\min\left[\dfrac{\sigma^t_{0.2}}{1.9};\dfrac{\sigma^t_b}{3}\right]$	$[\sigma]_T=\dfrac{\sigma^t_{0.2}}{1.33}$

① 若在标准材料性能表中查不到弹限强度 $\sigma_{0.2}$ 时,可以用屈服强度 σ_y 代替;

② 屈服强度和最大抗拉强度由相关材料标准中查得

比较美国 ASME 规范规定的和欧盟 EN 13445 −3 规范规定的许用应力能够看出,对于材料屈服强度的安全系数均取 1.5,而对于抗拉强度美国 ASME 规范本身及欧盟标准均不一样:ASME Ⅷ 分册 1 取 3.5;分册 2 取 3。欧盟 EN 13445 −3 取 2.4;另外,还能够观察到,在 EN 13445 −3 规范中对抗拉强度只取室温安全系数,而 ASME Ⅷ 规范中取设计温度下抗拉强度的安全系数。这种差别导致的结果是对于在高温下仍具有相对较高屈服强度的材料(Cr − Mo 钢)更为明显。由此可见,欧盟标准在取安全系数时基于屈服强度,而美国规范在取安全系数时基于抗拉强度。

1.8.3.4 俄罗斯国家标准 GOST R 52857 压力容器需用应力确定

(1)压力容器在单一静载作用下壳体材料的许用应力是根据极限载荷确定的,按下述计算式计算:

对于碳素钢、低合金钢、奥氏体—铁素体钢、奥氏体—马氏体钢和铁基镍合金:

$$[\sigma] = \eta \min \left\{ \min \left(\frac{\sigma_y^t}{n_y}; \frac{\sigma_{0.2}^t}{n_y} \right); \frac{\sigma_b}{n_b}; \frac{\sigma_{D/10^5}}{n_D}; \frac{\sigma_{n/10^5}}{n_n} \right\} \quad (1-4)$$

对于奥氏体镍洛钢、铝、铜及其合金:

$$[\sigma] = \eta \min \left(\frac{\sigma_{1.0}^t}{n_y}; \frac{\sigma_b^t}{n_b}; \frac{\sigma_{D/10^5}}{n_D}; \frac{\sigma_{n/10^5}}{n_n} \right) \quad (1-5)$$

在确定许用应力时,若在材料标准力学性能表中查不到持久限值或根据使用要求限制变形时,可以使用蠕变极限确定许用应力;若没有 $\sigma_{1.0}^t$ 时,可以用 $\sigma_{0.2}^t$ 代替。

(2)在试验条件下,碳素钢、低合金钢、奥氏体 − 铁素体钢、奥氏体 − 马氏体钢及铁镍基合金许用应力按下式确定:

$$[\sigma] = \eta \left(\frac{\sigma_y}{n_y}; \frac{\sigma_{0.2}}{n_y} \right) \quad (1-6)$$

对于由奥氏体钢、铝、铜及其合金制造的容器壳体材料,其许用应力为

$$[\sigma] = \eta \left(\frac{\sigma_{0.2}}{n_y}; \frac{\sigma_{1.0}}{\sigma_y} \right) \quad (1-7)$$

上述式中的许用应力修正系数 η 取法如下:除铸钢件外通常取 1。对于已作过无损检验的铸件取 0.8,其他铸件取 0.7。$\sigma_{D/10^5}$ 为设计温度下 10^5 h 时持久强度极限平均值;$\sigma_{n/10^5}$ 为设计温度下 10^5 h 时平均 1% 蠕变极限。其他符号同前。

上述式中的各安全系数见表 1 −15。

表 1 −15 俄罗斯 GOST R 52857.1 −2007 标准许用应力

载 荷 状 态	安 全 系 数			
	钢、铝、铜及其合金			
	n_y	n_b	n_D	N_n
工作状态	1.5	2.4	1.5	1.0
试验状态	1.1	—	—	—
液压试验	1.2	—	—	—
气压试验	1.1	—	—	—

注:(1)对于奥氏体镍铬钢、铝、铜及其合金,$n_b = 3.0$。

(2)若奥氏体钢的许用应力按屈服强度 $\sigma_{0.2}^t$ 上限确定,则工作状态下的安全系数可以取 1.3

1.9 焊接接头和焊接接头系数

1.9.1 焊缝分类

 焊接压力容器各元件连接所使用的焊接接头主要有全截面焊透的对接接头、填角角接接头、搭接接头和⊥形接头,用不锈钢作衬里的容器还需有塞接接头。全截面焊透对接接头能够使接头强度与母材相等,受力比较均匀,因此对于重要的受压元件如圆柱壳体的纵向焊缝、圆柱壳筒节与筒节连接的环向焊缝及壳体与封头连接均采用全截面焊透对接接头。我国 GB 150 标准将焊接接头分为四大类:A、B、C、D。这种分类的依据是将承受最大主应力的对接焊缝划归为 A 类;把不承受最大主应力的对接焊缝划为 B 类;C 类是指两个连接件中有一个为平板的角接接头;D 类则为两个连接件都不是平板的角接接头。对于多层包扎容器的焊接接头,其层板纵向接头通常划归为 C 类。

 又有文献介绍,压力容器实际生产中,焊接接头根据其受力状态和部位分为六类:A、B、C、D、E 和 F,如图 1-6 所示。

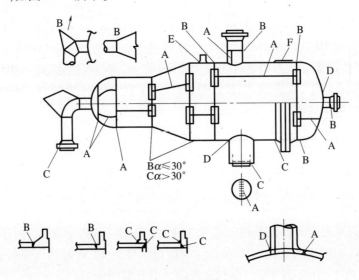

图 1-6 容器焊缝分类

 A 类接头:圆柱形壳体纵向焊缝和卷制成形的大型接管的纵向对接焊接接头,球形壳体或成形封头间的对接接头。

 B 类接头:圆柱形壳体筒节间环向焊缝、圆柱壳与圆锥壳的环向焊缝及锥形壳体筒节间的环向焊接接头,接管与壳体或接管与法兰连接的环向连接接头;成形封头与圆柱形壳体的环向连接接头(球形封头除外)。

 C 类接头:法兰、平封头、端盖等元件与圆柱形壳体或各种封头的搭接接头,及多层包扎壳体层板间的纵向连接接头。

 D 类接头:接管、加强构件(圈)、人手孔圈(盖)、法兰等与壳体连接的 T 形和角接接头。

 E 类接头:支座、吊耳和各种内件与壳体内表面连接的角接接头。

F 类接头:在壳体或其他元件表面上的堆焊接头。

1.9.2 焊接接头强度系数

焊接接头强度系数是根据焊接工艺、焊接接头形式和焊缝材料质量所决定。焊接时在焊缝及其热影响区可能产生气孔、夹渣、未焊透、咬边、裂纹等缺陷,使焊接连接区域的强度下降;同时,焊接热影响区往往形成粗大晶粒区而使强度或塑性减弱;由于结构的刚性约束,往往会形成较大的焊接内应力。因此,容器上的焊缝区是强度最弱的部位,为了表示焊缝区材料强度被削弱的程度,引进了焊接接头强度系数。焊接接头强度系数是以焊缝材料强度与母材强度的比值,用 ϕ 表示。它与焊接材料性能、焊缝位置、焊接方法以及检验要求等因素有关。

1. 钢制压力容器的焊缝系数 ϕ 值取法。

(1)双面焊的对接焊缝:

100% 无损检验	$\phi = 1.00$
局部无损检验	$\phi = 0.85$
不作无损检验	$\phi = 0.70$

(2)单面焊的对接焊缝(焊接时沿焊缝根部全长有与基本金属紧贴的垫板):

100% 无损检验	$\phi = 0.90$
局部无损检验	$\phi = 0.80$
不作无损检验	$\phi = 0.65$

(3)双面焊的对接焊缝,无垫板:

100% 无损检验	—
局部无损检验	$\phi = 0.70$
不作无损检验	$\phi = 0.60$

焊缝强度系数 ϕ 不能作为选择容器检验百分比的依据,它只是在计算容器强度时使用。

2. 铝制容器,焊缝系数 ϕ 值取法

(1)双面焊对接焊缝:

气焊	$\phi = 0.70 : 0.80$
不熔化焊	$\phi = 0.80 : 0.85$
溶化极氩弧焊	$\phi = 0.85 : 0.90$

(2)单面焊对接焊:

气焊	$\phi = 0.50 : 0.70$
不熔化焊	$\phi = 0.70 : 0.80$
溶化极氩弧焊	$\phi = 0.80 : 0.85$

JB/T 4732 标准中规定压力容器和承压元件所用焊缝都必须进行 100% 的无损检验,故在强度计算中,取焊缝系数 $\phi = 1$ 。

局部无损检验是指被检测的焊缝长度不得小于各条焊缝总长度的 20%,不少于250mm,在焊缝交叉部位要求全部检测,这部分长度不算在局部检测长度之内。

1.10 压力试验

压力容器的压力试验有耐压试验和致密性试验。

1.10.1 耐压试验

液压试验与气压试验统称为耐压试验。耐压试验是用高于设计压力的试验介质充压以全面考核容器的强度。耐压试验的目的是对容器整体加工工艺、元件强度、焊接接头强度、各连接面的密封性能进行检查,是对设计、材料、制造等综合考核,因而也是保证设备安全性能的重要措施之一。压力试验也起到消除部分机械应力的作用,还能校正形状(对于轴对称壳体)、改变应力分布,可同时进行伸长量、膨胀量、应力等参数的测定,以证实设计和制造的正确性。从断裂力学角度看,耐压试验会对材料缺陷尖端施加超出正常水平的高应力,使缺陷尖端区域留下残余压缩应力,使之在正常操作时能够起到预应力的效果。

耐压试验压力的取法见表 1-16,此压力指压力试验时容器顶部的压力。

表 1-16 压力容器耐压试验压力

容器种类		试验压力	
		液压试验	气压试验
内压容器		$P_T = 1.25P[\sigma]/[\sigma]^t$	$P_T = 1.15P[\sigma]/[\sigma]^t$
真空容器		$P_T = 1.25P$	$P_T = 1.15P$
带夹套的真空容器	夹套元件	$P_T = 1.25P[\sigma]/[\sigma]^t$	$P_T = 1.15P[\sigma]/[\sigma]^t$
	真空容器	$P_T = 1.25P$	$P_T = 1.15P$
带夹套的真空容器	夹套元件	$P_T = 1.25P[\sigma]/[\sigma]^t$	$P_T = 1.15P[\sigma]/[\sigma]^t$
	内压容器	$P_T = 1.25P[\sigma]/[\sigma]^t$	$P_T = 1.15P[\sigma]/[\sigma]^t$

注:P_T 为试验压力(MPa);

P 为设计压力(MPa);

$[\sigma]$ 为容器壳体材料在试验温度下的许用应力(MPa);

$[\sigma]^t$ 为容器壳体材料在设计温度下的许用应力(MPa)

耐压试验有液压试验和气压试验两种。一般均采用液压试验,通常用水作液压试验介质,特殊要求才采用其他液体。对因结构或支承不能往容器内注入清水,运行状态又不允许残留试验液体的压力容器,应进行气压试验。液压试验之后,不必进行气压试验。

由于气体具有可压缩性,气压试验危险性比液压试验大。因此,在进行气压试验时,必须采取安全防范措施。

我国容器标准要求在耐压试验前对圆柱壳体以其有效厚度核算其环向压力,并规定在液压试验时,应限于 $0.9\sigma_y\phi$,在气压试验时,应限于 $0.8\sigma_y\phi$ 以内。

1.10.2 致密性试验

致密性试验的目的主要是检验容器的严密性。对于不允许有微量泄漏的压力容器和装置,介质毒性程度为极度或高度危害的、对真空度有严格要求的容器,及泄漏将危及生产安全和正常操作的压力容器,应在耐压试验合格后才能进行致密性试验,致密性试验常用的方法有气密性试验、氨渗漏试验和煤油渗漏试验等。气密性试验介质不同,对应的气密性试验压力要求也不同,常用的介质有空气、氨和煤油等,气密性试验必须在液压试验合格后进行。气密性试验压力为设计压力的 1.05 倍,但是 1999 版《压力容器安全技术检责规程》规定对于气体介质的致密性试验压力为容器的设计压力。泄漏量根据下式计算:

$$Q = \left(1 \times \frac{P_a T_e}{P_e T_a}\right) V \times 100\% \qquad (1-8)$$

式中:Q 为气体泄漏量(m^3);P_a 为初始压力(MPa);P_e 为终止压力(MPa);T_a 为初始温度(热力学温度)(K);T_e 为终止温度(热力学温度)(K);V 为气体体积(设备容积)(m^3)。

1.11　强度理论

压力容器受力状态不单纯有拉、压载荷,而且还受弯曲、扭转作用,为了计算壳体在这些复杂载荷作用产生的复杂应力状态下的应力强度,采用强度理论或强度准则。强度理论与应力状态、应变状态和材料性能有关。强度理论是从材料在各种受力状态下产生的破坏现象中总结出来的失效规律,找出破坏的共同原因,根据材料简单拉伸破坏时取得的最大应力作为基准限定复杂受力状态下失效时的当量应力。

静力强度理论或失效理论的一般表达式是:当量应力等于或小于材料允许承受的最大应力,即失效应力 σ_u,则有

$$\sigma_e = f(\sigma_1, \sigma_2, \sigma_3; \lambda_0, \lambda_1, \lambda_2; \cdots) = \sigma_u \qquad (1-9)$$

式中:σ_e 为应力强度,或当量应力(MPa);$\sigma_1, \sigma_2, \sigma_3$ 为主应力,$\sigma_1 > \sigma_2 > \sigma_3$(MPa);$\lambda_0, \lambda_1, \lambda_2$ 为与材料性能有关的系数;σ_u 为失效应力,在这种情况下可取抗拉强度 σ_b(MPa)。

如果结构(物体)的最大应力点的应力强度(当量应力)小于结构材料抗拉强度,即 $\sigma_e < \sigma_b$ 时,则认为没有进入断裂危险状态。而当 $\sigma_e \geq \sigma_b$ 时,则该结构危险点将发生静力断裂失效。

断裂失效条件也可以用应变变形表示,即

$$\varepsilon_e = \phi(\varepsilon_1, \varepsilon_2, \varepsilon_3; \omega_0, \omega_1, \omega_2; \cdots) = \varepsilon_b \qquad (1-10)$$

式中:$\varepsilon_1, \varepsilon_2, \varepsilon_3$ 为主应变($\varepsilon_1 > \varepsilon_2 > \varepsilon_3$);$\omega_0, \omega_1, \omega_2$ 为与材料性能有关的系数;ε_b 为单向拉伸断裂破坏时的伸长量。

实际压力容器设计时,需考虑安全系数,这时结构材料强度条件可以写为

$$\sigma_e \leq [\sigma] \qquad (1-11)$$

式中:$[\sigma]$ 为容器材料在常温下的许用应力(MPa)。

目前已经存在许多强度理论,在压力容器强度计算中常用到的有最大主应力理论、最大剪应力理论(Tresca 理论)、最大变形能理论(Mises 理论)。

1.11.1　最大主应力理论

最大主应力理论规定,材料无论在什么应力状态下,当三个主应力中有一个应力达到

了在简单拉伸或压缩中产生破坏的应力值时,结构材料便认为失效。因此,在强度校核时,只需考虑三个主应力中最大拉应力或最大压应力。用 σ_1,σ_2 和 σ_3 表示三个主应力,用 $+\sigma_0$ 和 $-\sigma_0$ 分别表示同种材料试样拉伸和压缩的强度极限(或称失效应力),于是不发生破坏的条件为

$$-\sigma_0 < \sigma_1 < \sigma_0$$
$$-\sigma_0 < \sigma_2 < \sigma_0$$
$$-\sigma_0 < \sigma_3 < \sigma_0$$

在平面应力状态下,$\sigma_3 = 0$,则可获得两个破坏条件:

$$-\sigma_0 < \sigma_1 < \sigma_0$$
$$-\sigma_0 < \sigma_2 < \sigma_0$$

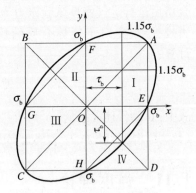

图 1-7 强度理论应力分析

上述各式可以在以 σ_1 和 σ_2 为坐标轴的坐标系中表示出来,如图 1-7 中的 ABCD 线所示。

如果 $\sigma_1 > \sigma_2 > \sigma_3 > 0$,最大主应力理论的不破坏条件则为

$$\sigma_1 < \sigma_0 \tag{1-12}$$

1.11.2 最大剪应力理论

最大剪应力理论假设,材料在不同应力状态下破坏的共同原因是由于其内最大剪应力达到单向拉伸剪切破坏应力(失效应力),因此对于受多向应力作用的结构材料,发生剪切的可能性有三种(屈服时的最大剪应力):

$$\tau_1 = \pm \frac{\sigma_1 - \sigma_2}{2}$$

$$\tau_2 = \pm \frac{\sigma_2 - \sigma_3}{2}$$

$$\tau_1 = \pm \frac{\sigma_3 - \sigma_1}{2}$$

在拉伸情况下,$\tau = \sigma_0/2$,多向应力状态下发生破坏由下式中的一个来确定:

$$\sigma_2 - \sigma_3 = \pm \sigma_0$$
$$\sigma_1 - \sigma_3 = \pm \sigma_0$$
$$\sigma_1 - \sigma_2 = \pm \sigma_0$$

对于平面问题,$\sigma_3 = 0$,故上述各式变为

$$\sigma_2 = \pm \sigma_0$$
$$\sigma_1 = \pm \sigma_0$$
$$\sigma_1 - \sigma_2 = \pm \sigma_0$$

上述各式可以在以 σ_1 和 σ_2 为坐标轴的坐标系中表示出来,如图 1-7 中的 AFGCHE 六角形。

若 $\sigma_1 > \sigma_2 > \sigma_3$,最大剪应力理论的强度条件则为

$$\tau_{max} = \frac{1}{2}(\sigma_1 - \sigma_3) = \frac{1}{2}\sigma_0 \tag{1-13}$$

即

$$\sigma_1 - \sigma_3 = \sigma_0 \tag{1-14}$$

由上可以看出,最大剪应力理论没有反映主应力 σ_2 对强度的影响,只考虑了一个最大剪应力,也没有反映通过一点的其他面上的剪应力的影响。但是最大剪应力理论与实际试验结果比较符合。这个理论在压力容器设计时经常用到,其原因除此而外,还有:

(1)分析受内压作用的薄壁圆筒的应力如环向应力 $\sigma_\theta = \sigma_1 > 0$,轴向应力 $\sigma_z \approx \sigma_{\theta/2}$,径向应力 $\sigma_r = -p$(p 为内压力)时可以看出:最大剪应力理论的强度条件是 $\sigma_1 - \sigma_3 \le \sigma_0$,因 $\sigma_1 - \sigma_3 = \sigma_\theta + p$,如果内压较小, $\sigma_\theta V$ 和 $(\sigma_\theta + p)$ 之差相对比较小;如果用最大主应力理论计算时,因其破坏条件为 $\sigma_1 = \sigma_\theta \le \sigma_0$,并按 σ_θ 确定壳体壁厚,尽管没有反映出 p 的影响,但是对强度影响不大。反之,内压较大,其差值较大,若用最大剪应力理论,就能比较真实地显现压力对强度的影响。显然在这种情况下采用最大剪应力理论比最大主应力理论计算结果较为精确,符合实际状态。

(2)作用在容器上的载荷很大且为交变载荷时,由于需要进行疲劳破评定,最大主应力不适用。

(3)与下面要讨论的最大变形能理论相比较,此强度理论比较简单,使用方便。

1.11.3　最大变形能理论

最大变形能理论认为在复杂载荷作用下,材料形状改变比能引起的能量达到 $[(1+\mu)/3E]\sigma_0^2$ 时即进入危险状态。因为单位体积变形能为

$$u_d = \frac{1+\mu}{6E}[(\sigma_1 - \sigma_2)^2 + (\sigma_2 - \sigma_3)^2 + (\sigma_3 - \sigma_1)^2]$$

$$= \frac{1+\mu}{3E}[\sigma_1^2 + \sigma_2^2 + \sigma_3^2 - \sigma_1\sigma_2 - \sigma_2\sigma_3 - \sigma_1\sigma_3] \tag{1-15}$$

单向拉伸(或压缩)到达危险状态(屈服)时形状比能极限值为

$$u_d' = \frac{1+\mu}{3E}\sigma_0^2 \tag{1-16}$$

故材料进入危险状态时,必须是式(1-11)等于式(1-12),即 $u_d = u_d'$,或者写为

$$\sigma_1^2 + \sigma_2^2 + \sigma_3^2 - \sigma_1\sigma_2 - \sigma_2\sigma_3 - \sigma_1\sigma_3 = \sigma_0^2 \tag{1-17}$$

由此可以得出强度条件(见式(1-11)):

$$\sigma_e = \sqrt{\sigma_1^2 + \sigma_2^2 + \sigma_3^2 - \sigma_1\sigma_2 - \sigma_2\sigma_3 - \sigma_1\sigma_3} \le [\sigma] \tag{1-18}$$

平面应力状态下,即 $\sigma_3 = 0$,强度条件为

$$\sigma_e = \sqrt{\sigma_1^2 - \sigma_1\sigma_2 + \sigma^2} \le [\sigma] \tag{1-19}$$

式(1-19)可以在以 σ_1 和 σ_2 为坐标轴的坐标系中表现出来,如图1-7中的椭圆曲线表示。最大变形能理论不仅与材料性能有关,还与应力状态有关。

第2章　压力容器力学基础

2.1　壳体无力矩理论

工程上普遍采用的薄壁压力容器几何形状主要由轴对称壳体如圆柱形、球形、圆锥形、椭球形和碟形等壳体组成,薄壁容器是指壳体外径与内径之比小于 1.2($D_0/D_i \leqslant 1.2$)的容器。

在薄壁容器中,由于壁很薄,故假设壳体截面无法承受弯矩,只存在拉应力或压应力而没有弯曲应力。这种假设是近似的,但是可行的,这样使薄壁容器计算大为简化。实践证明,这种简化后的计算结果完全能够满足工程上要求。

按照这种假设设计容器的理论称为薄壁容器理论或无力矩理论。薄壁理论或无力矩理论假设在壁厚方向上应力,即径向应力忽略不计,只考虑壳体中面的应力和变形,由此计算得出的应力称为薄膜应力或一次应力。必须指出的是,应用薄膜理论时,需要满足曲面几何形状对称、壳体壁厚无突变、壳体曲率半径变化连续、壳体曲面上载荷分布对称并连续、壳体材料物理性能相同(各向同性)等要求。

在具体研究这个理论之前,先对轴对称薄壁壳体的几个基本术语进行定义,如图 2 - 1 所示。

中间面:母线 OA 绕回转轴线 OO 旋转 360°形成的曲面称为中间面,此中间面即为旋转壳体。

极点:中间面与轴线 OO 交点称为极点。

法线:垂直于中间面某点切面的直线称为该点的法线。

经线:通过回转轴线 OO 的平面与中间面相交得到的曲线称为经线。在对称旋转壳体中,母线 OA 即是经线。

经线平面:过回转轴的平面。

平行圆:垂直于轴线 OO 的平面与中间面相交截出的圆称为平行圆。

主曲率半径或第一曲率半径:中间面上任一点的经线曲率半径称为该点的主曲率半径或第一曲率半径。

次曲率半径或第二曲率半径:中间面与垂直于经线的平面相交截出的曲线曲率半径称为中间面在该点的次曲率半径或第二曲率半径。

曲率中心:曲率半径的末端称为曲率中心。

2.1.1　微元体平衡方程

在受压壳体的任一点,截取微元体 abcd ,其中 ab 和 cd 为经线截面, ad 和 bc 垂直于经线截面,如图 2 - 1 所示。根据薄膜理论,在曲面几何形状对称情况下,由图中可见,在微元体各截面上所承受的力分别按下式计算：

在 ad 和 bc 截面上的力为

$$Q_1 = \sigma_1 \delta \mathrm{d}l_1$$

在 ab 和 cd 截面上的力为

$$Q_2 = \sigma_2 \delta \mathrm{d}l_2$$

由图中还可以得

$$2F_2 = 2\sigma_2 \delta \mathrm{d}l_2 \sin\left(\frac{\mathrm{d}\theta_2}{2}\right)$$

$$2F_1 = 2\sigma_1 \delta \mathrm{d}l_1 \sin\left(\frac{\mathrm{d}\theta_1}{2}\right)$$

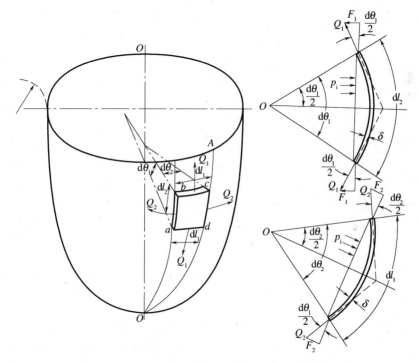

图 2-1　容器壳体微元体平衡方程分析

内压作用于微元体平面法向方向上的合力为

$$P = p_i \mathrm{d}l_1 \mathrm{d}l_2$$

作用在微元体上的所有力在其法线方向分力之和等于零，即

$$2(F_1 + F_2) = P \qquad\qquad (2-1)$$

或

$$2\sigma_2 \delta \mathrm{d}l_2 \sin\left(\frac{\mathrm{d}\theta_2}{2}\right) + 2\sigma_1 \delta \mathrm{d}l_1 \sin\left(\frac{\mathrm{d}\theta_1}{2}\right) = p_i \mathrm{d}l_1 \mathrm{d}l_2 \qquad\qquad (2-2)$$

由于微元体的曲率半径夹角 $\mathrm{d}\theta_1$ 和 $\mathrm{d}\theta_2$ 很小，故

$$\sin\left(\frac{\mathrm{d}\theta_1}{2}\right) \approx \frac{\mathrm{d}\theta_1}{2} = \frac{1}{2}\frac{\mathrm{d}l_2}{R_1}$$

$$\sin\left(\frac{\mathrm{d}\theta_2}{2}\right) \approx \frac{\mathrm{d}\theta_2}{2} = \frac{1}{2}\frac{\mathrm{d}l_1}{R_2}$$

将上式代入式(2-2)后,得

$$\frac{\sigma_1}{R_1}\mathrm{d}l_1\mathrm{d}l_2\delta + \frac{\sigma_2}{R_2}\mathrm{d}l_1\mathrm{d}l_2\delta = p_i\mathrm{d}l_1\mathrm{d}l_2$$

最后得

$$\frac{\sigma_1}{R_1} + \frac{\sigma_2}{R_2} = \frac{p_i}{\delta} \qquad (2-3)$$

式中:σ_1 为纵向或经向应力(沿经线方向应力)(MPa);σ_2 为环向应力(MPa);δ 为容器壳体计算壁厚(mm);p_i 为内压力(MPa);R_1 为第一曲率半径或经线曲率半径(mm);R_2 为第二曲率半径(mm)。

式(2-3)称为微元体平衡方程,也叫拉普拉斯方程,是薄壁压力容器无力矩理论设计计算的基本方程。

在推导上式时,曲率半径都是指向容器中心,故符号均为正,如果曲率半径向外指,如图2-1中的 r',则曲率半径符号为负。

还必须注意到,作用在容器内压力或容器壁厚不同时,式(2-3)也可以适用。

2.1.2 区域平衡方程

在式(2-3)中有两个未知数 σ_1 和 σ_2,用一个方程不可能解出,故需列出另一个方程,才能够完全求解。

如图2-2所示,取平行圆 nn' 以下部分的截体为分离体,则可根据力平衡列出平衡方程。在截体中切取间距为 $\mathrm{d}l$ 的薄壁圆锥环带 kk',设内压力为 p_i,则作用在圆锥环带上的总压力为

$$\mathrm{d}P = 2\pi p_i r \mathrm{d}l$$

此力在 OO 轴上的分力为

$$\mathrm{d}P_1 = 2\pi p_i r \mathrm{d}l\cos\alpha \qquad (2-4)$$

因为

$$\cos\alpha = \frac{\mathrm{d}r}{\mathrm{d}l} \qquad (2-5)$$

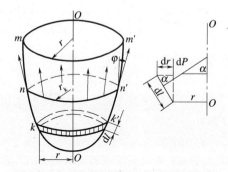

图2-2 容器壳体区域平衡方程分析

则将式(2-5)代入式(2-4)后,得

$$\mathrm{d}P_1 = 2\pi p_i r \mathrm{d}l\frac{\mathrm{d}r}{\mathrm{d}l} = 2\pi r p_i \mathrm{d}r$$

壳体假设只受均匀压力作用时,整个轴向力为

$$P_z = 2\pi p_i \int_0^{r_k} r \mathrm{d}r = 2\pi r_k^2 p_i \mathrm{d}r \qquad (2-6)$$

如果容器装有重度为 γ、高度为 H 的液体,则在高度 h 处的液体压力为

$$p_i = \gamma(H - h)$$

由液体压力 p_i 产生的轴向力为

$$P_z = 2\pi \int_0^{r_k} \gamma(H-h)r\mathrm{d}r = \gamma\pi r_k^2 H - 2\pi\gamma\int_0^{r_k} hr\mathrm{d}r \qquad (2-7)$$

若图中 Om 经线方程为已知时,可将 h 和 r 的函数关系式(2-7)积分求出高度 h 处受液体作用的轴向压力 P_z。

其次,从反作用原理可知,壳体圆锥圆环 kk' 存在经向应力 σ_1,此应力沿 OO 轴线方向的总内力为

$$P' = 2\pi r_k \sigma_1 \delta\cos\varphi$$

内压产生的轴向力(外力) P_z 是向下作用的,而轴向分力 P' (内力)向上作用,这两个力大小相等,方向相反,故可得经向应力为

$$2\pi \int_0^{r_k} p_i r\mathrm{d}r = 2\pi r_k \delta\sigma_1\cos\varphi$$

或写为

$$\sigma_1 = \frac{\int_0^{r_k} p_i r\mathrm{d}r}{r_k \delta\cos\varphi} \qquad (2-8)$$

式(2-8)为区域平衡方程式,它和微元体平衡方程式一样,也是薄膜理论的基本方程。

2.1.3 无力矩理论应用

在知道无力矩理论微元体平衡方程和区域平衡方程两个基本方程式以后,需要解决这些方程在各种压力容器壳体应力分析中的实际应用。这要分两种情况讨论:①承受均匀压力,如气压或蒸汽压力作用的圆柱壳、球形壳体、圆锥壳和其他成形封头;②承受液体压力作用的如储存液体回转形壳体,如圆柱壳和球壳等。

2.1.3.1 均匀受压壳体

均匀受压壳体是指受气体、蒸汽等介质作用的容器壳体,其内部各处压力作用均匀分布。

1. 球壳

由于球壳几何形状轴对称,其第一曲率半径 R_1 和第二曲率半径 R_2 相等,即 $R_1 = R_2 = R$,因而经向应力 σ_1 与环向应力 σ_2 相等,$\sigma_1 = \sigma_2 = \sigma$,故式(2-3)变为

$$2\frac{\sigma}{R} = \frac{p_i}{\delta}$$

或

$$\sigma = \sigma_1 = \sigma_2 = \frac{p_i R}{2\delta} = \frac{p_i D}{4\delta} \qquad (2-9)$$

2. 圆柱壳

因为圆柱壳体的母线为直线,故第一曲率半径 $R_1 = \infty$,第二曲率半径 $R_1 = R$,如图 2-3 所示,将此关系代入式(2-3)后,得环向应力为

$$\frac{\sigma_1}{\infty} + \frac{\sigma_2}{R_2} = \frac{p_i}{\delta}$$

$$\sigma_2 = \frac{p_i R}{\delta} = \frac{p_i D}{2\delta} \quad (2-10)$$

在内压力 p_i 作用下,壳体壁厚为 δ 的薄壁圆柱壳体要承受的轴向力为

$$P_1 = \sigma_1 2\pi R \delta$$

在内压力 p_i 作用下,容器圆柱形壳体(壳体两端封闭)横截面上所承受的总压力为

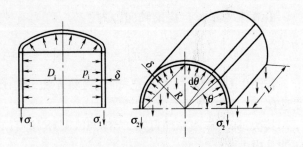

图 2-3　内压作用圆柱形壳体受力分析

$$P_2 = \pi R^2 p_i$$

由于容器壳体处于平衡状态,因此两力大小相等,方向相反,即 $P_1 = P_2$,故有

$$2\pi\sigma_1 R\delta = \pi R^2 p_i$$

或

$$\sigma_1 = \frac{p_i R}{2\delta} = \frac{p_i D}{4\delta} \quad (2-11)$$

比较式(2-10)和式(2-11)可知

$$\sigma_2 = 2\sigma_1 \quad (2-12)$$

也就是说,环向应力为经向应力的两倍。因此在圆柱形容器开孔设计中有如下规定:椭圆形开孔短轴应与容器轴线重合。

3. 圆锥形壳体

圆锥形壳体的经线与圆柱壳体一样,也是直线,故 $R_1 = \infty$,第二曲率半径 $R_2 = R/\cos\alpha$,代入式(2-3)后,得环向应力为

$$\frac{\sigma_1}{\infty} + \frac{\sigma_2}{R}\cos\alpha = \frac{p_i}{\delta}$$

$$\sigma_2 = \frac{p_i R}{\delta\cos\alpha} \quad (2-13)$$

由式(2-13)可知:当圆锥顶半角 α 接近于零时,环向应力 σ_2 接近于圆柱壳体的环向应力值;当 α 接近于 $\pi/2$ 时,即由锥壳展成平板,应力趋于无限大。后者仅仅证明了这个假设:薄膜平板不能承受垂直于其平面上的载荷。

在内压作用下,圆锥壳壁半径为 R 处壳体需承受的力为

$$P_1{}' = 2\pi R\delta\sigma_1$$

此力的轴向分力为

$$P_1 = 2\pi R\delta\sigma_1\cos\alpha \quad (2-14)$$

在内压力 p_i 作用下,圆锥壳半径为 R 截面面积上的压力为

$$P_2 = \pi R^2 p_i \quad (2-15)$$

式(2-14)和式(2-15)两力大小相等、方向相反,即

$$2\pi R\delta\sigma_1\cos\alpha = \pi R^2 p_i$$

或

$$\sigma_1 = \frac{R p_i}{2\delta\cos\alpha} \quad (2-16)$$

比较式(2-13)和式(2-16),得 $\sigma_2 = 2\sigma_1$,即环向应力是经向应力的两倍,与圆柱壳相同。

4. 椭球形壳体

椭球形壳体是由椭圆曲线绕固定轴旋转而成,椭圆曲线的各点曲率半径均为变量,因此用式(2-3)计算时要麻烦得多。直角坐标 x 和 y 中椭圆曲线方程为(图2-4)

$$b^2 x^2 + a^2 y^2 = a^2 b^2 \tag{2-17}$$

$$y = \pm \frac{b}{a} \sqrt{a^2 - x^2} \tag{2-18}$$

任意一点的曲率半径为

$$\rho = \frac{\left[1 + \left(\dfrac{\mathrm{d}y}{\mathrm{d}x}\right)^2\right]^{3/2}}{\dfrac{\mathrm{d}^2 y}{\mathrm{d}x^2}} \tag{2-19}$$

对式(2-17)求导二次,并考虑式(2-18),则有

$$\frac{\mathrm{d}y}{\mathrm{d}x} = \frac{-bx}{a \sqrt{a^2 - x^2}} = -\frac{b^2 x}{a^2 y} \tag{2-20}$$

$$\frac{\mathrm{d}^2 y}{\mathrm{d}x^2} = \frac{-ba^2}{a \sqrt{(a^2 - x^2)^3}} = \frac{-b^4}{a^2 y^3} \tag{2-21}$$

把式(2-20)和式(2-21)代入式(2-19)后得

$$R_1 = |\rho| = \frac{\left[1 + \left(\dfrac{b^2 x}{a^2 y}\right)^2\right]^{3/2}}{\dfrac{b^4}{a^2 y^3}} = \frac{(a^4 y^2 + b^4 x^2)^{3/2}}{a^4 b^4} \tag{2-22}$$

式(2-22)即为椭球壳体的第一曲率半径表达式。

椭球壳的第二曲率半径为由其任意一点 $A(x,y)$ 作该点切线的垂直线交其旋转轴于 O 点的直线,在 x、y 坐标中,椭球壳的切线倾角为 θ,其值为

$$\tan \theta = \frac{\mathrm{d}y}{\mathrm{d}x} = \frac{bx}{a \sqrt{a^2 - x^2}} \tag{2-23}$$

由图2-4明显可见,$\tan \theta = x/l$,并代入式(2-22)后得

$$\frac{x}{l} = \frac{bx}{a \sqrt{a^2 - x^2}}$$

或

$$l = \frac{a}{b} \sqrt{a^2 - x^2} \tag{2-24}$$

因为

$$R_2 = \sqrt{l^2 + x^2} \tag{2-25}$$

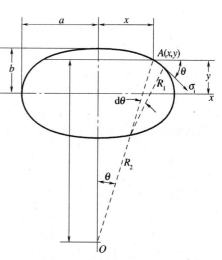

图2-4　椭球壳体几何参数

故将式(2-24)代入式(2-25)后,得第二曲率表达式为

$$R_2 = \sqrt{\frac{a^2(a^2-x^2)}{b^2}+x^2} = \frac{[a^4-x^2(a^2-b^2)]^{1/2}}{b} = \frac{(a^4y^2+b^4x^2)^{1/2}}{b^2} \quad (2-26)$$

于是由式(2-22)和式(2-26),可以得

$$R_1 = R_2{}^3 \frac{b^2}{a^4}$$

经向应力可按平衡条件求得。均匀内压力 p_i 作用在半径为 x 圆面积上的作用力为

$$P = \pi x^2 p_i \quad (2-27)$$

在椭球封头半径 x 处壳体壁内由内压 p_i 产生的内力的轴向分力为

$$P' = 2\pi x\delta\sigma_1 \sin\theta \quad (2-28)$$

平衡条件为

$$P - P' = 0$$

即

$$\pi x^2 p_i - 2\pi x\delta\sigma_1 \sin\theta = 0$$

或

$$\sigma_1 = \frac{p_i x}{2\delta\sin\theta} = \frac{p_i x}{2\delta\dfrac{x}{R_2}} = \frac{p_i R_2}{2\delta} = \frac{p(a^4y^2+b^4x^2)^{1/2}}{2\delta b^2} \quad (2-29)$$

式中: a 为椭球壳长半轴长度(mm); b 为椭球短半轴长度(mm); R_1 为椭球第一曲率半径(mm); R_2 为椭球第二曲率半径(mm); p_i 为均匀内压力(MPa); δ 为封头壁厚(mm)。

将式(2-22)的 R_1 和式(2-26)的 R_2,以及式(2-29)的 σ_1 代入式(2-3)后,即可求得

$$\sigma_2 = \sigma_1\left(2-\frac{a}{b}\right) = \frac{p_i(a^4y^2+b^4x^2)^{1/2}}{\delta b^2}\left[1-\frac{a^4b^2}{2(a^4y^2+b^4x^2)}\right] \quad (2-30)$$

椭球各点应力分布如图2-5所示,在椭球壳顶点处,即 $\theta=0$ 或 $x=0$ 时, $R_1=R_2=a^2/b$,由式(2-29)和式(2-30)可得

$$\sigma_1 = \sigma_2 = \frac{p_i a^2}{2b\delta} \quad (2-31)$$

在椭球的周边,即 $\theta=90°$, $R_1=b/a^2$, $R_2=a$ 处由式(2-29)可得

$$\sigma_1 = \frac{p_i a}{2\delta} \quad (2-32)$$

由式(2-30)得

$$\sigma_2 = \frac{p_i a}{\delta}\left(1-\frac{a^2}{2b^2}\right) \quad (2-33)$$

式(2-32)求得的 σ_1 与圆柱壳体的经向(纵向)应力大小相同。然而,对于环向应力,应力分布状态就不一样。当 a/b 比值增加到约为1.42时,最大剪应力的位置由顶点移到椭球边缘。周边处的最大剪应力为

$$\tau_{max} = \frac{\sigma_1-\sigma_2}{2} = \frac{\dfrac{p_i a}{2\delta}-\dfrac{p_i a}{\delta}\left(1-\dfrac{a^2}{2b^2}\right)}{2} = \frac{p_i a}{4\delta}\left(\frac{a^2}{b^2}-1\right) \quad (2-34)$$

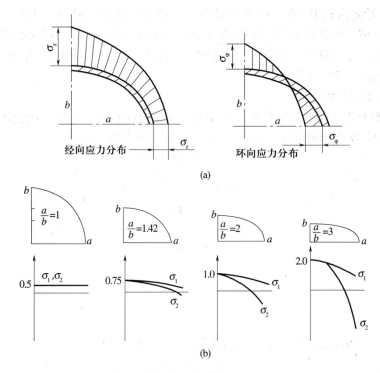

经向应力分布　环向应力分布

(a)

$\dfrac{a}{b}=1$　$\dfrac{a}{b}=1.42$　$\dfrac{a}{b}=2$　$\dfrac{a}{b}=3$

(b)

图 2-5　椭球壳体不同长短轴比时应力状态

θ 角因 a/b 比值变化而产生的应力变化如图 2-5 所示。由图中可见,经向应力 σ_1 在所有 a/b 的比值范围内均为拉应力,最大值出现在顶点处。环向应力 σ_2 在顶点和经向应力一样也是拉应力,但是, $a/b > 1.42$ 时,靠近椭球壳边缘处即变为压应力。由图中还可以看出,当 $a/b = 1$ 时,即球壳,应力最小。如果 $a/b = 2$,在顶点产生最大拉应力值为 $p_i a/\delta$,这与圆柱形壳体的环向应力相同,而在边缘上产生等值的压应力。若 $a/b > 2$,虽然椭球封头顶点附近的拉应力与标准椭球封头 $a/b = 2$ 时的拉应力差异不大,但是在转角区域和边缘处产生很高的环向压应力。正是此压应力,将能够使椭球封头壳体产生下述几种情况。

(1) 对于大直径封头,由于压应力很大,会使薄壁封头沿环向产生局部径向皱折或垮塌失效。

(2) 由于剪应力比较高,易引起局部破坏。

(3) 标准封头, $a/b = 2$, $\sigma_\theta = 0$ 时的 θ 角为 $35°22'$, $x = 0.815a$,从此点开始将会产生环向压缩应力区域。

5. 碟形封头

碟形封头主要有三部分组成:球冠、过渡圆弧和圆柱壳直边。在球冠和过渡圆弧之间有一个共切点 C ,如图 2-6 所示。球冠大小由半径 L 和展开角 φ_0 决定,而过渡圆弧的经线曲率半径 r 与过渡圆弧的对应角($90° - \varphi_0$)有关。当 r 和 L

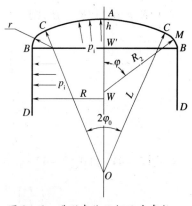

图 2-6　碟形壳体几何尺寸参数

变化时,对于给定内径 D(或半径 R)的圆柱壳,则有无数个碟形封头廓形。封头高度 h 取决于 L 和 r 值。展开角 φ_0 的选择要保证球冠与圆弧过渡节点 C 平滑连续过渡,即使两母线连接处有一个共切点。根据大量实验研究结果和使用经验认为 φ_0 在 $20°:30°$ 之间最宜,一般取 $\varphi_0 = 25°$ 左右。

1)封头几何形状

最佳碟形封头几何形状是根据球冠和过渡圆弧接点 C 处的 r/L 最大比值等于封头形状比的倒数 $2h/D$ 推导出来的。由图 2-6 的几何形状可知

$$\sin \varphi_0 = \frac{\frac{D}{2} - r}{L - r} \tag{2-35}$$

$$\cos \varphi_0 = \frac{D - h}{L - r} \tag{2-36}$$

$$\tan \varphi_0 = \frac{\frac{D}{2} - r}{L - h} \tag{2-37}$$

又因

$$\sin^2 \varphi_0 + \cos^2 \varphi_0 = 1 \tag{2-38}$$

则由式(2-36)和式(2-37)得过渡圆弧的第一曲率半径为

$$r = \frac{R^2 + h^2 - 2Lh}{2(R - L)} \tag{2-39}$$

同理,球冠的第一曲率半径为

$$L = \frac{2Rr - h^2 - R^2}{2(r - h)} \tag{2-40}$$

为计算方便,取无量纲方程为

$$\frac{r}{D} = \frac{R^2 + h^2 - 2Lh}{4R(R - L)}$$

$$\frac{L}{D} = \frac{2Rr - h^2 - R^2}{4R(r - h)}$$

形状比的倒数为

$$\frac{2h}{D} = \frac{L}{R} \pm \left[\left(\frac{L}{R} - 1 \right) \left(\frac{L}{R} + 1 - 2\frac{r}{R} \right) \right]^{\frac{1}{2}}$$

令 $L/R = \alpha$,$r/R = \beta$,则 r/L 比值可用下述两式表示:

$$\frac{r}{L} = \frac{\beta\left(4\frac{h}{D} - 2\beta\right)}{\left(2\frac{h}{D}\right)^2 + 1 - 2\beta} \tag{2-41}$$

$$\frac{r}{L} = \frac{4\frac{h}{D}\left(\alpha - 2\frac{h}{D}\right) - 1}{2\alpha(\alpha - 1)} \tag{2-42}$$

对式(2-41)和式(2-42)求导并令其等于零,解 α/β,则 r/L 的最大值为

$$\left(\frac{r}{L}\right)_{\max} = \frac{2h}{D} \frac{\sqrt{R^2 - h^2} - R + h}{\sqrt{R^2 + h^2} + R - h} \tag{2-43}$$

40

一般情况下，封头形状比为已知值，即 D 和 h 事先已经确定。这时可通过选择的 L/D 比值，由式(2-41)和式(2-42)算出碟形封头几何形状比值，而最佳封头由式(2-43)求得。实际上，L/D、r/D、r/L 三个无量纲值和 φ_0 的最佳关系在规范中都有规定，如 ASME 规范把过渡圆弧第一曲率半径 r 限制在 $6\%D$ 以上，把球冠半径 L 限制在 D 以内，即 $r \geq 0.06D$，$L \leqslant D$。封头形状比 $D/(2h) = 2.2$ 时将最佳封头线分开；对于浅碟形封头，最佳封头交点均要求 $L/D > 1$。若考虑 r/D 限制时，最佳封头形状比取 $3:1$（实际为 2.95），于是最佳封头线与封头形状比 2.95 交点对应的 $L/D = 1.33$。此时展开角 $\varphi_0 = $ arctan $2h/D = 18°43'$（图 2-7）。规范根据实际经验取 $L/D = 1$，$r/D = 0.06$，$\varphi_0 = 27.45°$。

2) 应力分析

对于球冠 AC 部分，经向应力和环向应力为

$$\sigma_1 = \sigma_2 = \frac{L}{2\delta}p_i \qquad (2-44)$$

对于圆柱直边 BD 部分，经向应力和环向应力为

$$\sigma_1 = \frac{Rp_i}{2\delta} \qquad (2-45)$$

$$\sigma_2 = \frac{Rp_i}{\delta} \qquad (2-46)$$

对于过渡圆弧 CB 部分，过 M 点法线方向第二曲率半径 R_2 截取封头上半部，沿 OA 轴列平衡方程为

$$2\pi R_2 \sin\varphi \delta\sigma_1 \cdot \sin\varphi = \pi (R_2\sin\varphi)^2 p_i$$

由此得

$$\sigma_1 = \frac{p_i R_2}{2\delta} \qquad (2-47)$$

将式(2-47)代入式(2-3)后得

$$\sigma_2 = \frac{p_i R_2}{\delta} - \frac{p_i R_2}{2\delta}\left(\frac{R_2}{r}\right) = \frac{p_i R_2}{2\delta}\left(2 - \frac{R_2}{r}\right) \qquad (2-48)$$

式中：第二曲率半径 R_2 随 φ 角变化（$R < R_2 < L$），可用下式求出：

$$R_2 = r + \frac{R - r}{\sin \varphi} = \frac{R - r(1 - \sin \varphi)}{\sin \varphi} \qquad (2-49)$$

由式(2-47)和式(2-48)可见，过渡圆弧的经向应力 σ_1 和环向应力 σ_2 均是变化的，应力分布如图 2-8 所示。经向应力（左半部分）是连续变化的，但到过渡圆弧处内外侧应力发生突变，外侧为负，内侧为正。而环向应力在过渡圆环部分均变为负值。

在 $R_2 = L$ 处（$\varphi = \varphi_0$），经向应力和环向应力分别为

$$\sigma_1 = \frac{L}{2\delta}p_i \qquad (2-50)$$

$$\sigma_2 = \frac{p_i L}{2\delta}\left(2 - \frac{L}{r}\right) \qquad (2-51)$$

在 $R_2 = R$ 处（$\varphi = 90°$），经向应力和环向应力分别为

$$\sigma_1 = \frac{p_i R}{2\delta} \qquad (2-52)$$

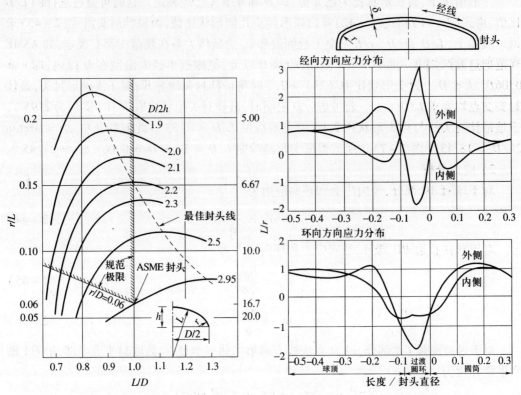

图 2-7 碟形壳体结构尺寸与封头形状比之间关系　　图 2-8 内压作用碟形壳体应力分布

$$\sigma_2 = \frac{p_i R}{2\delta}\left(2 - \frac{R}{r}\right) \tag{2-53}$$

由于薄壁碟形封头应力分布比较复杂,甚至于在内压作用情况下还存在稳定性问题,因此对于这种封头的应力分布很难用数学分析方法精确解出,上述环向应力和经向应力计算式得出的结果与实际值可能有一定的出入。由解析法和数值法(有限元法)分析计算表明,椭圆壳体整个截面首先产生屈服的区域是球冠与过渡圆弧的连接处。图 2-8 为一具体事例,在过渡圆弧处,内外表面的应力集中系数列入表 2-1。

表 2-1 碟形封头应力集中系数

应 力 名 称	外 表 面	内 表 面
经向应力	-1.80	3.00
环向应力	-1.80	-0.75

由表 2-1 可见,过渡圆弧内表面最大应力是拉应力。

2.1.3.2　受液体压力作用的壳体

当容器盛装液体时,由于液体静压作用容器壳体同一经线上各点承受的压力不同,离液面越深,液柱越高,液体的静压力也就越大。

下面,介绍两种常用的容器受液体压力作用时壳体的应力状态。

1. 底部周边支承圆柱形容器

如图 2-9 所示,设作用在液面上的气压 p_0,圆柱壳体经线上任一点的压力为

$$p = p_0 + \gamma h$$

式中:h 为被考虑点离液面高度(mm);γ 为液体密度($\mathrm{kg/m^3}$)。

由式(2-3)可得

$$\frac{\sigma_1}{\infty} + \frac{\sigma_2}{R} = \frac{p_0 + \gamma h}{\delta}$$

于是环向应力为

$$\sigma_2 = \frac{R}{\delta}(p_0 + \gamma h) \tag{2-54}$$

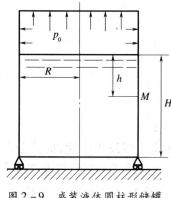

图 2-9　盛装液体圆柱形储罐

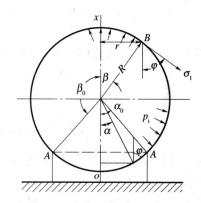

图 2-10　球形储罐受力分析

由于圆柱壳体底部液体侧压垂直于圆柱壳轴线,故因液压作用引起的壳壁经向应力等于零,也就是说,壳壁上的经向应力只考虑由气压 p_0 作用引起,即

$$\sigma_1 = \frac{p_0 R}{2\delta} = \frac{p_0 D}{4\delta} \tag{2-55}$$

若是开口储液槽,则 $p_0 = 0$,$\sigma_1 = 0$,故有

$$\sigma_2 = \frac{R\gamma h}{\delta}$$

2. 球罐

大型储液球罐在生产和生活中应用较多,从结构上球罐底部上要安装有各种形式的支座,现以环型支座为例,如图 2-10 AA 所示。球壳壳体 B 点的压力为

$$P = \gamma R - \gamma R\cos\beta = \gamma R(1 - \cos\beta) \tag{2-56}$$

设球壳的球心角为 2β,内径为 r 处承受压力在 ox 轴上投影的分力为

$$P = 2\pi \int pr\mathrm{d}r$$

因 $r = R\sin\beta$,$\mathrm{d}r = R\cos\beta\mathrm{d}\beta$,代入上式并积分有

$$P = 2\pi \int_0^\beta \gamma R(1 - \cos\beta)R^2\sin\beta\cos\beta\mathrm{d}\beta \tag{2-57}$$

$$= 2\pi R^3 \gamma \left[\frac{1}{6} - \frac{1}{2}\cos^2\beta\left(1 - \frac{2}{3}\cos\beta\right) \right]$$

43

B 点壳体经向应力 σ_1 的轴向总力为

$$P' = \sigma_1 \delta 2\pi r \cos\varphi = \sigma_1 \delta 2\pi R \sin\beta \cos(90\text{度} - \beta) = 2\pi R \sigma_1 \delta \sin^2\beta \quad (2-58)$$

由于 $P = P'$ ，即

$$2\pi R^3 \gamma \left[\frac{1}{6} - \frac{1}{2}\cos^2\beta \left(1 - \frac{2}{3}\cos\beta\right) \right] = 2\pi R \sigma_1 \delta \sin^2\beta$$

经向应力 σ_1 为

$$\sigma_1 = \frac{\gamma R^2}{6\delta \sin^2\beta}[1 - \cos^2\beta(3 - 2\cos\beta)] = \frac{\gamma R^2}{6\delta}\left[\frac{(1-\cos\beta)(1+\cos\beta-2\cos^2\beta)}{1-\cos^2\beta}\right]$$

$$= \frac{\gamma R^2}{6\delta}\left(1 - \frac{2\cos^2\beta}{1+\cos\beta}\right)$$

$$(2-59)$$

将式 $(2-59)$ 代入式 $(2-3)$ ，求得 B 点环向应力 σ_2 为

$$\sigma_2 = \frac{\gamma R^2 (1-\cos\beta)}{\delta} - \frac{\gamma R^2}{6\delta}\left(1 - \frac{2\cos^2\beta}{1+\cos\beta}\right)$$

$$= \frac{\gamma R^2}{6\delta}\left(5 - 6\cos\beta + \frac{2\cos^2\beta}{1+\cos\beta}\right)$$

$$(2-60)$$

由于球罐底部设有环形支座，在环形支座处壳体应力将发生变化，应力分布比较复杂。因此，式 $(2-59)$ 和式 $(2-60)$ 只适用于 $\beta < \beta_0$ ，即只适用于支座以上部分壳体。而对于支座以下部分壳体，在列出区域平衡方程时应加上环形支座反力，其值为

$$4\pi R\delta \sin^2\beta\sigma_1 = \frac{4}{3}\pi R^3 \gamma + 2\pi R^3\left[\frac{1}{6} - \frac{1}{2}\cos^2\beta\left(1 - \frac{2}{3}\cos\beta\right)\right]$$

由此得经向应力 σ_1 为

$$\sigma_1 = \frac{\gamma R^2}{6\delta}\left(5 + \frac{2\cos^2\beta}{1-\cos\beta}\right) \quad (2-61)$$

由式 $(2-3)$ 可求得环向应力 σ_2 为

$$\sigma_2 = \frac{\gamma R^2 (1-\cos\beta)}{\delta} - \frac{\gamma R^2}{6\delta}\left(5 + \frac{2\cos^2\beta}{1+\cos\beta}\right)$$

$$= \frac{\gamma R^2}{6\delta}\left(1 - 6\cos\beta - \frac{2\cos^2\beta}{1-\cos\beta}\right)$$

$$(2-62)$$

比较式 $(2-59)$ 和式 $(2-61)$ 以及式 $(2-60)$ 和式 $(2-62)$ ，可以看出其应力值差异很大。

2.1.3.3　内压容器径向位移计算

内压容器径向变形量可通过积分环向应变求得，图 $2-11$ 为圆柱壳垂直于轴线截面的圆环径向变形量：

$$\bar{\omega} = \int_0^{\pi/2} \varepsilon_\theta r \cos\varphi \, d\varphi = \varepsilon_\theta r \quad (2-63)$$

将环向应变 $\varepsilon_\theta = (\sigma_2 - \mu\sigma_1)/E$ ，代入式 $(2-63)$ 后，平行圆的径向位移为

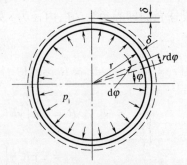

图 $2-11$　内压作用壳体径向变形结构尺寸分析

44

$$\overline{\omega} = \frac{r}{E}(\sigma_2 - \mu\sigma_1) \qquad (2-64)$$

式(2-63)和式(2-64)中的 r 值指所考虑点的平行圆半径。对于圆柱壳,此 r 值即为其半径;对于其他壳体,r 值求法在具体计算时将予以说明。

下面,介绍几个具体各种壳体径向变形计算方法。

1. 圆柱壳

将式(2-10)和式(2-11)代入式(2-64),且 $r = R$,得在内压 p_i 作用下的径向位移(没有考虑径向应力影响)为

$$\overline{\omega} = \frac{p_i R^2}{2\delta E}(2 - \mu) \qquad (2-65)$$

如果圆柱形储罐盛有密度为 γ（kg/m^3）的液体,则其壳体的径向位移为

$$\overline{\omega} = \frac{\gamma R^2}{\delta E}\left(x - \mu\frac{H}{2}\right) \qquad (2-66)$$

式中: x 为所考虑点的液柱高度。

2. 球壳

把式(2-9)代入式(2-64),即可求出球壳的径向变形值。此时,径向半径 r 值为

$$r = R\sin\varphi \qquad (2-67)$$

于是,所考虑点径向变形为

$$\overline{\omega} = \frac{p_i R^2}{2\delta E}(1 - \mu)\sin\varphi \qquad (2-68)$$

在边缘处,即 $\varphi = \varphi_0$,式(2-68)为

$$\overline{\omega}_0 = \frac{p_i R^2}{2\delta E}(1 - \mu)\sin\varphi_0 \qquad (2-69)$$

当 $\varphi = 90°$ 时,式(2-69)为

$$\overline{\omega}_0 = \frac{p_i R^2}{2\delta E}(1 - \mu) \qquad (2-70)$$

式中:符号意义如图 2-11 所示,但取 R 代替 r。

3. 圆锥体

将式(2-16)和式(2-13)代入式(2-64)后,得平行圆径向位移值为

$$\overline{\omega} = \frac{p_i R^2(2 - \mu)}{2\delta E\cos\alpha} \qquad (2-71)$$

式中:符号意义如图 2-4 所示。

4. 椭球形壳体

椭球形壳体的径向位移取决于它的长短轴比值 a/b,径向半径 r 为

$$r = R_2\sin\theta$$

将式(2-32)、式(2-33)及上式代入式(2-64)得径向变形值为

$$\overline{\omega} = \frac{R_2 p_i a}{2\delta E}\left(2 - \frac{a^2}{b^2} - \mu\right)\sin\theta \qquad (2-72)$$

5. 碟形壳体

由前述可知,碟形封头主要由球冠、过渡圆弧和圆柱壳直边三部分组成。在计算径向

位移时,可直接利用球壳和圆柱壳的平行圆径向位移公式。

在内压 p_i 作用下,球冠部分平行圆径向位移与 φ 角有关(图2-6)有关,当 $\varphi = \varphi_0$ 时,即在球顶部分边缘处,径向位移值按式(2-70)计算。由图2-6可知,径向半径 r 为

$$r = R_2 \sin \varphi \qquad\qquad (2-73)$$

将式(2-50)、式(2-51)及式(2-73)代入式(2-64)后得

$$\bar{\omega}_C = \frac{p_i R_2 \sin \varphi_0}{2\delta E}\left(2 - \mu - \frac{L}{r}\right) \qquad\qquad (2-74)$$

对于过渡圆弧 B 点,即 $\varphi = 90$ 度时,则将式(2-52)、式(2-53)及式(2-73)代入式(2-64)得

$$\bar{\omega}_B = \frac{p_i R}{2\delta E}\left(2 - \mu - \frac{R}{r}\right) \qquad\qquad (2-75)$$

对受均匀内压作用的圆柱壳直边部分 B 点,平衡圆径向位移量由式(2-65)计算。

2.2 壳体有力矩理论

压力容器各种形式封头与圆柱壳连接处,圆锥形壳体大、小端与圆柱形壳体连接处,法兰与壳体连接部分,壳体不同直径或不同壁厚连接部位,也就是说容器壳体总体的或局部的不连续处壳体在压力和其他外载荷作用下变形受到约束而产生的附加应力,以及由于热负荷产生的温度应力和温差引起的温度应力等均属于不连续应力。不连续应力有总体不连续应力和局部不连续应力,具体内容见第3章。

对薄壁壳体不连续处包括薄膜应力在内的应力状态分析,用无力矩理论已经无法完成,需要用有力矩理论。不连续应力是局部应力,就其性质来说,具有两个特征,即具有自平衡性或自限性及具有衰减性。这就是为什么能够允许容器壳体局部区域产生屈服或微量变形而不会立即导致结构整体失效的原因。

2.2.1 内力分量

为了求容器结构不连续处的附加应力,首先应当分析整体容器受压力作用时不连续处产生的弯曲变形(同时伴有压力作用引起的膨胀)及由此而产生的附加内力和应力。具体地说,就是通过弯曲挠度 $\bar{\omega}(x)$ 去求附加内力和应力,依次校核容器的强度。由圆柱壳理论可知,因壳体弯曲产生的附加内力和应力大小与弯曲挠度有关,所以必须利用内力、应力和挠度之间的关系,也就是利用弹性理论或板壳理论小挠度分析方法,即平衡方程(应力与体积力之间关系)、几何方程(位移与应变之间关系)和物理方程(应力与应变之间关系)求解全部的内力以及由此产生的应力值。

首先以薄壁圆柱壳($\delta \leqslant 0.2R$)与圆平板连接为例,分析受均匀内压作用壳弯曲时产生的附加内力和分力。

由图2-12可见,在圆柱壳的横截面有两个内

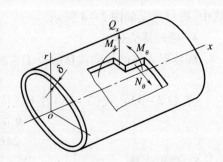

图2-12 内压作用下圆柱壳的内力分析

力分量,即弯矩 M_x 和剪力 Q_x;在其纵向截面上也有两个内力分量,即环向弯矩 M_θ 和环向力 N_θ。内力分量(M_x、M_θ、Q_x 和 N_θ)是由壳体弯曲变形引起的,其大小与变形挠度有关。由于这个弯曲变形只发生在容器壳体不连续区域,因此,内力分量也只存在于不连续处的局部区域,其分布随离开连接处距离增加而减少,达到一定距离时就会消失。

在圆柱壳横截面内弯矩 M_x 产生的应力,沿壁厚方向成线性分布,如图 2-13(a)所示,其值为

$$\sigma_x^{M_x} = \pm \frac{12M_x}{\delta^3}z \qquad (2-76)$$

此应力在内、外壁面处最大。设式(2-76)中 z 在中面以下为负,以上为正,则最大 $\sigma_x^{M_x}$ 为在 $z = \delta/2$ 和 $z = -\delta/2$ 处,故有

$$\sigma_x^{M_x} = \pm \frac{6M_x}{\delta^2} \qquad (2-77)$$

在圆柱壳轴向截面内环向弯矩 M_θ,其和 M_x 一样,产生应力沿壁厚方向成线性分布,如图 2-13(b)所示,其值为

$$\sigma_\theta^{M_\theta} = \pm \frac{12M_\theta}{\delta^3}z \qquad (2-78)$$

最大值:

$$\sigma_\theta^{M_\theta} = \pm \frac{6M_\theta}{\delta^2} \qquad (2-79)$$

剪力 Q_x 在圆柱壳横截面上产生剪应力 τ,剪应力分布为半圆形,其值为

$$\tau = \frac{Q_x}{\delta}\left(\frac{3}{2} - \frac{6z^2}{\delta^2}\right)$$

当 $z = 0$ 时,τ 最大,即

$$\tau = \frac{3Q_x}{2\delta} \qquad (2-80)$$

此应力在壳体内外表面处为0。

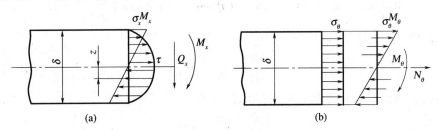

图 2-13 壳体内力分量作用产生的应力分布

在圆柱壳轴向截面内的环向力 N_θ,产生的正应力,沿壁厚均匀分布,其值为

$$\sigma_\theta^{N_\theta} = \frac{N_\theta}{F} = \frac{N_\theta}{1 \times \delta} = \frac{N_\theta}{\delta} \qquad (2-81)$$

综上所述,作用在横截面内的内、外壁上,沿轴向方向的总应力为

$$\sigma_x = \sigma_x^p + \sigma_x^{M_x} = \frac{p_i D}{4\delta} \pm \frac{6M_x}{\delta^2} \qquad (2-82)$$

而作用在轴向截面的内、外壁上,沿环向方向的总应力为

$$\sigma_\theta = \sigma_\theta^{\ p} + \sigma_\theta^{\ M_\theta} + \sigma_\theta^{\ N_\theta} = \frac{p_i D}{2\delta} \pm \frac{6M_\theta}{\delta^2} + \frac{N_\theta}{\delta} \qquad (2-83)$$

上述式中符号同前。同时可以看到,式(2-82)和式(2-83)中的未知数是内力分量 M_x、M_θ、N_θ 和 Q_x,也就是说,要求出不连续部分各个应力,就应当首先确定内力分量 M_x、M_θ、Q_x 和 N_θ 值。

2.2.2 内力分量计算

2.2.2.1 平衡方程

从图 2-12 中取出一微元体,如图 2-14 所示。由平衡条件可知,此微元体共有六个平衡方程:力对三个坐标轴投影的代数和为零;力对三个坐标轴力矩代数和为零。由于圆柱壳轴对称,其中有四个方程是自动满足的,即 $\Sigma x = 0$,$\Sigma y = 0$,$\Sigma M_x(F) = 0$ 和 $\Sigma M_z(F) = 0$。其余,由 $\Sigma z = 0$ 可得

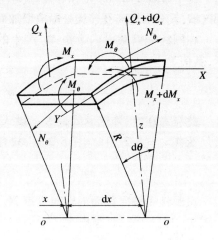

图 2-14 壳体微元体内力平衡分析

$$-2N_\theta \mathrm{d}x\sin\left(\frac{\mathrm{d}\theta}{2}\right) + Q_x R\mathrm{d}\theta - (Q_x + \mathrm{d}Q_x)R\mathrm{d}\theta = 0$$

因 $\sin\left(\dfrac{\mathrm{d}\theta}{2}\right) \approx \dfrac{\mathrm{d}\theta}{2}$,于是简化后可得

$$N_\theta \mathrm{d}x + \mathrm{d}Q_x R = 0$$

将上式两边除以 $R\mathrm{d}x$ 后,得

$$\frac{\mathrm{d}Q_x}{\mathrm{d}x} + \frac{N_\theta}{R} = 0 \qquad (2-84)$$

因 $\Sigma M_y(F) = 0$,则得

$$M_x \mathrm{d}\theta R - (M_x + \mathrm{d}M_x)R\mathrm{d}\theta + Q_x R\mathrm{d}\theta \mathrm{d}x - 2N_\theta \mathrm{d}x\sin\left(\frac{\mathrm{d}\theta}{2}\right)\frac{\mathrm{d}x}{2} = 0$$

展开,略去高次微量后得

$$\frac{\mathrm{d}M_x}{\mathrm{d}x} - Q_x = 0 \qquad (2-85)$$

将式(2-85)等号两边对 x 求导一次得

$$\frac{\mathrm{d}^2 M_x}{\mathrm{d}x^2} - \frac{\mathrm{d}Q_x}{\mathrm{d}x} = 0$$

或

$$\frac{\mathrm{d}^2 M_x}{\mathrm{d}x^2} = \frac{\mathrm{d}Q_x}{\mathrm{d}x} \qquad (2-86)$$

并代入式(2-84)得

$$\frac{\mathrm{d}^2 M_x}{\mathrm{d}x^2} + \frac{N_\theta}{R} = 0 \qquad (2-87)$$

式(2-87)即为圆柱壳由弯曲变形产生的内力分量必须满足的平衡方程。式中含有

两个未知数 M_x 和 N_θ ,故无法求解。

2.2.2.2 几何方程

圆柱壳弯曲变形后,环向力 N_θ 产生的应变 $\varepsilon_\theta{}^{N_\theta}$ 和挠度 $\bar{\omega}(x)$ 之间关系可以按下述方法求得。设 $\bar{\omega}(x)$ 为坐标 x 处的弯曲挠度, R 为变形前圆柱壳的半径, $R - \bar{\omega}(x)$ 为变形后圆柱壳半径,如图 2-15 所示。变形前圆周长为 $2\pi R$,而变形后为 $2\pi[R - \bar{\omega}(x)]$ 。有胡克定律可得

$$\varepsilon_\theta{}^{N_\theta} = \frac{2\pi R[R - \bar{\omega}(x)] - 2\pi R}{2\pi R} = -\frac{\bar{\omega}(x)}{R} \qquad (2-88)$$

除了环向力外,弯矩还能引起轴向应变和环向应变。由图 2-12 的圆柱壳中取出一单位宽度的微元体,如图 2-16 所示。距壳体中面坐标 z 处的轴向应变 $\varepsilon_x{}^M$ 为

$$\varepsilon_x{}^M = \frac{\Delta \mathrm{d}x}{\mathrm{d}x} = \frac{z\mathrm{d}\theta}{\rho\mathrm{d}\theta} = \frac{z}{\rho} \qquad (2-89)$$

式中: ρ 为壳体弯曲后的曲率半径。

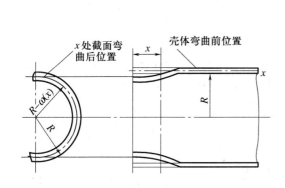

图 2-15　壳体变形前后半径尺寸变化

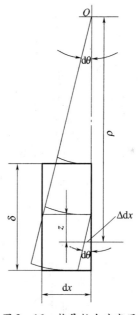

图 2-16　推导轴向应变用微元体

对于小变形,曲率半径 ρ 与挠度之间有下述关系:

$$\frac{1}{\rho} = -\frac{\mathrm{d}^2 \bar{\omega}}{\mathrm{d}x^2}$$

将上式代入式(2-89)后得

$$\varepsilon_x{}^M = -z\frac{\mathrm{d}^2 \bar{\omega}}{\mathrm{d}x^2} \qquad (2-90)$$

因圆柱壳轴对称,故不能引起与弯曲正应力相对应的、沿壁厚方向不等的环向应变,即

$$\varepsilon_x{}^M = 0$$

式(2-90)表示了弯矩引起的轴向应变与挠度之间的关系,即几何方程。

2.2.2.3 物理方程

有了上述的几何方程和下面要讨论的应力和应变之间的关系(胡克定律),就可建立内力和应力与挠度之间的关系即物理方程。环向力 N_θ 与挠度 $\overline{\omega}(x)$ 之间的关系由下述方法确定。根据胡克定律有

$$\sigma_\theta^{N_\theta} = E\varepsilon_\theta^{N_\theta} \tag{2-91}$$

因 $\sigma_\theta^{N_\theta}$ 沿壳体壁厚方向均匀分布,故单位长度的环向力为

$$N_\theta = \sigma_\theta^{N_\theta}F = E\delta\varepsilon_\theta^{N_\theta}$$

将式(2-88)代入上式后得

$$N_\theta = -\frac{E\delta}{R}\overline{\omega}(x) \tag{2-92}$$

2.2.2.4 弯矩与弯曲变形之间关系

关于弯矩 M_x、M_θ 与挠度 $\overline{\omega}(x)$ 之间的关系,可根据双向应力状态下的胡克定律计算:

$$\begin{cases} \sigma_x^M = \dfrac{E}{1-\mu^2}(\varepsilon_x^M + \mu\varepsilon_\theta^M) \\[2mm] \sigma_\theta^M = \dfrac{E}{1-\mu^2}(\varepsilon_\theta^M + \mu\varepsilon_x^M) \end{cases} \tag{2-93}$$

将几何方程式(2-90)和 $\varepsilon_\theta^M = 0$ 代入式(2-93)后得

$$\begin{cases} \sigma_x^M = \dfrac{E}{1-\mu^2}\left(-z\dfrac{d^2\overline{\omega}}{dx^2} - 0\right) = -\dfrac{E}{1-\mu^2}z\dfrac{d^2\overline{\omega}}{dx^2} \\[2mm] \sigma_\theta^M = \dfrac{E}{1-\mu^2}\left(0 - \mu z\dfrac{d^2\overline{\omega}}{dx^2}\right) = -\dfrac{\mu E}{1-\mu^2}z\dfrac{d^2\overline{\omega}}{dx^2} \end{cases} \tag{2-94}$$

由式(2-94)求得的应力沿壁厚方向成线性分布,此应力组成了弯矩 M_x 和 M_θ,其在单位长度上的值为

$$M_x = \frac{\int_F \sigma_x^M dFz}{Rd\theta} \tag{2-95}$$

及

$$M_\theta = \frac{\int_F \sigma_\theta^M dFz}{dx} \tag{2-96}$$

如图2-17所示,上述两式中,积分符号下的 F 表示积分在 σ_x^M、σ_θ^M 各自作用的面积上进行。对于 M_x,dF 变为 $Rd\theta dz$,积分上限为 $+\delta/2$,下限为 $-\delta/2$。

对于 M_θ,dF 变为 $dxdz$,积分上下限与上述相同。将式(2-94)中的 σ_x^M 代入式(2-95)后得

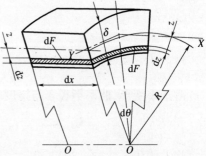

图2-17 确定壳体挠度方程推导微元体

$$M_x = \frac{\int_{-\delta/2}^{+\delta/2}\left(-\dfrac{E}{1-\mu^2}z\dfrac{d^2\overline{\omega}}{dx^2}\right)Rd\theta dz}{Rd\theta} = \int_{-\delta/2}^{+\delta/2}\left(-\dfrac{E}{1-\mu^2}\dfrac{d^2\overline{\omega}}{dx^2}\right)z^2dz = -\frac{E\delta^3}{12(1-\mu^2)}\dfrac{d^2\overline{\omega}}{dx^2} \tag{2-97}$$

同理,将式(2-94)中的 $M_\theta{}^M$ 代入式(2-96)后得

$$M_\theta = -\mu \frac{E\delta^3}{12(1-\mu^2)} \frac{\mathrm{d}^2\overline{\omega}}{\mathrm{d}x^2} \qquad (2-98)$$

令

$$\frac{E\delta^3}{12(1-\mu^2)} = D \qquad (2-99)$$

D 为圆柱壳抗弯刚度,故式(2-97)和式(2-98)中的 M_x 和 M_θ 分别可以写为

$$\begin{cases} M_x = -D \dfrac{\mathrm{d}^2\overline{\omega}}{\mathrm{d}x^2} \\[3mm] M_\theta = -\mu D \dfrac{\mathrm{d}^2\overline{\omega}}{\mathrm{d}x^2} = -\mu M_x \end{cases} \qquad (2-100)$$

2.2.2.5 弯曲变形微分方程

对式(2-100)求导两次后得

$$\frac{\mathrm{d}^2 M_x}{\mathrm{d}x^2} = -D \frac{\mathrm{d}^4\overline{\omega}}{\mathrm{d}x^4} \qquad (2-101)$$

将式(2-101)和式(2-92)代入式(2-87)后得壳体弯曲变形微分方程:

$$D \frac{\mathrm{d}^4\overline{\omega}}{\mathrm{d}x^4} + \frac{E\delta}{R^2}\overline{\omega}(x) = 0$$

或写为

$$\frac{\mathrm{d}^4\overline{\omega}}{\mathrm{d}x^4} + 4\beta^4\overline{\omega}(x) = 0 \qquad (2-102)$$

$$\beta^4 = \frac{E\delta}{4DR^2} = \frac{3(1-\mu^2)}{R^2\delta^2} \qquad (2-103)$$

式中:β 为衰减系数(1/mm)。

2.2.2.6 壳体弯曲变形微分方程解

式(2-102)为圆柱壳弯曲变形四阶常系数齐次微分方程,其通解为

$$\omega(x) = \mathrm{e}^{\beta x}(C_1\cos\beta x + C_2\sin\beta x) + \mathrm{e}^{-\beta x}(C_3\cos\beta x + C_4\sin\beta x) \qquad (2-104)$$

式(2-104)中的积分常数 C_1、C_2、C_3 和 C_4 由边界条件确定。由前所述,离边界区域稍远时,弯曲变形很快衰减并趋近于零。于是在距离 x 很大时,弯曲变形挠度为零,微分常数 C_1 和 C_2 等于零,则式(2-104)变为

$$\overline{\omega}(x) = \mathrm{e}^{-\beta x}(C_3\cos\beta x + C_4\sin\beta x) \qquad (2-105)$$

式中:积分常数 C_3 和 C_4 可根据边界条件确定。

关于圆柱壳体边界处的内力计算如图2-18所示,圆柱壳外缘处($x=0$),均匀分布弯矩为 M_0 和剪力 Q_0,其值为

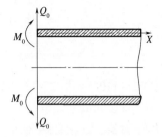

图2-18　圆柱壳体边缘处弯矩和剪力

$$M_0 = (M_x)_{x=0} = -D\left(\frac{\mathrm{d}^2\overline{\omega}}{\mathrm{d}x^2}\right)_{x=0} \qquad (2-106)$$

$$Q_0 = (Q_x)_{x=0} = \left(\frac{\mathrm{d}M_x}{\mathrm{d}x}\right)_{x=0} = -D\left(\frac{\mathrm{d}^3\overline{\omega}}{\mathrm{d}x^3}\right)_{x=0} \qquad (2-107)$$

将式(2-105)连续求导三次,并将相应的二阶导数和三阶导数分别代入式(2-106)和式(2-107),即可求出积分常数 C_3 和 C_4:

$$C_3 = -\frac{1}{2\beta^3 D}(Q_0 + \beta M_0) \tag{2-108}$$

$$C_4 = \frac{M_0}{2\beta^2 D} \tag{2-109}$$

将上述 C_3 和 C_4 值再代入到式(2-105)后,则可得出边界弯矩 M_0 和剪力 Q_0 为定值的挠度方程:

$$\overline{\omega}(x) = \frac{e^{-\beta x}}{2\beta^3 D}[\beta M_0(\sin\beta x - \cos\beta x) - Q_0\cos\beta x] \tag{2-110}$$

式中:M_0 和 Q_0 为未知数,由圆柱壳端部的受力和变形条件确定。对式(2-110)进行三次求导,便可分别获得转角、弯矩和剪力的表达式:

$$\theta_x = \frac{d\overline{\omega}}{dx} = \frac{e^{-\beta x}}{2\beta^2 D}[2\beta M_0\cos\beta x + Q_0(\cos\beta x + \sin\beta x)] \tag{2-111}$$

$$M_x = \frac{d^2\overline{\omega}}{dx^2} = -\frac{e^{-\beta x}}{2\beta D}[2\beta M_0(\cos\beta x + \sin\beta x) + 2Q_0\sin\beta x] \tag{2-112}$$

$$Q_x = \frac{d^3\overline{\omega}}{dx^3} = \frac{e^{-\beta x}}{D}[2\beta M_0\sin\beta x - Q_0(\cos\beta x - \sin\beta x)] \tag{2-113}$$

在边缘处,$\beta x = 0$,故有

$$e^{-\beta x}(\cos\beta x - \sin\beta x) = 1$$
$$e^{-\beta x}(\sin\beta x + \cos\beta x) = 1$$
$$e^{-\beta x}\cos\beta x = 1$$
$$e^{-\beta x}\sin\beta x = 0$$

于是有

$$M_0 = -D\left(\frac{d^2\overline{\omega}}{dx^2}\right)_{x=0} \tag{2-114}$$

$$Q_0 = -D\left(\frac{d^3\overline{\omega}}{dx^3}\right)_{x=0} \tag{2-115}$$

$$\theta_0 = \left(\frac{d\overline{\omega}}{dx}\right)_{x=0} = \frac{1}{2\beta^2 D}(2\beta M_0 + Q_0) \tag{2-116}$$

$$(\overline{\omega})_{x=0} = -\frac{1}{2\beta^3 D}(\beta M_0 + Q_0) \tag{2-117}$$

式(2-110)~式(2-113)为圆柱壳弯曲变形时边缘连接处的弯矩、剪力、转角和挠度方程。只要知道上述条件中的任意两个,就可以求出 M_0 和 Q_0,便能计算附加内力及其相应的应力值。其次,仔细研究上式发现,径向挠度、转角、弯矩和剪力方程中均有两部分组成:一部分是由边缘剪力 Q_0 引起的;另一部分是由边缘弯矩 M_0 引起的。对于圆柱壳边缘处还有环向弯矩 $M_{\theta 0}$,由式(2-101)明显可知,其值为 $M_{\theta 0} = \mu M_0$。边缘处的环向力 N_0 由式(2-92)计算。

2.2.2.7 考虑内压时弯曲变形微分方程解

上述壳体弯曲挠度方程式(2-104)、式(2-105)和壳体弯曲挠度边界解计算式均

52

没有考虑内压作用引起的壳体径向位移,因此在计算壳体总径向变形时,必须将此径向变形加进去。各种壳体在内压作用下径向位移计算式见式(2-65)、式(2-68)~式(2-72)及式(2-74)和式(2-75)。其次,内压壳体的径向位移为常量,故在用对边缘挠度方程求导计算壳体边缘效应范围内的壳体转角、弯矩和剪力时均为零,于是便有

$$\omega_{\Sigma} = \bar{\omega}(x) + \bar{\omega}_{(p)} = \frac{e^{-\beta x}}{2\beta^3 D}[\beta M_0(\sin\beta x - \cos\beta x) - Q_0\cos\beta x] - \frac{p_i R^2}{2E\delta}(2 - \mu) \quad (2-118)$$

$$\frac{d\omega_{\Sigma}}{dx} = \frac{d\bar{\omega}}{dx} = \frac{e^{-\beta x}}{2\beta^2 D}[2\beta M_0\cos\beta x + Q_0(\cos\beta x + \sin\beta x)] \quad (2-119)$$

$$\frac{d^2\omega_{\Sigma}}{dx^2} = \frac{d^2\bar{\omega}}{dx^2} = -\frac{e^{-\beta x}}{\beta D}[M_0(\cos\beta x + \sin\beta x) + Q_0\sin\beta x] \quad (2-120)$$

$$\frac{d^3\omega_{\Sigma}}{dx^3} = \frac{d^3\bar{\omega}}{dx^3} = \frac{e^{-\beta x}}{D}[2\beta M_0\sin\beta x - Q_0(\cos\beta x - \sin\beta x)] \quad (2-121)$$

在边界处,则上述各式变为

$$\omega_{\Sigma(x=0)} = \bar{\omega}_{x=0} - \bar{\omega}_p = -\frac{1}{2\beta^3 D}(\beta M_0 + Q_0) - \frac{(2 - \mu)p_i R^2}{2E\delta} \quad (2-122)$$

$$\left[\frac{d\omega_{\Sigma}}{dx}\right]_{x=0} = \left(\frac{d\bar{\omega}}{dx}\right)_{x=0} = \frac{1}{2\beta^2 D}(2\beta M_0 + Q_0) \quad (2-123)$$

$$M_0 = -D\left(\frac{d^2\omega_{\Sigma}}{dx^2}\right)_{x=0} = -D\left(\frac{d^2\bar{\omega}}{dx^2}\right) \quad (2-124)$$

$$Q_0 = -D\left(\frac{d^3\omega_{\Sigma}}{dx^3}\right)_{x=0} = -D\left(\frac{d^3\bar{\omega}}{dx^3}\right)_{x=0} \quad (2-125)$$

2.2.3 边缘效应作用范围

由式(2-110)和图2-19可以看出,挠度 $\bar{\omega}(x)$、转角 θ、弯矩 M_x 和剪力 Q_x 的曲线波随着离坐标原点 O 的距离增加明显衰减,曲线波长由函数 $\cos\beta x$ 和 $\sin\beta x$ 的周期决定。同时,由试验和理论分析表明,在边缘效应引起的内力分量中,弯矩 M_x 作用最大,因此可以根据 M_x 衰减程度来确定边缘效应的影响范围。M_x(还有其他参数 $\bar{\omega}(x)$、Q_x、θ_x)的衰减程度由自变量 βx 所决定。随着 βx 增加,M_x 很快衰减。

通常对压力容器壳体不连续处边缘效应影响范围确定在一定的范围之内,一般取 $M_x = 0.05M_0$。若用这一限制来确定边缘效应的作用范围,能够求得 $\beta x = 3$,由式(2-103)可得

$$x = \frac{3}{\beta} = \frac{3\sqrt{R\delta}}{\sqrt[4]{3(1 - \mu^2)}}$$

对于钢制容器,$\mu = 0.3$,代入上式后得

$$x = 2.34\sqrt{R\delta} \quad (2-126)$$

式中:$\sqrt{R\delta}$ 为衰减长度。由此可见,边缘效应影响范围与壳体的半径和壁厚有关,对于此值的选择将在各有关章节(开孔与补强)里作介绍。

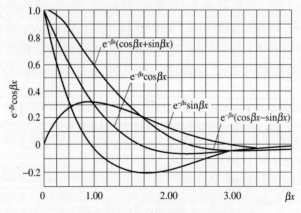

图 2-19 圆柱壳体边缘效应影响范围

2.2.4 各种形式壳体边界内力分量、挠度及转角计算

综上所述，壳体不连续处因边界效应而产生的内力分量主要有：剪力 Q_x，在边界处为 Q_0；弯矩 M_x，在边界处为 M_{x0}；环向弯矩 M_θ，在边界处为 $M_{\theta0}$；环向力 N_θ，在边界处为 $N_{\theta0}$；经向力 U_x，在边界处为 U_{x0}。

对于圆柱壳、球形壳在边界力 Q_0 和边界弯矩 M_0 作用下边界挠度和边界转角分别按下述计算。

为了方便计算，设

$$e^{-\beta x}(\sin \beta x + \cos \beta x) = \phi_1$$
$$e^{-\beta x}(\cos \beta x - \sin \beta x) = \phi_2$$
$$e^{-\beta x}\cos \beta x = \phi_3$$
$$e^{-\beta x}\sin \beta x = \phi_4$$

式中：ϕ_1、ϕ_2、ϕ_3 和 ϕ_4 为 βx 的函数，其值可以根据 βx 直接由表 2-2 或图 2-19 查得。

2.2.4.1 仅受边界力 Q_0 和弯矩 M_0 作用的圆柱壳（图 2-20）

（1）边界力 Q_0 作用的挠度 $\bar{\omega}_{x=0}$ 和转角 $\theta_{x=0}$：

边界挠度：

$$\bar{\omega}_{x=0} = -\frac{2\beta R^2}{\delta E}Q_0 \qquad (2-127)$$

边界转角：

$$\theta_{x=0} = \frac{2\beta^2 R^2}{\delta E}Q_0 \qquad (2-128)$$

（2）弯矩 M_0 作用的挠度 $\bar{\omega}_{x=0}$ 和边界转角 $\theta_{x=0}$ 分别为

$$\bar{\omega}_{x=0} = -\frac{2\beta^2 R^2}{\delta E}M_0 \qquad (2-129)$$

$$\theta_{x=0} = -\frac{4\beta^3 R^2}{\delta E}M_0 \qquad (2-130)$$

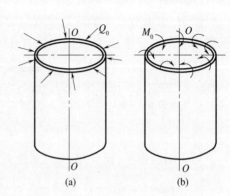

图 2-20 边界力和弯矩作用的圆柱形壳体

54

对于圆柱壳体的衰减系数 β 按式(2-103)计算。

表 2-2　ϕ_1、ϕ_2、ϕ_3、ϕ_4 函数表

βx	ϕ_1	ϕ_2	ϕ_3	ϕ_4	βx	ϕ_1	ϕ_2	ϕ_3	ϕ_4
0	1.0000	1.0000	1.0000	0.000	3.5	-0.0389	-0.0177	-0.0283	-0.0106
0.1	0.9907	0.8100	0.9003	0.0903	3.6	-0.0366	-0.0124	-0.0245	-0.0121
0.2	0.9651	0.6398	0.8024	0.1627	3.7	-0.0341	-0.0079	-0.0210	-0.0131
0.3	0.9267	0.4888	0.7077	0.2189	3.8	-0.0314	-0.0040	-0.0177	-0.0137
0.4	0.8784	0.3564	0.6174	0.2610	3.9	-0.0286	-0.0008	-0.0147	-0.0140
0.5	0.8231	0.2415	0.5323	0.2908	4.0	-0.0258	0.0019	-0.0120	-0.0139
0.6	0.7628	0.1431	0.4530	0.3099	4.1	-0.0231	0.0040	-0.0095	-0.0136
0.7	0.6997	0.0599	0.3798	0.3199	4.2	-0.0204	0.0057	-0.0074	-0.0131
0.8	0.6354	-0.0093	0.3131	0.3223	4.3	-0.0179	0.0070	-0.0054	-0.0125
0.9	0.5712	-0.0657	0.2527	0.3185	4.4	-0.0155	0.0079	-0.0038	-0.0117
1.0	0.5083	-0.1108	0.1988	0.3096	4.5	-0.0132	0.0085	-0.0023	-0.0108
1.1	0.4476	-0.1457	0.1510	0.2967	4.6	-0.0111	0.0089	-0.0011	-0.0100
1.2	0.3899	-0.1716	0.1091	0.2807	4.7	-0.0092	0.0090	0.0001	-0.0091
1.3	0.3355	-0.1897	0.0729	0.2626	4.8	-0.0075	0.0089	0.0007	-0.0082
1.4	0.2849	-0.2011	0.0419	0.2430	4.9	-0.0059	0.0087	0.0014	-0.0073
1.5	0.2384	-0.2068	0.0158	0.2226	5.0	-0.0046	0.0084	0.0019	-0.0065
1.6	0.1959	-0.2077	-0.0059	0.2018	5.1	-0.0033	0.0080	0.0023	-0.0057
1.7	0.1576	-0.2047	-0.0235	0.1812	5.2	-0.0023	0.0075	0.0026	-0.0049
1.8	0.1234	-0.1985	-0.0376	0.1610	5.3	-0.0014	0.0069	0.0028	-0.0042
1.9	0.0932	-0.1899	-0.0484	0.1415	5.4	-0.0006	0.0064	0.0029	-0.0035
2.0	0.0667	-0.1794	-0.0563	0.1230	5.5	0.0000	0.0058	0.0029	-0.0029
2.1	0.0439	-0.1765	-0.0618	0.1057	5.6	0.0005	0.0052	0.0029	-0.0023
2.2	0.0244	-0.1548	-0.0652	0.0895	5.7	0.0010	0.0046	0.0028	-0.0018
2.3	0.0080	-0.1416	-0.0668	0.0748	5.8	0.0013	0.0041	0.0027	-0.0014
2.4	-0.0056	-0.1282	-0.0669	0.0613	5.9	0.0015	0.0036	0.0026	-0.0010
2.5	-0.0166	-0.1149	-0.0658	0.0492	6.0	0.0017	0.0031	0.0024	-0.0007
2.6	-0.0254	-0.1019	-0.0636	0.0383	6.1	0.0018	0.0026	0.0022	-0.0004
2.7	-0.0320	-0.0895	-0.0608	0.0287	6.2	0.0019	0.0022	0.0020	-0.0002
2.8	-0.0369	-0.0777	-0.0573	0.0204	6.3	0.0019	0.0018	0.0018	0.0001

βx	ϕ_1	ϕ_2	ϕ_3	ϕ_4	βx	ϕ_1	ϕ_2	ϕ_3	ϕ_4
2.9	-0.0403	-0.0666	-0.0534	0.0132	6.4	0.0018	0.0015	0.0017	0.0003
3.0	-0.0423	-0.0563	-0.0493	0.0071	6.5	0.0018	0.0012	0.0015	0.0004
3.1	-0.0431	-0.0469	-0.0450	0.0019	6.6	0.0017	0.0009	0.0013	0.0005
3.2	-0.0431	-0.0383	-0.0407	0.0024	6.7	0.0016	0.0006	0.0011	0.0006
3.3	-0.0422	-0.0306	-0.0364	0.0058	6.8	0.0015	0.0004	0.0010	0.0006
3.4	-0.0408	-0.0237	-0.0323	0.0085	6.9	0.0014	0.0002	0.0008	0.0006
					7.0	0.0013	0.0001	0.0007	0.0006

2.2.4.2 受边界力 Q_0 作用和弯矩 M_0 的球形封头（图 2 – 21）

（1）由边界力作用引起的壳体边界处的位移 $\overline{\omega}_{x=0}$ 和转角 $\theta_{x=0}$。由图中得横推力为

$$P_0 = -U_{\overline{\omega}}\cos\varphi_0 \tag{2-131}$$

$$U_{\overline{\omega}} = Q_{\overline{\omega}}\cot\varphi \tag{2-132}$$

$$\overline{\omega}_{\overline{\omega}=0} = -\frac{2\beta}{\delta E}Q_0 R\sin^2\varphi_0 \text{（沿球壳半径）} \tag{2-133}$$

$$\theta_{\overline{\omega}=0} = \frac{2\beta^2}{\delta E}Q_0\sin\varphi_0 \tag{2-134}$$

式中：D 为球壳柱形刚度，其值为

$$D = \frac{E\delta^3}{12(1-\mu^2)} \tag{2-135}$$

β 值为

$$\beta = \sqrt[4]{3(1-\mu^2)}\sqrt{\frac{R}{\delta}} \tag{2-136}$$

对于钢制容器，$\mu = 0.3$，β 值有

$$\beta = 1.285\sqrt{\frac{R}{\delta}} \tag{2-137}$$

（2）由边界弯矩 M_0 作用引起的位移 $\overline{\omega}_{x=0}$ 和转角 $\theta_{x=0}$ 为

$$U_{\overline{\omega}} = -Q_{\overline{\omega}}\cot\varphi \tag{2-138}$$

$$\overline{\omega}_{\overline{\omega}=0} = -\frac{2\beta^2}{\delta E}M_0\sin\varphi_0 \tag{2-139}$$

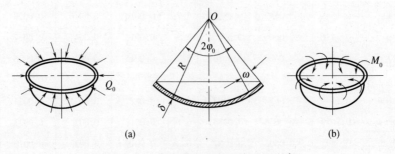

(a)　　　　　　　　　　　　　(b)

图 2 – 21　受边界力和弯矩作用的球壳

$$\theta_{\bar{\omega}=0} = -\frac{4\beta^3}{\delta ER}M_0 \tag{2-140}$$

上述计算式仅适用于 $\varphi_0 \geqslant 25°$ 的球形封头。

2.2.5 变形协调方程

2.2.5.1 壳体协调方程

由上述各式可见,要想求出内力分量、边界挠度和转角,首先应确定边界力 Q_0 和边界弯矩 M_0。在一般情况下,Q_0 和 M_0 是一组自身平衡的力系,它们根据两个壳体连接处变形前后径向相对位移为零,即变形连续条件来确定其大小的,故

$$\Sigma\bar{\omega}_0 = 0 \ ; \ \Sigma\theta_0 = 0 \tag{2-141}$$

或

$$\bar{\omega}_h + \bar{\omega}_h^{Q_0-P} + \bar{\omega}_h^{M_0} = \bar{\omega}_c + \bar{\omega}_c^{Q_0-P} + \bar{\omega}_c^{M_0} \tag{2-142}$$

及

$$\theta_h + \theta_h^{Q_0-P} + \theta_h^{M_0} = \theta_c + \theta_c^{Q_0-P} + \theta_c^{M_0} \tag{2-143}$$

式中:$\bar{\omega}_h$ 为内压作用下封头壳体自由变形时边界处径向位移(mm);$\bar{\omega}_c$ 为内压作用下圆柱壳自由变形时边界处径向位移(mm);$\bar{\omega}_h^{Q_0-P}$ 为边界力 Q_0 和横推力 P 代数和组合作用下封头壳体径向变形量(mm);$\bar{\omega}_c^{Q_0-P}$ 为边界力 Q_0 和横推力 P 代数和组合作用下圆柱壳径向变形量(mm);$\bar{\omega}_h^{M_0}$ 为边界弯矩 M_0 作用下封头壳体产生的径向位移(mm);$\bar{\omega}_c^{M_0}$ 为边界弯矩 M_0 作用下圆柱壳产生的径向位移(mm);θ_h 为内压作用下封头壳体自由变形时边界截面的转角(°);θ_c 为内压作用下圆柱壳自由变形时边界截面的转角(°);$\theta_h^{Q_0-P}$ 为边界力 Q_0 和横推力 P 代数和组合作用下封头壳体产生的转角(°);$\theta_c^{Q_0-P}$ 为边界力 Q_0 和横推力 P 代数和组合作用下圆柱壳产生的转角(°);$\theta_h^{M_0}$ 为边界弯矩 M_0 作用下封头壳体产生的转角(°);$\theta_c^{M_0}$ 为边界弯矩 M_0 作用下圆柱壳产生的转角(°)。

式(2-142)和式(2-143)称为容器壳体变形协调方程。对于受均匀内压(如气压)作用的圆柱壳、球壳,由于载荷作用对称,故壳体截面转角 $\theta = 0$。

计算时,需要考虑变形方向。这里假定:若边界力使壳体半径增加,则为正;若边界弯矩使壳体边界截面向外翻,则为正;对于挠度,如果使半径增加,即背向轴线向外增大,则为正;对于转角,如果使边界截面向外翻,则为正。与此规定相反,则为负。

2.2.5.2 边缘有效影响区域任一点处的总应力

Q_0 和 M_0 确定之后,即可代入上述有关公式求出边缘有效影响区域内任意点的内力分量:Q_x、U_x、N_x、M_x 和 M_θ,然后按下述公式就可以计算出壳体不连续区域任意一点的附加应力。这些附加应力为

经向附加应力:

$$\sigma_x = \frac{U_x}{\delta} \tag{2-144}$$

环向附加应力:

$$\sigma_\theta = \frac{N_x}{\delta} \tag{2-145}$$

经向附加弯曲应力：

$$\sigma_{xu} = \pm \frac{6M_x}{\delta^2} \qquad\qquad (2-146)$$

环向附加弯曲应力：

$$\sigma_{\theta u} = \pm \frac{6M_\theta}{\delta^2} \qquad\qquad (2-147)$$

附加弯曲应力符号表明内表面拉伸,外表面压缩。

由上述公式求得的不连续处的附加应力加上薄膜应力 σ_i ,参考式(2-82)和式(2-83),则可计算出不连续处的总应力为

经向合应力：

$$\sigma_{x\Sigma} = \sigma_1 + \sigma_x \pm \sigma_{xu} \qquad\qquad (2-148)$$

环向总应力：

$$\sigma_{\theta\Sigma} = \sigma_2 + \sigma_\theta \pm \sigma_{\theta u} \qquad\qquad (2-149)$$

因 σ_x 相对较小,实际设计计算此应力可以略去不计,故式(2-148)为

$$\sigma_{x\Sigma} = \sigma_1 \pm \sigma_{xu} \qquad\qquad (2-150)$$

2.2.6 变形协调方程应用

2.2.6.1 端部固定圆柱壳

1. 变形协调方程

圆柱壳边界刚性地固定在平封头上,内部受均匀压力 p_i 作用,如图2-22所示。由边界条件可知, $\bar{\omega}_h = \bar{\omega}_h^{Q_0-P} = \bar{\omega}_h^{M_0} = \theta_h = \theta_h^{Q_0-P} = \theta_h^{M_0} = \theta_c = 0$,故式(2-142)和式(2-143)变形协调方程可写为

$$(\omega_\Sigma)_{x=0} = \bar{\omega}_c + \bar{\omega}_c^{Q_0} + \bar{\omega}_c^{M_0} = 0 \qquad\qquad (2-151)$$

$$\left(\frac{\mathrm{d}\omega_\Sigma}{\mathrm{d}x}\right)_{x=0} = \theta_c^{Q_0} + \theta_c^{M_0} = 0 \qquad\qquad (2-152)$$

由式(2-122)和式(2-123)得

$$\frac{1}{2\beta^2 D}(2\beta M_0 + Q_0) = 0 \qquad\qquad (2-153)$$

$$-\frac{1}{2\beta^3 D}(\beta M_0 + Q_0) - \frac{(2-\mu)R^2 p_i}{2E\delta} = 0 \qquad\qquad (2-154)$$

由此解出 Q_0 和 M_0 为

$$\begin{cases} M_0 = \beta^2 D \dfrac{(2-\mu)R^2 p_i}{E\delta} \\[3mm] Q_0 = -\beta^3 D \dfrac{(4-2\mu)R^2 p_i}{E\delta} \end{cases} \qquad\qquad (2-155)$$

将式(2-155)代入式(2-118)后,有

$$\omega_\Sigma = \frac{(2-\mu)p_i R^2}{2E\delta}[e^{-\beta x}(\cos\beta x + \sin\beta x) - 1] \qquad\qquad (2-156)$$

若不计内压引起的径向位移,则由弯曲产生的径向挠度为

$$\overline{\omega}(x) = \frac{(2 - \mu)R^2 p_i}{2E\delta} e^{-\beta x}(\cos\beta x + \sin\beta x)$$

$$(2 - 157)$$

在内压作用下圆柱壳自由变形时平行圆径向位移,见式(2-65)。

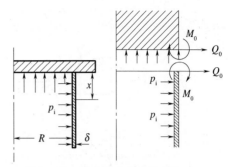

图 2-22 受内压作用的端部与圆平板固定连接的圆柱壳

2. 内力计算

将式(2-155)代入式(2-112),以便计算弯矩 M_x 和 M_θ:

$$\frac{d^2\overline{\omega}}{dx^2} = \frac{(2 - \mu)\beta R^2 p_i}{2E\delta} e^{-\beta x}(\sin\beta x - \cos\beta x) \qquad (2 - 158)$$

将式(2-157)和式(2-158)分别代入式(2-92)、式(2-99)和式(2-100)后,有

$$N_\theta = -\frac{E\delta}{R}\overline{\omega}(x) = -(1 - 0.5\mu)R p_i e^{-\beta x}(\cos\beta x + \sin\beta x) \qquad (2 - 159)$$

$$M_x = -D\frac{d^2\overline{\omega}}{dx^2} = -\frac{(2 - \mu)D\beta^2 R^2 p_i}{E\delta} e^{-\beta x}(\sin\beta x - \cos\beta x) \qquad (2 - 160)$$

$$M_\theta = -\mu D\frac{d^2\overline{\omega}}{dx^2} = -\frac{(2\mu - \mu^2)D\beta^2 R^2 p_i}{E\delta} e^{-\beta x}(\sin\beta x - \cos\beta x) \qquad (2 - 161)$$

由上述计算式即可求出壳体边缘处($x = 0$)的内力分量:

$$N_{\theta(x=0)} = -(1 - 0.5\mu)R p_i \qquad (2 - 162)$$

$$M_{x(x=0)} = \frac{(1 - 0.5\mu)}{2\sqrt{3(1 - \mu^2)}}R p_i \delta \qquad (2 - 163)$$

$$M_{\theta(x=0)} = \mu M_{x(x=0)} \qquad (2 - 164)$$

3. 应力计算

根据式(2-144)~式(2-149)计算由内力分量和内压产生的环向应力和经向应力。

2.2.6.2 边界刚性固定球形封头

如图 2-23 所示,球壳焊到大型法兰上,假设法兰在内压力 p_i 作用下产生的径向变形量略去不计,可以把球形封头看成是边界刚性固定。设球壳半径为 R , φ_0 为中心角 1/2。由内压力 p_i 产生的薄膜力和应力为

$$U_x = T_x = \frac{p_i R}{2} \qquad \sigma_x = \sigma_\varphi = \frac{p_i R}{2\delta} \qquad (2 - 165)$$

横推力为

$$P = -\frac{p_i R}{2}\cos\varphi \qquad (2 - 166)$$

球形封头边界平行圆径向位移参照式(2-68)计算,边界转角 θ_h 等于零,即 $\theta_h = 0$ 。由边界力 Q_0 引起的平行圆径向位移 $\overline{\omega}_h^{Q_0}$ 为

$$\overline{\omega}_h^{Q_0} = -\frac{2\beta}{E\delta}(Q_0 - P)R\sin^2\varphi \qquad (2 - 167)$$

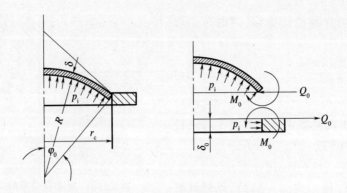

图 2 - 23　内压作用刚性固定球形封头

转角 $\theta_h{}^{Q_0}$ 为

$$\theta_h{}^{Q_0} = -\frac{2\beta^2}{E\delta}(Q_0 - P)\sin\varphi \qquad (2-168)$$

由边界弯矩 M_0 引起的位移 $\bar{\omega}_h{}^{M_0}$ 为

$$\bar{\omega}_h{}^{M_0} = -\frac{2\beta^2}{E\delta}M_0 \qquad (2-169)$$

由边界弯矩 M_0 转角 $\theta_h{}^{M_0}$ 为

$$\theta_h{}^{M_0} = -\frac{4\beta^3}{E\delta R}M_0 \qquad (2-170)$$

考虑横推力 P ,并将式(2 - 167)~式(2 - 170)代入变形协调方程后,得

$$\frac{1-\mu}{2E\delta}p_i R^2 \sin\varphi - \frac{2\beta}{E\delta}(Q_0 - P)R\sin^2\varphi - \frac{2\beta^2}{E\delta}M_0\sin\varphi = 0$$

$$-\frac{2\beta^2}{E\delta}(Q_0 - P)\sin\varphi - \frac{4\beta^3}{E\delta}M_0 = 0$$

边界力 $Q_0 - P$ 和边界弯矩 M_0 为

$$Q_0 - P = \frac{1-\mu}{2\beta\sin\varphi}p_i R \qquad (2-171)$$

$$M_0 = \frac{1-\mu}{4\beta^2}p_i R^2 \qquad (2-172)$$

与上述情况相同,求出 U_x、N_x、M_x 和 M_θ 值,其在边界处为最大值:

$$U_{x=0} = \frac{Rp_i}{2}\left(1 - \frac{1-\mu}{\beta}\cot\varphi_0\right) \qquad (2-173)$$

$$N_{x=0} = \frac{1}{2}\mu p_i R \qquad (2-174)$$

$$M_{x=0} = \frac{1-\mu}{4\beta^2}p_i R^2 \qquad (2-175)$$

$$M_{\theta x=0} = \mu M_{x=0} = \frac{1-\mu}{4\beta^2}\mu p_i R^2 \qquad (2-176)$$

60

球形封头与刚性圆平封头(如大型法兰)连接处的应力分别为

$$\sigma_{x\Sigma} = \frac{U_{x=0}}{\delta} \pm \frac{6M_{x=0}}{\delta^2} \qquad (2-177)$$

$$\sigma_{\theta\Sigma} = \frac{N_{x=0}}{\delta} + \frac{N_{\theta x=0}}{\delta} \pm \frac{6M_{\theta x=0}}{\delta^2} \qquad (2-178)$$

2.2.6.3 圆柱壳与无折边球形封头连接处的边界力和边界弯矩

1. 变形协调方程

设容器受均匀内压 p_i 作用,封头边界横推力由图 2-24 可得

$$P = -U_x\cos\varphi = -\frac{p_iR_2}{2}\cos\varphi = -\frac{R_1p_i}{2}\cot\varphi; R_1 = R_2\sin\varphi \qquad (2-179)$$

式中: U_x 为经向力(N); φ 为封头中心角 1/2(°); p_i 为内压力(MPa); R_2 为封头半径(mm)。

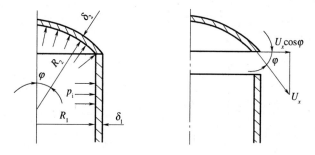

图 2-24　圆柱壳与无折边球壳连接几何尺寸和边界力系

变形协调方程:

$$\overline{\omega}_c + \overline{\omega}_c{}^{Q_0} + \overline{\omega}_c{}^{M_0} = \overline{\omega}_h + \overline{\omega}_h{}^{Q_0} + \overline{\omega}_h{}^{M_0} \qquad (2-180)$$

$$\theta_c{}^{Q_0} + \theta_c{}^{M_0} = \theta_h{}^{Q_0} + \theta_h{}^{M_0} \qquad (2-181)$$

在内压力作用下,圆柱壳与封头连接处的平行圆径向位移和转角按下式计算。
对于圆柱壳:

$$\overline{\omega}_c = \frac{2-\mu}{2\delta_1 E}P_iR_1{}^2 \qquad (2-182)$$

$$\overline{\omega}_c{}^{Q_0} = -\frac{2\beta}{\delta_1 E}Q_0R_1{}^2 \qquad (2-183)$$

$$\theta_c{}^{Q_0} = -\frac{2\beta^2}{\delta_1 E}Q_0R_1{}^2 \qquad (2-184)$$

$$\overline{\omega}_c{}^{M_0} = -\frac{2\beta^2}{\delta_1 E}M_0R_1{}^2 \qquad (2-185)$$

$$\theta_c{}^{M_0} = -\frac{4\beta^2}{\delta_1 E}M_0R_1{}^2 \qquad (2-186)$$

$$\beta = \frac{\sqrt[4]{3(1-\mu^2)}}{\sqrt{R_1\delta_1}} \qquad (2-187)$$

对于封头:

$$\overline{\omega}_h = \frac{1-\mu}{2\delta_2 E}P_iR_2{}^2\sin\varphi \qquad (2-188)$$

61

$$\bar{\omega}_h{}^{Q_0} = \frac{2\beta_2}{\delta_2 E}(Q_0 - P)P_2\sin^2\varphi \qquad (2-189)$$

$$\theta_h{}^{Q_0} = \frac{2\beta_2{}^2}{\delta_2 E}(Q_0 - P)\sin\varphi \qquad (2-190)$$

$$\bar{\omega}_h{}^{M_0} = -\frac{2\beta_2{}^2}{\delta_2 E}M_0\sin\varphi \qquad (2-191)$$

$$\theta_h{}^{M_0} = -\frac{4\beta_2{}^3}{\delta_2 E R_2}M_0 \qquad (2-192)$$

$$\beta_2 = \sqrt[4]{3(1-\mu^2)}\sqrt{\frac{R_2}{\delta_1}} \qquad (2-193)$$

式中:δ_1 为圆柱壳壁厚(mm);δ_2 为封头壁厚(mm);R_1 为圆柱壳半径(mm);R_2 为封头半径(mm)。

将上述各式求得的 $\bar{\omega}$ 和 θ 值代入变形协调方程式(2-180)和式(2-181)后,得

$$-\frac{2-\mu}{2\delta_1 E}p_i R_1{}^2 - \frac{2\beta}{\delta_1 E}Q_0 R_1{}^2 - \frac{2\beta^2}{\delta_1 E}M_0 R_1{}^2$$

$$= -\frac{1-\mu}{2\delta_2 E}p_i R_2{}^2\sin\varphi + \frac{2\beta_2}{\delta_2 E}(Q_0 - P)R_2{}^2\sin^2\varphi - \frac{2\beta_2{}^2}{\delta_2 E}M_0\sin\varphi \qquad (2-194)$$

$$-\frac{2\beta^2}{\delta_1 E}Q_0 R_1{}^2 + \frac{4\beta^3}{\delta_1 E}M_0 R_1{}^2 = \frac{2\beta_2{}^2}{\delta_2 E}(Q_0 - P)\sin\varphi - \frac{4\beta_2{}^3}{\delta_2 E R_2}M_0 \qquad (2-195)$$

因为 $R_2 = R_1/\sin\varphi$,令 $\delta_2 = f\delta_1$,故 β_2 由式(2-193)可得

$$\beta_2 = \sqrt[4]{3(1-\mu^2)}\sqrt{\frac{R_2}{\delta_2}} = \sqrt[4]{3(1-\mu^2)}\sqrt{\frac{R_1}{f\delta_1\sin\varphi}} = \frac{R_1}{f\sin\varphi}\beta \qquad (2-196)$$

式中:f 为壁厚系数。

2. 内力计算

将式(2-196)代入变形协调方程后,即可得

$$-\frac{2-\mu}{2}p_i - 2\beta Q_0 - 2\beta^2 M_0 = -\frac{1-\mu}{2f\sin\varphi}p_i + \frac{2\beta}{f}\frac{\sqrt{\sin\varphi}}{\sqrt{f}}(Q_0 - P) - \frac{2\beta^2}{f^2}M_0$$

$$Q_0 + 2\beta M_0 = \frac{1}{f^2}(Q_0 - P) - \frac{2\beta}{f}\frac{M_0}{\sqrt{f\sin\varphi}}$$

假设圆柱壳和封头的壁厚相同,即 $f = \delta_2/\delta_1 = 1$,上两式可简化为

$$-\frac{2-\mu}{2}p_i - 2\beta Q_0 - 2\beta^2 M_0 = -\frac{1-\mu}{2\sin\varphi}p_i + 2\beta\sqrt{\sin\varphi}(Q_0 - P) - 2\beta^2 M_0$$

$$Q_0 + 2\beta M_0 = Q_0 - P - \frac{2\beta}{\sqrt{\sin\varphi}}M_0$$

由上述公式可求得边界力 Q_0 和边界弯矩 M_0 为

$$Q_0 = \frac{p_i}{4\beta}\frac{(1-\mu)-(2-\mu)\sin\varphi}{(1+\sqrt{\sin\varphi})\sin\varphi} + \frac{R_1\sqrt{\sin\varphi}\cot\varphi}{2(1+\sqrt{\sin\varphi})}p_i \qquad (2-197)$$

$$M_0 = \frac{R_1\sqrt{\sin\varphi}\cot\varphi}{4\beta(1+\sqrt{\sin\varphi})}p_i \qquad (2-198)$$

3. 半球形壳体

由式(2-197)和式(2-198)可见,对于球形封头,横推力 P 对边界力 Q_0 和边界弯矩 M_0 的影响很大,其随 φ 角减小而增加。因此只是在压力很小的情况下才采用碟形封头。同样还可以看出,对于球形封头,即 $\varphi = 90$ 度,$\sin \varphi = 1$,并设 $\delta_1 = \delta_2$,$\mu = 0.3$ 时,由式(2-197)和式(2-198)可以分别求出边界力 Q_0 和边界弯矩 M_0 为

$$Q_0 = -\frac{p_i}{8\beta} \approx 0.1 p_i \sqrt{R_1 \delta} \qquad (2-199)$$

$$M_0 = 0 \qquad (2-200)$$

由式(2-199)和式(2-200)可以看出,由于 $M_0 = 0$ 使连接处的边界效应大为改善,但是在边界效应范围内 M_x 并不等于零。另外,对于圆柱壳体边界处在环向力 N_θ 作用下产生环向压应力,而内压作用则产生环向拉应力,两者有一定的抵消。由此可见,在圆柱壳体边界处壳体应力状态分布较为有利。对于半球壳的边界处,尽管其环向应力有所增加,但与圆柱壳相比,其应力值低于圆柱壳,故无需采取特别的补强措施。

同理,也可以计算出椭球形封头的边界剪力 Q_0 和边界弯矩 M_0,设 $m = a/b$,则有

$$Q_0 = -\frac{p_i}{8\beta} m^2 \qquad (2-201)$$

$$M_0 = 0 \qquad (2-202)$$

应力分析表明,如果椭球封头各连续部分平滑过渡且 m 保持在 1 : 2 范围内,则由边界力和边界弯矩作用而产生的附加应力不超过薄膜应力的 10% : 15%。

2.2.6.4 圆柱壳与圆锥壳连接处的内力分量分析

由图 2-25 可知锥形壳端截面的横推力 P 为

$$R = R_k/\cos \varphi \qquad (2-203)$$

$$P = -U\sin \varphi = -\frac{Rp_i}{2}\sin \varphi = \frac{R_k p_i}{2}\tan \varphi \qquad (2-204)$$

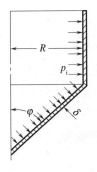
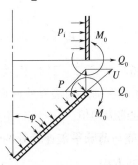

图 2-25　圆柱壳与圆锥壳连接结合尺寸和边界力系

变形协调方程为

$$\bar{\omega}_c + \bar{\omega}_c{}^{Q_0} + \bar{\omega}_c{}^{M_0} = \bar{\omega}_h + \bar{\omega}_h{}^{Q_0} + \bar{\omega}_h{}^{P} + \bar{\omega}_h{}^{M_0} \qquad (2-205)$$

$$\theta_c + \theta_c{}^{Q_0} + \theta_c{}^{M_0} = \theta_h + \theta_h{}^{Q_0} + \theta_h{}^{P} + \theta_h{}^{M_0} \qquad (2-206)$$

在内压力 p_i、边界力 Q_0、边界弯矩 M_0 和横推力 P 作用下,圆柱壳边界的径向位移和转角分别为

$$\overline{\omega}_c = -\frac{2-\mu}{2E\delta_1}R^2 p_i \tag{2-207}$$

$$\theta_c = 0 \tag{2-207}$$

$$\overline{\omega}_c{}^{Q_0} = -\frac{2\beta}{\delta_1 E}R^2 Q_0 \tag{2-209}$$

$$\theta_c{}^{Q_0} = \frac{2\beta^2}{\delta_1 E}R^2 Q_0 \tag{2-210}$$

$$\overline{\omega}_c{}^{M_0} = -\frac{2\beta}{\delta_1 E}R^2 M_0 \tag{2-211}$$

$$\theta_c{}^{M_0} = \frac{4\beta^3}{\delta_1 E}M_0 R^2 \tag{2-212}$$

在锥形壳边界,故有

$$\overline{\omega}_h = -\frac{2-\mu}{2\delta_2 E\cos\varphi}p_i R^2 \tag{2-213}$$

$$\theta_h = \frac{3\tan\varphi}{2\delta_2 E\cos\varphi}p_i R \tag{2-214}$$

$$\overline{\omega}_h{}^{Q_0-P} = -\frac{2\sqrt[4]{3(1-\mu^2)}}{\delta_2 E\sqrt{\dfrac{R}{\cos\varphi}\delta_2}}R^2(Q_0-P) \tag{2-215}$$

$$\theta_h{}^{Q_0-P} = -\frac{2\sqrt{3(1-\mu^2)}}{\delta_2{}^2 E}R(Q_0-P) \tag{2-216}$$

$$\overline{\omega}^{M_0} = -\frac{2\sqrt{3(1-\mu^2)}}{\delta_2{}^2 E}M_0 R \tag{2-217}$$

$$\theta_h{}^{M_0} = \frac{4[\sqrt[4]{3(1-\mu^2)}]^3}{\delta_2{}^2 E}\sqrt{\frac{R}{\delta_2\cos\varphi}}M_0 \tag{2-218}$$

将式(2-207)~式(2-218)代入上述协调方程后便可求出边界力 Q_0 和边界弯矩 M_0,并按照前述方法确定因边界效应而产生的内力分量,进而计算由内压力和边界效应联合作用所引起的应力值。

2.2.6.5　圆柱壳与薄圆平盖连接处的边界力 Q_0 和边界弯矩 M_0

1. 变形协调方程

如图 2-26 所示,在内压力作用下薄壁圆平封头的边界转角 θ_h 为

$$\theta_h = -\frac{p_i R^3}{8D_h(1+\mu)} \tag{2-219}$$

在横向力作用下,平封头的边界转角为

$$\theta_h{}^{Q_0} = -\frac{Q_0 R\delta_h}{2(1+\mu)D_h} \tag{2-220}$$

在边界弯矩 M_0 作用下,平封头的边界转角为

64

$$\theta_h^{M_0} = \frac{M_0 R}{D_h(1 - \mu)} \qquad (2-221)$$

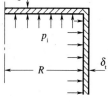 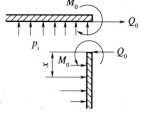

图 2-26 圆平封头与圆柱壳连接处内力力系

因平封头在内压作用下径向位移很小,可近似地认为等于 0,即 $\bar{\omega}_h = 0$。

横向力作用下,平封头的径向位移 $\bar{\omega}_h^{Q_0}$ 为

$$\bar{\omega}_h^{Q_0} = -\frac{(1 - \mu)RQ_0}{E\delta_2} \qquad (2-222)$$

弯矩作用下平封头的径向位移也假设等于 0,即

$$\bar{\omega}_h^{M_0} = 0 \qquad (2-223)$$

式中: $D_h = \dfrac{E\delta_2^3}{12(1 - \mu^2)}$。 $\qquad (2-224)$

圆柱壳边界的径向位移和转角分别为

$$\bar{\omega}_c = -\frac{2 - \mu}{2\delta_1 E}p_i R^2 \qquad (2-225)$$

$$\theta_c = 0 \qquad (2-226)$$

$$\bar{\omega}_c^{Q_0} = \frac{2\beta}{\delta_1 E}Q_0 R^2 = \frac{Q_0}{2\beta^3 D_c} \qquad (2-227)$$

$$\theta_c^{Q_0} = -\frac{2\beta^2}{\delta_1 E}Q_0 R^2 = -\frac{Q_0}{2\beta^2 D_c} \qquad (2-228)$$

$$\bar{\omega}_c^{M_0} = \frac{2\beta^2 R}{\delta_1 E}M_0 = \frac{M_0}{2\beta^2 D_c} \qquad (2-229)$$

$$\theta_c^{M_0} = -\frac{4\beta^3}{\delta_1 E}M_0 R^2 = -\frac{M_0}{\beta D_c} \qquad (2-230)$$

$$\beta = \frac{\sqrt[4]{3(1 - \mu^2)}}{\sqrt{R\delta_1}}$$

壳体抗弯刚度为

$$D_c = \frac{E\delta_1^3}{12(1 - \mu^2)}$$

变形协调方程为

$$\bar{\omega}_c + \bar{\omega}_c^{Q_0} + \bar{\omega}_c^{M_0} = \bar{\omega}_h + \bar{\omega}_h^{Q_0} + \bar{\omega}_h^{M_0} + \frac{\delta_2}{2}(\theta_h + \theta_h^{Q_0} + \theta_h^{M_0}) \qquad (2-231)$$

$$\theta_c + \theta_c^{Q_0} + \theta_c^{M_0} = \theta_h + \theta_h^{Q_0} + \theta_h^{M_0} \qquad (2-232)$$

2. 内力计算

将式(2-219)~式(2-230)代入式(2-231)和式(2-232),对钢制壳体材料取 $\mu = 0.3$,得

$$\left[\frac{1}{2\beta^2 D_c} - \frac{\delta_2 R}{2(1+\mu)D_h}\right]M_0 + \left[\frac{1}{2\beta^3 D_c} + \frac{(1-\mu)R}{E\delta_2} + \frac{\delta_2^2 R}{4(1-\mu)D_h}\right]Q_0 = \frac{p_i R^2}{2E\delta_1}(2-\mu) +$$

$$\frac{p_i R^3 \delta_2}{16(1+\mu)D_h}\left[\frac{1}{\beta D_c} + \frac{R}{(1+\mu)D_h}\right]M_0 + \left[\frac{1}{2\beta^2 D_c} - \frac{R\delta_2}{2(1+\mu)D_h}\right]Q_0 = -\frac{p_i R^3}{8(1+\mu)D_h}$$

或

$$\left[1.65 - 2.1\left(\frac{\delta_1}{\delta_2}\right)^2\right]\beta M_0 + \left[1.65 + 1.798\left(\frac{\delta_1}{\delta_2}\right)\sqrt{\frac{\delta_1}{R}}\right]Q_0 = \left[0.546\sqrt{\frac{\delta_1}{R}} + 0.337\left(\frac{\delta_1}{\delta_2}\right)\sqrt{\frac{R}{\delta_1}}\right]p_i R$$

$$\left[3.3 + 3.27\left(\frac{\delta_1}{\delta_2}\right)^3\sqrt{\frac{R}{\delta_1}}\right]\beta M_0 + \left[1.65 - 2.1\left(\frac{\delta_1}{\delta_2}\right)^2\right]Q_0 = -0.525\left(\frac{\delta_1}{\delta_2}\right)^2\left(\frac{R}{\delta_2}\right)p_i R$$

解上式后,即可求出 Q_0 和 M_0 值为

$$Q_0 = \frac{0.661\sqrt{\frac{\delta_1}{R}} + 0.408\sqrt{\frac{R}{\delta_1}}\left(\frac{\delta_1}{\delta_2}\right)^2 + 0.318\frac{R}{\delta_1}\left(\frac{\delta_1}{\delta_2}\right)^3 + 0.655\left(\frac{\delta_1}{\delta_2}\right)^3}{1 + 2.182\sqrt{\frac{\delta_1}{R}}\left(\frac{\delta_1}{\delta_2}\right) + 2.545\left(\frac{\delta_1}{\delta_2}\right)^2 + 1.98\sqrt{\frac{R}{\delta_1}}\left(\frac{\delta_1}{\delta_2}\right)^3 + 0.542\left(\frac{\delta_1}{\delta_2}\right)^4}Rp_i \quad (2-233)$$

$$M_0 = -\frac{1}{\beta}\frac{0.331\sqrt{\frac{\delta_1}{R}} + \left[0.205\sqrt{\frac{R}{\delta_1}} - 0.421\sqrt{\frac{\delta_1}{R}}\right]\left(\frac{\delta_1}{\delta_2}\right)^2 + 0.317\frac{R}{\delta_1}\left(\frac{\delta_1}{\delta_2}\right)^3 + 0.086\sqrt{\frac{R}{\delta_1}}\left(\frac{\delta_1}{\delta_2}\right)^4}{1 + 2.182\sqrt{\frac{\delta_1}{R}}\left(\frac{\delta_1}{\delta_2}\right) + 2.545\left(\frac{\delta_1}{\delta_2}\right)^2 + 1.98\sqrt{\frac{R}{\delta_1}}\left(\frac{\delta_1}{\delta_2}\right)^3 + 0.542\left(\frac{\delta_1}{\delta_2}\right)^4}Rp_i$$

$$(2-234)$$

如果平封头与圆柱壳两者壁厚相等,即 $\delta_1 = \delta_2 = \delta$,则式(2-233)和式(2-234)为

$$Q_0 = \frac{0.665 + 0.661\sqrt{\frac{\delta}{R}} + 0.408\sqrt{\frac{R}{\delta}} + 0.318\frac{R}{\delta}}{4.087 + 2.182\sqrt{\frac{\delta}{R}} + 1.98\sqrt{\frac{R}{\delta}}}Rp_i \quad (2-235)$$

$$M_0 = -\frac{1}{\beta}\frac{0.291\sqrt{\frac{R}{\delta}} - 0.09\sqrt{\frac{\delta}{R}} + 0.317\frac{R}{\delta}}{4.087 + 1.98\sqrt{\frac{R}{\delta}} + 2.182\sqrt{\frac{\delta}{R}}}Rp_i \quad (2-236)$$

然后计算圆柱壳和圆平板在连接区域的内力分量及相应的应力值。

2.2.6.6 边界内力分量及应力计算顺步骤

(1)画出壳体分离体图,确定载荷和绘出内力分量分析图。

(2)求出薄膜力 U、N_θ 和横推力 P。

(3)根据边界条件,列出变形协调方程。

(4)求出 $\bar{\omega}$ 和 θ 值,并代入变形协调方程中解出 Q_0 和 M_0。

(5)利用各种壳体内力分量 U、N_θ、Q_x、M_x 和 M_θ 方程,将已知的 Q_0 和 M_0 值代入,

即求出壳体连接处边界力作用有效影响范围内所有内力分量。一般情况下,只算出 $\beta x = 0$、$\beta x = \pi (\approx 3)$ 就足够了。

(6) 按照最大的 U、Q_x、N_θ、M_x 和 M_θ 值,计算由薄膜力、边界力及边界弯矩作用时产生的附加应力。同时,计算内压作用产生的经向应力和环向应力。最后计算总应力分量。

(7) 根据容器的具体操作条件、壳体材料,选择强度理论,求出当量应力或应力强度,并与许用应力比较。必要时,需增加或减少容器壁厚以及采用其他措施,直到满足强度要求为止。

最后应当指出,由壳体连接处边界效应引起的内力分量因壳体轴对称沿端部圆周方向为均匀分布,因此弯矩是单位长度的弯矩,其计算单位为 $\text{N} \cdot \text{mm/mm}$;力($N_\theta$、$Q_x$、$P$、$U$)是单位长度的力,其单位为 N/mm。

2.3 圆平板理论

圆形薄平板(以下简称圆平板)的弯曲问题及其在压力容器平封头中的应用是一个基本的,但是非常复杂的问题。薄板是指中等厚度的平板,其厚度 t 与板面的最小尺寸 b 的比值大致在下述范围内,即

$$\left(\frac{1}{80} : \frac{1}{100} \right) < \frac{t}{b} < \left(\frac{1}{5} : \frac{1}{8} \right)$$

圆平板在垂直载荷作用下产生的弯曲变形在很大程度上取决于板厚与其他尺寸之比。如果板厚保持在上述范围内,且其位移又比厚度为小(小挠度)时,则可根据下述假设求出圆平板的微分方程:

(1) 圆平板弯曲后,中平面没有变形,即载荷方向垂直于圆平板板面。中平面是平分板厚的平面。弯曲时中平面变为中和曲面。

(2) 圆平板法线弯曲前为直线,弯曲后仍然保持直线,并垂直中和曲面。

(3) 略去垂直于圆平板平面方向的应力 σ_z 和应变 ε_z 不计。

有上述假设可知,$\sigma_z = 0$,$\varepsilon_z = 0$。根据广义胡克定律,平板经向变形和环向变形分别为

$$\varepsilon_r = \frac{1}{E} (\sigma_r - \mu \sigma_\theta) \tag{2-237}$$

$$\varepsilon_\theta = \frac{1}{E} (\sigma_\theta - \mu \sigma_r) \tag{2-238}$$

$$\varepsilon_z = 0 \tag{2-239}$$

由于 $\varepsilon_z = \partial \bar{\omega} / \partial z = 0$,所以位移 $\bar{\omega}$ 与坐标 z 无关。对于极坐标,根据轴对称关系,$\bar{\omega}$ 只是径向坐标的函数,而与 θ 无关,即

$$\bar{\omega} = \bar{\omega}(x) \tag{2-240}$$

2.3.1 均匀压力作用下圆平板微分方程

2.3.1.1 内力分析

如前所述,一块周边支承圆平板在均匀压力 p 作用下将发生弯曲变形,这种变形主要

是由半径方向的弯曲引起的。若距平板中心 o 半径为 r 处截取一微元体，其受力情况如图 2-27(b)所示。

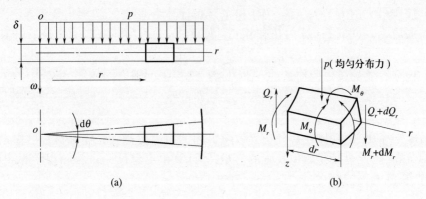

(a)　　　　　　　　　　(b)

图 2-27　圆平板受力分析

由于圆平板结构形状和载荷都对称于圆平板中心，故内力分量和变形也是对称的，即圆平板在均匀载荷 p 作用下产生的全部内力分量 M_r、M_θ 和 Q_r 等只为径向坐标 r 的函数，而与 θ 无关。

2.3.1.2　平衡微分方程

根据图 2-27(b)微元体受力情况，并考虑上述假设，可得 z 方向力的平衡条件为

$$(Q_r + \mathrm{d}Q_r)(r + \mathrm{d}r)\mathrm{d}\theta + pr\mathrm{d}\theta\mathrm{d}r = Q_r r\mathrm{d}\theta$$

展开上式并略去高次微量后得

$$\mathrm{d}Q_r r + Q_r \mathrm{d}r = -pr\mathrm{d}r$$

或者写为

$$\frac{\mathrm{d}(Q_r r)}{\mathrm{d}r} = -pr \tag{2-241}$$

根据力矩平衡条件，所有剪力和弯矩对切线力矩的代数和应为零，即

$$M_r r\mathrm{d}\theta - (M_r + \mathrm{d}M_r)(r + \mathrm{d}r)\mathrm{d}\theta + 2M_\theta \mathrm{d}r\sin\left(\frac{\mathrm{d}\theta}{2}\right)$$

$$- pr\mathrm{d}\theta\mathrm{d}r\left(\frac{\mathrm{d}r}{2}\right) + Q_r r\mathrm{d}\theta\mathrm{d}r = 0$$

展开上式并略去高次微量后得

$$r\mathrm{d}M_r + M_r \mathrm{d}r - M_\theta \mathrm{d}r - Q_r r\mathrm{d}r = 0$$

等式两边除以 $\mathrm{d}r$，则有

$$r\frac{\mathrm{d}M_r}{\mathrm{d}r} + M_r - M_\theta - Q_r r = 0 \tag{2-242}$$

对上式求导，有

$$r\frac{\mathrm{d}^2 M_r}{\mathrm{d}r^2} + 2\frac{\mathrm{d}M_r}{\mathrm{d}r} - \frac{\mathrm{d}M_\theta}{\mathrm{d}r} - \frac{\mathrm{d}(Q_r r)}{\mathrm{d}r} = 0$$

由式(2-241)可得平衡微分方程为

$$r\frac{\mathrm{d}^2 M_r}{\mathrm{d}r^2} + 2\frac{\mathrm{d}M_r}{\mathrm{d}r} - \frac{\mathrm{d}M_\theta}{\mathrm{d}r} + pr = 0 \tag{2-243}$$

68

2.3.1.3 弯曲后应变与挠度之间关系

根据前述假定和图 2-28 所示的从径向截面上截取的微元体可以得出距中性面为 z 处的径向变形为

$$\varepsilon_r = \frac{\Delta \mathrm{d}r}{\mathrm{d}r}$$

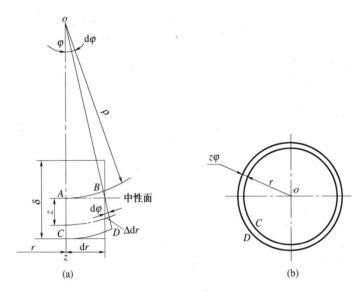

图 2-28 圆平板弯曲后应变与挠度之间关系

从图中几何关系可以得

$$\Delta \mathrm{d}r = z\mathrm{d}\varphi , \ \mathrm{d}\varphi\rho = \mathrm{d}r$$

$$\frac{\mathrm{d}\varphi}{\mathrm{d}r} = \frac{1}{\rho} = -\frac{\mathrm{d}^2\bar{\omega}}{\mathrm{d}r^2}$$

故

$$\varepsilon_r = z\frac{\mathrm{d}\varphi}{\mathrm{d}r} = \frac{z}{\rho} = -z\frac{\mathrm{d}^2\bar{\omega}}{\mathrm{d}r^2} \qquad (2-244)$$

式(2-244)为圆平板在载荷作用下弯曲后径向应变与其挠度之间的关系。实际上除了径向应变外,还将产生环向应变。由图 2-28(b)可以看出,变形后圆平板在半径 r 处形成了一个圆锥体,锥顶为 o。中性面以上受压缩,以下受拉伸。垂直于 z 轴在中性面截取这个圆锥体,得其周长为

$$s' = 2\pi r$$

在距离中心面高度为 z 处的圆锥体周长为

$$s'' = 2\pi(r + \varphi z)$$

对于小挠度,转角 φ 和挠度 $\bar{\omega}$ 之间的关系为

$$\varphi = -\frac{\mathrm{d}\bar{\omega}}{\mathrm{d}r} \qquad (2-245)$$

于是

$$s'' = 2\pi\left(r - z\frac{\mathrm{d}\bar{\omega}}{\mathrm{d}r}\right)$$

环向应变为

$$\varepsilon_\theta = \frac{s'' - s'}{s'} = \frac{2\pi\left(r - z\dfrac{\mathrm{d}\overline{\omega}}{\mathrm{d}r}\right) - 2\pi r}{2\pi r} = -\frac{z}{r}\frac{\mathrm{d}\overline{\omega}}{\mathrm{d}r} \tag{2-246}$$

2.3.1.4 平板纯弯曲

从受纯弯曲圆平板中截取一微元体及其内力分量的分布如图 2-29 所示。作用于这个微元体的侧面的正应力为

$$\begin{cases} \sigma_r = \dfrac{E}{1-\mu^2}(\varepsilon_r + \mu\varepsilon_\theta) \\ \sigma_\theta = \dfrac{E}{1-\mu^2}(\varepsilon_\theta + \mu\varepsilon_r) \end{cases} \tag{2-247}$$

将式(2-244)和式(2-246)代入式(2-247)后,得

$$\begin{cases} \sigma_r = -\dfrac{zE}{1-\mu^2}\left(\dfrac{\mathrm{d}^2\overline{\omega}}{\mathrm{d}r^2} + \dfrac{\mu}{r}\dfrac{\mathrm{d}\overline{\omega}}{\mathrm{d}r}\right) \\ \sigma_\theta = -\dfrac{zE}{1-\mu^2}\left(\dfrac{1}{r}\dfrac{\mathrm{d}\overline{\omega}}{\mathrm{d}r} + \mu\dfrac{\mathrm{d}^2\overline{\omega}}{\mathrm{d}r^2}\right) \end{cases} \tag{2-248}$$

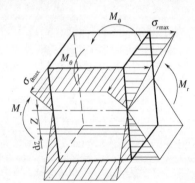

图 2-29 平板纯弯曲微元体受力分析

由式(2-248)明显可见,σ_r 和 σ_θ 沿微元体侧面的厚度方向成线性分布,在微元体上下两平面(平板的上下面),即 $z = t/2$ 或 $z = -t/2$ 处最大(t 为平板厚度)。线性分布的正应力组成了弯矩,其单位长度上弯矩值应等于外加弯矩 M_r 和 M_θ。于是,对于径向弯矩 M_r,有

$$M_r = -\int_{-t/2}^{t/2}\frac{E}{1-\mu^2}\left(\frac{\mathrm{d}^2\overline{\omega}}{\mathrm{d}r^2} + \frac{\mu}{r}\frac{\mathrm{d}\overline{\omega}}{\mathrm{d}r}\right)z^2\mathrm{d}z = -\frac{E}{1-\mu^2}\left(\frac{\mathrm{d}^2\overline{\omega}}{\mathrm{d}r^2} + \frac{\mu}{r}\frac{\mathrm{d}\overline{\omega}}{\mathrm{d}r}\right)\int_{-t/2}^{t/2}z^2\mathrm{d}z$$

$$= -\frac{Et^3}{12(1-\mu^2)}\left(\frac{\mathrm{d}^2\overline{\omega}}{\mathrm{d}r^2} + \frac{\mu}{r}\frac{\mathrm{d}\overline{\omega}}{\mathrm{d}r}\right) \tag{2-249}$$

同理,微元体前后两个面上的单位长度环向弯矩 M_θ 为

$$M_\theta = -\int_{-t/2}^{t/2}\sigma_\theta z\mathrm{d}z = -\int_{-t/2}^{t/2}\frac{E}{1-\mu^2}\left(\frac{1}{r}\frac{\mathrm{d}\overline{\omega}}{\mathrm{d}r} + \mu\frac{\mathrm{d}^2\overline{\omega}}{\mathrm{d}r^2}\right)z^2\mathrm{d}z$$

$$= -\frac{E}{1-\mu^2}\left(\frac{1}{r}\frac{\mathrm{d}\overline{\omega}}{\mathrm{d}r} + \mu\frac{\mathrm{d}^2\overline{\omega}}{\mathrm{d}r^2}\right)\int_{-t/2}^{t/2}z^2\mathrm{d}z = -\frac{Et^3}{12(1-\mu^2)}\left(\frac{1}{r}\frac{\mathrm{d}\overline{\omega}}{\mathrm{d}r} + \mu\frac{\mathrm{d}^2\overline{\omega}}{\mathrm{d}r^2}\right) \tag{2-250}$$

设 $\dfrac{Et^3}{12(1-\mu^2)} = D$ 为圆平板抗弯刚度,故式(2-249)和式(2-250)可以写为

$$M_r = -D\left(\frac{\mathrm{d}^2\overline{\omega}}{\mathrm{d}r^2} + \frac{\mu}{r}\frac{\mathrm{d}\overline{\omega}}{\mathrm{d}r}\right) \tag{2-251}$$

$$M_\theta = -D\left(\frac{1}{r}\frac{\mathrm{d}\overline{\omega}}{\mathrm{d}r} + \mu\frac{\mathrm{d}^2\overline{\omega}}{\mathrm{d}r^2}\right) \tag{2-252}$$

对式(2-251)求导一次并将其和式(2-252)代入式(2-242),整理后再代入式(2-241)后有

$$\frac{1}{r}\frac{\mathrm{d}}{\mathrm{d}r}\left\{r\frac{\mathrm{d}}{\mathrm{d}r}\left[\frac{1}{r}\frac{\mathrm{d}}{\mathrm{d}r}\left(r\frac{\mathrm{d}\overline{\omega}}{\mathrm{d}r}\right)\right]\right\} = \frac{p}{D} \tag{2-253}$$

在推导上述公式时,假设圆平板的中平面在弯曲时为中性面,这个条件只有中平面能够自由展开时才有可能,因此上述公式只适用于板的位移 $\bar{\omega}$ 与板厚 t 之比很小的情况。其次,还假设载荷 p 的均匀分布相对圆平板中心是对称的,位移 $\bar{\omega}$ 也是相对于圆平板中心对称的,而与 θ 无关。

2.3.1.5 挠度微分方程

对式(2−251)中 M_r 求导两次,有

$$\frac{\mathrm{d}M_r}{\mathrm{d}r} = -D\left(\frac{\mathrm{d}^3\bar{\omega}}{\mathrm{d}r^3} + \frac{\mu}{r}\frac{\mathrm{d}^2\bar{\omega}}{\mathrm{d}r^2} - \frac{\mu}{r^2}\frac{\mathrm{d}\bar{\omega}}{\mathrm{d}r}\right) \tag{2−254}$$

$$\frac{\mathrm{d}^2M_r}{\mathrm{d}r^2} = -D\left(\frac{\mathrm{d}^4\bar{\omega}}{\mathrm{d}r^4} + \frac{\mu}{r}\frac{\mathrm{d}^3\bar{\omega}}{\mathrm{d}r^3} - \frac{2\mu}{r^2}\frac{\mathrm{d}^2\bar{\omega}}{\mathrm{d}r^2} + \frac{2\mu}{r^3}\frac{\mathrm{d}\bar{\omega}}{\mathrm{d}r}\right) \tag{2−255}$$

对式(2−252) M_θ 求导一次:

$$\frac{\mathrm{d}M_\theta}{\mathrm{d}r} = -D\left(\frac{1}{r}\frac{\mathrm{d}^2\bar{\omega}}{\mathrm{d}r^2} - \frac{1}{r^2}\frac{\mathrm{d}\bar{\omega}}{\mathrm{d}r} + \mu\frac{\mathrm{d}^3\bar{\omega}}{\mathrm{d}r^3}\right) \tag{2−256}$$

将上述各式代入式(2−243)后即得圆平板在均布载荷 p 作用下的挠度微分方程:

$$-D\left(r\frac{\mathrm{d}^4\bar{\omega}}{\mathrm{d}r^4} + \mu\frac{\mathrm{d}^3\bar{\omega}}{\mathrm{d}r^3} - \frac{2\mu}{r}\frac{\mathrm{d}^2\bar{\omega}}{\mathrm{d}r^2} + \frac{2\mu}{r^2}\frac{\mathrm{d}\bar{\omega}}{\mathrm{d}r}\right) - D\left(2\frac{\mathrm{d}^3\bar{\omega}}{\mathrm{d}r^3} + 2\frac{\mu}{r}\frac{\mathrm{d}^2\bar{\omega}}{\mathrm{d}r^2} - 2\frac{\mu}{r^2}\frac{\mathrm{d}\bar{\omega}}{\mathrm{d}r}\right)$$

$$+ D\left(\frac{1}{r}\frac{\mathrm{d}^2\bar{\omega}}{\mathrm{d}r^2} - \frac{1}{r^2}\frac{\mathrm{d}\bar{\omega}}{\mathrm{d}r} + \mu\frac{\mathrm{d}^3\bar{\omega}}{\mathrm{d}r^3}\right) + pr = 0$$

展开上式,经合并同类项后,得

$$\frac{\mathrm{d}^4\bar{\omega}}{\mathrm{d}r^4} + \frac{2}{r}\frac{\mathrm{d}^3\bar{\omega}}{\mathrm{d}r^3} - \frac{1}{r^2}\frac{\mathrm{d}^2\bar{\omega}}{\mathrm{d}r^2} + \frac{1}{r^3}\frac{\mathrm{d}\bar{\omega}}{\mathrm{d}r} = \frac{p}{D} \tag{2−257}$$

式(2−257)是线性非齐次方程,它的解是齐次方程的通解加上非齐次方程的任意一个特解。齐次方程的通解为

$$\bar{\omega} = C_1\ln r + C_2r^2\ln r + C_3r^3 + C_4 \tag{2−258}$$

设 $\bar{\omega}^*$ 为式(2−257)的特解,则式(2−257)的解为

$$\bar{\omega} = C_1\ln r + C_2r^2\ln r + C_3r^3 + C_4 + \bar{\omega}^* \tag{2−259}$$

因载荷 p 是均布的,故 p 是常数,设式(2−257)的特解 $\bar{\omega}^* = Cr^4$,C 为待定系数,将 $\bar{\omega}^*$ 代入式(2−257)后,得 $C = \dfrac{p}{64D}$,于是特解为

$$\bar{\omega}^* = \frac{pr^4}{64D} \tag{2−260}$$

代入式(2−259)后,得

$$\bar{\omega} = C_1\ln r + C_2r^2\ln r + C_3r^3 + C_4 + \frac{pr^4}{64D} \tag{2−261}$$

式中: C_1、C_2、C_3 和 C_4 为积分系数,由边界条件确定。如圆平板无孔(实心圆平板),即 $r = 0$,式中 $\ln r = -\infty$,圆平板中心挠度也为无限大,这在实际上是不可能,应为有限值,$\mathrm{d}\bar{\omega}/\mathrm{d}r = 0$,因此 $C_1 = C_2 = 0$,于是式(2−261)为

$$\bar{\omega} = C_3r^3 + C_4 + \frac{pr^4}{64D} \tag{2−262}$$

式中:积分常数 C_3 和 C_4,需要根据圆平板边界支承条件确定。

2.3.1.6 圆平板各种边界支承计算

1. 周边固支实心圆平板

这种圆平板的周边挠度和转角均等于零,即式(2-262)的边界条件是:在 $r = a$,$\overline{\omega} = 0$,$\mathrm{d}\overline{\omega}/\mathrm{d}r = 0$,代入式(2-262)后,得

$$\overline{\omega} = C_3 a^3 + C_4 + \frac{pa^4}{64D} = 0 \tag{2-263}$$

$$\theta = \frac{\mathrm{d}\overline{\omega}}{\mathrm{d}r} = 2C_3 a + \frac{pa^3}{16D} = 0 \tag{2-264}$$

由此得

$$C_3 = -\frac{pa^2}{32D} , \quad C_4 = \frac{pa^4}{64D} \tag{2-265}$$

再代入式(2-262),得固支圆平板的挠度方程为

$$\overline{\omega} = \frac{p}{64D} (a^2 - r^2)^2 \tag{2-266}$$

对式(2-266)求导,得圆平板中性面的倾角方程为

$$\frac{\mathrm{d}\overline{\omega}}{\mathrm{d}r} = -\frac{p}{16D}(a^2 - r^2)r \tag{2-267}$$

再求导一次并代入式(2-251)后,得弯矩为

$$\begin{cases} M_r = \dfrac{p}{16}\big[a^2(1 + \mu) - r^2(3 + \mu) \big] \\[3mm] M_\theta = \dfrac{p}{16}\big[a^2(1 + \mu) - r^2(1 + 3\mu) \big] \end{cases} \tag{2-268}$$

在板中心处,$r = 0$,则

$$M_r = M_\theta = \frac{1 + \mu}{16}pa^2 \tag{2-269}$$

根据最大弯曲应力式,截面最大径向和环向应力可按下式计算:

$$\begin{cases} \sigma_r = \dfrac{M_r}{W} \\[3mm] \sigma_\theta = \dfrac{M_\theta}{W} \end{cases} \tag{2-270}$$

式中: W 为抗弯模数,其值为 $W = t^2/6$ 。

将式(2-268)中两式分别代入式(2-270),则得出圆平板上下表面的径向和环向应力为

$$\begin{cases} \sigma_r = \pm \dfrac{3pa^2}{8t^2}\big[(1 + \mu) - \dfrac{r^2}{a^2}(3 + \mu) \big] \\[3mm] \sigma_\theta = \pm \dfrac{3pa^2}{8t^2}\big[(1 + \mu) - \dfrac{r^2}{a^2}(1 + 3\mu) \big] \end{cases} \tag{2-271}$$

当 $r = a$ 时,应力最大,故有

72

$$\begin{cases} (\sigma_r)_{max} = \pm \dfrac{3pa^2}{4t^2} = \pm 0.75\dfrac{pa^2}{t^2} \\ (\sigma_\theta)_{max} = \pm \dfrac{3pa^2}{4t^2}\mu = \mu(\sigma_r)_{max} \end{cases} \tag{2-272}$$

式中:" + "号表示拉应力;" - "号表示压应力。

圆平板中心处($r = a$)的应力为

$$\sigma_r = \sigma_\theta = \pm 0.49\dfrac{a^2}{t^2}p \tag{2-273}$$

2. 简支实心圆平板

边界条件:在 $r = a$ 时,$\bar{\omega} = 0$,$M_r = 0$,则有

$$C_3 a^3 + C_4 + \dfrac{pa^4}{64D} = 0 \tag{2-274}$$

$$-2(1+\mu)DC_3 - \dfrac{3+\mu}{16}pa = 0$$

由此可得

$$C_3 = -\dfrac{3+\mu}{32(1+\mu)}\dfrac{pa^2}{D} \tag{2-275}$$

$$C_4 = \dfrac{5+\mu}{64(1+\mu)}\dfrac{pa^4}{D} \tag{2-276}$$

代入式(2-262)后,便可得简支圆平板的挠度方程为

$$\bar{\omega} = \dfrac{p}{64D}\left[(a^2 - r^2)^2 + \dfrac{4a^2(a^2 - r^2)}{1+\mu}\right] \tag{2-277}$$

对式(2-227)求导二次并代入式(2-252)后,得

$$\begin{cases} M_r = \dfrac{(3+\mu)pa^2}{16}\left(1 - \dfrac{r^2}{a^2}\right) \\ M_\theta = \dfrac{p}{16}\left[a^2(3+\mu) - r^2(1+3\mu)\right] \end{cases} \tag{2-278}$$

在圆平板中心处,$r = 0$,则

$$M_r = M_\theta = \dfrac{3+\mu}{16}pa^2 \tag{2-279}$$

圆平板径向任一位置的径向应力和环向应力分别为

$$\begin{cases} \sigma_r = \pm\dfrac{3pa^2}{8t^2}(3+\mu)\left(1 - \dfrac{r^2}{a^2}\right) \\ \sigma_\theta = \pm\dfrac{3pa^2}{8t^2}\left[(3+\mu) - (1+3\mu)\dfrac{r^2}{a^2}\right] \end{cases} \tag{2-280}$$

最大应力在圆平板中心($r = 0$)处,则

$$\sigma_{max} = \sigma_r = \sigma_\theta = \pm\dfrac{3(3+\mu)pa^2}{8t^2} = \pm 1.24\dfrac{pa^2}{t^2} \tag{2-281}$$

在圆平板周边处($r = a$),$\sigma_r = 0$,故

$$\sigma_\theta = \pm \frac{3(3+\mu)pa^2}{4\delta^2} = \pm 2.48 \frac{pa^2}{\delta^2} \tag{2-282}$$

由上述圆平板两种支承型式应力分析可以得出：固支圆平板的最大应力发生在其边缘处，而简支圆平板的最大应力发生在圆平板的中心处。

3. 简支实心圆平板受弯矩 $M_r = M$ 作用

简支圆平板结构边界弯矩在 $r = a$ 时，$\bar{\omega} = 0$，$M = -D\left(\dfrac{\mathrm{d}^2\bar{\omega}}{\mathrm{d}r^2} + \dfrac{\mu}{r}\dfrac{\mathrm{d}\bar{\omega}}{\mathrm{d}r}\right)$，$p = 0$，于是有

$$\begin{cases} C_3 a^2 + C_4 = 0 \\ \bar{\omega} = C_3 r^2 + C_4 \end{cases} \tag{2-283}$$

并且

$$\frac{\mathrm{d}\bar{\omega}}{\mathrm{d}r} = 2C_3 r$$

$$\frac{\mathrm{d}^2\bar{\omega}}{\mathrm{d}r^2} = 2C_3$$

于是

$$M = -2C_3 D(1+\mu) \tag{2-284}$$

由此得

$$C_3 = -\frac{M}{2(1+\mu)D}, \quad C_4 = \frac{Ma^2}{2(1+\mu)D}$$

代入式（2-283）后，得

$$\bar{\omega} = \frac{M}{2D(1+\mu)}(a^2 - r^2) \tag{2-285}$$

最大应力各处相同，其值为

$$\sigma_{\max} = \sigma_r = \sigma_\theta = \frac{6M}{t^2} \tag{2-286}$$

4. 周边固定实心圆平板中心受集中载荷 P 作用

受集中载荷 P 作用的圆平板，在距离板中心 r 处的总剪力 Q 按下式计算：

$$Q = 2\pi r Q_r \tag{2-287}$$

此总剪力大小与集中载荷相等，方向相反，即

$$Q = -P \tag{2-288}$$

又由于

$$Q_r = -D\frac{\mathrm{d}}{\mathrm{d}r}\left(\frac{\mathrm{d}^2\bar{\omega}}{\mathrm{d}r^2} + \frac{1}{r}\frac{\mathrm{d}\bar{\omega}}{\mathrm{d}r}\right) = -D\frac{\mathrm{d}}{\mathrm{d}r}\left(\frac{1}{r} - \frac{\mathrm{d}}{\mathrm{d}r}r\frac{\mathrm{d}\bar{\omega}}{\mathrm{d}r}\right) \tag{2-289}$$

考虑式（2-287）后，得

$$\frac{\mathrm{d}}{\mathrm{d}r}\left(\frac{1}{r} - \frac{\mathrm{d}}{\mathrm{d}r}r\frac{\mathrm{d}\bar{\omega}}{\mathrm{d}r}\right) = -\frac{Q_r}{D} = \frac{P}{2\pi r D} \tag{2-290}$$

对上式连续积分三次后，得

$$\bar{\omega} = \frac{P}{8\pi D}(r^2 \ln r + C_1 r^2 + C_2 \ln r + C_3) \tag{2-291}$$

在板中心，$r = 0$，$\dfrac{\mathrm{d}\bar{\omega}}{\mathrm{d}r} = 0$；在圆平板周边，$r = a$ 处，$\bar{\omega} = 0$，$\dfrac{\mathrm{d}\bar{\omega}}{\mathrm{d}r} = 0$。由上述条件可以求出积分常数：

$$C_1 = -\frac{1}{2} - \ln a \ ,\ C_2 = 0 \ ,\ C_3 = \frac{1}{2}a^2$$

代入式(2-291)后，得

$$\bar{\omega} = \frac{P}{8\pi D}\Big[\frac{1}{2}(a^2 - r^2) + r^2\ln\frac{r}{a}\Big] \tag{2-292}$$

最大挠度为

$$\bar{\omega}_{\max} = \frac{Pa^2}{16\pi D} = 0.217\frac{Pa^2}{Et^2} \tag{2-293}$$

相应的径向应力和环向应力分别为

$$\begin{cases} \sigma_r = \pm\dfrac{3P}{2\pi t^2}\big[\,(1+\mu)\ln\dfrac{a}{r} - 1\big] \\[3mm] \sigma_\theta = \pm\dfrac{3P}{2\pi t^2}\big[\,(1+\mu)\ln\dfrac{a}{r} - \mu\big] \end{cases} \tag{2-294}$$

5. 周边简支实心圆平板中心受集中载荷 P 作用

遵照上述分析思路和推导方法，可求出这种边界条件下的圆平板挠度方程：

$$\bar{\omega} = \frac{Pa^2}{16\pi D}\Big[\frac{3+\mu}{1+\mu}\Big(1 - \frac{r^2}{a^2}\Big) - 2\frac{r^2}{a^2}\ln\frac{a}{r}\Big] \tag{2-295}$$

最大挠度在 $r = 0$ 处，由式(2-295)得

$$\bar{\omega}_{\max} = \frac{(3+\mu)Pa^2}{16\pi(1+\mu)D} = 0.552\frac{Pa^2}{Et^3} \tag{2-296}$$

相应的径向应力和环向应力分别为

$$\begin{cases} \sigma_r = \pm\dfrac{3P}{2\pi t^2}(1+\mu)\ln\dfrac{a}{r} \\[3mm] \sigma_\theta = \pm\dfrac{3P}{2\pi t^2}\big[\,(1-\mu) + (1+\mu)\ln\dfrac{a}{r}\big] \end{cases} \tag{2-297}$$

2.3.2　圆环形平板

压力容器平封头有时是要开孔或安装接管和其他元件如法兰连接、人孔或窥视镜等，如图 2-30所示。设一个直径为 $2b$ 的圆平板在其中心处开有直径 $2a$ 的开孔，圆平板的厚度为 h。为了分析需要假设在半径为 r_i 处作用单位长度载荷 Q_i（N/mm）；在半径为 r_j 处作用单位弯矩 M_j（N·mm/mm），在半径 c 和 b 之间作用均布压力 p。由圆平板弹性分析可知，在载荷作用下平板的径向应力和环向应力沿平板截面厚度方向呈线性分布，其值在内外表面最大，即

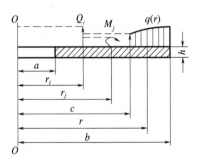

图 2-30　各种载荷作用的圆环形平板结构

$$\sigma_r = \pm \frac{6M_r}{h^2} ; \sigma_\theta = \pm \frac{6M_\theta}{h^2}$$

2.3.2.1 内力分析微分方程

由圆平板轴对称载荷作用平衡方程式(2-241)和式(2-242)及挠度微分方程式(2-253)求出由各种载荷作用下圆环平板最危险部位的应力值。对式(2-253)由 $r = a$ 至 $r = b$ 范围进行积分后,得出圆环平板的内力、位移和转角:

$$\begin{cases} P(r) = P(a) + \sum_{i=1}^{m} \delta_i P_i + C_1{}^* \\[2mm] M_r(r) = C_{21}P(a) + C_{22}M_r(a) + C_{24}\frac{\mathrm{d}\overline{\omega}}{\mathrm{d}r}(a) + \sum_{i=1}^{m} \delta_i C_{21i}P_i + \sum_{j=1}^{m} \delta_j C_{22j}M_j + C_2{}^* \\[2mm] M_\theta(r) = C_{31}P(a) + C_{32}M_r(a) + C_{34}\frac{\mathrm{d}\overline{\omega}}{\mathrm{d}r}(a) + \sum_{i=1}^{m} \delta_i C_{31i}P_i + \sum_{j=1}^{m} \delta_j C_{32j}M_j + C_3{}^* \\[2mm] \frac{\mathrm{d}\overline{\omega}}{\mathrm{d}r}(r) = C_{41}P(a) + C_{42}M_r(a) + C_{44}\frac{\mathrm{d}\overline{\omega}}{\mathrm{d}r}(a) + \sum_{i=1}^{m} \delta_i C_{41i}P_i + \sum_{j=1}^{m} \delta_j C_{42j}M_j + C_4{}^* \\[2mm] \overline{\omega}(r) = \overline{\omega}(a) + C_{51}P(a) + C_{52}M_r(a) + C_{54}\frac{\mathrm{d}\overline{\omega}}{\mathrm{d}r}(a) + \sum_{i=1}^{m} \delta_i C_{51i}P_i + \sum_{j=1}^{m} \delta_j C_{52j}M_j + C_5{}^* \end{cases} \quad (2-298)$$

式中:$P = 2\pi r Q$;$\delta_i = 0(r < r_i)$;$\delta_i = 1(r \geq r_i)$;$\delta_j = 0(r < r_j)$;$\delta_j = 1(r \geq r_j)$;P_i 是作用在 $a < r_i < b$ 范围内任何位置上的力;M_j 是作用在 $a < r < b$ 范围内任何位置上的弯矩;$P(a)$、$M_r(a)$、$\frac{\mathrm{d}\overline{\omega}}{\mathrm{d}r}(a)$ 和 $\overline{\omega}(a)$ 由圆平板边缘处的边界条件确定。

对于自由端,当 $r = a$ 时,$P = P_a$,$M_r = M_{ra}$;对于简支端,$M_r = M_{ra}$,$\overline{\omega} = 0$;对于固支端,$\overline{\omega} = 0$,$\frac{\mathrm{d}\overline{\omega}}{\mathrm{d}r} = 0$。同理也可求出 $r = b$ 时的上述载荷。P_a 和 M_{ra} 均为圆平板边缘处载荷。

系数 $C_{(r)}$ 和 $C_{(r)}{}^*$ 与圆环平板尺寸和平板材料性能有关,其值由下式计算,也可以由表直接按照 $x = a/r$ 或 $x = r_i/r$ 查得。r_i 是载荷 P 作用半径,r_j 是弯矩 M_j 作用半径。$C_{(r)}$ 按下式计算:

$$\begin{cases} C_{21} = \frac{1}{8\pi}\left\{ 2(1+\mu)\ln\frac{r}{a} + (1-\mu)\left[1 - \left(\frac{a}{r}\right)^2 \right] \right\} \\[2mm] C_{22} = \frac{1}{2}\left[(1+\mu) + (1-\mu)\left(\frac{a}{r}\right)^2 \right], C_{24} = \frac{(1-\mu^2)D}{2a}\left[1 - \left(\frac{a}{r}\right)^2 \right] \\[2mm] C_{31} = \frac{1}{8\pi}\left\{ 2(1+\mu)\ln\frac{r}{a} - (1-\mu)\left[1 - \left(\frac{a}{r}\right)^2 \right] \right\} \\[2mm] C_{32} = \frac{1}{2}\left[(1+\mu) - (1-\mu)\left(\frac{a}{r}\right)^2 \right], C_{34} = \frac{(1-\mu^2)D}{2a}\left[1 + \left(\frac{a}{r}\right)^2 \right] \\[2mm] C_{41} = \frac{r}{8\pi D}\left[2\ln\frac{r}{a} - 1 + \left(\frac{a}{r}\right)^2 \right], C_{42} = \frac{r}{2D}\left[1 - \left(\frac{a}{r}\right)^2 \right] \\[2mm] C_{44} = \frac{1}{2}\left[(1+\mu)\frac{a}{r} + (1-\mu)\frac{r}{a} \right] \\[2mm] C_{51} = \frac{a^2}{8\pi D}\left\{ \left[1 + \left(\frac{r}{a}\right)^2 \right]\ln\frac{r}{a} + 1 - \left(\frac{r}{a}\right)^2 \right\}, C_{52} = \frac{a^2}{4D}\left[\left(\frac{r}{a}\right)^2 - 1 - 2\ln\frac{r}{a} \right] \\[2mm] C_{54} = \frac{a}{4}\left\{ 2(1+\mu)\ln\frac{r}{a} + (1-\mu)\left[\left(\frac{r}{a}\right)^2 - 1 \right] \right\} \end{cases} \quad (2-299)$$

C_{21i} 至 C_{52j} 可由式（2-299）计算，只是半径 a 需用 r_i 或 r_j 替换，而系数 $C_{(r)}^*$ 对于任何载荷 $q_{(r)}$ 计算如下：

$$\begin{cases} C_1^* = 2\pi\int_a^r q(r_1)r_1 \mathrm{d}r_1 ; C_2^* = \varPhi_1 + \varPhi_2 ; C_3^* = \varPhi_1 - \varPhi_2 \\ C_4^* = \dfrac{r}{D}\left(\dfrac{\varPhi_1}{1+\mu} - \dfrac{\varPhi_2}{1-\mu}\right) ; C_5^* = \int_a^r C_4^*(r_1)\mathrm{d}r_1 \end{cases} \quad (2-300)$$

其中

$$\varPhi_1(r) = \frac{1+\mu}{4\pi}\int_a^r \frac{1}{r_1}C_1^*(r_1)\mathrm{d}r_1 ; \varPhi_2(r) = \frac{1-\mu}{4\pi r^2}\int_a^r r_1 C_1^*(r_1)\mathrm{d}r_1$$

对于作用在圆环平板 $r = c$ 至 $r = b$ 上的均布载荷 q，$C_{(r)}^*$ 值：

$$\begin{cases} C_1^*(r) = \pi q\delta_c(r^2 - c^2) \\ \varPhi_1(r) = \dfrac{1+\mu}{8}q\delta_c\left(r^2 - c^2 - 2c^2\ln\dfrac{r}{c}\right) \\ \varPhi_2(r) = \dfrac{1-\mu}{16r^2}q\delta_c(r^2 - c^2)^2 \\ C_5^*(r) = \dfrac{1}{64D}q\delta_c\left[(r^2 - c^2)(r^2 + 5c^2) - 4c^2(2r^2 + c^2)\ln\dfrac{r}{c}\right] \end{cases} \quad (2-301)$$

其中

$$\delta_c = \begin{cases} 0 & (r < c) \\ 1 & (r \geqslant c) \end{cases}$$

式（2-298）~式（2-301）适用于任何支承和载荷的圆环平板的强度计算。

为了计算方便，式（2-299）$C_{(r)}$ 及式（2-300）和式（2-301）的 $C_{(r)}^*$，在 $\mu = 0.3$ 时，根据参数 $x = a/r$ 由表 2-3 查得；若将 r_i/r 或 r_j/r 也作为 x 的函数（$x = r_i/r$ 或 $x = r_j/r$）时，也能求出 $C_{i(r)}$ 或 $C_{j(r)}$。

2.3.2.2 应力计算方法

在集中力 P 作用位置上，计算弯矩和应力趋于无限大时，必须通过刚性中心把集中力转到相对半径 $\alpha_0 = a_0/b$ 的圆环板上，而相应半径要满足 $\sigma_{\max} \leqslant [\sigma]$ 条件。于是强度条件为

$$K_{(\alpha_0)} \leqslant \frac{[\sigma]h^3}{6P} \quad (2-302)$$

对于外缘简支圆环平板：

$$K_{(\alpha_0)} = -\frac{2(1+\mu)\ln\alpha_0 - (1-\mu)(1-\alpha_0^2)}{4\pi[1+\mu+(1-\mu)\alpha_0^2]} \quad (2-303)$$

对于固支圆环平板：

$$K_{(\alpha_0)} = -\frac{2\ln\alpha_0 + 1 - \alpha_0^2}{4\pi(1-\alpha_0^2)} \quad (2-304)$$

若相对半径 $\alpha_0 = 1$、$\mu = 0.3$ 时，则式（2-303）和式（2-304）有

$$\alpha_0 \geqslant \exp\left(-1.05\frac{[\sigma]h^2}{P} + 0.27\right) \quad (2-305)$$

$$\alpha_0 \geqslant \exp\left(-1.05\frac{[\sigma]h^2}{P} - 0.15\right) \quad (2-306)$$

2.3.2.3 应力计算

在均布压力 q 作用下,最大应力、挠度和转角由下式计算:

$$\sigma_{max} = K_\sigma \frac{qb^2}{h^2}; \bar{\omega}_{max} = K_{\bar{\omega}} \frac{qb^4}{Eh^3}; \left(\frac{d\bar{\omega}}{dr}\right)_{max} = K_\varphi \frac{qb^3}{Eh^2} \tag{2-307}$$

若在中心处主要集中力 P 时,最大应力:

$$\sigma_{max} = K_\sigma' \frac{P}{h^2}; \bar{\omega}_{max} = K_{\bar{\omega}}' \frac{Pb^3}{Eh^3}; \left(\frac{d\bar{\omega}}{dr}\right)_{max} = K_\varphi' \frac{Pb}{Eh^2} \tag{2-308}$$

表 2-4 中列出几种主要载荷和支承状态下的最大应力系数 K_σ 和 K_σ'、挠度系数 $K_{\bar{\omega}}$ 和 $K_{\bar{\omega}}'$ 及转角系数 K_θ 和 K_θ'。

对沿圆周 r_i 处分布的载荷 $Q_i = P_i/2\pi r_i$,在式(2-308)中的 P 要用 P_i 代替;如果在圆周 r_j 上作用的是弯矩 M_j,则式(2-308)的 P 须用 M_j 代替。K_σ 或 K'_σ 的符号表示圆环平板的下表面。在支承点上,$K_{\sigma\theta} = \mu K_{\sigma r}$;$K_{\sigma\theta}' = \mu K'_{\sigma r}$。在弯矩 M_j 作用的半径处,应力系数发生突变 $\Delta K_{\sigma\theta} = 6$,$\Delta K_{\sigma r} = 1.8$。

综合表 2-4 的数据,可以求得各种载荷和支承状态下圆环平板上的应力、转角和挠度的系数值。

如果圆环平板在厚度方向和径向方向温度变化时,则在式(2-298)中应将加上 $C_{T(r)}$ 一项:

$$\begin{cases} C_{T1} = 0 \\ C_{T2}(r) = \dfrac{1-\mu}{r^2}\displaystyle\int_a^r r_1 M_T(r_1)\,dr_1 \\ C_{T3}(r) = (1-\mu)M_T(r) - C_{T2}(r) \\ C_{T4}(r) = -\dfrac{1}{Dr}\displaystyle\int_a^r r_1 M_T(r_1)\,dr_1 \\ C_{T5}(r) = \displaystyle\int_a^r C_{T4}(r_1)\,dr_1 \end{cases} \tag{2-309}$$

$$M_T(r) = \frac{Eh^2 \alpha \Delta T(r)}{12(1-\mu)}$$

如果自由和固支无孔圆平板上温度沿着半径方向上分布稳定,即 ΔT 为常数时,对于 M_T 也为常数,由式(2-309)可知

$$C_{T4}(r) = \frac{rM_T}{D(1+\mu)}, \quad C_{T5}(r) = -\frac{r^2 M_T}{2D(1+\mu)}$$

对于自由边缘:$M_r(b) = M_r(\theta) = \theta$,即 $M_r(r) = M_\theta(r) = 0$,故圆平板中不存在应力,而 $\dfrac{d^2\bar{\omega}}{dr^2} = -\dfrac{M_T}{2(1+\mu)}$ 为恒定值;而对于固支边缘处,边缘载荷 $\dfrac{d\bar{\omega}}{dr}(b) = \dfrac{b}{(1+\mu)D}M_{(r)}(\theta) - \dfrac{bM_T}{D(1+\mu)} = 0$,于是 $M_{(r)}(\theta) = M_T$,即 $M_r(r) = M_\theta(r) = M_T$,但是 $\bar{\omega}(r) = 0$,圆环平板上最大温度应力为

$$\sigma_{rmax} = \sigma_{\theta max} = \frac{E\alpha\Delta T}{2(1-\mu)}$$

上述这个结论与温度应力计算式(3-45)相同。

表 2-3 圆环平板系数 C 和 C^*

影响系数	$x = a/r$										
	0	0.1	0.2	0.3	0.4	0.5	0.6	0.7	0.8	0.9	1.0
C_{21}	—	0.26578	0.19324	0.14990	0.11819	0.09260	0.07067	0.05110	0.03311	0.01619	0
C_{22}	1	0.65350	0.66400	0.68150	0.70600	0.73750	0.77600	0.82150	0.87400	0.93350	1
$C_{24}(r/D)$	—	4.50450	2.18400	1.38017	0.95550	0.68250	0.48533	0.33150	0.20475	0.09606	0
C_{31}	—	0.21063	0.13976	0.09921	0.07140	0.05082	0.03502	0.02269	0.01306	0.00561	0
C_{32}	1	0.64650	0.63600	0.61850	0.59400	0.56250	0.52400	0.47850	0.42600	0.36650	0
$C_{34}(r/D)$	—	4.59550	2.36600	1.65317	1.31950	1.13750	1.03133	0.96850	0.93275	0.91506	0.91
$C_{41}(D/r)$	—	0.14384	0.08988	0.05960	0.03949	0.02532	0.01518	0.00809	0.00343	0.00082	0
$C_{42}(D/r)$	0.76923	0.49500	0.48000	0.45500	0.42000	0.37500	0.32000	0.25500	0.18000	0.09500	0
C_{44}	—	3.56500	1.88000	1.36167	1.13500	1.02500	0.97333	0.95500	0.95750	0.97389	1
$C_{51}(D/r^2)$	—	0.05314	0.02840	0.01601	0.00887	0.00463	0.00218	0.00085	0.00024	0.00003	0
$C_{52}(D/r^2)$	0.38462	0.23599	0.20781	0.17332	0.13670	0.10086	0.06805	0.04011	0.01859	0.00483	0
$C_{54}(1/r)$	—	1.88217	1.04923	0.76561	0.60574	0.48777	0.38589	0.28979	0.19478	0.09858	0
$C_1^*(1/qr^2)$	3.14159	3.11017	3.01593	2.85885	2.63894	2.35619	2.01062	1.60224	1.13097	0.59690	0
$C_2^*(1/qr^2)$	0.20625	0.19627	0.17540	0.14889	0.11972	0.09017	0.06215	0.03745	0.01778	0.00472	0
$C_3^*(1/qr^2)$	0.11875	0.11051	0.09476	0.07643	0.05798	0.04095	0.02631	0.01470	0.00642	0.00156	0
$C_4^*(D/qr^3)$	0.06250	0.05674	0.04631	0.03490	0.02425	0.01527	0.00843	0.00380	0.00120	0.00016	0
$C_5^*(D/qr^4) \times 10$	0.15625	0.13350	0.09792	0.06463	0.03833	0.01999	0.00875	0.00293	0.00061	0.00004	0

表 2-4 圆平板应力系数 K_σ、挠度系数 $K_{\bar{\omega}}$ 和转角系数 K_θ

简图		1				2	
$\alpha = \dfrac{a}{b}$ $\beta = \dfrac{r_i}{b}$							
α	β	$K'_{\sigma\theta}, r=a$	$K'_{\bar{\omega}}, r=a$	$K'_\theta, r=a$	$K'_\theta, r=b$	$K'_{\sigma r}, r=a$	$K'_{\bar{\omega}}, r=a$
0.1	0.1	-3.221	0.632	-0.644	-0.726	-2.440	0.4677
	0.2	-2.342	0.572	-0.468	-0.689	-1.774	0.4518
	0.4	-1.432	0.442	-0.287	-0.590	-1.085	0.3692
	0.6	-0.857	0.299	-0.171	-0.445	-0.649	0.2549
	0.8	-0.401	0.148	-0.080	-0.249	-0.304	0.1280
	0.9	-0.196	0.074	-0.039	-0.131	-0.149	0.0635
0.2	0.2	-1.411	0.704	-0.966	-0.835	-1.746	0.3503
	0.3	-1.874	0.612	-0.749	-0.758	-1.354	0.3375
	0.4	-1.477	0.523	-0.591	-0.680	-1.068	0.3071
	0.6	-0.883	0.347	-0.353	-0.498	-0.639	0.2178
	0.8	-0.414	0.171	-0.166	-0.274	-0.299	0.1106

α	β	$K'_{\sigma\theta}, r=a$	$K'_{\bar{\omega}}, r=a$	$K'_{\theta}, r=a$	$K'_{\theta}, r=b$	$K'_{\sigma r}, r=a$	$K'_{\bar{\omega}}, r=a$
	0.4	−1.688	0.721	−1.351	−1.102	−1.004	0.1530
0.4	0.5	−1.323	0.590	−1.058	−0.925	−0.787	0.1452
	0.6	−1.010	0.465	−0.808	−0.751	−0.601	0.1256
	0.8	−0.473	0.227	−0.378	−0.392	−0.281	0.0674
	0.6	−1.325	0.590	−1.591	−1.382	−0.546	0.0439
0.6	0.7	−0.958	0.434	−1.150	−1.031	−0.395	0.0396
	0.8	−0.621	0.285	−0.745	−0.688	−0.256	0.0291
0.8	0.8	−1.104	0.341	−1.766	−1.653	−0.227	0.0051
	0.9	−0.540	0.168	−0.864	−0.818	−0.111	0.0035
0.9	0.9	−1.023	0.181	−1.841	−1.784	−0.104	0.0006

简图

$\alpha = \dfrac{a}{b}$

$\beta = \dfrac{r_\mathrm{i}}{b}$

α	β	$K'_{\sigma\theta}, r=a$	$K'_{\sigma r}, r=b$	$K'_{\bar{\omega}}, r=a$	$K'_{\sigma r}, r=a$	$K'_{\sigma r}, r=b$	$K'_{\bar{\omega}}, r=a$
	0.1	−2.203	0.504	0.2490	−1.744	0.455	0.1685
	0.2	−1.377	0.478	0.2080	−1.089	0.447	0.1578
0.1	0.4	−0.605	0.410	0.1308	−0.479	0.396	0.1088
	0.6	−0.233	0.309	0.0638	−0.184	0.304	0.0553
	0.8	−0.053	0.173	0.0172	−0.042	0.171	0.0153
	0.9	−0.013	0.091	0.0044	−0.010	0.091	0.0040
	0.2	−1.305	0.533	0.2376	−1.123	0.413	0.1148
	0.3	−0.865	0.484	0.1814	−0.745	0.405	0.1070
0.2	0.4	−0.574	0.434	0.1438	−0.494	0.381	0.0899
	0.6	−0.221	0.318	0.0688	−0.190	0.298	0.0480
	0.8	−0.050	0.175	0.0183	−0.043	0.170	0.0136
	0.4	−0.475	0.510	0.1333	−0.564	0.311	0.0435
0.4	0.5	−0.304	0.428	0.0969	−0.362	0.300	0.0394
	0.6	−0.183	0.347	0.0647	−0.217	0.271	0.0302
	0.8	−0.041	0.181	0.0174	−0.049	0.164	0.0096
	0.6	−0.142	0.379	0.0420	−0.285	0.203	0.0115
0.6	0.7	−0.076	0.282	0.0257	−0.152	0.189	0.0095
	0.8	−0.032	0.188	0.0123	−0.064	0.149	0.0054
0.8	0.8	−0.024	0.194	0.0050	−0.114	0.099	0.0013
	0.9	−0.006	0.096	0.0015	−0.027	0.073	0.0006
0.9	0.9	−0.005	0.097	0.0006	−0.052	0.048	0.0002

简图 $\alpha = \dfrac{a}{b}$ $\beta = \dfrac{r_j}{b}$					
α	β	$K'_{\sigma\theta}, r=a$	$K'_{\bar{\omega}}, r=a$	$K'_{\theta}, r=a$	$K'_{\theta}, r=b$
0.1	0.1	−6.12	0.40	−1.58	−0.24
	0.2	−8.05	0.76	−1.61	−0.50
	0.4	−8.56	1.73	−1.71	−1.52
	0.6	−9.41	2.80	−1.88	−3.21
	0.8	−10.59	3.78	−2.12	−5.59
	1.0	−12.12	4.56	−2.42	−8.64
0.2	0.2	−6.50	1.21	−3.32	−1.00
	0.4	−8.82	2.21	−3.53	−2.05
	0.6	−9.70	3.33	−3.88	−3.80
	0.8	−10.92	4.38	−4.37	−6.25
	1.0	−12.50	5.25	−5.00	−9.40
0.4	0.4	−8.28	3.39	−8.07	−4.57
	0.6	−11.09	4.63	−8.87	−6.57
	0.8	−12.49	5.85	−9.99	−9.37
	1.0	−14.29	6.92	−11.43	−12.97
0.6	0.6	−12.75	5.99	−17.46	−13.50
	0.8	−16.39	7.39	−19.66	−17.18
	1.0	−18.75	8.68	−22.50	−21.90
0.8	0.8	−27.33	8.88	−46.61	−42.67
	1.0	−33.33	10.39	+53.33	−51.07
0.9	0.9	−57.16	10.41	−106.12	−102.32
	1.0	−63.16	11.21	−113.68	−110.72

简图 $\alpha = \dfrac{a}{b}$ $\beta = \dfrac{r_j}{b}$							
α	β	$K'_{\sigma\theta}, r=a$	$K'_{\sigma r}, r=b$	$K'_{\bar{\omega}}, r=a$	$K'_{\sigma r}, r=a$	$K'_{\sigma r}, r=b$	$K'_{\bar{\omega}}, r=a$
0.1	0.1	−5.78	0.17	0.277	−6.00	0	0
	0.2	−7.35	0.34	0.498	−5.82	0.18	0.230
	0.4	−6.43	1.05	0.929	−5.09	0.91	0.694
	0.6	−4.90	2.23	1.102	−3.88	2.12	0.922
	0.8	−2.76	3.88	0.835	−2.18	3.82	0.734
	0.9	−1.45	4.88	0.495	−1.15	4.85	0.442

α	β	$K'_{\sigma\theta}, r=a$	$K'_{\sigma r}, r=b$	$K'_{\bar{\omega}}, r=a$	$K'_{\sigma r}, r=a$	$K'_{\sigma r}, r=b$	$K'_{\bar{\omega}}, r=a$
0.2	0.2	−5.17	0.64	0.656	−6.00	0	0
	0.3	−6.61	0.92	0.88	−5.68	0.31	0.258
	0.4	−6.10	1.31	1.067	−5.25	0.75	0.493
	0.6	−4.65	2.43	1.207	−4.00	2.00	0.770
	0.8	−2.61	3.99	0.894	−2.25	3.75	0.648
0.4	0.4	−3.25	2.11	0.955	−6.00	0	0
	0.5	−4.51	2.53	1.084	−5.35	0.64	0.231
	0.6	−3.85	3.04	1.122	−4.57	1.43	0.394
	0.8	−2.16	4.33	0.846	−2.57	3.43	0.437
0.6	0.6	−1.19	3.70	0.642	−6.00	0	0
	0.7	−2.38	4.17	0.666	−4.78	1.22	0.154
	0.8	−1.68	4.71	0.576	−3.38	2.62	0.215
0.8	0.8	+0.52	5.01	0.197	−6.00	0	0
	0.9	−0.68	5.48	0.158	−3.17	2.83	0.054
0.9	0.9	+1.21	5.54	0.052	−6.00	0	0

第3章　压力容器应力分析

3.1　应力和应力分析

目前在各国压力容器标准或规范中,压力容器设计主要采用两种方法:规则设计法和分析设计法。规则设计法基于弹性失效设计准则,将容器结构中最大应力限制在弹性范围之内,利用一组简单强度计算式确定容器在压力载荷作用下其壳体的最小壁厚或最大许用工作压力。计算式依据最大应力理论,这种设计方法是压力容器设计方法中最为简单、快捷和方便的方法,是当今各国规范或标准都使用的最基本的压力容器设计方法。

规则设计法采用不同的设计准则、设计思想和安全系数,要求容器壳体环向和轴向一次薄膜应力不得超过最大许用拉应力值,而对某些特殊结构如平封头的弯曲应力和法兰颈轴向应力允许达到1.5倍的最大许用拉应力,其他壳体不连续处的局部应力用应力集中系数或形状系数予以控制,基本设计计算式用于确定容器的最大许用工作压力或壳体壁厚。

分析设计的目的是通过详细应力分析防止压力容器结构材料的各种失效,确保安全运行。分析设计包含结构的弹性分析、弹塑性分析、塑性分析、极限分析和实验应力分析等。分析设计将压力容器壳体各危险区域或部位的应力进行分析并根据产生的原因,对失效影响程度等进行分类,然后按照设计准则和设计校核方法进行设计或评定。这种方法同时根据要求还需要疲劳分析和断裂力学评估(防止脆性断裂)。由于分析设计方法能够解决压力容器危险部位如结构不连续区域、开孔接管部位等应力集中等结构强度问题,及评定结构在压力、温度等循环载荷作用下产生的疲劳失效问题,所以各国压力容器规范或标准都将此种方法作为设计的另一种方法,如我国的 JB 4732,美国的 ASME Ⅷ-2、日本 JIS B8266、JIS B8267 规范或标准。但是这种方法需要考虑和评定所有载荷作用下产生的复杂应力分析和分类,故要比规则设计复杂得多,工作量也很大。对于普通的压力容器设计,若采用分析法设计,除了一次薄膜应力之外,计算的壁厚值比用规则设计法计算结果并没有减少多少。因此,只有在没有更简单的方法确定元件尺寸或要求疲劳计算和评定时才要求进行分析设计。

3.1.1　应力和应力分类

3.1.1.1　应力

作用在压力容器上的载荷主要有压力载荷、机械载荷、温差等,那么由这些载荷在壳体上引起的应力和由于结构壁厚或材料不同引发的应力有:内外、压力引起的薄膜应力和弯曲应力应力;机械载荷引起的薄膜应力和弯曲应力;由温度或温差引起的温度应力;由结构不连续引起的包括薄膜应力在内的局部应力等。压力容器设计时,主要任务是对受压容器壳体和各个元件,尤其壳体危险部位进行应力分析,计算最大应力值并将其控制在容许的范围内。进行应力分析时,对于几何形状对称、壁厚相同、材质一样的简单容器壳体比较容易,然而对于结构形状复杂、材质不同的结构,应力分布非常复杂,有时用一般的分析计算方法如解析法难以解决,还需要用数值法或实验测试法。

在具体讨论应力分析设计之前,需要对一些相关术语及其基本概念作一介绍。

(1) 总体结构不连续:指由于壳体几何形状不连续而使结构在较大范围内的应力强度或应变发生变化,对结构总应力和变形产生显著的影响。

(2) 局部结构不连续:指由于几何形状或材料在很小区域或范围内不连续,应力或应变强度变化发生在结构很小的区域内,对结构总应力或应变及对总体结构没有太大的影响。

(3) 法向应力或正应力:垂直于所考虑截面的应力分量。

(4) 薄膜应力:沿壁厚均匀分布的应力,如壳体环向应力、径向应力的平均值,如图3 - 1(a)、(b)中 P_m。

(5) 剪应力:与所考虑的截面相切的应力成分。

(6) 弯曲应力:沿壁厚变化(线性或非线性)的法向应力分量。

(7) 温度应力:由于结构温度分布不均匀或结构材料热膨胀系数不同所引起的自平衡应力或当温度发生变化时结构自由变形受到约束而引起的应力。温度应力有两种:总体温度应力和局部温度应力。

① 总体温度应力:当外部约束解除后会使结构产生明显变形的温度应力。在不计应力集中情况下这种应力超出两倍材料屈服强度(失去安定性)时,连续热循环作用会使结构产生塑性疲劳或热棘轮现象,最终导致结构失效。总体温度应力属于二次应力。

总体温度应力的实例有:圆柱形壳体中由轴向温度梯度产生的应力;接管与壳体连接处由温差产生的应力;厚壁圆柱形壳体径向温度梯度产生的相当线性分布的温差应力。相当线性分布的温度应力指温度沿壁厚分布与实际应力分布具有相同纯弯矩的线性分布应力,如图3 - 1(c)所示。

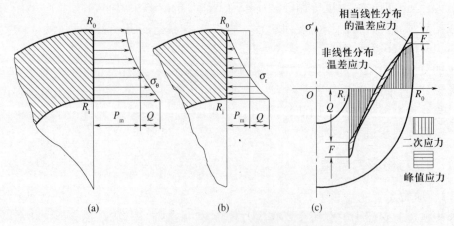

图3 - 1 厚壁圆柱壳体径向、环向应力和温差应力

② 局部温度应力:材料在温度作用下由于不同膨胀引起的,当外部约束解除后不会使结构产生明显变形的应力。这种应力仅在疲劳分析中考虑,属于峰值应力,如图3 - 1

（c）中的 F 。

局部热应力的实例有：容器壳体壁上小范围区域过热的应力；圆柱壳体径向温度梯度产生的实际应力与当量线性应力之差（图 3-1（c）中 F）；复合板中因基层板和复合板的热膨胀系数不同而在复合板中产生的热应力。

③ 热弯曲应力：沿壁厚温度梯度线性部分引起的应力，此应力为二次应力。

3.1.1.2 应力分类

上述对各种载荷作用下产生的不同应力进行分析定义后，进而需要对这些应力归纳分类，以便找出控制各类应力引起结构失效的方法。根据我国压力容器标准 JB 4732 和美国压力容器规范 ASME Ⅷ-2 都将应力氛围分为一次应力、二次应力和峰值应力，一次应力又分为一次总体薄膜应力、一次局部薄膜应力和一次弯曲应力三种应力（图 3-2），而在 EN 13445-3 中将二次应力又分为二次薄膜应力和二次弯曲应力。

1. 一次应力 P

这是在单一载荷作用下使结构塑性垮塌而产生韧性断裂的或完全丧失承载能力的应力，是平衡压力和其他机械载荷作用所需的法向应力或剪应力。对于理想弹塑性金属材料，当应力进入或超过屈服强度时，结构内的塑性区扩展会产生不可限制的塑性流动直到失效或大变形为止，因此一次应力所引起的总体塑性流动是不可限制的（即无自限性）。规范对一次应力限定是防止总体塑性大变形。

1）一次总体薄膜应力 P_m

这是不包括不连续处和应力集中区域的由机械载荷引起的沿壁厚分布的应力平均值，直接能够导致结构失效的存在于总体范围的一次薄膜应力，在处于极限状态的塑性流动过程中此应力不会重新分布。因此，一次总体薄膜应力对结构危害最大，最危险。在压力容器中一次总体薄膜应力的实例有：圆柱壳体和任何回转壳体封头在远离不连续处平衡内压或分布载荷引起的薄膜应力，厚壁圆柱壳因内压产生的环向应力沿壁厚的平均值和轴向应力。

2）一次局部薄膜应力 P_L

这是指包括不连续处在内的由内压或其他机械载荷作用产生的沿壁厚分布的应力平均值，在结构不连续处产生的具有一次应力行为的薄膜应力和结构不连续效应产生的（主要是环向）具有二次应力特征的薄膜应力的总称，压力容器规范或标准都将此应力归为一次局部薄膜应力范围。由此可见，一次局部薄膜应力是影响范围仅限于结构局部区域的、应力水平大于一次总体薄膜应力的应力。当结构局部区域发生塑性流动时，该类应力重新分布。如果对此应力不能加以限制，则当载荷从高应力区传到低应力区时，会产生过度的塑性变形而使结构失效。

关于局部应力作用范围的确定有下述两个限制：① 应力强度超过 $1.1[\sigma]$ 的区域沿经线方向延伸距离小于 $1.0\sqrt{R\delta}$；② 局部应力强度超过 $1.1[\sigma]$ 的两个相邻应力区沿经线方向之间的距离大于 $2.5\sqrt{R\delta}$ 都属于局部应力区域。R 为所考虑区域的壳体中面第二曲率半径；δ 为所考虑区域壳壁的最小厚度。如果是两个相邻的壳体，$R = 0.5(R_1 + R_2)$，$\delta = 0.5(\delta_1 + \delta_2)$。式中 R_1 和 R_2 分别为两个所考虑部位壳体中面第二曲率半径；δ_1 和 δ_2 分别为两个所考虑部位壳壁的最小厚度，如图 3-2 所示。

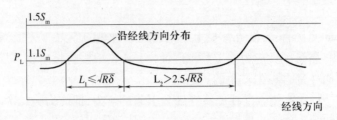

图 3-2 一次局部应力评定

由此可见，P_L 与 P_m 之间的最主要的区别是 P_m 超过屈服点时不能再分布，而 P_L 在超过屈服点时能够再分布。

压力容器一次局部薄膜应力的实例有，圆柱形壳体的不连续区域由压力产生的应力，容器壳体固定支座或接管与壳体连接处由外部载荷和力矩作用产生的薄膜应力。

3）一次弯曲薄膜应力 P_b

这是平衡由压力或其他机械载荷作用产生的沿壁厚成线性分布的弯曲应力，此不包括不连续处和应力集中区域的弯曲应力。对受弯曲载荷作用的平板壳体，由受弯矩和轴向力同时作用的矩形梁的极限载荷分析可知，当其两个外表面的应力进入屈服强度时，板体内部材料仍处于弹性状态，如果继续加载，应力沿壁厚将重新分布，直到整个壁厚完全处于塑性状态形成塑性胶而导致失效。因此容许取较高的许用应力。

一次弯曲薄膜应力的实例有平封头远离结构不连续处的中央区域由压力引起的弯曲应力、容器支座处因重量引起的弯曲应力等。

2. 二次应力 Q

这是由结构或元件由机械载荷或温差引起的相邻部分约束或结构自身约束产生的法向应力和切应力，不考虑局部应力集中部位。二次应力具有自限性特征，即若使结构局部屈服和小塑性流动约束条件或变形连续性要求得到满足，变形不能继续增大，只要不重复加载，结构就不会破坏。可见二次应力不是为平衡外载荷所必需的应力，而是结构受载时在变形协调中产生的应力；其次，二次应力分布区域比较小，即使应力进入塑性状态，因受到周围弹性区域的约束，应力重新分布，不会引起总体结构失效，这是二次应力所具有的重要特征。

二次应力的实例有：总体不连续区域应力；总体温度应力；圆柱形壳体与平封头、圆柱形壳体或封头与法兰连接不连续处的弯曲应力；高压厚壁容器由压力产生的应力梯度。

3. 峰值应力 F

这是由结构局部不连续影响和局部温度应力作用所引起的叠加到一次加二次应力之上的应力增量，简单地说是容器结构应力集中部位带有变形的应力或者是容器壳壁中应力沿壁厚非线性分布的分量（非线性应力部分沿壁厚方向的长度不得超过壁厚的 1/4），如图 3-3 所示。峰值应力的特征是不会使结构产生明显的变形，具有很高的局部性和自限性。这种应力的危害性仅是在容器结构受疲劳作用时能引发疲劳裂纹萌生导致脆性断裂，因此只有需要对结构进行疲劳分析时才考虑此应力的影响。

峰值应力的实例有：壳体与接管连接处因结构局部不连续引起的的应力增量中沿壁厚非线性分布的那一部分应力；结构小半径过度圆角、部分未焊透和咬边、裂纹等缺陷引起的应力；复合金属材料容器中的复层的温度应力及容器内流体介质温度急剧变化产生

86

的热冲击等。

分析设计要求设计者把危险部位的计算应力分成一次应力、二次应力和峰值应力后,根据各种应力对结构失效的影响和作用,用指定的许用应力极限值,按照相关的强度理论进行设计计算,图3-4为一个典型压力壳在内压作用下有关部位应力分类。但是应当说,应力分析的过程可能容易做到,而如何对应力准确地分类却是分析设计过程非常困难的事情,这一点对设计者提出很高的要求。关于压力容器壳体典型部位的应力分类见表3-1。

表3-1 我国 JB 4732 和美国 ASME Ⅷ-2 压力容器壳体典型部位应力分类

容器部件	发生位置	应力起因	应力类型	分类
圆柱壳或球形壳	远离不连续处的壳壁	内压	总体薄膜应力	P_m
			沿壁厚应力梯度	Q
		轴向温度梯度	薄膜应力	Q
			弯曲应力	Q
	与封头或法兰连接处	内压	薄膜应力	P_L
			弯曲应力	Q
任何壳体或封头	沿整个容器任何截面	外部载荷或力矩,或内压	沿整个截面平均总体薄膜应力,应力分量垂直于横截面	P_m
		外部载荷或力矩,或内压	沿整个截面的弯曲应力,应力分量垂直于横截面	P_m
	在接管或其他开孔附近处	外部载荷或力矩,或内压	局部薄膜应力	P_L
			弯曲应力	Q
			峰值应力(填角或直角)	F
	任何位置	壳体与封头间的温差	薄膜应力	Q
			弯曲应力	Q
成形封头或锥形封头	球冠	内压	薄膜应力	P_m
			弯曲应力	P_b
	过渡区或与壳体连接处	内压	薄膜应力	P_L[①]
			弯曲应力	Q
平封头	中心处	内压	薄膜应力	P_m
			弯曲应力	P_b
	与壳体连接处	内压	薄膜应力	P_L
			弯曲应力	Q[②]
多孔封头或壳体	均匀布置典型孔排	压力	薄膜应力(沿横截面平均值)	P_m
			弯曲应力(沿孔带的宽度平均,但沿壁厚具有应力梯度)	P_b
			峰值应力	F
	孤立的或非典型的孔排	内压	薄膜应力	Q
			弯曲应力	F
			峰值应力	F

容器部件	发生位置	应力起因	应力类型	分类
接管	垂直于接管轴线的横截面	内压或外部载荷或力矩	总体薄膜应力（沿整个截面平均）应力分量垂直于截面	P_m
		外部载荷或力矩	沿接管截面弯曲应力	P_m
	接管壁	内压	总体薄膜应力	P_m
			局部薄膜应力	P_L
			弯曲应力	Q
			峰值应力	F
		膨胀差	薄膜应力	Q
			弯曲应力	Q
			峰值应力	F
薄层	任意	膨胀差	薄膜应力	F
			弯曲应力	F
任意	任意	径向温度分布③	当量线性应力④	Q
			应力分布非线性部分	F
任意	任意	任意	应力集中（缺口影响）	F

① 必须考虑较大直径/厚度比值容器发生折皱或过渡变形的可能性。
② 如果要求边缘弯曲力矩能使中心区的弯曲应力保持在许用范围内，那么边缘弯曲应力为 P_b，否则为 Q。
③ 应考虑热应力棘轮现象的可能性。
④ 当量线性应力是与实际应力分布具有相等净弯矩的线性应力分布

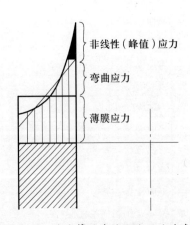

图 3-3　应力等效线性化处理后的峰值应力

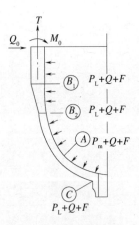

图 3-4　壳体典型部位应力分类

　　由此可见,应力分类是个十分复杂的课题,实际压力容器结构在各种载荷作用下产生的应力可能是一次、二次和峰值应力组成的组合应力,如果只对某一种载荷作用下的应力进行分类显然是不充足、不完整的,应当对应力的各个区段也进行分类,但是这也就太复杂了。解决这个问题的常用办法是在了解基本失效机制情况下,通过材料力学和板壳力学的解析法或壳体不连续处应力分析,区分并确定一次应力和二次应力。

3.1.2 应力强度和强度极限

3.1.2.1 应力强度 S 和当量应力 S_e

根据结构材料强度理论,压力容器结构指定部位最大主应力与最小主应力代数值之差就是应力强度。由于压力容器结构材料在实际运行过程中处于复杂的多向应力状态,结构材料的屈服是由各类应力的组合应力引起的。应力分类中的每个应力由六个应力分量,即三个正应力和三个剪应力,压力容器轴对称壳体的三个正应力就是三个主应力 σ_r、σ_θ 和 σ_z,即径向应力、环向应力和轴向应力,将各类应力中的各向应力分别代数叠加,叠加后的三向应力按强度理论计算出当量应力 S_e,然后按照相关的设计准则进行强度校核。在压力容器中,由于切应力很小或为零,故若按最大剪应力理论即第三强度理论计算应力强度 S,取下列三者中绝对值最大值:

$$S_{12} = \sigma_1 - \sigma_2 , \quad S_{23} = \sigma_2 - \sigma_3 , \quad S_{13} = \sigma_1 - \sigma_3$$
$$S = \min \left\{ |S_{12}|, |S_{23}|, |S_{13}| \right\} \tag{3-1}$$

在压力容器中通常是按照环向、轴向和经向三个方向选三向应力的,由于剪应力值很小,故忽略不计,这样所选定的三向应力就是主应力。为了能够精确地计算结构在多向应力状态下的当量应力,除了最大剪切应力理论外,还有米瑟斯(Mises)最大变形能理论。

3.1.2.2 应力极限

(1) 在 ASME 规范中,应力极限指容器壳体材料所能容许的最大应力极限值,用此应力值来控制结构材料失效。例如一次应力极限值可以控制过度塑性变形和防止容器延性爆破或塑性失稳;一次应力加二次应力的应力极限可避免能够引起垮塌的渐增塑性变形;应力极限在疲劳分析中以弹性分析为基础的极限值。

(2) 特殊应力极限。为了确保结构安全,将主应力的平均值限定在屈服强度以下,即

$$(\sigma_1 + \sigma_2 + \sigma_3)/3 \leqslant S_y$$

在 ASME Ⅷ-2 规范中将主应力的平均值限制在 $8S_y/9$ 以内,由此得

$$(\sigma_1 + \sigma_2 + \sigma_3)/3 \leqslant 8S_y/9$$

许用应力强度 S_m 等于 $2S_y/3$,即 $S_m = 2S_y/3$,由此得主应力之和的极限值为 $4S_m$,即

$$\sigma_1 + \sigma_2 + \sigma_3 = 4S_m \tag{3-2}$$

(3) 由于压力容器在单一静载状态下的失效方式主要是韧性断裂或脆性破坏(过渡塑性变形或爆破),因此从理论上来讲,应当根据容器工况要求设计时由选用的材料性能来确定应力极限,对于韧性材料,应力极限取其屈服强度值;对于脆性材料应力极限取其抗拉强度极限值。然而在压力容器规范或标准中不难发现,对材料力学性能要求上,由于弹性失效设计准则对材料的韧性和塑性储备要求比较高,这就是为什么规范或标准对金属材料的屈强比有一定的要求的原因。

3.1.2.3 许用应力强度 S_m

许用应力强度即为设计应力强度,由材料的力学性能即屈服强度或 0.2% 屈服点(弹限强度)和抗拉强度除以相应的强度安全系数决定,具体见 GB 4732 或其他规范或标准。

3.1.2.4 应力强度许用极限

应力强度许用极限是指容器结构或支承系统按各种载荷设计时必须满足的基本应力

强度要求:①一次总体薄膜应力强度 S_{I} 的许用极限为 kS_{m};②一次局部薄膜应力强度 S_{II} 的许用极限为 $1.5kS_{\text{m}}$;③一次薄膜应力加一次弯曲应力强度 S_{III} 的许用极限为 $1.5kS_{\text{m}}$;④一次加二次应力强度 S_{IV} 的许用极限为 $3S_{\text{m}}$;⑤峰值应力强度 S_{V} 的许用极限由其应力差的幅值和循环次数决定,见表 3-2。

3.1.2.5 应力强度限制条件

应力强度限制条件是针对具体应力而言。在进行压力强度校核时,除了一次总体薄膜应力和一次局部薄膜应力需要单独进行应力强度校核外,其他应力通常不能单独存在,而是与一次总体薄膜应力或一次弯曲应力组合存在。

(1)使用极限。根据压力容器受载情况及由此产生的应力状态,ASME III 规范把使用条件分为六个级别:设计、试验、A、B、C 和 D。其中,A 级为正常工作条件;B 级是容器受地震或热传递载荷作用,其波动范围不超过设计载荷的 10% ~ 20%;C 是指能使结构不连续处产生较大变形的紧急情况;D 是能使容器发生事故导致总体变形和尺寸变化并需要修复或更换元件。上述不同使用条件对应力强度的限制条件也不尽相同,分别介绍如下。

(2)设计条件:由上述应力分类可知,一次总体薄膜应力 P_{m} 应采用弹性失效的设计准则作为强度限制条件,即一次总体薄膜应力 P_{m} 应当小于或等于基本许用应力强度 S_{m}:

$$P_{\text{m}} < S_{\text{m}}$$

一次局部薄膜压力 P_{L}:

$$P_{\text{L}} \leqslant 1.5S_{\text{m}}$$

对于组合应力强度限制条件,由于这些应力组合后其总值可能大到足以使结构材料发生局部屈服,故可用塑性失效设计准则的限制条件予以控制,这就是所谓的弹性应力分析塑性失效准则控制的分析设计法。需要特别强调下述限制的首要条件必须满足一次总体薄膜应力小于或等于许用应力强度和一次局部薄膜应力小于或等于 1.5 倍许用应力力强度,组合应力强度限制条件为

$$P_{\text{L}} + P_{\text{b}} \leqslant 1.5S_{\text{m}}$$
$$P_{\text{L}} + P_{\text{b}} + Q \leqslant 3S_{\text{m}}$$
$$P_{\text{L}} + P_{\text{b}} + Q + F \leqslant 2S_{\text{a}}$$

上述式中的左项必须是用弹性应力分析方法将各类应力进行叠加,若其组合应力超过结构材料屈服强度时的应力称为弹性名义应力或虚拟应力;而上式右项的限制条件值则是通过塑性分析方法或疲劳分析方法确定的,这就是在后面极限载荷和安定性分析设计中要研究的问题。上述设计条件下应力强度限制准则汇总见表 3-2。

表 3-2 应力分类和应力强度极限

应力类型	一次应力			二次应力	峰值应力
	总体薄膜应力	局部薄膜应力	弯曲应力		
应力说明	沿实心截面平均一次应力(法向力)	沿任意实心截面平均应力(法向力)	与离实心截面形心距离成正比的一次应力分量(弯矩)	为满足结构连续所需要的自平衡应力	(1)因应力集中(缺口)而加到一次应力和二次应力上的增量 (2)能引起疲劳但不能产生结构变形的某些温度应力

90

应力类型	一次应力			二次应力	峰值应力
	总体薄膜应力	局部薄膜应力	弯曲应力		
符号①	P_{m}	P_{L}	P_{b}	Q④	F⑤
由应力集中引起					○
由结构不连续引起		○		○	○
由机械载荷引起	○	○	○	○	○
由温度应力引起				○	○
失效方式	拉伸极限载荷	应变控制（安定性）	弯曲极限载荷	应变控制（安定性）	疲劳
应力强度极限	S_y	$2S_y$	$1.5S_y$	$2S_y$	S_{a}③

应力分量组合及应力强度许用极限	……操作载荷 ——设计载荷

$$S_{\mathrm{I}} = P_{\mathrm{m}} \leqslant k^{②}S_{\mathrm{m}}$$

$$\cdots S_{\mathrm{II}} = P_{\mathrm{L}} \leqslant 1.5kS_{\mathrm{m}} \cdots$$

$$\cdots\cdots S_{\mathrm{III}} = P_{\mathrm{m}}(P_{\mathrm{L}}) + P_{\mathrm{b}} \leqslant 1.5kS_{\mathrm{m}} \cdots\cdots$$

$$\cdots\cdots S_{\mathrm{IV}} = P_{\mathrm{m}}(P_{\mathrm{L}}) + P_{\mathrm{b}} + Q \leqslant S_{\mathrm{ps}} \cdots\cdots\cdots\cdots$$

$$S_{\mathrm{V}} = P_{\mathrm{m}}(P_{\mathrm{L}}) + P_{\mathrm{b}} + Q + F \leqslant S_{\mathrm{a}}(U < 1)$$

非弹性分析（高温）：

$$\varepsilon = 1\%$$

$$\varepsilon = 2\%$$

$$\cdots\cdots\cdots\cdots\cdots \varepsilon = 5\% \cdots\cdots\cdots\cdots\cdots \qquad U < D$$

① 符号 P_{m}、P_{L}、P_{b}，Q，F 不只是表示一个量，而是表示一组六个应力分量 σ_θ、σ_z、σ_r、$\tau_{\theta z}$、τ_{zr}、$\tau_{r\theta}$。

② S_{ps} 值取 $3S_{\mathrm{m}}$ 或 $2S_y$ 的较大者。若 $\sigma_y/S_{\mathrm{m}} > 0.7$ 时，则取 $3S_{\mathrm{m}}$。此极限用于应力强度范围。

③ S_{a} 由疲劳设计曲线查得。对于全范围波动，许用应力强度为 $2S_{\mathrm{a}}$。

④ 属于二次应力 Q 类的应力是总应力中由温度梯度、结构不连续等引起的应力部分，不包括可能在同一点上存在的一次应力。但是必须指出，详细地应力分析能够直接给出一次和二次应力的组合。使用中此计算值表示 P_{m}(P_{L})$+P_{\mathrm{b}}+Q$ 的总和，而不仅仅只是 Q。

⑤ 属于峰值应力 F 类的应力是由应力集中引起的。F 值是指由缺口引起的、在名义应力之外并加到名义应力之上的附加应力。例如，若板的名义应力强度为 S 且具有应力集中系数为 k 的缺口，则 $P_{\mathrm{m}} = S$，$P_{\mathrm{b}} = 0$，$Q = 0$，$F = P_{\mathrm{m}}(k-1)$，峰值应力强度等于 $P_{\mathrm{m}} + P_{\mathrm{m}}(k-1) = kP_{\mathrm{m}}$。

⑥ 系数 k 为应力强度系数，其值与各种不同载荷组合有关，详见表 3-3

（3）试验条件。在正常情况下，应力强度限制条件如下：

$$P_{\mathrm{m}} < 0.9S_y$$

在 $P_{\mathrm{m}} < 0.67S_y$ 时，$P_{\mathrm{m}} + P_{\mathrm{b}} \leqslant 1.35S_y$。

在 $0.67S_y \leqslant P_{\mathrm{m}} \leqslant 0.95S_y$ 时，$P_{\mathrm{m}} + P_{\mathrm{b}} \leqslant 2.15S_y - 1.2P_{\mathrm{m}}$。

（4）C 级条件（紧急状态使用条件）：

在 $P_{\mathrm{m}} \leqslant 0.67S_y$ 时，$P_{\mathrm{m}} \leqslant S_y$；$P_{\mathrm{m}} + P_{\mathrm{b}} \leqslant 1.5S_y$。

在 $P_{\mathrm{L}} \geqslant 0.67S_y$ 时，$P_{\mathrm{L}} + P_{\mathrm{b}} \leqslant 2.5S_y - 1.2P_{\mathrm{L}}$。

（5）D 级条件（事故使用条件）：

$$P_{\mathrm{m}} \leqslant \min\,(0.75S_{\mathrm{u}};2.4S_{\mathrm{m}})$$

$$P_{\mathrm{m}} + P_{\mathrm{b}} \leqslant \min\,(1.05S_{\mathrm{u}};3.6S_{\mathrm{m}})$$

式中：S_{u} 为抗拉强度；S_{y} 为屈服强度。

表 3 – 3　载荷组合系数 k

条　件		载　荷　组　合	k 值	计算应力的基准
设计载荷	A	设计压力、容器自重、内装物料、附属设备及外部配件的重力载荷	1.0	设计温度下,不计腐蚀裕量的厚度
	B	A + 风载荷①②	1.2③	设计温度下,不计腐蚀裕量的厚度
	C	A + 地震载荷①②	1.2③	设计温度下,不计腐蚀裕量的厚度
试验载荷	A	试验压力、容器自重、内装物料、附属设备及外部配(套)件的重力载荷	液压试验为 1.25 气压试验为 1.15	试验温度下,实际设计数值

①不需要同时考虑风载荷和地震载荷。
②风载荷与地震载荷的计算方法按有关规定。
③一次总体薄膜应力在屈服强度以下

3.1.3　弹性应力分析步骤

分析设计弹性应力分析方法的应力分析思路是结构分析、确定作用元件上的载荷或载荷组合、计算应力分量、求出主应力、进行应力分类、确定应力强度(当量应力),并根据各类应力强度许用极限按表 3 – 2 予以控制。

应力分析首先是对总体结构进行分析,根据表 3 – 1 确定一次应力;其次是对不连续部位分析找出二次应力;最后求出与局部应力集中或局部温度应力相关联的峰值应力。具体分析步骤如下:

(1)首先对容器的总体结构分析研究,确定需要用分析设计法进行强度分析的危险部位和该部位的载荷和载荷组合状态,及其对结构的影响和失效形式。

(2)对于所评定区域的每一点,针对每种类型载荷,计算由相应载荷作用所产生的应力分量和主应力。由于分析设计法是基于弹性方法进行应力分析,对于结构不连续区域的应力若超过屈服强度后,应力取弹性虚拟应力或名义应力。

(3)进行应力分类。参照表 3 – 1 和关于应力分析分类的概念,将总应力按一次应力(一次总体薄膜应力、一次局部薄膜应力和一次弯曲应力)、二次应力和峰值应力区分出来。每种类型的应力有六个应力分量,将同种应力叠加。应力叠加是指同种应力分量的向量相叠加。

(4)应力强度计算和校核。将叠加的应力分量算出主应力,按照强度理论计算相关部位的最大应力强度并进行应力强度校核。应力强度校核准则如下:

①一次总体薄膜应力 P_{m} 的应力强度 $S_{\mathrm{I}} \leqslant kS_{\mathrm{m}}$ 。

②一次局部薄膜应力 P_{L} 的应力强度 $S_{\mathrm{II}} \leqslant 1.5kS_{\mathrm{m}}$ 。

③一次局部应力加一次弯曲应力 $P_{L} + P_{\mathrm{b}}$ 的应力强度 $S_{\mathrm{III}} \leqslant 1.5kS_{\mathrm{m}}$ 。

④一次局部薄膜应力加一次弯曲应力加二次应力 $P_{L} + P_{\mathrm{b}} + Q$ 的应力强度 $S_{\mathrm{IV}} \leqslant 3S_{\mathrm{m}}$ 。

⑤一次局部薄膜应力加一次弯曲应力加二次应力加峰值应力 $P_{L} + P_{\mathrm{b}} + Q + F$ 的应力强度 $S_{\mathrm{V}} \leqslant S_{\mathrm{a}}$ 。

S_m 为基本应力强度,k 为载荷组合系数,见表 3 - 2。S_a 为应力循环的许用应力幅,其值由疲劳设计曲线查得。在全幅应力循环时,许用应力强度为 $2S_a$。

3.1.4　EN 13445 - 3 应力分类方法

前面介绍的应力分类的主要依据是我国标准 JB 4732 和美国规范 ASME Ⅷ - 2 应力分析和应力分类基本规则。但是在欧盟 EN 13445 - 3 规范中对应力的定义,尤其是对峰值应力的定义有新的内容和不同,这里简单的介绍如下。

3.1.4.1　应力定义

对结构不连续处的应力分类赋予新的定义,如图 3 - 5 所示。在确定应力类型时如同容器壳体上开孔一样,根据壳体结构总体不连续或局部不连续因载荷作用产生的局部应力由不连续应力源沿壳体经向方向的衰减程度,即结构不连续有效影响范围以壁厚作为参数来划分应力的类型。首先用壳体壁厚确定出由总体的或局部的不连续影响范围,将在结构不连续影响范围以外的应力列为名义应力,将在总体不连续(接管与壳体连接、锥壳与圆柱壳连接处、壳体与封头连接处、壳体壁厚变化处及其他连接附件等)影响范围以内划为结构应力,且将叠加在名义应力以上的那一部分归为二次应力;同时将局部不连续影响范围以内的叠加到一次和二次应力以上那个部分划归为缺口应力。于是能够得出:名义应力系指结构总体的或局部不连续影响范围以外的应力,是一次应力,可以是薄膜应力加弯曲应力;结构应力系指结构总体不连续影响范围以内的由作用载荷(力、力矩和压力等)引起的沿截面厚度线性分布的应力,不包括结构局部不连续(焊趾)影响范围以内的沿截面厚度非线性分布的应力。结构应力是一次应力和二次应力之和,可以是薄膜应力加弯曲应力;缺口应力指存在于结构局部不连续部位根部的包括应力分布非线性部分的总应力,其是结构应力加峰值应力之和,这个应力除了薄膜应力加弯曲应力之外,还要考虑应力沿壁厚非线性分布分量。

3.1.4.2　应力分类

同我国 JB 4732 和美国 ASME 规范不一样,EN 13445 - 3 规范将二次应力又分成二次薄膜应力和二次弯曲应力,并分别用 Q_b 和 Q_m 表示,这在 ASME 规范中二次应力并没有再细分,只是将二次应力中是否具有自限性予以说明;另外,由上述可见,在 ASME Ⅷ - 2 弹性应力分析中通过应力线性化处理办法从总应力中分出峰值应力是困难的或不准确的,而 EN 13445 - 3 规范将缺口应力(总应力)用外推法解出结构应力和峰值应力,并从总应力中扣除峰值应力,然后把结构应力根据载荷类型和其沿

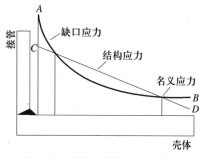

图 3 - 5　结构不连续处名义应力、
结构应力和缺口应力

壁厚分布状态进行分类;该规范除对结构稳定性需要校核设计外,可以考虑使用 $Q_m + Q_b$ 之和值进行应力分析。

与 ASME Ⅷ - 2 不同,欧盟 EN 13445 - 3 分析设计时把疲劳设计分出去单独考虑,故在应力分类表中没有峰值应力。在疲劳分析设计时以结构应力为基准;在进行疲劳评定时又分焊接件和非焊接件两种情况处理。对于焊接件的疲劳分析是以结构应力为基准

的,而非焊接件疲劳分析是以缺口应力为基准的。这种区分和规定与美国 ASME 规范也是不同的。

剩下的问题是如何确定或计算结构局部不连续处的结构应力和缺口应力,目前主要是采用实验应力分析法或数值法如有限元法来确定其总应力,再进行分解和分类,求出各种类型的应力。由于总体的或局部的不连续区域的应力值沿壳体经向方向呈衰减关系分布,由应变片(实验应力分析法)或单元网格长度(有限元法)按照壁厚为计算单位测得的或算出的结果,用线性或二次曲线外推法绘出应力曲线分布图,即可求出缺口根部的结构应力值和缺口应力值,进而算出该处的一次应力、二次应力和峰值应力。

当然,结构应力可以将名义应力乘以总体不连续处的应力集中系数求得;缺口应力通常可以用数字分析计算,或者将结构应力乘以结构局部不连续处的应力集中系数求得。

3.2 极限载荷设计准则

压力容器极限设计涉及两个方面:防止壳体总体过度变形或垮塌和防止壳体在交变载荷作用下产生的棘轮现象。前者属于极限载荷确定,后者为安定性问题。

极限载荷分析是以小变形理论和假设理想弹塑性材料或理想刚塑性材料模型为条件确定极限载荷,塑性分析是基于实际材料的应力应变关系确定压力容器的塑性垮塌载荷。由于塑性分析中含有应变硬化,所以塑性垮塌载荷必然大于没有考虑应变硬化的极限载荷。极限载荷设计法允许容器的某一点或局部区域出现塑性变形,而又不会产生失效。例如,厚壁容器在压力 p 作用产生的应力分布如图 3-6 所示,图中应力曲线的虚线为内壁面屈服时的应力分布线;而实线为容器壳壁部分屈服时的应力分布。由图中明显可见,在内表面已经屈服,内压继续增加时,已屈服的壁内应力并不增大,只是沿壁厚扩大屈服厚度直到整个壁厚完全屈服时为止。当然,在压力容器中还有另外一种情况,圆柱壳体在弯矩作用下应力分布状态变化情况,可以用单位宽度的矩形梁等效于圆柱壳体来研究弹性、弹塑性和完全塑性应力状态,于是形成一正一负两个矩形塑性应力场,正为拉应力,负为压应力。

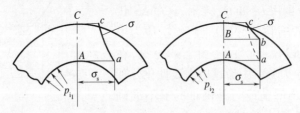

图 3-6　内压厚壁容器应力分布

3.2.1　纯弯矩作用单位宽度矩形截面梁

设弯矩 M 作用在单位宽度矩形截面梁外表面处产生屈服时,即梁仍处于弹性状态的最大弯矩为 M_o(弹性状态),在梁整体屈服时即极限弯矩为 M_c,$M_o \leqslant M \leqslant M_c$ 时则为梁处于部分屈服和部分弹性状态,如图 3-7 所示。梁外表面开始屈服的最大弯曲应力为线性分布,其值为

$$\sigma_{max} = \frac{M_o}{W} = \frac{6M_o}{s^2} \qquad (3-3)$$

若 $\sigma_{max} = S_y$ 时,由式(3-3)得

$$M_o = \frac{s^2}{6}S_y \qquad (3-4)$$

当梁处于部分屈服(弹塑性)状态时的弯矩为

$$M = \frac{s^2}{6}S_y\left[1 + \frac{2y}{s}\left(1 - \frac{y}{s}\right)\right] \qquad (3-5)$$

当梁处于完全屈服时,$y = s/2$,代入式(3-5)后,得

$$M_c = \frac{s^2}{4}S_y \qquad (3-6)$$

由式(3-4)和式(3-6)得出完全屈服力矩与开始屈服力矩之比为

$$\frac{M_c}{M_o} = 1.5 \qquad (3-7)$$

由式(3-6)能够求出完全屈服时矩形梁的最大名义应力为

$$\sigma_{max}{}' = \frac{M_c}{W} = 1.5S_y$$

若许用应力 S_m 取安全系数 1.5,则纯弯曲矩形梁的强度条件为

$$\sigma_{max} \leqslant 1.5\left(\frac{\sigma_{max}{}'}{1.5}\right) = 1.5S_m \qquad (3-8)$$

由式(3-8)可知,受纯弯矩作用的矩形截面梁名义应力达到 1.5 倍屈服强度时,认为该梁处于完全塑性失效状态。

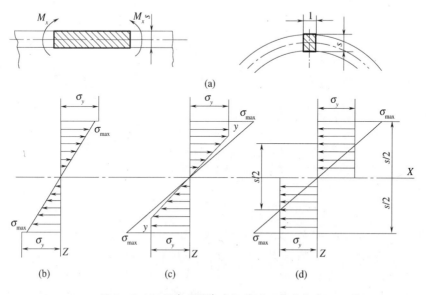

图 3-7　矩形截面梁在弯矩作用下应力分布

3.2.2　拉伸和弯矩同时作用矩形截面梁

若上述单位宽度矩形截面梁不仅受弯矩,同时有受拉力 P 作用且达到完全塑性状态

时,由此组合载荷所产生的应力在整个截面上均等于屈服点的正值或负值,中性轴位于应力符号改变点上,如图 3-8 所示。

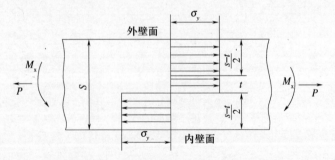

图 3-8 弯矩和拉力同时作用的矩形截面梁完全塑性状态的应力分布

单位厚度截面上的轴向力为

$$P = tS_y$$

一次总体薄膜应力 P_m 为

$$P_m = \frac{t}{s}S_y; \frac{P_m}{S_y} = \frac{t}{s} \qquad (3-9)$$

式中:t 为偏心值(对单位厚度的梁为 $t = P/(2S_y)$)。

作用在此截面上的弯矩为

$$M_x = \frac{(s^2 - t^2)}{4}S_y$$

由弯矩 M 引起的一次弯曲应力 P_b 为

$$P_b = \frac{\frac{s}{2}M_x}{\frac{s^3}{12}} = 1.5\left[1 - \left(\frac{t}{s}\right)^2\right]S_y \qquad (3-10)$$

将式(3-9)代入式(3-10),则有

或

$$P_b = 1.5\left[1 - \left(\frac{P_m}{S_y}\right)^2\right]S_y$$

$$\frac{P_b}{S_y} = 1.5\left[1 - \left(\frac{P_m}{S_y}\right)^2\right] \qquad (3-11)$$

$$\frac{2}{3}\left(\frac{P_b}{S_y}\right) + \left(\frac{P_m}{S_y}\right)^2 = 1$$

将式(3-11)两边各加 P_m/S_y 得塑性失效的矩形状态为

$$\frac{P_b + P_m}{S_y} = 1.5\left[1 - \left(\frac{P_m}{S_y}\right)^2\right] + \frac{P_m}{S_y} \qquad (3-12)$$

若以 P_m/S_y 为横坐标,以 $(P_b + P_m)/S_y$ 为纵坐标,将式(3-12)绘成曲线为设计极限图,如图 3-9 所示。

由式(3-12)和图 3-10 可知在 $P_m = 0$ 时,P_b 为

$$P_b = 1.5S_y \qquad (3-13)$$

对屈服极限取安全系数 1.5 后,把 P_m 限制在 $S_m = 2S_y/3 = 0.67S_y$ 以内;把 $(P_m + P_b)$ 限制在 S_y,即 $(P_m + P_b)/S_y \leqslant 1$ 时,就可以得出按极限载荷设计准则的许用设计范围(图 3-10 中的设计范围)。若 $P_m = 0$,$P_b = S_y = 1.5S_m$。图中还给出了 C 级使用极限,实验极限范围和建议极限范围。

将式(3-12)变换为

$$\frac{2}{3} \frac{(P_b + P_m)}{P_y} + \left(\frac{P_m}{P_y}\right)^2 - \frac{2}{3} \frac{P_m}{P_y} = 0$$

对上式求导,即可求出式(3-12)曲线的极点值为

$$\frac{2}{3} \frac{d\left(\frac{P_b + P_m}{P_y}\right)}{d\left(\frac{P_m}{P_y}\right)} + 2\frac{P_m}{P_y} - \frac{2}{3} = 0$$

$$\frac{d\left(\frac{P_b + P_m}{P_y}\right)}{d\left(\frac{P_m}{P_y}\right)} = 1 - 3\frac{P_m}{P_y} = 0$$

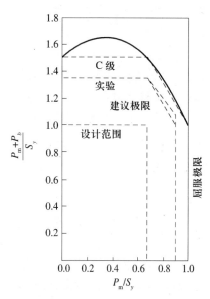

图 3-9　极限载荷设计参考图

于是在纵坐标 $P_{max}/P_y = (P_m + P_b)/P_y = 1.67$ 和 $P_m/P_y = 1/3$ 即是该曲线的极限值。由此能够看出,由于 $P_m \approx P_y$ 时塑性区过载将导致完全屈服状态,所以对 P_m 的安全系数要比 $(P_m + P_b)$ 大;但是在 $(P_m + P_b) \approx P_y$ 时,过载只能引起整个壁厚部分屈服。用上述的极限值完全能够控制壳体总体塑性变形或垮塌。

对压力容器整体结构由此得出的设计准则偏于保守。这是因为把圆柱壳体简化成由一定数量的矩形截面梁拼合而成,对其中一根单位宽度矩形截面梁进行分析并控制完全处于塑性状态的极限值,那么有这些相互之间约束的梁组成的圆柱壳体也就更安全了。

3.2.3　截面形状系数 α

由式(3-7)能够看出,对于单位宽度矩形截面梁,使梁截面产生完全塑性的力矩与梁截面表面处产生屈服的力矩之比为 1.5,此值即是所谓的截面形状系数 α。同时由式(3-12)得出单位宽度矩形截面梁在轴向载荷和力矩同时作用时形成塑性铰的载荷取决于拉力与力矩之比。

然而对于非矩形截面的梁,如圆形、菱形、T 字型和工字型截面梁的形状系数,由上述分析可分别求出:圆形 $\alpha = 1.7$,菱形 $\alpha = 2.0$,T 字型 $\alpha = 1.7$,工字型 $\alpha = 1.7$。

在已知各种截面的形状系数后,就能够求得各种截面梁在拉力和弯矩同时作用时的应力极限值。取 $x = P_m/S_y$,$y = (P_m + P_b)/S_y$,则式(3-12)为

$$y = 1.5[1 - x^2] + x \tag{3-14}$$

若对 y 求导,在 $dy/dx = 0$ 时,则 y 值最大,在 $x = 1/2$ 时则有

$$y_{max} = \alpha + \frac{1}{4\alpha} \tag{3-15}$$

当 $x = 0, 1/\alpha$ 时, $y = \alpha$。

由此能够用式(3-15)确定各种截面梁的应力极限值,只是用上述相应截面梁的截面形状系数代替式(3-15)中的1.5即可。

3.3 安定性设计准则

安定性是指由理想弹塑性金属材料制成的结构或元件在交变载荷作用下表现的一种行为,也即结构或元件某部位在交变的机械载荷、压力或热负荷作用下产生的、或壳体自由位移受到约束而产生的应力经过几次载荷循环产生少量塑性变形后,不再继续产生塑性变形,呈现出弹性行为,这种现象称为安定性。安定性涉及的内容有弹性安定性、塑性安定性和渐增塑性变形即棘轮现象。根据作用载荷强度不同,有如下几种情况产生。

(1)若受交变载荷作用产生的应力低至使得整个结构处于弹性强度以内,即使整个结构处于弹性状态,则结构称弹性安定性。

(2)若受交变载荷作用产生的应力强度高于屈服强度时,所计及的结构部位会产生塑性变形,如果载荷强度不是太高,在初始几次循环产生不大的塑性变形形成残余应力后随之变形停止,结构又变为弹性行为,在后续加载过程中,结构始终保持弹性行为,呈现安定状态,这种现象通常称为塑性安定性(图3-10(a))。

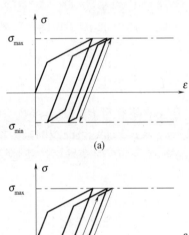

(3)如载荷作用产生的应力使结构失去变形稳定性,塑性流动继续进行,塑性变形随着每次载荷循环而逐次增加,但并没有立即失稳失效,在经历一定的循环之后,塑性变形大到使结构丧失安定,最终致使结构塑性损伤而产生塑性疲劳破坏,这种逐次递增的非弹性变形现象称为递增塑性垮塌,也叫做棘轮现象(图3-10(c))。

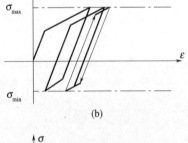

(4)循环载荷作用时,塑性变形不停止,但是每次循环的应力符号发生变化(拉伸和压缩),变形相互趋于停止,总变形量很小,这种现象称为交变塑性。当循环到了足够多时,结构因低循环疲劳破坏而失效(图3-10b)。

(5)如作用的载荷强度比结构瞬间承载能力大时,在载荷第一次循环时就会发生无约束的塑性流动,在这种情况下结构也会垮塌。

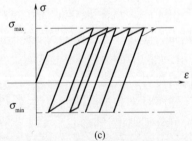

图3-10 结构交变循环载荷作用安定性分析
(a)塑性安定性;(b)塑性交变;
(c)递增塑性垮塌。

必须指出的是渐增垮塌和交变塑性有时可能同时发生。由上述叙述能够得出这样的结论:第1种和第2种情况是安全的,但是塑性安定性能够产生塑性应变,故需进行疲劳分析。为了避免结构不安定性失效,同时还要发挥材料最大潜在能力,通过安定性分析寻求结构在交变载荷作用下仍能够处于安定状态。

在讨论结构安定性问题时,需要建立分析模型,即假设:

①结构材料为理想塑性,不考虑硬化或软化。

②作用在结构上的载荷是准静力的,不计动力影响。

③变形位移非常小,在平衡方程中不考虑几何形状的变化,并假设变形和位移关系为线性。

④用最大变形能即第四强度理论校核防止棘轮现象的发生。

3.3.1 安定性分析

现在以结构不连续处在单向应力状态为例分析安定性的基本原理。如图 3 – 11 所示。当名义应力 σ 低于材料屈服强度 σ_y 时,应力和应变符合胡克定律,即 $\sigma = E\varepsilon$,这时的名义应力即为实际应力。

在讨论这种载荷时,还是假设从壳体中取出单位宽度的梁受交变载荷作用,如果名义应力 σ 大于屈服强度 σ_y ,且小于 $2\sigma_y$ 时,即 $\sigma_y \leqslant \sigma \leqslant 2\sigma_y$ 时,单位宽度梁外层开始屈服变形为 ε_1 。由图 3 – 11(a)可见,第一次加载时应力与应变沿 OAB 变化。在此循环中除了产生弹性变形 ε_e 外,还产生初始塑性变形 ε_p , $\varepsilon_p = (\sigma_1 - \sigma_y)/E$,卸载时应力与应变沿 BC 变化。由于受周围存在的弹性约束,卸载时使塑性变形回到 O 点,从而产生残余压应力 $\sigma_r = \sigma_y - E\varepsilon_1$ (OC 线段)。在随后再次加载(相同大小载荷)这个应力必须在应力进入拉伸之前卸去,弹性范围由 OA 到 CB ,应力与应变关系依旧按 CB 变化,卸载时又沿着 BC 线退回。在此种形式循环中没有产生新的塑性变形,以后也不会出现塑性变形,所以这种情况是安定的。安定性条件为

$$\sigma_y - E\varepsilon_1 = -\sigma_y$$
$$\sigma_1 = E\varepsilon_1 \leqslant 2\sigma_y$$

如果名义应力 σ 大于 2 倍屈服强度,即 $\sigma_1 \geqslant 2\sigma_y$ 时,其应力与应变关系变化如图 3 – 11(b)所示。第一次加载时,应力与应变关系变化是按照 OAB 变化的, OA 为弹性, AB 为塑性。卸载时应力与应变关系沿 BCD 返回,由于周围弹性约束产生的压缩屈服而返回到 D 点,在这种情况下,结构上存在残余压应力和应变(DC)。再次作用相同大小载荷时,应力与应变关系按照 $DEBCD$ 变化,出现永久塑性变形($\varepsilon_2 - 2\varepsilon_y$),卸载时应力与应变关系按 BCD 变化,以后依次类推,在这种情况下不断地出现压缩—拉伸屈服塑性变形,当这种形式循环达到一定次数时,就会产生塑性疲劳,结构处于不安定状态。

如果名义应力正好等于 2 屈服极限时,由图 3 – 11(b)可知,第一次加载卸载时应力与应变关系是按照 $OAED$ 回线反复的,以后的加载和卸载的应力与应变关系变化总是沿着 ED 进行,没有出现屈服塑性变形,使结构处于安定状态,所以 ED 线是不出现反向屈服的安定线。由此可以得出名义应力 $\sigma_1 \leqslant 2\sigma_y$ 安定性的条件,即

$$\sigma_1 \leqslant 2\sigma_y$$

根据规范要求取屈服强度的安全系数 $n_y = 1.5$,则安定性设计准则为

$$\sigma_1 \leqslant 3[\sigma] \tag{3-16}$$

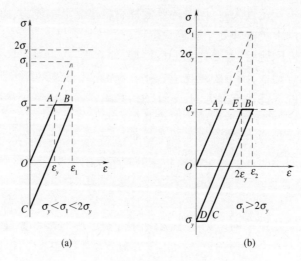

图 3 – 11　安定性应力与应变关系变化简图

3.3.2　欧盟 EN 13445 –3 安定性分析

欧洲或欧盟 EN 13445 –3 规范对于安定性分析采用的是 Melan 和 Polizzotto 安定性原理。前者是载荷比例加载,后者则为载荷非比例加载。Melan 安定性原理是基于比例加载条件下下限弹性安定性;而 Polizzotto 则是基于非比例加载条件下下限弹性安定性,两者都是根据弹性理论进行安定性分析的。

3.3.2.1　Melan 安定性原理

Melan 安定性设计的基本准则或判据是对作用在结构不连续处上的所有相关载荷在规定的循环次数内重复作用不发生渐增塑性变形即棘轮现象,并规定交变载荷作用下主应变的最大绝对值不超过 5%。用弹塑性有限元进行安定性分析时的基本条件是:基于壳体小变形理论,采用弹性—完全塑性模型和第 4 强度理论及其塑性流动规则。在进行安定性校核选择设计校核模型时有两个准则:①含有能够引起塑性安定的具有局部设计细节的模型。若在所考虑的载荷状态下,经指定的循环次数作用之后,主应变的最大绝对值小于 5%,则为安定。若没有指定循环次数时,可以根据预期实际操作情况,假设合理的循环次数,但不得少于 500 次。②不含有局部应力集中源的模型。对于这种模型,在经过规定循环次数之后,呈现线性安定行为,则为安定。

Melan 安定性基本原理是:如果能找到一个自平衡应力场与弹性分析取得的周期性变化应力场之和不超过结构材料的屈服强度时,结构就处于安定状态。也就是说,将不随时间变化的自平衡应力(二次应力加温度应力)叠加到按线弹性理论确定的周期性变化的应力上,其当量应力值在任何部位和任何指定时间内不超过屈服极限 σ_y。满足了这个条件,就可以获得比例加载条件下结构的弹性安定性:

$$| \sigma_{re} | \leqslant \sigma_y$$
$$| \sigma_{re} + \sigma_e | \leqslant \sigma_y \ 或 \ | \sigma_s | \leqslant \sigma_y \tag{3 – 17}$$

式中:σ_y 为屈服强度(MPa);σ_e 为弹性应力(MPa);σ_{re} 为残余应力(MPa);σ_s 为安定性应力(MPa)。

为了获得与各个循环载荷水平相对应的各安定性应力 σ_s，需要进行非弹性分析；而相应的弹性应力 σ_e 可以通过线性化的弹性分析求得；对于每个载荷水平用叠加方法，即 $\sigma_{re} = \sigma_s - \sigma_e$，即可计算出自平衡残余应力。弹性安定性载荷的下限值就是通过对每个载荷水平的残余应力进行分析，进而找出使计算残余应力满足屈服条件的最大载荷。计算残余应力下限与极限载荷之间重复迭代便可以渐渐地靠近自平衡残余应力且满足最大残余应力小于或等于结构材料的屈服极限 σ_y。这种方法的最大优点是，与完全弹塑性循环分析相比，弹性安定性载荷计算精确，用起来比较简单；又由于大部分工作可以在计算机上完成，故可省去手算；不用进行低循环疲劳分析等。

3.3.2.2 Polizzotto 安定性原理

对于静载或循环载荷有两部分组成：与时间有关载荷和与时间无关载荷，其有下述关系：

$$P = P_t + P_s \tag{3-18}$$

式中：P_t 为与时间有关的载荷；P_s 为与时间无关的载荷。

如果能满足下述条件，便可获得弹性安定性：

$$|\sigma_p| \leqslant \sigma_y; \sigma_p = |\sigma_t + \sigma_s|$$

式中：σ_p 为瞬间变形应力（MPa）；σ_t 为与 P_t 相应的与时间有关的弹性应力（MPa）；σ_s 为与 P_s 相平衡的与时间无关的稳定的应力（MPa）。

通过非弹性分析，根据安定性原理可知，与循环载荷 P_s 水平相应的、与时间无关的应力 σ_s 不可能在第一次载荷循环之后就能求得这个与时间无关的稳定的应力场。一般情况下，稳定的与时间无关的应力 σ_s 只是在载荷循环 10 几次之后才能确定，这个应力大小取决于结构不连续处的几何形状和载荷循环特征，因此，为确定分析用的与时间无关的应力 σ_s 是否稳定，需要进行校核设计。

与时间有关的弹性应力 σ_t 可由线性分析求得。

对于每个载荷水平，其瞬间变形应力 σ_p 通过叠加方程式求得，即 $\sigma_p = \sigma_t + \sigma_s$，弹性安定性载荷的下限值就是通过对各个载荷水平的瞬间应力 σ_p 进行分析，找出使瞬间应力 σ_p 满足屈服条件（小于屈服强度）的最大载荷。

上述推荐的非比例加载方法的最大优点是能够精确地计算弹性安定性载荷，方法简单易操作，大部分工作能用计算机进行分析，无须进行低循环疲劳分析。

总而言之，上述安定性分析均需要繁杂费时的计算过程。

3.4 分析设计和应力分类

由前述的内容可知，现代压力容器设计所采用的分析方法是以弹性应力分析和塑性失效准则为基础的设计方法，其办法是通过对压力容器及承压元件在压力和各种载荷作用下产生的应力进行分析，根据不同的应力对失效方式影响进行应力分类，再按照相应的应力强度限制条件加以控制。

然而对于构件或元件不连续处采用弹性理论进行应力分析、线性化处理和分类不但难度大，而且结果误差很大。在这种情况下，除了弹性分析之外，如果采用弹塑性分析、塑性分析和极限分析及实验分析方法，加之使用数值法中的有限元分析法，对复杂构件或部位进行应力分析并运用于工程设计计算中,这些分析方法在美国压力容器规范 ASME III 和Ⅷ-2、欧盟压力容器标准 EN 13445 及其他规则和标准中已经采用。

需要指出,分析设计非弹性分析法是用弹性分析和应力分类的分析设计方法之外最具有实际意义和有效的另一种方法。极限分析提供简便而又明晰的许用载荷值,分析时要考虑元件几何尺寸削弱情况;塑性分析比较复杂,但过程易于确定。

3.4.1 ASME Ⅷ-2 分析设计法

在美国 ASME Ⅷ-2 2007 年版中,对结构总体(总体结构不连续处)和局部结构不连续处用数值法(弹性有限元法或弹—塑性有限元法)分析求出的总应力按照规范规定的定义进行分解和分类,规范详细规定塑性垮塌、局部失效、失稳垮塌和循环载荷时效(疲劳失效和棘轮失效)四种失效方式的应力分析具体设计步骤,同时提出螺栓、孔板和多层容器分析的补充要求,还给出用试验应力分析进行设计方法和断裂力学评定方法。

分析设计中优先采用非弹性分析法有两种情况:①对于元件几何形状和载荷状况都很复杂,用线弹性应力分类法又得不出精确结果情况下,建议用极限载荷法和弹塑性分析法;②对于厚壁受压壳体(壳体内半径与壁厚之比小于4),为了得出其真实的应力分布状态和精确的应力分类结果,应当采用弹—塑性应力分析法。

分析设计规则依据于结构详细应力分析所得出的结果,根据载荷状态,还需要热分析以确定温度沿壁厚分布和温度值。防止上述失效形式的分析过程必须详尽,以满足载荷状态、材料性能要求和后期工作的连续。

3.4.1.1 防止塑性垮塌设计

塑性垮塌是指作用在元件壳体的应力大于屈服强度进入塑性状态导致过大变形而使结构失效。防止塑性垮塌有三种可供选择的方法:弹性应力分析法、极限载荷法和弹—塑性应力分析法。用这三种方法设计评定塑性垮塌失效均适用于按照分析设计规则确定的元件壁厚和尺寸的所有元件。如果应力分类过程会产生不准确的结果,则建议采用极限载荷分析法或弹—塑性应力分析法。

1. 弹性应力分析法

为了防止元件塑性垮塌,需要对在指定载荷条件作用下的由弹性应力分析(弹性有限元法)得出的结果(总应力),按照表 3-1 各类应力定义进行分类,用第四强度理论计算典型部位的当量应力并与图 3-4 中规定相关的应力强度极限值比较。塑性垮塌弹性计算的三个基本当量应力为总体一次薄膜当量应力、局部一次薄膜当量应力和一次弯曲当量应力。同时要求计算设计载荷和许用应力极限。规范对各种载荷的定义见 1.8 节,载荷组合及许用薄膜应力见表 3-4。需要指出,设计时并不局限于表中规定的载荷组合;对于塑性垮塌计算不用确定 Q 和 F,但是对疲劳和棘轮现象计算时必须考虑。

应当指出,对于厚壁壳体($R/\delta \leqslant 4$),特别是不连续处的弹性应力分析和应力分类因不能取得精确的结果而无法采用,其原因是厚壁壳体的非线性应力分布不能通过线性应力分布明确地表示出来,以便进行分类,尤其出现屈服时,不会得出真实的应力分布情况。在这种情况下,最好采用极限载荷分析法或弹—塑性应力分析法。

2. 极限载荷分析法

极限载荷分析是基于极限分析理论评定防止元件塑性垮塌的一种方法。极限载荷分析为弹性应力分析、应力线性化和应力分类，以及满足一次应力极限值提供另外一种可选择的方法。这种方法基于极限分析原理，通过弹性—全塑性材料模型和小位移理论用数值分析方法（有限元）确定极限载荷，而这个载荷就是总体塑性垮塌载荷。极限载荷值可用在载荷微小增量就不能获得平衡解的那个点（即此解无收敛）来表示。极限载荷分析的元件是否合格由两个准则决定：总体准则和使用准则。

表 3-4　弹性应力分析载荷组合及许用薄膜应力

设计载荷组合[①]	许用总体一次薄膜应力
1. $P + P_s + D$	
2. $P + P_s + D + L + T$	
3. $P + P_s + D + S_s$	
4. $0.6D + (W 或 0.7E)$ [②]	载荷组合许用应力按图 3-4 应力分类和当量应力极限
5. $0.9P + P_s + D + (W 或 0.7E)$	
6. $0.9P + P_s + D + 0.75L + 0.75S_s$	
7. $0.9P + P_s + D + 0.75L + 0.75S_s + 0.75(W 或 0.7E)$	
① 表中设计载荷组合参数的定义见 1.8 节；	
② 此载荷组合意指倾覆情况，若设计中包括固定，故无需考虑此载荷组合	

总体准则要求元件在指定的设计载荷情况下不得产生韧性断裂或总体塑性变形。通过对指定载荷条件的元件进行极限载荷分析确定总体塑性垮塌载荷，塑性垮塌载荷为使总的结构失稳的载荷。许用载荷为 2/3 极限载荷。规范还采用另一种方法，即载荷阻力系数设计（LRFD）概念精确计算设计元件的塑性垮塌载荷。此方法中，用极限载荷分析确定带有系数载荷并考虑不确定的设计系数，计算元件对这些带有系数载荷抗力，具体见表 3-5。

使用准则是用户提出的准则，其目的是使容器元件所有部位按照总体准则计算的许用载荷作用下确保具有满意的性能。

极限载荷分析法确定元件合格的步骤如下：

（1）建立元件数值分析模型，其包括所有相关几何特性。分析用的模型应能精确地表征元件几何形状、边界条件和作用载荷情况。

（2）确定所有载荷和载荷组合，分析所计及的载荷应包括但不限于表 3-5 所列的载荷。

（3）分析时用弹性—全塑性材料模型和小位移理论，及第 4 强度理论准则和相关的流动原则。同时弹性—全塑性模型的屈服强度应为 $1.5S_m$。

（4）按照步骤（2）规定确定分析用载荷情况组合，计算表 3-5 中不包括的特殊条件的附加载荷情况，如果需要也应当考虑。

（5）对步骤（4）选定的各种载荷情况组合进行极限载荷分析，如果收敛，元件在这种状态下的作用载荷是稳定的，否则需要修改元件几何形状（厚度或形状），或减少载荷并重新分析。如果作用载荷在元件上导致压缩应力时，就有可能产生失稳，这时需要进行失稳分析。

表 3-5 极限载荷分析载荷组合及载荷系数

准则	设 计 条 件
	需要的带有系数的载荷组合
总体准则	1. 1. 5($P + P_s + D$) 2. 1. 3($P + P_s + D + T$) + 1. 7L + 0. 54S_s 3. 1. 3($P + D$) + 1. 7S_s + max (1. 1L;0. 86W) 4. 1. 3($P + D$) + 1. 7W + 1. 1L + 0. 54S_s 5. 1. 3($P + D$) + 1. 1L + 1. 1E + 0. 21S_s
局部准则	1. 7($P + P_s + D$)
使用准则	按用户说明书设计
液压试验条件	
总体准则	max [1. 43；1. 25(S_T/S)]($P + P_s + D$) + 2. 6W_{pt}
局部准则	按用户说明书设计
气压试验条件	
总体准则	1. 15(S_T/S)($P + P_s + D$) + 2. 6W_{pt}
局部准则	按用户说明书设计

注:(1) 设计载荷组合栏里的参数说明见 1.8 节;
   (2) 关于总体准则和局部准则的说明见上述内容;
   (3) S 为设计温度许用薄膜应力;
   (4) S_T 为压力试验温度许用薄膜应力

极限载荷法的优点是相对直观,设计者只要对所作用的全部机械载荷进行有限地分析就能确定下限极限载荷值。但是分析时不计及热负荷和规定的非零位移;为了能够模拟总体垮塌机理,在建模时要考虑总体具有明显结合形状细节,但不要求包括局部不连续,如小孔、焊缝填角等。

3. 弹—塑性应力分析法

弹塑性应力分析法是用实际的应力应变曲线模型进行弹—塑性应力分析(弹性—全塑性有限元或弹性—塑性有限元分析)确定元件垮塌载荷,塑性垮塌载荷也是指引起总的结构失稳的载荷。分析采用的应力应变曲线模型具有与温度有关的硬化或软化行为,也考虑结构非线性的影响。弹塑性分析方法较之上述极限载荷分析法由于与实际结构行为比较接近而能精确地评定元件塑性垮塌载荷。同时,在分析中直接考虑由于元件非弹性变形(塑性)和变形特性结果而产生的应力再分布。元件的许用载荷为设计系数乘以计算塑性垮塌载荷。有关弹塑性分析的载荷组合及其载荷系数见表 3-6。与极限载荷分析一样,弹塑性应力分析元件合格判据也是总体准则和使用准则。

弹塑性应力分析法的评定步骤如下:

(1) 建立元件数值分析模型,其包括所有相关几何尺寸特性,用于分析的模型能够精确地表征元件几何形状、边界条件和作用载荷状态。此外,应当考虑应力区域模型细化和应变集中。为了获得确保精确描述元件应力应变状态,要求分析几个分析模型。

（2）确定相关载荷和作用载荷情况。设计中考虑的载荷包括,但不限于表3－6中的载荷或载荷组合。

（3）分析时需用弹塑性材料模型。如果塑性状态,则要求采用第4强度理论和相关的流动规则,及包括硬化或软化的材料模型,或者弹性—完全塑性模型。采用这种材料模型时,硬化行为直到实际抗拉强度为止,而完全塑性行为,即应力应变曲线斜度为零在此极限之外。

（4）按照步骤（2）,由表3－6载荷和载荷组合确定在和情况组合。要求评定每一种作用载荷情况,对于不作用的各载荷的影响也应分析。表3－6中不包括的特殊情况下附加载荷状态,若需要也要考虑。

（5）对步骤（4）指定的各载荷状态进行弹塑性分析。如果收敛,则元件在这种载荷状态下的作用载荷是稳定的,否则就应当修改元件的几何形状（厚度）,或减少作用载荷并重新分析。同样,如果作用载荷在元件中导致压缩应力场时,便会产生失稳。这时应进行失稳评定。

表3－6　弹塑性应力分析载荷组合及载荷系数

准则	设计条件
	要求的带分数的载荷组合
总体准则	1. $2.4(P + P_s + D)$ 2. $2.1(P + P_s + D + T) + 2.6L + 0.86S_s$ 3. $2.1(P + P_s + D) + 2.6S_s + \max(1.7L; 1.4W)$ 4. $2.4(P + P_s + D) + 2.6W + 1.7L + 0.86S_s$ 5. $2.4(P + P_s + D) + 1.7E + 1.7L + 0.34S_s$
局部准则	$1.7(P + P_s + D)$
使用准则	按用户说明书设计
液压试验条件	
总体准则	$\max[2.3; 2.0(S_T/S)](P + P_s + D) + W_{pt}$
局部准则	按用户说明书设计
气压试验条件	
总体准则	$1.8(S_T/S)(P + P_s + D) + W_{pt}$
局部准则	按用户说明书设计
注:所有参数和注解同表3－5	

3.4.1.2　防止局部失效

ASME Ⅷ－2（2007）规范对结构局部不连续处的局部失效评定做出明确的规定,提出用弹塑性分析方法解决防止局部应变失效问题。同时规定凡是按该规范规则设计的元件,则不用校核局部应变极限准则。规范采用两种分析方法防止局部失效:弹性分析法和弹塑性分析法。

1. 弹性分析

弹性分析法是一种较为近似的分析方法,用这种分析方法得出局部一次薄膜加弯曲的三向主应力按下述限定条件予以控制：

$$(\sigma_1 + \sigma_2 + \sigma_3) \leqslant 4S$$

2. 弹塑性分析

弹塑性分析法是防止元件局部失效较为精确的方法。新的弹塑性局部应变极限计算式用于确定许用应变极限 ε_L 和材料单向应变极限 ε_{Lu}。具体步骤如下：

（1）根据表 3-6 规定的局部准则，依据载荷情况组合进行弹塑性应力分析，分析时应考虑非线性的影响。

（2）对所评定的元件部位，确定主应力 σ_1，σ_2，σ_3；用第 4 强度理论计算当量应力 σ_e 和总当量塑性应变 $\varepsilon_{p \cdot eq}$。

（3）用下式计算三向极限应变 ε_L：

$$\varepsilon_L = \varepsilon_{Lu} \exp \left\{ - \left(\frac{\alpha_{sl}}{1 - m_2} \right) \left(\frac{\sigma_1 + \sigma_2 + \sigma_3}{3\sigma_e} \right) - \frac{1}{3} \right\}$$

式中：m_2 为曲线拟合指数；α_{sl} 为材料系数。

关于多向应变极限准则的单向应变极限 ε_{Lu} 按表 3-7 查得。

（4）根据材料和制造方法，由相应的建造规范确定成形应变 ε_{cf}。若按照相应的建造规范进行热处理，则成形应变 ε_{cf} 设定为零。

（5）确定应变极限。若满足下式，则所考虑元件部位在此载荷情况的总当量塑性应变和成形应变之和满足要求：

$$\varepsilon_{peq} + \varepsilon_{cf} \leqslant \varepsilon_L$$

对于按照用户说明书要求评定指定加载次序情况下所需要的应变极限累积损伤计算步骤，见规范相关内容。

表 3-7　多项应变极限准则的单项应变极限

材　料	最高温度/℃	单向应变极限 ε_{Lu} [1][2][3]			
		m_2	指定的延伸率	指定的断面收缩率	α_{sl}
铁素体钢	480	$0.60(1-R)$	$2\ln[1 + E/100]$	$\ln[100/(100 - RA)]$	2.2
不锈钢和镍基合金	480	$0.75(1-R)$	$3\ln[1 + E/100]$	$\ln[100/(100 - RA)]$	0.6
双联不锈钢	480	$0.7(0.95-R)$	$2\ln[1 + E/100]$	$\ln[100/(100 - RA)]$	2.2
超级合金[4]	480	$1.9(0.93-R)$	$\ln[1 + E/100]$	$\ln[100/(100 - RA)]$	2.1

[1]如果未有指定的延伸率和断面收缩率时，取 $\varepsilon_{Lu} = m_2$；如果指定延伸率或断面收缩时，ε_{Lu} 应取表中的最大值；

[2]R 为最小屈服强度与最小抗拉强度之比；

[3]E 为延伸率（%）；RA 为所用材料的断面收缩率（%）；

[4]沉淀硬化奥氏体合金

3.4.1.3　防止失稳垮塌

为了计算由于压缩应力场产生的结构失稳，ASME Ⅷ-2 规范规定了三种可供选择的失稳分析方法，在结构稳定性分析中使用的设计系数选择基于稳定分析方式。若用数值分析（分叉点稳定分析或弹塑性垮塌分析）确定失稳载荷时需要考虑所有可能存在的失效模式，及建模时不要漏掉个别失稳方式；用于确定许用载荷的设计系数 Φ_B 取最小值。规范规定了三种分析类型。

（1）类型1。若用无几何非线性（几何线性）弹性应力分析确定元件预应力的方法进行分叉点失稳点分析时，最小设计系数 $\Phi_B = 2/\beta_{cr}$。这种情况下根据表3-4确定元件的预应力。所谓分叉失稳是一个失稳点，在此点上一次载荷与结构位移路径分支（曲线支）。

（2）类型2。若用几何非线性弹塑性应力分析确定元件预应力的方法进行分叉点失稳点分析时，最小设计系数 $\Phi_B = 1.667/\beta_{cr}$。这种情况下根据表3-4确定元件的预应力。

（3）类型3。若根据数值法进行垮塌分析并考虑分析模型形状存在明显缺陷情况下，则按表3-6规定的带有分数的垮塌载荷组合计算设计系数。必须注意，垮塌分析只能用具有弹性或塑性材料行为进行，若结构在载荷作用下表现为弹性行为，则弹塑性材料模型将会呈现所要求的弹性行为，垮塌载荷据此行为计算。在求设计参数 Φ_B 式中的系数 β_{cr} 为主要考虑壳体缺陷的能量降低系数，其根据载荷状态和结构几何形状确定。

设计人员往往搞不清壳体失稳行为和解决办法，所以 Bushnell D 提出分辨壳体失稳行为和分析的方法。

3.4.2　应力分类方法

分析设计最重要的步骤之一是应力分类，将作用在壳体上，尤其是壳体不连续处的总应力分解出一次应力、二次应力和峰值应力是一项很困难很繁重的工作。总体应力计算方法有有限元法和板壳理论法；分析模型有连续单元（Continuum Elememts）和壳体单元（Shell Elements）两种；在分类方法上目前有三种：应力积分法、根据节点力的结构应力法和根据应力积分的结构应力法。应力积分法是对连续有限单元模型的应力线性化；节点力结构应力法是依据节点力处理过程的方法，这种方法能够与焊接疲劳数据很好地联系起来；应力积分结构应力法用应力积分模型，但仅与被处理节点线有关的一组单元上的分类方法。对于给定元件和载荷情况下，在没有更精确的分类方法时，通常推荐采用这种方法。其次，这种方法可以使用商业有限元分析软件。

3.4.2.1　应力分类线选择

应力分类线选择方法主要依据于压力容器壳体结构形式，通常是对结构不连续处应力集中区域进行详细的应力分析。因此应力分类线也都在最大应力选择。若要评定塑性垮塌和棘轮失效方式时，应力分类线选在总体结构不连续处，若要评定局部失效和疲劳失效时，应力分类线选在局部结构不连续处。如果壳体有复合层时，应力分类计及基层壳体和复层材料总厚度。若设计时不考虑复合层材料强度进行塑性垮塌计算时，仅可用基层壳体厚度计算由线性化力和弯矩在总截面上产生的薄膜应力和弯曲应力。为了能够精确地确定线性化的薄膜应力和弯曲应力，以便于与弹性应力极限比较，在选择应力分类线时需要遵守一些原则，这些原则可以定量地用于评定各种应力分类线的实用性。如果用弹性应力分析和应力线性化处理将会产生模棱两可的结果时，则建议采用极限载荷法或弹塑性分析法。应力分类线取法原则有：

（1）应力分类线为最大应力分量等值线的垂直线。如果这样做有困难时，也可以是壳体截面中间面的垂直线。

（2）除应力集中或热峰值应力影响外，在应力分类线上环向应力和经向应力分布均为单调增或减。

（3）整个壁厚上应力分布应当单调地增或减。对于压力载荷整个厚度应力应等于作用表面上的压力，而在应力分类线其他面上几乎为零。若应力分类线不与表面垂直时，这些要求就得不到满足。

（4）剪应力分布呈抛物线状且应力相对于环向应力和经向应力比较小。根据作用载荷类型，剪应力在应力分类线所确定的两个表面上近似为零。这里有两种情况：①只有在壳体内外表面平行并应力分类线与表面垂直时，剪应力在应力分类线上的分布才近似地为抛物线状，若两个表面不平行或应力分类线与壳体表面不垂直时，基本上就得不到剪应力分布状态。但是，如果剪应力与环向应力或经向应力相比很小时，就不用考虑剪应力的影响。②若剪应力分布近乎于线性化时，剪应力是很明显。

（5）对于壳体边界部分，环向应力或经向应力是最大的应力分量，且又是当量应力支配项。大部分压力容器壳体因压力作用而引起的环向应力或经向应力分布接近于线性分布。

3.4.2.2 应力积分分类方法

这是一种可以用有限元和板壳理论进行应力分类的方法。有限元法对连续单元体分析时，需解出总体应力分布，然后进行应力分布线性化处理，分出薄膜应力和弯曲应力，并计算当量应力；若用板壳理论进行应力分类，可直接由壳体的总体应力计算薄膜应力和弯曲应力。薄膜应力和弯曲应力是由壳体壁厚截面上推导出来的，故此截面称为应力分类面（SCP）；若将应力分类面两侧边无限缩小变为一条线，即为应力分类线。因此，应力分类面是切开壳体截面的平面，而应力分类线是切开壳体截面的一条直线。

1. 连续单元应力积分分类法

这种方法是对容器壳体危险截面上可能发生的危险部位或区域划出一些垂直于壳壁内外表面且贯穿整个壁厚的应力分类线 $a—a$、$b—b$、$c—c$（或应力分类面）等，如图 3 - 12 （a）所示。现取壳体不连续处的应力分类线 $b - b$，其应力分布状态及其等效线性化处理如图 3 - 12（b）所示。图中壳体壁厚为 h；应力分量 σ_{ij} 为应力分类线中点处的纵坐标，应力分类线是横坐标，x_3 为由坐标原点到壁厚任一点的距离。将图中将沿应力分类线分布的应力按照合力和合力矩等效原理分解成薄膜应力、弯曲应力和非线性应力。根据应力分类的定义，按下式计算 x_3 处薄膜应力、弯曲应力、线性应力和非线性应力。

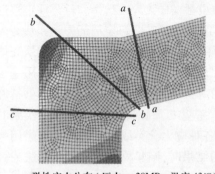

弹性应力分布（压力 p=20MPa，温度 43℃）
材料：2.25CrlMo 0.25V 钢

（a）

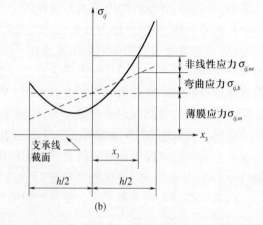

（b）

图 3 - 12　应力分类线和应力分布

（1）薄膜应力：

$$\sigma_{ij\cdot m} = \frac{1}{h}\int_{-\frac{h}{2}}^{+\frac{h}{2}}\sigma_{ij}\mathrm{d}x_3$$

（2）弯曲应力：

$$\sigma_{ij\cdot b} = \frac{12x_3}{h^3}\int_{-\frac{h}{2}}^{+\frac{h}{2}}\sigma_{ij}x_3\mathrm{d}x_3$$

从应力分析角度，只需要考虑最大弯曲应力 $\sigma_{ij\cdot b}$，此应力位于应力分类线的两端，即壳体两侧面上，于是最大弯曲应力值为

$$\sigma_{ij\cdot b(\max)} = \pm\frac{6}{h^2}\int_{-\frac{h}{2}}^{+\frac{h}{2}}\sigma_{ij}x_3\mathrm{d}x_3$$

（3）线性应力为薄膜应力加弯曲应力之和，即

$$\sigma_{ij\cdot l} = \sigma_{ij\cdot m} + \sigma_{ij\cdot b}$$

（4）非线性应力为总应力分量与线性应力之差，即

$$\sigma_{ij\cdot ne} = \sigma_{ij} - \sigma_{ij\cdot l} = \sigma_{ij} - (\sigma_{ij\cdot m} + \sigma_{ij\cdot b})$$

由此，连续单元体应力分类分析步骤如下：①进行弹性分析，求出应力分布；②划出应力分类线；③用有限元法解出应力分类线上的线性化应力；④进行应力分类；⑤将线性化应力与许用应力进行比较。

这种应力分类方法的最大问题是，在对结构不连续区域的应力线性化处理时，很难划分出二次应力，因此仅适用于薄壳容器壳体或简单结构。在实际分析时，一定注意总体弯曲应力和局部歪曲应力之间的区别。

为了解决这个问题，美国压力容器研究理事会在作了大量的调查研究之后提出上述一些有价值的准则，其中几条对重要压力容器设计很有考虑价值。①关于用数值分析（有限元分析）问题。对于容器基本结构用平衡方程式计算一次应力，对不连续处或区域进行弹性应力分析或弹塑性分析，而有限元仅用于计算二次应力和峰值应力分析计算。②需要从一次应力中分出一次总体薄膜应力，只要一次薄膜应力能够满足平衡条件，结构就是安全的；对于厚壁压力容器，由于应力沿壁厚分布是非线性的，故必须进行应力线性化处理才能区分出平均应力和弯曲应力分量；在总体的或局部的不连续部位，只要能控制不出现塑性垮塌或塑性大变形，就认为整个结构是安全的；限制一次应力加二次应力的目的是防止应变集中过大和棘轮效应现象发生；不去过多地顾及能使不连续区域壳体几何形状变化的附加应力值，因为该部位屈服对整体结构失效影响不是太大。

2. 壳体单元应力分类法

用这种方法可以直接计算出双维或三维壳体由有限元分析求得的应力结果，进而确定当量应力。圆柱壳体在所计及截面上的薄膜应力、弯曲应力和峰值应具体计算如下：

（1）薄膜应力是沿应力分类线（壁厚）上各应力分量平均值：

$$\sigma_{ij(m)} = \frac{\sigma_{ij(i)} + \sigma_{ij(o)}}{2}$$

在纯弯矩作用下：

$$\sigma_{ij(m)} = \frac{16M(D_i + D_o)}{\pi(D_o^4 - D_i^4)}$$

（2）弯曲应力是沿应力分类线（壁厚）上各应力分量的线性变化部分，其值在分类线（壁厚）端部最大，故

$$\sigma_{ij(b)} = \frac{\sigma_{ij(i)} - \sigma_{ij(o)}}{2}$$

在纯弯矩作用下，应力分类线两端（壳体两壁面）的弯曲应力为

$$\sigma_{ij(b)} = \frac{16M(D_o - D_i)}{\pi(D_o^4 - D_i^4)}$$

（3）峰值应力：

$$\sigma_{ij(F)} = (\sigma_{ij(m)} + \sigma_{ij(b)})(K_f - 1)$$

式中：$\sigma_{ij(i)}$ 为圆柱壳体内壁面所计及点上的应力；$\sigma_{ij(o)}$ 为圆柱壳体外壁面所计及点上的应力；M 为作用在圆柱壳体上的弯矩；D_i 为圆柱壳体内径；D_o 为圆柱壳体外径；K_f 为疲劳强度减弱系数，具体取法见第 12 章。

应当指出的是，就解决应力分类问题，欧盟 EN 13445 – 3 规范在分析设计法中对焊接压力容器的弹性应力（峰值应力已被扣除）等效线性化处理就比较容易在工程设计中得到运用。

3.4.2.3　弹性补偿分类法

这种方法有两个问题：一个是应力分类；另一个是极限分析。该法是基于极限载荷和安定性分析，通过迭代计算使应力重新分布，在迭代计算过程中将一次薄膜应力和二次应力分离出来并确定这两个应力的大小，因此适用于压力容器结构的应力分类。图 3 – 13 描述了这种方法的基本原理，在应力应变曲线图中明显地看出一次应力和二次应力计算方法。图中直线 AD 为完全一次应力线，直线 AC 为完全二次应力线，而 AB 线是条两种应力的混合线，A 点就是两种应力分类点，直线 AB 和 AC 之间的夹角为 ϑ，其是表示一次应力和二次应力之间的比例关系。A 点上的应力是一次应力和二次应力的和；一次应力大小是恒定的，满足平衡需要；二次应力应变量恒定不变，由此可以出现这样一种情况：当 $\vartheta = 0°$ 时，全部是二次应力；当 $\vartheta = 90°$ 时，全部是一次应力。B 点的弹性模量有下述关系：

$$E_B = E\frac{\sigma_y}{\sigma_e}$$

式中：E 为材料弹性模量（MPa）；σ_y 为材料屈服强度（MPa）；σ_e 为弹性分析应力（MPa）。

混合线 AB 的斜率：

$$\vartheta = \arctan\left[\frac{E(\varepsilon_B - \varepsilon_A)}{\sigma_A - \sigma_B}\right]$$

式中：σ_A 为 A 点弹性分析的当量应力（MPa）；σ_B 为 B 点非弹性分析的当量应力（MPa）；ε_A、ε_B 分别是 A 点和 B 点的变形量。

现在进行极限分析，弹性补偿法中只要所计算的最大应力满足屈服强度条件，应力场也就满足极限载荷下限值要求，此载荷就是容器结构的极限载荷的下限。根据最大切应力理论，一次应力满足下限极限载荷，通过逐次迭代

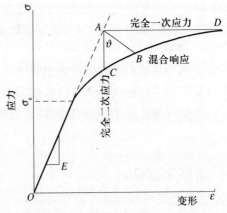

图 3 – 13　弹性补偿法确定最大载荷

得下限极限载荷为

$$P_{Li} = P_d \frac{\sigma_y}{|\sigma_{si}|_{max}} \qquad (3-19)$$

式中：P_d 为工作压力；σ_{si} 为第 i 次迭代时应力重新分布后的最大应力。于是可得出迭代极限载荷的最高值即下限极限载荷的最大值：

$$P_L = \max(P_{Li}) \qquad (3-20)$$

综上所述，能够得出这样结论：由于弹性分析无法确定应力特征，不能判断结构的失效机制，加之弹性分析是在假设材料为理想弹塑性基础上进行的，没有考虑材料的延性，在没有丰富的实践经验和占有大量资料的情况下，设计者只好把所有的应力归为一次应力作为设计依据进行设计，这样也就使计算结果过于保守。由此可见，设计时最基本要求是确定出能够导致容器整体塑性垮塌的一次应力并予以控制，如果要求疲劳分析和评定时，则要求当量应力不得大于疲劳极限。解决弹性分析应力分类最好方法是非弹性分析方法。

3.4.2.4　棘轮现象和棘轮评定

棘轮现象是元件受交变机械应力、温度应力或两者同时作用出现的渐进增长的非弹性塑性变形或应变，而热棘轮是由部分或整体的温度应力引起的。载荷在壳体所计及部位截面上持续作用且加之应变控制循环载荷或交替的温度分布作用便会产生棘轮现象。棘轮作用引起导致疲劳失效的材料循环应变，最终使结构垮塌。分析棘轮现象采用两种方法，即弹性应力分析法和弹塑性应力分析法。关于热棘轮分析评定见第 12 章。

1. 弹性应力分析

在弹性棘轮分析时，有几个概念需要说明。

（1）一次加二次当量应力范围 $\Delta S_{n.k}$。其值是由壳体所计及部位截面上经线性化处理的总体或局部一次薄膜应力加一次弯曲应力加二次应力组合（$P_L + P_b + Q$）的最大值推导出的当量应力范围，此应力组合最大值是由指定的操作压力和其他指定的机械载荷或热负荷作用引起的；分析时只考虑总体结构不连续，不计及局部结构不连续（压力集中）。

（2）一次加二次当量应力范围极限值 S_{PS}。在确定最大一次加二次当量应力范围时，必须考虑总应力范围大于任何单个循环的多种循环类型的影响。在这种情况下，由于每种情况的温度极值不同，因此 S_{PS} 值随指定循环或需要计及的循环组合而变化。分析时要特别注意应当使用每次循环或循环组合的 S_{PS}。S_{PS} 许用极限值按下式计算。操作循环最高温度下的 S_m 由与时间相关的材料性能控制时，S_{PS} 按屈服强度与抗拉强度比大于0.7 的计算式确定：

$$S_{PS} = \max[3S_{m.cycle}; 2S_{y.cycle}] \qquad (R_e/R_m \leqslant 0.70)$$
$$S_{PS} = 3S_{m.cycle} \qquad (R_e/R_m > 0.7)$$

（3）防止棘轮失效的条件为

$$\Delta S_{n.k} \leqslant S_{PS}$$

2. 弹塑性应力分析

用弹塑性分析法评定防止棘轮失效时，加载方式是加载—卸载—再加载。若应变轴上应力应变滞后回线级数并不随循环而持续而稳定时，就能够满足防止棘轮失效的要求，也就不需要校核交变塑性的安定性。弹塑性分析法防止棘轮失效的步骤如下：

（1）建立含有所有相关几何特性元件的数字模型。分析用的模型应精确地表征元件的几何形状、边界条件和作用载荷。

（2）确定所有相关载荷和载荷组合。

（3）分析时采用弹—完全塑性材料模型,用第4强度理论计算当量应力和与之有关的流动规则。确定塑性极限的屈服强度是设计温度的最小屈服强度。分析时要考虑非线性影响。若进行与路径有关分析时,则采用大变形理论。

（4）按步骤（2）的载荷或载荷组合情况重复多次加载进行弹塑性分析。若需要多于一次加载分析时,只要有把握得出最高棘轮现象,则就选择两次中的一次。

（5）在最少三次完整循环之后进行棘轮评定。若不能满足指定的棘轮准则,则需增加循环次数并校核。下述条件任何一条得到满足时,也就满足防止棘轮时效的要求。如果下述条件不能满足时,则需要修改元件结合形状（厚度）,或减低载荷并重新分析。

①元件中不存在塑性作用（零塑性应变）,即表现为完全弹性行为或弹性安定性。

②在元件一次载荷支承界面内为弹性核心,即出现塑性安定性。

③元件总体几何形状没有永久改变,进一步校核表明结构并无明显渐增塑性变形。

3. 简化弹塑性棘轮分析

若下述所有条件确实存在时,上述的一次加二次当量应力范围的当量应力极限值可以超过:

（1）一次加二次薄膜加弯曲当量应力范围小于 S_{PS},但不包括热弯曲应力。

（2）材料性能满足 $R_e/R_m \leqslant 0.8$。

（3）元件需满足第12章的二次当量应力范围要求。

3.4.3 非弹性分析的极限载荷求法

非弹性分析设计方法是为了解决弹性分析设计在具体应用上的困难近几年发展起来的一种设计方法。这种方法在美国压力容器规范 ASME Ⅲ 和 ASME Ⅷ-2 及欧盟标准 EN 13445-3 均部分地采用。目前,有两种防止塑性大变形的非弹性分析方法:极限载荷分析法和弹塑性分析法。弹塑性分析是在考虑材料应变硬化行为和应力再分布状态下计算指定载荷作用时结构状态的方法;而极限分析是塑性分析的一种特殊情况,这种方法假设结构材料为理想塑性没有应变硬化。在极限分析中采用极限状态下的平衡与流动特性计算极限载荷。无论是塑性分析法,还是极限分析法,都有确定极限载荷的方法问题,即估算真实塑性载荷值。目前求极限载荷的方法有两倍弹性变形压力法、两倍弹性斜率法、比例极限定义法、塑性失稳压力法、1%塑性应变压力法、0.2%残余应变压力法和切线交点压力法等。

3.4.3.1 分析设计直接路线法

直接路线法是欧盟压力容器 EN 13445-3 规范分析设计两种设计方法中一种方法。直接路线法是依据极限分析和塑性分析的设计校核法,实质上是将设计载荷限定在极限载荷（极限状态）以下的结构安全设计方法。塑性分析设计法用于求出静载作用下结构塑性变形量或在交变载荷作用下的渐增塑性变形值;极限分析设计法是用于直接求出垮塌载荷。这里的极限状态指的是结构几种失效方式,在此规范中明确压力容器失效方式有总体塑性变形、渐增塑性变形、疲劳断裂、失稳和静平衡。对于不同的失效方式采用了与之相对应的分析方法进行设计校核。如总体塑性变形失效方式主要是韧性断裂和过大局部变形，所以将设计温度下结构材料屈服强度除以由载荷状态决定的相应的分安全系数作为设计强度基准参数。又如在指定的循环载荷重复作用下，防止结构渐增性塑性变形方法有前述的米兰（Melan）和波利仲陶（Polizzoto）安定性法外，还有非线性分析有限元法。结构渐增塑性变形设计校核所采用的设计强度参数是材料的特征值，而分安全系数取1，确保在开始几次出现塑性变形之后就处于安定状态。Melans安定性原理如前所述，如果能获得一个自平衡应力场与以线弹性分析取得的周期性变化的应力场之和不超过结构材料的屈服极限时，则结构就处于安定状态。

分安全系数是针对不同的载荷、不同的载荷组合、不同的失效方式和不同的材料性能而采用的安全系数。将安全系数细分是该规范的重要特点。

该规范使用了传统非线性分析法确定极限载荷，如弹性补偿法、应力偏量曲线法、切线相交压力法等。

分析设计直接路线法的优点是：克服应力分类法所固有的一些比较难以解决的问题；可以直接地找出结构失效方式，根据最危险部位的失效方式提出相应的解决办法，这一点对于在役压力容器管理特别重要，进而改进了设计思路；可以把除压力以外的其他载载或载荷组合一并考虑，包括热负荷和环境影响；使用简单、方便。但是这种方法也存在一些不足：由于要处理的是非线性问题，故要求进行非线性计算，需要较多的计算时间；校核计算需要进行线性叠加，这对有些结构是不可能的；对设计人员要求比较高，需要有坚实的理论基础知识。其次，为了把压力以外的载荷或载荷组合考虑进去，要求设计者更多地掌握压力容器在实际使用过程中可能产生的附加载作用情况及当地的有关法规、规定和水文地质资料。

3.4.3.2 极限载荷确定方法

如前所述，确定极限载荷的方法比较多，这里只介绍我国压力容器 JB 4732 标准和美国 ASME Ⅷ-2 规范中使用的极限载荷法。

美国 ASME 规范采用极限载荷法只适用于计算总体塑性变形的极限载荷（垮塌载荷）。极限载荷求法如下：沿试样载荷—变形曲线（图中各点，但未连成线）的弹性段（直线）引出一条与纵坐标成 θ 的回归线，从回归线与横坐标交点上作出另一条与载荷—变形曲线（非弹性段）极限载荷点相交的直线，即极限载荷线（直线），极限载荷线与纵坐标之间的夹角为 $\phi(\phi = 2\theta)$。由此相交点引出水平线与纵坐标轴之交点即为此材料的极限载荷，如图 3-14 所示。由图中明显可见，试验极限载荷是由最大主应变或垮塌

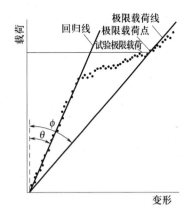

图 3-14 双倍弹性斜率法求最大载荷

极限线外三个连续试验数据点的第一个数据点的偏移值求得，这第一个数据点即为极限载荷点（垮塌载荷点）。而试验极限载荷（试验垮塌载荷）取具有最大应变或垮塌载荷点偏移的垮塌极限线上的载荷。设计或计算用的极限载荷（垮塌载荷）应取试验极限载荷

再乘以设计温度材料屈服强度与试验温度试验材料屈服强度之比。用这种方法求得的极限载荷大小取决于曲线塑性变形部分拐角的形状,而其形状又与试件材料性能和试件几何形状有关,测得的结果分散性必较大。因此在选用试样尺寸时需要考虑由试样获得的极限载荷与实际结构的极限载荷之间关联。但是这个方法 ASME 从 1975 年起开始使用,从工程角度,精度够用。

3.4.3.3　塑性垮塌力矩确定方法

塑性垮塌力矩是指总体结构在力矩作用下表现明显(限定)塑性变形的载荷,是表征结构材料承载能力的性能指标。设计时,塑性垮塌力矩不能超过设计极限。目前,对于非弹性分析经常使用的确定塑性垮塌力矩方法和确定塑性极限载荷一样,主要有双倍弹性斜率法(Twice – elastic – slope method)、双切线相交法(Tangent – intersection method)、双弹性变形法(Twice – elastic – deformation method)等,如图 3 – 15 ~ 图 3 – 17 所示。但是与确定极限载荷方法不同,其横坐标为转角,纵坐标为力矩。

1. 双倍弹性斜率法(图 3 – 15)

这种方法是由坐标原点以两倍于材料力矩转角曲线中弹性线倾率引出一条直线与该曲线相交,其交点对应于纵坐标的弯矩 M_c 即为塑性垮塌力矩。根据这个定义,在 $\phi = 2\theta$ 时, $M = M_c$。由于在确定垮塌塑性弯矩时只是用载荷曲线,不用求出屈服强度和最大应变位置,因此使用简洁方便且精度比较高。另外,用这种方法求得的垮塌弯矩计算结构承载能力时相对于不稳定弯矩偏于保守和安全,这对于不稳定的无法收敛的弯矩计算,可以将此弯矩近似地作为不稳定弯矩使用。

2. 双切线相交法(图 3 – 16)

在弯矩转角曲线的弹性线性部分和非线性部分各作一条切线,其相交点对应于纵坐标轴上的弯矩即为塑性垮塌弯矩 M_c。由于弯矩转角曲线非线性部分受材料性能和环境的影响比较大,故由此方法求出来的弯矩可能出现较大的偏差,如在曲线的最高处划出切线,则有可能得出的是不稳定弯矩 M_i。

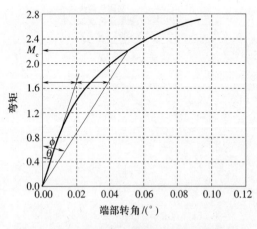

图 3 – 15　最大弯矩双倍弹性斜率法

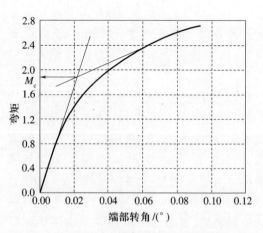

图 3 – 16　最大弯矩双切线相交法

3. 双弹性变形法(图 3 – 17)

这种方法是在横坐标的两倍转角值 $2D_e$ 上垂直引出直线与弯矩转角曲线相交,此交点对应于纵坐标轴上弯矩即是塑性垮塌弯矩 M_c。

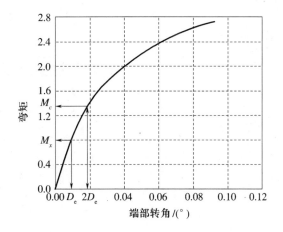

图 3 - 17 最大弯矩双弹性变形法

另外,确定塑性垮塌完矩还有1%塑性应变法、2%偏移应变法、比例极限法等。

3.5 壳体温度应力

3.5.1 平板均匀温度场温度应力

如图 3 - 18 所示,一块四边受约束的平板由初始温度 T_1 均匀加热到 T_2 时,其线性尺寸变化为 $\alpha(T_2 - T_1) = \alpha\Delta T$。然而由于平板在 x 和 y 轴方向上的变形受到限制,因此板内因变形受到约束便产生温度应力。在弹性范围内根据双向应力状态下变形和温度应力之间关系的胡克定律有

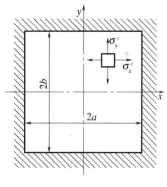

$$\begin{cases} \varepsilon_x^\sigma = \dfrac{1}{E}(\sigma_x^t - \mu\sigma_y^t) \\ \varepsilon_y^\sigma = \dfrac{1}{E}(\sigma_y^t - \mu\sigma_x^t) \end{cases} \qquad (3-21)$$

图 3 - 18 平板均匀温度场的应力分布

因温度变化 ΔT 引起的温差应变按下式计算:

$$\varepsilon_x^t = \varepsilon_y^t = \alpha(T_2 - T_1) = \alpha\Delta T \qquad (3-22)$$

由于整块板的四周固定不动,各方向由温度产生的温度应变和由温差引起的温差应变两者总变形量为零,即

$$\begin{cases} \varepsilon_x = \varepsilon_x^t + \varepsilon_x^\sigma = 0 \\ \varepsilon_y = \varepsilon_y^t + \varepsilon_y^\sigma = 0 \end{cases} \qquad (3-23)$$

将式(3 - 21)和式(3 - 22)代入式(3 - 23)后,得

$$\begin{cases} \dfrac{1}{E}(\sigma_x^t - \mu\sigma_y^t) + \alpha\Delta T = 0 \\ \dfrac{1}{E}(\sigma_y^t - \mu\sigma_x^t) + \alpha\Delta T = 0 \end{cases}$$

由此联立方程式解得

$$\sigma_x^t = \sigma_y^t = -\frac{1}{1-\mu}\alpha E \Delta T \tag{3-24}$$

同理,若垂直于 x、y 轴的第三个方向也受到约束时,则温度应力为

$$\sigma_x^t = \sigma_y^t = \sigma_z^t = -\frac{\alpha E \Delta T}{1-2\mu} \tag{3-25}$$

3.5.2　平板在非均匀温度场温度应力

设平板厚度为 $2c$,单位宽度为 b,板中的温度在 x、z 方向上的均匀分布,而在 y 轴方向上分布不均匀,如图 3-19 所示。由于温度沿 x、z 方向分布均匀,且板又薄,材料各处在 y 方向的热膨胀相同,又不受约束,所以不会产生温度应力。也就是说,温度 T 仅为 y 方向上的函数,与 x 和 z 方向无关。在这种状态下的温度分布规律产生的热变形在板厚中间部分要大些,两侧表面小些。但是由于各层材料之间具有相互约束作用,中间部分受牵制,两侧表面受拉伸,因此中间部分产生压应力,两侧表面产生拉应力,如图 3-19(b)所示。整个截面各处变形相等,与 z 轴无关,即总应变为

$$\varepsilon_x = \varepsilon_x^\sigma + \varepsilon_x^t = \varepsilon^c \tag{3-26}$$

式中:ε_x^t 为由温差引起的温差应变;ε_x^σ 为由温度应力引起的弹性应变;ε^c 为待定系数。

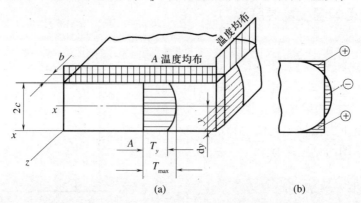

图 3-19　平板非均匀温度场的应力分布

单向应力状态下的温度应力与由此温度应力引起的应变之间的关系符合胡克定律:

$$\varepsilon_x^\sigma = \frac{\sigma_x^t}{E} \tag{3-27}$$

温差引起的变形与温度之间关系,即温差应变为

$$\varepsilon_x^t = \alpha T(y) \tag{3-28}$$

将式(3-27)和式(3-28)代入式(3-26)后,得

$$\sigma_x^t = E[\varepsilon^c - \alpha T(y)] \tag{3-29}$$

式(3-29)为从平板中截取的单位宽度平板在非均匀温度场中任意一点的温度应力计算公式。明显可见,任意一点的应力由两部分组成,即 $E\varepsilon^c$ 和 $\alpha ET(y)$。如果知道 ε^c 的值,便可直接求出具体温度应力的大小,由图 3-19 中 AA 截面上温度应力平衡力系可以求得待定系数:

116

$$\varepsilon_c = \frac{\alpha}{2c} \int_{-c}^{+c} T(y) \, \mathrm{d}y$$

再代入式(3-29)后,得

$$\sigma_x^t = \frac{\alpha E}{2c} \int_{-c}^{+c} T(y) \, \mathrm{d}y - \alpha E T(y)$$

上式右边乘以 $1/(1-\mu)$,便可得出平板在非均匀温度场中的温度应力计算式:

$$\sigma_x^t = \frac{\alpha E}{2(1-\mu)c} \int_{-c}^{+c} T(y) \, \mathrm{d}y - \frac{\alpha E}{1-\mu} T(y) \qquad (3-30)$$

如果知道了温度沿 y 轴方向的分布规律,即可以用式(3-30)计算某一点的强度应力。例如,已知温度沿板厚为抛物线分布,即

$$T = T_0 \left(1 - \frac{y^2}{c^2} \right) \qquad (3-31)$$

并代入式(3-30)后,得

$$\sigma_x^t = \frac{\alpha E}{1-\mu} \frac{1}{2c} \int_{-c}^{+c} T_0 \left(1 - \frac{y^2}{c^2} \right) \mathrm{d}y - \frac{\alpha E}{1-\mu} T_0 \left(1 - \frac{y^2}{c^2} \right)$$

积分后,得

$$\sigma_x^t = \frac{2\alpha E T_0}{3(1-\mu)} - \frac{\alpha E T_0}{1-\mu} \left(1 - \frac{y^2}{c^2} \right) \qquad (3-32)$$

同样,可得

$$\sigma_z^t = \sigma_x^t \qquad (3-33)$$

式中: $T_0 = T_{\max} - T_y$ 。

3.5.3　圆平板温度应力

假设圆平板中温度分布与圆心对称,温度只为径向半径 r 的函数,即 $T = T(r)$,假设板厚温度相同。因此可以得出:圆平板上一点由于温度变化产生的应力和位移沿板厚方向相同。

温度增加时,圆平板中产生的变形一部分是由于受热膨胀,另一部分是由于温差应力引起的变形。因圆平板几何形状对称,故剪应力 $\tau_{r\theta}$ 和剪应变 $v_{r\theta}$ 等于零(为分析方便,这里采用极坐标)。又假设圆平板很薄,则可应用平面应力状态的公式。由温度和温差引起的径向应变 ε_r 和环向应变 ε_θ 分别为

$$\begin{cases} \varepsilon_r = \dfrac{1}{E} (\sigma_r^t - \mu \sigma_\theta^t) + \alpha T \\[2mm] \varepsilon_\theta = \dfrac{1}{E} (\sigma_\theta^t - \mu \sigma_r^t) + \alpha T \end{cases} \qquad (3-34)$$

由式(3-34)可直接求出径向温度应力 σ_r^t 和环向温度应力 σ_θ^t 为

$$\begin{cases} \sigma_r^t = \dfrac{E}{1-\mu^2} [\varepsilon_r + \mu \varepsilon_\theta - (1+\mu) \alpha T] \\[2mm] \sigma_\theta^t = \dfrac{E}{1-\mu^2} [\varepsilon_\theta + \mu \varepsilon_r - (1+\mu) \alpha T] \end{cases} \qquad (3-35)$$

因 $\tau_{r\theta}$ 等于零,故有

$$\frac{\mathrm{d}\sigma_r}{\mathrm{d}r} + \frac{\sigma_r - \sigma_\theta}{r} = 0 \tag{3-36}$$

将式(3-35)代入式(3-36)后,得

$$r\frac{\mathrm{d}}{\mathrm{d}r}(\varepsilon_r + \mu\varepsilon_\theta) + (1-\mu)(\varepsilon_r - \varepsilon_\theta) = (1+\mu)\alpha r\frac{\mathrm{d}T}{\mathrm{d}r} \tag{3-37}$$

由几何方程可知

$$\varepsilon_r = \frac{\mathrm{d}u}{\mathrm{d}r};\varepsilon_\theta = \frac{u}{r} \tag{3-38}$$

代入式(3-37),整理得

$$\frac{\mathrm{d}}{\mathrm{d}r}\left[\frac{1}{r}\frac{\mathrm{d}(ru)}{\mathrm{d}r}\right] = (1+\mu)\alpha\frac{\mathrm{d}T}{\mathrm{d}r} \tag{3-39}$$

积分式(3-39),得

$$u = (1+\mu)\alpha\frac{1}{r}\int_a^r Tr\mathrm{d}r + C_1 r + \frac{C_2}{r} \tag{3-40}$$

式中: C_1 和 C_2 是积分常数,积分下限 a 可以任意选取。对于带有中心孔的圆环板, a 是中心孔的半径;对于实心圆平板, $a = 0$。将式(3-40)代入式(3-38)后,再代入式(3-35),即可求出径向温度应力和环向温度应力为

$$\begin{cases} \sigma_r^t = -\alpha E\frac{1}{r^2}\int_a^r Tr\mathrm{d}r + \frac{E}{1-\mu}\left[C_1(1+\mu) - C_2(1-\mu)\frac{1}{r^2}\right] \\ \sigma_\theta^t = \alpha E\frac{1}{r^2}\int_a^r Tr\mathrm{d}r - \alpha ET + \frac{E}{1-\mu}\left[C_1(1+\mu) + C_2(1-\mu)\frac{1}{r^2}\right] \end{cases} \tag{3-41}$$

式中:积分常数 C_1 和 C_2 由边界条件确定。

实心圆平板, $a = 0$,位移 $u = 0$,对于式(3-40)中的积分项取:

$$\lim_{r\to 0}\frac{1}{r^2}\int_0^r Tr\mathrm{d}r = 0$$

由式(3-40)可以看出,要使圆平板中心没有位移,即 $u = 0$, C_2 必须等于零。如果圆平板周边($r = b$)没有外力作用, $\sigma_r = 0$ 。由式(3-41),得

$$C_1 = (1-\mu)\frac{a}{b^2}\int_{a=0}^b Tr\mathrm{d}r \tag{3-42}$$

将 C_1 和 $C_2 = 0$ 代入式(3-41)后,得

$$\begin{cases} \sigma_r^t = \alpha E\left(\frac{1}{b^2}\int_0^b Tr\mathrm{d}r - \frac{1}{r^2}\int_0^r Tr\mathrm{d}r\right) \\ \sigma_\theta^t = \alpha E\left(-T + \frac{1}{b^2}\int_0^b Tr\mathrm{d}r + \frac{1}{r^2}\int_0^r Tr\mathrm{d}r\right) \end{cases} \tag{3-43}$$

因 $\lim\frac{1}{r^2}\int_0^r Tr\mathrm{d}r = \frac{T_0}{2}$,故式(3-43)给出了应力在中心处为有限值, T_0 为圆平板中心温度。

实心圆平板(板边自由)的温度分布函数 $T(r)$ 为

$$T = T_0 - (T_0 - T_1)\frac{r^2}{b^2} \tag{3-44}$$

边界条件分别在 $r = 0$ 处，$T = T_0$；在 $r = b$ 处，$T = T_1$，式中 T_0 为圆平板中心的温度。于是，可求得 σ_r 和 σ_θ 为

$$\begin{cases} \sigma_r^t = -\dfrac{\alpha E(T_0 - T_1)}{4}\left(1 - \dfrac{r^2}{b^2}\right) \\[3mm] \sigma_\theta^t = -\dfrac{\alpha E(T_0 - T_1)}{4}\left(1 - \dfrac{3r^2}{b^2}\right) \end{cases} \tag{3-45}$$

$r = b$ 时，$\sigma_r = 0$，σ_θ 最大，即

$$\sigma_\theta^t = \frac{\alpha E}{2}(T_0 - T_1) \tag{3-46}$$

3.5.4 圆柱壳温度应力

圆柱壳的温度应力主要是圆柱壳体内、外表面温差引起的。正常工作时，圆柱壳热传导是稳定的，因此假设：

(1)温度相对圆柱壳轴线对称分布，并沿轴线方向不变化，即温度在圆柱壳同一截面半径所有点相同。

(2)圆柱壳壁各点温度不随时间变化。

(3)圆柱壳端不受约束，由温度应力产生的均匀轴向变形。

(4)弹性模量 E、泊桑比 μ 和线性膨胀系数 α 在所考虑的整个温度范围内不变。

由上述假设可以得出，温度只沿径向方向变化。如果圆柱壳体内壁温度高于外壁温度时，则内壁的热膨胀大于外壁的热膨胀。在径向方向内壁层膨胀受到外壁层收缩牵制而产生径向压应力，外壁层受内壁层鼓胀作用而产生径向拉应力，在圆周方向也是如此。而在轴向方向上，由于内壁面的温度高于外壁面，故内壁层的膨胀量大于外壁层的膨胀量，根据上述第 3 条假设，还要产生轴向温度应力。

3.5.4.1 温度应力计算

受温度应力作用的圆柱壳在三向应力状态下总应变与圆平板一样也是有两部分组成：一部分是由温度引起的应变；另一部分是由温差引起的温差应变，即

$$\begin{cases} \varepsilon_\theta = \varepsilon_\theta^\sigma + \varepsilon_\theta^t \\[1mm] \varepsilon_r = \varepsilon_r^\sigma + \varepsilon_r^t \\[1mm] \varepsilon_z = \varepsilon_z^\sigma + \varepsilon_z^t \end{cases} \tag{3-47}$$

总温度应变按下式计算：

$$\varepsilon_\theta^t = \varepsilon_r^t = \varepsilon_z^t = \alpha T \tag{3-48}$$

由温度引起的壳体环向、径向和轴向应变用胡克定律计算，故式(3-47)得

$$\begin{cases} \varepsilon_\theta = \dfrac{1}{E}\left[\sigma_\theta^t - \mu(\sigma_r^t + \sigma_z^t)\right] + \alpha T \\[3mm] \varepsilon_r = \dfrac{1}{E}\left[\sigma_r^t - \mu(\sigma_\theta^t + \sigma_z^t)\right] + \alpha T \\[3mm] \varepsilon_z = \dfrac{1}{E}\left[\sigma_z^t - \mu(\sigma_\theta^t + \sigma_r^t)\right] + \alpha T \end{cases} \tag{3-49}$$

由平面问题的几何方程,得

$$\varepsilon_r^\sigma = \frac{\mathrm{d}u}{\mathrm{d}r}; \varepsilon_\theta^\sigma = \frac{u}{r}; \varepsilon_z^\sigma = \varepsilon^c \tag{3-50}$$

将式(3-49)代入式(3-50)并整理后得应力为

$$\begin{cases} \sigma_r^t = \dfrac{E}{1+\mu}\left[\dfrac{\mathrm{d}u}{\mathrm{d}r} + \dfrac{\mu}{1-2\mu}\left(\dfrac{\mathrm{d}u}{\mathrm{d}r} + \dfrac{u}{r} + \varepsilon^c\right)\right] - \dfrac{\alpha ET}{1-2\mu} \\[3mm] \sigma_\theta^t = \dfrac{E}{1+\mu}\left[\dfrac{u}{r} + \dfrac{\mu}{1-2\mu}\left(\dfrac{\mathrm{d}u}{\mathrm{d}r} + \dfrac{u}{r} + \varepsilon^c\right)\right] - \dfrac{\alpha ET}{1-2\mu} \\[3mm] \sigma_z^t = \dfrac{E}{1+\mu}\left[\varepsilon^c + \dfrac{\mu}{1-2\mu}\left(\dfrac{\mathrm{d}u}{\mathrm{d}r} + \dfrac{u}{r} + \varepsilon^c\right)\right] - \dfrac{\alpha ET}{1-2\mu} \end{cases} \tag{3-51}$$

由弹性理论的平衡方程,得

$$\sigma_r^t - \sigma_\theta^t + r\frac{\mathrm{d}\sigma_r^t}{\mathrm{d}r} = 0 \tag{3-52}$$

对式(3-51)的前式求导,有

$$\frac{\mathrm{d}\sigma_r^t}{\mathrm{d}r} = \frac{E}{1+\mu}\left[\frac{\mathrm{d}^2 u}{\mathrm{d}r^2} + \frac{\mu}{1-2\mu}\left(\frac{\mathrm{d}^2 u}{\mathrm{d}r^2} + \frac{1}{r}\frac{\mathrm{d}u}{\mathrm{d}r} - \frac{u}{r^2}\right)\right] - \frac{\alpha E}{(1-2\mu)}\frac{\mathrm{d}T}{\mathrm{d}r} \tag{3-53}$$

将式(3-51)和式(3-53)代入式(3-52)后,得

$$\frac{\mathrm{d}^2 u}{\mathrm{d}r^2} + \frac{1}{r}\frac{\mathrm{d}u}{\mathrm{d}r} - \frac{u}{r^2} - \alpha\frac{1+\mu}{1-\mu}\frac{\mathrm{d}T}{\mathrm{d}r} = 0 \tag{3-54}$$

$$\frac{\mathrm{d}}{\mathrm{d}r}\left[\frac{1}{r}\frac{\mathrm{d}(ru)}{\mathrm{d}r}\right] = \alpha\frac{1+\mu}{1-\mu}\frac{\mathrm{d}T}{\mathrm{d}r} \tag{3-55}$$

积分两次后得

$$u = \frac{1+\mu}{1-\mu}\alpha\frac{1}{r}\int_a^r Tr\mathrm{d}r + C_1 r + \frac{C_2}{r} \tag{3-56}$$

对式(3-56)求导,有

$$\begin{aligned} \frac{\mathrm{d}u}{\mathrm{d}r} &= \frac{1+\mu}{1-\mu}\left[-\alpha\frac{1}{r^2}\int_a^r Tr\mathrm{d}r + \frac{a}{r}\frac{\mathrm{d}}{\mathrm{d}r}\left(\int_a^r Tr\mathrm{d}r\right)\right] + C_1 - \frac{C_2}{r^2} \\[2mm] &= -\frac{1+\mu}{1-\mu}\alpha\frac{1}{r^2}\int_a^r Tr\mathrm{d}r + \frac{1+\mu}{1-\mu}\alpha T + C_1 - \frac{C_2}{r^2} \end{aligned}$$

将上式及式(3-56)代入式(3-51)后,得

$$\begin{cases} \sigma_r^t = -\dfrac{E}{1-\mu}\alpha\dfrac{1}{r^2}\int_a^r Tr\mathrm{d}r + \dfrac{E}{1+\mu}\left(\dfrac{C_1}{1-2\mu} - \dfrac{C_2}{r^2}\right) + \dfrac{\mu E}{(1+\mu)(1-2\mu)}\varepsilon^c \\[3mm] \sigma_\theta^t = \dfrac{E}{1-\mu}\alpha\dfrac{1}{r^2}\int_a^r Tr\mathrm{d}r - \dfrac{E}{1-\mu}\alpha T + \dfrac{E}{1+\mu}\left(\dfrac{C_1}{1-2\mu} - \dfrac{C_2}{r^2}\right) + \dfrac{\mu E}{(1+\mu)(1-2\mu)}\varepsilon^c \\[3mm] \sigma_r^t = -\dfrac{E}{1-\mu}\alpha T + \dfrac{2\mu E}{(1+\mu)(1-2\mu)}C_1 + \dfrac{(1-\mu)E}{(1+\mu)(1-2\mu)}\varepsilon^c \end{cases} \tag{3-57}$$

式(3-57)中有两个积分常数和一个待定系数 ε^c。这些系数由边界条件确定,待定系数求法与平板在非均匀温度场中的热应力一节求法相同。对于圆柱壳,边界条件式在 $r = a$ 及 $r = b$ 处,即在圆柱壳内壁面和外壁面上的径向应力为零,$\sigma_r = 0$。于是,由式

120

(3-57)第一式得

$$-\frac{E}{1-\mu}\alpha\frac{1}{a^2}\int_a^b Tr\mathrm{d}r + \frac{E}{1+\mu}\left(\frac{C_1}{1-2\mu}-\frac{C_2}{a^2}\right) + \frac{\mu E}{(1+\mu)(1-2\mu)}\varepsilon^c = 0$$

$$-\frac{E}{1-\mu}\alpha\frac{1}{b^2}\int_a^b Tr\mathrm{d}r + \frac{E}{1+\mu}\left(\frac{C_1}{1-2\mu}-\frac{C_2}{b^2}\right) + \frac{\mu E}{(1+\mu)(1-2\mu)}\varepsilon^c = 0$$

由上述两式得

$$C_1 = \frac{(1+\mu)(1-2\mu)}{1-\mu}\frac{a}{b^2-a^2}\int_a^b Tr\mathrm{d}r - \mu\varepsilon^c$$

$$C_2 = \frac{1+\mu}{1-\mu}\frac{\alpha a^2}{b^2-a^2}\int_a^b Tr\mathrm{d}r$$

下面确定待定系数。由于圆柱壳体轴向温度应力 σ_z^t 沿壁厚分布与非均匀温度场作用的平板温度应力公式中的 ε^c 条件相同,对于圆柱壳体的待定系数为

$$\varepsilon^c = \frac{2\alpha}{b^2-a^2}\int_a^b Tr\mathrm{d}r$$

于是,积分常数 C_1 为

$$C_1 = \frac{1-3\mu}{1-\mu}\frac{\alpha}{b^2-a^2}\int_a^b Tr\mathrm{d}r$$

综合上述各式后,可得圆筒体温度应力计算公式为

$$\begin{cases} \sigma_r^t = \dfrac{\alpha E}{1-\mu}\dfrac{1}{r^2}\left(\dfrac{r^2-a^2}{b^2-a^2}\int_a^b Tr\mathrm{d}r - \int_a^r Tr\mathrm{d}r\right) \\[3mm] \sigma_\theta^t = \dfrac{\alpha E}{1-\mu}\dfrac{1}{r^2}\left(\dfrac{r^2-a^2}{b^2-a^2}\int_a^b Tr\mathrm{d}r + \int_a^r Tr\mathrm{d}r - Tr^2\right) \\[3mm] \sigma_z^t = \dfrac{\alpha E}{1-\mu}\left(\dfrac{2}{b^2-a^2}\int_a^b Tr\mathrm{d}r - T\right) \end{cases} \qquad (3-58)$$

当温度函数 T 给定时,即可由上述公式计算应力值。仔细研究还会发现:

$$\sigma_r^t + \sigma_\theta^t = \sigma_z^t = \frac{\alpha E}{1-\mu}\left(\frac{2}{b^2-a^2}\int_a^b Tr\mathrm{d}r - T\right)$$

3.5.4.2 厚壁圆柱壳体温度应力计算

厚壁圆筒体一般假设温度沿壁厚为对数函数形式分布,若外壁面温度为零,内壁面温度为 T_a ,则在半径 r 处的温度 T 为

$$T = \frac{T_a}{\ln\left(\dfrac{b}{a}\right)}\ln\frac{b}{r}$$

将上式代入式(3-58)后,积分简化得

$$\begin{cases} \sigma_\theta^t = \dfrac{\alpha E T_a}{2(1-\mu)\ln\left(\dfrac{b}{a}\right)}\left[1-\ln\left(\dfrac{b}{r}\right)-\dfrac{a^2}{b^2-a^2}\left(1+\dfrac{b^2}{r^2}\right)\ln\left(\dfrac{b}{a}\right)\right] \\[4mm] \sigma_r^t = \dfrac{\alpha E T_a}{2(1-\mu)\ln\left(\dfrac{b}{a}\right)}\left[-\ln\left(\dfrac{b}{r}\right)-\dfrac{a^2}{b^2-a^2}\left(1-\dfrac{b^2}{r^2}\right)\ln\left(\dfrac{b}{a}\right)\right] \\[4mm] \sigma_z^t = \dfrac{\alpha E T_a}{2(1-\mu)\ln\left(\dfrac{b}{a}\right)}\left[1-2\ln\left(\dfrac{b}{r}\right)-\dfrac{2a^2}{b^2-a^2}\ln\left(\dfrac{b}{a}\right)\right] \end{cases} \qquad (3-59)$$

由式(3-59)可以看出,当 T_a 为正值,径向温度应力 σ_r^t 在所有点上为压缩应力,在圆柱壳体内外壁面上等于零。环向应力 σ_θ^t 和轴向应力 σ_z^t 在圆柱壳体内外壁面上具有最大值。

若把 $r = a$ 和 $r = b$ 代入式(3-59),则内、外壁面的温度应力分别为

$$\sigma_{\theta a}^t = \sigma_{za}^t = \frac{\alpha E T_a}{2(1 - \mu)\ln\left(\frac{b}{a}\right)}\left[1 - \frac{2b^2}{b^2 - a^2}\ln\left(\frac{b}{a}\right)\right]$$

$$\sigma_{\theta b}^t = \sigma_{zb}^t = \frac{\alpha E T_a}{2(1 - \mu)\ln\left(\frac{b}{a}\right)}\left[1 - \frac{2a^2}{b^2 - a^2}\ln\left(\frac{b}{a}\right)\right]$$

$$\sigma_{ra}^t = \sigma_{rb}^t = 0$$

式中:直径比 $K = b/a$ 并变换后有

$$\sigma_{\theta a}^t = \sigma_{za}^t = \frac{\alpha E T_a}{2(1 - \mu)}\left(\frac{1}{\ln K} - \frac{2K^2}{K^2 - 1}\right)$$

$$\sigma_{\theta b}^t = \sigma_{zb}^t = \frac{\alpha E T_a}{2(1 - \mu)}\left(\frac{1}{\ln K} - \frac{2}{K^2 - 1}\right)$$

$$\sigma_{ra}^t = \sigma_{ro}^t = 0$$

仔细研究上式发现,壳体内外壁温度应力由三个部分组成:壳体材料性能、壳体几何尺寸(直径比)和温度。材料性能参数为: $\alpha E/2(1 - \mu)$,并用 Q 表示。而几何参数用 S 表示,其间关系如下,令

$$S = -\left(\frac{1}{\ln K} - \frac{2K^2}{K^2 - 1}\right)$$

由此可得

$$\frac{1}{\ln K} - \frac{2}{K^2 - 1} = 2 - S$$

于是能够解出圆柱壳体内外壁面温度应力简化计算式:

$$\sigma_{\theta a}^t = \sigma_{za}^t = -SQT_a$$
$$\sigma_{\theta b}^t = \sigma_{zb}^t = Q(2 - S)T_a \qquad\qquad (3-60)$$
$$\sigma_{ra}^1 = \sigma_{rb}^t = 0$$

式(3-60)径向温度应力在内外壁面上等于零,在壳体壁内径向温度应力最大值位置 r 可以按下述过程推导出来,取 $K_r = \frac{r}{a}$ 、 $K = \frac{b}{a}$,即

$$\frac{\mathrm{d}(\sigma_r^t)}{\mathrm{d}K_r} = 0$$

$$K = \left[\frac{K^2 - 1}{2\ln K}\right]^{1/2}$$

或

$$r = \frac{2b}{K + 1}$$

此位置上的应力值在内加热时为压应力,外加热时是拉应力。

122

其次,环向温度应力 σ_θ^t 和轴向温度应力 σ_z^t 在内壁面是压应力,在外壁面上是拉应力。这是因为内壁层受热膨胀,外壁层温度较低,膨胀量小于内壁层,内外壁层膨胀量不同,互相牵制,从而形成内压外拉的应力状态。

3.5.4.3 温度沿壁厚方向成线性分布的温度应力计算

设圆柱壳体内壁面温度为 T_a,外壁面温度为零,则半径 r 处温度按线性分布可按下式计算:

$$T = T_a \frac{b-r}{b-a}$$

将上式代入式(3-58)积分后,得

$$\begin{cases} \sigma_\theta^t = \dfrac{\alpha E T_a}{3(1-\mu)(b-a)}\Big[2r + \dfrac{a^3}{r^2} - \Big(1 + \dfrac{a^2}{r^2}\Big)\Big(\dfrac{b^3 - a^3}{b^2 - a^2}\Big)\Big] \\[3mm] \sigma_r^t = \dfrac{\alpha E T_a}{3(1-\mu)(b-a)}\Big[r - \dfrac{a^3}{r^2} - \Big(1 - \dfrac{a^2}{r^2}\Big)\Big(\dfrac{b^3 - a^3}{b^2 - a^2}\Big)\Big] \\[3mm] \sigma_z^t = \dfrac{\alpha E T}{3(1-\mu)(b-a)}\Big[3r - 2\Big(\dfrac{b^3 - a^3}{b^2 - a^2}\Big)\Big] \end{cases} \qquad (3-61)$$

将式(3-60)和式(3-61)求得的热应力绘出曲线,如图3-20所示。由图中可见,$b/a = 1.2$时,线性规律分布的温度应力与对数分布的温度应力假设差7%,而在$b/a = 2$时,其差高达20%。这种情况足以说明温度沿壁厚分布规律对温度应力计算方法的选择有很大的影响,因此实际设计时必须注意这一特性。设计高压圆柱壳体时,温度应力用温度沿壁厚对数分布计算式(3-60)设计为宜。

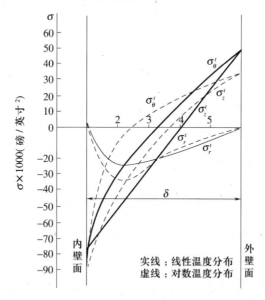

图3-20 温度沿壁厚线性和对数分布时应力状态

3.5.5 球壳温度应力计算

分析球壳温度应力时,通常假设温度只沿壁厚方向变化。由于球壳的轴向(经向)温度应力与温度环向应力相同,因此式(3-49)为

$$\begin{cases} \varepsilon_\theta = \dfrac{1}{E}[\sigma_\theta^t - \mu(\sigma_r^t + \sigma_\theta^t)] + \alpha T = \dfrac{u}{r} \\ \varepsilon_r = \dfrac{1}{E}(\sigma_r^t - 2\mu\sigma_\theta^t) + \alpha T = \dfrac{\mathrm{d}u}{\mathrm{d}r} \end{cases} \qquad (3-62)$$

由上式解出 σ_r^t 和 σ_θ^t，有

$$\begin{cases} \sigma_r^t = \dfrac{E}{(1+\mu)(1-2\mu)}[(1-\mu)\varepsilon_r + 2\mu\varepsilon_\theta - (1+\mu)\alpha T] \\ \sigma_\theta^t = \dfrac{E}{(1+\mu)(1-2\mu)}[\varepsilon_\theta + \mu\varepsilon_r - (1+\mu)\alpha T] \end{cases} \qquad (3-63)$$

由图 3-21 可得出球壳微元体在径向方向的平衡条件为

$$\left(\sigma_r^t + \frac{\mathrm{d}\sigma_r^t}{\mathrm{d}r}\mathrm{d}r\right)\frac{\pi}{4}(r+\mathrm{d}r)^2(\mathrm{d}\varphi)^2 - \sigma_r^t\frac{\pi}{4}(r\mathrm{d}\varphi)^2 - \sigma_\theta^t\pi\left(r+\frac{\mathrm{d}r}{2}\right)\mathrm{d}\varphi\mathrm{d}r\frac{\mathrm{d}\varphi}{2} = 0$$

展开上式，略去高次微量后，得平衡方程为

$$\frac{\mathrm{d}\sigma_r^t}{\mathrm{d}r} + \frac{2}{r}(\sigma_r^t - \sigma_\theta^t) = 0 \qquad (3-64)$$

将式(3-63)前式求导一次代入式(3-64)后，整理得

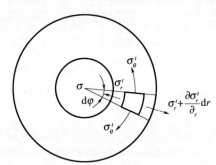

$$\frac{\mathrm{d}^2 u}{\mathrm{d}r^2} + \frac{2}{r}\frac{\mathrm{d}u}{\mathrm{d}r} - \frac{2u}{r^2} = \frac{1+\mu}{1-\mu}\alpha\frac{\mathrm{d}T}{\mathrm{d}r}$$

上式可以写为

$$\frac{\mathrm{d}}{\mathrm{d}r}\left[\frac{1}{r^2}\frac{\mathrm{d}}{\mathrm{d}r}(r^2 u)\right] = \frac{1+\mu}{1-\mu}\alpha\frac{\mathrm{d}T}{\mathrm{d}r}$$

图 3-21　球壳温度应力微元体受力状况

积分后，得

$$u = \frac{1+\mu}{1-\mu}\alpha\frac{1}{r^2}\int_a^r Tr^2\mathrm{d}r + C_1 r + \frac{C_2}{r^2} \qquad (3-65)$$

式(3-65)计算球壳内任一点的径向位移公式，积分常数 C_1 和 C_2 由边界条件和位移确定。将式(3-65)代入式(3-62)，再代入式(3-63)后，得温度应力为

$$\begin{cases} \sigma_r^t = -\dfrac{2\alpha E}{1-\mu}\dfrac{1}{r^3}\int_a^r Tr^2\mathrm{d}r + \dfrac{C_1 E}{1-2\mu} - \dfrac{2C_2 E}{1+\mu}\dfrac{1}{r^3} \\ \sigma_\theta^t = -\dfrac{\alpha E}{1-\mu}\dfrac{1}{r^3}\int_a^r Tr^2\mathrm{d}r + \dfrac{C_1 E}{1-2\mu} + \dfrac{C_2 E}{1+\mu}\dfrac{1}{r^3} - \dfrac{\alpha ET}{1-\mu} \end{cases} \qquad (3-66)$$

球壳的边界条件是，当 $r=a$ 或 $r=b$ 时，$\sigma_r^t = 0$。于是解出 C_1 和 C_2 后，代入式(3-66)得

$$\begin{cases} \sigma_r^t = \dfrac{2\alpha E}{1-\mu}\left[\dfrac{r^3-a^3}{(b^3-a^3)r^3}\int_a^b Tr^2\mathrm{d}r - \dfrac{1}{r^3}\int_a^r Tr^2\mathrm{d}r\right] \\ \sigma_\theta^t = \dfrac{2\alpha E}{1-\mu}\left[\dfrac{2r^3+a^3}{2(b^3-a^3)r^3}\int_a^b Tr^2\mathrm{d}r + \dfrac{1}{2r^3}\int_a^r Tr^2\mathrm{d}r - \dfrac{T}{2}\right] \end{cases} \qquad (3-67)$$

通常将沿球壳壁厚方向温度分布规律按稳态函数处理，即温度分布规律为

$$T = \Delta T\left(\frac{a}{r}\right)\left(\frac{b-r}{b-a}\right) \qquad (3-68)$$

124

$$\Delta T = T_a - T_b$$

将式(3-68)代入式(3-67)后,得

$$
\begin{cases}
\sigma_\theta^t = \dfrac{\alpha E \Delta T}{1-\mu}\left(\dfrac{ab}{b^3-a^3}\right)\left[a+b-\dfrac{1}{2r}(b^2+ab+a^2)-\dfrac{(ab)^2}{2r^3}\right] \\[4mm]
\sigma_r^t = \dfrac{\alpha E \Delta T}{1-\mu}\left(\dfrac{ab}{b^3-a^3}\right)\left[a+b-\dfrac{1}{r}(b^2+ab+a^2)+\dfrac{(ab)^2}{2r^3}\right]
\end{cases}
\tag{3-69}
$$

由式(3-69)可以看出,径向温度应力 σ_r^t 在 $r=a$ 和 $r=b$ 时等于零,当在

$$r^2 = \frac{3a^2b^2}{a^2+ab+b^2}$$

时,则为最大值或最小值。

在 $\Delta T = T_a - T_b > 0$ 时,环向温度应力 σ_θ^t 随 r 增加而增加。在球壳的内壁面($r=a$)上,其值为

$$\sigma_{\theta a}^t = -\frac{\alpha E \Delta T}{2(1-\mu)}\frac{b(b-a)(a+2b)}{b^3-a^3} \tag{3-70}$$

在球壳的外壁面($r=b$)上,其值为

$$\sigma_{\theta b}^t = \frac{\alpha E \Delta T}{2(1-\mu)}\frac{a(b-a)(2a+b)}{b^3-a^3} \tag{3-71}$$

式中:$\sigma_{\theta a}^t$ 为球壳内壁面的环向温度应力(MPa);σ_{ra}^t 为球壳内壁面的径向温度应力(MPa);$\sigma_{\theta b}^t$ 为球壳外壁面的环向温度应力(MPa);σ_{rb}^t 为球壳外壁面的径向温度应力(MPa);a 为球壳内半径(mm);b 为球壳外半径(mm);T_a 为球壳内壁面温度(℃);T_b 为球壳外壁面温度(℃)。

3.5.6 壳体边缘处温度应力分析

前述的圆柱壳和球的温度应力计算式,均假设圆筒体很长,不考虑边缘效应的影响,因此所得的结论只适用于远离壳体边缘的温度应力分布状态。实际压力容器并不只是一个单独的圆柱壳体或球壳体,总是和其他元件,如封头、接管、法兰等组成一体。与压力作用圆柱壳体相类似,靠近边缘处,温度应力分布由于局部不连续而变得复杂,也存在边缘效应。根据边界效应理论分析薄壁圆柱壳体端部为简支端和固定端两种条件下,由温度而产生的变形、弯矩、剪力和应力。为了叙述方便,只考虑两种温度分布情况。

(1)温度沿壁厚均匀分布。

(2)温度沿壁厚线性变化。

圆柱壳体内、外壁面由初始温度 T_0 升至平均温度时产生的内力分量与内、外壁温差线性分布产生的内力分量分开研究。

在分析薄膜圆柱壳体边缘温度应力时,假设温度绕轴线对称分布,轴向温度梯度为零(沿轴向方向均匀分布),圆柱壳体长度 L 与其内径 D_i 之比大于1.5,即 $L/D_i > 1.5$。推导薄壁圆柱壳体边缘温度应力时,仍然采用上节叙述的有力矩理论。

3.5.6.1 均匀温度分布

在温度沿圆柱壳体壁厚均匀分布的条件下,作用于圆柱壳横截面上的弯矩 M_x^t 和剪力 Q_x^t 如图3-22(a)所示。其值按下式计算:

$$M_x^T = -D\frac{d^2\omega}{dx^2} \tag{3-72}$$

$$Q_x^T = -D\frac{d^3\omega}{dx^3} \tag{3-73}$$

式中：D 为圆柱壳抗弯刚度，其值为

$$D = \frac{E\delta^3}{12(1-\mu^2)} \tag{3-74}$$

式中：E 为圆柱壳材料的弹性模量（MPa）；δ 为圆柱壳体壁厚（mm）；μ 为圆柱壳体材料的泊松比。

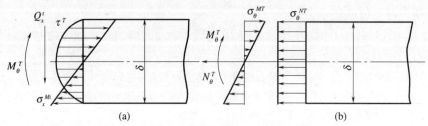

图 3-22　壳体边缘处热应力分析用载荷

(a)横截面；(b)纵截面

同样，作用于圆柱壳体纵截面上的弯矩 M_θ^T 和环向拉力 N_θ^T（图 3-22(b)）分别为

$$M_\theta^T = \mu M_x^T = -\mu D\frac{d^2\omega}{dx^2} \tag{3-75}$$

$$N_\theta^T = E\delta\frac{\omega}{R} \tag{3-76}$$

式中：ω 为圆柱壳壁径向位移（mm）；R 为圆柱壳平均半径（mm）。

由上述弯矩、剪力和拉力可以计算相应的应力。作用于横向截面的弯曲应力，如图 3-22(a)所示，沿壁厚方向线性分布，内、外壁最大（一侧受拉，一侧受压）其值为

$$\sigma_x^{M_t} = \pm\frac{12M_x^T}{\delta^3}z \tag{3-77}$$

式中：z 为由计算点到圆柱壳壁厚中间面的距离，在内壁面处，$z = -\delta/2$；在外壁面处，$z = +\delta/2$。

作用在同一截面上的剪应力为

$$\tau^T = \frac{Q_x^T}{\delta}\left(\frac{3}{2} - \frac{6z^2}{\delta^2}\right) \tag{3-78}$$

在纵向截面内，环向弯矩 M_θ^t 将产生弯曲应力，它沿壁厚方向线性分布，如图 3-22(b)所示，其值按下式计算：

$$\sigma_\theta^{M_t} = \pm\frac{12M_\theta^T}{\delta^3}z \tag{3-79}$$

作用在同一截面的由环向拉力 N_θ^T 产生的正应力为

$$\sigma_\theta^{N_t} = \frac{N_\theta^T}{\delta} \tag{3-80}$$

故在纵向截面内的正应力为

126

$$\sigma_\theta^T = \sigma_\theta^{M_t} + \sigma_\theta^{N_t} = \frac{N_\theta^T}{\delta} \pm \frac{12 M_\theta^T}{\delta^3} z \qquad (3-81)$$

1. 自由端圆柱壳

受平均温度作用的自由端圆柱壳体,除了轴向和径向自由膨胀外,不产生温度应力、弯矩和剪力。

径向位移为

$$\omega_1 = -\alpha R(T_m - T_0) \qquad (3-82)$$

式中:α 为圆柱壳体材料热膨胀系数($mm/mm/℃$);R 为圆柱壳体平均半径(mm);T_m 为平均温度,$T_m = (T_a + T_b)/2$($℃$);T_a 为圆柱壳内壁面温度($℃$);T_b 为圆柱壳外壁面温度($℃$);T_0 为圆柱壳初始温度($℃$)。

应力、弯矩和剪力均等于 0,即

$$\sigma_{x1}^T = \sigma_{\theta1}^T = \tau_x^T = M_x^T = M_\theta^T = Q_x^T = 0 \qquad (3-83)$$

式(3-82)和式(3-83),以及本节中下面将要叙述的各公式下脚标 1 和 2 分别为温度均匀分布和线性分布。

2. 简支端

简支端圆柱壳由于温度升高产生的热膨胀受到阻止,在边缘处会产生局部弯曲应力。因为简支端圆柱壳体边缘的径向位移和弯矩等于零,即 $M_{01} = 0$。同时,可得

$$Q_{01} = -2\beta^3 D\omega \qquad (3-84)$$

式中:ω 为自由端圆柱壳因温升而产生的径向位移,其值为 $\omega = -\alpha R(T_m - T_0)$,代入式(3-84)后得

$$Q_{01} = 2\beta^3 R\alpha D(T_m - T_0) = \frac{[3(1-\mu^2)]^{3/4}}{6(1-\mu^2)} ER\alpha(T_m - T_0)\left(\frac{\delta}{R}\right)^{3/2} \qquad (3-85)$$

知道圆柱壳体边缘温度均匀分布的剪力 Q_{01} 后,便可利用圆柱壳理论公式计算离圆柱壳体边缘任一距离点上的弯矩,径向位移,应力和剪力大小。

将 $M_0 = 0$ 和式(3-85)代入式(3-72)、式(3-73)及式(3-75)~式(3-79)和式(3-81)后得

$$\omega = \alpha R(T_m - T_0)(\phi_3 - 1) \qquad (3-86)$$

$$M_{x1}^T = -\frac{\sqrt{3}}{6\sqrt{(1-\mu^2)}} \alpha R^2 E(T_m - T_0)\left(\frac{\delta}{R}\right)^2 \phi_4 \qquad (3-87)$$

$$M_\theta^T = -\frac{\sqrt{3}}{6\sqrt{1-\mu^2}} \mu\alpha R^2 E(T_m - T_0)\left(\frac{\delta}{R}\right)^2 \phi_4 \qquad (3-88)$$

$$Q_{x1}^T = -\frac{\sqrt[4]{[3-(1-\mu^2)]^3}}{6\sqrt{(1-\mu^2)}} \alpha R^2 E(T_m - T_0)\left(\frac{\delta}{R}\right)^{3/2} \phi_2 \qquad (3-89)$$

$$\sigma_{x1}^T = \pm\frac{\sqrt{3}}{\sqrt{1-\mu^2}} \alpha E(T_m - T_0)\phi_4 \qquad (3-90)$$

$$\sigma_{\theta1}^T = \alpha E(T_m - T_0)\left(\pm\frac{\mu\sqrt{3}}{\sqrt{1-\mu^2}}\phi_4 - \phi_3\right) \qquad (3-91)$$

$$\tau_{\max 1}^{T} = -\frac{\sqrt[4]{[3-(1-\mu^2)]^3}}{4(1-\mu^2)}\alpha E(T_m - T_0)\sqrt{\frac{\delta}{R}}\phi_2 \qquad (3-92)$$

3. 固定端

因圆柱壳端固定,故其边缘温度均匀升高时不能径向移动,边缘温度均匀分布的剪力 Q_{01} 和弯矩 M_{01} 产生的径向位移和转角(斜度)为零。根据这两个边界条件,则有

$$-\frac{1}{2\beta^2 D}(\beta M_0 + Q_0) = -\alpha R(T_m - T_0)$$

$$-\frac{1}{2\beta^2 D}(2\beta M_0 + Q_0) = 0$$

于是可得壳体边缘处的弯矩和剪力为

$$M_{01} = 2\beta^2 DR\alpha(T_m - T_0) \qquad (3-93)$$

$$Q_{01} = -4\beta^3 DR\alpha(T_m - T_0) \qquad (3-94)$$

与简支端计算方法相同,知道圆柱壳体边缘温度均匀分布的剪力 Q_{01} 和弯矩 M_{01} 后,便可利用圆柱壳理论公式计算离圆筒边缘任一距离点上的弯矩、径向位移、应力和剪力值,将式(3-93)和式(3-94)代入式(3-72)、式(3-73)、式(3-75)~式(3-79)和式(3-81)后得

$$\omega = \alpha R(T_m - T_0)(\phi_1 - 1) \qquad (3-95)$$

$$M_{x1}^{T} = \frac{\sqrt{3}}{6\sqrt{(1-\mu^2)}}E\delta^2\alpha(T_m - T_0)\phi_2 \qquad (3-96)$$

$$M_{\theta1}^{T} = \frac{\sqrt{3}}{6\sqrt{1-\mu^2}}\mu E\delta^2\alpha(T_m - T_0)\phi_2 \qquad (3-97)$$

$$Q_{x1}^{T} = -\frac{\sqrt[4]{[3-(1-\mu^2)]^3}}{3(1-\mu^2)}\frac{\sqrt{\delta^3}}{\sqrt{R}}E\alpha(T_m - T_0)\phi_3 \qquad (3-98)$$

$$\sigma_{x1}^{T} = \pm\frac{\sqrt{3}}{\sqrt{1-\mu^2}}\alpha E(T_m - T_0)\phi_2 \qquad (3-99)$$

$$\sigma_{\theta1}^{T} = \alpha E(T_m - T_0)\left(\pm\frac{\sqrt{3}}{\sqrt{1-\mu^2}}\mu\phi_2 - \phi_1\right) \qquad (3-100)$$

$$\tau_{\max 1}^{T} = \frac{\sqrt{[3-(1-\mu^2)]^3}}{4(1-\mu^2)}E\sqrt{\frac{\delta}{R}}\alpha(T_m - T_0)\phi_3 \qquad (3-101)$$

3.5.6.2 温度沿壁厚线性分布

若假设圆柱壳体的内、外壁面上温度分别为 T_a 和 T_b,并沿整个壁厚呈线性变化分布,在离圆柱壳体边界一定远以外的点上不存在弯曲,其外壁面和内壁面的轴向温度应力 σ_x^T 和环向温度应力 σ_θ^T 按下式计算:

$$\sigma_x^T = \sigma_\theta^T = \pm\frac{\alpha E(T_a - T_b)}{2(1-\mu)} \qquad (3-102)$$

但是在圆柱壳体边界处,总温度应力应等于式(3-102)求得的应力加上满足边界条件所需要的附加温度应力值。

1. 自由端

在确定自由端圆柱壳体边界温度应力时,应考虑式(3 – 102)的应力在边界处产生均匀分布的弯矩 M_0^t ,其值按下式计算:

$$M_0^T = - \frac{\alpha E(T_a - T_b)\delta^2}{12(1 - \mu)} \tag{3 – 103}$$

为了得到温度为线性分布壳体自由端弯矩,必须将大小与式(3 – 103)相等,方向相反的弯矩 M_{02} 叠加到圆柱壳体边界处,故有

$$M_{02} = - M_{01}^T = \frac{\alpha E(T_a - T_b)\delta^2}{12(1 - \mu)} \tag{3 – 104}$$

知道弯矩 M_{02} 后,便可利用圆柱壳理论公式计算自由端圆筒边界处的径向位移、弯矩、应力和剪力:

$$\omega_2 = - \frac{\sqrt{1 - \mu^2}}{2\sqrt{3}(1 - \mu)}\alpha R(T_a - T_b)\phi_2 \tag{3 – 105}$$

$$M_{x2}^T = - \frac{\alpha R^2 E(T_a - T_b)}{12(1 - \mu)}\left(\frac{\delta}{R}\right)^2(1 - \phi_1) \tag{3 – 106}$$

$$M_{\theta2}^T = - \frac{\alpha R^2 E(T_a - T_b)\sqrt{3}}{12(1 - \mu)}\left(\frac{\delta}{R}\right)^2(1 - \mu\phi_1) \tag{3 – 107}$$

$$Q_{x2}^T = - 2\sqrt[4]{3(1 - \mu^2)}\alpha RE\frac{(T_a - T_b)}{12(1 - \mu)}\sqrt{\left(\frac{\delta}{R}\right)^3}\phi_4 \tag{3 – 108}$$

$$\sigma_{x2}^T = \pm \frac{\alpha E(T_a - T_b)}{2(1 - \mu)}(1 - \phi_1) \tag{3 – 109}$$

$$\sigma_{\theta2}^T = \frac{\alpha E(T_a - T_b)}{2(1 - \mu)}\left(\pm 1 \mp \mu\phi_1 + \frac{\sqrt{1 - \mu^2}}{\sqrt{3}}\phi_2\right) \tag{3 – 110}$$

$$\tau_{\max 2}^T = - 3\sqrt[4]{3(1 - \mu^2)}\frac{\alpha E(T_a - T_b)}{12(1 - \mu)}\sqrt{\frac{\delta}{R}}\phi_4 \tag{3 – 111}$$

2. 简支端

简支端圆柱壳体边界处自由变形时的径向位移等于式(3 – 105)在 $x = 0$ 时的值,但是符号相反,于是有(此时 $M_0 = 0$)

$$Q_{02} = - \beta \frac{\alpha E(T_a - T_b)}{12(1 - \mu)}\delta^2 \tag{3 – 112}$$

知道了均匀分布剪力 Q_{02} 后,便可利用圆柱壳体理论公式计算弯矩、径向位移、应力和剪力值:

$$\omega_2 = \frac{\sqrt{1 - \mu^2}}{2\sqrt{3}(1 - \mu)}\alpha R(T_a - T_b)\varphi_4 \tag{3 – 113}$$

$$M_{x2}^T = - \frac{\alpha R^2 E(T_a - T_b)}{12(1 - \mu)}\left(\frac{\delta}{R}\right)^2(1 - \phi_3) \tag{3 – 114}$$

$$M_{\theta 2}^T = -\frac{\alpha R^2 E (T_a - T_b) \sqrt{3}}{12(1-\mu)} \left(\frac{\delta}{R}\right)^2 (1 - \mu \phi_3) \qquad (3-115)$$

$$Q_{x2}^T = -\sqrt[4]{3(1-\mu^2)} \frac{\alpha R E (T_a - T_b)}{12(1-\mu)} \sqrt[3]{\left(\frac{\delta}{R}\right)^2} \phi_1 \qquad (3-116)$$

$$\sigma_{x2}^T = \pm \frac{\alpha E (T_a - T_b)}{2(1-\mu)} (1 - \phi_3) \qquad (3-117)$$

$$\sigma_{\theta 2}^T = \frac{\alpha E (T_a - T_b)}{2(1-\mu)} \left[\pm \left(1 - \mu \phi_3 + \frac{\sqrt{1-\mu^2}}{\sqrt{3}} \phi_4 \right) \right] \qquad (3-118)$$

$$\tau_{\max 2}^T = -3 \sqrt[4]{3(1-\mu^2)} \frac{\alpha E (T_a - T_b)}{24(1-\mu)} \sqrt{\frac{\delta}{R}} \phi_1 \qquad (3-119)$$

3. 固定端

固定端圆柱壳体边界处无径向位移,故 $\omega = 0$。轴向和环向弯曲应力为

$$\sigma_{x2}^T = \sigma_{\theta 2}^T = \pm \frac{\alpha E (T_a - T_b)}{2(1-\mu)} \qquad (3-120)$$

相应的弯矩为

$$M_{x2}^T = M_{\theta 2}^T = -\frac{\alpha E R^2 (T_a - T_b)}{2(1-\mu)} \left(\frac{\delta}{R}\right)^2 \qquad (3-121)$$

最后应当指出的是,在温度应力计算公式中, ± 符号的上面符号表示圆柱壳体外壁面的应力,下面的表示内壁面的应力,"+"号为拉应力,"-"为压应力,并假设温度 $T_a > T_b$。

3.5.6.3 总弯矩、应力和剪力计算

由前述假设可知,圆柱壳体内、外壁面的温度由初始温度 T_0 分别升至 T_a 和 T_b 时,在边缘部分产生的总应力、总剪应力、总弯矩、总剪力和总径向位移分别按下式计算:

$$\begin{cases} \sigma_x^T = \sigma_{x1}^T + \sigma_{x2}^T \\ \sigma_\theta^T = \sigma_{\theta 1}^T + \sigma_{\theta 2}^T \\ \tau_{\max}^T = \tau_{\max 1}^T + \tau_{\max 2}^T \\ M_x^T = M_{x1}^T + M_{x2}^T \\ M_\theta^T = M_{\theta 1}^T + M_{\theta 2}^T \\ Q_x^T = Q_{x1}^T + Q_{x2}^T \\ \omega = \omega_1 + \omega_2 \end{cases} \qquad (3-122)$$

第4章 内压压力容器设计

4.1 内压圆柱壳体

内压圆柱壳体强度计算以无力矩理论为基础,依据弹性失效准则,用最大主应力理论确定最大应力,进而计算壳体壁厚或校核计算。对于轴对称薄壁圆柱壳体,受均匀内压作用时,壳壁的应力为双向应力状态,即环向应力和经向应力,由第2章可知这两个应力分别为

$$\sigma_\theta = \frac{pD}{2\delta} \tag{4-1}$$

$$\sigma_z = \frac{pD}{4\delta} \tag{4-2}$$

式中:D 为圆柱壳体平均直径(mm);p 为内压力(MPa);σ_θ 为环向压力(MPa);σ_z 为经向应力(MPa);δ 为圆柱壳体计算壁厚(mm)。

由最大主应力理论可知

$$\sigma_1 = \sigma_\theta = \frac{pD}{2\delta} \leqslant [\sigma]$$
$$D = \frac{D_e + D_i}{2} = D_i + \delta \tag{4-3}$$

1. 圆柱壳体壁厚计算

将式(4-3)中引入焊缝强度系数 ϕ,即可得出内压薄壁圆柱壳体的计算厚度:

$$\delta = \frac{pD_i}{2[\sigma]\phi - p} \tag{4-4}$$

如果容器在高温下工作时,式(4-4)中的许用应力应取设计温度时材料许用应力值,故

$$\delta = \frac{pD_i}{2[\sigma]^t\phi - p} \tag{4-5}$$

式中:D_e 和 D_i 分别为圆柱壳体的外径和内径(mm)。

2. 最大许用压力计算

由式(4-4)可以求出最大许用压力:

$$[p] = \frac{2[\sigma]^t\phi\delta}{D_i + \delta} \tag{4-6}$$

3. 壳体中的压力为

壳体中的压力为

$$\sigma = \frac{p(D_i + \delta)}{2\phi\delta} \tag{4-7}$$

式(4-4)是在只考虑受均匀内压力作用下由无力矩理论推导出来的圆柱壳体的壁厚计算式,若容器同时还有其他载荷作用时,如轴向拉伸或压缩力、弯矩、温度应力等,则应当对由这些载荷引起的应力进行强度和稳定性校核计算。

4.2 内压球壳

无论从经济性,还是壳体应力分布的角度,球壳是压力容器最为理想的承压壳体。由于受均匀内压作用球壳的环向应力和经向应力相等,故可由第2章分析可知

$$\sigma_\theta = \sigma_z = \frac{pD}{4\delta} \leqslant [\sigma]'\phi \tag{4-8}$$

式中:δ 为球壳计算厚度(mm);D 为球壳平均直径(mm);ϕ 为焊缝系数。

若将 $D = D_i + \delta$ 代入式(4-8),并考虑壁厚附加值和材料设计温度许用应力后,便可解出薄壁球壳的计算壁厚公式:

$$\delta = \frac{pD_i}{4[\sigma]'\phi - p} \tag{4-9}$$

式中:D_i 为球壳半径(mm)。

同时,能够求出球壳最大许用压力为

$$[p] = \frac{4[\sigma]'\phi\delta}{D_i + \delta} \tag{4-10}$$

球壳壳壁的应力为

$$\sigma = \frac{p(D_i + \delta)}{4\phi\delta} \tag{4-11}$$

由此可见,在压力、半径相同情况下,同样压力作用球壳所受的应力只是圆柱壳体环向应力的1/2,即球壳壁厚为圆柱壳体的1/2,而在两者容积一样时,球壳的表面积最小,故对于大型储罐类容器,多半采用球形容器,其原因就在于此。

4.3 内压成形封头

4.3.1 内压碟形封头

由第2章可知,碟形封头壳体主要有三部分组成:球冠、过渡圆弧环和圆柱形壳直边,如图4-1所示。由于球冠部分与圆弧环连接处是两种不同的曲面连接,为不连续过渡,此点两侧的曲率半径突变,因此在内压作用下,该处产生很高的局部弯曲应力。此应力的大小与球冠半径 R_i 和圆弧环折边半径 r 的比值有关。R_i/r 的比值越大,圆弧环的弯曲应力也就越大,以至于有可能因为圆弧环内表面的经向弯曲应力过大而产生环向裂纹,而在其外表面上因压缩应力过大产生失稳皱折;又由于球冠与圆弧环连接处的局部应力与圆弧环与圆柱壳直边连接处的局部应力在圆弧环壳上重叠,使圆弧环壳体的应力分布处于特别复杂状态。为了尽可能地减少这些应力的影响,根据经验通常在结构上作出规定:碟形封头球冠部分的内半径 R_i 不得大于封头的内径 D_i,即 $R_i \leqslant D_i$;过渡圆弧环半径 r 不得小于封头内径的10% 和封头壁厚的3倍。同时,为了防止过渡圆弧环外表面因压缩应力

132

过大引起失稳,要求封头的计算壁厚不小于封头内径0.15%~0.30%。

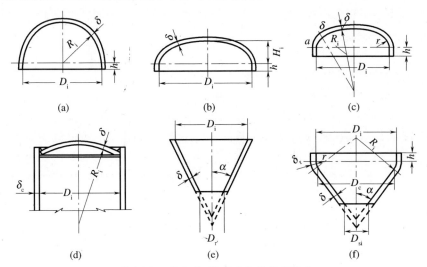

图4-1 半球形、锥形及各种成形封头

(a)球形封头;(b)椭圆形封头;(c)碟形封头;
(d)无折边球形封头;(e)无折边锥形封头;(f)折边锥形封头。

由上述分析能够看出,碟形封头的强度取决于不同曲面连接处的弯曲应力和拉应力的合应力,此处合应力恒大于球冠部分的拉应力。在正常情况下,碟形封头的设计应当用有力矩理论,但是太复杂。因此实际上是根据薄膜理论,采用球壳的基本计算式,考虑到连接处的弯曲应力和拉应力的影响,用由试验得出的应力增强系数或形状系数 M 予以调整,得出碟形封头的强度计算式。

1. 过渡圆弧环外表面上的最大应力

$$\sigma_{max} = M\frac{pR_i}{2\delta} \qquad (4-12)$$

由于应力增大系数或形状系数 M 与结构尺寸 r/R_i 的比值有关,是一个由试验得出的经验式:

$$M = \frac{1}{4}\left(3 + \sqrt{\frac{R_i}{r}}\right) \qquad (4-13)$$

对于各种 R_i/r 比值的 M 值列入表4-1。

表4-1 碟形封头形状系数 M

$\dfrac{R_i}{r}$	1.0	1.25	1.50	1.75	2.0	2.25	2.50	2.75
M	1.00	1.03	1.06	1.08	1.10	1.13	1.15	1.17
$\dfrac{R_i}{r}$	3.0	3.25	3.50	4.0	4.5	5.0	5.5	6.0
M	1.18	1.20	1.22	1.25	1.28	1.31	1.34	1.36
$\dfrac{R_i}{r}$	6.5	7.0	7.5	8.0	8.5	9.0	9.5	10.0
M	1.39	1.41	1.44	1.46	1.48	1.50	1.52	1.54

$M \leqslant 1.34$ 碟形封头,其有效厚度应不小于封头内径的 0.15% ; $M > 1.34$ 碟形封头,其有效厚度应不小于封头内径的 0.30% 。但当确定封头厚度时已考虑了内压下的弹性失稳问题,可不受此限制。

2. 碟形封头的厚度计算

由式(4-12)可以得出碟形封头的壁厚计算式:

$$\delta = \frac{MR_i p}{2\left[\sigma\right]'\phi - 0.5p} \tag{4-14}$$

式中:R_i 为碟形封头球冠部分的内半径(mm);$\left[\sigma\right]'$ 为材料设计温度的许用应力(MPa);ϕ 为焊缝系数。

对于 R_i / δ 比较大的碟形封头,封头过度圆环区域在内压作用下趋于皱褶,根据塑性分析结果,也可以用下式计算该处的壁厚:

$$\ln\frac{\delta}{r} = -1.26 - 4.55\left(\frac{r}{D_i}\right) + 28.91\left(\frac{r}{D_i}\right)^2 + \left[0.663 - 2.25\left(\frac{r}{D_i}\right)^2\right] +$$

$$\left[0.663 - 2.25\left(\frac{r}{D_i}\right) + 15.63\left(\frac{r}{D_i}\right)^2\right]\ln\frac{p}{S_m} +$$

$$\left[0.268 \times 10^{-4} - 0.44\left(\frac{r}{D_i}\right) + 1.89\left(\frac{r}{D_i}\right)\right]\left(\ln\frac{p}{S_m}\right) \tag{4-15}$$

由上式计算的结果比较保守,故用于较大型的碟形封头设计计算。

3. 封头许用应力

$$\left[p\right] = \frac{2\left[\sigma\right]'\phi\delta}{MR_i + 0.5\delta} \tag{4-16}$$

研究表明,碟形封头在受均匀内压力作用后,其变形趋近于椭球形,过渡圆弧环曲率半径趋于增大,球冠部分的曲率半径趋于减少。因此,当 $r/D_i = 0.17$ 、$R_i = 0.9D_i$ 时,可以用 $a/b = 2$ 的椭圆形封头的壁厚计算式作近似计算。

由上述分析看出,碟形封头的受力状态不如椭圆形封头好,因此常用于低压容器。碟形封头一般比椭圆形封头要浅些,比较容易加工,适用于用旋压法加工成形,也可以模锻成形。

4.3.2　内压椭圆形封头

椭圆形封头由高度为 h_i 椭球形壳体和短圆柱壳体组成,图4-2所示的椭圆形封头壳体各点的曲率不一样,但是曲率变化是光滑连续的。故当在内压力作用下,封头壳体内应力分布也是连续变化的、均匀的、没有突变,因此应力分布状态比较好。由第2章可知,椭圆形封头壳体的薄膜应力值与椭圆长、短轴的比值 a/b 有关。若 a/b 比值在 $1.2 \sim 1.5$ 之间时,最大应力是长轴附近表面上的经向拉伸应力;若 a/b 比值等于或大于 2.5 时,最大应力是长轴附近的外表面上环向压缩应力。我国标准把 a/b 比值限定在 2.6 以内。同时,椭圆形封头中心的 $0.8D_i$ 以内的最大应力总是小于壳体其他部位的应力。由此可以把最大应力写成下述形式,即

$$\sigma_{max} = f\left(\frac{a}{b}\right)\frac{pD_i}{2\delta}$$

式中:$f(a/b)$ 为封头长短轴 a/b 比值的函数,考虑到封头连接处弯曲应力的影响,引入由试验得出的应力增强系数或形状系数 K(表4-2)。同时,为了避免封头壳体过渡圆弧折

边环向应力过大,从而导致失稳,规定封头最小壁厚不得小于封头内径 D_i 的 0.3%。

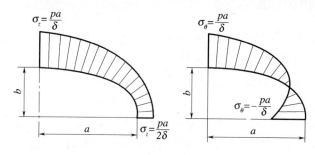

图 4 - 2　椭圆形封头结构尺寸

1. 形状系数或应力增强系数 K

$$K = \frac{1}{6}\left[2 + \left(\frac{a}{b}\right)^2\right] = \frac{1}{6}\left[2 + \left(\frac{D_i}{2h_i}\right)^2\right] \qquad (4-17)$$

由于球壳环向应力为圆柱壳体环向应力的 1/2,则可得出椭圆形封头的计算壁厚式:

$$\delta = \frac{KD_i p}{2[\sigma]^t \phi - 0.5p} \qquad (4-18)$$

标准椭圆形封头的 $a/b = 2$,$K = 1$,故标准形封头的壁厚为

$$\delta = \frac{D_i p}{2[\sigma]^t \phi - 0.5p}$$

2. 椭圆封头的许用压力

$$[p] = \frac{2\delta_e[\sigma]\phi}{KD_i + 0.5\delta} \qquad (4-19)$$

若封头在高温下工作时,上式中的许用应力取材料设计温度的许用应力值。

椭圆形封头设计时,存在一个封头圆柱壳直边高度问题,表 4 - 3 列入直边高度的参考值。

表 4 - 2　椭圆形封头形状系数 K 值

$\dfrac{D_i}{2h_i}$	2.6	2.5	2.4	2.3	2.2	2.1	2.0	1.9	1.8
K	1.46	1.37	1.29	1.21	1.14	1.07	1.00	0.93	0:87
$\dfrac{D_i}{2h_i}$	1.7	1.6	1.5	1.4	1.3	1.2	1.1	1.0	
K	0.81	0.76	0.71	0.66	0.61	0.57	0.53	0.50	

$K \leqslant 1$ 的椭圆形封头的有效厚度应不小于封头内直径的 0.15%,$K > 1$ 的椭圆形封头的有效厚度应不小于封头内直径的 0.30%,但当确定封头厚度时已考虑了内压下的弹性失稳问题,可不受此限制。

表 4 - 3　椭球形封头圆柱壳直边高度

封头材料	碳素钢、普低钢、复合钢板			不锈、耐酸钢		
封头壁厚 /mm	4 ~ 8	10 ~ 18	≥20	3 ~ 9	10 ~ 18	≥20
直边高度 /mm	25	40	50	25	40	50

4.3.3　内压无折边球形封头

若将碟形封头的过渡圆弧环和圆柱壳体直边截去,把剩下来的球冠部分直接焊到圆柱壳的内表面上,便组成了无折边球形封头结构,如图 4-3 所示。这种封头分为封头单侧与圆柱壳体连接(图 4-3(a))和封头双侧与圆柱壳体连接(图 4-3(b))两种结构形式。由图中明显可见,这种结构没有折边过渡区域,在连接处及其附近的封头壳体和圆柱壳体存在着由剪应力和弯曲应力组成的高应力区域。因此需要用有力矩理论方法,通过应力分析,由变形协调方程求出连接处的应力和弯矩,然后计算包括不连续应力在内的总应力,并按安定性准则将其控制在 $3[\sigma]\phi$ 以内。由此根据强度条件便可解出承受均匀内压力作用的无折边球形封头的壁厚计算式。

1. 最大应力

无折边球形封头在封头与圆柱形壳体连接处附近区域包括不连续应力在内的最大应力按下式计算:

$$\sigma_{max} = \frac{QpD_i}{2\delta} \tag{4-20}$$

2. 封头壁厚计算式

不连续处最大应力计算式是依据于圆柱壳与球壳材料相同、壁厚相等条件下推导出来的。不连续处的应力不仅与圆柱壳和球壳壁厚有关,也与球壳内半径和圆柱壳内径有关。因此,最大应力可能出现在圆柱壳上,也可能出现在球壳上。无折边球形封头的壁厚计算是在圆柱壳壁厚计算的基础上,考虑连接处的应力影响,引入与结构形状和载荷有关的系数 Q 后得出壁厚计算式,即

$$\delta = \frac{QpD_i}{2[\sigma]^t\phi - p} \tag{4-21}$$

式中:系数 Q 是与 R_i/D_i 比值(封头和圆柱壳结构)和 $p/[\sigma]\phi$(载荷条件)有关的系数,根据结构形式和受压状态由算图查得。对于凹面受压球壳单侧与圆柱壳体连接的结构形式,如图 4-3(a)所示,Q 值由图 4-4 求出;而球壳双侧与圆柱壳体连接,则由图 4-5 查得。

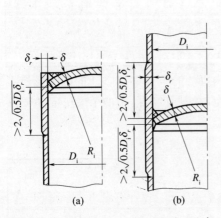

图 4-3　无折边球形封头结构和受力分析

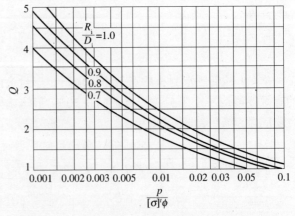

图 4-4　无折边球形封头单侧连接壁厚计算系数 Q

136

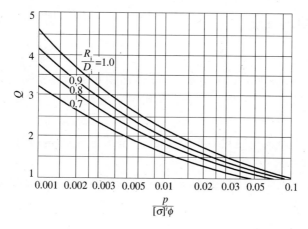

图 4-5 无折边球形封头双侧连接壁厚计算系数 Q

3. 不连续处局部应力分布范围即加强段长度计算

由于封头壳体与圆柱壳体连接处附近总应力分布特别复杂,而圆柱壳体的壁厚应当等于由式(4-21)计算的封头壁厚才能满足强度要求,因此由圆柱壳壁厚强度计算式计算的壁厚需要加厚至封头壁厚 δ_r,使这部分的厚度与封头壁厚相等。沿圆柱壳体上加厚部分长度取决于局部应力衰减程度,由第 2 章可知,封头单侧与圆柱壳体连接结构的加厚长度 L 等于或小于 $2\sqrt{0.5D_i\delta_r}$;对于封头双侧与圆柱壳体连接结构的加厚长度 L 由连接处沿两侧各取等于或小于 $2\sqrt{0.5D_i\delta_r}$。

4.4 内压圆锥形壳体

圆锥壳封头结构主要由圆锥壳和与其大、小端相连接的圆柱壳体三部分组成,有时在连接处为了防止应力集中过高还加进过渡段,即折边,如图 4-6 所示,圆锥形封头的强度比半球形封头、椭圆形封头和碟形封头都低,但比圆平盖封头高。

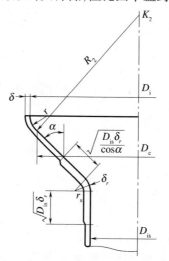

图 4-6 大小端与圆柱壳连接圆锥形壳体

137

4.4.1 内压圆锥形壳体

1. 基本条件

由力矩理论可知,圆锥形壳体与圆柱形壳体连接处在压力作用下会产生很高的局部应力,且此应力与圆锥顶角大小有关,随着圆锥顶角加大,局部应力也随之增大。因此规范规定:

(1)对于锥壳大端,无折边封头或变径段,半锥顶角 $\alpha < 30°$;带折边锥形封头或变径段,半锥角 α 在 $30° \sim 60°$ 之间。

(2)对于锥壳小端,无折边封头或变径段,半锥顶角 $\alpha \leqslant 45°$;带折边锥形封头或变径段,半锥顶角 α 在 $45° \sim 60°$ 之间。

(3)半锥顶角 $\alpha > 60°$ 时,则按平封头考虑。

2. 圆锥形壳体受力分析

由第 2 章可知,锥形封头的横推力可以写为

$$P = \delta_p \sigma_z \sin \alpha = \frac{pR_k}{2\cos \alpha}\sin \alpha = \frac{pR_k}{2}\tan \alpha \qquad (4-22)$$

若取 $R_k = D_k/2 \approx D_i/2$,则式(4-22)横推力为

$$P = \frac{pD_i}{4}\tan \alpha = \frac{pR}{2}\tan \alpha \qquad (4-23)$$

由式(4-23)可见,横推力与半锥顶角有很大关系,因此设计计算时必须要考虑此力的影响。

3. 圆锥壳体应力计算

在均匀压力作用下,圆锥形壳体的环向应力和经向应力分别为

$$\sigma_\theta = \frac{pR_k}{\delta_p \cos \alpha} \qquad (4-24)$$

$$\sigma_z = \frac{pR_k}{2\delta_p \cos \alpha} \qquad (4-25)$$

式中:R_k 为圆锥形封头在 k 点处的平均半径(mm);δ_p 为圆锥形壳体的计算壁厚(mm);α 为圆锥体半锥顶角(°);p 为压力(MPa)。

4. 无折边锥形封头的壁厚计算

对于无折边圆锥形壳体壁厚按第一强度理论计算,式(4-24)的强度条件为

$$\sigma = \frac{pR_k}{\delta_p \cos \alpha} \leqslant [\sigma] \qquad (4-26)$$

锥壳计算直径 D_k 取与之连接的圆柱壳体的内径 D_i,并引入焊接接头系数 ϕ 后,则可解出圆锥形壳体的壁厚计算式:

$$\delta = \frac{pD_i}{2[\sigma]'\phi - p} \cdot \frac{1}{\cos \alpha} \qquad (4-27)$$

式中:$[\sigma]'$ 为材料设计温度的许用应力(MPa)。

若圆锥形壳体或变径段由具有相同半锥顶角,但几个壁厚逐渐减少的圆锥壳组成时,则要对每一个壁厚的圆锥壳体按其大端内径由式(4-27)逐个计算壁厚。

4.4.2 圆锥形壳体大端

由于圆锥壳体大端连接处的总应力由轴向和环向弯曲应力组成,故应当用第三强度理论求出当量应力,并按安定性准则将其控制在$3[\sigma]$以内,于是根据p、$[\sigma]\phi$和α来判定两壳体连接处的壁厚是否需要加厚,如图$4-7$所示。由图中根据$p/[\sigma]\phi$和半锥顶角α来确定按当量应力所计算圆锥壳体壁厚是否满足强度条件,即小于$3[\sigma]^t$要求,也就是交点位于图中曲线以上,这时圆锥壳体按式($4-27$)计算。如果交点在曲线以下,就必须按照下式计算连接处附近的壁厚:

$$\delta_r = \frac{QpD_i}{2[\sigma]^t\phi - p} \tag{4-28}$$

式中:Q值如图$4-8$所示。

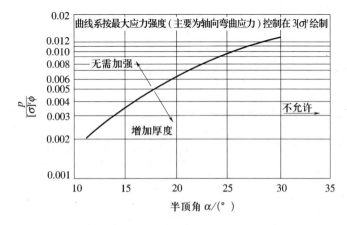

图 4-7 锥壳大端与圆柱壳连接处是否加厚界限图

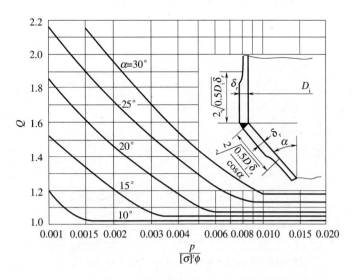

图 4-8 锥壳大端与圆柱壳连接处壁厚计算系数 Q

加强部分的长度与连接处附近的局部应力沿经线方向衰减程度有关,其值根据第2章的原则不得小于图$4-8$中规定的值。

4.4.3 圆锥形壳体小端

在实际设计时,通常圆锥壳体的小端壁厚与其大端相同,只是直径小于大端,故可用式(4-27)计算壁厚。但是,设计计算时必须考虑圆锥壳体小端连接处由于壳体不连续而产生的局部应力。如与圆锥壳体大端相同,要用有力矩理论计算包括局部应力在内的总应力,并将一次薄膜应力值限制在 $1.1[\sigma]\phi$ 范围之内,并以此为判别条件,绘制该部位圆柱壳体连接处是否需要加强的校核曲线,如图4-9所示。如果焦点在曲线以上,则无需加强。锥壳连接处的壁厚按式(4-27)计算,若交点在曲线以下时,则需要加厚连接处附近的壁厚,此时的壁厚按下式计算:

$$\delta_r = \frac{QpD_{is}}{2[\sigma]\phi - p} \tag{4-29}$$

式中: Q 值由图4-10查得。

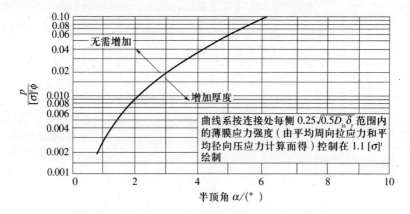

图4-9 锥壳小端与圆柱壳了解处是否加厚界限图

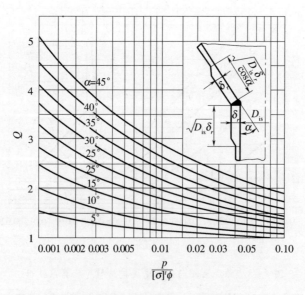

图4-10 锥壳小端与圆柱壳连接处壁厚计算系数 Q 值

140

加强部分的长度同样根据第 2 章的原则不得小于图 4 - 10 中规定的值。

4.4.4 带折边圆锥形封头

为了降低圆锥形封头与圆柱壳体连接处的局部应力,缓解应力集中,当半锥顶角大于 30°时,应当在圆锥壳大、小端处分别用折边与相应的圆柱壳体连接。折边圆锥形封头大端的折边圆弧半径 r 不得小于圆锥壳大端内径 D_i 的 10%,也不得小于圆锥壳壁厚的 3 倍;对于圆锥壳小端,圆弧折边内半径 r_2 不得小于其内径的 5%,r_2 不得小于圆弧折边壁厚的 3 倍。标准带折边圆锥形封头的半锥顶角有 30°和 45°两种。圆锥形封头大端的圆弧折边内半径 $r = 0.15\% D_i$。

1. 圆锥壳大端壁厚计算

由式(4 - 27),可以解出折边圆锥壳壁厚的计算式:

$$\delta = \frac{fpD_i}{[\sigma]^t \phi - 0.5p} \tag{4 - 30}$$

式中:系数 f 为

$$f = \frac{1 - 2r(1 - \cos \alpha)}{2\cos \alpha} \tag{4 - 31}$$

f 值可查表 4 - 4。

表 4 - 4　折边圆锥壳系数 f 值

$\alpha/(°)$	r/D_i					
	0.10	0.15	0.20	0.30	0.40	0.50
10	0.5062	0.5055	0.5047	0.5032	0.5017	0.5000
20	0.5257	0.5225	0.5193	0.5128	0.5064	0.5000
30	0.5619	0.5542	0.5465	0.5310	0.5155	0.5000
35	0.5883	0.5773	0.5663	0.5442	0.5221	0.5000
40	0.6222	0.5969	0.5916	0.5611	0.5305	0.5000
45	0.6657	0.6450	0.6243	0.5828	0.5414	0.5000
50	0.7223	0.6945	0.6668	0.6112	0.5556	0.5000
55	0.7973	0.7602	0.7230	0.6486	0.5743	0.5000
60	0.9000	0.8500	0.8000	0.7000	0.6000	0.5000
注:中间用内插法						

2. 过渡圆弧折边壁厚计算

锥壳大端的过渡圆弧壁厚计算方法按碟形封头计算式(4 - 14)计算,其式中的 $R_2 = fD_i$:

$$\delta_r = \frac{MpfD_i}{2[\sigma]^t \phi - 0.5p} = \frac{KpD_i}{2[\sigma]^t \phi - 0.5p} \tag{4 - 32}$$

式中:K 为系数,其值为

$$K = Mf \tag{4 - 33}$$

或由表 4 - 5 查得。

表 4-5　折边圆锥形封头过渡圆弧系数 K 值

α /(°)	r/D_i					
	0.10	0.15	0.20	0.30	0.40	0.50
10	0.6644	0.6111	0.5789	0.5403	0.5168	0.5000
20	0.6956	0.6357	0.5986	0.5522	0.5223	0.5000
30	0.7544	0.6819	0.6357	0.5749	0.5329	0.5000
35	0.7980	0.7161	0.6629	0.5914	0.5407	0.5000
40	0.8547	0.7604	0.6981	0.6127	0.5506	0.5000
45	0.9253	0.8181	0.7440	0.6402	0.5635	0.5000
50	1.0270	0.8944	0.8045	0.6765	0.5804	0.5000
55	1.1608	0.9980	0.8869	0.7249	0.6028	0.5000
60	1.3500	1.1433	1.000	0.7923	0.6337	0.5000

注:中间用内插法

　　圆锥形封头小端因其环向应力比大端小得多,因此按大端壁厚式(4-30)计算。但是按圆弧折边壁厚计算式(4-32)计算的壁厚在壳体连接点沿两侧轴线方向必须保持一定距离,如图4-10所示。

　　由上述计算式可以看出,圆锥壳体的壁厚大于圆柱壳体,而圆柱形壳体的壁厚又大于圆弧折边的壁厚,这种关系随着半径顶角增加而增大。因此,在设计时不易将锥顶角选的太大,只有在常压或低压容器因工艺条件和结构要求,需要使用较大锥顶角的圆锥形封头时,才能够取半锥顶角大于45°。

4.5　内压平封头

　　平封头无论从结构,还是从制造工艺上,较之上述其他形式封头都是最简单的,因此使用最为广泛。这种封头适用于中、低压、高压和超高压容器。尤其是直径较小的高压或超高压容器通常采用平封头结构。各种平封头结构形式见表4-6。

表 4-6　平封头与壳体连接形式和相应的系数 K 值

固定方法	序号	简　图	系　数　K	备　注
与圆筒成一体或与圆筒对焊	1	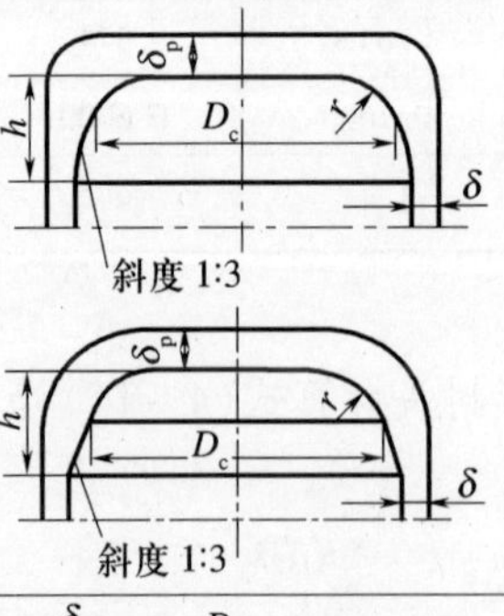 斜度1:3　斜度1:3	$K = \dfrac{1}{4}\left[1 - \dfrac{r}{D_c}\left(1 + \dfrac{2r}{D_c}\right)\right]^2$　且 $K \geqslant 0.16$	只适用于圆形平盖 $r \geqslant \delta$ $h \geqslant \delta_p$
	2	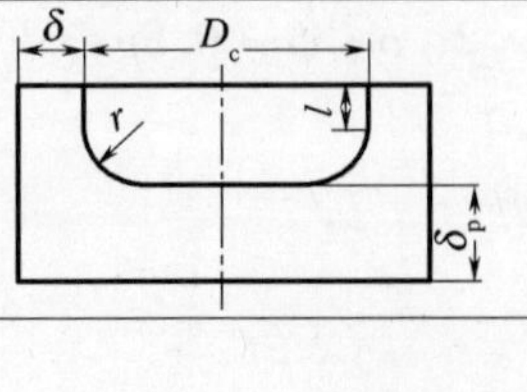	0.27	只适用于圆形平盖 $r \geqslant 0.5\delta_p$,且 $r \geqslant \dfrac{D_c}{6}$

固定方法	序号	简　　图	系　数　K	备　注
与圆筒角焊或其他焊接	3		圆形平盖 $0.44\,m\,(m=\delta/\delta_e)$ 且不小于0.2 非圆形平盖 0.44	$f\geqslant 1.26\,\delta$
	4			
	5		圆形平盖 $0.44\,m\,(m=\delta/\delta_e)$ 且不小于0.2 非圆形平盖 0.44	需采用全熔透焊缝 $\left.\begin{array}{l}f\geqslant 2\delta\\ f\geqslant 1.25\delta_e\end{array}\right\}$取大值 $\varphi\leqslant 45°$
	6			
与圆筒角焊或其他焊接	7		0.35	$\delta_1\geqslant \delta_e+3mm$ 只适用于圆形平盖
	8			
	9		0.30	$r\geqslant 1.5\delta$　$\delta_1\geqslant \dfrac{2}{3}\delta_p$ 且不小于5mm 只适用于圆形平盖
	10		圆形平盖 $0.44\,m\,(m=\delta/\delta_e)$ 且不小于0.2 非圆形平盖 0.44	$f\geqslant 0.7\delta$
	11			

143

固定方法	序号	简　图	系　数　K	备　注
螺栓连接	12	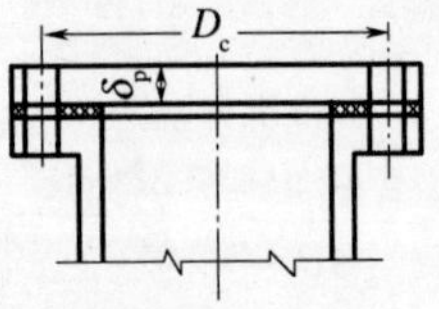	圆形平盖或非圆形平盖 0.25	
	13	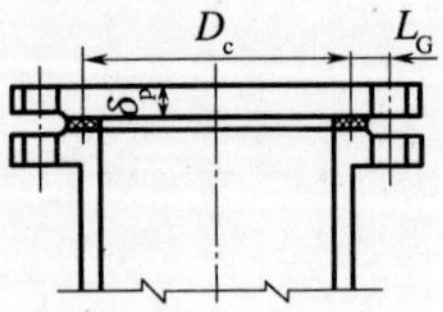	圆形平盖操作时 $0.3 + \dfrac{1.78 W L_G}{p D_c^3}$ 预紧时 $\dfrac{1.78 W L_G}{p D_c^3}$	
	14	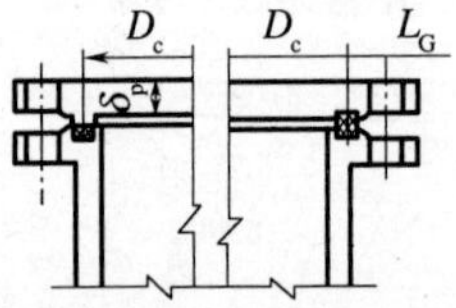	非圆形平盖操作时 $0.3Z + \dfrac{6 W L_G}{p L a^2}$ 预紧时 $\dfrac{6 W L_G}{p L a^2}$	

注：δ 为圆筒计算厚度；δ_e 为圆筒有效厚度；L 为非圆形平盖螺栓中心连线周长

对于中、低压容器用的平封头结构设计可以依据于圆平板理论，但是必须作出一定的假设方才适用。其次，第 2 章在对圆平板应力分析时，是将圆平板与圆柱壳体连接分别按固支和简支两种形式来讨论的，然而平封头实际上与壳体连接结构形式不同，很难区分出简支和固支连接。另外，平封头与壳体连接结构形式有焊接结构、螺栓法兰连接结构等。由此可见，想用圆平板理论推导出来的普通公式直接计算平封头的壁厚是不准确的，因此，需要作些修正。

1. 圆平板应力分析

根据第 2 章可知，固支圆平板周边上的最大径向弯曲应力和最大环向应力分别（$a = D/2$）为

$$\sigma_r = \frac{3pa^2}{4\delta^2} = 0.188p\left(\frac{D}{\delta}\right)^2 \qquad (4-34)$$

和

$$\sigma_\theta = \mu\sigma_r \qquad (4-35)$$

同理，简支圆平板中心上的最大径向弯曲应力和环向应力为

$$\sigma_r = \sigma_\theta = 0.309p\left(\frac{D}{\delta}\right)^2 \qquad (4-36)$$

由式（4-34）和式（4-36）可见，固支和简支圆平板的最大弯曲应力发生的位置一个在周边部位，另一个在中心部位，两应力值之间的差别为 0.188 和 0.309。因此，压力容器规范根据平封头与圆柱壳体端部连接形式不同将此种关系用一个结构特征系数 K 表示；其次，由于在均匀内压力作用下使平封头产生最大应力为弯曲应力，按照应力分类和

应力强度条件,将最大弯曲应力限制在 1.5 倍许用应力(考虑焊接系数)以内,即

$$\sigma_{\max} = Kp\left(\frac{D_c}{\delta_p}\right)^2 \leqslant 1.5[\sigma]\phi \qquad (4-37)$$

式中:K 为与平封头的结构尺寸和壁厚有关的系数,见表 4-7;D_c 为平封头计算直径(mm);δ_c 为平封头计算厚度(mm)。

2. 平封头厚度计算

由式(4-37)即可解出壁厚与直径比值限定在 $0.01 \leqslant \delta/D < 0.2$ 范围之内的平封头壁厚计算式:

$$\delta_p = D_c\sqrt{\frac{Kp}{[\sigma]\phi}} \qquad (4-38)$$

3. 开孔平封头设计

若根据使用或工艺要求需在平封头上开孔(开孔直径限定在平封头直径一半以内)时,则需要补强或用开孔削弱系数予以控制。开孔削弱系数按下式计算:

$$K_k = \frac{D_c - \sum b}{D_c}$$

式中:$\sum b$ 为穿过平封头中心的径向截面上的各个开孔直径之和,其值不得大于 $D_i/2$。计算这种形式平封头厚度时,将式(4-37)中的结构特征系数 K 用 K_k 代替。

对于圆环形平板在各种形式载荷作用下的强度计算,见第 2 章。

4. 螺栓连接平封头的设计

在实际应用的平封头容器中,常常是用螺栓将平封头与壳体相连接。对于这种结构,平封头上在预紧和工作两种状态下由螺栓力引起的弯矩必须予以考虑。于是由内压和弯矩引起的总应力为

$$\sigma = \sigma_b + \sigma_p \qquad (4-39)$$

式中:σ_p 由式(4-38)计算;而由弯矩引起的应力 σ_b 按下式计算:

$$\sigma_b = \frac{6M_b}{\delta_p^2} = 1.91\frac{WL_G}{D_c\delta_p^2} \qquad (4-40)$$

式中:W 为预紧状态下的螺栓力(N);L_G 为螺栓力作用点与支承点的距离(mm);M_b 为附加弯矩(N·mm)。

于是,式(4-39)写为

$$\sigma = 1.91\frac{WL_G}{D_c\delta_p^2} + Kp\left(\frac{D_c}{\delta_p}\right)^2 \qquad (4-41)$$

考虑到螺栓连接支承系统和螺栓力分布状态等因素的影响,规范规定由弯矩引起的弯曲应力计算式(4-40)中的 1.91 值降低到 1.78,于是式(4-40)强度条件则为

$$\sigma = 1.78\frac{WL_G}{D_c\delta_p^2} + Kp\left(\frac{D_c}{\delta_p}\right)^2 \leqslant [\sigma]\phi \qquad (4-42)$$

由此能够得出平封头在预紧状态下和在工作状态下的壁厚计算式。

预紧状态下平封头的计算壁厚为

$$\delta_p = D_c\sqrt{\frac{1.78W_aL_Gp}{pD_c^3[\sigma]\phi}} \qquad (4-43)$$

工作状态下平封头的计算壁厚为

$$\delta_p = D_c \sqrt{\left(0.3 + \frac{1.78 W_p L_G}{p D_c^3}\right) \frac{p}{[\sigma]^t \phi}} \qquad (4-44)$$

式中：$[\sigma]$ 和 $[\sigma]^t$ 分别为平封头材料在预紧时和工作时的许用应力值；W_a 和 W_p 分别为螺栓在预紧和工作状态下的螺栓力；L_G 为垫片作用力中心与螺栓孔中心的距离，详细见第 11 章。

由此，取式(4-43)和式(4-44)的最大值为平封头的计算厚度。

第5章 外压压力容器设计

5.1 外压壳体稳定性

外压容器是指容器壳体的外部压力大于壳体内部压力的容器。对于受外压作用的容器,其强度计算与受内压作用的区别在内压作用容器壳体的应力为拉应力;从强度角度分析,外压容器壳体所受压缩应力值达到壳体材料的屈曲强度时,与内压容器一样,容器结构将会发生破坏(失效),但是这种破坏形式很少见。当容器壁厚与直径比(δ/D)较小、强度足够的状态下,会产生另外一种得失效形式,即容器壳体自身的原来形状发生压扁或皱折,这种现象称为外压容器失稳。压力容器在失稳之前,其壳体内只存在压缩应力,但在失稳之后,由于突然变形,使容器壳体内处于以弯曲应力为主的复杂应力状态,一直到出现壳体皱褶、变形停止。由此可以看出,外压容器的失稳与压杆失稳一样,实质上是由一种平衡状态跃变到另一种平衡状态。外压容器在失稳之前几何形状通常并无明显的变化痕迹。因此这种破坏形式的危害性极大。

外压容器的失稳主要有弹性失稳和塑性失稳;设计方法上除了进行壳体稳定性校核计算之外,还要考虑壳体强度计算。

对于圆柱形壳体,失稳前壳体截面形状由圆形变成波状形,壳体波形数可能为2、3、4、…、n,如图5-1所示。波形数取决于圆柱形壳体的几何参数(长径比 L/D 和厚度直径比 δ/D)及壳体材料的性能。

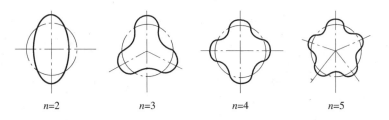

$n=2$ $n=3$ $n=4$ $n=5$

图5-1 外压圆柱壳体失稳的波形数

同时还需要指出的是,尽管容器壳体失稳是由外压作用引起的压缩应力达到一定数值时产生的,但是壳体的不圆度、平直性、壳体材质的不均匀性及作用载荷的不对称性等都对壳体失稳造成很大的负面影响。

外压容器失稳的主要形式有:

(1)局部垮塌。这种失效形式是壳体径向方向垮塌,而在轴向和环向方向形成一个或几个波纹。对于设置加强圈的壳体,加强圈假设在垮塌之前为标准圆形结构。

(2)总体垮塌。这种失效特征是一个或几个加强圈连同壳体一起垮塌。垮塌形成一个或几个纵向波纹。

（3）加强圈局部垮塌。这种失稳与加强圈腹板扭曲变形有关。

5.1.1　壳体临界压力和稳定性

5.1.1.1　壳体临界压力

临界压力系指保持容器壳体几何形状稳定不变的最大承受压力，即为容器失稳时的最大压力，用 p_k 表示。在临界压力作用下的容器壳体内产生的压缩应力分量中的起主导作用的环向压缩应力称为临界压应力，用 σ_k 表示。由此可以得出外压容器设计的基本准则是容器壳体所能承受的临界压力必须大于设计压力，即

$$p_k \geqslant mp \tag{5-1}$$

式中：m 为外压壳体稳定系数，其值取决于设计计算方法的精度、容器壳体形状误差（公差）、容器制造方法和质量及容器的空间位置等；p 为设计外压力（MPa）。

由于外压薄壁容器的稳定性问题特别的复杂，需要用弹性理论分析方法导出其临界压力计算式。

5.1.1.2　长圆柱壳体的稳定性

在确定外压长圆柱形壳体的临界压力时，首先分析从圆柱壳壳体横截面切出的单位宽度圆环稳定性。一个受外压力 p 作用的封闭薄壁单位宽度圆环，截面中心线有 n 条（$n \geqslant 2$）对称轴线，在其任意截面上的弯矩有下述关系（图 5-2）：

$$M = -\frac{1}{2}pr^2 + C \tag{5-2}$$

在 $r = r_0$ 截面上，弯矩已知，即 $M = M_0$，则式（5-2）可以写为

$$M_0 = -\frac{1}{2}pr_0^2 + C \tag{5-3}$$

因此

$$C = M_0 + \frac{1}{2}pr_0^2$$

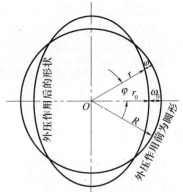

图 5-2　单位宽度圆环壳变形

将上式代入式（5-2）后，得

$$M = M_0 - \frac{1}{2}p(r^2 - r_0^2) \tag{5-4}$$

另外，单位宽度圆环（以后简称圆环）壳的弹性曲线微分方程为

$$\frac{1}{r} - \frac{1}{R} = \frac{1}{R^2}\Big(\frac{\mathrm{d}^2\omega}{\mathrm{d}\varphi^2} + \omega\Big) \tag{5-5}$$

在侧向（径向）外压力作用下，圆环壳趋于向内变形，弯矩 M、曲率半径 r 和弹性模量惯性矩乘积 EI 之间关系为

$$-M = EI\Big(\frac{1}{r} - \frac{1}{R}\Big) \tag{5-6}$$

式中：弯矩前负号表示圆环变形后曲率增加，将式（5-6）代入式（5-4）后，有

$$\frac{1}{2}p(r^2 - r_0^2) - M_0 = EI\Big(\frac{1}{r} - \frac{1}{R}\Big) \tag{5-7}$$

当 $p = p_k$ 时,圆环壳体失稳,由式(5-5)和式(5-7)可以写成下式:

$$\frac{EI}{R^2}\left(\frac{\mathrm{d}^2\omega}{\mathrm{d}\phi^2} + \omega\right) = \frac{1}{2}p(r^2 + r_0^2) - M_0 \qquad (5-8)$$

或

$$\frac{\mathrm{d}^2\omega}{\mathrm{d}\phi^2} + \omega = -\frac{R^2}{EI}\Big[M_0 - \frac{1}{2}p(r^2 - r_0^2)\Big] \qquad (5-9)$$

圆环变形后的径向位移量:

$$r = R - \omega;\, r_0 = R - \omega_0$$

于是,将

$$r^2 - r_0^2 = (R - \omega)^2 - (R - \omega_0)^2 \approx 2R(\omega - \omega_0)$$

代入式(5-9)后,得

$$\frac{\mathrm{d}^2\omega}{\mathrm{d}\phi^2} + \omega = -\frac{R^2}{EI}\big[M_0 + pR(\omega - \omega_0)\big] \qquad (5-10)$$

经变换移相后,便有

$$\frac{\mathrm{d}^2\omega}{\mathrm{d}\phi^2} + \Big(1 + \frac{pR^2}{EI}\Big)\omega = -\frac{R^2}{EI}(M_0 - pR\omega_0) \qquad (5-11)$$

令 $k^2 = 1 + \dfrac{pR^2}{EI}$,则式(5-11)为

$$\frac{\mathrm{d}^2\omega}{\mathrm{d}\phi^2} + k^2\omega = -\frac{R^2}{EI}(M_0 - pR\omega_0) \qquad (5-12)$$

由此得出式(5-12)的全解为

$$\omega = C_1\sin k\phi + C_2 k\phi - \frac{R^2}{EI + pR^3}(M_0 - pR\omega_0) \qquad (5-13)$$

由于圆环为封闭结构,其 ϕ 角度值增加到 2π 时,ω 应采用初始值。同时,在 2π 的周期内,ω 为 φ 的周期性函数,因此有

$$k = \sqrt{1 - \frac{pR^3}{EI}}$$

应当是整数,且根号内的数值为整数的平方,即

$$k = 1,2,3,\cdots,n,\cdots$$

$$1 - \frac{pR^3}{EI} = 1,4,9,\cdots,n^2,\cdots \qquad (5-14)$$

由式(5-14)便可求得

$$p_k^n = \frac{n^2 - 1}{R^3}EI \qquad (5-15)$$

当 $n = 1$ 时,$p_k = 0$,即此时为非变形圆环。当 $n = 2$ 时,单位宽度圆环单位周长的最小临界压力为

$$p_k = \frac{3}{R^3}EI = \frac{24EI}{D^3} \qquad (5-16)$$

上述临界压力的计算式在实际应用时不仅受到环向方向的压缩作用,还要受到与其相邻部分的牵制影响,使临界压力有所增加。此时,圆环截面的惯性矩为

$$I = \frac{1 \cdot \delta^3}{12}$$

假设圆环在弯曲时截面不变,出于平面应变状态,故应当用 $E/(1 - \mu^2)$ 代替式(5 - 16)中的 E,于是可以得出计算长圆柱形壳体临界压力的著名的勃莱斯(Bresse)计算式:

$$p_k = \frac{E^t}{4(1 - \mu^2)} \left(\frac{\delta}{R}\right)^3 = \frac{2E^t}{1 - \mu^2} \left(\frac{\delta}{D}\right)^3 \qquad (5 - 17)$$

对于钢制的容器,因 $\mu = 0.3$,则式(5 - 17)为

$$p_k = 2.2E^t \left(\frac{\delta}{D}\right)^3 \qquad (5 - 18)$$

式中:μ 为壳体材料的泊松比;δ 为圆柱壳体计算壁厚(mm);R 为圆柱壳体的平均半径(mm);D 为圆柱壳体的平均直径(mm);E^t 为壳体材料设计温度的弹性模量(MPa)。

若外压力在容器壳体内产生的应力小于其设计温度的屈服强度 σ_y,且不圆度又小于其直径的5%时,则式(5 - 17)和式(5 - 18)可以用于壁厚 $\delta \leq 0.046R$ 的外压容器设计计算。与此同时还能够从上述式中得出长圆柱壳体的临界压力仅与壳体材料、壁厚和直径比(δ_0/D)有关,而与圆柱壳体的长径比 L/D 无关。

5.1.2 外压短圆柱壳体的稳定性

外压短圆柱壳体的临界压力计算与长圆柱壳体略有不同,那就是其临界压力不仅取决于壁厚直径(δ/D)比,而且还与壳体计算长度直径(L/D)比有关。这种圆柱壳体失稳时的波形数 $n > 2$,并且随着容器工作条件不同,n 可能是2、3、4、…的某一数值。短圆柱壳体的临界压力计算式的推导过程非常复杂,而且在工程上也并非适用,这里不再累述。

1. 均匀外压短圆柱壳体临界压力

求仅受侧向均匀外压作用短圆柱壳体的临界压力计算式很多,一般经常使用的由 Mises 按小挠度理论推导出来的弹性范围的临界压力式:

$$p_k = \frac{E}{(n - 1)N^2}\left(\frac{\delta}{R}\right) + \frac{E}{12(1 - \pi^2)}\left(\frac{\delta}{R}\right)^3 \left[(n^2 - 1) + \frac{\lambda_1 n^4 - \lambda_2 n^2 + \lambda_3}{n^2 - 1}\right]$$
$$(5 - 19)$$

式中:$N = 1 + \left(\frac{nL}{\pi R}\right)^2$;$\lambda_1 = \frac{2N - 1}{(N - 1)^2}$;$\lambda_2 = \frac{1}{N}\left[3 + \mu + (1 - \mu^2)\frac{1}{N}\right]$;$\lambda_3 = \frac{1 + \mu}{N} - \frac{1}{N^2}\left\{\mu(1 + 2\mu) + (1 - \mu^2)\left(1 - \frac{\mu}{N}\right)\left[1 + \frac{1 + \mu}{(1 - \mu)N}\right]\right\}$;$\delta$ 为壳体计算壁厚(mm);n 为壳体失稳时的波纹数;E 为壳体材料的弹性模量(MPa);L 为圆柱壳体的计算长度(mm);R 为壳体的平均半径(mm)。

式(5 - 19)计算比较麻烦,故在应用时,对其作些简化处理,以满足工程设计计算的需要。因此在略去式中含有 N 的高次幂相,并经整理后得

$$p_k = \frac{E}{(n^2-1)N^2}\left(\frac{\delta}{R}\right) + \frac{E}{12(1-\mu^2)}\left(\frac{\delta}{R}\right)^3\left[(n^2-1) + \frac{2n^2-1-\mu}{N}\right] \quad (5-20)$$

由式(5-20)计算所得的临界压力计算值略为偏高,通常称为临界压力的上限值。经过理论分析和试验研究结果对上式进行修正后,得出临界压力计算的下限值得计算式:

$$p_{kl} = kp_k \quad (5-21)$$

修正系数 k 建议取 $0.65 \sim 0.85$。对于长圆柱壳体 $k=1,n=1$。

有式(5-21)可见,外压短圆柱壳体的临界压力除了其壁厚与半径比之外,主要与壳体材料的弹性模量和泊松比有关,而与壳体材料强度没有多大关系。对于外压在容器壳体壁内产生的应力小于其弹性极限时(弹性范围内)、壳体不圆度又没有超过直径的5%时,式(5-21)可以直接用于外压薄壁圆柱壳体的临界压力计算,其计算误差同式(5-19)相比,不超过 $0.5\% \sim 1\%$。

设计计算时,先将波纹数从2开始代入式(5-21)中,分别求出不同波纹数的临界压力值。正常情况下,临界压力值从波纹数2开始下降,当波纹数为某一数值时临界压力值最小,然后开始增加,于是,就能够求出壳体最小临界压力。

由前述可知,波纹数主要由壳体的几何形状确定,也即与壳体的壁厚、直径和计算长度有关,其将在下面讨论。

2. 对于受侧向和轴向均匀外压作用的短圆柱壳体的临界压力

计算式为

$$p_k = \frac{2.42E\left(\frac{\delta}{D}\right)^{2.5}}{\sqrt[4]{(1-\mu^2)^3}\left(\frac{L}{D} - 0.45\sqrt{\frac{\delta}{D}}\right)} \quad (5-22)$$

取 $\mu = 0.3$ 后,有

$$p_k = \frac{2.6E\left(\frac{\delta}{D}\right)^{2.5}}{\frac{L}{D} - 0.45\sqrt{\frac{\delta}{D}}} \quad (5-23)$$

若略去上式分母中的第2项,则可以得出设计计算中所用的外压短圆柱壳体的临界压力计算式:

$$p_k = \frac{2.6E\left(\frac{\delta}{D}\right)^{2.5}}{\frac{L}{D}} = \frac{2.6E\delta^2}{LD\sqrt{\frac{D}{\delta}}} \quad (5-24)$$

由式(5-24)能够计算出短圆柱壳体的计算壁厚。

3. 波纹数计算式

在式(5-20)中,波纹数较多时计算很繁杂,因此下面介绍两个波纹数的计算式:

$$n = \frac{\sqrt[4]{7.06\frac{D}{\delta}}}{\sqrt{\frac{L}{D}}} = 1.63\sqrt[4]{\frac{D}{\delta} \bigg/ \left(\frac{L}{D}\right)^2} \quad (5-25)$$

及

$$n^2 = 7.5 \frac{R_0}{L} \sqrt{\frac{R_0}{\delta}} \qquad (5-26)$$

式中：R_0 为外压圆柱壳体的外半径。

5.1.3　外压圆柱壳体临界长度计算

5.1.3.1　刚性圆柱壳体的最大外压力

刚性圆柱壳体在外压作用下的计算不是校核其稳定性，而是强度问题，这种壳体强度计算与内压容器一样，即最大压缩应力及其许用条件为

$$\sigma_{cmax} = \frac{p_{cmax} D}{2\delta} \leqslant \frac{\sigma_y}{n} = [\sigma]\phi \qquad (5-27)$$

由此能够得出刚性圆柱壳体的最大许用外压力为

$$p_k = \frac{2\delta\sigma_{0.2}}{D} \qquad (5-28)$$

5.1.3.2　长、短圆柱壳临界长度和短、刚性圆柱壳临界长度

外压圆柱壳体的临界长度确定是使长圆柱壳体的临界压力与短圆柱壳体的临界压力相等，即使式（5-18）和式（5-25）相等：

$$2.2E \left(\frac{\delta}{D}\right)^3 = 2.6E \left(\frac{\delta^2}{DL \sqrt{\dfrac{D}{\delta}}}\right)$$

由此能够解出受外压作用的长、短柱壳体的临界压力，上式中的 L 用 L_k 表示：

$$L_{k1} = 1.17D \sqrt{\frac{D}{\delta}} \qquad (5-29)$$

同理，使式（5-24）和式（5-28）相等，即可求出受外压作用的短圆柱壳体与刚性圆柱壳体之间的临界压力：

$$\frac{2.6E\delta^2}{LD \sqrt{\dfrac{D}{\delta}}} = \frac{2\delta\sigma_y}{D}$$

于是，临界长度为

$$L_{k2} = \frac{1.3E\delta}{\sigma_y \sqrt{\dfrac{D}{\delta}}} \qquad (5-30)$$

根据式（5-29）和式（5-30）就能够确定受外压作用的长、短和刚性圆柱壳体临界长度的界限：若圆柱壳体的计算长度 $L > L_{k1}$，则为长圆柱壳；若圆柱壳计算长度 L 在 L_{k1} 和 L_{k2} 之间，即为短圆柱壳；若圆柱壳计算长度 $L < L_{k2}$，则为刚性圆柱壳。

外压圆柱壳的计算长度 L 应为圆柱壳上两个相邻刚性支撑件之间的距离，具体尺寸如图 5-3 所示。刚性支撑件是指其部位具有足够的惯性矩，以保证在圆柱壳失稳之前不会发生环向失稳。压力容器壳体上的支撑件有法兰、平封头、加强圈、夹套封闭壳体等。各种结构形式的计算长度规定如下：

（1）若圆柱壳两端结构是法兰时，计算长度为法兰间壳体距离。

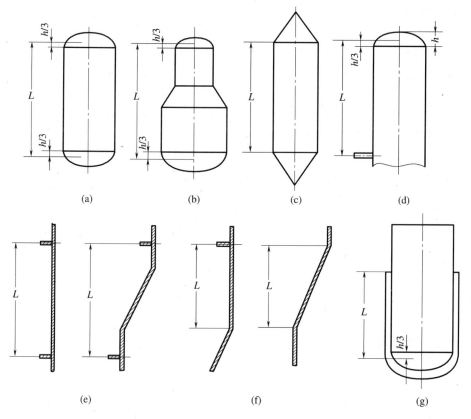

图 5 - 3 外压圆柱壳体的计算长度

（2）若圆柱形容器或两个圆柱壳中间有锥壳变径段的容器,其两端为成形封头时,则计算长度为圆柱壳切线间长度加上两个封头深度的1/3,如图5-3(a)和(b)所示。

（3）圆柱壳的两端为锥壳封头(图5-3(c))或圆柱壳上有加强圈,另一端连接圆锥壳作为支撑线时(图5-3(f)),计算长度取加强圈中心线与支撑线的距离。

（4）若壳体(圆柱壳或圆锥壳)上设置加强圈时,计算长度取最大两个加强圈距离。若是平封头,则计算长度取其间壳体的距离。

（5）圆柱壳上设有加强圈,另一端与成形封头连接时,其计算长度为加强圈中心线与封头内曲面深度的1/3之间的距离。

（6）对于带夹套的圆柱形壳体的容器(图5-3(g)),其计算长度为其承受外压的壳体长度。若带有成形封头,则还需加上成形封头内曲面深度的1/3。

5.1.3.3 稳定系数 m 选择

如前所述,外压容器临界压力计算从理论上已经不成问题,但是在实际中,由于制造工艺水平、实际运行过程工况变化、壳体材料质量、容器壳体的几何形状精度等原因,设计时如同内压容器设计时引入安全系数一样,必须考虑将临界压力除以稳定系数 m,以确保外压容器的安全。但是,稳定系数的选择需要考虑许多因素,选得太小,容器易于发生失稳失效;选得过大,造成没有必要的财力浪费。若外压容器或真空设备的制造几何形状精度能够满足壳体几何尺寸误差小于直径的 5% 时,稳定系数按下述规则选取。

（1）薄壁圆柱壳体、圆柱壳上加强圈、薄壁圆锥壳体的大小端（支撑线）、圆柱壳与圆锥壳的大端连接（支撑线）、圆柱壳与圆锥壳小端连接（支撑线），环向稳定系数取 $m=3$。

（2）厚壁圆柱壳（$D/\delta<20$，ASME VIII-1 为 $D/\delta\leqslant10$）以屈服强度为基准的环向非弹性稳定系数取 $m=1.5\sim3$。

（3）球壳或成形封头（碟形封头和椭圆形封头）的稳定系数取 $m=14.52$。

（4）薄壁圆柱形容器的轴向稳定系数取 $m=9.8$。

5.1.3.4　外压容器许用压力和壁厚计算

（1）外压容器壳体材料的许用压力为临界压力除以稳定系数，即

$$[p]=\frac{p_k}{m} \tag{5-31}$$

设计压力 p 必须满足下述条件：

$$p\leqslant[p] \tag{5-32}$$

（2）外压长圆柱壳的壁厚计算。将式（5-32）代入式（5-18）后，便可求出外压长圆柱壳的设计壁厚：

$$\delta_d=D\sqrt{\frac{mp}{2.2E}}+C_2 \tag{5-33}$$

式（5-33）需要同时满足下述两个条件时，才是正确的。

①外压临界压力在壳体内产生的临界压缩应力小于壳体材料操作（设计）温度下的压缩屈服强度，即

$$\sigma_k=\frac{p_kR}{\delta}<\sigma_y \tag{5-34}$$

②圆柱壳体同一截面上的最大直径与最小直径之差必须小于其公称直径的 0.5%。若上述两个条件得不到满足时，则应按下式计算长圆柱壳的临界压力：

$$p_k=\frac{\sigma_y\delta}{\left[1+\dfrac{4\sigma_y}{E'}\left(\dfrac{R}{\delta}\right)^2\right]R} \tag{5-35}$$

（3）外压短圆柱壳壁厚计算。将式（5-32）代入式（5-24）后，即可得出短圆柱壳壁厚的设计壁厚计算式：

$$\delta_d=D\sqrt[2.5]{\frac{mp}{2.6E'}\left(\frac{L}{D}\right)}+C_2 \tag{5-36}$$

5.2　外压圆柱形容器算图设计

如前所述，用外压圆柱壳临界压力计算式计算临界压力是比较复杂的，特别是需要重复计算才能取得满意的结果。为了简化计算，在我国和其他国家的压力容器设计规范中对薄壁外压容器壳体一般采用算图法进行设计计算。这种方法是根据前述的理论分析经系统归纳后由容器壳体几何尺寸，主要是壳体的直径和计算长度，以及假设的壳体壁厚之间的关系，按照壳体材料和设计温度，利用算图方便地求出许用压力。这种计算方法比较简单，计算精度也能满足工程设计要求。

5.2.1 受侧向均匀外压作用圆柱壳算图

由前述可知,在确定圆柱壳体的临界压力时,将其分为长、短两个壳体。对于长圆柱壳体,其临界压力按式(5-18)计算,而对于短圆柱壳体的临界压力,则按式(5-24)计算。由此两式能够得出在临界压力作用下的长、短圆柱壳体内的环向临界应力为

$$\sigma_{k1} = 1.1E\left(\frac{\delta_0}{D_0}\right)^2 \tag{5-37}$$

$$\sigma_{k2} = 1.3E\frac{\left(\dfrac{\delta_0}{D_0}\right)^{1.5}}{\dfrac{L}{D_0}} \tag{5-38}$$

式中: D_0 为圆柱壳外径; δ_0 为圆柱壳的有效壁厚。

将式(5-37)和式(5-38)分别除以弹性模量 E,得长、短圆柱壳体的环向应变:

$$\varepsilon_1 = \frac{\sigma_{k1}}{E} = 1.1\left(\frac{\delta_0}{D_0}\right)^2 \tag{5-39}$$

$$\varepsilon_2 = \frac{\sigma_{k2}}{E} = 1.3\frac{\left(\dfrac{\delta_0}{D_0}\right)^{1.5}}{\dfrac{L}{D_0}} \tag{5-40}$$

能够看出,长、短圆柱壳体受侧向均匀外压作用产生的环向应变与壳体的几何尺寸即 D_0/δ_0 和 L/D_0 有关,具有下述的函数关系:

$$\varepsilon = f\left(\frac{D_0}{\delta_0}; \frac{L}{D_0}\right) \tag{5-41}$$

将环向应变用系数 A 表示,且以 A 为横坐标,以 L/D_0 为纵坐标,式(5-39)式(5-40)在此坐标中绘成曲线,如图5-4所示,便可以得出确定系数 A 算图。由该图中看出系数 A 与材料性能无关,故可对由各种材料制的外压容器都适用。其次,由图中还能够发现每一条曲线由两个部分组成:即由式(5-39)绘出的垂直线段和由式(5-40)绘出的斜线段。垂直线段和斜线段的交点处即为区分长、短圆柱壳的临界点。

由许用压力式(5-31)和临界压缩应力式(5-34)可以得

$$A = \frac{m[p]D_0}{2E\delta_0} \tag{5-42}$$

取 $m=3$ 后,式(5-42)写为

$$[p] = \frac{2AE\delta_0}{3D_0} = \left(\frac{2}{3}AE\right)\frac{\delta_0}{D_0} \tag{5-43}$$

令 $B = 2AE/3$,则式(5-43)为

$$[p] = B\frac{\delta_0}{D_0} \tag{5-44}$$

由式(5-44)表明,若已知圆柱壳体的壁厚和外径,就可以求出外压作用壳体许用压力。也就是说要想由系数 A 求出许用压力 $[p]$,需先从 A 求出 B。因此,能够根据这一条件作出各种材料在不同温度下的 A 和 B 的关系曲线,即以 A 为横坐标、B 为纵坐标的算

图,如图 5 – 5 ~ 图 5 – 7 所示。

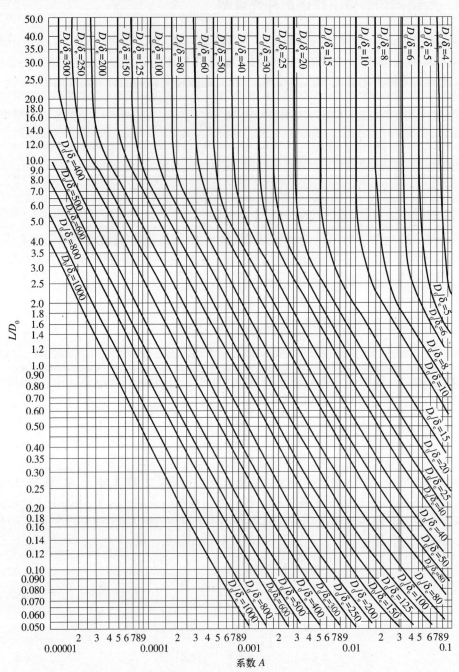

图 5 – 4　外压圆柱壳体设计系数 A 算图(所有材料适用)

5.2.2　外压圆柱壳算图计算步骤

　　利用图 5 – 5 ~ 图 5 – 7 的算图可以依据上述的计算方法算出外压圆柱壳体的计算壁厚和临界压力(许用工作压力)。计算分两种情况：$D_0/\delta_0 \geqslant 20$ 和 $D_0/\delta_0 < 20$ 。

156

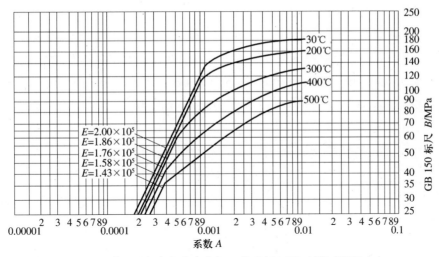

图 5-5　外压圆柱壳和球壳参数 B 算图(Q345R,09Mn2VDR 钢)

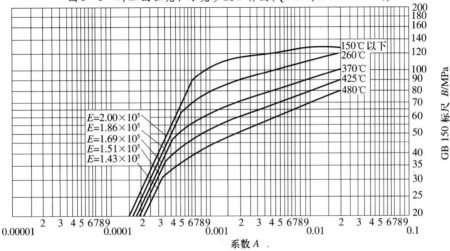

图 5-6　外压圆柱壳体和球壳参数 B 算图(屈服强度 σ_y <207MPa 的碳素钢)

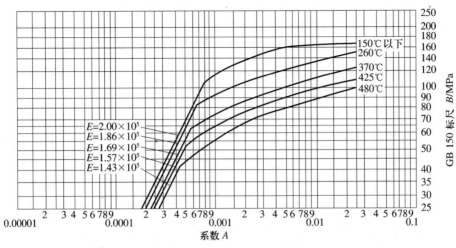

图 5-7　外压圆柱壳体和球壳参数 B 算图(σ_y >207MPa 碳素钢和 0Cr15,1Cr13 钢)

157

5.2.2.1 圆柱壳体的 $D_0/\delta_0 > 20$

（1）在已知 D_0 和 L 的条件下，预先假设一壁厚 δ_0，并计算出 L/D_0 和 D_0/δ_0 值。

（2）由图 5-4 的左纵坐标轴上查出 L/D_0 值，从此点向右引出水平线与 D_0/δ_0 线相交。若遇 D_0/δ_0 为两条曲线的中间值时，则需用内插法；若 L/D_0 大于 50 时，则取 L/D_0 等于 50，若此值小于 0.05 时，就用 $L/D_0 = 0.05$ 查图中的曲线。

（3）再由此点往下引垂线交于横坐标上的 A 点，得出 A 值。

（4）根据容器壳体材料，由图 5-5~图 5-7 中选出相应的算图，依据上述第 3 条中求出的系数 A 值向上引直线交于相应设计温度的曲线上，然后再向右引水平线与右坐标轴相交，即可求出 B 值。

若设计温度在两条温度曲线之间时，KE1 用内插法；若 A 值在设计温度曲线右端以外，则取其与此曲线右端的水平延长线交点值；若 A 值在设计温度曲线的左边，步骤 6。

（5）按下式计算许用外压：

$$[p] = \frac{\delta_0}{D_0} B \tag{5-45}$$

（6）若 A 值在有关材料设计温度曲线的左边时，许用外压力按下式计算：

$$[p] = \frac{2AE\delta_0}{3D_0} \tag{5-46}$$

（7）比较设计压力 p 与许用压力 $[p]$，若设计压力 p 等于或略小于许用压力 $[p]$ 时，则所假设的壁厚可用；若 p 小于 $[p]$ 值太多时，则要适当地减少壁厚，并重复上述计算过程；若 p 大于 $[p]$，则要增加所假设的壁厚，且重复上述计算步骤，直到使 $[p]$ 略大于或等于 p 时为止。

（8）将所求的计算壁厚加上壁厚附加量，并根据材料标准规格，最后确定外压容器壳体的壁厚。

5.2.2.2 $D/\delta_0 < 20$ 圆柱壳体

对于这种属于厚壁外压圆柱壳体，其失效形式主要是由壳体屈服而引起的塑性失稳。由式（5-39）和式（5-40）可知，不论长、短圆柱壳体失稳时的环向应变总是大于 1%，而此时的系数 $A(\varepsilon)$ 值基本上都会超过材料设计温度曲线的右端点，即超过材料的屈服强度而进入塑性状态，由图 5-5~图 5-7 可见，其 A 值在 0.01~0.02 之间，所以规范规定用 $A \approx 0.012$ 作为壳体材料达到屈服的界限值。另由图 5-4 中还可以看出，在 $D_0/\delta_0 \leqslant 10$ 时，$A \geqslant 0.012$，壳体处于塑性状态，因此必须控制容器壳体环向压缩应力小于屈服强度或材料设计温度下的许用应力。由此可见，对于这种壳体，在设计时既要顾及稳定性，也要考虑壳体强度，在壳体环向应力超过材料的屈服强度时要按塑性失稳设计。由于我国 GB 150 标准将 $D_0/\delta_0 < 20$ 划归为厚壁壳体范围，故需按此规定分析环向稳定性问题。

（1）对于 $4 \leqslant D_0/\delta_0 < 20$ 的厚壁壳体环向稳定性是以屈服强度为准则，取稳定系数 1.5~3，根据 L/D_0 和 D_0/δ_0 求出 A，按式 $B = 2EA/3$ 算出 B 值后，由下式计算圆柱壳稳定性和强度两个方面的许用压力：

$$[p]_1 = \left[2.25 \frac{\delta_0}{D_0} - 0.0625 \right] B$$

$$[p]_2 = 2\sigma_0\left(\frac{\delta_0}{D_0}\right) \cdot \left[1 - \frac{\delta_0}{D_0}\right] \qquad (5-47)$$

式中：σ_0 取壳体材料在设计温度下许用应力的两倍和设计温度下材料屈服强度的0.9倍中较小值，即

$$\sigma_0 = 2[\sigma]'; \sigma_0 = 0.9\sigma_y'$$

将式(5-47)中 $[p]_1$、$[p]_2$ 中的较小值作为许用压力 $[p]$，比较 p 与 $[p]$，若 $[p] < p$，则需要增加壁厚，并重复上述计算步骤，直到 $[p]$ 大于且接近于 p 时为止。

(2) 对于 $D_0/\delta_0 < 4$ 的圆柱壳体，系数 A 值：

$$A = \frac{1.1\delta_0^2}{D_0^2}$$

若 A 大于0.1时，取 $A = 0.1$。

5.2.2.3 圆柱壳轴向稳定性计算

圆柱形容器的轴向稳定性设计主要是指计算其在轴向压缩或弯矩作用时所允许的许用压缩应力 $[\sigma]_k$，计算方法也是利用外压圆柱壳的算图求出相关数值 B，并与许用压缩应力进行比较。具体步骤如下：

(1) 根据圆柱形容器的内半径 R_i 和假设的壁厚 δ_0，由下式计算 A 值：

$$A = \frac{0.094\delta_0}{R_i} \qquad (5-48)$$

(2) 由式(5-48)求出 A 值后，根据容器壳体材料，从图5-5～图5-7中查得 B 值。

(3) 若查得的 A 值在设计温度曲线的左方时，表明壳体材料处于线弹性状态，此时按下式计算 B 值：

$$B = \frac{2}{3}EA = [\sigma]_k = 0.0625E\frac{\delta_0}{R_i} \qquad (5-49)$$

由式(5-49)可见，B 值即为圆柱壳体的轴向许用压缩应力 $[\sigma]_k$。

(4) 用式(5-49)所求得的 B 值，也即 $[\sigma]_k$ 与实际作用的压缩应力比较，使其大于或较为接近时为止。

5.2.2.4 外压圆柱壳上加强圈设计（环向稳定性）

由长或短外压圆柱壳的临界压力计算式(5-18)和式(5-24)可知，临界压力值的大小取决于壳体的材料和几何尺寸（外径、壁厚和临界长度），在容器壳体的材料、直径和壁厚确定的情况下，临界长度是决定是否在圆柱壳体的内、外部表面设置加强圈及所设置的加强圈截面尺寸应当多大才能稳定的主要参数。对于长圆柱壳在设置加强圈以后必须使其计算长度小于临界长度。而临界长度由式(5-29)计算求得。

其次，在设计加强圈时，需要考虑加强圈同与之相连接的壳体共同承受外压力，因此在计算加强圈的惯性矩时还需计及部分的影响。

通过加强圈加强的圆柱壳体失效形式有加强圈间壳体的局部失稳和容器整体结构失稳及刚性加强圈扭曲失稳。

1. 加强圈惯性矩设计计算

假设每一个加强圈承受由加强圈中心线到相邻两侧加强圈中心线距离之和的1/2范围内的全部外压力。设相邻两个加强圈中心线距离之和的1/2距离为 L_s，于是每个加强

圈承受的载荷为

$$P = p_k L_s \tag{5-50}$$

加强圈受上述载荷作用失稳时的临界压力计算式取单位宽度的圆环临界压力计算式 (5-16),即

$$P = p_k L_s = \frac{24EI}{D^3} \tag{5-51}$$

由此式得出加强圈按式(5-16),即按单位宽度圆环计算所需的惯性矩:

$$I = \frac{p_k L_s D_0^3}{24E} = \frac{D_0^2 L_s \delta_0}{12}\left(\frac{p_k D_0}{2\delta_0}\frac{1}{E}\right) = \frac{D_0^2 L_s \delta_0}{12}A \tag{5-52}$$

在我国标准中,对与圆柱壳体连接(固定)在一起的加强圈考虑间断焊等因数的影响,将加强圈惯性矩增加10%,同时取稳定系数 $m=3$,故在设计外压下所需要的最终加强圈惯性矩为

$$I = \frac{1.1p_k L_s D_0^3}{24E} = \frac{[p]L_s D_0^3}{7.27E}$$

$$p = [p] = \frac{p_k}{m} = \frac{p_k}{3} \tag{5-53}$$

由前所述,加强圈同与之相连接的圆柱壳体一部分共同承受外压作用,因此设计计算加强圈惯性矩应当是两者的组合惯性矩。这可以用增加圆柱壳壁厚,即当量壁厚替代。于是当量壁厚为

$$\delta_e = \delta_0 + \frac{A_s}{L_s} \tag{5-54}$$

式中: A_s 为加强圈的截面面积; δ_0 为圆柱壳体的有效壁厚。

将式(5-54)中的当量壁厚 δ_e 代替式(5-52)中的 δ_0,并考虑式(5-52)中乘以 δ_0/δ_e,整理后,便可以得出加强圈与壳体的组合惯性矩:

$$I_s = \frac{D_0^2 L_s\left(\delta_0 + \dfrac{A_s}{L_s}\right)}{10.9}A \tag{5-55}$$

2. 组合加强圈惯性矩算图计算

通常情况下,容器的外径、壁厚和刚性加强件的尺寸均为已知,在选好加强圈材料和截面尺寸后,就可以按下述步骤用算图计算组合加强圈的惯性矩。

(1) 用下式计算 B 值:

$$B = \frac{PD_0}{\delta_0 + \dfrac{A_s}{L_s}} \tag{5-56}$$

(2) 用上式计算的 B 值从图5-5~图5-7中根据壳体材料和设计温度求出表示环向应变的系数 A 值。若图中没有相交点查不到,则按下式计算系数 A 值:

$$A = \frac{1.5B}{E} \tag{5-57}$$

(3) 将 A 值代入式(5-55),求出组合惯性矩。

(4) 组合惯性矩 I_s 与实际惯性矩 I_r 进行比较。若 $I_r < I_s$,则需要选择具有较大惯性

矩的加强圈,重复上述计算步骤,直到 $I_r \geq I_s$ 为止。

3. 实际惯性矩 I_r

加强圈与壳体起加强作用的有效部分组合截面惯性矩,壳体有效部分为加强圈中心线两侧分别取 $0.55\sqrt{D_0 \delta_0}$ 宽度。若加强圈中心线两侧有效部分相重叠时,该壳体中有效部分重叠区段以每测按 1/2 计算。

4. 加强圈结构设计

加强圈可以用扁钢、角钢、工字钢或其他型钢制成,加强圈与壳体连接一般用连续焊接和间断焊接方法,要求紧密贴实,如图 5-8 所示。加强圈与壳体连接必须保证焊接强度,一般情况下不要使焊缝任意间断或削弱。若结构和工艺要求必须要间断时,间断弧长不得大于图 5-9 中规定的值。

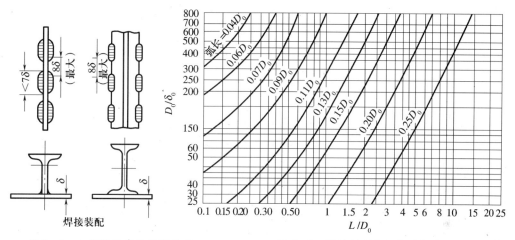

图 5-8 加强圈与壳体焊接结构
和间断焊缝长度

图 5-9 焊缝削弱或间断弧长许用值

5.3 外压球形和成形封头设计

5.3.1 外压球形封头

1. 临界外压力计算

外压球形封头的临界压力是根据壳体弹性小挠度理论推导出的失稳时临界压力,即

$$p_k = \frac{2\delta_0 E}{RN} + \frac{2E\delta_0^3 N}{12(1-\mu^2)R^3} \qquad (5-58)$$

$$N = 4n^2 + 2n - 1$$

$$n = \frac{1}{4}\left[-1 + \sqrt{5 + \frac{8R}{\delta}\sqrt{3(1-\mu^2)}}\right]$$

若计算出的 n 不是整数,则选择两个与此分数值最靠近的整数 n_1 和 n_2,由式(5-58)分别计算出 N_1 和 N_2,并代入此式算出临界压力,取其较小值为临界压力。

若容器壳体很薄,即 R/δ_0 值很大时,式(5-58)中的 n 和 N 按下式计算:

$$N = 4n^2 = \frac{2R}{\delta_0}\sqrt{3(1-\mu^2)}$$

161

$$n = \frac{1}{4}\sqrt{\frac{8R}{\delta_0}\sqrt{3(1-\mu^2)}}$$

将其代入式(5-58),即可得出外压球壳的临界压力:

$$p_k = \frac{2E}{\sqrt{3(1-\mu^2)}}\left(\frac{\delta_0}{R}\right)^2$$

取 $\mu = 0.3$ 后,上式则为

$$p_k = 1.21E\left(\frac{\delta_0}{R}\right)^2 \tag{5-59}$$

2. 临界许用外压力

球形封头的许用外压力等于其临界压力除以稳定系数,即

$$[p]_k = \frac{p_k}{m}$$

取稳定系数 $m = 14.52$,并代入有效厚度和球壳外径后,便得出临界许用压力为

$$[p]_k = 0.0833E\left(\frac{\delta_e}{R_0}\right)^2 \tag{5-60}$$

对于外压球壳,其 B 定义为

$$B = \frac{[p]_k R_0}{\delta_e} = \frac{2}{3}EA \tag{5-61}$$

3. 外压球形封头算图设计

同外压圆柱壳用算图计算方法一样,其步骤如下:

(1)假设一壁厚,由下式计算系数 A:

$$A = 0.125\frac{\delta_e}{R_0} \tag{5-62}$$

(2)根据球壳材料由相应的算图中按照上述的 A 查出 B。若 B 值在设计温度曲线右端以外,则取其与此设计温度曲线右端水平延长线的交点值;若 B 值在设计温度曲线的左方,则按步骤(4)计算。

(3)由式(5-61)求出许用外压力 $[p]_k$。

(4)若 B 值在相关设计温度曲线的左方,则应按式(5-60)计算外压球形封头的许用压力。

(5)将许用压力 $[p]_k$ 与操作压力 p 进行比较,若 $[p]_k \geqslant p$ 并两者接近,则假设的壁厚认为合适;若 $p > [p]_k$,则需增加壁厚,重复上述步骤,直到满足要求时为止。

4. 对于无折边的球形封头

除了满足球壳区域的稳定性之外,还要校核封头与圆柱壳体连接处包括边缘应力在内的总应力不得超过弹塑性失效准则的要求。

5.3.2 外压成形封头计算

外压成形封头主要有碟形封头、椭圆形封头,在外压力作用下,这种封头同样存在稳定问题,因此应当通过应力分析和强度计算确定其壁厚。然而理论应力分析得出的计算式过于复杂,工程设计用起来很困难。因此还是采用比较适用的算图法。

5.3.2.1　外压成形封头计算法

这里介绍的设计计算方法是按极限载荷确定封头壳体的壁厚,按弹性极限和稳定性校核壳体强度。

1. 碟形封头和椭圆形封头的计算壁厚

封头壁厚分别按弹性极限和塑性极限两种情况进行计算,取其较大值。按弹性极限壁厚计算壁厚式:

$$\delta = 0.6 \frac{pR_i}{[\sigma]} \qquad (5-63)$$

按塑性极限的壁厚计算式为

$$\delta = \frac{KR_i}{161} \sqrt{\frac{mp}{10^{-5}E}} \qquad (5-64)$$

式中:K 为与封头 D/δ_0 和 H/D 有关的形状系数,由下式或图 5-10 或表 5-1 中查取。对于椭圆形封头,$K=0.9$;对于碟形封头,$K=1$ 安全稳定系数 m。在弹性范围内,$m=2.4$;塑性范围内,$m=1.5 \sim 2.4$。

$$K = \frac{1 + (2.4 + 8\lambda)\lambda}{1 + (3 + 10\lambda)\lambda}$$

$$\lambda = 10 \frac{\delta}{D_0}(\frac{D_i}{2H} - \frac{2H}{D_i})$$

式中:H 为封头内曲面深度,不计封头直边高度;D_i 为封头内径;R_i 为封头球冠部分内曲面半径。

2. 许用外压力计算

许用外压力按下式计算:

$$[p]_k = [p]_n / \left\{ 1 + \left(\frac{[p]_n}{[p]_s} \right)^2 \right\}^{-0.5}$$

$$(5-65)$$

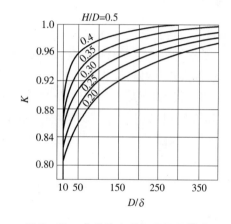

图 5-10　成形封头形状系数 K 算图

式中:$[p]_n$ 为由强度条件决定的许用压力,其值为

$$[p]_n = \frac{2[\sigma]\delta}{R_i + 0.5\delta} \qquad (5-66)$$

$[p]_s$ 为在弹性范围内由稳定性决定的许用压力,按下式计算:

$$[p]_s = \frac{2.8 \times 10^{-5} E}{m} \left[\frac{100\delta}{KR} \right]^2 \qquad (5-67)$$

需要指出的是,对于碟形封头,作用在其上的外压力不得超过按内压设计时由边缘区域强度条件计算的许用压力。

表 5-1　椭圆形封头转化为当量球壳外半径系数 K

$D_0/2H$	2.6	2.4	2.2	2.0	1.8	1.6	1.4	1.2	1.0
K	1.18	1.08	0.99	0.90	0.81	0.73	0.65	0.57	0.50

对于受外压作用的碟形封头的算图计算也是同球壳一样,只不过将碟形封头上的球冠部分外关径 R_0 作为球壳半径,依照球壳算图法的计算步骤进行计算。

5.3.2.2 外压成形封头算图法

对于受外压作用的椭圆形封头,首先将封头转化为球形封头,即按其外侧表面的长、短轴之比,按下式计算当量球壳外半径,然后以当量外半径按照球形封头算图法步骤计算许用压力和壁厚。

$$R_0 = KD_0 \qquad (5-68)$$

5.4 外压圆锥壳设计

外压圆锥壳体结构设计主要有稳定性设计和强度设计,锥壳需要进行稳定性设计;而锥壳与圆柱壳连接部位则存在稳定性和强度问题。从规范和实践经验来看,对于锥壳与圆柱壳用折边连接不用进行强度校核;在对连接处稳定性分析时,只考虑连接处作为支撑线。外压圆锥壳体的临界压力用理论分析方法解是非常困难的,通常选择一种既简化又能满足工程计算需要的计算式或算图,以用于实际设计。

5.4.1 计算法

5.4.1.1 当量长度计算

外压圆锥壳与圆柱壳体连接方式有:锥壳的大、小端无折边连接,如图5-11(a)所示;锥壳大端与圆柱壳折边连接,小端无折边连接,如图5-11(c)所示;锥壳小端与圆柱壳折边连接,而大端无折边连接,如图5-11(d)所示;锥壳大、小端与圆柱壳均为折边连接,如图5-11(e)所示,及在锥壳上设置两个加强圈,如图5-11(b)所示。当量长度计算如下:

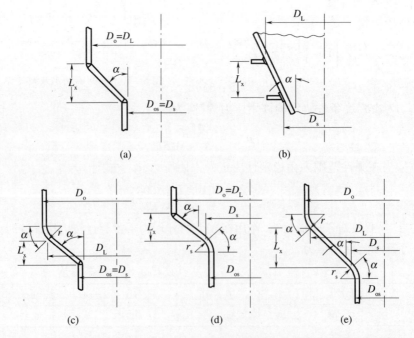

图5-11 外压圆锥壳体用于当量长度计算的结构参数(锥壳大小端均为支撑线)

164

（1）锥壳大、小端无折边连接,锥壳上设置两个加强圈,其当量长度为

$$L_e = \frac{L_x}{2}\left(1 + \frac{D_s}{D_L}\right) \tag{5-69}$$

（2）锥壳大端折边与圆柱壳连接,其当量长度为

$$L_e = r\sin\alpha + \frac{L_x}{2}\left(1 + \frac{D_s}{D_L}\right) \tag{5-70}$$

（3）锥壳大端折边与圆柱壳连接,其当量长度为

$$L_e = r\sin\alpha + \frac{L_x}{2}\left(1 + \frac{D_s}{D_L}\right) \tag{5-71}$$

（4）锥壳小端折边与圆柱壳连接,当量长度为

$$L_e = r_s\frac{D_s}{D_L}\sin\alpha + \frac{L_x}{2}\left(1 + \frac{D_s}{D_L}\right) \tag{5-72}$$

（5）锥壳大小端均折边与圆柱壳连接,当量长度为

$$L_e = r\sin\alpha + r_s\frac{D_s}{D_L}\sin\alpha + \frac{L_x}{2}\left(1 + \frac{D_s}{D_L}\right) \tag{5-73}$$

若圆锥壳大、小端或其中任一端不能作为支撑线,锥壳与圆柱壳的连接处或锥壳折边与圆柱壳连接不是支承线时,应以与连接处相近的加强圈中心线开始确定圆柱壳和圆锥壳相组合的计算长度 L,用其计算长度、大端或小端圆柱壳外径和设计压力校核计算大端圆柱壳及小端圆柱壳的有效壁厚。锥壳、折边段或带折边锥壳的名义厚度不得小于相连接的圆柱壳的最小壁厚。

5.4.1.2 临界压力

在分析受外压作用的圆锥壳体临界压力时发现,圆锥壳体的小端直径与大端直径之比,也就是圆锥壳体的锥角对圆锥壳的临界压力影响最大,经过理论分析和试验验证,下述的临界压力计算式已被认为是比较精确的,此式也称为 Siede 式:

$$p_k = \frac{2.6E\left(\dfrac{\delta\cos\alpha}{D_L}\right)^{2.5}}{\dfrac{L}{D_L}} \cdot \frac{2}{1 + \dfrac{D_s}{D_L}} \tag{5-74}$$

式中: α 为锥顶角 $1/2$; D_s 为锥壳小端外径; D_L 为锥壳大端外径; L 为锥壳计算长度。

为使与外压短圆柱壳体的临界压力计算式（5-24）形式相适应,故外压圆锥壳有效壁厚 $\delta_e = \delta\cos\alpha$、有效（当量）长度按式（5-69）～式（5-73）求取,则式（5-74）可写为

$$p_k = \frac{2.6E\delta_e^2}{L_eD_L\sqrt{\dfrac{D_L}{\delta_e}}} = \frac{2.6E\left(\dfrac{\delta_e}{D_L}\right)^{2.5}}{\dfrac{L_e}{D_L}} \tag{5-75}$$

经过对锥壳壁厚和长度当量化处理之后,则可以采用外压圆柱壳体稳定性的计算方法进行设计。

5.4.1.3 外压锥壳壁厚算图计算

对于大小端都视为支撑线的外压圆锥壳体,其壳体或折边壁厚可用外压圆柱壳算图

165

计算,只是用等效厚度和等效长度 L_e/D_L、D_L/δ_e 代替外压圆柱壳设计计算中的 L/D_0、D_0/δ_0 而已:

$$B = \frac{[p]D_L}{\delta_e} = \frac{2}{3}EA$$

$$[p] = B\frac{\delta_e}{D_L} \tag{5-76}$$

根据 L_e/D_L 和 D_L/δ_e 由图 5-4 求出 A 值,再由 A 值从相应的 A—B 算图的曲线中查出 B 值,由式(5-76)计算 $[p]$。若 A 值落在 A—B 曲线的左侧,则需用下式计算 $[p]$:

$$[p] = \frac{2AE}{3\dfrac{D_L}{\delta_e}} \tag{5-77}$$

5.4.2　圆锥壳与圆柱壳连接处设计

在锥壳大、小端与圆柱壳体连接处,必须考虑由于不连续而产生的附加局部应力与由外压作用引起的薄膜应力组合影响。若壳体结构不连续区域的局部应力与薄膜应力总和为拉应力时,需要对此处进行强度校核计算;若总应力为压缩应力时,则需要考虑不连续处压缩应力产生的环向稳定性。于是,锥壳与圆柱壳体连接处加强设计包括强度设计和稳定性校核设计。强度计算实质上是通过应力分析确定是否需要对该部位进行补强,以满足强度要求;而稳定性效核是确定该部位加强圈和相关壳体组合惯性矩能否保证壳体总体稳定或局部稳定,不发生垮塌失效。

5.4.2.1　$\alpha \leqslant 60°$ 锥壳大端与柱壳连接处设计

1. 强度设计计算

强度设计准则是由外载荷在锥壳大端与圆柱壳体连接处产生的总轴向力等于或小于许用值。

对于半顶锥角 $\alpha \leqslant 60°$ 均匀壁厚圆锥体与圆柱壳连接处,在圆柱壳体侧边缘区域由外压力(有时存在非外压载荷)产生的包括边缘应力在内的轴向总应力和环向总应力按下式近似计算。

轴向总应力为

$$\sigma_x = -\frac{N_x}{\delta}\Big(1 + 0.027\alpha\frac{R_L}{\delta}\Big) \tag{5-78}$$

式中: N_x 为圆锥壳体大端处单位圆周上的轴向压缩力,其按下式计算:

$$N_x = \frac{pR_L}{2}$$

式中: R_L 为图 5-11 所示连接处的外半径(mm)。

若还存在其他非外压力载荷(如支承力、容器自重、风载等)在圆柱壳上引起的单位圆周上的轴向力 F 时,总轴向力为上述两个力的代数和。

环向总应力为

$$\sigma_\theta = -\frac{pR_L}{\delta} + 0.01\alpha\frac{\sqrt{R_L}}{\delta\sqrt{\delta}}N_x \tag{5-79}$$

圆锥壳与圆柱壳体连接处从强度设计角度考虑主要是轴向压缩应力值 σ_x 不得超过 $-\dfrac{pR_L}{\delta}$。若超过此值,表明此处强度不足,需要在连接区域进行加强处理,即增加此处的截面面积。于是锥壳大端与圆柱壳体连接处所需要的最小加强截面面积 A_{rL} 为

$$A_{rL} = \frac{KN_x D_L \tan\alpha}{[\sigma]\phi}\Big[1 - \frac{1}{4}\Big(\frac{pD_L - N_x}{N_x}\Big)\frac{\Delta}{\alpha}\Big] \qquad (5-80)$$

式中:Δ 为系数,$\Delta = 104\sqrt{\dfrac{p}{[\sigma]^t\phi}}$(对于 $\alpha \le 60°$ 的圆锥壳大端与圆柱壳连接,根据 $p/[\sigma]^t_s$ 比值由表 5-2 查得,设计时首先根据 $p/[\sigma]^t_s\phi$ 由表 5-2 查出 Δ 值,若查出的 Δ 值大于 α,则表明锥壳大端与圆柱壳连接处按外压设计的锥壳和圆柱壳厚度足以能够承受包括边缘应力在内的总应力,而不用再增加厚度);K 为系数(根据是否需要设置加强圈确定,不需要设置加强圈时,$K = 1$;需要设置加强圈时,$K = y/[\sigma]^t_r E_r$,K 值不得大于 1);y 为加强圈连接位置系数,加强圈设置在圆柱壳上,$y = [\sigma]^t_s E_s$;若设置在圆锥壳大端上,$y = [\sigma]^t_c E_c$;F 为外加载荷如自重、雪载、风载等载荷作用在单位圆周上的轴向力(MPa);D_L 为圆锥壳大端直径(mm);$[\sigma]^t_s$,$[\sigma]^t_c$,$[\sigma]^t_r$ 分别为圆柱壳体、圆锥壳体和加强圈材料设计温度许用应力(MPa);E^t_s,E^t_c,E^t_c 分别为圆柱壳体、圆锥壳体和加强圈材料设计温度的弹性模量。

在计算此加强截面面积时,应将在连接区域的一定范围内由于设计原因在保证强度所需要的壁厚之外多余的截面部分也应包括在此加强截面面积之内,如同壳体开孔补强一样,作为有效补强面积计入加强圈的截面积之内,在锥壳大端连接处有效补强截面面积按下式计算:

$$A_{eL} = 0.55\sqrt{D_L\delta_n}\Big(\delta_n + \frac{\delta_{nc}}{\cos\alpha}\Big) \qquad (5-81)$$

式中:δ_n 为圆柱壳名义厚度(mm);δ_{nc} 为圆锥壳名义厚度(mm)。

由此得出,加强圈实际截面积 A_L 按式(5-81)计算的有效补强截面面积应等于或大于由式(5-80)计算所得的连接处需要截面面积,即 $A_{eL} + A_L \ge A_{rL}$。

在设计这种补强结构时,圆柱壳和圆锥壳所有用于补强的截面面积,需位于在距离两个壳体连接点两侧 $\sqrt{R_L\delta_n}$ 范围以内,且加强截面的型心需在距离连接处 $0.25\sqrt{R_L\delta_n}$ 以内,如图 5-12 所示。

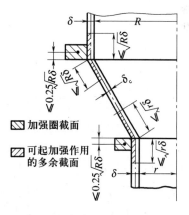

图 5-12　锥壳连接处加强截面计算

表 5-2　$\alpha \le 60°$ 时圆锥壳大端与圆柱壳连接处的 Δ

$p/[\sigma]^t_s$	0	0.002	0.005	0.01	0.02	0.04	0.08	0.1	0.125	0.15	0.20	0.25	0.3	0.35
Δ	0	5	7	10	15	21	29	33	37	40	47	52	57	60
注:$p/[\sigma]^t_s > 0.35$ 时,$\Delta = 60°$														

2. 稳定性设计

采用算图设计时,有 B 求出失稳时环向应变 A,根据 A 计算惯性矩,然后进行稳定性

校核。

在计算惯性矩时,是将圆锥壳大端与圆柱壳连接处两侧有效区域截面和加强件组合作为一个等效加强圈来考虑。

在已知锥壳几何参数 D_L、L_x、δ_c 及加强圈的结构形式及其当量截面面积 A_{TL} 的情况下,则系数 B 为

$$B = \frac{F_L D_L}{A_{TL}} \qquad (5-82)$$

其中

$$F_L = pM + F\tan \alpha$$

$$M = -\frac{D_L \tan \alpha}{4} + \frac{L_x}{2} + \frac{D_L^2 - D_s^2}{6D_L \tan \alpha}$$

根据结构材料选择相应的 $A-B$ 曲线图求出 A 值。若在图中找不到 A 值,则用下式计算:

$$A = \frac{1.5B}{E_x} \qquad (5-83)$$

式中: E_x 为连接处加强结构锥壳、圆柱壳或加强圈设计温度弹性模量的最小者。

考虑加强圈在锥壳大端与圆柱壳连接处焊接(间断焊)对强度的影响,加强圈与圆柱壳和圆锥壳连接处组合截面所需要的惯性矩 I:

$$I = \frac{D_L^2 A_{TL}}{10.9} A \qquad (5-84)$$

$$A_{TL} = \frac{L_L \delta_n}{2} + \frac{L_c \delta_{nc}}{2} + A_s$$

$$L_c = [L^2 + (R_L^2 - R_s^2)]^{1/2} \qquad (5-85)$$

式中: A_s 为加强圈截面积(mm); L_L 为与圆锥壳连接的圆柱壳体的计算长度,取锥壳大端与圆柱壳连接切线与圆柱壳体上第一个加强圈中心线的距离,或与圆柱壳体另一端支撑线的距离。

计算加强圈和圆柱壳与圆锥壳连接处组合截面的实有的惯性矩 I_s 必须大于或等于由式(5-84)计算的所需惯性矩,即 $I_s \geq I$ 时不用增加加强截面面积。

5.4.2.2 半锥顶角 $\alpha \leq 60°$ 锥壳小端与柱壳连接设计

1. 强度设计计算

对于外压锥壳小端与圆柱壳体连接处,其圆柱壳边缘处上的包括边缘应力在内的轴向总应力和环向总应力分别按下式计算:

轴向总应力:

$$\sigma_x = -\frac{N_x}{\delta}\left(1 + 0.027\alpha\sqrt{\frac{r_s}{\delta}}\right) \qquad (5-86)$$

环向总应力:

$$\sigma_\theta = -\frac{pr_s}{\delta} - 0.01\alpha\frac{\sqrt{r_s}}{\delta\sqrt{\delta}}N_x \qquad (5-87)$$

分析可知,锥壳小端连接处的圆柱壳边缘上的最大压缩应力为式(5-87)的环向应

168

力所控制,即此应力不得超过环向薄膜压缩应力 $-pr_s/\delta$。由于连接处圆柱壳上的 $N_x = \dfrac{pR_L}{2}$ 始终不会零值,故这种结构形式总是需要加强。

锥壳小端连接处需要加强的截面面积按下式计算:

$$A_{rs} = \frac{KN_x r_s \tan \alpha}{[\sigma]_s^t \phi} \tag{5-88}$$

式中:K 之定义同式(5-79)。若有外加载荷如自重、雪载、风载等载荷作用在与小端连接的圆柱壳壳体单位圆周上的轴向力 F 时,N_x 应是 $pR_L/2$ 和 F 的代数和。

圆锥壳小端与圆柱壳各自的壁厚超过设计厚度时,设计厚度超过部分即作为有效加强截面面积计入加强圈的截面内,其值为

$$A_{es} = 0.55\sqrt{D_s \delta_n}\left[(\delta_n - \delta) + \frac{\delta_{nc} + \delta_c}{\cos \alpha}\right] \tag{5-89}$$

式中:δ_n,δ_{nc} 分别为与小端连接的圆柱壳和锥壳的名义厚度;δ,δ_c 分别为与小端连接的圆柱壳和锥壳的计算厚度。

加强圈实际截面积 A_s 同由式(5-89)计算的截面积之和等于或大于由式(5-88)计算的截面积,即 $A_{es} + A_s \geqslant A_{rs}$。

与圆锥壳大端一样,圆柱壳和圆锥壳用于加强的截面积都必须在距离圆柱壳和圆锥壳连接点为 $\sqrt{D_s \delta_n}$ 的范围之内,加强截面积形心要在距连接处的 $0.25\sqrt{D_s \delta_n/2}$ 以内。

2. 稳定性设计

同锥壳大端计算程序一样,在已经知道圆锥壳的几何参数 D_s、δ 及加强圈的结构形式和截面面积 A 之后,用下式计算系数 B:

$$B = \frac{F_s D_s}{A_{Ts}} \tag{5-90}$$

其中

$$F_s = pN + F\tan \alpha$$

$$N = \frac{r_s}{2}\tan \alpha + \frac{L_s}{2} + \frac{R_L^2 - r_s^2}{6r_s \tan \alpha}$$

根据系数 B 值由相应的 $A-B$ 曲线图中查得系数 A 值,若 A 值在图中的左侧,则 A 按下式计算:

$$A = 1.5\frac{B}{E_r} \tag{5-91}$$

于是,由圆柱壳、加强圈和圆锥壳构成的所需要的组合惯性矩 I 为

$$I = \frac{D_s^2 A_{Ts}A}{10.9}$$

$$A_{Ts} = \frac{L_s \delta_n}{2} + \frac{L_c \delta_{nc}}{2} + A_s \tag{5-92}$$

按照结构的实际计算组合加强圈的实际惯性矩 I_s 并满足 $I_s \geqslant I$。

5.5 容器夹套设计

为了从容器外面加热或冷却,最为简单的办法是在其外壳上设置夹套,通入加热或冷

却介质(蒸汽、冷却水等)。夹套的结构形式由使用要求和工艺可能性决定,各国压力容器规范都有详细的介绍。在容器上夹套总体结构如图5-13所示,主要形式有:仅在容器圆柱壳上设置夹套;在容器圆柱壳和底部封头上设有夹套;在一个封头上设置夹套;在整个圆柱壳体两侧封头上设置夹套。夹套的结构形式有普通型、半圆管型、螺旋型、半圆型和波纹形;而普通型夹套又分为同心(同轴)型和非同心型,如图5-14所示。在夹套壳与容器壳体连接方式上又有锥形封口环、圆弧(半圆)封口环和平板封口环。

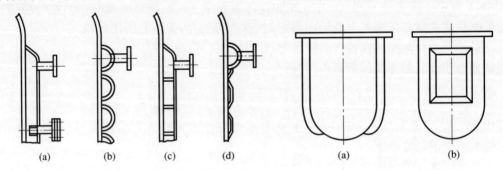

图5-13　夹套结构形式　　　　　　　图5-14　同心形和非同心性夹套容器
　　　　　　　　　　　　　　　　　　　　　(a) 同心型; (b) 非同心型。

5.5.1　夹套受力分析和壁厚计算

夹套封口环与容器壳体连接处为不连续结构,应力分布十分复杂,不仅存在薄膜应力和弯曲应力,而且这些应力中还有拉应力和压缩应力。一个锥形封口环与壳体连接处和夹套壳与封口环过度处的轴向应力和环向应力分布如图5-15所示。

工程上常用的夹套壳与壳体之间通过封口环连接,封口环形式有同轴变径锥壳肩、圆弧肩和环板肩等结构形式。现以图5-15的锥壳封口环为例进行应力分析。设计参数有锥壳封口环厚度 δ、夹套壳厚度 δ_2、锥壳封口环与内壳体壁面垂直线间夹角 α、夹套壳体外半径 R_2 和内壳体的外半径 R_1 及夹套内的压力 p_1,如图5-15所示。

关于夹套结构焊接结构和焊接工艺参数要求和规则详见相关规范或标准。

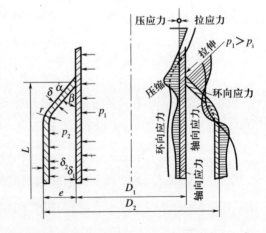

图5-15　夹套与壳体连接结构尺寸和应力分布

（1）夹套锥壳封口环计算壁厚（图5-15）:

$$\delta = \frac{2p_1 R_2 F}{[\sigma]^t \phi - 0.5p_1} \quad (5-93)$$

式中:系数 F 按下式计算,也可由表5-3查取。

$$F = \frac{1 - \dfrac{r}{R_j}(1 - \cos \alpha)}{2\cos \alpha} \quad (5-94)$$

170

（2）夹套锥壳封口环折边计算壁厚：

$$\delta_c = \frac{2p_1 R_2 K}{2[\sigma]^t \phi - 0.5 p_1} \tag{5-95}$$

式中：系数 K 由表 5-4 查得。

最后壁厚取式（5-93）和式（5-95）计算的较大值。

（3）对于环板型（平肩）夹套结构，环板计算厚度：

$$\delta \geqslant 1.732 \sqrt{\frac{p R_0 j}{[\sigma]^t}} \tag{5-96}$$

夹套间距 j 为

$$j = \frac{2\delta[\sigma]^t}{p R_2} - 0.5(\delta + \delta_2) \tag{5-97}$$

表 5-3　锥壳壁厚计算系数 F 值

α	$r/D_i(D_i = 2R_i)$					
	0.10	0.15	0.20	0.30	0.40	0.50
10	0.506	0.505	0.505	0.503	0.502	0.500
20	0.526	0.522	0.519	0.513	0.506	0.500
30	0.562	0.554	0.546	0.531	0.515	0.500
45	0.666	0.645	0.624	0.583	0.541	0.500
50	0.722	0.695	0.667	0.611	0.556	0.500
55	0.797	0.760	0.723	0.649	0.574	0.500
60	0.900	0.850	0.800	0.700	0.600	0.500
65	1.046	0.978	0.910	0.773	0.637	0.500
70	1.270	1.173	1.077	0.885	0.692	0.500
75	1.645	1.502	1.359	1.073	0.786	0.500

表 5-4　锥壳折边壁厚计算系数 K 值

α	$r/D_i(D_i = 2R_i)$					
	0.10	0.15	0.20	0.30	0.40	0.50
10	0.66	0.61	0.58	0.54	0.52	0.50
20	0.70	0.64	0.60	0.55	0.52	0.50
30	0.75	0.68	0.64	0.57	0.53	0.50
45	0.93	0.82	0.74	0.64	0.56	0.50
50	1.03	0.89	0.80	0.68	0.58	0.50
55	1.16	1.00	0.89	0.73	0.60	0.50
60	1.35	1.14	1.00	0.79	0.63	0.50
65	1.63	1.36	1.17	0.89	0.68	0.50
70	2.08	1.70	1.43	1.04	0.75	0.50
75	2.90	2.32	1.91	1.31	0.87	0.50

5.5.2 半圆管夹套设计计算

半圆管夹套(图5-16)在普通大直径夹套容器中用比较多,主要原因是通过夹套对容器壳体起到加强作用,提高其稳定性。关于半圆管夹套设计美国规范 ASME Ⅷ-1 及 2、日本标准 JIS B 8279、欧盟标准 EN 13445 都有专门介绍,并且给出设计方法、强度和稳定计算式。这里介绍的是从应力分析角度推导出来的计算式,可作为校核用。

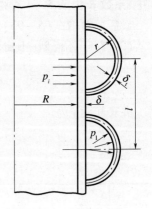

图 5-16 半圆管夹套

由于半圆管式夹套是按照一定的螺旋角度缠绕在容器壳体上,通常此螺旋角度不太大(不大于5°),故假设半圆管中心连线与容器壳体的中心轴线对称分布,半圆夹肩与容器壳体外表面焊接处的变形也是轴对称的,根据圆柱壳的有力矩理论能够求出夹肩与壳体焊缝连接处的局部应力。在焊接连接处的轴向、环向、径向应力和应力强度分别由下式计算:

$$\sigma_{zw} = \frac{R}{\delta}\Big[p_i(0.5 - \psi_3 k) + p_i\Big(\psi_3 - 0.92\frac{r}{R}\Big)\Big]$$

$$\sigma_{\theta w} = \frac{R}{\delta}\big[p_i(1 - 1.07k) + 0.07p_1\big]$$

$$\sigma_{rw} = \frac{p_1 r}{\delta_t}$$

$$k = \frac{1 - 0.5\mu}{1 + \dfrac{lE_s^t\delta}{3rE_t^t\delta_t}}$$

应力强度为

$$\sigma_{ew} = \sqrt{\frac{1}{2}\big[(\sigma_{zw} - \sigma_{\theta w})^2 + (\sigma_{\theta w} - \sigma_{rw})^2 + (\sigma_{rw} - \sigma_{zw})^2\big]} \qquad (5-98)$$

强度条件为

$$\sigma_{ew} \leqslant [\sigma]_w^t \qquad (5-99)$$

在夹套内焊缝外的圆柱壳的轴向应力和环向应力及应力强度分别为

$$\sigma_{zs} = \frac{R}{\delta}\Big[p_i(0.5 + \psi_1 k) + p_1\Big(\psi_1 + 0.92\frac{r}{R}\Big)\Big]$$

$$\sigma_{\theta s} = \frac{R}{\delta}[p_i(1 - \psi_2 k) + p_1(\psi_2 - 1)]$$

应力强度:

$$\sigma_{es} = \sqrt{\sigma_{zs}^2 + \sigma_{\theta s}^2 - \sigma_{\theta s}\sigma_{zs}} \qquad (5-100)$$

强度条件:

$$\sigma_{es} \leqslant [\sigma]_s^t \qquad (5-101)$$

半圆管夹套壁厚:

$$\delta_t = \frac{p_1 r}{0.85 [\sigma]_1^t - 0.6 p_1} \qquad (5-102)$$

式中：p_1 为夹套内介质压力；p_i 为容器内压；$[\sigma]_w^t$ 为夹套与壳体焊接连接材料设计温度的许用应力；$[\sigma]_s^t$ 为容器壳体材料设计温度许用应力；δ 为容器壳体壁厚；δ_t 为半圆管夹套壁厚；R 为容器内半径；r 为半圆管夹套平均半径；ψ_1, ψ_2, ψ_3 为系数（由表 5-5 查得，遇中间值用内插法）；E_s^t 为容器壳体材料设计温度弹性模量；E_t^t 为半圆管夹套壳体材料设计温度弹性模量。

表 5-5　系数 ψ_1, ψ_2, ψ_3

D	ψ_1	ψ_2	ψ_3	D	ψ_1	ψ_2	ψ_3
0.0	0.00	1.08	0.00	0.8	0.54	1.17	1.15
0.2	0.02	1.10	0.10	1.0	0.78	1.15	1.65
0.4	0.10	1.12	0.30	1.2	0.96	1.03	2.10
0.6	0.30	1.15	0.65				

注：$D = \sqrt[4]{3(1-\mu^2)} \dfrac{r}{\sqrt{R\delta}}$

第 6 章 单层厚壁压力容器设计

6.1 单层厚壁容器分类和设计要求

1. 概述

如果压力容器的外径与内径之比 $K = D_o/D_i > 1.1$，操作压力超过 10MPa 时，一般称为高压容器。

高压容器的基本结构如图 6-1 所示。它由圆柱壳体、端盖、密封件、封头（球形封头或圆平封头）和紧固连接件等部分组成。

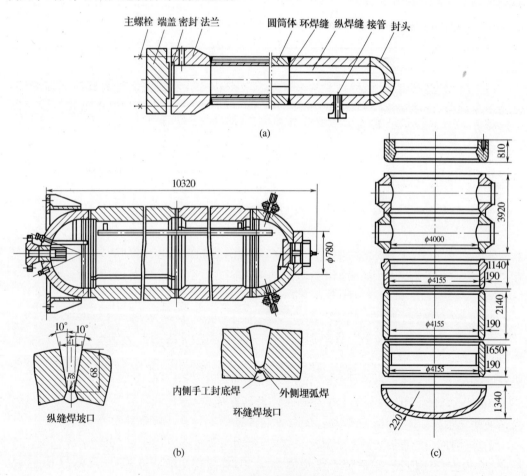

图 6-1 单层厚壁容器结构形式

高压容器圆柱壳和封头由单层厚壁式和多层厚壁式之分，本章只讨论单层厚壁高压容器。

高压容器一般在高温、高压或具有腐蚀、辐射、氢脆等条件下工作,因此在设计、制造、材料选择、试验和检验等方面较中低压容器有其独特之处。

(1)壁厚。高压单层容器直径过大时存在制造和结构密封等方面的困难。由薄壁圆柱壳壁厚计算公式可知,当压力一定时,壁厚与直径成正比,与材料的许用应力成反比。因此,为了获得一定的容积,若要减少壁厚,只要缩小容器直径,增加长度,通常把高压容器做得又细又长。另外,小直径圆柱壳不仅壁厚随之减少,而且可以缩短密封周边长度,减少端盖及主连接件的尺寸。作用在容器端盖上的总压力与直径平方成正比。因此,直径越小,越有利于密封,并且法兰尺寸和重量亦随之减少。

(2)封头。厚壁容器和薄壁容器一样,其封头最好是椭球形或球形等成形封头。但是采用这种封头后法兰尺寸将要增大,金属需要量增多,尤其是小直径高压容器的成形封头制造较为困难。因此,一般采用平板和锻制平端盖。

(3)开孔。为了保证厚壁圆柱壳的强度,一般在封头上开有工艺用或其他用途的孔,而较少开在圆柱壳体上。

2. 结构形式

按照制造方法,单层厚壁容器有四种结构形式:卷焊式、瓦片式、锻环组对式和无缝钢管式。

(1)单层卷焊式圆柱壳。这种圆柱壳是将厚钢板先在卷板机上卷成圆筒,然后焊接纵缝制成筒节,最后焊接环缝。焊接方法通常有三种:手工焊、自动焊和电渣焊。纵向焊缝采用自动焊或电渣焊。这种圆柱壳适用范围为:容器直径400mm～3200mm;工作压力10MPa～100MPa;壁厚不超过110mm;操作温度取决于圆柱壳材料允许使用的温度。

这种圆柱壳生产效率高、工序少、制造简单,便于自动化生产,材料利用率好,易于检验,质量容易保证,成本低。但是,卷制时需要大型专用设备,要求很高的焊接技术。

(2)单层瓦片式圆柱壳。这种厚壁圆柱壳是用水(油)压机将厚钢板压成弧形瓦片,然后组对。用手工焊、自动焊或电渣焊焊接制成圆柱壳筒节。这种结构圆柱壳只是在卷板机能力不够,且具备水(油)压机的情况下才采用。它的适用范围:容器内径400mm～1800mm;工作压力10MPa～100MPa;厚壁根据水(油)压机能力来定。

这种圆柱壳的制造方法比单层卷焊式要复杂、工夹具多,成本高。

(3)锻环组对式圆柱壳。这种厚壁圆柱壳是将去除缩头的巨大钢锭钻孔或冲扩孔后,加热,在水压机上用心轴锻造成需要尺寸的筒节,然后经机械加工、组对、焊接环缝制成圆柱壳壳体。有时还要锻造法兰和底盖。这种圆柱壳的适用范围为:内径400mm～1000mm;工作压力10MPa～200MPa;厚壁根据需要而定;操作温度取决于圆柱壳体材料允许使用温度。

锻造圆柱壳的优点是壳体金属组织密实,材料方向性小。因无纵向焊缝,故容器强度很高,检验方便。但是,它需要大型加热炉、水压机和其他辅助设备,生产投资大,不易普及。

(4)无缝钢管式圆柱壳。这种厚壁容器是用无缝钢管作为筒节,两端与顶部、底部封头焊接而制成。由于无缝钢管规格限制,通常只适用于直径小于600mm的容器。

6.2 壳体受力分析

厚壁圆柱壳体应力分析与薄壁圆柱壳体是有区别的。在薄壁壳体应力分析时,由于壁厚很小,只考虑环向应力和轴向应力,并假设应力沿壁厚均匀分布。而对厚壁壳体进行应力分析时必须考虑三个方向应力,即环向应力、径向应力和轴向应力,除了轴向应力沿壁厚均布外,其他两个应力沿壁厚方向分布是不均匀、非线性的,这是薄壁圆柱壳体所没有涉及的。于是在应力分析时,必须用弹性理论的物理方程、几何方程和平衡方程求出三个主应力,然后用不同的强度理论确定其当量应力,即应力强度,最后根据强度条件计算壁厚。

6.2.1 基本方程

关于厚壁圆柱壳体的平衡方程、物理方程和几何方程的推导过程,本章不作介绍,只是将其基本结论计算式列出,壳体微元体如图6-2所示。

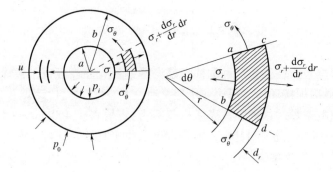

图6-2 内压作用下圆柱壳体微元体的受力分布

1. 平衡方程

由图6-2微元体能够推导出平衡方程:

$$\sigma_\theta = \sigma_r + \frac{\mathrm{d}\sigma_r}{\mathrm{d}r} \tag{6-1}$$

式(6-1)表明环向应力 σ_θ 和径向应力 σ_r 之间的平衡关系,有两个未知数,故不能直接用于求解。如果要求出 σ_θ 和 σ_r,则应另外建立一方程式与式(6-1)联立。必须指出,式(6-1)是静力平衡关系的基本方程式。

2. 物理方程

求解环向应力 σ_θ、径向应力 σ_r 和轴向应力 σ_z 三向应力状态下应力和应变之间关系的轴对称物理方程,即

$$\begin{cases} \varepsilon_\theta = \dfrac{1}{E}\left[\sigma_\theta - \mu(\sigma_r + \sigma_z)\right] \\[2mm] \varepsilon_r = \dfrac{1}{E}\left[\sigma_r - \mu(\sigma_\theta + \sigma_z)\right] \\[2mm] \varepsilon_z = \dfrac{1}{E}\left[\sigma_z - \mu(\sigma_\theta + \sigma_r)\right] \end{cases} \tag{6-2}$$

3. 几何方程

由于圆柱壳体和内压力作用均为轴对称，故圆柱壳体的弹性变形也是对称的，无轴向弯曲。根据这一假设，在压力作用下的圆柱壳体横截面变形后仍然为平面，因此在此截面上的应力为一常值，即

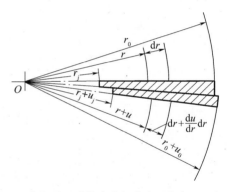

图 6-3 圆柱壳体径向变形分析

$$\varepsilon_z = 常数$$

由图 6-3 可知，u 为压力作用后半径 r 处的径向位移量，与此相对应的周长由 $2\pi r$ 增加到 $2\pi(r+u)$，于是环向应变为

$$\varepsilon_\theta = \frac{2\pi(r+u) - 2r\pi}{2\pi r} = \frac{u}{r}$$

与此相似，在径向方向，增量 dr 增加到 $dr + \dfrac{du}{dr}dr$，因此有

$$\varepsilon_r = \frac{dr + \dfrac{du}{dr}dr - dr}{dr} = \frac{du}{dr}$$

无论是环向应变，还是径向应变，均为径向位移的函数，故可并为一个方程。在对环向应变式求导后便可得出几何方程，即

$$
\begin{cases}
\varepsilon_\theta = \dfrac{u}{r} \\[2mm]
\varepsilon_r = \dfrac{du}{dr} \\[2mm]
\dfrac{d\varepsilon_\theta}{dr} = \dfrac{1}{r}(\varepsilon_r - \varepsilon_\theta)
\end{cases}
\tag{6-3}
$$

式中：ε_θ 为环向应变；ε_r 为径向应变；ε_z 为轴向应变；σ_θ 为环向应力（MPa）；σ_r 为径向应力（MPa）；σ_z 为轴向应力（MPa）；E 为材料弹性模量（MPa）；μ 为材料泊松比。

4. 微分方程

由上述的物理方程和几何方程能够推导出求解应力的补充方程，即

$$
\begin{cases}
\dfrac{d\sigma_\theta}{dr} - \mu\dfrac{d\sigma_r}{dr} = \dfrac{1+\mu}{r}(\sigma_r - \sigma_\theta) \\[2mm]
\dfrac{d\sigma_r^2}{dr^2} + \dfrac{3}{r}\dfrac{d\sigma_r}{dr} = 0
\end{cases}
\tag{6-4}
$$

解式（6-4）求得 σ_r 和 r 关系，又根据平衡方程得出 σ_θ 与 r 之间关系后，最后解出环向应力和径向应力。

6.2.2 应力计算

将微分方程式（6-4）变成积分形式，并根据边界条件求出积分常数，便可解出在压力作用下的环向应力和径向应力，分别为

$$\begin{cases} \sigma_\theta = \dfrac{1}{b^2 - a^2}\left[a^2 p_i - b^2 p_o + \left(\dfrac{ab}{r}\right)^2 (p_i - p_o) \right] \\ \sigma_r = \dfrac{1}{b^2 - a^2}\left[a^2 p_i - b^2 p_o - \left(\dfrac{ab}{r}\right)^2 (p_i - p_o) \right] \end{cases}$$

若令 $K = b/a$，则上式可以写为

$$\begin{cases} \sigma_\theta = \dfrac{-p_o K^2 + p_i}{K^2 - 1} - \dfrac{(p_o - p_i)K^2}{K^2 - 1}\left(\dfrac{a}{r}\right)^2 \\ \sigma_r = \dfrac{-p_o K^2 + p_i}{K^2 - 1} + \dfrac{(p_o - p_i)K^2}{K^2 - 1}\left(\dfrac{a}{r}\right)^2 \end{cases} \tag{6-5}$$

式中：p_o 为圆柱壳外压力（MPa）；p_i 为圆柱壳内压力（MPa）；a 为圆柱壳内半径（mm）；b 为圆柱壳外半径（mm）；K 为圆柱壳半径比或直径比。

轴向应力与圆柱壳两端结构形式有关。两端开口圆柱壳，$\sigma_z = 0$；两端带有封头的闭式圆柱壳：

$$\sigma_z = \frac{p_i}{K^2 - 1} \tag{6-6}$$

实际上，炮筒、汽缸和油缸等均属于开式圆柱壳；高压气瓶和压力容器为闭式圆柱形容器；至于轴向受约束的圆柱壳体比较特殊，很少在工程中见到。

必须指出，由式（6-6）可以看出，轴向应力总是介于环向应力和径向应力之间。在所讨论的情况下，圆柱壳体端部结构形式只影响轴向应力，环向应力和径向应力与此无关。

若圆柱壳体仅受内压作用时，式（6-5）和式（6-6）可以分别写为

$$\begin{cases} \sigma_\theta = \dfrac{p_i}{K^2 - 1}\left(1 + \dfrac{b^2}{r^2}\right) \\ \sigma_r = \dfrac{p_i}{K^2 - 1}\left(1 - \dfrac{b^2}{r^2}\right) \\ (\sigma_z) = \dfrac{1}{2}(\sigma_\theta + \sigma_r) = \dfrac{p_i}{K^2 - 1} \end{cases} \tag{6-7}$$

内压作用圆柱形壳体三个主应力沿厚壁分布如图6-4(a)所示。由图中可见，σ_r 总是压应力，而 σ_θ 总是拉应力。σ_θ 的最大值在内壁面，即 $r = a$ 处。

若圆柱壳受外压力（图6-4(b)）作用，即 $p_i = 0$ 时，式（6-5）和式（6-6）分别写为

$$\begin{cases} \sigma_\theta = -\dfrac{p_o K^2}{K^2 - 1}\left(1 + \dfrac{a^2}{r^2}\right) \\ \sigma_r = -\dfrac{p_o K^2}{K^2 - 1}\left(1 - \dfrac{a^2}{r^2}\right) \\ (\sigma_z)_b = -\dfrac{p_o}{K^2 - 1} \end{cases} \tag{6-8}$$

根据式（6-5）和式（6-6）算出的内外壁面应力计算公式列入表6-1。由表6-1可见，在仅受外压力 p_o 作用时，三个主应力均为负值，即为压应力，其绝对值均大于仅受内压时的情况。

178

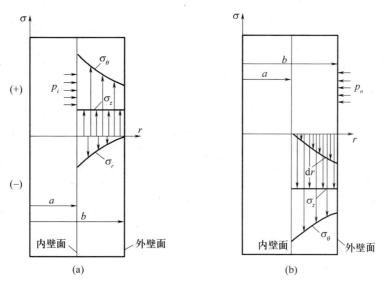

图 6-4　内压作用下圆柱壳体应力分布(a)内压作用(b)外压作用

表 6-1　厚壁圆筒应力计算式

应　力	仅受内压 p_i 作用		仅受外压 p_o 作用	
	内壁面 $r=a$	外壁面 $r=b$	内壁面 $r=a$	外壁面 $r=b$
环向应力 σ_θ	$\sigma_{\theta i}=\dfrac{K^2+1}{K^2-1}p_i$	$\sigma_{\theta o}=\dfrac{2}{K^2-1}p_i$	$\sigma_{\theta i}=-\dfrac{2K^2}{K^2-1}p_o$	$\sigma_{\theta o}=-\dfrac{K^2+1}{K^2-1}p_o$
轴向应力 σ_z	$\sigma_{zi}=\dfrac{1}{K^2-1}p_i$	$\sigma_{zo}=\dfrac{1}{K^2-1}p_i$	$\sigma_{zi}=-\dfrac{K^2}{K^2-1}p_o$	$\sigma_{zo}=-\dfrac{K^2}{K^2-1}p_o$
径向应力 σ_r	$\sigma_{ri}=-p_i$	$\sigma_{ro}=0$	$\sigma_{ri}=0$	$\sigma_{ro}=-p_0$

注:$\sigma_{\theta i}$—内壁面环向应力;σ_{zi}—内壁面轴向应力;σ_{ri}—内壁面径向应力;$\sigma_{\theta o}$—外壁面环向应力;σ_{zo}—外壁面轴向应力;σ_{ro}—外壁面径向应力;p_i—内压力;p_o—外压力

　　上述计算式是厚壁容器强度设计最基本公式,也是设计高压容器的理论基础,适用于任何薄壁和厚壁容器强度设计计算。

6.2.3　应力、压力与 K 值之间关系

　　为了分析厚壁容器壳体应力、压力与 K 值之间的关系,根据式(6-7)中的环向应力 σ_θ 绘出应力、壁厚与直径比 K 值之间在弹性范围内关系曲线,如图 6-5 所示。由图 6-5 明显可见,当 K 值较小即容器壳壁变薄时,沿壁厚应力分布较为均匀,但是应力值很高。随着 K 值增加即壁厚增大,应力曲线变得很陡,内壁面应力相对较大,应力随离内壁面的距离增加而急剧下降,通常内、外壁面的环向应力比值关系为 $\sigma_{\theta i}/\sigma_{\theta o}=(K+1)/2$。同时,由此图还能够看出,对于高压厚壁容器的壳体,若都用低屈服强度材料制造是不经济的。若 $K>4$,只有壁厚的 2/5 部分承受较高应力作用,其余部分应力较小。从经济角度,这个结论对多层压力容器(复合)选材非常重要,如内层材料选用高强度材料,而外部材料用

较低强度材料。

图 6-6 为屈服压力和屈服强度之比 p_{yF}/σ_y 与 K 值之间关系,由图中能够看出,当 K 值大于 5,也就是 $p_{yF}/\sigma_y \approx 0.55$ 时,屈服压力增加很小或根本不增加。也就是说当工作压力很高时,壳体内壁面会产生屈服。

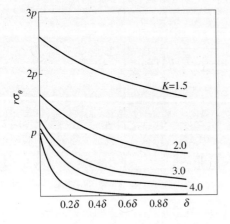

图 6-5 环向应力、壁厚与 K 值之间关系

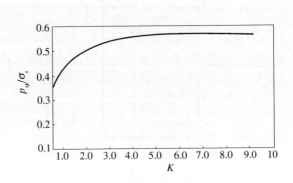

图 6-6 屈服压力与直径比 K 关系

6.3 球壳受力分析

6.3.1 基本方程

1. 平衡方程

在内压作用下的球壳同心面上各点的应力分布都是相同的。为了建立平衡方程式,从球壳中取出一微元体,如图 6-7 所示。与圆柱壳相同,受对称载荷作用的球形容器计算方程式有

$$\left(\sigma_r + \frac{d\sigma_r}{dr}dr\right)(r+dr)^2(d\theta)^2 -$$

$$\sigma_r r^2 (d\theta)^2 - 2\sigma_\theta r dr (d\theta)^2 = 0$$

在略去式中的高次量后,便能够得出平衡方程:

$$\frac{d\sigma_r}{dr} + \frac{2(\sigma_r - \sigma_\theta)}{r} = 0 \qquad (6-9)$$

在式(6-9)中有两个未知数,无法求解,故需从变形方面考虑建立另一个方程,即几何方程。

2. 几何方程

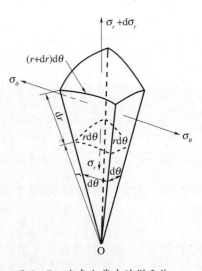

图 6-7 球壳上截出的微元体

$$\begin{cases} \varepsilon_r = \dfrac{du}{dr} \\[2mm] \varepsilon_\theta = \varepsilon_z = \dfrac{u}{r} \end{cases} \qquad (6-10)$$

3. 物理方程

$$\begin{cases} \varepsilon_\theta = \dfrac{1}{E} \left[\sigma_\theta - \mu(\sigma_\theta + \sigma_r) \right] \\[3mm] \varepsilon_r = \dfrac{1}{E} (\sigma_r - 2\mu\sigma_\theta) \end{cases} \qquad (6-11)$$

6.3.2 应力计算

同圆柱壳应力分析一样,解式(6-11)后得径向应力 σ_r 和环向应力 σ_θ 分别为

$$\begin{cases} \sigma_\theta = \dfrac{E}{1 - \mu - 2\mu^2} (\varepsilon_\theta + \mu\varepsilon_r) \\[3mm] \sigma_r = \dfrac{E}{1 - \mu - 2\mu^2} (2\mu\varepsilon_\theta + (1-\mu)\varepsilon_r) \end{cases} \qquad (6-12)$$

由于球壳的环向应力和径向应力大小一样,故 $\sigma_\theta = \sigma_z$,于是有

$$\begin{cases} \sigma_\theta = \sigma_z = \dfrac{p_i}{K^3 - 1} \left(1 + \dfrac{b^3}{2r^3} \right) - \dfrac{p_o K^3}{K^3 - 1} \left(1 + \dfrac{a^3}{2r^3} \right) \\[3mm] \sigma_r = \dfrac{p_i}{K^3 - 1} \left(1 - \dfrac{b^3}{r^3} \right) - \dfrac{p_o K^3}{K^3 - 1} \left(1 - \dfrac{a^3}{r^3} \right) \end{cases} \qquad (6-13)$$

式中:p_i 为内压力(MPa);p_o 为外压力(MPa);a 为球壳内半径(mm);b 为球壳外半径(mm);r 为球壳壁内任意点半径(mm);K 为球壳半径比或直径比,$K = b/a$。

由式(6-12)可见,最大应力为在 $r = a$ 时的环向应力 σ_θ。

若球壳只是受内压作用,即 $p_o = 0$,故式(6-13)为

$$\begin{cases} \sigma_\theta = \dfrac{p_i}{K^3 - 1} \left(1 + \dfrac{b^3}{2r^3} \right) \\[3mm] \sigma_r = \dfrac{p_i}{K^3 - 1} \left(1 - \dfrac{b^3}{r^3} \right) \end{cases} \qquad (6-14)$$

球壳内壁面的环向应力和径向应力分别为

$$\begin{cases} \sigma_{\theta i} = \dfrac{2 + K^3}{2(K^3 - 1)} p_i \\[3mm] \sigma_{ri} = - p_i \end{cases} \qquad (6-15)$$

球壳外壁面的环向应力和径向应力分别为

$$\begin{cases} \sigma_{\theta o} = \dfrac{3 p_i}{2(K^3 - 1)} \\[3mm] \sigma_{ro} = 0 \end{cases} \qquad (6-16)$$

6.4 厚壁容器强度计算

高压容器一般只受内压作用,由表6-1可知,受内压作用圆柱壳的最大应力出现在内壁面上,故强度计算时通常以控制内壁面应力极限值为准则。然而,对于内部加热的高压圆柱壳外表面也会出现较高的应力值,因此有时还需要同时校核外壁面的

应力。

目前,高压容器设计计算式主要是按弹性失效准则和塑性失效准则推导出来的。在具体讨论两种失效准则之前,先分析圆柱壳受内压作用时压力 p_i 与应变之间的关系,如图 6 - 8 所示。由图中可见,当内压力由零增加至使容器内壁面应力值达到弹性极限,即出现屈服时的压力为 p_{ie},继续增加压力使整个壁厚都屈服的内压力为 p_{iyF},这时容器虽然完全屈服,但是塑性流动因材料变形硬化作用并不能马上发生断裂破坏,变形随着应力增加而增加,直到最大值 p_{imax} 为止。然后承受压力下降至 p_{ib},便发生爆破,p_{ib} 称为爆破压力。

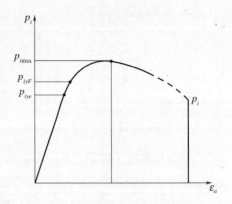

图 6 - 8　壳体在压力作用下压力
与变形之间关系

6.4.1　弹性失效设计

为了保证高压容器安全可靠的运行,一般认为在当量应力作用下圆柱壳体内表面开始屈服时,即认为失效,这就是弹性失效准则。根据这个准则,圆柱壳体的强度条件是壳体内表面当量应力等于或小于材料许用应力:

$$\sigma_e \leqslant [\sigma] = \sigma_y/n \tag{6 - 17}$$

式中:σ_e 为圆柱壳体最大应力处的应力强度,根据选择的强度理论确定(MPa);σ_y 为圆柱壳体材料的屈服强度(MPa)。

1. 最大主应力理论

由强度理论可知,当三个应力 σ_θ、σ_r 和 σ_z 中的任何一个应力达到了容器壳体材料的弹性极限时,即认为破坏失效。由前面分析可知,只有内压力作用的圆筒或球壳(常温)时 σ_θ 值最大,故有

$$\begin{cases} \sigma_e = \sigma_\theta = \left(\dfrac{K^2 + 1}{K^2 - 1}\right)p_i \leqslant [\sigma] \\[3mm] p_{is} = [\sigma]\left(\dfrac{K^2 + 1}{K^2 - 1}\right) \end{cases} \tag{6 - 18}$$

若为了简化计算,可以用下述中径计算式计算:

$$\begin{cases} \sigma_e = \dfrac{K + 1}{2(K - 1)}p_i \\[3mm] p_{is} = [\sigma]\left[\dfrac{2(K - 1)}{K + 1}\right] \end{cases} \tag{6 - 19}$$

2. 最大剪应力理论

作用在容器壳体上的最大剪应力达到材料的屈服强度时即认为失效,由此得

$$\begin{cases} \sigma_e = \dfrac{2K^2}{K^2 - 1}p_i \leqslant [\sigma] \\[3mm] p_{is} = [\sigma]\dfrac{K^2 - 1}{2K^2} \end{cases} \tag{6 - 20}$$

3. 最大应变能理论

如果容器壳体材料的应变能达到 $\sigma_y^2/(2E)$ 时即认为失效,于是有

$$
\begin{cases}
\sigma_e = \dfrac{1}{\sqrt{2}}\sqrt{(\sigma_1 - \sigma_2)^2 + (\sigma_2 - \sigma_3)^2 + (\sigma_3 - \sigma_1)^2} = \dfrac{\sqrt{3}K^2}{K^2 - 1}p_i \leqslant [\sigma] \\
p_{is} = \dfrac{K^2 - 1}{\sqrt{3}K^2}[\sigma]
\end{cases} \tag{6-21}
$$

设计时通常容器壳体内半径或直径、壳体材料力学性能和内压力均为已知量,于是可以用式(6-21)计算壳体壁厚。

6.4.2 塑性失效设计

众所周知,按弹性失效准则设计的高压容器并非是最危险的,也就是说弹性失效不能立即就会使容器发生破坏失效。因此,为了充分发挥材料性能,节省材料,除了壳体结构不连续部位外,目前有用塑性失效即圆柱壳整个壁厚进入屈服时的设计准则建立强度计算式。

特纳(Turner)式:

$$
p_{isF} = \sigma_y \ln K \tag{6-22}
$$

纳戴(Nadai)式)

$$
p_{isF} = \frac{2}{\sqrt{3}}\sigma_y \ln K \tag{6-23}
$$

别辽耶夫—辛尼奇基—屈瑞斯加(Беляев - Синичкий - Tresca):

$$
p_{isF} = \frac{1}{2n}\sigma_y(K^{2n} - 1) \tag{6-24}
$$

别辽耶夫—辛尼奇基—米赛斯(Беляев - Синичкий - Mises):

$$
p_{isF} = \frac{1}{\sqrt{3}n}\sigma_y(K^{2n} - 1) \tag{6-25}
$$

上述式中:n 为材料变形硬化指数。

壁厚完全处于屈服状态时极限压力计算式是基于极限分析,假设材料完全理想塑性,不考虑变形硬化情况下推导出来的,特纳和戴纳两式之间的差别是,特纳式利用第三强度理论的屈服条件,而纳戴式则利用第四强度理论的屈服条件。别辽耶夫—辛尼奇基—屈瑞斯加或别辽耶夫—辛尼奇基—米赛斯式考虑了材料的变形硬化现象,并以应力应变之间关系为 $\sigma = C\varepsilon^n$ 的塑性分析得出来的。用上述各式计算可以看出,当 $K \leqslant 1.5$ 时各式计算结果相差不是太大,这一点和弹性失效设计准则的计算结果式一致。

6.4.3 爆破压力计算

常用的公式就是著名的福贝尔(Faupel)式,爆破压力下限式为

$$
p_{isF} = \frac{2}{\sqrt{3}}\sigma_y \ln K \tag{6-26}
$$

同理,爆破压力上限式为

$$p_{imax} = \frac{2}{\sqrt{3}}\sigma_b \ln K \tag{6-27}$$

一般容器实际爆破力介于式(6-26)和式(6-27)两者之间,并随材料的屈强比 ν 成线性变化,于是有

$$p_b = p_{isF} + \frac{\sigma_y}{\sigma_b}(p_{imax} - p_{is}) \tag{6-28}$$

或

$$p_b = \frac{2}{\sqrt{3}}\sigma_y\left(2 - \frac{\sigma_y}{\sigma_b}\right)\ln K \tag{6-29}$$

令 $\nu = \sigma_y/\sigma_b$,则式(6-29)变为

$$p_b = \frac{2}{\sqrt{3}}(2 - \nu)\nu\sigma_b \ln K \tag{6-30}$$

为了研究方便,将式(6-30)分为两个部分,即

$$p_b = (2 - \nu)\nu\frac{2}{\sqrt{3}}\sigma_b \ln K \tag{6-31}$$

这样,$(2/\sqrt{3})\sigma_b \ln K$ 显然表示理想塑性材料的极限压力;$(2-\nu)\nu$ 则表示材料的屈强比对极限压力的影响。因 $\nu < 1$,故 $(2 - \nu) > 1$。这就说明由非理想塑性材料制造的圆柱壳的极限压力(爆破压力)比由模型化的理想塑性材料制造的圆柱壳的极限压力要大的原因。

近年来在使用福贝尔公式时也出现计算结果误差问题,尤其是对中等强度钢制高压容器经过试验后发现此式的误差超过 15% ~ 20%,有时高达30%,有人用一种比式(6-31)更为简化的但精度比较高的最大压力计算式:

$$p_b = 13.21\sigma_y\left(\frac{\sigma_y}{\sigma_b}\right)^4\ln K \tag{6-32}$$

据称该式的误差在8%左右。

6.4.4 内压和温差同时作用强度计算

6.4.4.1 内加热受内压作用的圆柱壳体

由表6-1可知,圆柱壳仅受内压作用时,最大应力出现在内壁面上,环向应力和轴向应力都是拉应力。其次,由3.4.5节和图3-16可知,圆柱壳仅受内加热作用时,$T_a > T_b$,内壁面温度应力为压应力,外壁面温度应力为拉应力。但是,最大应力的绝对值还是出现在内壁面上。当压力和内加热同时作用时,应将内压力作用引起的应力与内加热引起的温度应力相叠加,如图6-9所示。由图中明显可见,内壁面的环向应力和轴向应力减少,外壁面增加。因此,在确定计算组合应力时,必须考虑此最大应力值既可能出现在内壁面上,也可能出现在外壁面上。这就需要在设计这种载荷状态圆柱壳时,首先需要考虑如下三种情况。

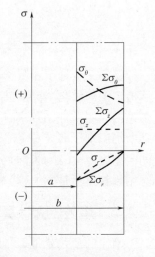

图6-9 内加热受内压作用
壳体应力分布

184

（1）仅受内压作用时，内壁面的强度。

（2）内压力和内加热同时作用时，若外壁面的应力强度大于单独受内压作用时内壁面的应力强度时，必须校核外壁面的强度。

（3）如果温差较高，即在

$$\Delta T > \frac{1.73K^2 p_i}{SQ(K^2 - 1)} \qquad (6-33)$$

时，还要单独地校核仅受温差作用时内壁面的温度应力。式（6-33）中：Q 和 S 表征壳体材料性能和容器几何尺寸的参数；S 是与直径比 K 值有关的系数，由表6-2查得；Q 为常数，由表6-3查得；K 为圆筒的直径比。

表 6-2 系数 S

K	1.1	1.2	1.3	1.4	1.5	1.6	1.7	1.8	1.9	2.0
S	1.030	1.060	1.085	1.100	1.135	1.155	1.185	1.195	1.210	1.235

表 6-3 系数 Q

钢　种	En25 钢[①]	13% Cr[②]	18% Ni[③]	奥氏体不锈钢	34CrNi3 Mo	40CrNi2Mo (4340)
Q	1.84	1.82	1.34	2.08	1.82	1.76
[①] 抗拉强度 $\sigma_b = 854.94\text{MPa}$；[②] 抗拉强度 $\sigma_b = 620.52\text{MPa}$；[③] 抗拉强度 $\sigma_b = 1820.2\text{MPa}$						

下面，根据上述三种情况，分别进行强度校核计算。

（1）仅受内压力 p_i 作用时，圆柱壳内壁面的应力强度按式（6-21）计算，即

$$\sigma_{\theta i} = \frac{\sqrt{3}K^2}{K^2 - 1} p_i \qquad (6-34)$$

（2）内压和内加热同时作用时，外壁面的应力校核条件为

$$\begin{cases} \sigma_e = \sqrt{\left(\sum \sigma_{\theta o}\right)^2 + \left(\sum \sigma_{zo}\right)^2 - \left(\sum \sigma_{\theta o}\right)\left(\sum \sigma_{zo}\right)} \leqslant [\sigma]_y^t \\ \sum \sigma_{\theta o} = \sigma_{\theta o} + \sigma_{\theta o}^t = \frac{2p_i}{K^2 - 1} + (2 - S)Q\Delta T \\ \sum \sigma_{zo} = \sigma_{zo} + \sigma_{zo}^t = \frac{p_i}{K^2 - 1} - (2 - S)Q\Delta T \end{cases} \qquad (6-35)$$

式中：$\sum \sigma_{\theta o}$ 为外壁面环向合应力（MPa）；$\sum \sigma_{zo}$ 为外壁面轴向合应力（MPa）；S 为 K 值的函数，见表6-2；Q 为热压常数，见表6-3；ΔT 为圆柱壳内壁面与外壁面的温差，$\Delta T = T_a - T_b > 0(℃)$；$\sigma_y^t$ 为圆柱壳材料在设计温度下的屈服强度（MPa）。

如果式（6-35）的校核条件不能满足时，应增加壁厚，然后再校核计算，直到满足强度要求时为止。

当外壁面的应力强度值小于仅受内压作用时的内壁面的应力强度，同时满足下述条件：

$$\Delta T = \frac{(2 \sim 2.3)}{Q} p_i \qquad (K > 2) \qquad (6-36)$$

可不进行上述校核计算。

（3）圆柱壳内壁面的温度应力校核条件为

$$\sigma_i^t = QS\Delta T \leqslant \sigma_y^t \tag{6-37}$$

当 $\Delta T \leqslant 1.73K^2 p_i / [SQ(K^2-1)]$ 时，内壁面热应力可不进行校核计算。

6.4.4.2　外加热受内压作用的圆柱壳

圆柱壳外加热（$T_b > T_a$）时，温度应力在内壁面上是拉应力，外壁面是压应力。如将此应力与内压力作用时产生的应力叠加，内壁面的应力最大。因此，与内加热圆柱壳强度校核计算不同，只需计算内壁面的最大应力即可。内壁面应力强度校核条件为：

$$
\begin{cases}
\sigma_{ie} = \sqrt{\dfrac{1}{2}\left[\left(\sum\sigma_{\theta i} - \sum\sigma_{zi}\right)^2 + \left(\sum\sigma_{zi} - \sum\sigma_{ri}\right)^2 + \left(\sum\sigma_{ri} - \sum\sigma_{\theta i}\right)^2\right]} \leqslant \sigma_y^t \\[2mm]
\sum\sigma_{\theta i} = \sigma_{\theta i} + \sigma_{\theta i}^t = \dfrac{K^2+1}{K^2-1}p_i - QS\Delta T \\[2mm]
\sum\sigma_{zi} = \sigma_{zi} + \sigma_{zi}^t = \dfrac{p_i}{K^2-1} - QS\Delta T \\[2mm]
\sum\sigma_{ri} = \sigma_{ri} + \sigma_{ri}^t = -p_i
\end{cases}
$$
$$\tag{6-38}$$

式中：$\sum\sigma_{\theta i}$ 为圆柱壳内壁面环向合应力（MPa）；$\sum\sigma_{zi}$ 为圆柱壳内壁面轴向合应力（MPa）；$\sum\sigma_{ri}$ 为圆柱壳内壁面径向合应力（MPa）；σ_y^t 为圆柱壳材料在设计温度下的屈服强度（MPa）。

除此以外，也可以用下述简化公式进行强度校核计算：

$$
\begin{cases}
\sum\sigma = \sigma_i + \sigma_i^t \leqslant \sigma_y^t \\[2mm]
\sigma_i = \dfrac{\sqrt{3}K^2}{K^2-1}p_i \\[2mm]
\sigma_i^t = SQ\Delta T
\end{cases}
\tag{6-39}
$$

式中：σ_i 为仅受内压作用时按式（6-7）计算的圆柱壳内壁面的计算应力（MPa）；σ_i^t 为圆柱壳内壁面的热应力（MPa）；K 为圆柱壳的直径比。

式（6-39）计算结果与式（6-38）计算结果的误差为 1% ~ 4%。

如果上述强度条件得不到满足，应适当地增加壁厚，重复校核计算，直到满足要求为止。

6.4.4.3　内外加热受内压作用的球壳

1. 内加热受内压作用的球壳

在这种情况下，可以仿照上述圆柱壳简化校核计算式核算外壁面上的应力，即

$$\sum\sigma_o = \sigma_{\theta o} + \sigma_o^t \leqslant \sigma_y^t \tag{6-40}$$

其中

$$\sigma_{\theta o} = \frac{3p_i}{2(K^2-1)}$$

$$\sigma_o^t = \sigma_{\theta o}^t$$

$\sigma_{\theta o}^t$ 由式(3-71)求得。

2. 外加热受内压作用的球壳

这时需要校核球壳内壁面上的应力:

$$\sum \sigma_i = \sigma_{\theta i} + \sigma_i^t \leqslant \sigma_y^t \qquad (6-41)$$

其中

$$\sigma_{\theta i} = \frac{3K^2 p_i}{2(K^2 - 1)}$$

$$\sigma_i = \sigma_{\theta i}^t$$

$\sigma_{\theta i}^t$ 由式(3-70)求得。

6.5　厚壁容器设计计算

6.5.1　圆柱壳容器设计计算

1. 失效形式

压力容器失效形式主要分为两大类:由局部应力或应变引起的失效和由一次薄膜应力产生的总体结构失效。

局部应力和应变引起的失效往往是某一局部区域由于结构上的原因,例如不连续或材料缺陷在载荷作用下产生过大的局部应力,促使裂纹生成并扩展或者使原有裂缝进一步扩展而造成的最后失效,如应力腐蚀、腐蚀疲劳、腐蚀和磨损引起的材料损耗等。

对于厚壁容器来说,设计时主要考虑避免过度的塑性变形或过大的弹性变形。这个基本准则成为厚壁容器设计计算的理论基础。衡量变形程度的准则有三个:弹性失效准则、塑性失效准则和爆破失效准则。

(1) 弹性失效准则:这个准则认为厚壁容器内壁面的应力强度值超过材料的屈服强度(失去弹性进入塑性状态)时,容器则认为失效。厚壁容器屈服以后,局部应力较大处可能出现微裂纹,并在各种因素(例如疲劳)作用下使裂纹扩展,最终导致失效。

(2) 塑性失效准则:这个准则认为容器壳体内应力强度超过屈服强度后应力增加使整个壁厚完全屈服以后,才认为失效而不能使用。

(3) 爆破失效准则:这种准则认为厚壁容器并非整个壁厚完全屈服时就会失效,只有当容器承受的压力继续增大,壳体中的应力和应变因应变硬化而持续增加,直到压力达到某一数值时,容器发生爆破,才认为容器真正失效。

厚壁容器设计中,一般都采用弹性失效准则,它的设计公式是从弹性理论推导出来的。但是因为采用的强度理论不一样,故设计公式的形式也不尽相同。塑性失效准则和爆破失效准则都是依据极限分析和塑性分析的极限设计法。

2. 强度条件

高压容器大多数只受内压作用,受内压作用的容器的最大应力出现在内壁面上,故强度计算一般以内壁面的应力为基础。然而如前所述,对于内加热高压容器,在外壁面上有时可能出现最大合应力值,在这种情况下,还需要同时校核外壁面的应力强度。总之,高压容器的强度设计,应当利用前述的强度计算式,求出容器壳体最大受力处的应力强度

（计算应力），并满足下述强度计算条件：

$$\sigma_e \leqslant [\sigma]^t \qquad (6-42)$$

式中：$[\sigma]^t$ 为材料设计温度下的许用应力（MPa）。

　　3. 圆柱壳体设计计算

　　由 6.4 节可知，可以用于高压厚壁容器强度设计的公式很多，但在 K 值较小时（K < 1.5），各式计算结果彼此都很接近，并与试验值相差不大。为了计算方便，一般采用中径公式。当 K > 1.5 时，随着 K 值的增加，各式计算结果相差很大，一般用最大剪应力理论公式较为合适。

　　1) 中径公式

　　如前所述，当 K < 1.5 时，为了设计计算方便，可以用中径公式计算当量应力何壁厚

$$\sigma_e = \frac{p_i}{2}\left(\frac{K+1}{K-1}\right) \leqslant [\sigma]\phi \qquad (6-43)$$

或

$$\delta = \frac{D_i p_i}{2[\sigma]\phi - p_i} \qquad (6-44)$$

式中：D_i 为圆筒内直径（mm）；K 为圆筒外直径与内直径之比（即直径比）；ϕ 为纵向焊缝系数；δ 为圆筒壁厚（mm）；p_i 为设计压力（MPa）；$[\sigma]$ 为圆筒材料的许用应力（MPa）。

　　2) 最大变形能理论强度设计公式

　　由式(6-20)可得

$$\sigma_e = \frac{\sqrt{3}K^2}{K^2 - 1}p_i \leqslant [\sigma]\phi \qquad (6-45)$$

或

$$\delta \geqslant \frac{D_i}{2}\left(\sqrt{\frac{[\sigma]\phi}{[\sigma]\phi - 1.73p_i}} - 1\right) \qquad (6-46)$$

式中：符号的意义同式(6-43)和式(6-44)。

　　计算时，设计压力取得容器在操作过程中可能出现的最大工作压力（表压）。如果容器装有安全阀，取设计压力为最大工作压力的 1.05 倍。如果没有安装有效的减压装置，工作压力有可能突然升高，这时设计压力一般取工作压力的 1.10 倍～1.30 倍。

6.5.2　球形容器设计计算

　　球形容器壳体的最大应力和壁厚：

$$\sigma_e = \frac{(D_i + \delta)p_i}{4\delta} \leqslant [\sigma]\phi \qquad (6-47)$$

或

$$\delta \geqslant \frac{D_i p_i}{4[\sigma]\phi - p_i} \qquad (6-48)$$

式中：D_i 为容器内直径（mm）；δ 为球形容器壁厚（mm）；p_i 为设计内压力（MPa）；$[\sigma]$ 为容器材料的许用应力（MPa）；ϕ 为焊缝系数。

　　式(6-47)和式(6-48)也可以用于球形封头的设计计算

6.5.3 ASME Ⅷ-2 规范设计计算

6.5.3.1 厚壁圆柱壳体

厚壁圆柱壳体在内外压力作用下的环向应力 σ_θ 和径向应力 σ_r 分布如图 6-2 所示，环向应力的一次薄膜应力 P_m 为

$$P_m = \frac{R}{\delta}p \qquad (6-49)$$

沿壁厚大于 P_m 的应力为二次应力 Q。

径向应力的一次薄膜应力 $p_m = -p/2$，根据最大剪应力理论，一次总体薄膜应力为

$$P_m = \frac{K+1}{2(K-1)}p_i \qquad (6-50)$$

若将二次应力加到一次总体薄膜应力后，有

$$P_m + Q = \frac{2K^2}{K^2-1}p_i \qquad (6-51)$$

根据弹性失效准则，$P_m \leqslant S_m$，为了不使壳体内表面产生屈服，规范规定其强度用压力或厚度控制。为此取 $p \leqslant 0.4S_m$，并由此解出 $K \leqslant 1.5$ 时，圆柱壳体壁厚计算式：

$$\delta = \frac{R_i p_i}{S_m - 0.5p_i} \qquad (6-52)$$

此式与式(6-44)的中径壁厚计算式相同。

若 $K \geqslant 1.5$ 时，厚壁容器壳体沿壁厚出现屈服，ASME Ⅷ规范按塑性失效准则确定压力和壁厚。根据式(6-29)，容器壳体壁厚完全屈服时的压力为

$$p_y = \sigma_y \ln K = \sigma_y \ln \frac{R_i + \delta}{R_i} \qquad (6-53)$$

在取屈服强度安全系数 1.5 后，便可得出厚壁圆柱壳体的设计压力或壁厚计算式为

$$p_i = \frac{p_y}{1.5} = S_m \ln \frac{R_i + \delta}{R_i} \qquad (6-54)$$

$$\delta = R_i(e^{p_i/S_m} - 1) \qquad (6-55)$$

6.5.3.2 锥壳、球壳和成形壳体封头

对于锥壳、球形封头或其他成形封头的壁厚计算式推导与圆柱形壳体一样，有薄壁和厚壁之分，即 $p \leqslant 0.4S_m$、$p > 0.4S_m$ 时的计算式。

对于球壳封头，$p \leqslant 0.4S_m$ 时的壁厚：

$$\delta = \frac{pR_i}{2S_m - 0.5p_i} \qquad (6-56)$$

当 $p \geqslant 0.4S_m$ 时的壁厚：

$$\delta = R_i(e^{p_i/2S_m} - 1) \qquad (6-57)$$

对于圆锥壳体，当 $p \leqslant 0.4S_m$ 时，其壁厚为

$$\delta = \frac{R_{ic}p_i}{S_m - 0.5p_i} \qquad (6-58)$$

当 $p > 0.4S_m$ 时的壁厚：

$$\delta = R_{ic}(e^{p_i/S_m} - 1) \qquad (6-59)$$

对于碟形封头或椭圆形封头的最大压力或壁厚由一次薄膜应力、弹塑性极限载荷、压力循环产生的疲劳载荷等所控制。这里有三种情况:①$p \geq 0.08S_m(\delta/R > 0.04 \sim 0.05)$的厚壁封头壳体,其失效主要是由于一次薄膜应力引起的,因此用一次薄膜应力控制容器承载能力或壁厚。在这种情况下,封头的强度条件是由封头球冠部分因压力作用使壳体内壁面刚好出现屈服时的极限压力小于或等于一次薄膜应力,可以根据此极限压力用塑性失效准则确定碟形封头或椭圆形封头的壁厚。②$p < 0.08S_m(\delta/R < 0.04 \sim 0.05)$中等厚度封头,弹塑性极限载荷和压力循环产生的疲劳载荷对封头失效起主要作用,因此由极限载荷和疲劳控制其最大承载能力或壁厚。在这种情况下,封头过渡圆角处的强度条件是按最大剪应力理论屈服条件计算出的当量应力小于或等于塑性垮塌极限压力。③对于薄壁封头($\delta/R_i < 0.002$),失稳是失效的主要形式。因此,封头的最大承载能力或壁厚由稳定性条件所决定。

于是,在$p > 0.08S_m$的情况下,碟形封头的壁厚按下式计算:

$$\delta = \frac{R_i}{2}(e^{p_i/S_m} - 1) \tag{6-60}$$

6.6　圆柱壳体自增强

厚壁压力容器和超高压厚壁容器,为了提高承载能力和疲劳寿命,通常采用古老的但是特别有效的工艺,就是对圆柱壳的内壁面进行自增强强化处理,经过这种强化处理以后的容器壁内存在着残余压缩应力。自增强处理过容器在使用过程中,由于介质压力作用使壳体内的应力和应力分布发生了变化。因此,需要分析自增强处理过程、处理(卸载)后和在使用状态下,容器壳体内的应力、应力分布和变化,求出自增强处理的最佳自增强压力和最佳弹塑界面半径及其所依据的最佳当量应力等参数。

自增强处理工艺过程分为加载和卸载两个过程。加载过程又分为弹性加载和塑性加载两个阶段,而卸载过程也是如此。容器壳壁在足够的自增强压力作用下,开始在内壁面产生屈服,而外表面仍处于弹性变形状态,于是在壳体壁内出现塑性区和弹性区,如图6-10所示。当自增强压力卸除之后,由于内壁区域的塑性变形受到外部壳体弹性收缩压力作用产生压缩残余应力及外壁区域因收缩受到内壁区域阻碍产生弹性拉应力,于是在圆柱壳体截面自增强处理后出现两种应力状态:壳体内表面为塑性状态和外表面为弹性状态,及弹塑性界面。

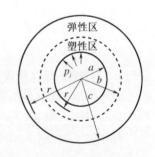

图6-10　自增强处理壳体的塑性区和弹性区

6.6.1　壳体自增强处理技术

6.6.1.1　自增强工艺和方法

自增强处理方法有两种:一种是直接液压法;另一种是机械型压法。

直接液压法是利用液体的压力直接作用在壳体的内壁面使其产生塑性变形。此法操作简单,壁面残余变形均匀,其缺点是处理过程中作用的压力必须超过能使壳体截面内壁区域产生预期塑性范围的操作压力,压力比较大;充水过程需要用高强度钢管制作的高压注水机械装置,故此法不易广泛使用,在许多场合下被机械型压法所代替。

机械型压法是把一个外径略大于圆柱壳内径的型芯轴用推压机构挤入圆柱壳孔内使内壁面受挤压产生塑性变形和残余应力。推压机构有三种:第一种用水压机或冲头把型芯轴挤入圆柱壳内;第二种用起重机拉型芯轴;第三种液压机推动型芯轴。必须指出的是,机械型压法只适用于圆柱壳体的自增强处理。

6.6.1.2　自增强加载过程壳体受力分析

自增强处理技术最主要的工序就是在圆柱壳内表面上施加自增强压力,用 p_A 表示使壳体壁内产生屈服所必需的自增强压力;p_{Ai}、p_{Ao}、p_{Ar} 分别表示使圆柱壳体内表面产生屈服、壳壁整个截面完全屈服和屈服到壳体截面半径为 r 时所需要的自增强压力。

图6-11为材料拉伸—压缩的曲线图。图中是按 Mises 屈服条件分析得出的内压力作用在圆柱壳上的弹性极限曲线图,由于在讨论圆柱壳自增强处理工艺时,壳体在轴向方向是开口,故坐标上只有环向应力和径向应力。图中粗实曲线表示自增强处理时压力增加和减少过程,弹性行为随着压力增加一直保持到椭圆曲线 B 点为止,当压力继续增加到使壳壁产生的应力达到或超过屈服强度时便会产生塑性流动到 C 点,由此点自增强压力开始卸除回落到 D 点。在压力卸除过程中,壳体中应力是沿着与弹性应力开始上升阶段平行的路径减少。于是由图中看到,除了圆柱壳强度沿壁厚存在残余

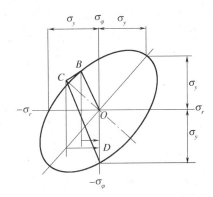

图6-11　自增强处理过程
弹性极限曲线图

应力外,弹性域的偏移也是提高屈服强度的一个原因。由此可见,在进行自增强分析时,最关键的问题是确定最佳自增强压力及其与此相适应的弹塑性界面半径,此界面的当量应力值最小。

在分析这种受力状态下壁壳中的应力时,可以看作与分析容器壳体在介质压力 p_i 作用下产生的应力分布一样。

6.6.2　自增强加载过程应力和自增强当量应力

6.6.2.1　弹性状态应力计算

受自增强压力 $p_A(p)$ 作用的圆柱壳内壁面没有产生屈服的情况下,同受内压 p 作用的未经过自增强单层厚壁圆柱壳一样,在壳体界面半径 r 处产生的弹性径向应力 σ_r 和弹性环向应力 σ_θ 由 Lame 强度计算式计算,见式(6-7)。

根据最大剪切应力理论(Tresca)的屈服条件,由于圆柱形壳体的三个主应力始终是 $\sigma_\theta > \sigma_z > \sigma_r$,故当量应力超过屈服强度时,就会出现屈服:

$$\sigma_{e(T)} = \sigma_\theta - \sigma_r = \sigma_y \tag{6-61}$$

根据最大变形能理论(Mises)屈服条件,出现屈服的当量应力:

$$\sigma_{e(M)} = \sqrt{\frac{1}{2}\left[(\sigma_\theta - \sigma_r)^2 + (\sigma_r - \sigma_z)^2 + (\sigma_z - \sigma_\theta)^2\right]} = \sigma_y \tag{6-62}$$

由式(6-62)可知两个强度理论之间的关系:

$$2\sigma_{e(M)} = \sqrt{3}\,\sigma_{e(T)} \tag{6-63}$$

在研究受压圆柱壳时有两个最重要的压力值,即 p_{yi}、p_{yo}。p_{yi} 是圆柱壳内壁出现屈服时所需要的内压力,而 p_{yo} 为使壳体整个壁厚完全屈服时所需要的压力。

6.6.2.2 当量应力计算

对于经过自增强处理的圆柱壳体在弹、塑性界面处,根据最大剪应力理论屈服条件计算其在内压力 p_w 作用下的当量应力:

$$\sigma_{e(T)} = \sigma_y \left(\frac{K}{K_1}\right)^2 \left[\left(\frac{K_1}{K}\right)^2 - \left(1 - \left(\frac{K_1}{K}\right)^2\right) + 2\ln(K_1)\frac{1}{K^2-1}\right] + \left(\frac{2p_w}{K^2-1}\right)\left(\frac{K}{K_1}\right)^2 \tag{6-64}$$

对于壳壁整个截面完全自增强处理的圆柱壳($R_j = R_o$,$K_1 = K$),在任何半径处按最大剪应力强度理论能够求出内压力作用的当量应力:

$$\sigma_{e(T)} = \sigma_y \left[1 - \frac{2\ln K}{K^2-1}\left(\frac{R_o}{r}\right)^2 + \frac{2p_w}{K^2-1}\left(\frac{R_o}{r}\right)^2\right] \tag{6-65}$$

$$K = \frac{R_o}{R_i}; K_1 = \frac{R_j}{R_i}$$

式中:R_j 为自增强圆柱壳界面半径(mm);R_i 为自增强圆柱壳内半径(mm);R_o 为自增强圆柱壳外半径(mm)。

6.6.2.3 自增强压力

在自增强处理过程中最为主要的问题是,确定壳体内壁面出现屈服和整个壳体壁厚完全屈服两种情况时施加在壳体内表面上的自增强压力 p_{Ai} 值和 p_{Ao} 值,以及使壳体截面屈服至半径为 r 时所需要的自增强压力 P_{Ar}。根据内、外表面的屈服条件能够按最大剪应力理论和最大变形能理论分别求出这两个主要的极限压力值。由最大剪应力理论屈服条件计算 $p_{Ai(T)}$。内表面的屈服条件:

$$\frac{P_i}{K-1}(1+K^2) - \frac{P_i}{K^2-1}(1-K^2) = \sigma_y$$

$$\frac{2P_i}{K^2-1}K^2 = \sigma_y$$

由此可得

$$P_{Ai(T)} = \frac{K^2-1}{2K^2}\sigma_y$$

$$\frac{P_{Ai(T)}}{\sigma_y} = \frac{K^2-1}{2K^2} \tag{6-66}$$

使外表面上产生屈服的压力极限 $P_{Ao(T)}$ 可由外表面的屈服条件求得

$$\frac{2P_i}{K^2-1} = \sigma_y$$

$$P_{Ao(T)} = \frac{(K^2-1)}{2}\sigma_y$$

$$\frac{P_{Ao(T)}}{\sigma_y} = \frac{(K^2-1)}{2} \tag{6-67}$$

对于由最大变形能屈服条件计算的使壳体内表面开始屈服的内压 $p_{Ai(M)}$ 和使整个壳体界面完全屈服的内压力 $p_{Ao(M)}$：

$$P_{Ai(M)} = \frac{(K^2 - 1)}{\sqrt{3}K^2}\sigma_y$$

$$P_{Ao(M)} = \frac{(K^2 - 1)}{\sqrt{3}}\sigma_y \tag{6-68}$$

由上述当量应力计算可知,最大剪切应力理论计算所需要的自增强压力要比由最大变形能理论计算的自增强压力小,其差值为 15.5%。

6.6.3 自增强处理后壳体残余应力

当自增强压力卸除后,也就是说壳体自增强处理完毕成为产品,容器壳体壁厚的一部分处于塑性状态,并在弹、塑性区域存在残余应力。在塑性区域($R_i < r < R_j$)的残余应力为

$$\begin{cases} \sigma_{Rrp} = \frac{\sigma_y}{2}\left\{\left[2\ln\left(\frac{r}{R_i}\right) - 1 + \left(\frac{K_1}{K}\right)^2\right] - \left[2\ln(K_1 + 1) + \left(\frac{K_1}{K}\right)^2\right]\left[\frac{1}{K^2 - 1}\left(1 - \frac{R_o}{r}^2\right)\right]\right\} \\ \sigma_{R\theta p} = \frac{\sigma_y}{2}\left\{\left[2 + 2\ln\left(\frac{r}{R_j}\right) - 1 + \left(\frac{K_1}{K}\right)^2\right] - \left[2\ln(K_1 + 1) - \left(\frac{K_1}{K}\right)^2\right]\left[\frac{1}{K^2 - 1}\left(1 + \frac{R_o}{r}^2\right)\right]\right\} \\ \sigma_{Rzp} = \frac{\sigma_y}{2}\left\{\left[1 + 2\ln\left(\frac{r}{R_j}\right) - 1 + \left(\frac{K_1}{K}\right)^2\right] - \left[2\ln(K_1 + 1) - \left(\frac{K_1}{K}\right)^2\right]\left(\frac{1}{K^2 - 1}\right)\right\} \end{cases}$$

$$\tag{6-69}$$

弹性区域($R_j \leqslant r < R_o$)的残余应力为

$$\sigma_{Rre} = \frac{\sigma_y}{2}\left[1 - \frac{R_o^2}{r^2}\right]\left\{\frac{K_1^2}{r^2} - \left(1 - \frac{K_1^2}{K^2} + 2\ln K_1\right)\left(\frac{1}{K^2 - 1}\right)\right\}$$

$$\sigma_{R\theta e} = \frac{\sigma_y}{2}\left[1 + \frac{R_o^2}{r^2}\right]\left\{\frac{K_1^2}{r^2} - \left(1 - \frac{K_1^2}{K^2} + 2\ln K_1\right)\left(\frac{1}{K^2 - 1}\right)\right\} \tag{6-70}$$

$$\sigma_{Rze} = \frac{\sigma_y}{2}\left\{\frac{K_1^2}{K^2} - \left(1 - \frac{K_1^2}{K^2} + 2\ln K_1\right)\left(\frac{1}{K^2 - 1}\right)\right\}$$

式中:R_j 为壳体自增强弹塑界面半径,若 $r = R_j$,就能够求出弹、塑性界面处的应力分量:

$$\begin{cases} \sigma_{Rjr} = \frac{\sigma_y}{2}\left[1 - \left(\frac{K}{K_1}\right)^2\right]\left\{\left(\frac{K_1}{K}\right)^2 - \left[1 - \left(\frac{K_1}{K}\right)^2 + 2\ln(K_1)\right]\left(\frac{1}{K^2 - 1}\right)\right\} \\ \sigma_{Rj\theta} = \frac{\sigma_y}{2}\left[1 + \left(\frac{K}{K_1}\right)^2\right]\left\{\left(\frac{K_1}{K}\right)^2 - \left[1 - \left(\frac{K_1}{K}\right)^2 + 2\ln(K_1)\right]\left(\frac{1}{K^2 - 1}\right)\right\} \\ \sigma_{Rjz} = \frac{\sigma_y}{2}\left\{\left(\frac{K_1}{K}\right)^2 - \left[1 - \left(\frac{K_1}{K}\right)^2 + 2\ln(K_1)\right]\left(\frac{1}{K^2 - 1}\right)\right\} \end{cases} \tag{6-71}$$

由上述计算式可见,最大残余应力为壳体内壁面的环向应力。

自增强处理的圆柱壳体和非自增强圆柱壳的总应力分布如图 6-12 所示。由图6-12 明显可见,在操作状态下壳体内壁面的环向应力降低,最大环向应力由内壁面移到 $r = R_j$ 处,当量应力在 $r = R_j$ 最大,这就意味着,圆柱壳体经过自增强处理后提高其承载能力。

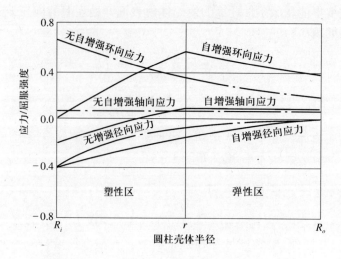

图 6-12　自增强和无自增强圆柱壳体的应力分布

6.6.4　自增强容器操作时壳壁应力分布

6.6.4.1　操作状态应力和自增强应力

经过部分自增强处理的压力容器实际使用时,由于介质压力 p_w 的作用,容器壳体内的应力应当是介质压力产生的应力式(6-7)和容器壳体残余应力的各应力分量的代数和,即

$$\begin{cases} \sigma'_r = \sigma_{Rr} + \sigma_{pr} \\ \sigma'_\theta = \sigma_{R\theta} + \sigma_{p\theta} \\ \sigma'_z = \sigma_{Rz} + \sigma_{pz} \end{cases} \quad (6-72)$$

式中:σ_{pr}、$\sigma_{p\theta}$ 和 σ_{pz} 与式(6-7)的 σ_r、σ_θ、σ_z 相同。

6.6.4.2　自增强圆柱壳最大允许内应力

若对自增强圆柱壳体施加压力大到一定值时,在自增强壳体上有可能产生反向屈服,根据最大剪应力屈服条件,将内压式(6-7)和式(6-66)带入式(6-62),便能计算出在内表面($R_i < r < R_j$)上再次出现屈服的屈服压力 p_{yi}:

$$p_{yi} = \frac{\sigma_y}{2} \Big[2\ln(K_1) + 1 - \Big(\frac{K_1}{K}\Big)^2 \Big] \quad (6-73)$$

将式(6-7)和式6-68)带入式(6-71)后,便可求出引起整个截面屈服的压力 p_{yo}:

$$p_{yo} = \frac{\sigma_y}{2} [2\ln(K_1) + K^2 - K_1^2] \quad (6-74)$$

在已知操作压力即设计压力时,式(6-73)和式(6-74)求出的压力受不同水平最佳自增强压力影响,经过最佳自增强压力处理的圆柱壳内表面出现反向屈服的压力要比未经过自增强处理的压力大,而经过最佳自增强压力处理的壳体外表面出现屈服的内压力要比未处理的小。

对壳体整个截面($r = R_o$)进行完全自增强处理容器的当量应力由式(6-65)计算。使这种自增强容器壳体内表面或整个截面屈服的计算方法是:将 $r = R_i$、$r = R_o$($K_1 = K$)分

194

别代入式(6-66)~式(6-68)后,即可计算其所需的压力值。

由式中能够得出,若只要求在内表面上反向屈服时,使用这种整体截面自增强处理的容器要好些,在这种情况下,其能承受最高的内压力;如果要求使整个截面反向屈服,则最好使用未经自增强处理的壳体,其能够承受最大的内压力。

对于整个截面自增强处理的、部分自增强处理的和未经过自增强处理的圆柱壳体按最大剪应力理论计算的许用应力比较见表6-4,由此能够看出圆柱壳自增强处理压力对许用应力的影响。

表6-4　整体截面自增强、最佳自增强和未自增强圆柱壳的许用应力计算

圆柱形壳体自增强形式	引起内表面屈服的内压力	$\dfrac{P}{\sigma_y}$	引起外表面屈服的内压力	$\dfrac{P}{\sigma_y}$
未自增强处理	$\dfrac{K^2-1}{2K^2}\sigma_y$	0.375	$\dfrac{K^2-1}{2}\sigma_y$	1.5
最佳自增强处理	$\dfrac{\sigma_y}{2}\left[2\ln(K_1)+1-\left(\dfrac{K_1}{K}\right)^2\right]$	0.622	$\dfrac{\sigma_y}{2}\left[2\ln(K_1)+K^2-K_1^2\right]$	1.287
整个截面自增强处理	$\ln(K)\sigma_y$	0.693	$\ln(K)\sigma_y$	0.693

6.6.5　圆柱壳体最佳自增强压力和最佳自增强半径

自增强压力容器在操作状态(介质压力作用)下,由最大剪应力屈服条件计算的弹、塑性界面上的当量应力见式(6-64)。由应力分析可知,当量应力最大处的弹、塑性界面半径 R_j 即为最佳自增强半径 r_{op},而产生最佳自增强半径的压力就是最佳自增强压力 p_{op}。

对式(6-64)微分,令其等于零,有

$$\frac{\mathrm{d}\sigma_{e(T)}}{\mathrm{d}K_1} = -\left[-\frac{2K^2}{K_1^3}+\frac{2K^2}{K_1^3}-\frac{4K^2}{K_1^3}\ln(K)-4\frac{K^2}{K_1^3}p_w\right]=0$$

于是便得出

$$\ln(K_1) = \frac{p_w}{\sigma_y} \tag{6-75}$$

$$K_1 = \exp\left(\frac{p_w}{\sigma_y}\right) \tag{6-76}$$

取

$$n = \frac{p_w}{\sigma_y} \tag{6-77}$$

$$K_1 = \exp(n) \tag{6-78}$$

对式(6-64)再次微分,因 $\dfrac{\mathrm{d}^2\sigma_{e(T)}}{\mathrm{d}r^2}>0$,由此求得的 $R_j(R_{jw})$ 就是在当量应力最大处的弹、塑性界面的最佳半径 $R_{j.op}$。

最大剪应力屈服条件:

$$\begin{cases} K_{1(T)} = \exp(n) \\ R_{j.op} = R_i\exp(n) \\ R_{j.op} = R_i\mathrm{e}^n \end{cases} \tag{6-79}$$

最大变形能屈服条件：

$$\begin{cases} K_{1M} = \exp\left(\dfrac{\sqrt{3}}{2}n\right) \\[2mm] R_{jop} = R_i \exp\left(\dfrac{\sqrt{3}}{2}n\right) \\[2mm] R_{jop} = R_i \mathrm{e}^{\frac{\sqrt{3}}{2}n} \end{cases} \tag{6-80}$$

有式(6-79)和式(6-80)能够看出 K_{1T} 值略比 K_{1M} 值大，但差别并不是太明显，也就是说，最大剪应力理论计算的最佳自增强半径要比最大变形理论计算的大。

由最佳自增强半径能够求出最佳自增强压力。最大剪应力理论圆柱壳屈服到半径为 r 处的内压力计算式：

$$p = \frac{\sigma_y}{2}\left[1 - \left(\frac{r}{R_o}\right)^2 + 2\ln\left(\frac{r}{R_i}\right)\right] \tag{6-81}$$

用最大剪应力屈服条件计算，将式(6-79)代入式(6-81)，最佳自增强压力为

$$p_{Aop \cdot T} = \frac{\sigma_y}{2}\left(1 - \frac{\mathrm{e}^{2n}}{K^2} + 2n\right) \tag{6-82}$$

用最大变形能屈服条件计算，将式(8-80)代入，最佳自增强压力为

$$p_{Aop \cdot M} = \frac{\sigma_y}{2}\left(1 - \frac{\mathrm{e}^{\sqrt{3}n}}{K^2} + \sqrt{3}n\right) \tag{6-83}$$

由此能够得出操作压力 p_w 和厚壁圆柱壳体最佳自增强压力 p_A 之间的关系。由最大剪应力屈服条件计算：

$$\frac{p_{Aop \cdot T}}{p_w} = \left(1 + \frac{K^2 - \mathrm{e}^{2n}}{2nK^2}\right) \tag{6-84}$$

由最大变形能屈服条件计算：

$$\frac{p_{Aop \cdot M}}{p_w} = \left(\frac{\sqrt{3}}{2} + \frac{K^2 - \mathrm{e}^{\sqrt{3}n}}{2nK^{\sqrt{3}}}\right) \tag{6-85}$$

厚壁自增强压力容器最佳自增强压力是随着操作压力的增加而增加，因而最佳的自增强界面半径也增加。厚壁圆柱壳体自增强处理不能提高壳体完全屈服的压力，但能增加壳体的弹性强度，即能够提高其最大许用内压力。另外，在设计具体自增强压力容器时，必须考虑容器的操作压力值。

6.7　球壳自增强

在弹性范围内，球壳在内压力作用下的主应力按式(6-13)计算，在操作压力 p 作用下，球壳的内壁面($r = a$)时的最大应力为

$$\sigma_{\theta\mathrm{max}} = \frac{p}{2}\left(\frac{K^3 + 2}{K^2 - 1}\right) = \sigma_{i\mathrm{max}} \tag{6-86}$$

$$\sigma_{r\mathrm{max}} = -p \tag{6-87}$$

若在内压力作用下内壁面的应力达到壳体材料的屈服强度时，开始产生屈服。在这种情况下，根据最大变形能理论，有

196

$$\sigma_y = \sigma_\theta^2 - 2\sigma_\theta \sigma_r + \sigma_r^2$$

将式(6-86)和式(6-87)代入上式后,可得

$$\sigma_y = \frac{3p_w}{2}\left(\frac{K^3}{K^3 - 1}\right) \tag{6-88}$$

由式(6-88)能够解出球壳的初始屈服压力为

$$p_y = \frac{3\sigma_y}{2}\left[\frac{K^3 - 1}{K^3}\right] \tag{6-89}$$

在球壳弹性范围内,内壁面的径向位移为

$$u_a = \frac{a\sigma_y}{E}\left[\frac{2(1-2\mu)a^3}{3c^3} + \frac{1+\mu}{3}\right] \tag{6-90}$$

外壁面的径向位移为

$$u_b = \frac{a^3\sigma_y}{Ec^3}(1-\mu) \tag{6-91}$$

若内压力作用使壳体内壁面产生的应力达到屈服强度时,内壁面开始屈服,随着压力增加,弹塑性界面半径加大,若达到某一值,弹塑性界面半径为 b 时,将壳体沿壁厚分为塑性区和弹性区两个部分,如图6-10所示。

(1)在塑性区域($a < r < b$),平衡方程为

$$\left(\frac{r}{2}\right)\frac{\mathrm{d}\sigma_r}{\mathrm{d}r} + (\sigma_r - \sigma_\theta) = 0$$

由最大剪应力理论屈服条件 $\sigma_y = \sigma_\theta - \sigma_r$,于是上式为

$$\sigma_y = \left(\frac{2}{r}\right)\frac{\mathrm{d}\sigma_r}{\sigma_r}$$

积分上式后,得

$$\sigma_r = 2\sigma_y \ln r + C \tag{6-92}$$

式中:C 为积分常数,在 $r = b$ 处,σ_r 由式(6-89)确定,即

$$\sigma_r = \frac{2\sigma_y b^3}{3c^3}\left(1 - \frac{C^3}{b^3}\right) \tag{6-93}$$

将式(6-93)代入式(6-92),即可求得 C 值:

$$C = \frac{2\sigma_y b^3}{3c^3}\left(1 - \frac{c^3}{b^3}\right) - 2\sigma_y \ln b \tag{6-94}$$

于是,能够求出球壳塑性区域的环向应力和径向应力为

$$\sigma_\theta = \sigma_y\left[1 - 2\ln\frac{r}{b} + \frac{2b^3}{3c^3}\left(1 - \frac{c^3}{b^3}\right)\right] \tag{6-95}$$

$$\sigma_r = \sigma_y\left[2\ln\frac{r}{b} + \frac{2b^3}{3c^3}\left(1 - \frac{c^3}{b^3}\right)\right] \tag{6-96}$$

(2)在弹性区域($b < r < c$),由式(6-13)求出壳体中的环向应力和径向应力为

$$\sigma_\theta = \varphi\left[1 + \frac{c^3}{2r^3}\right] \tag{6-97}$$

及

$$\sigma_r = \varphi\left[1 - \frac{c^3}{2r^3}\right] \qquad (6-98)$$

式中:系数 φ 值为

$$\varphi = \frac{2\sigma_y b^3}{3c^3}$$

将上式代入式(6-97)和式(6-98)后,便可求出弹性区域的环向应力和径向应力及径向位移:

$$\sigma_\theta = \frac{2\sigma_y b^3}{3c^3}\left(1 + \frac{c^3}{2r^3}\right) \qquad (6-99)$$

$$\sigma_r = \frac{2\sigma_y b^3}{3c^3}\left(1 - \frac{c^3}{2r^3}\right) \qquad (6-100)$$

及

$$u = \frac{2\sigma_y b^3}{3Ec^3}\left[(1-2\mu)r + \frac{(1+\mu)c^3}{2r^3}\right] \qquad (6-101)$$

使弹塑性界面半径移至半径为 b 处所需要的压力为

$$p_{r=b} = 2\sigma_y\left[\frac{b^3}{3c^3}\left(\frac{c^3}{b^3} - 1\right) + \ln\frac{b}{a}\right] \qquad (6-102)$$

球壳在完全屈服,即 $b=c$ 时所需要的压力为

$$p_{r=c} = 2\sigma_y\ln K \qquad (6-103)$$

式中: σ_y 为球壳材料屈服强度(MPa); K 为球壳直径比($K = c/a$)。

球壳的残余应力和反向屈服条件计算式推导与圆柱形壳体相同,反向屈服条件略有不同。最佳自增强压力和最佳自增强半径也与圆柱壳体一样。

6.8 计算举例

例6-1 一受内压力 $p_w = 130\text{MPa}$ 作用高压圆柱形容器,内径 $R_i = 100\text{mm}$;外径 $R_o = 200\text{mm}$;材料参数如下: $E = 203\text{GPa}$, $\sigma_y = 325\text{MPa}$, $\mu = 0.33$, $K = 2$ 。圆柱壳体为部分自增强处理,试求: $R_{j.op}$ 、 p_{op} 和 $\sigma_{e(T)}$ 。

解: 最佳自增强半径 $R_{j.op}$,最佳自增强压力 p_{op} 和当量应力 $\sigma_{e(T)}$ 。

(1)最佳自增强半径 R_{jop} 按式(6-79)计算:

$$n = \frac{p_w}{\sigma_y} = \frac{130}{325} = 0.4, 2n = 0.8, e^n = 1.4918, e^{2n} = 2.2255$$

$$R_{j.op} = R_i e^n = 100 \times 1.4918 = 149.18\text{mm}$$

(2)最佳自增强压力 p_{op} 按式(6-82)计算:

$$p_{op} = \frac{\sigma_y}{2}\left(1 - \frac{e^{2n}}{K^2} + 2n\right) = \frac{325}{2}\left(1 - \frac{2.2255}{2^2} + 0.8\right) = 202.15$$

(3)

$$K_1 = \frac{R_{jop}}{R_i} = \frac{149.18}{100} = 1.492$$

(4)用 Tresca 强度理论计算当量应力 $\sigma_{e(T)}$:

198

$$\sigma_{e(T)} = \left(\frac{K}{K_1}\right)^2 \left\{ \left(\frac{K_1}{K}\right)^2 - \left[1 - \left(\frac{K_1}{K}\right)^2 + 2\ln(K_1)\frac{1}{K^2-1} \right] \right\} \sigma_y + \left(\frac{2p_w}{K^2-1}\right)\left(\frac{K}{K_1}\right)^2$$

$$= \left(\frac{2}{1.492}\right)^2 \left\{ \left(\frac{1.492}{2}\right)^2 - \left[1 - \left(\frac{1.492}{2}\right)^2 + 2\ln(1.492)\frac{1}{2^2-1} \right] \right\} \times 325$$

$$+ \left(\frac{2 \times 130}{2^2-1}\right)\left(\frac{2}{1.492}\right)^2$$

$$= 237\text{MPa}$$

由此可得 $\sigma_e/\sigma_y = 237/325 = 0729$。

（5）将 p_{op}/σ_y 和 $\sigma_{e(T)}/\sigma_y$ 之比分别为纵坐标和横坐标，绘成曲线图，如图 6-13 所示。从图中可见最小当量应力，$p_{op}/\sigma_y = 0.622$、$\sigma_{e(T)}/\sigma_y = 0.729$ 相交为最佳值。

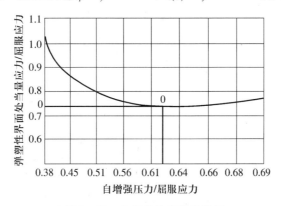

图 6-13　自增强柱壳设计举例

例 6-2　圆柱形容器壁厚 $\delta = 100\text{mm}$，内直径 $D_i = 400\text{mm}$，外直径 $D_o = 600\text{mm}$，直径比 $K = 1.5$。容器设计压力 21MPa，内壁面温度 $-156℃$，外壁面温度 $-110℃$，内外壁温差 $-46℃$。圆柱壳材料为 CrNi 低温钢。整个圆柱壳焊缝系数均取 $\phi = 1$。

试计算容器壁应力值并校核强度。

解：由表 6-2 可知，设计压力 p_d（以下用内压力 p_i 代替之）作用下，圆筒内壁面环向应力为

$$\sigma_{\theta i}^p = \frac{K^2+1}{K^2-1}p_i = \frac{1.5^2+1}{1.5^2-1} \times 21 = 54.6\text{MPa}$$

外表面环向应力：

$$\sigma_{\theta i}^p = \left(\frac{2}{K^2-1}\right)p_i = 33.6\text{MPa}$$

内表面径向应力：

$$\sigma_{ri}^p = -p_i = -21\text{MPa}$$

外表面径向应力：

$$\sigma_{ro}^p = 0$$

内表面轴向应力：

$$\sigma_{zi}^p = \left(\frac{1}{K^2-1}\right)p_i = \frac{1}{1.5^2-1} \times 21 = 16.8\text{MPa}$$

外表面轴向应力：

$$\sigma_{zo}^p = \sigma_{zi}^p = \left(\frac{1}{K^2 - 1}\right)p_i = \frac{1}{1.5^2 - 1} \times 21 = 16.8\text{MPa}$$

因温差作用在内表面上产生的环向温度应力按式(6-37)计算(各种应力符号见3.5节,拉应力为正,压应力为负),由表6-2和表6-3查得 $S = 1.135, Q = 1.8$ 后,即

$$\sigma_{\theta i}^t = -QS\Delta T = -18 \times 1.135 \times (-46) = 93.978\text{MPa}$$

外表面上产生的环向温度应力:

$$\sigma_{\theta o}^t = Q(2 - S)\Delta T = 18 \times (2 - 1.135) \times (-46) = 71.622\text{MPa}$$

内表面径向温度应力:

$$\sigma_{ri}^t = 0$$

外表面径向温度应力:

$$\sigma_{ro}^t = \sigma_{ri}^t = 0$$

内表面轴向温度应力:

$$\sigma_{zi}^t = \sigma_{\theta i}^t = 93.978\text{MPa}$$

同样,外表面轴向温度应力为

$$\sigma_{zo}^t = \sigma_{\theta o}^t = -71.622\text{MPa}$$

环向方向的总应力:

内表面:

$$\sum \sigma_{\theta i} = \sigma_{\theta i}^p + \sigma_{\theta i}^t = 54.6 + 94 = 139.6\text{MPa}$$

外表面:

$$\sum \sigma_{\theta o} = \sigma_{\theta o}^p + \sigma_{\theta o}^t = 33.6 - 72 = -38.4\text{MPa}$$

径向方向总应力:

内表面:

$$\sum \sigma_{zi} = \sigma_{ri}^p + \sigma_{ri}^t = (-21) + 0 = -21\text{MPa}$$

外表面:

$$\sum \sigma_{ro} = \sigma_{ro}^p + \sigma_{ro}^t = 0 + 0 = 0$$

轴向方向的总应力:

内表面:

$$\sum \sigma_{zi} = \sigma_{zi}^p + \sigma_{zi}^t = 16.8 + 93.978 = 110.788\text{MPa}$$

外表面:

$$\sum \sigma_{ze} = \sigma_{ze}^p + \sigma_{ze}^t = 16.8 - 71.672 = -54.8\text{MPa}$$

因圆柱壳内壁面温度低于外壁温度,故可视为外加热容器,强度校核按式(6-82)计算:

$$\sum \sigma = \sigma_i + \sigma_i^t \leqslant \sigma_y^t$$

即

$$\sum \sigma = \frac{1.73K^2}{K^2 - 1}p_i + SQ\Delta T = 65.394 + 93.978 = 159.372\text{MPa} < 173\text{MPa}$$

例6-3 试设计一高温高压圆柱形容器并校核其强度。设计压力为 $p_d = 10\text{MPa}$;操

作时容器内壁面最高温度 $T_a = 510℃$，外壁面温度 $T_b = 485℃$，内外温差 $\Delta T = 25℃$。圆柱壳材料为 12Cr2Mo1（调质），常温下力学性能 $\sigma_y = 280\text{MPa}$，$\sigma_b = 480\text{MPa}$；510℃时 $\sigma_y^{t=510} = 180\text{MPa}$，$[\sigma]^{t=510} = 75\text{MPa}$，内径 $D_i = 400\text{mm}$，焊缝系数 $\phi = 1$。

解：由中径公式（6-44）计算壁厚：

$$\delta = \frac{D_i p_i}{2[\sigma]^t \phi - p_i} = \frac{400 \times 10}{2 \times 75 \times 1 - 10} = 29\text{mm}$$

考虑温度应力及壁厚附加量后，取 $\delta = 50\text{mm}$，于是有

$$D_o = D_i + 2\delta = 400 + 100 = 500\text{mm}$$

$$K = \frac{D_o}{D_i} = \frac{500}{400} = 1.25, K^2 = 1.56$$

由压力在内表面上产生的环向应力为

$$\sigma_{\theta i}^p = \frac{K^2 + 1}{K^2 - 1}p_i = \frac{1.25^2 + 1}{1.25^2 - 1} \times 10 = 45.714\text{MPa}$$

外表面上的环向应力：

$$\sigma_{\theta o}^p = \frac{2}{K^2 - 1}p_i = \frac{2}{1.25^2 - 1} \times 10 = 35.714\text{MPa}$$

内表面上的径向应力：

$$\sigma_{ri}^p = -p_i = -10\text{MPa}$$

外表面上的径向应力：

$$\sigma_{ro}^p = 0$$

内壁面的轴向应力：

$$\sigma_{zi}^p = \frac{1}{K^2 - 1}p_i = \frac{1}{1.25^2 - 1} \times 10 = 17.857\text{MPa}$$

外壁面上的轴向应力：

$$\sigma_{zo}^p = \frac{1}{K^2 - 1}p_i = \frac{1}{1.25^2 - 1} \times 10 = 17.857\text{MPa}$$

由于温差而产生的温度应力按下述计算（各种应力符号见 3.5 节，拉应力为正，压应力为负）。

内表面环向温度应力：

$$\sigma_{\theta i}^t = -QS\Delta T = -18 \times 1.07 \times 25 = -48.15\text{MPa}$$

外表面环向正温度应力由式（3-60）求得

$$\sigma_{\theta o}^t = -Q(2 - S)\Delta T = -18 \times (2 - 1.07) \times 25 = -41.85\text{MPa}$$

内表面径向温度应力：

$$\sigma_{ri} = 0$$

外表面径向温度应力：

$$\sigma_{ro}^t = \sigma_{ri}^t = 0$$

内表面轴向温度应力：

$$\sigma_{zi}^t = \sigma_{\theta i}^t = -48.15\text{MPa}$$

外表面轴向温度应力：

$$\sigma_{zo}^t = \sigma_{\theta o}^t = -41.85\text{MPa}$$

有内压力和温差共同作用引起的组合应力按下式计算：

内表面环向合应力：

$$\sum \sigma_{\theta i} = \sigma_{\theta i}^p + \sigma_{\theta i}^t = 45.714 - 48.15 = -2.456\text{MPa}$$

外表面环向合应力：

$$\sum \sigma_{\theta o} = \sigma_{\theta o}^p + \sigma_{\theta o}^t = 35.714 + 418.5 = 77.564\text{MPa}$$

内表面径向合应力：

$$\sum \sigma_{ri} = \sigma_{ri}^p + \sigma_{ri}^t = -10 + 0 = -10\text{MPa}$$

外表面径向合应力：

$$\sum \sigma_{ro} = \sigma_{ro}^p + \sigma_{ro}^t = 0 + 0 = 0$$

内表面轴向合应力：

$$\sum \sigma_{zi} = \sigma_{zi}^p + \sigma_{zi}^t = -17.957 - 48.15 = -30.193\text{MPa}$$

外表面轴向合应力：

$$\sum \sigma_{zo} = \sigma_{zo}^p + \sigma_{zo}^t = 17.957 + 41.85 = 59.807\text{MPa}$$

因

$$\Delta T = \frac{1.73K^2 p_i}{SQ(K^2 - 1)} = \frac{1.73 \times 1.25^2 \times 10}{1.07 \times 18 \times (1.25^2 - 1)} = 25.22 > 25\text{℃}$$

$$\sigma_{\theta o}^p = \frac{\sqrt{3}K^2}{K^2 - 1}p_i = \frac{1.73 \times 1.25^2}{1.25^2 - 1} \times 100 = 48.193\text{MPa}$$

故需校核外表面强度：

$$\sum \sigma_{\theta o} = 77.564\text{MPa}, \left(\sum \sigma_{\theta o}\right)^2 = 6016.1741$$

$$\sum \sigma_{zo} = 59.807\text{MPa}, \left(\sum \sigma_{zo}\right)^2 = 3576.8772$$

$$\sigma_o^t = \sqrt{\left(\sum \sigma_{\theta o}\right)^2 + \left(\sum \sigma_{zo}\right)^2 - \left(\sum \sigma_{\theta o}\right)\left(\sum \sigma_{zo}\right)}$$

$$= \sqrt{6016.1741 + 3576.8772 - 77.564 \times 59.807}$$

$$= 70.386\text{MPa} < 173\text{MPa}$$

第7章　多层压力容器设计

7.1　多层容器结构

7.1.1　多层厚壁圆柱壳的特征和结构

　　多层高压容器圆柱壳体的结构形式主要有热套合式、层板包扎式、绕板式、扁平钢带缠绕式和卷板式等,如图7-1所示。经验表明,由于多层容器壳体的内外层能够选择不同材料,因此在材料性能利用、耐腐蚀性和抗氢脆性能等方面都优于单层厚壁容器。例如,一个内直径2m、长15m(封头切线间距离),设计压力30MPa的压力容器,选用相同材料时,多层圆筒体的壁厚、重量都比单层容器小,详见表7-1。

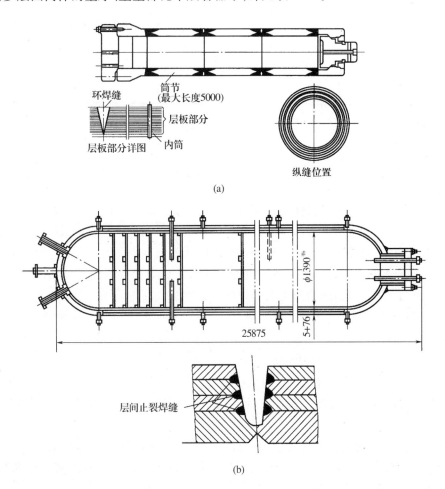

(a)

(b)

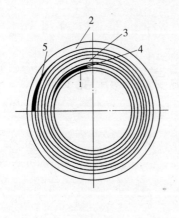
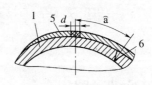

(c)

图 7 - 1　多层压力容器结构形式

(a) 包扎式；(b) 热套式；(c) 绕板式。

1—内筒；2—外筒；3—层板；4—楔形板；5—楔形块；6—绕板层。

表 7 - 1　多层厚壁容器与单层厚壁容器 δ、W 对比表

材料	σ_y/MPa	σ_b/MPa	δ/mm	W/t	重量比	结构形式
I	270	490	288	244	1	单层
II	270	490	221	184	0.746	多层
III	500	620	143	114	0.467	多层

由第 6 章可知,单层厚壁容器的圆柱壳一般是用厚钢板热弯成型,焊接筒节或锻造成筒节再焊接制成,然后进行正火和退火处理。由于这种热处理不能使圆柱壳沿整个长度或厚度方向的残余应力完全消除,因而材料强度的均匀性也无法得到保证。然而,多层容器是用较薄钢板一层挨着一层制造而成,各层钢板的强度比较均匀,韧性也很好,制成很厚的大型容器后,材料性能和强度也是非常均匀的,因此能获得良好的综合力学性能。其次,由于近年来研究成功很多焊接性能良好的高强度钢板或钢带制成多层筒节,使大型容器轻量化成为可能,其安全性和经济性都比单层厚壁容器好得多。

由于多层容器是由薄钢板缠卷或用直径不同的圆柱壳套合制成,根据容器壳体强度要求,只要增加层数就可以得到所需要的厚度,不受限制。

对需要存储腐蚀介质的容器,单层厚壁容器的内表面是用堆焊一层耐腐蚀材料或用复合钢板焊接制成。然而,对于多层容器,其内圆柱壳可采用中等厚度(一般为 25mm ~ 50mm)以下的复合钢板卷制而成,也可以用其他耐腐蚀材料单独制成防腐层衬到内筒上,其他各层(层板)便可用价格便宜的材料制造,以节省贵重金属。

在结构材料、工作压力相同的条件下,多层容器的重量比同尺寸的单层厚壁要轻 50% ~ 60%。

同时应当指出的是,多层容器上述的优势或特征只有在外、内径之比 $K = a/b$ 在 2.5 ~ 5.5 之间特别明显,而当 $K < 2.5$,就不是特别有效。但是对于有防腐蚀要求的容器壳体除外。

204

7.1.2 多层圆柱壳结构形式

在实际应用中,多层厚壁压力容器的结构形式规范已经有明确的规定,除了多层(一般 2 层~3 层)热套合圆柱壳外,还有包扎式、绕板式和缠绕式。

1. 多层热套式(图 7-1(a))

用 25mm~70mm 中厚板卷焊成筒节,并将外层筒节加热后套合在内层筒节上,根据壁厚需要更多层时,将前面已套合筒节作为内圆柱筒节,按同样原理再套以外壳至达到名义厚度为止。这种方法主要是适用容器壁厚超过钢造厂卷板机能力。优点是工艺比较简单,无需专用工艺设备和夹具,内、外层圆柱筒节套合壁面在保证不圆度公差要求的情况下,对加工要求不是太高(粗加工或喷丸处理),生产成本比较低,材料利用率很好,可以使用韧性和强度都很优良的材料。

2. 多层包扎式(图 7-1(b))

用 15mm~30mm 的钢板卷焊成内圆柱筒节,外层则用 6mm~12mm 的层板由专用设备包扎在内圆柱筒节上,根据圆柱筒节外径大小,用 2 条或 3 条以上纵向焊缝将层板焊成筒节,逐层包扎焊接,直达到容器名义厚度为止。这种结构的优点是可以用小型卷板机制成厚壁容器,成本低;容器盛有腐蚀性介质时,只是将内层采用耐腐蚀材料,外层用普通碳钢或低合金钢,于是可以节省大量的贵重耐腐蚀材料;薄壁材料的各项性能均优于厚壁,尤其是韧性;由于包扎层板纵向焊缝相互错位,且存在包扎预紧力,从而使壳体性能远远优于单层厚壁容器。但是这种结构也有其不足,主要是工艺复杂,层板传热性差,不适用于温度高于 200℃ 以上的高温压力容器,环向焊缝不能进行焊后消除应力热处理。

3. 多层绕板式(图 7-1(c))

这种结构由内筒节、外筒节、缠绕层板和楔形板组成。内筒节由 15mm~40mm 厚度的钢板卷焊制成,外筒节的厚度通常取 10mm~12mm,材料为碳素钢和低合金钢。制成瓦片形绕在层板上,以保护层板。绕板层为 3mm~5mm 的薄钢板,将其端部搭接焊在内筒节上,然后以螺旋形方式连续地缠绕,直到达到设计要求的厚度为止。至于缠绕层板的内、外筒节之间的三角形空隙间用楔形板填充,使整个壳体壁厚充实,构成一个完整结构。这个结构的优点是焊缝少,生产过程简单,成本低。

7.2 套合圆柱壳体

套合圆柱壳组合筒节是由两个或更多个(一般 3 层最好)圆柱壳通过加热办法套合在一起,被套层的外半径比套合层的内半径小,此两半径差即为过盈量(缩套过盈量)。

加热套合的圆柱壳体冷却后在层板之间的接触面上产生套合压力或界面压力 p_{12},由于 p_{12} 的作用,内层受压缩,外层受拉伸。圆柱壳容器由内压作用在内层中产生的拉应力将抵消一部分由界面压力 p_{12} 引起的压应力,而外层中由内压力作用产生的拉应力则与界面压力 p_{12} 产生的拉应力相加。因此,热套组合圆筒的应力分布比较均匀,材料利用较为充分。此外,由于内圆柱壳应力比单层厚壁圆柱壳低些,故在某一设计压力下可以采用单层圆柱壳所不能用的材料来制造容器。

热套组合圆柱壳的缺点是单层圆柱壳加工精度要求高,过盈量控制较严,给制造带来一定的困难。由于内、外圆柱壳温差有一定限制,使套合过程比较复杂。外层圆柱壳温度太高,尤其是外层材料淬火回火处理时,对材料性能影响很大。其次,如果容器直径比 K 值不变,层数的增加和承载能力的提高不是成正比例关系。例如,$K = 2$ 时,假设单层容器的承载能力为 1.00,双层容器的承载能力则为 1.35,而三层容器约为 1.50,五层容器大致为 1.62。尽管存在这些问题,但是在 20 世纪 70 年代初期,在制造多层热套容器中解决了几个关键性工艺,例如,选择较厚外圆柱壳以减少热套层数;采用自增强处理,使套合过盈量不需控制那么严格;选用较厚的内筒使它承受全部轴向应力,这样外圆柱壳环缝不用焊接,而只承受环向应力和径向应力等,这在很大程度上克服了热套壳体的一些基本弱点,成为目前世界上制造的最多的厚壁容器形式之一。

热套壳体容器在工作压力 100MPa ~ 350MPa 下工作时,采用双层圆柱壳足以够用。如果考虑材料的淬透性,也可以采用多层套合圆柱壳。热套圆柱壳一般采用 25mm ~ 50mm 厚钢板制成。

7.2.1 应力分析

分析热套圆柱壳的应力分布时,由于圆柱壳体轴对称,一般假设热套组合圆柱壳的每一层圆筒内表面因内压力引起的环向应力与热套压力引起的环向应力的组合应力均都相等。先以双圆柱壳热套为例进行应力分析,如图 7 - 2 所示。如前所述,热套过程是将外圆柱壳(套合层)加热膨胀,使其内径超过内圆柱壳的外径(此超过量的选择由两圆筒的几何精度如椭圆度和套合表面粗糙度确定),亦即超过内圆筒外径的过盈量,并在热膨胀状态下套进内圆柱壳中。因此,外圆柱壳必须加热至一定温度,以便得到所需要的膨胀量。根据过盈量大小可按下式计算所需要的加温温度:

$$\Delta T = T_1 - T_2 = \frac{D_{2i}^{T_1} - D_{2i}^{T_2}}{\alpha D_{2i}^{T_2}} \tag{7 - 1}$$

令

$$D_{2i}^{T_1} - D_{2i}^{T_2} = \Delta$$

则温差作用时圆柱壳体的径向位移

$$\Delta = \alpha D_{2i}^{T_2} \Delta T$$

式中:ΔT 为温差($℃$);T_1 为外圆柱壳需要加热升高的温度($℃$);T_2 为内圆柱壳施工现场的温度或室温($℃$);α 为外圆柱壳材料的热膨胀系数($1/℃$);$D_{2i}^{T_1}$ 为外圆柱壳在 T_1 温度时的内径(mm);$D_{2i}^{T_2}$ 为外圆柱壳在 T_2 温度时的内径(mm)。

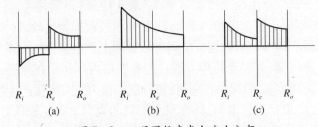

图 7 - 2 双层圆柱壳套合应力分布

(a) 套合时周向应力; (b) 升压时周向应力; (c) 合成周向应力。

7.2.1.1 套合界面压力 p_{12} 和过盈量计算 $\delta_{12}(\Delta)$

1. 套合界面压力计算

界面压力是指能使内圆柱壳体压缩、外圆柱壳体膨胀且将两个壳体紧密套合在一起所需要的压力。因热套之前内圆柱壳的外半径 R_{10} 比外圆柱壳的内半径 R_{2i} 大 Δ，也就是说内圆柱壳的外半径与外圆柱壳的内半径 R_{2i} 相差 Δ，这个差值称为圆柱壳加工过盈量。套合冷却后，在内外圆柱壳界面处产生的界面压力 p_{12} 值为

$$p_{12} = \frac{\Delta}{R_c}\Big[\frac{1}{E_2}\Big(\frac{R_{2o}^2 + R_c^2}{R_{2o}^2 - R_c^2}\Big) + \mu_2\frac{1}{E_2} + \frac{1}{E_1}\Big(\frac{R_c^2 + R_{1i}^2}{R_c^2 - R_{1i}^2}\Big) - \mu_1\frac{1}{E_1}\Big]$$

若两个壳体材料相同，即 $E_1 = E_2 = E, \mu_1 = \mu_2 = \mu$，则上式为

$$p_{12} = \frac{\Delta E(R_c^2 - R_{1i}^2)(R_{20}^2 - R_c^2)}{2R_c^3(R_{20}^2 - R_{1i}^2)} \qquad (7-2)$$

式中：Δ 为过盈量。

若套合圆柱壳体受工作压力 p_i 作用时，则在壳体涛和界面上产生反作用界面压力为

$$p_r = \frac{2p_i}{(K_1^2)\Big[\dfrac{K_1^2 + 1}{K_1^2 - 1} + \dfrac{E_1}{E_2}\dfrac{K_2^2 + 1}{K_2^2 - 1} - \mu_1 + \dfrac{E_1}{E_2}\mu_2\Big]}$$

$$K_1 = \frac{R_c}{R_{1i}}, K_2 = \frac{R_{2o}}{R_c}$$

式中：E_1、E_2、μ_1、μ_2 分别为内、外圆柱壳体的弹性模量和泊松比。

上述两个压力对于内圆柱壳为外压力，对于外圆柱壳则为内压力。因此，在工作压力与界面压力叠加后，使套合壳体总应力重新分布。通常套合圆柱壳体在界面上会产生部分屈服变形。

2. 壳体套合过盈量计算

套合后，由套合界面压力 p_{12} 在复合圆柱壳体上产生的应力分布和应力值如图 7 -2(c)所示。

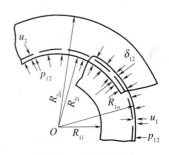

图 7 - 3　套合过盈量

计算过盈量时，首先应确定圆柱壳的径向变形量。在内外压作用下的圆柱壳壳体径向变形量按下式计算(图 7 -3)：

$$u = \frac{1-\mu}{E}\frac{R_{1i}^2 p_i - R_{2o}^2 p_{12}}{R_c^2 - R_{1i}^2}r + \frac{1+\mu}{E}\frac{R_{1i}^2 R_{2c}^2}{r}\frac{p_i - p_{12}}{R_c^2 - R_{1i}^2} \qquad (7-3)$$

式中：p_i 和 p_{12} 为内压力和套合壳体的界面压力，其他符号意义同上式。

过盈量为总变形量，其值等于内外圆柱壳单独变形的绝对值之和，即径向过盈量 Δ 为

$$\Delta = \delta_{12} = |u_1| + |u_2| \qquad (7-4)$$

式中：u_1 为内圆柱壳径向变形量(收缩量)(mm)；u_2 为外圆柱壳径向变形量(膨胀量)(mm)。

在热套界面压力 p_{12} 作用下内圆柱壳产生的径向位移(收缩)为

$$u_1 = -\frac{p_{12}R_c}{E_1}\Big(\frac{R_{1i}^2 + R_c^2}{R_c^2 - R_{1i}^2} - \mu_1\Big) \qquad (7-5)$$

外圆柱壳受界面压力 p_{12} 作用产生的径向位移(膨胀)为

$$u_2 = -\frac{p_{12} R_c}{E_2}\left(\frac{R_c^2 + R_{20}^2}{R_{20}^2 - R_c^2} + \mu_2\right) \tag{7-6}$$

将式(7-5)和式(7-6)取绝对值后代入式(7-4)后,得

$$\delta_{12} = p_{12} R_c\left[\frac{1}{E_2}\left(\frac{R_c^2 + R_{20}^2}{R_{20}^2 - R_c^2} + \mu_2\right) + \frac{1}{E_1}\left(\frac{R_{1i}^2 + R_c^2}{R_c^2 - R_{1i}^2} - \mu_1\right)\right] = p_{12} R_c \Sigma \tag{7-7}$$

其中

$$\Sigma = \frac{1}{E_2}\left(\frac{R_c^2 + R_{20}^2}{R_{20}^2 - R_c^2} + \mu_2\right) + \frac{1}{E_1}\left(\frac{R_{1i}^2 + R_c^2}{R_c^2 - R_{1i}^2} - \mu_1\right) \tag{7-8}$$

如果内外圆柱壳材料相同,即 $E = E_2 = E_1$,$\mu = \mu_2 = \mu_1$,故式(7-7)和式(7-8)可写为

$$\delta_{12} = \Delta \frac{2 p_{12} R_c^3 (R_c^2 - R_{1i}^2)}{E(R_{20}^2 - R_c^2)(R_c^2 - R_{1i}^2)} \tag{7-9}$$

$$p_{12} = \frac{\Delta E(R_{20}^2 - R_c^2)(R_c^2 - R_{1i}^2)}{2 R_c^3 (R_{20}^2 - R_{1i}^2)} \tag{7-10}$$

式中:E_1 为内圆柱壳材料弹性模量(MPa);E_2 为外圆柱壳材料弹性模量(MPa);μ_1 为内圆柱壳材料泊松比;μ_2 为内圆柱壳材料泊松比;其他符号意义同前。

在具体设计计算之前,首先应当知道组合圆柱壳套装前的初应力或残余应力,如热处理后的残余应力等,计算时应计入设计式中,否则计算结果(应力和变形)与实际不符。另外,当圆柱壳热套温度高于260℃时,对某些钢将会产生退火效应,从而降低硬度。处于高温的外圆柱壳套合处于室温的内圆柱壳的接触瞬间,会引起很高的温度梯度,出现较高的温度应力,如果此温度应力超过材料屈服极限,将能产生屈服变形。其次,热套应力直接与圆柱壳机械加工精度和被套合表面粗糙度有关,因此对尺寸公差要求较严,对表面粗糙度也有一定的要求。

7.2.1.2　内压作用双层套合应力分布和压力组合圆柱壳

对于大型压力容器,重量是关键的因素。为了能够最大限度地利用材料,一般采用等强度设计,即组合圆柱壳失效时,内外圆柱壳同时破坏,圆柱壳体假设符合最大变形能理论的强度条件。分析由不同组合套筒在热套压力 p_{12} 和内压力 p_i 联合作用时的应力分布,如图7-2(c)所示。

1. 两个圆柱壳材料机械性能相同

根据前述可知,对于这种组合圆柱壳,其内圆柱壳的最大周向应力出现在内表面上,如图7-2(b))所示,最大径向应力出现在套合圆柱壳的交界面上。因环向应力总是大于径向应力,故内圆柱壳的最大剪应力为

$$\tau_{1.\max} = p_i \frac{R_{20}^2}{(R_{20}^2 - R_{1i}^2)} - p_{12} \frac{R_c^2}{(R_c^2 - R_{1i}^2)} \tag{7-11}$$

对于外圆柱壳,最大周向应力和径向应力均出现在交界面上,故最大剪应力为

$$\tau_{2.\max} = \frac{R_{20}^2}{R_c^2}\left[p_i \frac{R_{1i}^2}{(R_{20}^2 - R_{1i}^2)} + p_{12} \frac{R_{20}^2}{(R_{20}^2 - R_c^2)}\right] \tag{7-12}$$

208

最佳设计要求内外圆柱壳同时出现最大剪应力。令式(7-11)等式(7-12),即 $\tau_{1.\,max} = \tau_{2.\,max}$,则有

$$p_{12}\left(\frac{R_{20}^2}{R_{20}^2 - R_{1i}^2} + \frac{R_c^2}{R_c^2 - R_{1i}^2}\right) = p_i\left[\frac{R_{20}^2}{(R_{20}^2 - R_{1i}^2)}\left(1 - \frac{R_{1i}^2}{R_c^2}\right)\right] \qquad (7-13)$$

为了求出两个圆柱壳的最大剪应力值,需解出式(7-13)的套合压力 p_{12},然后代入式(7-11)或式(7-12),有

$$\tau = p_i\left[\frac{R_c^2 R_{20}^2}{2R_c^2 R_{20}^2 - (R_c^4 + R_{1i}^2 R_c^2)}\right] \qquad (7-14)$$

因

$$\tau = \frac{\sigma_y}{\sqrt{3}} \qquad (7-15)$$

则可以求出套合组合圆柱壳能够承受的最大允许内压力为

$$[p_i]_{max} = \frac{2\sigma_y}{\sqrt{3}}\left[1 - \frac{1}{2}\left(\frac{R_c^2}{R_{20}^2} + \frac{R_{1i}^2}{R_c^2}\right)\right] \qquad (7-16)$$

再对式(7-16)求导,并令其等于零,即可求出最佳界面半径值为

$$R_c = \sqrt{R_{1i}R_{20}} \qquad (7-17)$$

由式(7-17)可以看出,获得最佳界面半径的条件是两个圆柱壳的直径比相等,即

$$R_c^2 = R_{1i}R_{20} \quad \frac{R_{20}}{R_c} = \frac{R_c}{R_{1i}} \quad K_2 = K_1 \quad K = \frac{R_{20}}{R_{1i}} \qquad (7-18)$$

将式(7-18)代入式(7-16)后,得最佳内压力值为

$$p_{io} = \frac{2\sigma_y}{\sqrt{3}}\left(1 - \frac{R_{1i}}{R_{20}}\right) \qquad (7-19)$$

2. 最佳过盈量

在实际设计时,只知道最佳界面半径 R_c 是不够的,还应求出最佳过盈量,便于圆柱壳预先进行机械加工。过盈量等于套合压力在内圆柱壳体外壁上产生的径向收缩量和外圆柱壳内壁上产生的径向膨胀量之和。因两层圆柱壳材料完全相同,用式(7-9)、式(7-16)和式(7-17)求出最佳热套压力:

$$p_{12o} = \frac{\sigma_y}{\sqrt{3}R_{20}}\left[\frac{(R_{20} - R_{1i})^2}{R_{20} + aR_{1i}}\right] = \frac{\sigma_y}{\sqrt{3}K}\left[\frac{(K-1)^2}{K+1}\right] \qquad (7-20)$$

和最佳过盈量:

$$\delta_{12o} = \Delta_o = \frac{2\sigma_y}{E}\sqrt{\frac{R_{1i}R_{20}}{3}}\frac{R_{20} - R_{1i}}{R_{20}} = \frac{2\sigma_y R_{1i}}{\sqrt{K}}\frac{K-1}{\sqrt{3}E} \qquad (7-21)$$

上述公式推导过程中是根据 Mises 屈服条件得出的结果,如果采用 Tresca 屈服条件,则

$$\delta_{12o} = \Delta_o = \frac{R_{1i}\sigma_y}{\sqrt{K}}\frac{K-1}{E} = \frac{R_{1i}\sigma_y}{E}\frac{K-1}{\sqrt{K}}$$

3. 两个圆柱壳材料弹性模量相同,屈服极限不同

1) 许用应力

对于这种套合组合圆柱壳,式(7-13)形式可写为

$$\left[p_i \left(\frac{K^2}{K^2-1} \right) - p_{12} \frac{K^2}{(K^2-1)} \right] \gamma = \frac{K^2}{K_1^2} \left[p_i \left(\frac{1}{K^2-1} \right) - p_{12} \frac{K_1^2}{(K^2-K_1^2)} \right] \quad (7-22)$$

式中:K 为直径比,$K = R_{20}/R_{1i}$,$K_1 = R_c/R_{1i}$;γ 为外圆筒与内圆柱壳的屈服强度比,即 $\gamma = (\sigma_y)_2/(\sigma_y)_1$;其他符合意义同前。

用式(7-22)解出 p_{12},再代入式(7-11)或式(7-12)和式(7-15)即可求得热套合套柱壳的允许最大内压力:

$$[p_i]_{max} = \frac{\sigma_i}{\sqrt{3}} \left(1 + \gamma - \frac{1}{K_1^2} - \frac{K_1^2}{K^2} \gamma \right) \quad (7-23)$$

对式(7-23)求导,并令其等于零,即可求出最佳界面半径 R_c 值为

$$R_c^2 = \frac{R_{1i} R_{20}}{\sqrt{\gamma}} \quad (7-24)$$

或

$$K_1^2 = \frac{K}{\sqrt{\gamma}} \quad \left(K = \frac{R_{20}}{R_{1i}} \right) \quad (7-25)$$

2) 最佳内压力

将式(7-24)代入式(7-23),可以得出热套合圆筒未达到屈服强度时的最佳内压力为

$$p_{io} = \frac{2\sigma_i}{\sqrt{3}} \left(\frac{1+\gamma}{2} - \frac{\sqrt{\gamma}}{K} \right) \quad (7-26)$$

由式(7-21)和式(7-25)可以求得最佳热套合压力为

$$p_{12o} = \frac{\sigma_y \gamma}{\sqrt{3} K(K-1)} (K_1^2 \gamma - 1)(K - \sqrt{\gamma}) \quad (7-27)$$

最佳过盈量和最佳界面半径值分别为

$$\Delta_o = \frac{2\sigma_y \gamma}{\sqrt{3} E K^2} \frac{1 + K(K\gamma - 2\sqrt{\gamma})}{\sqrt{\gamma} - 1} \quad (7-28)$$

$$R_c = \sqrt{R_{1i} R_{20}} \quad (7-29)$$

3) 屈服强度比与 K 值关系

将式(7-26)变换为

$$\frac{p_i}{\sigma_y} = \frac{2}{\sqrt{3}} \left(\frac{1+\gamma}{2} - \frac{\sqrt{\gamma}}{K} \right) \quad (7-30)$$

由式(7-30)能够看出,对于内圆柱壳和外圆柱壳材料屈服强度不同的双层热套合圆柱壳的屈服强度比,$(\sigma_y)_2/(\sigma_y)_1$ 分别为 1.25、1.00、0.75 和 0.50,外圆柱壳强度由 0.5 $(\sigma_y)_o$ 增加到 1.25 $(\sigma_y)_o$ 时,组合圆柱壳的初始屈服压力的增加超过 1/3。这就是说,如果要提高组合圆柱壳的初始屈服压力,增加组合柱壳筒材料屈服极限比比增加直径比 K 更有效。

4. 弹性模量和屈服强度都不相同的组合圆柱壳

公式推导方法同前。最大内压力：

$$[p_i]_{max} = \frac{2\sigma_y}{\sqrt{3}}\left(\frac{1+\gamma}{2} - \frac{\sqrt{\gamma}}{K}\right) \tag{7-31}$$

最佳热套压力：

$$p_{12o} = \frac{\sigma_y}{\sqrt{3}K(K^2-1)}(K_1^2\gamma - 1)^2(K - \sqrt{\gamma}) \tag{7-32}$$

最佳过盈量：

$$\delta_{12o} = \Delta_o = \frac{R_cK\sigma_y}{\sqrt{3}K(K^2-1)}(K_1^2\gamma - 1)^2(K - \sqrt{\gamma}) \tag{7-33}$$

最佳界面半径：

$$R_c^2 = R_{1i}R_{20}\sqrt{\gamma} \ \text{或} \ K_1^2 = \frac{K}{\sqrt{\gamma}} \tag{7-34}$$

热套合圆柱壳的强度条件为

$$p \leqslant [p] \tag{7-35}$$

强度计算式为

$$p_d = \frac{p_{max}}{n_b} \tag{7-36}$$

式中：p_d 为设计压力（MPa）；p_{max} 为最大内压力或爆破压力（MPa）；n_b 为以抗拉强度为基准的安全系数。

7.2.1.3 双层热套组合圆柱壳设计

（1）内圆柱壳与外圆柱壳材料相同时，最大压力按下式计算：

$$p = \frac{200}{\sqrt{3}n_b}\alpha\phi\sigma_b\left(2 - \frac{\sigma_y}{\sigma_b}\right)\ln K \leqslant [p]$$

（2）组合圆柱壳内外层材料不同时，圆柱壳总壁厚按下述计算求得：

$$K = \frac{R_{20}}{R_{1i}} = \frac{2\sqrt{\gamma}[\sigma]_1}{(1+\gamma)[\sigma]_1 - \sqrt{3}p_d} \tag{7-37}$$

式中：R_{1i} 为组合圆柱壳内半径（mm）；R_{20} 为组合圆柱壳外半径（mm）；γ 为内、外圆柱壳屈服强度比值（$\gamma = (\sigma_y)_2/(\sigma_y)_1$）；$[\sigma]_1$ 为内圆柱壳材料许用应力（$[\sigma]_1 = (\sigma_y)_1/n_y$）（MPa）；$(\sigma_y)_2$ 为外圆柱壳材料屈服强度（MPa）；$(\sigma_y)_1$ 为内圆柱壳材料屈服强度（MPa）；n_b 为以屈服强度为基准的安全系数；p_d 为设计压力（MPa）。

内、外圆柱壳直径比由式（7-25）式（7-26）计算，即

$$R_1^2 = \frac{K}{\sqrt{\gamma}} \tag{7-38}$$

由式（7-38）可以直接求出界面半径 R_c 为

$$R_c = \sqrt{\frac{R_{1i}R_{20}}{\sqrt{\gamma}}} \tag{7-39}$$

双层热套合圆柱壳的过盈量按式(7-28)计算,即

$$\delta_{12} = \Delta_o = \frac{2\sigma_y\gamma}{\sqrt{3}EK^2} \frac{1 + K(K\gamma - 2\sqrt{\gamma})}{\sqrt{\gamma} - 1} \quad\quad (7-40)$$

热套组合圆筒内、外层材料相同时,即 $\gamma = 1$,式(7-37)为

$$K = \frac{R_{20}}{R_{1i}} = \frac{2[\sigma]}{2[\sigma] - \sqrt{3}p_d} \quad\quad (7-41)$$

或者为了简化计算,将式(7-41)改写为

$$K = \frac{[\sigma]}{[\sigma] - p_d} \qu\quad (7-42)$$

必须指出,由计算结果表明,产生热套压力所需的半径过盈量是很小的,通常低于基孔制二级精度的静配合公差,因此一般机械加工的方法很难达到要求。目前都加大过盈量,然后通过热处理消除过大的预应力。如果 $K \le 1.5$ 时,不计热套残余应力的影响,可以用中径公式进行强度计算。

7.2.2 多层套合圆柱壳的压力计算

从经济角度考虑,套合圆柱壳体一般由两个或三个圆柱壳热套合制成。设计三层或三层以上套合圆柱壳体时,需要考虑如下几个问题:①在总直径比 K 已知情况下,各套合圆柱壳直径比 k_i 配置原则。通常有四种方法,即等厚度、等强度、等直径比和各层剪应力与直径比(τ_i/k_i)相等。②由于三层或三层以上套合工艺比较复杂,因此套合时为了保证顺利完成,故对每次套合过盈量选择必须符合生产实际要求,这种情况与套合温度有关。③多层套合圆柱壳体的强度计算方法有基于最大剪压力理论的曼宁(Manning)法和库克斯(Cox)法。曼宁法假设套合圆柱壳体每层剪应力相等,此剪应力为许用剪应力值;库克斯法的基本原理是在已知圆柱壳体内外径的情况下,套合壳体中每层圆柱壳内表面最大环向合应力相同,壳体数目最少。同时,该方法还假设套合次序为由内往外一层一层套合。由此可见,多层套合圆柱壳设计主要是确定套合界面半径和套合过盈量。

多层套合圆柱壳体各层壳体的最佳直径比为

$$K^{1/n} = k_1 = k_2 = \cdots = k_n$$

$$K = \frac{R_{no}}{R_{1i}}, k_1 = \frac{R_{1o}}{R_{1i}}, k_2 = \frac{R_{2o}}{R_{2i}}, \cdots, k_n \frac{R_{no}}{R_{ni}} \quad\quad (7-43)$$

式中: n 为套合圆柱壳体的层数。

根据曼宁法要求多层套合圆柱壳体相邻层单位直径过盈量相等的准则,各相邻层的过盈量为

$$\frac{\Delta}{R_{ij}} = \frac{2p_i}{nE} \qu\quad (7-44)$$

式中: R_{ij} 为相邻层接触半径(mm); p_i 为内压力(MPa); n 为套合圆柱壳体层数。

最大允许内压力为

$$p_{imax} = n\tau \frac{K^{2/n} - 1}{K^{2/n}} \tag{7-45}$$

套合界面压力为

$$p_{ij} = p'_{ij} - p_i \frac{K^2 - k_i}{k_i^2 (K^2 - 1)}$$

式中：p'_{ij} 为界面接触压力。

试验研究表明,只要经过退火处理,热套过程产生的残余应力和原来过盈量大小没有多大关系。过盈量选择主要与制造工艺和检验方法有关。对于套合后不经机械加工的组合圆柱壳,适当地增加过盈量,以调节圆柱壳的不圆度、减少热套层间的间隙是完全必要的。

根据实际经验,可以取过盈量与热套直径比 $\Delta/D_n = (0.1 \sim 0.3)\%$。在实际制造过程中,根据实践经验,各国取的 Δ/D_n 值大致如下:中国为 $1.0 \sim 1.5$;美国为 $1.19 \sim 1.31$;日本为 $1.55 \sim 4.65$;法国为 1.5。

7.2.3 套合圆柱壳体特点

套合圆柱壳体同单层厚壁圆柱壳体比较具有明显特征,主要有:

(1) 由于套合壳体各层能够使用不同强度的材料,故对高压容器在选材上可以用较便宜的低强度材料替代。有试验分析证实,在压力相等条件下,套合圆柱壳体与单层厚壁壳体重量相比,最大能够降低 $40\% \sim 55\%$。

(2) 在高压容器中,套合圆柱壳体与单层壳体比较,直径比影响特别地明显。当直径比 $K < 2.5$ 时壳体材料重量节省并不多,而当 $2.5 < K < 5.5$ 时重量差别很大,节省材料重量效果非常明显。

(3) 数值分析结果证明,双层套合圆柱壳体最佳状态为外壳和内壳内半径上的应力等于套合圆柱壳体材料的屈服强度,对于由相同材料制成的套合壳体,由最大变形能理论计算其两个内半径上的当量应力相等。同样,由试验结果证明,具有最佳套合尺寸的圆柱壳体的爆破压力大于非最佳套合尺寸的圆柱壳体。

7.2.4 多层热套圆筒自增强处理

在超高压容器设计过程中,有许多实际问题限制自增强技术单独在厚壁圆柱壳上应用,尽管在第 6 章中已经说明单层自增强圆柱壳体的初始屈服压力高于双层组合圆柱壳体,并在理论上不存在什么问题。一般认为,自增强圆柱壳的最大合理设计压力约等于圆柱壳材料的屈服强度。也就是说,理论上讲自增强圆柱壳的设计压力可以达到 980MPa,然而当操作压力超过 980MPa 时,必须考虑下述因素。

(1) 大型超高压容器因冶金技术和设备条件等原因,限制这些大尺寸高强度钢的生产。

(2) 因高强度材料只是在容器内壁部分厚度能够充分发挥其力学性能,若整个圆柱壳都使用这种材料显然是不经济的,也没有必要。

(3) 由于超高强度材料的脆性破坏倾向性很大,若整个容器都采用超高强度材料,脆性断裂的危险性随之增加;而这种材料焊接性能特别差,实际制造非常困难。

因此,目前推荐采用多层圆柱壳与自增强处理相结合的办法设计高压或超高压容器。它是用超高强度材料作内壳或衬里并进行自增强处理,外层圆柱壳用较低强度钢制成。外层视具体要求可自增强,也可以不自增强。多层自增强容器可以用于操作压力高于100MPa 的场合。但是,也有文献认为从强度角度,经自增强处理的套合壳体重量高于非自增强处理的套合圆柱壳。

7.3 层板包扎圆柱壳

层板包扎圆柱壳是在内筒外表面包着预先弯成半圆形或瓦片的层板,然后用钢丝索扎紧、点焊,拆去钢丝索,焊接纵向焊缝并磨平,以后用相同的方法逐层包扎,直到层数达到设计要求的厚度为止,制成一个筒节。最后对筒节两端机械加工,环缝焊接后成为一个内筒。多层包扎容器分为同心多层包扎和螺旋包扎两种形式。但是用比较多的是同心多层包扎圆柱形容器。

内圆柱壳壁厚主要受材料力学性能和成形加工工艺对力学性能影响这两个因素所限制。从成形加工工艺来看,内筒越薄越好,但是壁厚太小不能保证足够的刚度,可能导致包扎过程产生挠曲变形。如果内筒太厚,又受到成形加工的限制,尤其是高强度钢,塑性较差,应变硬化倾向严重,易在外壁表面产生裂纹。其次,壁太厚无法用卷板机卷曲。因此,根据经验,内柱壳的壁厚是以确保在包扎过程不使壳体失稳为原则。通常取容器壳体总厚度的 10% ~20% ,一般不小于12mm。对于内径小于1m 的内圆柱壳,优质钢板壁厚取 15mm ~20mm;不锈钢板壁厚取 8mm ~13mm。对于内直径大于1m 的内圆柱壳,则应适当地加大壁厚。

层板厚度主要受包扎质量限制。层板越薄越好包扎,但是太薄不易纵缝焊接。一般层板壁厚取 6mm ~12mm。

层板包扎容器是目前使用最多的高压厚壁容器结构形式之一,主要用在直径为500mm ~3200mm、压力小于50MPa、温度低于500℃的场合。但是近几年来国外已经制造外直径为6000mm,最大壁厚533mm,操作压力 290MPa,最大重量 1000 吨的多层层板包扎大型容器。

层板包扎圆柱壳的主要优点是:

(1)在包扎和焊接各层层板时,因钢丝绳拉紧和纵焊缝收缩使圆柱壳内壁产生预应力,于是在内压作用时,多层圆柱壳壁的应力分布比单层圆柱壳体有利。

(2)由于层板纵焊缝在圆周均匀分布,即在任何轴向截面内不存在二条以上焊缝,故即便某层层板焊缝有缺陷,也不至于延展到其他各层层板,焊缝强度削弱影响小。

(3)层板包扎使用的制造设备简单、条件要求不高,不需要大型复杂装置,适用中小工厂制造。

(4)层板层数由设计决定,一般不受限制,因此这种圆柱壳体适用于大直径、厚壁高压容器。

但是,这种圆柱壳也存在着不足之处,例如制造周期长,包扎松紧程度不易控制均匀;环焊缝一般不作热处理,深槽环向焊缝工作量较大,且探伤又困难,因此环焊缝质量比单层卷焊容器低;钢板利用率低。

选择材料时,内圆柱壳和层板材料一般不一样。通常建议内圆柱壳体选择 Q345R、Q370R、12Cr2Mo1A、14MnMo1VR、0Cr18Ni9Ti、20g、16Mng、15MnVg 或不锈钢复合钢板;层板选择 19gc、16Mngc、15MnVgc、14MnVBgc、Q245R、A3R。但是必须注意,选材时要保证内圆柱壳和层板材料都应当具有良好的塑性和冲击韧性,通常要求内圆柱壳体材料延伸率 $\delta_5 \geqslant 16\%$,层板材料延伸率 $\delta_5 \geqslant 14\%$;内圆柱壳体和层板材料具有良好的可焊性。

7.3.1 应力分析

层板包扎圆柱壳体在包扎过程和层板焊接冷却后将产生预应力,此预应力大小取决于纵向焊缝的收缩量、包扎松紧度、包扎表面平直度和圆柱壳的椭圆度。由于影响因素较多,实际很难用数字计算方法控制所规定的数值。一般情况下为了保证层板的贴合量,需要很大的预应力,甚至于有可能使圆柱壳外壁先屈服,因此需要验算。

纵缝焊接冷却后,横向收缩量按下式计算:

$$\Delta = 0.1716 \frac{A}{\delta_L} + 0.012w \tag{7-46}$$

式中:Δ 为横向收缩量(ln);A 为纵向焊缝的横截面积(ln^2);δ_L 为层板壁厚(ln);w 为纵焊缝平均宽度(ln)。

包扎过程和层板纵向焊缝收缩产生的预应力一部分用于弥补层板间的间隙,另一部分使该层以内的层板产生压缩应力。首先,确定内圆柱壳体与层板层之间的压缩应力,与热套组合圆柱壳体一样,此压缩应力即为不考虑内压作用时产生的界面压力。取分离体视内圆柱壳体受外压作用,外层包扎层板受内压作用,因两壳体界面处的压力大小相等方向相反,即作用在内圆柱壳体上的环向力为

$$p_\theta = -\sigma_{\theta i}\delta_i l \tag{7-47}$$

作用在第一层包扎层板上的环向力(拉力)为

$$p_{\theta 1} = \sigma_{\theta 1}\delta_1 l \tag{7-48}$$

因式(7-47)等于式(7-48),故可解出 $\sigma_{\theta i}$:

$$(\sigma_{\theta i})_{n=1} = -\sigma_{\theta 1}\frac{\delta_1}{\delta_i} \tag{7-49}$$

式(7-49)表示第一层包扎层板在内圆柱壳体上产生的应力增量,因为

$$(\sigma_{\theta i})_{n=0} = 0$$

故

$$\Delta\sigma_{\theta i} = (\sigma_{\theta i})_{n=1} - (\sigma_{\theta i})_{n=0} = -\sigma_{\theta 1}\frac{\delta_1}{\delta_i} \tag{7-50}$$

设圆柱壳体截面上的应力增加是均匀的,并视外层板与第一层包扎层板为一整体(组合圆柱壳体),则可采用上述相同的处理方法计算第二层层板在内柱壳体和第一层层板组成的组合圆柱壳体上产生的应力增量:

$$\Delta(\sigma_{\theta i})_{n=2} = -\sigma_{\theta 2}\left(\frac{\delta_2}{\delta_i + \delta_1}\right)$$

以此类推,得

$$\begin{cases} \Delta(\sigma_{\theta i})_{n=3} = -\sigma_{\theta 3}\left(\dfrac{\delta_3}{\delta_i + \delta_1 + \delta_2}\right) \\ \quad\vdots \\ \Delta(\sigma_{\theta i})_n = -\sigma_{\theta n}\left(\dfrac{\delta_n}{\delta_i + \delta_1 + \delta_2 + \cdots + \delta_{n-1}}\right) \end{cases} \qquad (7-51)$$

设备包扎层壁厚相等,即

$$\delta_1 = \delta_2 = \delta_3 = \cdots = \delta_n$$

故式(7-52)可以写为

$$\Delta(\sigma_{\theta i})_n = -\sigma_{\theta n}\left[\frac{\delta_n}{\delta_i + (n-1)\delta_n}\right] \qquad (7-52)$$

式中:$\Delta(\sigma_{\theta i})_n$ 为第 n 层包扎层板在由内圆柱壳体和 $n-1$ 层包扎层板组成的组合圆柱壳体上产生的应力增量(MPa);$\sigma_{\theta n}$ 为第 n 层包扎层板由包扎产生的环向应力,主要是由按式(7-45)计算的纵缝焊接收缩引起的应力(MPa);n 为包扎层数;δ_i 为内圆柱壳体壁厚(mm);δ_n 为第 n 层包扎层板的壁厚(mm)。

7.3.2 设计计算

如前所述,因对包扎圆圆柱壳体的预应力很难求出精确解,因此在设计时一般不考虑这一影响。根据有关规定,只要在不连续处层板之间无相对滑动,就可以将这种圆柱壳体当做单层厚壁圆柱壳体看待,即设计时用单层压力容器强度计算式计算其几何参数。我国标准 GB 150 规定在 $p \leqslant 0.4[\sigma]^t\phi$ 时,采用单层容器的规则计算式。对于只受内压作用的多层包扎圆柱壳体通常按中径公式计算壁厚,在 $K \leqslant 1.5$ 时的强度条件为

$$\sigma_\theta = \frac{K+1}{2(K-1)}p_d \leqslant [\sigma] \qquad (7-53)$$

或

$$K = \frac{2[\sigma] + p_d}{2[\sigma] - p_d} \qquad (7-54)$$

壳体的计算厚度为

$$\delta = \frac{D_i}{2}\left(\frac{2[\sigma] + p_d}{2[\sigma] - p_d} - 1\right) \qquad (7-55)$$

或者近似地写为

$$\delta = \frac{D_i p_d}{2[\sigma]\phi - p_d} \qquad (7-56)$$

$$\delta = \delta_i + \delta_e \qquad (7-57)$$

式中:p_d 为设计压力(MPa);D_i 为圆柱壳内直径(mm);δ 为圆柱形壳体的总壁厚(mm);δ_i 为内圆柱壳壁厚(mm);δ_e 为包扎层板总壁厚(mm);$[\sigma]$ 为许用应力(MPa)。

如果内圆柱壳体材料与层板材料不同时,σ_y^t、σ_b^t 和 $[\sigma]^t$ 应取综合值,即

$$\sigma_y^t = \frac{\delta_i}{\delta}\sigma_{yi}^t\phi + \frac{n\delta_L}{\delta}\sigma_{yo}^t\phi_e \qquad (7-58)$$

及

$$\begin{cases} \sigma_b^t = \dfrac{\delta_i}{\delta}\sigma_{bi}^t\phi + \dfrac{n\delta_L}{\delta}\sigma_{bo}^t\phi_e \\[2mm] [\sigma]^t = \dfrac{\delta_i}{\delta}[\sigma]_i^t\phi + \dfrac{n\delta_L}{\delta}[\sigma]_o^t\phi_e \end{cases} \tag{7-59}$$

式中：σ_{yi}^t 为内圆柱壳体材料设计温度的屈服强度（MPa）；σ_{yo}^t 为包扎层板材料设计温度的屈服强度（MPa）；σ_{bi}^t 为内圆柱壳体材料设计温度的抗拉强度（MPa）；σ_{bo}^t 为外层包扎层板材料在设计温度下的抗拉强度（MPa）；$[\sigma]_i^t$ 为内圆柱壳体材料设计温度的许用应力（MPa）；$[\sigma]_o^t$ 为外层包扎层板材料设计温度的许用应力（MPa）；δ_L 为包扎层板计算壁厚（mm）；ϕ 为内圆柱壳体纵向焊缝系数（$\phi = 0.95 \sim 1.0$）；ϕ_e 为层板纵向焊缝系数（$\phi_e = 1$）。

在 $K > 1.5$ 时，应当用最大变形能理论进行强度计算，强度条件为

$$\sigma_e = \sqrt{\dfrac{1}{2}\big[(\sigma_r - \sigma_z)^2 + (\sigma_z - \sigma_\theta)^2 + (\sigma_\theta - \sigma_r)^2\big]} = \dfrac{\sqrt{3}K^2}{(K^2-1)\phi}p_d \leqslant [\sigma]^t$$

直径比为

$$K = \sqrt{\dfrac{[\sigma]^t\phi}{[\sigma]^t - \sqrt{3}p_d}} \tag{7-60}$$

计算壁厚为

$$\delta = \dfrac{D_i}{2}\left(\sqrt{\dfrac{[\sigma]^t}{[\sigma]^t - \sqrt{3}p_d}} - 1\right) \tag{7-61}$$

如果容器受内压和内加热同时作用时，由于包扎层间存在着间隙，温差要比尺寸相同的单层厚壁容器大，与包扎松紧度（层板与内圆柱壳体和层板与层板之间间隙）和包扎层数以及内圆柱壳和层板材料有关，并随着层板数增加而增大。关于多层包扎圆柱壳的温度应力计算，目前还没有一个可以用于实际设计的计算方法，但是应当考虑层板接触面热传递阻力，通常按厚壁圆柱壳的温度应力计算式计算，再取大一些值，建议按下式计算：

$$\begin{cases} \sigma^t = 20\Delta T\alpha E \\ \Delta T = T_o - T_i \end{cases} \tag{7-62}$$

式中：σ^t 为温度应力（MPa）；T_o 为外壁面温度（℃）；T_i 为内壁面温度（℃）。

如果容器保温很好或内外壁温差不超过 20℃，可以不考虑温度应力作用。

包扎圆柱壳体外壁面应力由预应力、内压作用产生的应力和温度应力组成。同单层厚壁圆柱壳体一样，因温度应力在圆柱壳体内壁部分为压应力，在圆柱壳外壁部分为拉应力，故在操作时内壁面的受力情况有所改善，而最不利的情况可能出现在外壁面上。外壁面的合应力为

$$\sum\sigma = \sqrt{\left(\sum\sigma_{\theta o}\right)^2 - \left(\sum\sigma_{zo}\right)^2 - \left(\sum\sigma_{\theta o}\right)\left(\sum\sigma_{zo}\right)} \leqslant \sigma_y^t \tag{7-63}$$

$$\begin{cases} \sum\sigma_{\theta o} = \sigma_{\theta o} + \sigma_t + \sigma_{\theta n}^e \\[2mm] \sigma_{\theta o} = \dfrac{\sqrt{3}}{K^2-1}p \\[2mm] \sum\sigma_{zo} = \sigma_{zo} + \sigma^t \\[2mm] \sigma_{zo} = \dfrac{1}{K^2-1}p \end{cases} \tag{7-64}$$

式中：$\sum \sigma_{\theta o}$ 为圆柱壳外壁面环向合应力（MPa）；$\sigma_{\theta o}$ 为内压作用时圆柱壳外壁面的环向应力（MPa）；σ_t 为温度应力，按式(7-62)计算（MPa）；$\sum \sigma_{zo}$ 为圆柱壳外壁面轴向合应力（MPa）；σ_{zo} 为内压作用时圆柱壳外壁面的轴向应力（MPa）；K 为圆柱壳直径比；σ_y' 为圆柱壳材料在设计温度下的综合屈服极限值，按式(7-58)计算（MPa）；$\sigma_{\theta o}^e$ 为最外层包扎层板由纵向焊缝收缩产生的环向预应力（一般控制在 50MPa ~ 70MPa 为宜，但是实际上往往大于此值）。

7.4　多层缠绕圆柱壳

多层缠绕圆柱壳壳体主要有四种结构形式：扁平绕带式、型槽绕带式、扁平钢带错绕式和绕丝式。这里主要介绍扁平绕带式容器的结构和设计。

扁平绕带容器是在两头已经焊上法兰的内筒上以一定的角度(26°~31°)缠绕扁平钢带制成的。缠绕时，先将钢带头端焊到法兰上，用加力装置拉着钢带使其具有一定的预应力，随着圆筒转动，钢带像绕制螺旋弹簧一样缠在内筒上直到内筒的另一端法兰，并将钢带在拉紧状态下焊住。缠绕下一层时，钢带换成相反的方向，依次重复上述过程直到缠完各层达到设计壁厚为止。必须指出，为了防止圆圆柱壳体产生附加扭矩，钢带层数应为偶数。

扁平绕带容器的内圆柱壳体壁厚一般为 15mm ~ 25mm，但不得小于总壁厚的 1/6。钢带宽度与厚度通常选 80mm × 4mm。

扁平绕带容器制造方法和设备都比较简单，生产周期短，成本低，一般工厂都能制造。因此，这种容器得到广泛的应用，成为高压容器中的一种重要型式。

扁平绕带容器目前已经用于直径小于 1000mm、压力低于 35MPa、温度低于 200℃的中小型容器。

选择内圆柱壳体和钢带材料时，应保证这些材料具有良好的韧性和塑性、足够的强度及优异的可焊性。一般内圆柱壳体材料的延伸率 $\delta_5 \geqslant 18\%$，钢带材料延伸率 $\delta_5 \geqslant 14\%$。内圆柱壳体材料选 16Mn、A3R、Q345R、Q370R、Q245R 等钢；钢带材料选 A3、16Mn、15MnV 等钢。

7.4.1　钢带应力分析

根据扁平钢带缠绕容器的结构特点可知，缠绕在内圆柱壳体上的钢带受到拉伸和柱状弯曲联合作用后，产生一定的屈服变形，屈服厚度与钢带材料的屈服强度 σ_y、预应力（通常为 100MPa ~ 200MPa）及钢带厚度有关。钢带的断面应力状态为里面受压，外面受拉，它的弯曲应力为

$$\sigma_u = \frac{Ey}{r} \tag{7-65}$$

式中：E 为钢带材料的弹性模量（MPa）；r 为钢带弯曲的曲率半径（mm）；y 为离钢带中面 $\left(\dfrac{\delta_e}{2}\right)$ 的距离（mm）。

钢带中的预应力在缠绕过程中以及初次受压后都会发生变化,一般比缠绕时小些。当内压作用时,载荷由内圆柱壳体传到钢带中,钢带随内圆柱壳体轴向伸长而伸长,随内圆柱壳体直径增加而增加,伸长变形使钢带产生单向拉伸应力。这一点与普通小倾角的槽型钢带圆柱壳或光滑缠绕带圆柱壳是不同的。也就是说,不能把大倾角扁平绕带圆柱壳同小倾角槽型钢带圆柱壳或光滑绕带圆柱壳一样当作单层厚壁圆柱壳来处理。

7.4.2 内圆柱壳应力分析

缠绕钢带后的内圆柱壳体,轴向和径向都因钢带绕层收缩作用而产生轴向和径向压应力。此二压应力的大小取决于钢带的预应力、钢带之间及其与内圆柱壳体的贴合程度和钢带的层数等因数。一般情况是靠近封头部位由于钢带较松,刚度较大,圆圆柱壳体端部的预应力较小,中间较大;又由于钢带各层之间或同层的贴合程度不同以及下层钢带受上层钢带作用使预应力释放一部分等,随着钢带层数的增加,内圆柱壳体预应力增加比例相应的减少,达到一定层数之后,增加甚微。内压作用时,内圆柱壳体产生环向应力和轴向应力,并有很小的扭转剪应力。但是与薄壁圆柱壳不同,它的环向应力与轴向应力之比不是2。因此,在操作状态下,内圆柱壳应力应是预应力和内压作用引起的应力之和。

7.4.3 组合圆柱壳体应力分析

扁平钢带缠绕圆柱壳的应力分布状态分为内圆柱壳的应力和层板应力两个部分。分析应力时假设:内圆柱壳的环向应力和轴向应力沿壁厚均布,钢带(层板)中的计算应力取平均值。于是轴向力和环向力的平衡方程分别为

$$P_z = A_{iz}\sigma_{zi} + A_{lz}\sigma_{ly}\sin^2\alpha \tag{7-66}$$

及

$$P_\theta = A_{i\theta}\sigma_{\theta i} + A_{l\theta}\sigma_{ls}\sin^2\alpha \tag{7-67}$$

式中:P_z 为圆柱壳轴向力(N);P_θ 为圆柱壳环向力(N);A_{iz} 为内圆柱壳体环向截面积(mm²);$A_{i\theta}$ 为内圆柱壳体纵向截面积(mm²);A_{lz} 为层板环向截面积(mm²);$A_{l\theta}$ 为层板纵向截面积(mm²);σ_{zi} 为内圆柱壳体轴向应力(MPa);$\sigma_{\theta i}$ 为内圆柱壳体环向应力(MPa);σ_{ls} 为层板平均应力(MPa);α 为钢带缠绕倾斜角(°)。

圆柱壳变形协调方程为

$$\begin{cases} \Delta l = \Delta d\cos\alpha + \Delta h\sin\alpha \\ \varepsilon_l = \varepsilon_\theta\cos^2\alpha + \varepsilon_z^2\sin\alpha \end{cases} \tag{7-68}$$

将式(7-66)和式(7-67)中的应力变成应变形式,然后将式(7-68)代入,得

$$\begin{cases} P_z = A_{iz}E'(\varepsilon_z + \mu\varepsilon_\theta) + A_{lz}E(\varepsilon_z\sin^2\alpha + \varepsilon_\theta\cos^2\alpha)\sin^2\alpha \\ P_\theta = A_{i\theta}E'(\varepsilon_\theta + \mu\varepsilon_z) + A_{lz}E(\varepsilon_z\sin^2\alpha + \varepsilon_\theta\cos^2\alpha)\cos^2\alpha \end{cases} \tag{7-69}$$

式中:ε_z 为内圆柱壳轴向应变;ε_θ 为内圆柱壳环向应变;Δh 为圆柱壳轴向伸长量(mm);Δd 为圆柱壳环向伸长量(mm);Δl 为钢带伸长量(mm);E' 为综合弹性模量($E' = E/(1-\mu^2)$)(MPa);E 为内圆柱壳和钢带的弹性模量(MPa)。

为了计算方便,取 $E' \approx E$,解式(7-69)得

$$E\varepsilon_\theta = \dfrac{P_\theta - \dfrac{P_z(\mu A_{i\theta} + A_{l\theta}\sin^2\alpha\cos^2\alpha)}{A_{iz} + A_{lz}\sin^4\alpha}}{A_{i\theta} + A_{l\theta}\cos^4\alpha - \dfrac{(\mu A_{i\theta} + A_{l\theta}\sin^2\alpha\cos^2\alpha)(\mu A_{iz} + A_{lz}\sin^2\alpha\cos^2\alpha)}{A_{iz} + A_{lz}\sin^4\alpha}}$$

$$(7-70)$$

$$E\varepsilon_z = \dfrac{P_z - \dfrac{P_\theta(\mu A_{iz} + A_{lz}\sin^2\alpha\cos^2\alpha)}{A_{i\theta} + A_{l\theta}\cos^4\alpha}}{A_{iz} + A_{lz}\sin^4\alpha - \dfrac{(\mu A_{i\theta} + A_{l\theta}\sin^2\alpha\cos^2\alpha)(\mu A_{iz} + A_{lz}\sin^2\alpha\cos^2\alpha)}{A_{iz} + A_{lz}\sin^4\alpha}}$$

$$(7-71)$$

内圆柱壳的轴向应力、环向应力和钢带中的平均应力分别为

$$\begin{cases} \sigma_{zi} = E\varepsilon_z + \mu E\varepsilon_\theta \\ \sigma_{\theta i} = E\varepsilon_\theta + \mu E\varepsilon_z \\ \sigma_{ls} = E\varepsilon_z\sin^2\alpha + E\varepsilon_\theta\cos^2\alpha \end{cases} \qquad (7-72)$$

7.4.4 设计计算

扁平绕带容器的强度计算和多层包扎容器一样,也是采用单层厚壁圆柱壳体的强度计算式。单独受内压作用时,按中径公式计算容器总壁厚,它的强度条件为

$$\frac{K+1}{2(K-1)}p_d \leqslant [\sigma] \qquad (7-73)$$

或

$$K = \frac{2[\sigma] + p_d}{2[\sigma] - p_d} \qquad (7-74)$$

计算壁厚为

$$\delta = \frac{D_i}{2}\left(\frac{2[\sigma] + p_d}{2[\sigma] - p_d} - 1\right) \qquad (7-75)$$

或者近似地写为

$$\delta = \frac{D_i p_d}{2[\sigma]\phi - p_d} \qquad (7-76)$$

式中:符号意义见式(7-53)~式(7-56)。

如果内圆柱壳材料与扁平钢带材料不同时,式(7-76)中[σ]按式(7-58)取综合值。

当 $K > 1.5$ 时,应当用最大变形能理论进行强度计算。

内压和温差同时作用时,需要计算温度应力,校核容器强度。计算方法见6.5。

7.5 多层球形壳体

多层球形容器的一般结构形式是内层为厚钢板,在其上包着较薄的几层球形瓦片。但是有些球形容器为了防腐和节省贵重金属,内层在满足刚度的情况下尽量薄些。

这种容器的特点是:球壳厚度不受限制,因此特别适用于大型高压储罐和反应器;制

造比较简单,焊前可以预热,焊后不进行热处理;使用安全、结构紧凑、合理经济。

这种容器材料选择的基本原则与层板相同,建议采用 Q245R、Q345R、Q370R、18MnMoNnR、14MnMoVR、14MnMoVB、15MnV、16Mn、12Cr3MoA 等钢。

7.5.1 应力分析

在分析受压多层球形容器的应力时,通常假设球壳壁分为两个部分:内球壳和多层薄壁外层板。分析方法与双层组合圆柱壳一样,在内压作用下,界面压力 p_{12} 增加,使内、外球壳都受载荷作用,即内球壳受内压和外压(界面压力)同时作用,外层壳只受内压(界面压力)p_{12} 作用。球壳的应力计算如下:

对于内球壳:

$$\begin{cases} (\sigma_\theta)_i = \dfrac{p_i}{K^3-1}\left(1+\dfrac{b^3}{2r^3}\right) - \dfrac{p_{12}K^3}{K^3-1}\left(1+\dfrac{a^3}{2r^3}\right) \\[2mm] (\sigma_r)_i = \dfrac{p_i}{K^3-1}\left(1+\dfrac{b^3}{2r^3}\right) - \dfrac{p_{12}K^3}{K^3-1}\left(1-\dfrac{a^3}{2r^3}\right) \end{cases} \qquad (7-77)$$

对于由层板组成的外球壳:

$$\begin{cases} (\sigma_\theta)_o = \dfrac{p_{12}K^3}{K_1^3-1}\left(1+\dfrac{c^3}{2r^3}\right) \\[2mm] (\sigma_r)_o = \dfrac{p_{12}K^3}{K_1^3-1}\left(1-\dfrac{b^3}{2r^3}\right) \end{cases} \qquad (7-78)$$

式中: $(\sigma_\theta)_i$ 为内球壳环向应力(MPa); $(\sigma_r)_i$ 为内球壳径向应力(MPa); $(\sigma_\theta)_o$ 为外层球壳环向应力(MPa); $(\sigma_r)_o$ 为外层球壳径向应力(MPa); a 为球壳内半径(mm); b 为内球壳外半径(mm); r 为球壳任意半径(mm); c 为球壳外半径(mm); K 为内球壳的直径比($K=b/a$); K_1 为外层壳的直径比($K_1=c/b$); p_i 为内压力或设计压力(MPa); p_{12} 为界面压力(MPa)。

因界面处径向变形相同,故可计算出界面压力值为

$$p_{12} = \frac{1.5p_i}{\left(\dfrac{K^3-1}{1-\mu_i}\right)\left\{\left[\dfrac{(1-\mu_i)(2K^3+1)}{2(K^3-1)}-\mu_i\right]+\dfrac{E_i}{E_o}\left[\dfrac{(1-\mu_o)(K^3+2)}{2(K_1^3-1)}+\mu_o\right]\right\}}$$

$$(7-79)$$

式中: E_i 为内球壳材料的弹性模量(MPa); E_o 为外层板材料的弹性模量(MPa); μ_i 为内球壳材料的泊松比; μ_o 为外层板材料的泊松比;其他符号意义同式(7-78)。

将式(7-79)求出的 p_{12} 值代入式(7-77)和式(7-78)后,即可求出球形容器的应力。

7.5.2 壁厚计算

多层球形容器强度计算式同单层厚壁球形容器一样,总壁厚可按下式计算:

$$\delta = \frac{D_i p_d}{4[\sigma]\phi - p_d} \qquad (7-80)$$

式中: p_d 为设计压力(MPa); D_i 为球形容器内直径(mm); $[\sigma]$ 为许用应力(如果内球壳与外层板材料不同时,取综合应力值)(MPa); ϕ 为焊缝系数; δ 为球形容器壁厚(mm)。

内压和温差同时存在、需要计算温差应力时,可按单层球壳介绍的方法进行计算。

7.6 多层圆柱壳体设计要求

7.6.1 一般要求

由受内压作用的多层圆筒内壁面应变与内压力之间关系明显可见,初应变 ε_M 是多层圆柱壳所特有的,也就是说,当内压增加到 p_{imax} 时,多层圆柱壳内壁面的应变值比同尺寸的单层圆筒大 ε_M。这可以解释如下:无论用什么方法制造的多层容器,层板与内圆柱壳或层板与层板之间都不是完全紧密贴合的,它们之间或多或少存在着一定的间隙。内压作用时,内圆柱壳首先受力,当此应力超过由于包扎、焊缝收缩或热套合产生的预压应力时,随着内压的增加,层板之间开始变形贴合,当应变量达到 ε_M 后,多层圆圆柱壳体变成一个如同一尺寸厚壁圆柱壳一样的无间隙圆柱壳。再增加内压力时,内壁面首先出现屈服,直到整个壁厚完全处于塑性状态为止。在这种情况下,预压应力失去意义。从理论上来讲,处于塑性状态下的多层圆柱壳的特性(压力 p_{isF} 至 p_{imax})与单层厚壁圆柱壳一样。例如,美国 ASME 锅炉和压力容器规范中规定:如果多层高压容器不连续处的层板之间无滑动时,设计要求与单层厚壁高压容器相同,但是开孔补强除外。这就是说要使由多层层板组成的圆柱壳与单层厚壁圆柱壳等效的条件是:应当满足每层层板端平面上的剪力完全由焊接接头支承,还需考虑载荷作用部位的结构细节,即受径向力、纵向弯矩或径向力和纵向弯矩联合作用(因不连续或外部作用载荷引起)的所有元件必须完全地固定联结在一起,以承受作用在这些筒节上的径向力、纵向弯矩或径向力和纵向弯矩联合作用而引起的任何纵向剪力。

如果内圆柱壳或封头内壳材料的许用应力比层板的许用应力低,并满足 $[\sigma]_i > 0.7[\sigma]_L$ 条件时,作为整个计算壁厚一部分的内柱壳或封头内壳有效厚度按下式计算:

$$\delta_e = \delta_i \frac{[\sigma]_i}{[\sigma]_L} \qquad (7-81)$$

式中:δ_e 为内柱壳或封头内壳有效壁厚或计算厚度(mm);δ_i 为内柱壳或封头内壳实际壁厚,不包括壁厚附加量(mm);$[\sigma]_i$ 为内柱壳或封头内壳材料的许用应力(MPa);$[\sigma]_L$ 为层板材料的许用应力(MPa)。

层板厚度最小不得少于 3mm。

7.6.2 设计步骤

一般情况下,设计多层厚壁圆柱形容器时已知参数是内压力 p_i、内直径 D_i(或内半径 R_i)及容积 V。这样,在初次设计时,可按下述步骤进行设计计算。

(1) 根据最大变形能理论,内压圆柱壳的内壁面的最大应力强度为

$$\sigma'_{max} = \frac{\sqrt{3} p_i K^2}{K^2 - 1} \qquad (7-82)$$

其强度条件为

$$\sigma'_{max} \leqslant [\sigma] \qquad (7-83)$$

由此求出 K 值。

(2) 选择内圆柱壳和层板材料,查表或试验求得有关材料的力学性能和其他必要参数,并选择安全系数。

(3) 根据安全系数和 p_i、R_i 和 σ'_{max}(设计时取 $\sigma'_{max} = [\sigma]$),按下式(或者其他公式如中径式)计算圆柱壳体的外半径 R_o(直径比 K 及计算壁厚 δ_o):

$$\begin{cases} R_o = R_i \left(\dfrac{[\sigma]^t}{[\sigma]^t - \sqrt{3}p_i} \right)^{1/2} \\[3mm] K = \left(\dfrac{[\sigma]^t}{[\sigma]^t - \sqrt{3}p_i} \right)^{1/2} \\[3mm] \delta_o = \dfrac{D_i}{2} \left[\left(\dfrac{[\sigma]^t}{[\sigma]^t - \sqrt{3}p_i} \right)^{1/2} - 1 \right] \end{cases} \qquad (7-84)$$

(4) 如果 R_o 值太大或者无解,则可使用多层容器。首先按下式求出容器的层数:

$$n \geqslant \frac{\sqrt{3}p_i}{\sigma'_{max}} \qquad (7-85)$$

设计时取 $\sigma'_{max} = [\sigma]$。上式求得的层数包括内圆柱壳。层数基本上与内压 p_i、容器结构和生产方法有关。

(5) 容器常温操作时,计算出爆破压力(或最大内压力 p_{imax})和许用内压力 $[p]$,并将爆破压力与许用内压力相比较,满足下式要求:

$$\frac{p_b}{[p]} \geqslant 3 \qquad (7-86)$$

除此之外,在高温操作时也可以按下式计算圆柱壳内壁面的应力强度:

$$\sigma'_e = \frac{\sqrt{3}}{4} \left[\frac{p_i}{n} + \sqrt{4\sigma'^2_{max} - 3\left(\frac{p_i}{n} \right)^2} \right] \qquad (7-87)$$

设计时,取 $\sigma'_{max} = [\sigma]$。如果内圆柱壳与层板材料不同时,综合许用应力为

$$[\sigma] = \frac{\delta_i}{\delta}[\sigma]_i \phi + \frac{n\delta_L}{\delta}[\sigma]_e \phi \qquad (7-88)$$

式中:δ 为多层容器的壁厚,其他符号意义同前述。

使用式(7-88)时需要注意,若层板需对抗拉强度取安全系数时,内圆柱壳材料同样对其抗拉强度取安全系数,而不管其屈服比。

验算实际安全系数,将 σ'_e 与设计温度下材料的屈服强度 σ_y 或抗拉强度 σ_b 相比较,并满足:

$$\frac{\sigma^t_y}{\sigma'_e} > n \left(或 \frac{\sigma^t_b}{\sigma'_e} > n_b \right) \qquad (7-89)$$

在各种多层厚壁压力容器的强度计算方法中,日本 JIS B8248 标准规定的壁厚计算式很有代表性,其与式(7-74)非常相近,此特介绍如下。

(1) 壁厚计算式:

$$\delta = \frac{D_i}{2} \left[\exp \frac{\sqrt{3}p_d}{2\sigma_{yL}\left(2 - \dfrac{\sigma_{yL}}{\sigma_{bL}} \right)X} - 1 \right] \qquad (7-90)$$

式中:p_d 为设计压力(MPa);D_i 为圆柱壳体的内径,不包括腐蚀裕量(mm);σ_{yL} 为层板材料设计温度屈服点或弹限强度 $\sigma_{0.2}$(N/mm);σ_{bL} 为层板材料设计温度抗拉强度,也可以取其在设计温度下的许用应力的 $3[\sigma]$(MPa);X 为安全系数倒数的 $1/3$,如取安全系数 $n_y = 1.5$,则 $X = 1/1.5 \times 1/3 = 1/4.5$。

若内圆柱壳体材料强度比层板材料强度高时,设计计算时取层板材料的强度,但是在计算圆柱壳体壁厚时也是用这个强度值。若内圆柱壳的强度低于层板材料的强度时,设计时用有效厚度代替上述的计算厚度:

$$\delta_e = \delta_i \frac{\sigma_{yi}}{\sigma_{yL}} + \delta_o \frac{\sigma_{yo}}{\sigma_{yL}} \quad (7-91)$$

式中:δ_i 和 δ_o 为内、外圆柱壳实际厚度(mm);σ_{yi}、σ_{yo}、σ_{yL} 为内圆柱壳、层板和外圆柱壳材料设计温度的屈服点或弹限极限 $\sigma_{0.2}$(MPa)。

(2)许用应力:许用应力 σ_{ai}、σ_{aL} 和 σ_{ao} 为多层圆柱壳的内、外层壳体材料和层板材料在设计温度下的许用应力。其平均值为

$$\frac{\delta_i \sigma_{ai} + \delta_L \sigma_{aL} + \delta_o \sigma_{ao}}{\delta_i + \delta_L + \delta_o} = \sigma_{am} \quad (7-92)$$

式中:δ_i、δ_L 和 δ_o 为内、外圆柱壳和层板的实际厚度(mm)。

7.6.3 多层容器结构设计

对于多层容器的结构设计主要是应力分析、强度计算和结构设计,这是由这种容器的结构特性所决定的。结构设计的关键是多层圆柱壳或球壳与其他元件的连接,特别是结构焊接方式。在各国的压力容器规范或标准中对这方面都提出严格要求。主要有:

(1)多层圆柱壳与多层圆柱壳或单层厚壁圆柱壳的焊接结构。

(2)多层圆柱壳与多层球壳或其他多层成形封头的焊接连接结构。

(3)多层圆柱壳与接管的焊接连接结构。

(4)多层圆柱壳与法兰的焊接连接结构。

(5)多层圆柱壳与支撑系统的焊接连接结构。

(6)多层圆柱壳与平封头的焊接连接结构。

其次在设计图纸上还要标出层板间允许的最大间隙长度和高度。

上述各种结构形式和焊接结构设计详见 ASME VIII-1、2 和 JIS B8248 等规范或标准,尤其是日本 JIS B8248 标准对多层容器壳体焊接连接结构介绍得非常详细。

多层筒节上,应至少开有两个以上的排气孔。排气孔的用途是,当内圆柱壳体因介质腐蚀一旦发生异常事故时,可通过此排气孔检查出来,在尚未酿成大事故之前,即可采取防止破坏的措施;此外,对于处理高温高压氢气的压力容器,要求对氢的浸蚀具有足够的安全性,多层容器如穿透内筒的氢析出在层壁之间,则可立即由排气孔排出,使其他层板不受侵蚀。实际上,单层容器内壁加上不锈钢层或堆焊不锈衬里以及使用复合钢板时,会出现剥离和凸涨现象,其主要原因是堆焊层与基板之间,或者不锈衬里与基材之间积存氢气,当操作压力增加和温度升高时,氢会产生很大的压力。例如,内部氢压力 15MPa、温度 450℃、厚度 2000mm 的单层容器和多层容器加以比较,交界面处的氢压力分别为 6.11MPa 和 15.6MPa。

7.7 设计举例

例7-1 已知设计数据:双层套合圆柱壳,结构尺寸为:内半径 $R_i = 152.4\text{mm}$,外半径 $R_o = 254\text{mm}$,界面半径 $R_c = 203.2\text{mm}$, $K = R_o/R_i = 1.29$。壳体材料弹性模量 $E = 2 \times 10^5 \text{MPa}$。设计取套合过盈量 $\Delta = 0.106\text{mm}$。试计算套合界面压力,在内压作用下壳体内外面和界面的环向应力。

解:(1) 界面压力:

$$p_{12} = \frac{E\Delta(R_c^2 - R_i^2)(R_o^2 - R_c^2)}{2R_c^3(R_c^2 - R_i^2)} = 12.765\text{MPa}$$

(2) 由于界面压力引起的壳体环向应力:

① 内圆柱壳的环向应力:

$$\sigma_\theta = -\frac{2p_{12}R_c^2}{R_c^2 - R_i^2} - \frac{p_{12}R_i^2R_c^2}{(R_c^2 - R_i^2)r}$$

$$\sigma_{\theta i} = -\frac{2p_{12}R_c^2}{R_c^2 - R_i^2} = -58.24\text{MPa}$$

$$\sigma_{\theta c} = -\frac{p_{12}(R_i^2R_c^2)}{R_c^2 - R_i^2} = -45.47\text{MPa}$$

② 外圆柱壳的环向应力:

$$\sigma_\theta = \frac{2p_{12}R_c^2}{R_o^2 - R_c^2} + \frac{p_{12}R_o^2R_c^2}{(R_o^2 - R_c^2)r^2}$$

$$\sigma_{\theta c} = \frac{p_{12}R_c^2R_o^2}{R_o^2 - R_c^2} = 580\text{MPa}$$

$$\sigma_{\theta o} = \frac{2p_{12}R_c^2}{R_o^2 - R_c^2} = 45.26\text{MPa}$$

③ 壳体由于内压力作用在内外壁面和界面上产生的环向应力:

$$\sigma_\theta = \frac{p_iR_i^2}{R_o^2 - R_i^2} + \frac{p_iR_i^2R_o^2}{(R_o^2 - R_i^2)r^2}$$

$$\sigma_{\theta i} = 293.25\text{MPa}$$

$$\sigma_{\theta c} = 198.93\text{MPa}$$

$$\sigma_{\theta o} = 155.25\text{MPa}$$

④ 受压力作用套合圆柱壳的总应力:

$$\sigma'_{\theta i} = 235\text{MPa}$$

$$\sigma'_{\theta c} = 256.96\text{MPa}$$

$$\sigma'_{\theta o} = 200.5\text{MPa}$$

由上述计算结果可见,套合圆柱壳的内壁面环向总应力要比无套合界面应力时低20%。

例 7 - 2 三层热套合圆柱壳,内径为 200mm,外径为 600mm。壳体材料最大剪应力 $\tau_{max} = 400$MPa,剪应力安全系数为 2/3,在室温下的弹性模量 $E = 2.03 \times 10^5$MPa;材料的热膨胀系数 $\alpha = 12 \times 10^{-6}$mm/mm·℃;内压力 $p_i = 138$MPa 状态下工作。试计算:(1)最大许用内压力;(2)各界面的过盈量;(3)套合圆柱壳各界面直径。

解:(1)许用剪应力:
$$[\tau] = (2/3)\tau_{max} = (2/3) \times 410 = 273.33 \approx 270\text{MPa}$$

(2)直径比:
$$K = D_o/D_i = 600/200 = 3$$

(3)最大许用内压力:
$$p_i = n[\tau]\frac{K^{2/n} - 1}{K^{2/n}} = 3 \times 270 \times \frac{3^{2/3} - 1}{3^{2/3}} = 420.58\text{MPa}$$

(4)套合圆柱壳各层直径比:
$$K^{1/n} = k_1 = k_2 = k_3 = 3^{1/3} = 1.44$$

(5)套合圆柱壳体各层直径:

第 1 层内外径:内径 200mm,外径 289mm。

第 2 层内外径:内径 289mm,外径 416mm。

第 3 层内外径:内径 416mm,外径 601mm。

(6)过盈量计算:
$$\frac{\Delta}{R_{ij}} = \frac{2p_i}{nE} = \frac{2 \times 270}{3 \times 2.03 \times 10^5} = 0.0008866$$

第 2 层内径应为
$$289 - 289 \times 0.0008866 = 288.744\text{mm}$$

第 3 层内径应为
$$416 - 416 \times 0.0008866 = 415.631\text{mm}$$

(7)使壳体达到能够热套合温差,即产生套合的过盈量所需要加热壳体的温差为
$$\Delta T = \frac{1}{\alpha}\frac{\Delta}{R_{ij}} = \frac{1}{12 \times 10^{-6}} \times 0.0008866 = 106.39℃$$

为了使套合顺利方便,可以增加热套温度。

第8章　非圆形压力容器设计

工程压力容器壳体几何形状除了圆柱壳体、圆锥壳、球壳、碟形封头、椭球形封头等回转壳体外,非圆形柱壳容器的应用也是常见的,如椭圆柱壳储罐、矩形水箱、长圆形车载容器罐等,这种非圆形壳体容器用的比较多的是椭圆形柱壳和矩形壳。例如,美国有90%的有害物质(液态)是通过高速公路运输的,所使用的容器绝大部分是椭圆形或带折边的矩形罐。本章主要讨论这两种壳体的压力容器设计。

目前还没有可适用的分析方法来确定非圆截面容器壳体或封头的应力状态。因此分析这种壳体应力分布不仅是强度问题,而且也是经济和环境所需要的。本章对椭圆形壳体通过局部坐标系确定主曲率半径,能够获得椭圆壳体的线性方程,以求解壳体的法向力、剪力和弯矩。同时还分析在内压和体积力作用下椭圆壳体的受力状态。对矩形容器通过极限分析方法求得壳体内力和应力,进而给出设计方法。

在对这种类型的容器进行受力分析时,有几个假设:所分析的壳体是薄壳;壳体纵向方向无限长,取其垂直于轴向方向平面截取的单位宽度薄壳(椭圆形或矩形)进行分析。

8.1　椭圆形柱壳

8.1.1　内压椭圆柱壳

受压力 P 作用的椭圆,其长轴半径和短轴半径分别用 a 和 b 表示,厚度为 δ,如图 8 - 1 所示。

根据椭圆曲线方程 $\dfrac{x^2}{a^2} + \dfrac{y^2}{b^2} = 1$ 可知,垂直于椭圆轴向截面的椭圆曲线上任一点的曲率半径为

$$r = \frac{a^2 b^2}{(a^2 \cos^2\theta + b^2 \sin^2\theta)^{3/2}} \qquad (8-1)$$

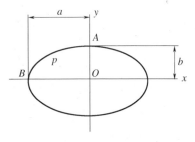

图 8 - 1　椭圆形壳体截面尺寸

根据上述假设,在壳体单位宽度截出一微元体,作用在微元体各个方向上的力如图 8 - 2 所示。由于椭圆相对于 X 轴和 Y 轴对称,于是可以只求出作用在壳体上的法向力、剪切力和弯矩。具体分析时,需要利用平衡方程求出法向力、剪切力和弯矩。由于壳体为轴对称,故取 1/4 椭圆壳体的受力状态,如图 8 - 3 所示。

根据弹性理论用解析法分析椭圆壳体时,与圆柱壳体一样,需要建立几何方程、平衡方程和物理方程,然后列出基本方程。

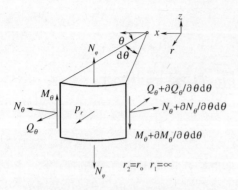

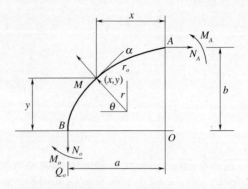

图8-2　椭圆壳体微元体受力分析　　图8-3　1/4椭圆壳体在内压作用下的受力状态

8.1.1.1 平衡方程

1. 法向力

在 θ 方向上的法向力 N_θ：

$$\frac{\partial N_\theta}{\partial \theta} - Q_\theta = 0 \tag{8-2}$$

式中：N_θ 为法向力；Q_θ 为剪力。

由内压作用在微元体法向方向产生的合力为

$$\frac{\partial Q_\theta}{\partial \theta} + N_\theta - \frac{a^2 b^2 P}{(a^2 \cos^2\theta + b^2 \sin^2\theta)^{3/2}} = 0 \tag{8-3}$$

式中：P 为内压力。

弯矩 M_θ 的平衡方程式为

$$\frac{\partial M_\theta}{\partial \theta} - \frac{a^2 b^2}{(a^2 \cos^2\theta + b^2 \sin^2\theta)^{3/2}} Q_\theta = 0 \tag{8-4}$$

用上述平衡方程式便可解出椭圆壳各内力和力矩。为了解出这些力，需对式(8-2)求导，并将式(8-3)代入式(8-2)得

$$\frac{\partial^2 N_\theta}{\partial \theta^2} + N_\theta = \frac{a^2 b^2 P}{(a^2 \cos^2\theta + b^2 \sin^2\theta)^{3/2}} \tag{8-5}$$

式(8-5)的齐次解为

$$N = C_1 \cos\theta + C_2 \sin\theta$$

该式的特解为

$$N_P = \int_0^\theta \frac{\sin\theta\cos x - \cos\theta\sin x}{\cos\theta\cos\theta + \sin\theta\sin\theta} \frac{a^2 b^2 P}{(a^2 \cos^2 x + b^2 \sin^2 x)^{3/2}} \mathrm{d}x$$

通过变量置换，有

$$\int \frac{1}{(a + bx + cx^2)^{3/2}} \mathrm{d}x = \frac{2(2cx + b)}{(4ac - b^2)(a + bx + cx^2)^{1/2}}$$

于是其特解为

$$N_P = P(a^2 \cos^2\theta + b^2 \sin^2\theta)^{1/2} - Pa\cos\theta$$

由此能够得出式(8-5)的非齐次方程的通解：

$$N_\theta = C_1 \cos\theta + C_2 \sin\theta + P(a^2 \cos^2\theta + b^2 \sin^2\theta)^{1/2} - Pa\cos\theta$$

为了求出上式中的 C_1 和 C_2，需要有两个边界条件。由于椭圆几何形状与其主轴 $2a$ 和 $2b$ 对称，法向力在 $\theta = 0°$ 或 $\theta = 90°$ 时可以通过平衡条件解出这两个边界条件值：

228

当 $\theta = 0°$ 时：
$$N_{\theta = 0°} = aP \tag{8-6}$$
当 $\theta = 90°$ 时：
$$N_{\theta = 90°} = bP \tag{8-7}$$
于是，在椭圆任何一点上的法向力为
$$N_\theta = P(a^2 \cos^2\theta + b^2 \sin^2\theta)^{1/2} \tag{8-8}$$
由此能够得出此力始终处于拉伸状态，法向力在 $\theta = 0°$ 时最大；而在 $\theta = 90°$ 时最小。

2. 剪力 Q_θ

对式(8-8)求导，并置换到式(8-2)中，得椭圆任意点上剪切力：
$$Q_\theta = P(b^2 - a^2) \frac{\sin\theta\cos\theta}{(a^2 \cos^2\theta + b^2 \sin^2\theta)^{1/2}} \tag{8-9}$$
此剪切力在 $\theta = 0°$ 和 $\theta = 90°$ 时均为 0。负值表明剪切力方向与所述方向相反。

3. 弯矩 M_θ

将式(8-9)代入式(8-4)后，弯矩为
$$\frac{\partial M_\theta}{\partial \theta} = Pa^2 b^2 (b^2 - a^2) \frac{\sin\theta\cos\theta}{(a^2 \cos^2\theta + b^2 \sin^2\theta)^2}$$
对上式积分后，弯矩为
$$M_\theta = \frac{-Pa^2 b^2}{2(a^2 \cos^2\theta + b^2 \sin^2\theta)} + C$$
由上述 N_θ、Q_θ 和 M_θ 方程可知，三个量都是不确定值。

上式中的 C 可以由变形规律解出。由于壳体几何形状对称且受均匀内压作用，于是在 $\theta = 90°$ 时，变形后的斜度仍为 $0°$；而在 $\theta = 0°$ 时，斜度为无穷大。根据 Castigliano 变力作用的弹性结构应变能定理，在椭圆的 1/4 区域内任何点处 (x, y) 的弯矩 $M_{(x,y)}$（椭圆形截面受力分析）：
$$M_{(x,y)} = M_{\theta = 0°} + \frac{b^2 - a^2}{2}P + \frac{P(a^2 - b^2)\cos^2\theta}{2} \tag{8-10}$$
式中：$M_{\theta = 0°}$ 是在 $\theta = 0°$，$N_{\theta = 0°} = aP$ 时的弯矩，因此在 1/4 椭圆内的应变能为
$$U = \int_0^{\pi/2} \frac{M^2}{2EI} \sqrt{a^2 \sin^2\theta + b^2 \cos^2\theta}\,\mathrm{d}\theta \tag{8-11}$$

由于在 $\theta = 0°$ 时，角度变化为 0，故对式(8-11)求导并令其等于 0，$\frac{\partial U}{\partial M_{\theta = 0°}} = 0$，将 $M_{(x,y)}$ 置换到式(8-11)并简化后得
$$\int_0^{\pi/2} \left[M_{\theta = 0°} + \frac{P(b^2 - a^2)\sin^2\theta}{2} \right] \sqrt{a^2 \sin^2\theta + b^2 \cos^2\theta}\,\mathrm{d}\theta = 0$$
或
$$M_{\theta = 0°} = \frac{P(a^2 - b^2)}{2} \frac{\int_0^{\pi/2} \sin\theta \sqrt{a^2 \sin^2\theta + b^2 \cos^2\theta}\,\mathrm{d}\theta}{\int_0^{\pi/2} \sqrt{a^2 \sin^2\theta + b^2 \cos^2\theta}\,\mathrm{d}\theta} \tag{8-12}$$
令式(8-11)θ 等于 $0°$，即可解出系数 C 值：
$$C = \frac{Pb^2}{2} + \frac{P(a^2 - b^2)}{2} \frac{\int_0^{\pi/2} \sin\theta \sqrt{1 - \left(1 - \frac{b^2}{a^2}\right)\cos^2\theta}\,\mathrm{d}\theta}{\int_0^{\pi/2} \sqrt{1 - \left(1 - \frac{b^2}{a^2}\right)\cos^2\theta}\,\mathrm{d}\theta} \tag{8-13}$$

式(8-13)有两个积分式必须用数值法解出,通常用尤贝(Romberg)积分式解此积分比较精确。

令

$$\int\left(\frac{b}{a}\right) = \frac{\int_0^{\pi/2} \sin\theta \sqrt{1 - \left(1 - \frac{b^2}{a^2}\right)\cos^2\theta}\,\mathrm{d}\theta}{\int_0^{\pi/2} \sqrt{1 - \left(1 - \frac{b^2}{a^2}\right)\cos^2\theta}\,\mathrm{d}\theta} \qquad (8-14)$$

则 C 值的表达式为

$$C = \frac{a^2}{2} P F\left(\frac{b}{a}\right) \qquad (8-15)$$

式中: $F\left(\frac{b}{a}\right)$ 是 $\frac{b}{a}$ 的函数,故有

$$F\left(\frac{b}{a}\right) = f\left(\frac{b}{a}\right) + \frac{b^2}{a^2}\left[1 - f\left(\frac{b}{a}\right)\right] \qquad (8-16)$$

在解此式时,需要用基于尤贝法的一些软件程序确定 $0 \leqslant b/a \leqslant 1$ 范围内的 $F(b/a)$。为了能够解出 $\frac{b}{a}$ 和 $F\left(\frac{b}{a}\right)$ 之间的关系,用有限元方法获取相关数据进行非线性回归分析,故可用下述解析式计算任意点上的弯矩 M_θ:

$$M_\theta = \frac{a^2 P}{2}\left[a_1\left(\frac{b}{a} - a_2\right)^{a_3} + a_4 - \frac{b^2}{(a^2\cos^2\theta + b^2\sin^2\theta)}\right] \qquad (8-17)$$

由有限元分析和其他数值计算方法得出的数值进行比较后,式(8-17)中的 $a_1 = 0.659$, $a_2 = 0.26$, $a_3 = 2.14$, $a_4 = 0.654$。于是式(8-17)可写为

$$M_\theta = \frac{a^2 P}{2}\left[0.659\left(\frac{b}{a} - 0.26\right)^{2.14} + 0.654 - \frac{b^2}{(a^2\cos^2\theta + b^2\sin^2\theta)}\right] \qquad (8-18)$$

由此可以得出:在 $\theta = 0°$ 时,弯矩值的绝对值最大,发生在内表面,为拉应力;而在 $\theta = 90°$ 时,在壳体的外表面上负值弯矩最大,这说明外表面为拉力作用。

θ 和 x 关系有下述关系:

$$x^2 = \frac{a^4}{a^2 + b^2\tan^2\theta} \qquad (8-19)$$

8.1.1.2 弯矩简化计算

由式(8-18)可见,在 $\theta = 0°$ 时最大弯矩只是与椭圆壳长短轴比例有关,计算比较复杂。实际在工程设计上通常注重作用在壳体上弯矩最大值和最小值,鉴于此将壳体特定点的弯矩可以用一种简化式进行计算。其计算方法如下:对于最大弯矩,首先根据 $R = b/a$ 比值,由表 8-1 中查得 k_1 系数,再按式(8-20a)计算 $\theta = 0°$ 时的最大弯矩。最小弯矩计算,则由表 8-2 查得系数 k_2 值,再按式(8-20b)计算。因此,弯矩简化计算方法是根据 $b/a = R$ 由表 8-1 和表 8-2 查得的 k_1、k_2 值,再计算在 $\theta = 0°$ 时的最大弯矩和 $\theta = 90°$ 时的最小弯矩。

$$M_{max} = k_1 a^2 P \qquad (8-20a)$$

$$M_{min} = k_2 a^2 P \qquad (8-20b)$$

计算时,注意 k_2 为负值。

表 8－1　根据 $b/a=R$ 值的最大弯矩系数 $k_1(\theta=0°)$

R	k	R	k	R	k	R	k	R	k	R	k	R	k
0.260	0.2932	0.300	0.2823	0.340	0.2706	0.380	0.2583	0.420	0.2453	0.460	0.2317	0.500	0.2175
0.261	0.2929	0.301	0.2820	0.341	0.2703	0.381	0.2580	0.421	0.2449	0.461	0.2313	0.501	0.2171
0.262	0.2926	0.302	0.2817	0.342	0.2700	0.382	0.2576	0.422	0.2446	0.462	0.2310	0.502	0.2168
0.263	0.2924	0.303	0.2814	0.343	0.2697	0.383	0.2573	0.423	0.2443	0.263	0.2306	0.503	0.2164
0.264	0.2921	0.304	0.2812	0.344	0.2694	0.384	0.2570	0.424	0.2439	0.464	0.2303	0.504	0.2161
0.265	0.2918	0.305	0.2809	0.345	0.2691	0.385	0.2567	0.425	0.2436	0.465	0.2299	0.505	0.2157
0.266	0.2916	0.306	0.2806	0.346	0.2688	0.386	0.2564	0.426	0.2433	0.466	0.2296	0.506	0.2153
0.267	0.2913	0.307	0.2803	0.347	0.2685	0.387	0.2561	0.427	0.2429	0.467	0.2292	0.507	0.2150
0.268	0.2911	0.308	0.2800	0.348	0.2682	0.388	0.2557	0.428	0.2426	0.468	0.2289	0.508	0.2146
0.269	0.2908	0.309	0.2797	0.349	0.2679	0.389	0.2554	0.429	0.2423	0.469	0.2285	0.509	0.2142
0.270	0.2905	0.310	0.2794	0.350	0.2676	0.390	0.2551	0.430	0.2419	0.470	0.2282	0.510	0.2139
0.271	0.2903	0.311	0.2792	0.351	0.2673	0.391	0.2548	0.431	0.2416	0.471	0.2278	0.511	0.2135
0.272	0.2900	0.312	0.2789	0.352	0.2670	0.392	0.2544	0.432	0.2413	0.472	0.2275	0.512	0.2131
0.273	0.2897	0.313	0.2786	0.353	0.2667	0.393	0.2541	0.433	0.2409	0.473	0.2271	0.513	0.2128
0.274	0.2895	0.314	0.2783	0.354	0.2664	0.394	0.2538	0.434	0.2406	0.474	0.2268	0.514	0.2124
0.275	0.2892	0.315	0.2780	0.355	0.2661	0.395	0.2535	0.435	0.2403	0.475	0.2264	0.515	0.2120
0.276	0.2889	0.316	0.2777	0.356	0.2658	0.396	0.2532	0.436	0.2399	0.476	0.2261	0.516	0.2117
0.277	0.2886	0.317	0.2774	0.357	0.2655	0.397	0.2528	0.437	0.2396	0.477	0.2257	0.517	0.2113
0.278	0.2884	0.318	0.2771	0.358	0.2652	0.398	0.2525	0.438	0.2392	0.478	0.2254	0.518	0.2109
0.279	0.2881	0.319	0.2768	0.359	0.2649	0.399	0.2522	0.439	0.2389	0.479	0.2250	0.519	0.2106
0.280	0.2878	0.320	0.2766	0.360	0.2645	0.400	0.2519	0.440	0.2386	0.480	0.2247	0.520	0.2102
0.281	0.2876	0.321	0.2763	0.361	0.2642	0.401	0.2515	0.441	0.2382	0.481	0.2243	0.521	0.2098
0.282	0.2873	0.322	0.2760	0.362	0.2639	0.402	0.2512	0.442	0.2379	0.482	0.2240	0.522	0.2095
0.283	0.2870	0.323	0.2757	0.363	0.2636	0.403	0.2509	0.443	0.2375	0.483	0.2236	0.423	0.2091
0.284	0.2867	0.324	0.2754	0.364	0.2633	0.404	0.2506	0.444	0.2372	0.484	0.2232	0.524	0.2087
0.285	0.2865	0.325	0.2751	0.365	0.2630	0.405	0.2502	0.445	0.2368	0.485	0.2229	0.525	0.2084
0.286	0.2862	0.326	0.2748	0.366	0.2627	0.406	0.2499	0.446	0.2365	0.486	0.2225	0.526	0.2080
0.287	0.2859	0.327	0.2745	0.467	0.2624	0.407	0.2496	0.447	0.2362	0.487	0.2222	0.527	0.2076
0.288	0.2856	0.328	0.2742	0.368	0.2621	0.408	0.2492	0.448	0.2358	0.488	0.2218	0.528	0.2073
0.289	0.2854	0.329	0.2739	0.369	0.2617	0.409	0.2489	0.449	0.2355	0.489	0.2215	0.529	0.2068
0.290	0.2851	0.330	0.2736	0.370	0.2614	0.410	0.2486	0.450	0.2351	0.490	0.2211	0.530	0.2065
0.291	0.2848	0.331	0.2733	0.371	0.2611	0.411	0.2483	0.451	0.2348	0.491	0.2207	0.531	0.2061
0.292	0.2845	0.332	0.2730	0.372	0.2608	0.412	0.2479	0.452	0.2344	0.492	0.2204	0.532	0.2058
0.293	0.2843	0.333	0.2727	0.373	0.2605	0.413	0.2476	0.453	0.2341	0.493	0.2200	0.533	0.2054
0.294	0.2840	0.334	0.2724	0.374	0.2602	0.414	0.2473	0.454	0.2338	0.494	0.2197	0.534	0.2050
0.295	0.2837	0.335	0.2721	0.375	0.2599	0.415	0.2469	0.455	0.2334	0.495	0.2193	0.535	0.2046
0.296	0.2834	0.336	0.2718	0.376	0.2595	0.416	0.2466	0.456	0.2331	0.496	0.2189	0.536	0.2043
0.297	0.2831	0.337	0.2715	0.377	0.2592	0.417	0.2463	0.457	0.2327	0.497	0.2186	0.537	0.2039
0.298	0.2829	0.338	0.2712	0.378	0.2589	0.418	0.2459	0.458	0.2324	0.498	0.2182	0.538	0.2035
0.299	0.2826	0.339	0.2709	0.379	0.2586	0.419	0.2456	0.459	0.2320	0.499	0.2179	0.539	0.2032

R	k	R	k	R	k	R	k	R	k	R	k	R	k
0.540	0.2028	0.580	0.1875	0.620	0.1718	0.660	0.1555	0.700	0.1388	0.740	0.1217	0.780	0.1041
0.542	0.2024	0.581	0.1871	0.621	0.1714	0.661	0.1551	0.701	0.1384	0.741	0.1212	0.781	0.1036
0.542	0.2020	0.582	0.1868	0.622	0.1710	0.662	0.1547	0.702	0.1380	0.742	0.1208	0.782	0.1032
0.543	0.2017	0.583	0.1864	0.623	0.1706	0.663	0.1543	0.703	0.1376	0.743	0.1204	0.783	0.1027
0.544	0.2013	0.584	0.1860	0.624	0.1702	0.664	0.1539	0.704	0.1371	0.744	0.1199	0.784	0.1023
0.545	0.2009	0.585	0.1856	0.625	0.1698	0.665	0.1535	0.705	0.1367	0.745	0.1195	0.785	0.1019
0.546	0.2005	0.586	0.1852	0.626	0.1694	0.666	0.1531	0.706	0.1363	0.746	0.1191	0.786	0.1014
0.547	0.2001	0.587	0.1848	0.627	0.1690	0.667	0.1527	0.707	0.1359	0.747	0.1186	0.787	0.1010
0.548	0.1998	0.588	0.1844	0.628	0.1686	0.668	0.1522	0.708	0.1354	0.748	0.1182	0.788	0.1005
0.549	0.1994	0.589	0.1840	0.629	0.1682	0.669	0.1518	0.709	0.1350	0.749	0.1178	0.789	0.1001
0.550	0.1990	0.590	0.1836	0.630	0.1678	0.670	0.1514	0.710	0.1346	0.750	0.1173	0.790	0.0996
0.551	0.1986	0.591	0.1832	0.631	0.1674	0.671	0.1510	0.711	0.1342	0.751	0.1169	0.791	0.0992
0.552	0.1983	0.592	0.1829	0.632	0.1670	0.672	0.1506	0.712	0.1337	0.752	0.1164	0.792	0.0987
0.553	0.1979	0.593	0.1825	0.633	0.1666	0.673	0.1502	0.713	0.1333	0.753	0.1160	0.793	0.0983
0.554	0.1975	0.594	0.1821	0.634	0.1662	0.674	0.1497	0.714	0.1329	0.754	0.1156	0.794	0.0978
0.555	0.1971	0.595	0.1817	0.635	0.1657	0.675	0.1493	0.715	0.1325	0.755	0.1151	0.795	0.0974
0.556	0.1967	0.596	0.1813	0.636	0.1653	0.676	0.1489	0.716	0.1320	0.756	0.1147	0.796	0.0969
0.557	0.1964	0.597	0.1809	0.637	0.1649	0.677	0.1485	0.717	0.1316	0.757	0.1143	0.797	0.0965
0.558	0.1960	0.598	0.1805	0.638	0.1645	0.678	0.1481	0.718	0.1312	0.758	0.1138	0.798	0.0960
0.559	0.1956	0.599	0.1801	0.639	0.1641	0.679	0.1477	0.719	0.1307	0.759	0.1134	0.799	0.0956
0.560	0.1952	0.600	0.1797	0.640	0.1637	0.680	0.1472	0.720	0.1303	0.760	0.1129	0.800	0.0951
0.561	0.1948	0.601	0.1793	0.641	0.1633	0.681	0.1468	0.721	0.1299	0.761	0.1125	0.801	0.0947
0.562	0.1945	0.602	0.1789	0.642	0.1629	0.682	0.1464	0.722	0.1295	0.762	0.1121	0.802	0.0942
0.563	0.1941	0.603	0.1785	0.643	0.1625	0.683	0.1460	0.723	0.1290	0.763	0.1116	0.803	0.0938
0.564	0.1937	0.604	0.1781	0.644	0.1621	0.684	0.1456	0.724	0.1286	0.764	0.1112	0.804	0.0933
0.565	0.1933	0.605	0.1777	0.645	0.1617	0.685	0.1452	0.725	0.1282	0.765	0.1107	0.805	0.0929
0.566	0.1929	0.606	0.1773	0.646	0.1613	0.686	0.1447	0.726	0.1277	0.766	0.1103	0.806	0.0924
0.567	0.1925	0.607	0.1770	0.647	0.1609	0.687	0.1443	0.727	0.1273	0.767	0.1099	0.807	0.0920
0.568	0.1922	0.608	0.1766	0.648	0.1605	0.688	0.1439	0.728	0.1269	0.768	0.1094	0.808	0.0915
0.569	0.1918	0.609	0.1762	0.649	0.1601	0.689	0.1435	0.729	0.1264	0.869	0.1090	0.809	0.0911
0.570	0.1914	0.610	0.1758	0.650	0.1596	0.690	0.1431	0.730	0.1260	0.770	0.1085	0.810	0.0906
0.571	0.1910	0.611	0.1754	0.651	0.1592	0.691	0.1426	0.731	0.1256	0.771	0.1081	0.811	0.0902
0.572	0.1906	0.612	0.1750	0.652	0.1588	0.692	0.1422	0.732	0.1251	0.772	0.1076	0.812	0.0897
0.573	0.1902	0.613	0.1746	0.653	0.1584	0.693	0.1418	0.733	0.1247	0.773	0.1072	0.813	0.0892
0.374	0.1898	0.614	0.1742	0.654	0.1580	0.694	0.1414	0.734	0.1243	0.774	0.1068	0.814	0.0888
0.575	0.1895	0.515	0.1738	0.655	0.1576	0.695	0.1410	0.735	0.1239	0.775	0.1063	0.815	0.0883
0.576	0.1891	0.616	0.1734	0.656	0.1572	0.696	0.1405	0.736	0.1234	0.776	0.1059	0.816	0.0879
0.577	0.1887	0.617	0.1730	0.657	0.1568	0.697	0.1401	0.737	0.1230	0.777	0.1054	0.817	0.0874
0.578	0.1883	0.618	0.1726	0.658	0.1564	0.698	0.1397	0.738	0.1225	0.778	0.1050	0.818	0.0870
0.579	0.1879	0.619	0.1722	0.659	0.1560	0.699	0.1393	0.739	0.1221	0.779	0.1045	0.819	0.0865

R	k	R	k	R	k	R	k	R	k	R	k	R	k
0.820	0.0861	0.848	0.0732	0.876	0.0601	0.904	0.0469	0.932	0.0334	0.960	0.0198	0.988	0.0060
0.821	0.0856	0.849	0.0727	0.877	0.0597	0.905	0.0464	0.933	0.0329	0.961	0.0193	0.989	0.0055
0.822	0.0851	0.850	0.0723	0.878	0.0592	0.906	0.0459	0.934	0.0325	0.962	0.0188	0.990	0.0050
0.823	0.0847	0.851	0.0718	0.879	0.0587	0.907	0.0454	0.935	0.0320	0.963	0.0183	0.991	0.0045
0.824	0.0842	0.852	0.0713	0.880	0.0583	0.908	0.0450	0.936	0.0315	0.964	0.0178	0.992	0.0040
0.825	0.0838	0.853	0.0709	0.881	0.0578	0.909	0.0445	0.937	0.0310	0.965	0.0173	0.993	0.0035
0.826	0.0833	0.854	0.0704	0.882	0.0573	0.910	0.0440	0.938	0.0305	0.966	0.0169	0.994	0.0030
0.827	0.0829	0.855	0.0700	0.883	0.0568	0.911	0.0435	0.939	0.0300	0.967	0.0164	0.995	0.0025
0.828	0.0824	0.856	0.0695	0.884	0.0564	0.912	0.0431	0.940	0.0296	0.968	0.0159	0.996	0.0020
0.829	0.0819	0.857	0.0690	0.885	0.0559	0.913	0.0426	0.941	0.0291	0.969	0.0154	0.997	0.0015
0.830	0.0815	0.858	0.0686	0.886	0.0554	0.914	0.0421	0.942	0.0286	0.970	0.0149	0.998	0.0010
0.831	0.0810	0.859	0.0681	0.887	0.0550	0.915	0.0416	0.943	0.0281	0.971	0.0144	0.999	0.0005
0.832	0.0806	0.860	0.0676	0.888	0.0545	0.916	0.0411	0.944	0.0276	0.972	0.0139	1.00	0.0000
0.833	0.0801	0.861	0.0672	0.889	0.0540	0.917	0.0407	0.945	0.0271	0.973	0.0134		
0.834	0.0797	0.862	0.0667	0.890	0.0535	0.918	0.0402	0.956	0.0266	0.974	0.0129		
0.835	0.0792	0.863	0.0662	0.891	0.0531	0.919	0.0397	0.947	0.0262	0.975	0.0124		
0.836	0.0787	0.864	0.0658	0.892	0.0526	0.920	0.0392	0.948	0.0257	0.976	0.0119		
0.837	0.0783	0.865	0.0653	0.893	0.0521	0.921	0.0387	0.949	0.0252	0.977	0.0114		
0.838	0.0778	0.866	0.0648	0.894	0.0516	0.922	0.0383	0.950	0.0247	0.978	0.0109		
0.839	0.0774	0.867	0.0644	0.895	0.0512	0.923	0.0378	0.951	0.0242	0.979	0.0104		
0.840	0.0769	0.868	0.0639	0.896	0.0507	0.924	0.0373	0.952	0.0237	0.980	0.0099		
0.841	0.0764	0.869	0.0634	0.897	0.0502	0.925	0.0368	0.953	0.0232	0.981	0.0095		
0.842	0.0760	0.870	0.0630	0.898	0.0497	0.926	0.0363	0.954	0.0227	0.982	0.0090		
0.843	0.0755	0.871	0.0625	0.899	0.0493	0.927	0.0358	0.955	0.0222	0.983	0.0085		
0.844	0.0750	0.872	0.0620	0.900	0.0488	0.928	0.0354	0.956	0.0218	0.984	0.0080		
0.845	0.0746	0.873	0.0615	0.901	0.0483	0.929	0.0349	0.957	0.0213	0.985	0.0075		
0.846	0.0741	0.874	0.0611	0.902	0.0478	0.930	0.0344	0.958	0.0208	0.986	0.0070		
0.847	0.0737	0.875	0.0606	0.903	0.0474	0.931	0.0339	0.959	0.0203	0.987	0.0065		

表 8－2　根据 $b/a = R$ 值的最小弯矩系数 $k_2(\theta = 90°)$

R	k	R	k	R	k	R	k	R	k	R	k	R	k
0.260	0.1730	0.300	0.1727	0.340	0.1716	0.380	0.1695	0.420	0.1665	0.460	0.1625	0.500	0.1575
0.261	0.1730	0.301	0.1727	0.341	0.1715	0.381	0.1695	0.421	0.1664	0.461	0.1624	0.501	0.1574
0.262	0.1730	0.302	0.1727	0.342	0.1715	0.382	0.1694	0.422	0.1663	0.462	0.1623	0.502	0.1572
0.263	0.1730	0.303	0.1727	0.343	0.1714	0.383	0.1693	0.423	0.1663	0.263	0.1622	0.503	0.1571
0.264	0.1730	0.304	0.1726	0.344	0.1714	0.384	0.1693	0.424	0.1662	0.464	0.1621	0.504	0.1569
0.265	0.1730	0.305	0.1726	0.345	0.1714	0.385	0.1692	0.425	0.1661	0.465	0.1620	0.505	0.1568
0.266	0.1730	0.306	0.1726	0.346	0.1713	0.386	0.1691	0.426	0.1660	0.466	0.1618	0.506	0.1567
0.267	0.1730	0.307	0.1726	0.347	0.1713	0.387	0.1691	0.427	0.1659	0.467	0.1617	0.507	0.1565
0.268	0.1730	0.308	0.1725	0.348	0.1712	0.388	0.1690	0.428	0.1658	0.468	0.1616	0.508	0.1564
0.269	0.1730	0.309	0.1725	0.349	0.1712	0.389	0.1689	0.429	0.1657	0.469	0.1615	0.509	0.1562
0.270	0.1730	0.310	0.1725	0.350	0.1711	0.390	0.1689	0.430	0.1656	0.470	0.1614	0.510	0.1561
0.271	0.1730	0.311	0.1725	0.351	0.1711	0.391	0.1688	0.431	0.1655	0.471	0.1612	0.511	0.1559
0.272	0.1730	0.312	0.1725	0.352	0.1710	0.392	0.1687	0.432	0.1654	0.472	0.1611	0.512	0.1558
0.273	0.1730	0.313	0.1724	0.353	0.1710	0.393	0.1687	0.433	0.1653	0.473	0.1610	0.513	0.1556
0.274	0.1730	0.314	0.1724	0.354	0.1710	0.394	0.1686	0.434	0.1652	0.474	0.1609	0.514	0.1555
0.275	0.1730	0.315	0.1724	0.355	0.1709	0.395	0.1685	0.435	0.1651	0.475	0.1608	0.515	0.1553
0.276	0.1730	0.316	0.1724	0.356	0.1709	0.396	0.1684	0.436	0.1650	0.476	0.1606	0.516	0.1552
0.277	0.1730	0.317	0.1723	0.357	0.1708	0.397	0.1684	0.437	0.1649	0.477	0.1605	0.517	0.1550
0.278	0.1730	0.318	0.1723	0.358	0.1708	0.398	0.1683	0.438	0.1648	0.478	0.1604	0.518	0.1549
0.279	0.1730	0.319	0.1723	0.359	0.1707	0.399	0.1682	0.439	0.1647	0.479	0.1603	0.519	0.1547
0.280	0.1730	0.320	0.1722	0.360	0.1707	0.400	0.1681	0.440	0.1646	0.480	0.1601	0.520	0.1546
0.281	0.1730	0.321	0.1722	0.361	0.1706	0.401	0.1681	0.441	0.1645	0.481	0.1600	0.521	0.1544
0.282	0.1730	0.322	0.1722	0.362	0.1706	0.402	0.1680	0.442	0.1644	0.482	0.1599	0.522	0.1543
0.283	0.1729	0.323	0.1722	0.363	0.1705	0.403	0.1679	0.443	0.1643	0.483	0.1598	0.423	0.1541
0.284	0.1729	0.324	0.1721	0.364	0.1704	0.404	0.1678	0.444	0.1642	0.484	0.1596	0.524	0.1540
0.285	0.1729	0.325	0.1721	0.365	0.1704	0.405	0.1678	0.445	0.1641	0.485	0.1595	0.525	0.1538
0.286	0.1729	0.326	0.1721	0.366	0.1703	0.406	0.1677	0.446	0.1640	0.486	0.1594	0.526	0.1537
0.287	0.1729	0.327	0.1720	0.467	0.1703	0.407	0.1676	0.447	0.1639	0.487	0.1592	0.527	0.1535
0.288	0.1729	0.328	0.1720	0.368	0.1702	0.408	0.1675	0.448	0.1638	0.488	0.1591	0.528	0.1534
0.289	0.1729	0.329	0.1720	0.369	0.1702	0.409	0.1674	0.449	0.1637	0.489	0.1590	0.529	0.1532
0.290	0.1729	0.330	0.1719	0.370	0.1701	0.410	0.1674	0.450	0.1636	0.490	0.1589	0.530	0.1530
0.291	0.1729	0.331	0.1719	0.371	0.1701	0.411	0.1673	0.451	0.1635	0.491	0.1587	0.531	0.1529
0.292	0.1728	0.332	0.1719	0.372	0.1700	0.412	0.1672	0.452	0.1634	0.492	0.1586	0.532	0.1527
0.293	0.1728	0.333	0.1718	0.373	0.1699	0.413	0.1671	0.453	0.1633	0.493	0.1585	0.533	0.1526
0.294	0.1728	0.334	0.1718	0.374	0.1699	0.414	0.1670	0.454	0.1632	0.494	0.1583	0.534	0.1524
0.295	0.1728	0.335	0.1718	0.375	0.1698	0.415	0.1669	0.455	0.1631	0.495	0.1582	0.535	0.1522
0.296	0.1728	0.336	0.1717	0.376	0.1698	0.416	0.1669	0.456	0.1630	0.496	0.1580	0.536	0.1521
0.297	0.1728	0.337	0.1717	0.377	0.1697	0.417	0.1668	0.457	0.1629	0.497	0.1579	0.537	0.1519
0.298	0.1727	0.338	0.1716	0.378	0.1696	0.418	0.1667	0.458	0.1627	0.498	0.1578	0.538	0.1518
0.299	0.1727	0.339	0.1716	0.379	0.1696	0.419	0.1666	0.459	0.1626	0.499	0.1576	0.539	0.1516

R	k	R	k	R	k	R	k	R	k	R	k	R	k
0.540	0.1514	0.580	0.1443	0.620	0.1360	0.660	0.1267	0.700	0.1162	0.740	0.1045	0.780	0.0917
0.541	0.1513	0.581	0.1441	0.621	0.1358	0.661	0.1264	0.701	0.1159	0.741	0.1042	0.781	0.0914
0.542	0.1511	0.582	0.1439	0.622	0.1356	0.662	0.1262	0.702	0.1156	0.742	0.1039	0.782	0.0910
0.543	0.1509	0.583	0.1437	0.623	0.1354	0.663	0.1259	0.703	0.1153	0.743	0.1036	0.783	0.0907
0.544	0.1508	0.584	0.1435	0.624	0.1351	0.664	0.1257	0.704	0.1150	0.744	0.1033	0.784	0.0904
0.545	0.1506	0.585	0.1433	0.625	0.1349	0.665	0.1254	0.705	0.1148	0.745	0.1030	0.785	0.0900
0.546	0.1504	0.586	0.1431	0.626	0.1347	0.666	0.1252	0.706	0.1145	0.746	0.1027	0.786	0.0897
0.547	0.1502	0.587	0.1429	0.627	0.1345	0.667	0.1249	0.707	0.1142	0.747	0.1024	0.787	0.0894
0.548	0.1501	0.588	0.1327	0.628	0.1342	0.668	0.1246	0.708	0.1139	0.748	0.1021	0.788	0.0890
0.549	0.1499	0.589	0.1425	0.629	0.1340	0.669	0.1244	0.709	0.1136	0.749	0.1017	0.789	0.0887
0.550	0.1497	0.590	0.1423	0.630	0.1338	0.670	0.1241	0.710	0.1134	0.750	0.1014	0.790	0.0883
0.551	0.1496	0.591	0.1421	0.631	0.1336	0.671	0.1239	0.711	0.1131	0.751	0.1011	0.791	0.0880
0.552	0.1494	0.592	0.1419	0.632	0.1333	0.672	0.1236	0.712	0.1128	0.752	0.1008	0.792	0.0876
0.553	0.1492	0.593	0.1417	0.633	0.1331	0.673	0.1234	0.713	0.1125	0.753	0.1005	0.793	0.0873
0.554	0.1490	0.594	0.1415	0.634	0.1329	0.674	0.1231	0.714	0.1122	0.754	0.1002	0.794	0.0870
0.555	0.1489	0.595	0.1413	0.635	0.1326	0.675	0.1229	0.715	0.1119	0.755	0.0999	0.795	0.0866
0.556	0.1487	0.596	0.1411	0.636	0.1324	0.676	0.1226	0.716	0.1116	0.756	0.0995	0.796	0.0863
0.557	0.1485	0.597	0.1409	0.637	0.1322	0.677	0.1223	0.717	0.1114	0.757	0.0992	0.797	0.0859
0.558	0.1483	0.598	0.1407	0.638	0.1319	0.678	0.1221	0.718	0.1111	0.758	0.0989	0.798	0.0856
0.559	0.1482	0.599	0.1405	0.639	0.1317	0.679	0.1218	0.719	0.1108	0.759	0.0986	0.799	0.0852
0.560	0.1480	0.600	0.1403	0.640	0.1315	0.680	0.1216	0.720	0.1105	0.760	0.0983	0.800	0.0849
0.561	0.1478	0.601	0.1401	0.641	0.1312	0.681	0.1213	0.721	0.1102	0.761	0.0979	0.801	0.0845
0.562	0.1476	0.602	0.1399	0.642	0.1310	0.682	0.1210	0.722	0.1099	0.762	0.0976	0.802	0.0842
0.563	0.1474	0.603	0.1397	0.643	0.1308	0.683	0.1208	0.723	0.1096	0.763	0.0973	0.803	0.0838
0.564	0.1473	0.604	0.1395	0.644	0.1305	0.684	0.1205	0.724	0.1093	0.764	0.0970	0.804	0.0835
0.565	0.1471	0.605	0.1392	0.645	0.1303	0.685	0.1202	0.725	0.1090	0.765	0.0967	0.805	0.0831
0.566	0.1469	0.606	0.1390	0.646	0.1301	0.686	0.1200	0.726	0.1087	0.766	0.0963	0.806	0.0828
0.567	0.1467	0.607	0.1388	0.647	0.1298	0.687	0.1197	0.727	0.1084	0.767	0.0960	0.807	0.0824
0.568	0.1465	0.608	0.1386	0.648	0.1296	0.688	0.1194	0.728	0.1081	0.768	0.0957	0.808	0.0821
0.569	0.1463	0.609	0.1384	0.649	0.1293	0.689	0.1192	0.729	0.1078	0.869	0.0954	0.809	0.0817
0.570	0.1462	0.610	0.1382	0.650	0.1291	0.690	0.1189	0.730	0.1075	0.770	0.0950	0.810	0.0813
0.571	0.1460	0.611	0.1380	0.651	0.1289	0.691	0.1186	0.731	0.1072	0.771	0.0947	0.811	0.0810
0.572	0.1458	0.612	0.1378	0.652	0.1286	0.692	0.1184	0.732	0.1069	0.772	0.0944	0.812	0.0806
0.573	0.1456	0.613	0.1375	0.653	0.1284	0.693	0.1181	0.733	0.1066	0.773	0.0940	0.813	0.0803
0.374	0.1454	0.614	0.1373	0.654	0.1281	0.694	0.1178	0.734	0.1063	0.774	0.0937	0.814	0.0799
0.575	0.1452	0.515	0.1371	0.655	0.1279	0.695	0.1175	0.735	0.1060	0.775	0.0934	0.815	0.0796
0.576	0.1450	0.616	0.1369	0.656	0.1276	0.696	0.1173	0.736	0.1057	0.776	0.0930	0.816	0.0792
0.577	0.1448	0.617	0.1367	0.657	0.1274	0.697	0.1170	0.737	0.1054	0.777	0.0927	0.817	0.0788
0.578	0.1447	0.618	0.1365	0.658	0.1272	0.698	0.1167	0.738	0.1051	0.778	0.0924	0.818	0.0785
0.579	0.1445	0.619	0.1362	0.659	0.1269	0.699	0.1164	0.739	0.1048	0.779	0.0920	0.819	0.0781

R	k	R	k	R	k	R	k	R	k	R	k	R	k
0.820	0.0777	0.848	0.0672	0.876	0.0562	0.904	0.0445	0.932	0.0323	0.960	0.0194	0.988	0.0059
0.821	0.0774	0.849	0.0669	0.877	0.0558	0.905	0.0441	0.933	0.0318	0.961	0.0189	0.989	0.0055
0.822	0.0770	0.850	0.0665	0.878	0.0554	0.906	0.0437	0.934	0.0314	0.962	0.0185	0.990	0.0050
0.823	0.0766	0.851	0.0661	0.879	0.0550	0.907	0.0432	0.935	0.0309	0.963	0.0180	0.991	0.0045
0.824	0.0763	0.852	0.0657	0.880	0.0545	0.908	0.0428	0.936	0.0305	0.964	0.0175	0.992	0.0040
0.825	0.0759	0.853	0.0653	0.881	0.0541	0.909	0.0424	0.937	0.0300	0.965	0.0170	0.993	0.0035
0.826	0.0755	0.854	0.0649	0.882	0.0537	0.910	0.0419	0.938	0.0296	0.966	0.0166	0.994	0.0030
0.827	0.0752	0.855	0.0645	0.883	0.0533	0.911	0.0415	0.939	0.0291	0.967	0.0161	0.995	0.0025
0.828	0.0748	0.856	0.0641	0.884	0.0529	0.912	0.0411	0.940	0.0286	0.968	0.0156	0.996	0.0020
0.829	0.0744	0.857	0.0638	0.885	0.0525	0.913	0.0406	0.941	0.0282	0.969	0.0151	0.997	0.0015
0.830	0.0741	0.858	0.0634	0.886	0.0521	0.914	0.0402	0.942	0.0277	0.970	0.0147	0.998	0.0010
0.831	0.0737	0.859	0.0630	0.887	0.0517	0.915	0.0398	0.943	0.0273	0.971	0.0142	0.999	0.0005
0.832	0.0733	0.860	0.0626	0.888	0.0512	0.916	0.0393	0.944	0.0268	0.972	0.0137	1.00	0.0000
0.833	0.0729	0.861	0.0622	0.889	0.0508	0.917	0.0389	0.945	0.0264	0.973	0.0132		
0.834	0.0726	0.862	0.0618	0.890	0.0504	0.918	0.0385	0.956	0.0259	0.974	0.0128		
0.835	0.0722	0.863	0.0614	0.891	0.0500	0.919	0.0380	0.947	0.0254	0.975	0.0123		
0.836	0.0718	0.864	0.0610	0.892	0.0496	0.920	0.0376	0.948	0.0250	0.976	0.0118		
0.837	0.0714	0.865	0.0606	0.893	0.0492	0.921	0.0371	0.949	0.0245	0.977	0.0113		
0.838	0.0711	0.866	0.0602	0.894	0.0487	0.922	0.0367	0.950	0.0241	0.978	0.0108		
0.839	0.0707	0.867	0.098	0.895	0.0483	0.923	0.0363	0.951	0.0236	0.979	0.0103		
0.840	0.0703	0.868	0.0594	0.896	0.0479	0.924	0.0358	0.952	0.0231	0.980	0.0099		
0.841	0.0699	0.869	0.0590	0.897	0.0475	0.925	0.0354	0.953	0.0227	0.981	0.0094		
0.842	0.0695	0.870	0.0586	0.898	0.0471	0.926	0.0349	0.954	0.0222	0.982	0.0089		
0.843	0.0692	0.871	0.0582	0.899	0.0466	0.927	0.0345	0.955	0.0217	0.983	0.0084		
0.844	0.0688	0.872	0.0578	0.900	0.0462	0.928	0.0340	0.956	0.0213	0.984	0.0079		
0.845	0.0684	0.873	0.0574	0.901	0.0458	0.929	0.0336	0.957	0.0208	0.985	0.0074		
0.846	0.0680	0.874	0.0570	0.902	0.0454	0.930	0.0331	0.958	0.0203	0.986	0.0069		
0.847	0.0676	0.875	0.0566	0.903	0.0449	0.931	0.0327	0.959	0.0199	0.987	0.0064		

8.1.2 内压和体积力作用的椭圆形柱壳

工程和生活中实际使用的许多椭圆形容器不仅受到内压载荷作用，而且还同时受到其他非压力载荷如支承等体积力的作用，大型储罐和车载罐压力容器就属于这种情况。体积力分为动体积力和静体积力两种。由于动体积力是随机负荷，计算比较困难，通常是把这种载荷用当量静体积力来等效处理。因此，在下面进行力分析时，只考虑静体积力的作用。这样作用在所考虑的椭圆形柱壳上的载荷只有内压和静体积力。其次，在进行力分析时，公式推导特别复杂，故只是列出壳体特定部位上有关法向力，剪切力和弯矩的结论性的计算式及其与此相联系的方程式，供设计时参考。

8.1.2.1 拉力、剪切力和弯矩

在内压力 P 和静体积力 P_b 作用下的椭圆形柱壳受力分布如图 8 - 4 所示。图中 P 为内压力,P_b 为垂直作用在壳体上的单位长度体积力,P_r 是垂直均匀作用在宽度为 W 上的单位长度反作用力。容器底横梁每隔 0.8m ~ 1.1m 焊在容器的底部。

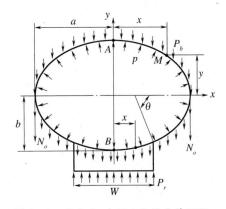

图 8 - 4 体积力、内压力和反力作用下的椭圆形柱壳受力分析

1. 平衡方程

由图 8 - 4 所示的受力分布可得出法向力、剪切力和弯矩的平衡方程式。

在 θ 方向上因体积力、反作用力和内压组合作用的合力为

$$\frac{\partial N_\theta}{\partial \theta} - Q_\theta - (P_b - P_r) \frac{a^2 b^2 \cos\theta}{(a^2 \cos^2\theta + b^2 \sin^2\theta)^{3/2}} = 0 \qquad (8 - 21)$$

式中:N_θ 为法向力(N);Q_θ 为剪力(N)。

在法向方向上力的合力为

$$\frac{\partial Q_\theta}{\partial \theta} + N_\theta - \frac{a^2 b^2}{(a^2 \cos^2\theta + b^2 \sin^2\theta)^{3/2}}(P + P_r \sin\theta - P_b \sin\theta) = 0 \qquad (8 - 22)$$

式中:P 为内压力(MPa);P_r 为单位长度的反作用力(N/mm);P_b 为单位长度体积力(N/mm)。

弯矩平衡方程:

$$\frac{\partial M_\theta}{\partial \theta} - Q_\theta \frac{a^2 b^2}{(a^2 \cos^2\theta + b^2 \sin^2\theta)^{3/2}} = 0 \qquad (8 - 23)$$

式中:M_θ 为弯矩(N·mm/mm)。

2. 单位宽度的反作用力 P_r

$$P_r = \frac{P_b S}{W} \qquad (8 - 24)$$

式中:S 为椭圆壳体单位宽度总周长(mm);W 为单位宽度支承长度(mm)。

上述就是椭圆壳体在静体积力和内压组合作用下计算内力的平衡方程。需要注意的是 P_r 除了沿宽度 W 的水平底座外均为 0。

3. 法向力

在 y 轴方向上的法向力 N 按下式计算:

$$N = aP - \frac{P_b S}{4} \qquad (8 - 25)$$

在椭圆任一点上的法向力为

$$N_\theta = \left(aP - \frac{P_b S}{4}\right)\cos\theta + \left(N_{\theta=90°} - Pb + \frac{P_b b^2}{a}\right)\sin\theta + a^2 b^2 \int_0^\theta (\sin\theta\cos x -$$

$$\cos\theta\sin x)\left[\frac{P - 2P_b \sin x}{(a^2 \cos^2 x + b^2 \sin^2 x)^{3/2}} + \frac{3P_b(a^2 - b^2)\sin x \cos^2 x}{(a^2 \cos^2 x + b^2 \sin^2 x)^{5/2}}\right]dx +$$

$$a^2 b^2 P_r \int_0^\theta (\sin\theta\cos x - \cos\theta\sin x)\left[\frac{2\sin x}{(a^2\cos^2 x + b^2\sin^2 x)^{3/2}} -\right.$$

$$\left.\frac{3(a^2 - b^2)\sin x \cos^2 x}{(a^2\cos^2 x + b^2\sin^2 x)^{5/2}}\right]\mathrm{d}x \tag{8-26}$$

$$N_{\theta = 90°} = bP + \frac{1}{2bf_2}\left(aP_b f_5 + \frac{P_r f_6}{2}\right) \tag{8-27}$$

为了求出 θ 表达式,式(8-27)中最后积分项,需要用下述关系表示:

$$y' = -\frac{1}{\tan\theta} = \frac{bx}{a\sqrt{a^2 - x^2}}$$

$$x = \frac{W}{2}$$

θ_r 角度由下式计算:

$$\theta_r = -\arctan\theta\left[\frac{b}{a}\sqrt{\frac{4a^2}{W^2} - 1}\right] \tag{8-28}$$

式(8-26)有三个部分组成。由于 P_r 只是在 $-\frac{\pi}{2} \leqslant \theta \leqslant \theta_r$ 范围内作用,其值不等于 0,这里计其周长的 1/2。

上式还有 f_2、f_5 和 f_6,见式(8-23)、式(8-27)和式(8-28)。

4. 剪切力 Q

椭圆任一点上的剪切力按下式计算:

$$Q_\theta = \left(\frac{P_b S}{4} - aP\right)\sin\theta + \left(N_{\theta = 90°} - Pb + \frac{Pb}{a}\right)\cos\theta - \frac{a^2 b^2 P_b \cos\theta}{(a^2\cos^2\theta + b^2\sin^2\theta)^{3/2}} +$$

$$a^2 b^2 \int_0^\theta (\cos\theta\cos x + \sin\theta\sin x)\left[\frac{P - 2P_b\sin x}{(a^2\cos^2 x + b^2\sin^2 x)^{3/2}} + \frac{3P_b(a^2 - b^2)\sin x \cos^2 x}{(a^2\cos^2 x + b^2\sin^2 x)^{5/2}}\right]\mathrm{d}x$$

$$a^2 b^2 P_r \int_0^\theta (\cos\theta\cos x + \sin\theta\sin x)\left[\frac{2\sin x}{(a^2\cos^2 x + b^2\sin^2 x)^{3/2}} - \frac{3(a^2 - b^2)\sin x \cos^2 x}{(a^2\cos^2 x + b^2\sin^2 x)^{5/2}}\right]\mathrm{d}x$$

$$\frac{a^2 b^2 P_r \cos\theta}{(a^2\cos^2\theta + b^2\sin^2\theta)^{3/2}} \tag{8-29}$$

同 N_θ 计算一样,由式(8-29)计算 Q 时,P_r 只有在 $-\frac{\pi}{2} \leqslant \theta \leqslant \theta_r$ 范围内才不等于 0。

上式及弯矩计算式所涉及的系数 f_1、f_2、f_3、f_4、f_5、f_6、f_7、f_8 值按下列诸式计算:

$$f_1 = \int_0^{\pi/2} \sqrt{a^2\sin^2\theta + b^2\cos^2\theta}\,\mathrm{d}\theta$$

$$f_2 = \int_0^{\pi/2} \sin\theta\sqrt{a^2\sin^2\theta + b^2\cos^2\theta}\,\mathrm{d}\theta$$

$$f_3 = \int_{-\pi/2}^{\pi/2}\int_{\pi/2}^\theta (\cos\theta + \cos t)\sqrt{a^2\sin^2 t + b^2\cos^2 t}\sqrt{a^2\sin^2\theta + b^2\cos^2\theta}\,\mathrm{d}\theta\mathrm{d}t$$

$$f_4 = \int_{-\pi/2}^\theta \left(\frac{W}{2} - a\cos\theta\right)^2\sqrt{a^2\sin^2\theta + b^2\cos^2\theta}\,\mathrm{d}\theta$$

$$f_5 = \int_{-\pi/2}^{\pi/2}\int_{\pi/2}^\theta \sin\theta(\cos\theta - \cos t)\sqrt{a^2\sin^2\theta + b^2\cos^2\theta}\sqrt{a^2\sin^2\theta + b^2\cos^2\theta}\,\mathrm{d}t\mathrm{d}\theta$$

$$f_6 = \int_{-\pi/2}^{\theta} \sin\theta \left(\frac{W}{2} - a\cos\theta \right)^2 \sqrt{a^2 \sin^2\theta + b^2 \cos^2\theta}\,\mathrm{d}\theta$$

$$f_7 = \int_0^{\pi/2} \int_0^t \frac{\cos t\cos x + \sin t\sin x}{(a^2 \cos^2 t + b^2 \sin^2 t)^{3/2}} \left[\frac{P - 2P_b\sin x}{(a^2 \cos^2 x + b^2 \sin^2 x)^{3/2}} + \frac{3P_b(a^2 - b^2)\sin x \cos^2 x}{(a^2 \cos^2 x + b^2 \sin^2 x)^{5/2}} \right]\mathrm{d}x\mathrm{d}t$$

$$f_8 = \int_0^{\pi/2} \frac{\cos t}{(a^2 \cos^2 t + b^2 \sin^2 t)^3}\mathrm{d}t$$

$$\theta_W = -\arccos\left(\frac{W}{2a} \right) \qquad\qquad (8-30)$$

5. 弯矩 M

椭圆壳体上任何一点上的弯矩由下式计算:

$$M_\theta = a^2 b^2 \left\{ \left(\frac{P_b S}{4} - aP \right)\left(\frac{1}{ab^2} - \frac{\cos\theta}{b^2\sqrt{a^2\cos^2\theta + b^2\sin^2\theta}} \right) + \frac{\left(N_{\theta=90°} - Pb + \frac{P_b b^2}{a} \right)\sin\theta}{a^2\sqrt{a^2\cos^2\theta + b^2\sin^2\theta}} + \right.$$

$$a^2 b^2 \int_0^{\theta} \int_0^t \frac{\cos t\cos x + \sin t\sin x}{(a^2 \cos^2 t + b^2 \sin^2 t)^{3/2}} \left[\frac{P - 2P_b\sin x}{(a^2 \cos^2 x + b^2 \sin^2 x)^{3/2}} + \frac{3P_b(a^2 - b^2)\sin x \cos^2 x}{(a^2 \cos^2 x + b^2 \sin^2 x)^{5/2}} \right]\mathrm{d}x\mathrm{d}t -$$

$$a^2 b^2 P_b \int_0^{\theta} \frac{\cos t}{(a^2 \cos^2 t + b^2 \sin^2 t)^3}\mathrm{d}t + a^2 b^2 P_r \int_{\theta_r}^{\theta} \frac{\cos t}{(a^2 \cos^2 t + b^2 \sin^2 t)^3}\mathrm{d}t +$$

$$a^2 b^2 P_r \int_{\theta_r}^{\theta} \int_{\theta_r}^t \frac{\cos t\cos x + \sin t\sin x}{(a^2 \cos^2 t + b^2 \sin^2 t)^{3/2}} \left[\frac{2\sin x}{(a^2 \cos^2 x + b^2 \sin^2 x)^{3/2}} - \frac{3(a^2 - b^2)\sin x \cos^2 x}{(a^2 \cos^2 x + b^2 \sin^2 x)^{5/2}} \right]\mathrm{d}x\mathrm{d}t \left. \right\} + C$$

$$(8-31)$$

当 $\theta = 90°$ 时,其弯矩按下式计算:

$$M_{\theta=90°} = bN_{\theta=90°} - \frac{P(a^2 + b^2)}{2} + \frac{1}{2f_1}\left[P(a^2 - b^2)f_2 - aP_b f_3 - \frac{P_r f_4}{2} \right] \quad (8-32)$$

式中:所有的系数 f 值均按式(8-30)计算;P_r 只是在 $-\frac{\pi}{2} \leqslant \theta \leqslant \theta_r$ 时不等于0;θ_r 由式(8-20)计算。

在式(8-31)中有一个常数 C,在 $\theta = 90°$ 时按下式计算:

$$C = M_{\theta=90°} - a^2 b^2 \left[\frac{P_b S - 4aP}{4ab^2} + \frac{N_{\theta=90°} - Pb + \frac{P_b b^2}{a}}{a^2 b} + a^2 b^2 f_1 - a^2 b^2 P_b f_3 \right]$$

$$(8-33)$$

上述式中的 $N_{\theta=90°}$、剪力 $Q_{\theta=90°}$ 和 $M_{\theta=90°}$ 由式(8-27)、式(8-29)和式(8-32)求得。在实际设计计算时只求出最危险部位的力及由此产生的应力。

由上述分析可以求解在静体积力和内压作用下的椭圆形容器的法向力、剪力及弯矩。

8.1.3　椭圆形壳体的设计效核

根据上面各内力和弯矩作用分析结果可知,椭圆形壳体的最大弯矩存在于图8-3所示的 A 点截面和 B 点截面处,因此只要确定此点的当量应力,然后用相应的强度条件进行核算控制。

1. 强度效核计算

由上述分析可知,当 $\theta = 0°$ 时,B 点的弯矩最大,若考虑法向力,则在该截面的应力为

239

$$\sigma_{B\max} = \frac{N_{\theta=0°}}{\delta} + \frac{6M_{\theta=0°}}{\delta^2} \qquad (8-34)$$

式中：N 为壳体 B 点截面的单位长度的法向力；M 为壳体 B 点截面的单位长度的弯矩；δ 为壳体壁厚。

而在 A 截面的应力值：

$$\sigma_A = \frac{N_{\theta=90°}}{\delta} + \frac{6M_{\theta=90°}}{\delta^2} \qquad (8-35)$$

由于在 A 和 B 两个截面上应力是一次薄膜应力和二次应力的组合应力，因此在选择安全系数确定许用应力时，一般取 $1.5[\sigma]$。由于车载罐受力情况比较复杂，存在有冲击振动等载荷作用，在选择安全系数时必须考虑这种情况。

关于受内压和鞍座支承反力作用的椭圆形壳体的强度计算，应当根据有力矩理论，通过应力分析求出壳体最危险部位包括不连续处附加应力在内的总应力，然后计算壳体壁厚。

2. 设计举例

基本数据：椭圆形柱壳长轴半径 $a = 1100\text{mm}$，短轴半径 $b = 900\text{mm}$，压力 $P = 0.021\text{MPa}$，由表 8-1 查得 $R = \dfrac{b}{a} = \dfrac{900}{1100} = 0.818$，$k_1 = 0.087$。

求最大和最小弯矩：

最大弯矩 $M_{\max} = ka^2P = 0.087 \times 1100^2 \times 0.021 = 2210.47\text{N} \cdot \text{mm/mm}$

最小弯矩计算如下：

$$R = 0.818, k_2 0.0785$$

$$M_{\min} = k_2 a^2 p = 0.0785 \times 1100^2 \times 0.021 = 1994.69 \quad \text{N} \cdot \text{mm/mm}$$

8.2　矩形容器

矩形截面容器主要用于石化、造纸、医药及环保等工业，在人们日常生活中也经常见到这种容器。在结构尺寸和壁厚相同情况下，矩形截面容器与圆柱壳容器相比，承载能力要差得多。

除了在两个加强圈之间的壁板之外，平板理论不适用于矩形截面压力容器壁面的设计。设计时还要考虑一边对相邻边的力矩和应力的影响。

矩形容器结构形式有带加强圈和无加强圈结构形式，在这两种容器中，还有带孔和不带孔之分。对于疲劳载荷作用的矩形容器如消毒器，容器纵向拐角处应带有大于壁厚 3 倍的内半径的圆弧；对于带门的容器，要特别注意开门和容器边角的变形和开门密封垫片的选择。

矩形容器设计主要是计算壳体最危险部位的薄膜应力和弯曲应力，最大应力是薄膜应力与弯曲应力的总和。

8.2.1　无支承和带加强圈矩形容器

8.2.1.1　受力分析

由于矩形柱壳容器的壳体相对于 AA 和 DD 轴线对称，如图 8-5 所示，故可以用壳体截面的 1/4 部分进行分析,载荷和弯矩作用下结构处于平衡状态,如图 8 - 6 所示。由水平和垂直力系平衡条件可得 CD 和 AB 上的拉力:

$$N_A = \frac{L}{2}P \qquad\qquad (8-36)$$

$$N_D = \frac{l_r}{2}P \qquad\qquad (8-37)$$

上式在计算拉力时由于壳体壁厚与其长度和宽度相比很小,故分析时将$(L-\delta_1)/2 = L/2$和$(l_r - \delta_2)/2 = l_r/2$;同时假设容器壳体材料相同,壳体壁厚相等。

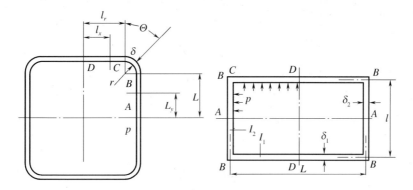

图 8 - 5　矩形壳体截面容器尺寸

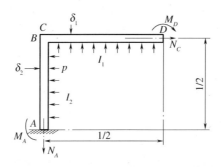

图 8 - 6　1/4 矩形壳体截面受力分布

8.2.1.2　应变能和力矩分析

分析时将矩形结构简化为以 A 点为固定端,D 为自由端的悬臂梁,由于拉力和剪力作用产生的应变能与弯矩作用产生的应变能相比特别小,因此在以后的分析中不予考虑。

对于任何受弯矩作用的结构,其总应变能按下式计算:

$$U = \int_0^l \frac{M^2 \mathrm{d}x}{2EI}$$

式中:M 为悬臂梁任一位置上由力、支承力和弯矩组合载荷作用引起的弯矩,不论是静定的还是不静定结构,在每个构件的整个长度上积分。

上述的总应变能可用 Castigliano 理论解析,即结构应变能偏导数相当于由于力 F 沿其作用方向产生的位移:

$$\frac{\partial U}{\partial F} = \int_0^l \frac{M\partial M}{EI\partial F} = \omega$$

与作用在构件上力矩有关的变形能偏导数等于力矩作用时构件转角：

$$\frac{\partial U}{\partial M_x} = \int_0^l \frac{M \partial M}{EI \partial M_x} = \varphi$$

确定 AB 和 CD 梁上的力矩方程并考虑由于弯曲产生的应变能（沿 AB 和 CD 积分）后，便能够得出三个标定点 A、B（和 C）及 D 上的力矩标准方程式，如图 8 – 6 所示。由此能够求出这些部位的力矩分布，如图 8 – 7 所示。

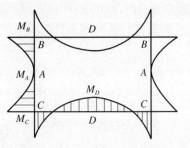

图 8 – 7　矩形壳体内压作用弯矩分布

$$M_A = -\frac{PL^2}{8}\Big[1 - \frac{1}{3}\Big(\frac{1 + 3k - 2\alpha^2 k}{k + 1}\Big)\Big] =$$

$$\frac{PL^2}{8} - \frac{PL^2}{24}\Big[\frac{1 + 3k - 2\alpha^2 k}{k + 1}\Big] \tag{8 – 38}$$

$$M_{BC} = \frac{PL^2}{24}\Big(\frac{1 + 3k - 2\alpha^2 k}{k + 1}\Big) \tag{8 – 39}$$

或者考虑过度圆弧的刚性后，上式还可以写为

$$M_{BC} = \frac{PL^2}{24}\Big(\frac{1 + 3k - 2\alpha^2 k}{k + 1 + \dfrac{2JE}{LGA_w}}\Big)$$

$$M_D = -\frac{PL^2}{8}\Big[\alpha^2 - 1 + \frac{1}{3}\Big(\frac{1 + 3k - 2\alpha^2 k}{k + 1}\Big)\Big] \tag{8 – 40}$$

$$k = \frac{I_2}{I_1}\frac{l_r}{L}$$

$$\alpha = \frac{l_r}{L}$$

式中：J 为截面模量；E 为弹性模量；G 为剪切模量（对于钢，$G = E/2.6$）；A_w 为拐角圆弧评定点的截面面积；I_1 为 BDB 梁绕其中性轴的惯性矩；I_2 为 BAB 梁绕其中性轴的惯性矩。

由式（8 – 38）和式（8 – 40）可见，第 1 项表示在均布载荷 P 作用下矩形简支梁长侧跨间弯矩，第 2 项则为拐角处的弯矩。若 $I_1 = I_2 = \delta^3/12$，则 $k = \alpha = l/L$。于是上述 A、B 和 D 部位的弯矩计算式可简化为

$$M_A = \beta_A L^2 p \tag{8 – 41}$$

$$M_B = \beta_B L^2 p \tag{8 – 42}$$

$$M_D = \beta_D L^2 p \tag{8 – 43}$$

而系数 β_A、β_B、β_D 按下式计算：

$$\beta_A = \frac{\alpha^2 - 2\alpha - 2}{24} \tag{8 – 44}$$

$$\beta_B = \frac{\alpha^2 - \alpha + 1}{12} \tag{8 – 45}$$

$$\beta_D = \frac{-2\alpha^2 + 2\alpha + 1}{24} \tag{8 – 46}$$

由上式便可求出在压力 P 作用下均匀壁厚矩形壳体 A、$B(C)$ 和 D 部位最大弯矩值，从形式上此式与椭圆壳体特定点的最大或最小弯矩计算式(8-20)相同。

这些点上的最大应力是薄膜应力和弯曲应力之和。

8.2.1.3　无加强普通矩形柱壳应力分析

如图 8-6 所示，设 BC 过度圆弧半径为 r，对于壁厚相同非开孔的矩形容器各特定部位的 A、B、C、D 的薄膜应力和弯曲应力如下：

1. 薄膜应力

在 C 点：

$$\sigma_{mC} = \frac{(r+L)P}{\delta} \tag{8-47}$$

在 D 点：

$$\sigma_{mD} = \sigma_{mC} \tag{8-48}$$

在 B 点：

$$\sigma_{mB} = \frac{(r+l_r)P}{\delta} \tag{8-49}$$

在 A 点：

$$\sigma_{mA} = \sigma_{mB} \tag{8-50}$$

在 $B-C$ 拐角处：

$$\sigma_{mBC} = \frac{P}{\delta}(r+\sqrt{L^2+l_r^2}) \tag{8-51}$$

2. 弯曲应力

在 C 点：

$$\sigma_{bC} = \pm\frac{\delta}{4I_1}[2M_A+P(2rL-2rl_r+L^2)] \tag{8-52}$$

在 D 点：

$$\sigma_{bD} = \pm\frac{\delta}{4I_1}[2M_A+P(2rL-2rl_r+L^2-l_r^2)] \tag{8-53}$$

在 A 点：

$$\sigma_{bA} = \pm\frac{M_A\delta}{2I_2} \tag{8-54}$$

在 B 点：

$$\sigma_{bB} = \pm\frac{\delta}{4I_2}(2M_A+PL^2) \tag{8-55}$$

在拐角处 σ_{bBC}：

$$\sigma_{bBC} = \pm\frac{\delta}{4I_1}[2M_A+P\{2r[L\cos\theta-l(1-\sin\theta)]\}+L^2] \tag{8-56}$$

惯性矩：

$$I_1 = I_2 = \frac{\delta^3}{12} \tag{8-57}$$

用 $\theta=\arctan(l/L)$ 的关系，能够求出 $B-C$ 弧段最大应力值 σ_{bBC}。BC 拐角处在内压

作用下的应力分布如图 8-8 所示。

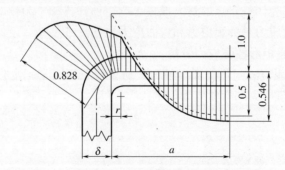

图 8-8　矩形柱壳体横截面拐角处的应力分布

对于上述各部位最大应力计算时将薄膜应力和弯曲应力相加后即可求得。

8.2.2　带孔的矩形柱壳

矩形容器壳体开孔如图 8-9 所示,其孔带校应系数由下式计算:

$$\lambda = \frac{n - d}{n}$$

式中:n 为等距离开孔中心线距离;d 为管孔平均直径。

实际结构中大部分侧板开孔目的是安装接管,但是在计算时没有考虑因接管与壳体连接而起到的加固作用,因此计算结果偏于安全。

如果 λ 小于焊接系数 ϕ,则按照总截面积计算的薄膜应力和弯曲应力除以 λ,求取根据截面净面积计算的应力值。

如果孔带系数 λ 大于 2,薄膜应力由下式计算(图 8-9):

$$\sigma_{my} = \frac{\sigma_{mB}}{\lambda} \qquad (8-58)$$

$$\sigma_{mx} = \frac{\sigma_{mC}}{\lambda} \qquad (8-59)$$

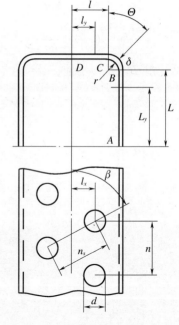

图 8-9　带孔矩形柱壳

弯曲应力由下式计算:

$$\sigma_{by} = \pm \frac{\delta}{4I_1\lambda}(2M_A + PL_y^2) \qquad (8-60)$$

$$\sigma_{bx} = \pm \frac{\delta}{4I_1\lambda}\{2M_A + P[2rL - 2rl + L^2 - (l - l_x)^2]\} \qquad (8-61)$$

对于与轴线成角度的孔带,系数 λ 用 $\lambda_s/\cos\beta$ 代替。式中

$$\lambda_s = \frac{n_s - d}{n_s}$$

8.2.2.1　薄膜应力和弯曲应力的许用值

按下式确定各种应力状态下的强度条件。

244

（1）仅薄膜应力状态下：

$$\sigma_m \leqslant [\sigma]\phi$$

（2）薄膜应力加弯曲应力的强度条件为

$$\sigma_m + \sigma_b \leqslant 1.5[\sigma]\phi \qquad (8-62)$$

在靠近其他壳壁距离小于 r 或 $0.5d$（取其较大者）范围内没有开孔时，应力相加的条件才能满足。

如果壳体侧面没有轴向和环向焊缝时，$\phi = 1$；如果开孔靠近壳壁或系数 λ 小于 0.5 时，需要进行应力分析。

8.2.2.2 中间有支承隔板的无开孔矩形柱壳

这种结构形式的矩形截面容器的结构如图 8－10 所示。

1. 薄膜应力

在 C 点：

$$\sigma_{mC} = \frac{Ph}{4\delta_1}\left\{4 - \left[\frac{2 + k(5 - \alpha^2)}{1 + 2k}\right]\right\} \qquad (8-63)$$

在 D 点：

$$\sigma_{mD} = \sigma_{mC} \qquad (8-64)$$

在 B 点：

$$\sigma_{mB} = \frac{PH}{2\delta_2} \qquad (8-65)$$

在 A 点：

$$\sigma_{mA} = \sigma_{mB} \qquad (8-66)$$

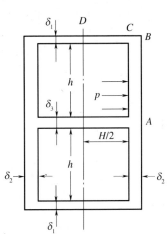

图 8－10　中间设置支撑板的矩形柱壳

在中间支撑板上：

$$\sigma_{mP} = \frac{Ph}{2\delta_3}\left[\frac{2 + k(5 - \alpha^2)}{1 + 2k}\right] \qquad (8-67)$$

$$k = \frac{l_2}{l_1}\alpha$$

$$\alpha = \frac{H}{h}$$

式中：l_2 为容器长轴侧支撑板中心线以下的长度。

2. 弯曲应力

在 A 点：

$$\sigma_{bA} = \frac{Ph^2\delta_2}{24I_2}\left[\frac{1 + k(3 - \alpha^2)}{1 + 2k}\right] \qquad (8-68)$$

在 B 点：

$$\sigma_{bB} = \frac{Ph^2\delta_2}{24I_2}\left(\frac{1 + 2\alpha^2 k}{1 + 2k}\right) \qquad (8-69)$$

在 C 点：·

$$\sigma_{bC} = \frac{Ph^2\delta_1}{24I_1}\left(\frac{1 + 2\alpha^2 k}{1 + 2k}\right) \qquad (8-70)$$

245

在 D 点：

$$\sigma_{bD} = \frac{P\delta_1}{48I_1}\left[3H^2 - 2h^2\left(\frac{1 + 2\alpha^2 k}{1 + 2k}\right)\right] \qquad (8-71)$$

3. 强度条件

无加强带孔矩形容器的强度条件。薄膜应力的强度条件为

$$\sigma_m \leqslant [\sigma]\phi \qquad (8-72)$$

薄膜应力加弯曲应力的强度条件为

$$\sigma_m + \sigma_b \leqslant 1.5[\sigma]\phi \qquad (8-73)$$

焊接系数 ϕ 在无纵向焊缝或无环向焊缝时取 $\phi = 1$。

8.2.3　加强矩形截面容器

矩形容器加强结构布置形式各种各样,加强构件设计根据结构要求和实际功能确定,图 8-11 所示的加强圈是由槽钢直接焊到壳体外表面上的连续封闭的结构,加强圈中心线垂直于壳体轴线。表 8-3 对图 8-12 所示结构的具体尺寸作了规定。

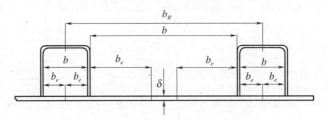

图 8-11　加强构件形式和有效板宽

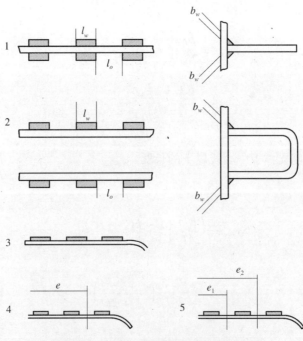

图 8-12　加强矩形柱壳焊间断缝结构尺寸

这里介绍的设计方法适用于容器壳体惯性矩相同,如果惯性矩不同,则需要专门分析计算。计算加强圈惯性矩时,要考虑与加强圈相关联的容器壳壁的影响,因此通常在计算惯性矩时把加强圈与相关连的壳体视为一体,计算时采用有效惯性矩。为了保证结构的整体性能和完整性,需要按照下述规定限制加强圈腹板剪应力和加强构件与容器壳体间焊缝剪切力。

8.2.3.1　连续焊接加强剪切应力

加强圈腹板与容器壳体连续焊接接头的剪切应力计算式为

$$\tau = \frac{QAl}{Ib_{cw}} \tag{8-74}$$

式中:Q 为作用在焊角截面的剪力;A 为计算部位上下组合截面的面积;l 为与 A 面积形心中性轴的距离;I 为组合截面积的惯性矩;b_{cw} 为可测得焊缝截面净宽度。

8.2.3.2　间断焊接加强剪切应力

加强构件两侧用填角焊间断焊接的加强圈,每条焊缝长度不小于 50mm,加强构件每侧间断焊缝总长度不能小于壳体加强长度的 $1/2$。真空容器两相邻焊缝段之间最大长度小于 $0.5b_R$。b_R 是容器上加强构件中心线之间的间距(图 8-11)。加强构件连续焊缝之间最大间隔距离小于两相邻焊接段的较小者。

间断焊缝上的剪应力为

$$\tau = \frac{\Delta M}{b_w l_w} \frac{I_s}{I} \tag{8-75}$$

式中:I_s 为焊缝中线上部分截面矩;I 为惯性矩(I_{11} 和 I_{21});I_{11} 为容器短轴侧壁板与加强构件组合惯性矩;I_{21} 为容器长轴侧壁板与加强构件组合惯性矩;b_w 为间断焊缝的总焊喉宽度(weld throat)(图 8-12);l_w 为间断焊缝总长。

表 8-3　加强构件结构参数(图 8-13)

支撑腹板(垂直于弯曲轴线的扁平加强构件)			
简图	截面形式	宽度估算	最大比
(a1,a2,a3) (b1,b2,b3)	轧制或冷拔 焊接	$d_w = h_r - 1.5\delta_r$ $d_w = h_r - \delta_r$	$d_w/\delta_w \leqslant 50\varepsilon$
(c1,c2)	轧制或冷拔 焊接	$d_w = h_r - 1.5\delta_r$ $d_w = h_r$	$d_w/\delta_w \leqslant 10\varepsilon$
凸缘加强(平行于弯曲轴线的扁平加强构件)			
简图	截面形式	宽度估算	最大
(a1) (a2,a3)	轧制或冷拔 焊接	$b_f = b - 3\delta_f$ b_f	$\delta_f/b_f \leqslant 30\varepsilon$
容器壳体(两个加强构件间的壳体)			
简图	截面形式	宽度估算	最大比
(d)	加强容器横截面	$b_1 = 0.5b$ $b_2 = 0.5b_r$ $b = \max(b_1;b_2)$	$b/\delta \leqslant 30\varepsilon$
注:$\varepsilon = \sqrt{\dfrac{235}{\sigma}\dfrac{E}{210000}}$;$\sigma$ 对于铁素体钢取弹限极限 $\sigma_{0.2}$;对于奥氏体钢取弹限极限 $\sigma_{1.0}$			

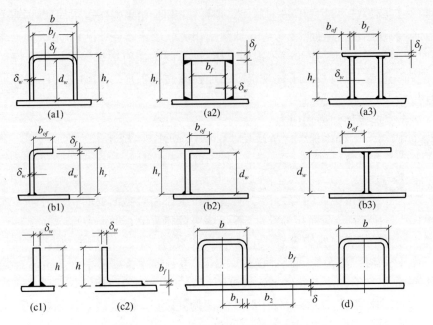

图 8 – 13　加强撑板截面尺寸参数

8.2.3.3　焊缝 ΔM 力矩计算

在压力作用下, ΔM 计算分两种情况:靠近壳体拐角最近的焊道和其他所有间断焊道,下面分别介绍。

1. 靠近壳体拐角焊道

长轴侧:

$$\Delta M = M_C - \left(M_D + b_R P \frac{e^2}{2} \right) = b_R P \left(\frac{h^2}{8} - \frac{e^2}{2} \right) \qquad (8-76)$$

短轴侧:

$$\Delta M = M_C - \left(M_D + b_R P \frac{e^2}{2} \right) = b_R P \left(\frac{H^2}{8} - \frac{e^2}{2} \right) \qquad (8-77)$$

上述式中, M_A、M_B、M_C 和 M_D 为 A、B、C 和 D 处的弯矩,其值按式(8-90)、式(8-92)、式(8-94)和式(8-96)计算。e 是容器壳体中点到靠近拐角间处断焊缝和与之相邻间断焊缝之间中点的距离,如图 8-12 所示。h 是容器长轴侧内壁长度, H 是容器短轴侧内壁长度。

2. 其他所有的间断焊道

$$\Delta M = b_R p \frac{e_1^2 - e_2^2}{2} \qquad (8-78)$$

式中: e_1 和 e_2 分别为容器壳体中点到相邻间断焊缝间中点的距离,如图 8-12 所示。如果所有间断焊缝长度 l_w 和焊缝焊喉宽度 b_w(图 8-12)相同时,只进行上述计算即可。

8.2.3.4　加强腹板剪应力

加强结构腹板中的剪应力按下式计算:

$$\tau = \frac{Q}{A_w} \qquad (8-79)$$

式中:A_w 为加强腹板(reinforcement web)的截面积;Q 值是靠近拐角处的剪力,若仅有压力作用时,可由下式计算剪力,取其最大值:

$$Q = \max\left(P\,\frac{h}{2}, P\,\frac{H}{2}\right) \tag{8-80}$$

8.2.4 无支承容器壁板应力计算

在加强圈之间或加强撑板内的容器壳体矩形壁板可以视为四边固支矩形平板且整个面积受均匀压力作用,在相邻于加强部位的壳体纵向薄膜应力和纵向弯曲应力分别如下:

纵向薄膜应力:

$$\sigma_m = \frac{PhH}{2\delta(H+h)} \tag{8-81}$$

纵向弯曲应力:

$$\sigma_b = CP\left(\frac{b}{\delta}\right)^2 \tag{8-82}$$

设计时并不需要对每一块平板都进行应力计算。强度条件同式(8-72)和式(8-73)。

系数 C 只与壳体长短边的比值有关,见表8-4。a 为非支承跨距长度;b 为矩形平板最小边的长度,δ 为容器壳体的壁厚,由表8-4可见,若 a/b 比值大于 2.15 时,$C = 0.5$,于是式(8-82)推导如下:

设跨距为 b 的固支梁,其端部力矩为

$$M_B = \frac{Ph^2}{12} \tag{8-83}$$

单位宽度平板的截面模量 W 为

$$W = \frac{\delta^2}{6} \tag{8-84}$$

固支梁边缘处的弯曲应力为

$$\sigma_b = \frac{M_B}{W} = \frac{Ph^2}{12} \times \frac{6}{\delta^2} = 0.5\,\frac{Ph^2}{\delta^2} = 0.5\,\frac{Pb^2}{\delta^2} \tag{8-85}$$

式(8-85)计算结果与跨度为 b 固支梁相同。由此可以将 a/b 比值大于 2.15 的壁板中心部分当作跨度等于壁板宽度的固支梁处理,因此 EN 13445-3 规范将此弯曲应力与垂直作用于加强构件的轴向薄膜应力组合起来,依此作为强度准则。在 ASME Ⅷ 规范附录 13 中规定没有这条。

上述应力计算式仅适用于确定无加强矩形容器许用应力计算,即式(8-73)。

表8-4 系数 C

a/b	1	1.2	1.4	1.6	1.8	2	>2
C	0.3078	0.3843	0.4356	0.468	0.4872	0.4974	0.5

8.2.5 四周设置加强圈的壳体

1. 薄膜应力

四周设置加强圈的容器(图8-14),其横截面 D 和 A 点的薄膜应力的计算式如下:

在短轴侧：

$$\sigma_{mD} = \frac{Phb_R}{2(A_1 + b_R\delta)} \qquad (8-86)$$

在长轴侧：

$$\sigma_{mA} = \frac{PHb_R}{2(A_2 + b_R\delta)} \qquad (8-87)$$

式中：A_1 为在容器短轴测上加强圈的截面积；A_2 为在容器长轴测上加强圈的截面积。

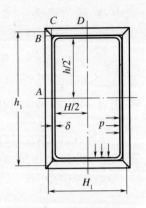

图 8-14　四周设置加强构件的矩形容器

2. 参照式(8-38)～式(8-40)，A、B、C 和 D 点的弯曲应力和力矩的计算式

A 点：

$$\sigma_{bA} = \frac{M_A c}{I_{21}} \qquad (8-88)$$

$$M_A = \frac{Pb_R h^2}{24}\Big[3 - \frac{2(1 + \alpha_1^2 k)}{1 + k}\Big] \qquad (8-89)$$

B 点：

$$\sigma_{bB} = \frac{M_B c}{I_{21}} \qquad (8-90)$$

$$M_B = \frac{Pb_R h^2}{12}\Big[\frac{1 + \alpha_1^2 k}{1 + k}\Big] \qquad (8-91)$$

C 点：

$$\sigma_{bC} = \frac{M_c c}{I_{11}} \qquad (8-92)$$

$$M_C = \frac{Pb_R h^2}{12}\frac{1 + \alpha_1^2 k}{1 + k} \qquad (8-93)$$

D 点：

$$\sigma_{bD} = \frac{M_D c}{I_{11}} \qquad (8-94)$$

$$M_D = \frac{Pb_R h^2}{24}\Big[3\alpha^2 - \frac{2(1 + \alpha_1^2 k)}{1 + k}\Big] \qquad (8-95)$$

式中：c 为截面中性轴至截面外表面的距离，向内时为正值。

8.2.6　加强圈与相连壳体强度条件

薄膜应力的强度条件：

$$\sigma_m \leqslant [\sigma]\phi \qquad (8-96)$$

在所有部位上的薄膜应力加弯曲应力之和的强度条件：

$$\sigma_m + \sigma_b \leqslant 1.5[\sigma]\phi \qquad (8-97)$$

如果截面内的材料不同时，$[\sigma]$ 为所考虑部位材料的许用应力。腹板上的剪应力及加强圈与容器壳体间焊缝的剪应力均不得超过 $0.5[\sigma]$。如果壳壁没有纵向和环向焊缝时，$\phi = 1$。

250

8.2.7 开孔补强限制条件

1. 补强面积

开孔补强计算式需满足如下几个条件:带有圆弧拐角、壳壁长短轴比不超过2、开孔直径不超过$0.8b$及任何开孔边缘与容器壳体侧边之间的孔带宽度不小于r和$0.1b$,b为加强构件间无支承平板的宽度。对于在圆形拐角边上开孔或靠近容器壳壁的开孔,必须进行应力分析。如果需要补强时,所要求的补强面积按下式计算:

$$A_r = 0.5 \frac{\sigma_m + \sigma_b}{1.5[\sigma]} d\delta \tag{8-98}$$

设计时需要考虑式(8-74)中的面积A值,至少满足$A = A_r$要求。

2. 不需补强的条件

如果能够满足下述条件时,就可以不用补强:

$$(\sigma_m + \sigma_b)\frac{A_g}{A_h} \leqslant 1.5[\sigma] \tag{8-99}$$

式中:A_g为加强圈之间无孔时的纵向截面积;A_h为被孔削弱的纵向截面积。

3. 薄膜应力

薄膜应力应根据开孔在容器长轴侧还是短轴侧的位置由式(8-56)或式(8-57)计算。

4. 弯曲应力

对于短轴侧的开孔的弯曲应力:

$$\sigma_{bx} = \frac{M_x c}{I_{11}} \tag{8-100}$$

$$M_x = M_D + Pb_R \frac{x^2}{2} \tag{8-101}$$

在长轴上的开孔:

$$\sigma_{by} = \frac{M_y c}{I_{21}} \tag{8-102}$$

$$M_y = M_A + Pb_R \frac{y^2}{2} \tag{8-103}$$

如果使用补强圈时,其厚度仅限于容器壳体名义的壁厚;计算时补强范围不得超过由开孔中心算起的距离d。

8.2.8 稳定性条件

加强构件截面最大宽度与厚度比应符合表8-4要求。受压缩应力作用矩形容器结构的稳定性通常是将加强构件的尺寸根据厚度限定在一定的范围之内。稳定性校核计算需用与加强构件相关联壳体有效宽度b_e,加强构件的有效宽度$b_e \leqslant 10\delta$。

8.2.9 设计举例

一台储罐结构尺寸如下:长×宽×高为5500mm×2000mm×2500mm,壳体壁厚为8mm,内储存相对密度为1.5的液态物质。储罐侧面设置三条槽型钢加强筋,第1和第2

加强筋槽型钢结构尺寸为 200mm × 100mm × 8mm, 第 3 根加强筋槽型钢结构尺寸为 200mm × 100mm × 6.3mm, 第 4 根加强筋为角钢, 其结构尺寸为 100mm × 50mm × 6mm。罐顶四周焊接角钢加强圈(计算时不考虑此加强圈), 防止罐边翘曲, 储罐底部设置 10 个横梁, 横梁中心线之间宽度为 500mm, 如图 8-15(a)所示。储罐和加强筋材料的屈服强度和抗拉强度为 $\sigma_y = 220$MPa, $\sigma_b = 432$MPa, 许用应力 $[\sigma] = 147$MPa。

试计算和校核加强筋强度和容器壳体的稳定性。

解: 本例题主要是求解容器壳壁压力、加强筋特性参数、加强筋评定点 B 处的弯矩、拉力及由此产生的应力和薄膜应力。

1. 加强筋特性参数

对于第 1 和第 2 两根加强筋尺寸为 200mm × 100mm × 8mm 的槽型钢:

惯性矩 $I = 2269$cm^4; 截面模量 $W = 227$cm^3; 截面积 $A = 45.1$cm^2。

2. 液体作用压力

在容器底层板上, 即 0 高度处的压力为

$$p = \frac{1.5 \times 2500}{1000} \times 0.00981 = 0.0368\text{N} \cdot \text{mm}^{-2} = 3.68 \times 10^{-2}\text{N} \cdot \text{mm}^{-2}$$

由于压力沿壁高为线性分布, 故在不同高度的压力见下表:

高度/mm	0	250	500	780	1060	1380	1700	2100
压力[①]	3.68	3.32	2.94	2.52	2.13	1.64	1.17	0.58

① 压力值 × 10^{-2}N/mm^2

3. 加强筋校核计算

(1) 作用在加强筋上单位压力: 根据图 8-15(b)加强筋布置, 计算作用在三个加强筋上和为计算目的假设在壁高 2300mm 处第 4 加强筋的单位压力值。

$$p_{s1} = \frac{1}{2}pL = 2.94 \times 10^{-2}\left(\frac{250 + 280}{2}\right) = 15.476\text{N/mm}$$

对于第 2 和第 3 加强筋及 2.3m 高度壳壁的单位压力见下表:

加强筋	1	2	3	4
单位压力/(N/mm)	15.476	12.48	7.99	0.12

(2) 第 1 根加强筋上 B 部位弯矩 M_B:

因 $\alpha = l/L = 2000/2500 = 0.364$, 由式(8-44)知

$$\beta_B = \frac{0.364^2 - 0.364 + 1}{12} = 0.0638$$

$$M_{B1} = \alpha pL^2 = 0.0638 \times 15.476 \times 5500^2 29.87 \times 10^6\text{N} \cdot \text{mm}$$

于是, 第 2、3 和 4 根加强筋 B 部位的弯矩分别为

$$M_{B2} = 24.086 \times 10^6\text{N} \cdot \text{mm}$$

$$M_{B3} = 15.42 \times 10^6\text{N} \cdot \text{mm}$$

$$M_{B4} = 22.387 \times 10^6\text{N} \cdot \text{mm}$$

(3) 弯矩作用在各加强筋 B 部位产生的弯曲应力按式(8-85)计算:

$$\sigma_{bB1} = \frac{M_{B1}}{W_1} = \frac{29.87 \times 10^6}{227 \times 1000} = 131.6\text{N/mm}^2$$

同样,第2至第4根梁在B部位由该梁弯矩产生的弯曲应力见下表:

加 强 筋	1	2	3	4
$\sigma_{bB}/(\text{N/mm}^2)$	131.6	106.1	130.2[①]	54.6[②]

① 根据第2根加强筋弯矩和弯曲应力计算结果,在第3根加强筋可以采用截面积较小加强筋。此取200mm ×
100mm×6.3mm 槽型钢,截面模量 $W = 185\text{cm}^3$,故弯曲应力比较大;
② 加强筋为角钢100mm×50mm×6mm,截面模量 $W = 41\text{cm}^3$

(4)作用在加强筋B部位上最大拉力由式(8-36)计算:

$$N_{B1} = \frac{pL}{2} = \frac{15.476 \times 5500}{2} = 42559\text{N}$$

由此,计算第2至第4根加强筋在B部位的最大拉力,见下表:

加 强 筋	1	2	3	4
拉力/N	42559	34320	21978	31900

(5)由加强筋B处拉力产生的薄膜应力:

$$\sigma_{mB1} = \frac{N_B}{A_B} = \frac{42599}{45.1 \times 100} = 9.44\text{N/mm}^2$$

其他各加强筋B部位的薄膜应力见下表:

加 强 筋	1	2	3	4
薄膜应力/(N/mm^2)	9.44	7.6	9.5	7.4

(6)由弯矩和拉力组合作用产生的合应力:

$$\sigma_{nB} = \sigma_{bB} + \sigma_{mB} = 131.6 + 9.44 = 141.04\text{N/mm}^2$$

其他各加强筋在B部位由弯矩和拉力作用产生的合应力见下表:

加 强 筋	1	2	3	4
合应力/(N/mm^2)	141.04	113.7	134.9	78.8

(7)强度条件:

取焊缝系数 $\phi = 0.8$,于是,$\sigma_{nB} = 141.04 \leqslant [\sigma]\phi = 117.6\text{MPa}$。

4. 壳体壁板校核计算

(1)底板(第1根加强筋边与底板之间,$L = 450\text{mm}$),由液体压力在侧壁板上产生的
压力为线性分布,呈梯形状,为计算方便将其分解为长方形和三角形,如图8-15(c)所
示。由式(8-83)可知,对于长方形压力分布和三角形压力分布分别按下式计算:

$$M_1 = \frac{p_1L}{12}; M_2 = \frac{p_2L}{20}$$

B部位总弯矩为

$$M_B = \left(\frac{p_1}{12} + \frac{p_2}{20}\right)L^2 = \left(\frac{3.04}{12} + \frac{0.64}{20}\right) \times 10^{-2} \times (450)^2 = 577.8\text{N·mm/mm}$$

单位宽度截面模量按式(8-84)计算,于是B处的弯曲应力为

$$\sigma_{bB} = \frac{M_B}{W} = \frac{6M_B}{\delta^2} = \frac{6 \times 577.8}{6^2} = 96.3\text{N/mm}^2$$

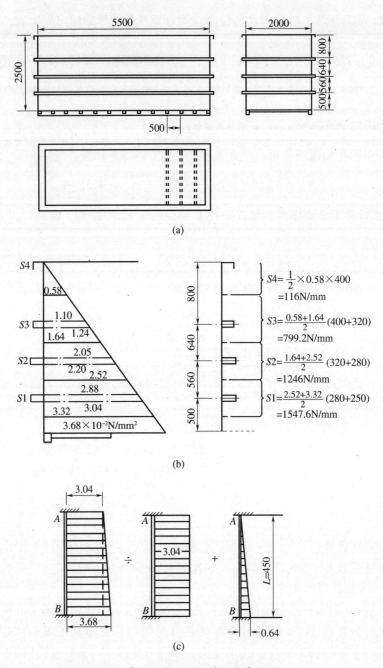

图 8-15 带加强筋矩形储罐设计举例图

（2）第 1 和第 2 加强筋之间壁板校核计算（$L = 460\text{mm}$）。B 部位的弯矩：

$$M_{B12} = \left(\frac{2.2}{12} + \frac{0.68}{20}\right) \times 10^{-2} \times (460)^2 = 459.9\text{N} \cdot \text{mm/mm}$$

（3）由此弯矩产生的弯曲应力：

$$\sigma_{bB12} = \frac{6 \times 459.9}{6^2} = 76.65\text{N/mm}^2$$

（4）第 2 和第 3 加强筋之间壁板校核计算（$L = 550\text{mm}$）。弯矩计算：

254

$$M_{B23} = \left(\frac{1.24}{12} + \frac{0.81}{20}\right) \times 10^{-2} \times (550)^2 = 435.1 \text{N/mm}^2$$

（5）由此弯矩产生的弯曲应力：

$$\sigma_{bB23} = \frac{6 \times 435.1}{6^2} = 72.52 \text{N/mm}^2$$

5. 壳体底板横梁（加强筋）和底板校核计算

（1）底板横梁槽型钢结构尺寸：$120\text{mm} \times 80\text{mm} \times 6.3\text{mm}$，其截面模量 $W = 74.6\text{cm}^2$。
单位压力：

$$p_B = pL = 3.68 \times 10^{-2} \times 500 = 18.4 \text{N/mm}$$

（2）固支端弯矩和弯曲应力：

$$M_B = \frac{p_B L^2}{12} = \frac{18.4 \times 1800^2}{12} = 4968000 \text{N} \cdot \text{mm/mm}$$

$$\sigma_{bB} = \frac{M}{W} = \frac{4968000}{74.6 \times 1000} = 66.6 \text{N/mm}^2$$

6. 横梁之间壳体底板校核计算（横梁之间间距为500mm）

计算参数如下：

非支承底板长度 $a = 2000\text{mm}$，矩形板最小宽度 $b = 500 - 80 = 420\text{mm}$，故

$$a/b = 2000/420 = 4.76$$

由于此比值大于2.15，故由式(8-85)计算底板与梁连接处的弯曲应力为

$$\sigma_{bB} = 0.5\frac{pb^2}{\delta^2} = 0.5\frac{3.68 \times 10^{-2} \times (420)^2}{6.3^2} = 81.8 \text{N/mm}^2$$

由上述计算得出所有应力值没有超过许用值，故该容器可用。

第9章 压力容器非压力载荷

一般来说,压力容器主要载荷是压力(内压和外压),但是在大多数情况下,为了保证容器的整体结构安全,在设计时非压力载荷及其影响也是必须考虑的。这里最为注目的是作用在容器接管上的载荷、支承的反作用力和诸如雪载、风载荷等。在接管与壳体连接处本来已经存在的局部高应力,再加上作用在接管上外载荷之后,此应力值就更加增大,这个特殊的情况与其他区域不同,处理的方法也不尽一样,在设计时必须要慎重和认真地对待,而压力容器上支承反作用力也是不可忽视的外加载荷。至于风载荷和地震载荷要依据于容器使用地区的相关资料才能确定。本节只讨论接管载荷和支承反作用力两种状态下压力容器壳体相关部位的局部结构设计计算。

有关局部应力计算方法目前有 WRCB107、WRCB297 和 PS5500 几种。WRCB107 和 PS5500 局部应力计算式是通过理论推导的,在计算接管与圆柱壳体连接处的应力时作了一些假设,如 d/D 之比最大值为 0.3。在经过试验和研究之后,后来将此比值增加到 0.57,而 WRCB297 是根据薄壳理论分析得出的计算方法。该方法中用大量的曲线图计算壳体和接管的局部应力,因此,WRCB297 应用范围要比 WRCB107 和 PS5500 更广些。每种方法都有其特点,但是也存在某些不足。在 WRCB107 和 WRC297 两种方法中没有考虑压力的相互作用,使使用者计算时需计入压力的影响;对于圆柱形壳体上的接管和不在主轴线上弯矩作用的情况下,最大应力是无法求出来的;在 WRCB107 和 PS5500 中没有考虑连接处对应力影响。为了解决这些不足之处,欧盟 EN 13445—3 规范中关于非压力载荷与压力组合作用状态下的设计准则部分基于理论分析,部分是根据现有的标准制定出来的。采用极限分析确定局部应力,且留有一定安全裕量。而在美国规范 ASME Ⅷ-2 中,最大应力为安定性极限值,即 $3[\sigma]$,PS5500 中,最大许用应力取 $2.25[\sigma]$。

当使用极限分析时,需要附加校核计算,以保证结构应力值不超过安定性极限。在大多数情况下,只要是最大应力值不超过两倍的屈服极限值,结构就处于弹性范围内。但是最大应力可能因为机械载荷加上温度应力线性作用的影响受到二次作用,因此,在设计计算时,一定要考虑这些因素的影响。关于几种载荷的定义如下:

(1)局部载荷:由非压力载荷作用在接管或附件上的法向力、剪力和弯矩。

(2)总弯矩:作用在壳体轴线平面上的力,如作用在立式容器的风载荷和作用在卧式容器的包括内储物料在内的重量载荷。

(3)总轴向力:沿壳体轴线方向作用的力,如立式容器自重和内装物料的作用。

(4)总剪力:垂直于壳体轴线的作用力,如卧式容器鞍座上因重量作用产生的剪力。

本章主要以欧盟 EN 13445—3 规范关于非压力载荷设计计算一章为基础编写。

256

9.1 球壳接管局部载荷

9.1.1 最大许用载荷

按照下式计算作用在接管上的最大许用应力载荷、轴向力和弯矩。

（1）最大许用应力。最大压力能够用开孔补强的最大压力计算通式计算：

$$p_{\max} = \frac{(A_{\sigma s} + A_{\sigma w})[\sigma]_s + A_{\sigma b}[\sigma]_{ob} + A_{\sigma p}[\sigma]_{\sigma p}}{(A_{ps} + A_{pb} + 0.5A_{p\varphi}) + 0.5(A_{\sigma s} + A_{\sigma b} + A_{\sigma p})} \tag{9-1}$$

（2）接管上最大许用轴向力由图9-1或下式计算：

$$F_{z\max} = [1.82 + 2.4\sqrt{1+k}\lambda_s + 0.91k\lambda_s^2]\delta_c^2[\sigma] \tag{9-2}$$

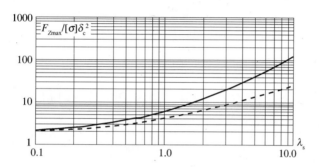

图9-1 接管最大许用轴向载荷计算算图

由式（9-2）计算的最大许用轴向力比实际极限值低10%，故偏于保守。

（3）接管上最大许用力矩由图9-2或下式计算：

$$M_{B\max} = \frac{d}{4}[4.9 + 2\sqrt{1+k}\lambda_s + 0.91k\lambda_s^2]\delta_c^2[\sigma] \tag{9-3}$$

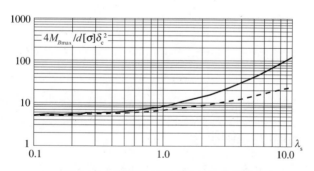

图9-2 接管最大许用弯矩计算算图

剪力和扭矩因对整个载荷影响不太大，故略去不计。

上述式中的相关参数计算如下。

（1）在接管外径处有补强圈时，球壳和补强圈组合的分析厚度：

$$\delta_c = \delta_a + \delta_2\min\left(\frac{[\sigma]_2}{[\sigma]}; 1.0\right) \text{或} \delta_c = \delta_a + \delta_2 \tag{9-4}$$

在补强圈的外缘处（$d = d_2$）或无补强圈时，$\delta_c = \delta_a$，取其最小值。

（2）补强率系数：

$$k = \min\left(\frac{2\delta_b\,[\sigma]_b}{\delta_c[\sigma]}\sqrt{\frac{\delta_b}{d}};1.0\right) \tag{9-5}$$

或 $k = 1$，取最大值。

（3）球壳接管几何参数：

$$\lambda_s = \frac{d}{\sqrt{R\delta_c}} \tag{9-6}$$

式中：δ_a 为壳体计算厚度（mm）；δ_b 为接管壁厚（mm）；δ_2 为补强垫圈板厚（mm）；$[\sigma]$ 为壳体许用应力（MPa）；$[\sigma]_2$ 为补强圈材料许用应力（MPa）；R 为接管处球壳平均直径（mm）；d 为接管平均直径（mm）。

（4）补强圈宽度：

$$L = 0.5(d_2 - d_e) \tag{9-7}$$

式中：d_e 为接管外径（mm）；d_2 为补强圈外径（mm）。

9.1.2　外部载荷和压力组合校核计算

组合载荷计算式是按照线性关系推导出来的，因此除环向方向外，其结果偏于保守。压力、轴向力和弯矩同时作用时的校核计算式为

$$\begin{cases} |K_p + K_z| + |K_B| \\ |K_z| + |K_B| \\ |K_p + 0.2K_z| + |K_B| \end{cases} \tag{9-8}$$

取其三者中的最大值。

式（9-8）中：K_p、K_z 和 K_B 分别为内压力、接管轴向载荷和接管弯矩的载荷比如下：

$$\begin{cases} K_P = \dfrac{p}{p_{\max}} \leqslant 1 \\[2mm] K_z = \dfrac{F_z}{F_{z\max}} \leqslant 1 \\[2mm] K_B = \dfrac{M_B}{M_{B\max}} \leqslant 1 \end{cases} \tag{9-9}$$

9.1.3　应力范围和应力范围组合

（1）由压力、局部载荷的最小值和最大值求出载荷范围值。

压力范围：

$$\Delta p = \max|p;0| - \min|p;0| \tag{9-10}$$

轴向载荷范围：

$$\Delta F = \max|F_z;0| - \min|F_z;0| \tag{9-11}$$

力矩范围：

$$\Delta M_B = \max|M_B;0| - \min|M_B;0| \tag{9-12}$$

258

（2）应力范围。

① 由压力范围产生的应力：

$$\sigma_p = \alpha_p \frac{\Delta p R}{2\delta_e} \tag{9-13}$$

② 由弯矩作用产生的应力：

$$\sigma_M = \alpha_M \left(\frac{4M_B}{\pi d^2 \delta_e}\right)\sqrt{\frac{R}{\delta_e}} \tag{9-14}$$

③ 由轴向力作用产生的应力：

$$\sigma_z = \alpha_z \left(\frac{\Delta F}{\pi d \delta_e}\right)\sqrt{\frac{R}{\delta_e}} \tag{9-15}$$

上述式中的系数 α_p、α_z 和 α_M 根据接管结构形式分别由图9-3~图9-8查得。在查图时，一般情况下，当量厚度 δ_e 等于壳体和补强元件组合的分析厚度 δ_c。如果采用宽度为 $L \leqslant \sqrt{R(\delta_a - \delta_2)}$ 补强环，则必须按下式计算接管边缘处壳体当量厚度：

$$\delta_e = \delta_a + \min\left[\frac{L\delta_2}{\sqrt{D(\delta_a + \delta_2)}}; \delta_2\right] \cdot \min\left[\frac{[\sigma]_2}{[\sigma]}; 1\right] \tag{9-16}$$

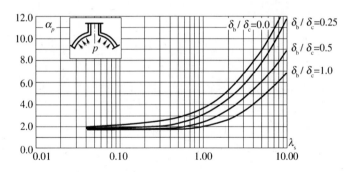

图9-3　安放式接管由压力作用产生的应力计算系数

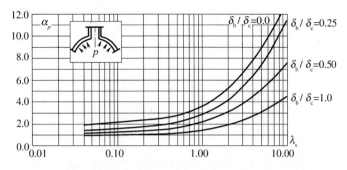

图9-4　内插式接管由压力作用产生的应力计算系数

④ 由接管和球壳之间的温差产生的温度应力 σ_T 按第3章相关计算式计算。

（3）当量应力及强度条件（安定性准则）：

$$\sigma_e = \sigma_T + \sqrt{\sigma_p^2 + (\sigma_z + \sigma_M)^2} \leqslant [\sigma] \tag{9-17}$$

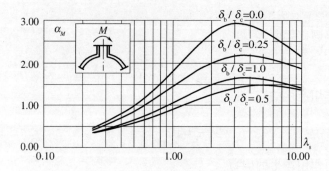

图 9-5 安放式接管由弯矩作用产生的应力计算系数

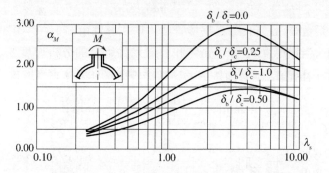

图 9-6 内插式接管由弯矩作用产生的应力计算系数

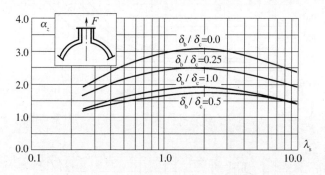

图 9-7 安放式接管由轴向力作用产生的应力计算系数

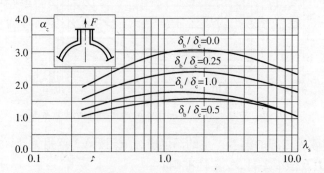

图 9-8 内插式接管由轴向力作用产生的应力计算系数

9.1.4　接管纵向稳定性

极限分析时,为保证组合应力不超过安定性极限值,需要进行校核。一般情况下,如果最大应力不超过 2 倍屈服强度,结构就认为是安定的。而最大应力是根据机械载荷平方相互影响和温度应力线性作用计算得出的。因此,将机械载荷、接管轴向载荷和弯矩算数相加。

（1）接管最大纵向拉应力：

$$\frac{dp}{4\delta_b} + \frac{4M_B}{\pi d^2 \delta_b} + \frac{F_z}{\pi d \delta_b} \leqslant [\sigma]_b \tag{9-18}$$

作用在接管上的外加载荷是总体组合载荷,假设载荷为线性作用时,就很容易确定载荷系数。同时,需要附加校核接管纵向失稳可能性。若所有载荷作用结果使接管产生轴向压缩应力时,$F_z = 0$。

（2）接管纵向稳定性校核条件（$P = 0$）：

$$\frac{M_B}{M_{\max}} + \frac{|F_z|}{F_{\max}} \leqslant 1.0 \tag{9-19}$$

若所有载荷作用结果使接管产生轴向拉伸应力时,F_z 应调 0。$M_{\max}$ 和 $F_{\max}$ 分别为接管最大总体许用弯矩和许用轴向力,其值按下述计算：

① 接管各允许载荷。

最大拉力：

$$F_{T\max} = \pi d \delta_a [\sigma] \tag{9-20}$$

最大压缩力：

$$F_{c\max} = \pi d \delta_a [\sigma]_c \tag{9-21}$$

最大力矩：

$$M_{\max} = \frac{\pi}{4} d^2 \delta_a [\sigma]_c \tag{9-22}$$

最大许用纵向压缩应力：

$$[\sigma]_c = \sigma_e Y \tag{9-23}$$

式中：σ_e 为接管材料弹性极限。

② 接管系数 Y。

当 $\alpha k < 0.5$ 时：

$$Y = \frac{0.75\alpha k}{1.5} \tag{9-24}$$

当 $\alpha k \geqslant 0.5$ 时：

$$Y = \frac{1 - 0.4123/(\alpha K)^{0.6}}{1.5} \tag{9-25}$$

③ 系数 K：

$$K = \frac{1.21 E \delta_b}{d \delta_e} \tag{9-26}$$

④ 系数 α：

若 $d/\delta_b \leqslant 424$ 时,则

$$\alpha = \frac{0.83}{\sqrt{1 + 0.005d/\delta_b}} \tag{9-27}$$

若 $d/\delta_b > 424$ 时,有

$$\alpha = \frac{0.7}{\sqrt{1 + 0.005d/\delta_b}} \tag{9-28}$$

式中：$[\sigma]_c$ 为最大纵向压缩应力(MPa)；$[\sigma]$ 为最大许用纵向应力(MPa)；σ_e 为接管弹性极限,若从材料力学性能表中查不到此数据时,可以取屈服强度(MPa)。

接管和壳体连续处因温差产生的温度应力按相应的温差应力计算式计算。

9.1.5 适用条件和计算步骤

1. 上述计算方法适用的条件

(1) $0.001 \leqslant \delta_a/R \leqslant 0.1$。若 $\delta_a/R < 0.001$,容器壳壁绕度没有超过其壳壁厚度的 1/2 时,也是允许的。

(2) 在任何方向上与其他任何局部载荷的距离不得小于 $\sqrt{R\delta_c}$。

(3) 在 $l \geqslant \sqrt{d\delta_b}$ 距离以内要求接管壁厚保持不变。

2. 计算步骤

设计计算时,首先计算载荷 F_z 和弯矩 M_B,然后计算相应的最大许用载荷 $F_{\max}$ 和最大许用弯矩 $M_{B\max}$,最后进行校核计算。下面的计算步骤仅供参考。

(1) 按式(9-4)或式(9-7)计算 δ_c 和 L。

(2) 由式(9-1)~式(9-3)计算各最大许用载荷。

(3) 由式(9-8)和式(9-9)计算载荷比和载荷校核条件。

(4) 如果没有补强圈或设有 $L \geqslant \sqrt{R(\delta_a + \delta_2)}$ 的补强结构时直接就按步骤(6)计算。

(5) 计算在补强圈边缘处($d = d_2$ 和 $\delta_c = \delta_a$)各最大许用载荷并校核载荷比和载荷校核条件。

(6) 按式(9-16)计算当量壁厚并校核组合应力范围,此步骤仅针对接管边缘处。

(7) 按式(9-18)和式(9-19)校核接管稳定性。

(8) 如果应力或载荷比太大或有必要,要增加接管或壳体的壁厚或者降低载荷,并从步骤(1)重新计算。

9.2 圆柱壳体接管局部载荷

圆柱壳体上接管局部载荷分析方法是依据极限载荷法且参考 WRCB297 的设计曲线。

这种结构形式如图 9-9 所示,接管上的最大许用压力、轴向载荷和力矩分别按下述方法计算。

9.2.1 外部载荷作用

1. 最大许用压力

最大许用压力为

$$P_{max} = \frac{(A_{\sigma s} + A_{\sigma w}) \left[\sigma\right]_s + A_{\sigma b} \left[\sigma\right]_{ob} + A \left[\sigma\right]_p \left[\sigma\right]_{ob}}{(A_{ps} + A_{pb} + 0.5A_\theta) + 0.5(A_{\sigma s} + A_{\sigma w} + A_{\sigma b} + A_{\sigma p})} \qquad (9-29)$$

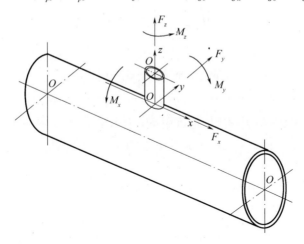

图 9-9　圆柱壳体接管上非压力载荷

2. 接管许用轴向力

接管许用轴向力为

$$F_{zmax} = \left[\sigma\right]\delta_c^2 c_1$$

或
$\qquad\qquad\qquad\qquad\qquad\qquad\qquad\qquad\qquad\qquad\qquad (9-30)$

$$F_{zmax} = 1.81\left[\sigma\right]\delta_c^2$$

式中：c_1 可由图 9-10 查得或由下式计算：

$$c_1 = a_0 + a_1\lambda_c + a_2\lambda_c^2 + a_3\lambda_c^3 + a_4\lambda_c^4 \qquad (9-31)$$

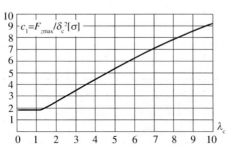

图 9-10　接管许用轴向力计算系数 c_1

系数 $a_0 \sim a_4$ 见表 9-1。

表 9-1　用于计算系数 c_1 的 a_i 值

δ_b/δ_e	a_0	a_1	a_2	a_3	a_4
全部	0.60072181	0.95196257	0.0051957881	-0.0014106381	0

而形状系数为

$$\lambda_c = \frac{d}{\sqrt{D\delta_c}} \qquad (9-32)$$

3. 接管许用环向力矩

最大许用环向力矩为

$$M_{xmax} = \frac{d}{4}\delta_c^2[\sigma]c_2$$

或 （9 – 33）

$$M_{xmax} = 4.9\frac{d}{4}\delta_c^2[\sigma]$$

取其最大值。

系数 c_2 能够从图 9 – 11 中查得，也可用下式计算：

$$c_2 = a_0 + a_1\lambda_c + a_2\lambda_c^2 + a_3\lambda_c^3 + a_4\lambda_c^4 \quad (9 – 34)$$

系数 $a_0 \sim a_4$ 见表 9 – 2。

表 9 – 2　用于计算系数 c_2 的 a_i 值

δ_b/δ_e	a_0	a_1	a_2	a_3	a_4
全部	4.526315	0.064021889	0.15887638	– 0.021419298	0.0010350407

4. 接管许用纵向弯矩

最大许用轴向力矩为

$$M_{ymax} = \frac{d}{4}\delta_c^2[\sigma]c_3$$

或 （9 – 35）

$$M_{ymax} = 4.9\frac{d}{4}\delta_c^2[\sigma]$$

取其最大值。

c_3 系数可由图 9 – 12 查得，或由下式计算：

$$c_3 = a_0 + a_1\lambda_c + a_2\lambda_c^2 + a_3\lambda_c^3 + a_4\lambda_c^4 \quad (9 – 36)$$

系数 $a_0 \sim a_4$ 见表 9 – 3。

表 9 – 3　用于计算系数 c_3 的 a_i 值

δ_b/δ_e	a_0	a_1	a_2	a_3	a_4
≤0.2	4.8844124	– 0.071389214	0.79991259	– 0.024155709	0
≥0.5	6.3178075	– 3.6618209	4.5145391	– 0.83094839	0.050698494

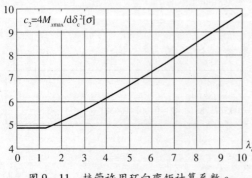

图 9 – 11　接管许用环向弯矩计算系数 c_2

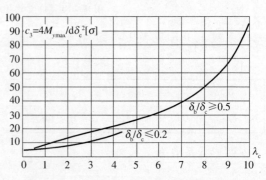

图 9 – 12　接管许用轴向应力计算系数 c_3

如果接管和组合有效厚度 δ_b/δ_c 为 0.2~0.5,则系数 c_3 可由图 9-12 通过内插法求得。需要指出的是图 9-10~图 9-12 是根据 WRCB297 绘制出来的,最大许用载荷按最大应力集中系数 2.25 计算得出。

9.2.2　外载荷和内压组合作用

在计算圆柱壳上接管受外载荷和内压力同时作用时,载荷比不再是轴对称问题,而是真正的三维问题,在这种情况下必须考虑两个力矩,即在纵向平面的力矩和横向平面的力矩。对于圆柱形壳体上的接管,在计算每个最大许用载荷时,由于实际的极限分析不可能得出真实的简单解,因此使用近似的极限分析方法从 WRC 297 的计算方法中来确定最大许用载荷。该方法假设:由每种载荷引起的最大应力值达到 2.25 倍许用应力时,就认为是达到极限载荷状态。其次,图 9-10~图 9-12 和表 9-1~表 9-3 是在 WRC297 算图的基础上经过简化后,而变成另外一种形式的设计算图,即用系数 c_1、c_2 和 c_3 计算最大许用载荷分量。

尽管两个力矩相互影响的计算方法对球壳接管是非常精确的,但用在圆柱壳体上接管仍然也是可行的。基本上来说,球壳接管上载荷总体相互影响的表达式也可以用于圆柱壳体接管上,且能满足工程设计要求。

压力、轴向力和力矩同时作用时的计算方法如下:

(1) 各载荷比和限制条件:

$$\begin{cases} K_P = \dfrac{p}{p_{max}} \leqslant 1 \\[2mm] K_z = \dfrac{F_z}{F_{zmax}} \leqslant 1 \\[2mm] K_b = \sqrt{\left(\dfrac{M_x}{M_{xmax}}\right)^2 + \left(\dfrac{M_y}{M_{ymax}}\right)^2} \leqslant 1 \end{cases} \tag{3-37}$$

(2) 计算所有载荷作用并满足限制条件:

$$\sqrt{\left[\max\left(\left|\dfrac{K_p}{c_4};K_z\right|;|K_z|;\left|\dfrac{K_p}{c_4}-0.2K_z\right|\right)\right]^2 + K_b^2} \leqslant 1 \tag{3-38}$$

如果接管直接用于接在管路系统且又考虑膨胀、扭曲等裕量时,系数 c_4 等于 1.1,而对于用补强环补强或刚性连接时,$c_4 = 1.0$,但 c_4 不得超过 1.1。

式(9-38)中对于交变力矩作用也是允许的,因为在 WRCB 297 中所用的应力集中系数是偏于保守的。

当量厚度计算。当量壳体厚度计算只涉及接管边缘处的当量壳体厚度,一般采用 $\delta_b = \delta_c$。除非使用补强圈宽度 $L < \sqrt{R(\delta_a - \delta_2)}$($\delta_a$ 为圆柱壳体壁厚)时,按下式计算当量厚度:

$$\delta_e = \delta_a + \min\left[\frac{\delta_2 L}{\sqrt{D(\delta_a + \delta_2)}};\delta_2\right] \cdot \min\left[\frac{[\sigma]_2}{[\sigma]};1\right] \tag{3-39}$$

9.2.3　应力范围和应力组合

1. 由压力和局部载荷的最小值和最大值计算其范围值

$$
\begin{cases}
\Delta p = \max(p;0) - \min(p;0) \\
\Delta F_z = \max(F_z;0) - \min(F_z;0) \\
\Delta M_x = \max(M_x;0) - \min(M_x;0) \\
\Delta M_y = \max(M_y;0) - \min(M_y;0)
\end{cases}
\tag{3-40}
$$

2. 应力计算

（1）由压力范围产生的应力：

$$
\sigma_p = \left(\frac{\Delta p D}{2\delta_e}\right) \frac{2 + 2\dfrac{d}{D}\sqrt{\dfrac{d\delta_b}{D\delta_e}} + 1.25\dfrac{d}{D}\sqrt{\dfrac{D}{\delta_e}}}{1 + \dfrac{\delta_b}{\delta_e}\sqrt{\dfrac{d\delta_b}{D\delta_e}}}
\tag{3-41}
$$

由压力产生的应力计算式是经过应力分析和疲劳试验结果经处理后获得的。

（2）由轴向载荷范围产生的应力：

$$
\sigma_{Fz} = \frac{2.25}{c_1}\left(\frac{\Delta F_z}{\delta_e^2}\right)
\tag{3-42}
$$

（3）由环向力矩范围产生的应力：

$$
\sigma_{Mx} = \frac{2.25}{c_2}\left(\frac{4\Delta M_x}{\delta_e^2 d}\right)
\tag{3-43}
$$

（4）由纵向力矩范围产生的应力：

$$
\sigma_{My} = \frac{2.25}{c_3}\left(\frac{4\Delta M_y}{\delta_e^2 d}\right)
\tag{3-44}
$$

（5）温度应力 σ_T 系指接管和壳体之间的温差产生的温度应力，见第 3 章。

3. 当量应力和强度校核条件

由上述各个应力能够计算出当量应力及强度校核条件为

$$
\sigma_e = \sigma_T + \sqrt{(\sigma_p + \sigma_{Fz})^2 + (\sigma_{Mx}^2 + \sigma_{My}^2)} \leqslant 3[\sigma]
\tag{3-45}
$$

9.2.4 接管纵向应力及强度校核

（1）接管上的最大纵向拉伸应力和强度条件

$$
\frac{p_d}{4\delta_b} + \frac{4\sqrt{M_x^2 + M_y^2}}{\pi d^2 \delta_b} + \frac{F_z}{\pi d \delta_b} \leqslant [\sigma]_b
\tag{9-46}
$$

若载荷作用结果使接管最终出现轴向压缩应力时，将 F_z 定为 0。

（2）接管纵向稳定性校核计算（$p = 0$）：

$$
\frac{\sqrt{M_x^2 + M_y^2}}{M_{\max}} + \frac{|F_z|}{F_{\max}} \leqslant 1
\tag{9-47}
$$

若载荷作用结果使接管最终导致轴向拉伸应力时，$F_z = 0$；而 $M_{\max}$ 和 $F_{\max}$ 分别为接管上的许用总力矩和作用力，其按式（9-20）~ 式（9-22）计算。

上述计算方法使用于下述条件：

① $0.001 \leqslant \delta_2/D \leqslant 0.1$。

② $\lambda_c = d/\sqrt{D\delta_c} \leqslant 10$，如果超出此值，扭矩的作用就很明显。

③ 在任何方向上与任何其他载荷的距离不小于 $\sqrt{R\delta_c}$。

④ 接管壁厚需保持 $l \geqslant \sqrt{d\delta_b}$ 距离以上。

9.2.5 设计计算步骤

与球壳接管局部应力计算相同,对于圆柱壳体上接管局部应力计算步骤如下:

(1) 几何尺寸参数 δ_c 和 L 的计算:

带补强圈时,接管外径部位的分析壁厚:

$$\delta_c = \delta_a + \delta_2 \min\left(\frac{[\sigma]_2}{[\sigma]}; 1\right)$$

在补强圈外缘处$(d = d_2)$和无补强圈时的分析壁厚:

$$\delta_e = \delta_a$$

补强圈的宽度;

$$L = 0.5(d_2 - d_e)$$

(2) 用式(9-29)、式(9-30)和式(9-33)计算最大许用载荷。

(3) 用式(9-37)和式(9-38)校核载荷比及条件。

(4) 若无补强圈或补强圈的宽度 $L \geqslant \sqrt{R(\delta_a + \delta_2)}$ 时,就直接进入步骤(6)计算。

(5) 计算在补强圈边缘处$(d = d_2; \delta_c = \delta_a$ 和 $\delta_b/\delta_c \geqslant 0.5)$的各个最大许用载荷并校核载荷比和载荷间的相互作用。

(6) 按式(9-39)计算当量壳体壁厚并校核组合应力范围(应力范围和应力组合),只允许为接管边缘处的壳体厚度。

(7) 校核接管强度(接管纵向强度)。

(8) 若载荷比或应力太大,则增加接管或壳体的壁厚,或者是降低载荷。

9.3 卧式鞍座局部载荷

长时间以来在规范中关于容器鞍座支承设计主要依据由 Zick 等人提出的计算方法,但是经过实践及分析认为该方法对于薄壁壳体过于保守。这里介绍的方法是在民主德国原有标准基础上,经过修订后被欧盟标准 EN 13445-3 所采用。2007 年颁布的 GOST R52857.5 标准中也采用了类似的计算方法。这个方法是以线性载荷分析计算为基础推导出来的,并被试验验证过的较为精确的计算方法。同时计算中增加对两个鞍座之间壳体中心部位的壳体稳定性校核。

在分析计算壳体支承载荷之前,首先需要了解线性载荷的基本知识。所谓的线性载荷指轴对称壳体的轴向和环向上作用局部线性载荷,如图9-13所示。

9.3.1 受力分析

卧式容器鞍座支承结构形式如图9-14所示,图中分三种支承类型,即 A 型、B 型和 C 型。图9-15为不带加强垫板的鞍座支承结构形式。简化受力模型如图9-16所示。在确定鞍座上的作用力 F_i 时,首先要求出作用在容器整体上力矩 M_j 和 M_{ij} 及剪力 Q_i,因此,把整个容器壳体看作是鞍座支承的固定截面简支梁,在鞍座上没不存在力矩。

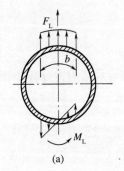
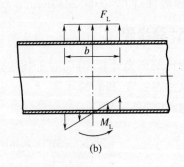

(a)   (b)

图 9-13   圆柱形壳体线性载荷

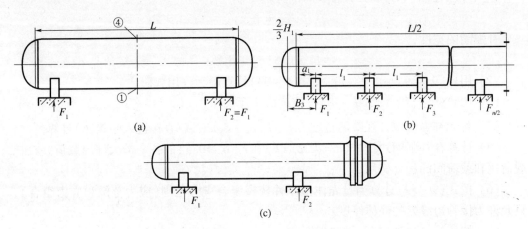

(a)   (b)

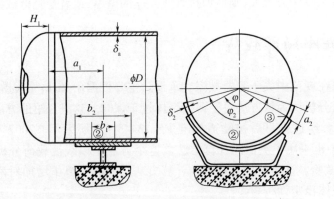

(c)

图 9-14   卧式鞍座支承形式

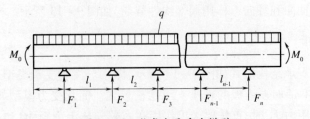

图 9-15   鞍式支座支承结构

图 9-16   鞍式支承受力模型

作用在梁上的均布载荷 q 和计算力矩 M_o 分别为

$$q = \frac{W}{L + \frac{4H_i}{3}} \tag{9-48}$$

$$M_o = \frac{D_i^2}{16} \frac{W_F}{W} q \tag{9-49}$$

式中：W 为容器总重量,包括内装物(N)；W_F 为容器内流体重量(N)。

鞍座上作用力 F_i 由平衡方程计算,但是对于有几个鞍座支承的压力容器必须特别注意要确保尽量使每一个鞍座受力均匀。对于 A 型和 B 型鞍座支承的结构,由于容器轴对称,其鞍座受力为

$$F_i = \frac{W}{n} \tag{9-50}$$

式中：n 为支承鞍座数目。

1. 力矩和剪力

主要计算在鞍座上的弯矩 M_i 和鞍座之间的最大弯矩 M_{ij},而剪力 Q_i 计算只考虑鞍座上的剪力。

1）型支承结构

鞍座上最大弯矩：

$$M_1 = M_2 = q \frac{a_3^2}{2} - M_0 \tag{9-51}$$

鞍座上剪力：

$$Q_i = \frac{L - 2a_1}{L + \frac{4}{3}H_i} \tag{9-52}$$

鞍座间壳体最大弯矩：

$$M_{12} = M_0 + F_1\left(\frac{L}{2} - a_1\right) - \left(\frac{q}{2}\right)\left(\frac{L}{2} + \frac{2H_i}{3}\right)^2 \tag{9-53}$$

式中：H_i、a_1、a_2 如图 9-14(b)和图 9-15 所示,而当量圆柱壳长度 a_3：

$$a_3 = a_1 + 2H_i/3$$

2）B 型支承结构

鞍座上的最大弯矩：

当 $i=1$ 和 $i=n$ 时：

$$M_i = \max\left(\frac{a_3^2}{2}q - M_o ; \frac{l_1^2}{8}q\right) \tag{9-54}$$

当 $i=2$ 至 $i=n-1$ 时：

$$M_i = \frac{ql_1^2}{8} \tag{9-55}$$

鞍座上的剪力：

$$Q_i = 0.5F_i \tag{9-56}$$

至于鞍座间壳体弯矩可以不考虑。

3）C 型支承结构

对于这种结构形式的 M_i、Q_i 和 M_{ij} 载荷也用简支梁原理计算,但是剪力 Q_i 需要分别对鞍座左右两侧的剪力单独计算,取其较大值。

2. 鞍座间容器壳体极限载荷

有关鞍座间极限载荷只是在鞍座间弯矩绝对值大于鞍座上弯矩绝对值时才要求校核计算。

（1）内压或无内压状态下容器壳体强度计算

$$\frac{D_i p}{4\delta_a} + \frac{4|M_{ij}|K_{12}}{\pi D_i^2 \delta_a} \leqslant [\sigma]_{max} \qquad (9-57)$$

式中:许用应力 $[\sigma]_{max}$,若容器壳体没有环向焊缝时,$[\sigma]_{max} = [\sigma]$;若由环向焊缝,则 $[\sigma]_{max} = [\sigma]_\phi$。

$$K_{12} = \max(m;1.0) \qquad (9-58)$$

取其较大值;也可以由图 9 - 21 求得。

$m = 1.6 - 0.20924(x-1) + 0.028702x(x-1) + 0.4795 \times 10^{-3}y(x-1) -$

$\quad 0.2391 \times 10^{-6}xy(x-1) - 0.29936 \times 10^{-2}(x-1)x^2 - 0.85692 \times 10^{-6}(x-1)y^2 +$

$\quad 0.88174 \times 10^{-6}x^2(x-1)y - 0.75955 \times 10^{-8}y^2(x-1)x +$

$\quad 0.82748 \times 10^{-4}(x-1)x^3 + 0.48168 \times 10^{-9}(x-1)y^3 \qquad (9-59)$

式中:$x = L/D_i$;$y = D_i/\delta_a$。

（2）稳定性校核（$p = 0$）:

$$M_{ij}/M_{max} \leqslant 1 \qquad (9-60)$$

（3）外压稳定性校核:

$$\frac{|P|}{P_{max}} + \frac{|M_{ij}|}{M_{max}} \leqslant 1 \qquad (9-61)$$

式中:P_{max} 为许用外压力;M_{max} 为许用总弯矩,见式（9 - 22）。

9.3.2　不带加强垫板时鞍座极限载荷

如图 9 - 15 所示,对部位 2（纵向）和部位 3（环向）需要校核其极限载荷,还要确定这两个部位在两种不同压力作用下的鞍座极限载荷,即在零压力和操作状态下的压力。如果鞍座如图 9 - 14 中的 A 型和 B 型结构对称布置时,就只考虑一个鞍座,$n = 1$,而对于 C 型鞍座结构系统,则要对鞍座两侧进行校核计算。

鞍座部位 2 处的最大许用载荷:

$$F_{2max} = \frac{0.7\sigma_{b2}\sqrt{D_i\delta_a}\delta_a}{K_3 K_5} \qquad (9-62)$$

在部位 3 处的鞍座最大许用载荷:

$$F_{3max} = \frac{0.9\sigma_{b3}\sqrt{D_i\delta_a}\delta_a}{K_7 K_9 K_{10}}$$

鞍座强度校核条件：

$$F_i \leqslant \min(F_{2\max}; F_{3\max}) \tag{9-63}$$

鞍座支承系统的稳定性校核条件：

$$\frac{|p|}{p_{\max}} + \frac{|M_i|}{M_{\max}} + \frac{|F_{eq}|}{F_{\max}} + \left(\frac{Q_i}{Q_{\max}}\right)^2 \leqslant 1 \tag{9-64}$$

式中：σ_{b2}，σ_{b3}为在无压力和设计状态下支承部位 2 和部位 3 处的极限弯曲应力，取两种状态下的最小值；$p_{\max}$和 $M_{\max}$由式（9-60）和式（9-61）推导；$F_{\max}$是许用总体压缩力。当量总体轴向力为

$$F_{eq} = \frac{\pi F_i}{4} \sqrt{\frac{D_i}{\delta_a}} K_6 K_8 \tag{9-65}$$

总体许用剪力 $Q_{\max}$的计算如下。对于 $L/R \leqslant 8.7\sqrt{R/\delta_a}$的圆柱形壳体：

$$Q_{\max} = \frac{0.75\pi R\delta_a E\left(\dfrac{\delta_a}{R}\right)^{1.25}}{1.5}\sqrt{\frac{R}{L}\left[1+42\left(\frac{R}{L}\right)^3\left(\frac{\delta_a}{R}\right)^{1.5}\right]} \tag{9-66}$$

对于 $L/R > 8.7\sqrt{R/\delta_a}$圆柱壳：

$$Q_{\max} = \frac{0.25\pi R\delta_a E\left(\dfrac{\delta_a}{R}\right)^{1.5}}{1.5} \tag{9-67}$$

上述式中的各个参数或系数计算如下：

$$K_3 = \max(2.718282^{-\beta}\sin\beta/\beta; 0.25) \tag{9-68}$$

$$K_4 = (1 - 2.718282^{-\beta}\cos\beta)/\beta \tag{9-69}$$

$$K_5 = \frac{1.15 - 0.0025\varphi}{\sin(0.5\varphi)} \tag{9-70}$$

$$K_6 = \frac{\max(1.7 - 0.011667\varphi; 0)}{\sin(0.5\varphi)} \tag{9-71}$$

$$K_7 = \frac{1.45 - 0.007505\varphi}{\sin(0.5\varphi)} \tag{9-72}$$

$$K_8 = \min\left(1.0; \frac{0.8\sqrt{\gamma} + 6\gamma}{0.017453\varphi}\right) \tag{9-73}$$

$$K_9 = 1 - \frac{0.65}{1 + (6\gamma)^2}\sqrt{\frac{60}{\varphi}} \tag{9-74}$$

$$K_{10} = \frac{1}{1 + 0.010472\sqrt[3]{\dfrac{D_i}{\delta_a}}\dfrac{b_1}{D_1}\varphi} \tag{9-75}$$

上述式中：K_5、K_6、K_7、K_8、K_9、K_{10}和 K_{11}可由图 9-17～图 9-21 中查得。

鞍座支承部位 2 和 3 处局部薄膜应力与局部弯曲应力之比 ν_1由表 9-4 中的计算式计算；而整体薄膜应力与许用应力之比 ν_2分为在无压力下和在设计压力下两种情况由表 9-4 中的计算式计算。

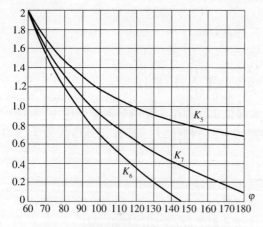

图9-17 极限载荷计算系数K_5、K_6、K_7

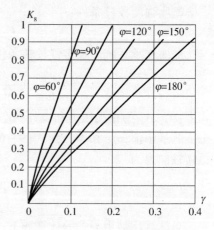

图9-18 极限载荷计算系数K_8

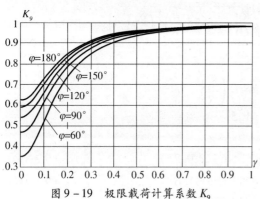

图9-19 极限载荷计算系数K_9

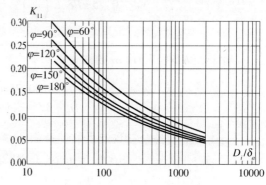

图9-20 极限载荷计算系数K_{11}

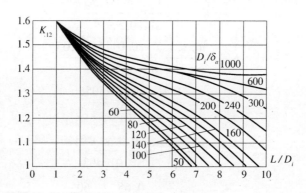

图9-21 极限载荷计算系数K_{12}

鞍座距离影响系数:

$$\gamma = 2.83\left(\frac{a_1}{D_i}\right)\sqrt{\frac{\delta_a}{D_i}} \tag{9-76}$$

鞍座宽度影响系数β:

$$\beta = 0.91\frac{b_1}{\sqrt{\dfrac{\delta_a}{D_i}}} \tag{9-77}$$

壳体弯曲极限应力为(部位2和3)为

$$\sigma_{b(2,3)} = K_1 K_2 [\sigma] \tag{9-78}$$

式中 K_2，在设计条件下：$K_2 = 1.25$；在试验条件下：$K_2 = 1.05$。K_1 值是系数 ν_1 和 ν_2 的函数，可由图 9-22 或下式计算：

$$K_1 = \frac{1 - v_2^2}{\left(\dfrac{1}{3} + v_1 v_2\right) + \sqrt{\left(\dfrac{1}{3} + v_1 v_2\right)^2 + (1 - v_2^2) v_1^2}} \tag{9-79}$$

$$\nu_2 = \frac{\sigma_m}{K_2[\sigma]} \tag{9-80}$$

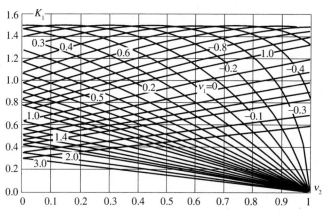

图 9-22　极限载荷计算系数 K_1

9.3.3　鞍座支承系统极限载荷校核程序

在已经知道上述各项参数计算式之后，接着就能够按照下述程序计算出不带加强垫板支承系统的载荷极限值。

(1) 按照式(9-76)和式(9-77)计算系数 γ 和 β。

(2) 按照式(9-68)~式(9-75)计算 $K_3 \sim K_{10}$ 值。

(3) 按表 9-4 计算在部位 2 和 3 处的系数 ν_1 值。

(4) 根据各种压力条件由表 9-4 计算部位 2 和 3 处的 ν_2 值。当压力为 0 时，$\nu_2 = \nu_{21}$；而在设计压力下，$\nu_2 = \nu_{22}$。

表 9-4　ν_1 和 ν_2 计算式

部　位	ν_1	$P = 0$ ν_{21}	$P =$ 设计压力 ν_{22}
2	$-0.23 \dfrac{K_6 K_8}{K_5 K_3}$	$-\dfrac{4M_i}{\pi D_i^2 \delta_a} \dfrac{1}{K_2[\sigma]}$	$\left(\dfrac{PD_i}{4\delta_a} - \dfrac{4M_i}{\pi D_i^2 \delta_a}\right) \dfrac{1}{K_2[\sigma]}$
3	$-0.53 \dfrac{K_4}{K_7 K_9 K_{10} \sin(0.5\varphi)}$	0	$\dfrac{PD_i}{2\delta_a} \dfrac{1}{K_2[\sigma]}$

(5) 根据相应的 ν_1 和 ν_2，在各种压力条件下和不同部位由式(9-79)求出 K_1，由式(9-78)中条件确定 K_2。

（6）由式（9-78）求得部位 2 和 3 处无压力和设计压力下的弯曲极限应力值 σ_{b2} 和 σ_{b3}，最终的弯曲极限应力应取两种状态的最小值。

（7）按式（9-61）计算鞍座部位 2 处的最大许用鞍座载荷。

（8）按式（9-62）计算部位 3 处的最大许用鞍座载荷。

（9）按式（9-63）校核鞍座载荷。

（10）按式（9-64）校核鞍座支承系统的稳定性。

9.3.4　带加强垫板时鞍座极限载荷

（1）附加加强垫板的宽度（图 9-15）：

$$b_2 = K_{11}D_i + 1.5b_1 \qquad (9-81)$$

如果上式条件不能满足时，就直接进入第（4）步计算。

（2）按式（9-61）和式（9-62）计算最大许用力 $F_{2\max}$ 和 $F_{3\max}$。

（3）校核下述不等式并满足校核条件：

$$F_i \leqslant 1.5\min(F_{2\max};F_{3\max}) \qquad (9-82)$$

如果满足条件，就直接进入第（5）步。

式（9-82）中 K_{11} 按下式计算，也可以由图 9-20 求出：

$$K_{11} = \frac{5}{0.10472\varphi\sqrt[3]{\dfrac{D_i}{\delta_a}}} \qquad (9-83)$$

（4）进行两项计算。

① 计算时将加强垫板作为宽度 b_2 和夹角 φ_2（代替 b_1 和 φ 角）的支座。如果不考虑加强垫板厚度，则采用容器壳体的壁厚 δ_a。

② 如果把加强垫板看作是对容器壳体补强时，则取鞍座宽度为 b_1 和鞍座夹角为 φ，实际计算壳体壁厚时用组合厚度 δ_c 代替实际计算壁厚，组合壁厚为

$$\delta_c = \sqrt{\delta_a^2 + \delta_2^2\min\left(1,\frac{[\sigma]_2}{[\sigma]}\right)^2} \qquad (9-84)$$

（5）用式（9-64）效核鞍座支承系统的稳定性。必须注意在进行此项计算时不得把加强垫板的厚度包括在内。

9.3.5　适用条件

上述介绍的计算方法适用于下述条件。

（1）δ_n 为鞍座壁厚，$0.001 \leqslant \delta_n/D_i \leqslant 0.05$，$60° \leqslant \varphi \leqslant 180°$。

（2）若带有加强垫板，则精确计算垫板厚度：$\delta_2 \geqslant \delta_n$，$a_2 \geqslant 0.1D_i$。

（3）鞍座垂直朝下安置。

（4）最好把鞍座焊到容器上，若焊接不可能时，应尽量确保容器均匀地支承在鞍座上。

（5）在鞍座支承结构设计时必须考虑由于容器热膨胀而产生的轴向位移，因此通常是把一个鞍座与容器壳体固定，而另一个则要求在轴向方向可自由活动。另外，在保证鞍座轴向变形的条件下，所有的鞍座都必须固定住。

（6）鞍座在任何方向上与其相邻的任何局部载荷距离不小于$\sqrt{D_i\delta_n}$。

（7）若要疲劳分析时，见第 12 章。

上述的设计方法仅适用于 A 型、B 型和 C 型鞍座支承系统。

9.3.6　无需计算条件

对于 A 型的两个鞍座支承的容器，当下述条件满足时，可以不用计算或校核。

（1）没有外压力（$P\geqslant 0$）。

（2）流体密度$\leqslant 1000kg/m^3$。

（3）容器壳体材料的许用应力$[\sigma]\geqslant 130MPa$。

（4）焊接系数$\geqslant 0.8$。

（5）$a_1\leqslant 0.5D_i$。

（6）$L\leqslant L_{max}$（L_{max}由图 9 - 23 查得）。

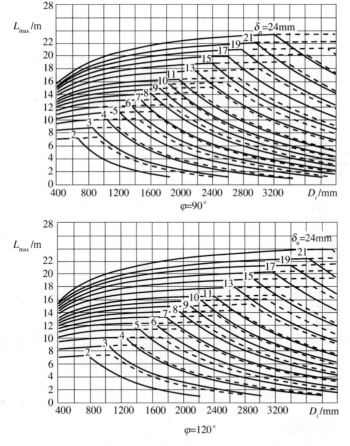

图 9 - 23　对称支承在两个支座上的卧式容器的最大跨距L_{max}

实线—不带加强垫板结构；虚线—带加强垫板结构。

（7）$b_1\geqslant 1.1D_i\delta_n$。

此外，对于带有加强垫板的鞍座结构，若能满足如下条件时，也可不用计算：

（1）$\delta_2 > \delta_n$。

275

$(2) b_2 \geqslant K_{11} D_i + 1.5 b_1$。

K_{11} 由图 9 – 20 或式(9 – 83)计算。

9.4 裙座支承局部载荷

立式容器裙座设计方法基本上是依据工程中现行规范规定的并经过稍微修改后的设计方法的。

9.4.1 裙座结构形式

裙式鞍座常用的结构形式主要有 A 型、B 型和 C 型三种,如图 9 – 24 ～ 图 9 – 26 所示。A 型结构是裙座通过支承环与圆柱壳体连接的支持形式,裙座有圆柱形裙座和带有与轴线倾斜 7°锥角的圆锥形裙座两种型式。

B 型结构是裙座与容器折边连接的框架式结构形式,裙座有圆柱形或带有与其轴线倾斜 7°锥度的锥壳。裙座可以直接焊到夹角为 $0° \leqslant \gamma \leqslant 20°$ 的成形封头上,如图 9 – 25 所示,封头壁厚与裙座壁厚的厚度比在 $0.5 \leqslant \delta_B/\delta_Z \leqslant 2.25$ 范围内。

C 型结构是将裙座直接套在容器壳体中并焊接固定,从结构强度要求距焊缝中心线两侧 $3\delta_B$ 距离内不得有开孔,使裙座端部连接或容器壳体环向焊接不受到应力集中的影响。需要注意容器在使用过程中裙座连接处可能出现裂隙腐蚀的危险。

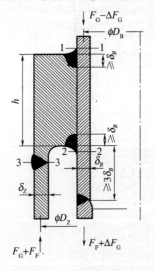

图 9 – 24 A 型裙座支承

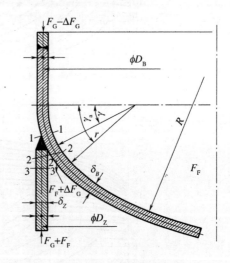

图 9 – 25 B 型裙座支承

9.4.2 作用力和力矩

在分析裙座支承系统的受力和力矩及应力计算时,将支承区域分为四个截面,即 1 – 1、2 – 2、3 – 3 和 4 – 4 截面,而同时又根据风载荷作用方向分为迎风侧和背风侧,并分别用不同的符号 p 和 g 予以标记。

在 1 ~ 4 的相关截面上的作用力和力矩值是在所有载荷作用由组合载荷计算得出。若裙座壳体有几个不同厚度段构成,则需要对每个厚度段作单独计算并效核。

设计时需对裙座支承系统,也称支承连接区域的纵向薄膜应力和总应力进行效核。

裙座支承连接区域截面的轴向力 F_z 与立式容器的迎风侧或背风侧的位置有关,也就是说力矩是增加还是削弱载荷分量,轴向力按下式计算。

在迎风侧:

$$F_{zp} = -F_1 + \Delta F_G - F_F + 4\frac{M_1}{D_z} \qquad (9-85)$$

在背风侧:

$$F_{zg} = -F_1 - \Delta F_G - F_F - 4\frac{M_1}{D_z} \qquad (9-86)$$

式中:F_1 为在 1-1 截面处的总轴向力;M_1 为在壳体和裙座之间的 1-1 截面上由外载荷作用引起的最大力矩;F_F 为容器内载物的重量;ΔF_G 为截面 2-2 以下部分容器重量;D_z 为裙座平均直径。

9.4.3 壳体和裙座薄膜应力和壁厚

1. 壳体 1-1 截面上的薄膜应力和壁厚

下述薄膜应力计算方法对 A 型、B 型和 C 型三种结构都适用,只是求出 1-1 截面、2-2截面和 3-3 截面薄膜应力和壁厚并校核。

（1）1-1 截面的薄膜应力:

$$\sigma_{m1p} = \frac{F_{zp} + \Delta F_G + F_F}{\pi D_B \delta_B} + \frac{pD_B}{4\delta_B} \leqslant [\sigma] \qquad (9-87)$$

$$\sigma_{m1q} = \frac{F_{zq} + \Delta F_G + F_F}{\pi D_B \delta_B} + \frac{pD_B}{4\delta_B} \leqslant [\sigma] \qquad (9-88)$$

（2）1-1 截面的最小壁厚:

$$\delta_{m1p} = \frac{1}{[\sigma]}\left(\frac{F_{zp} + \Delta F_G + F_F}{\pi D_B} + \frac{pD_B}{4}\right) \qquad (9-89)$$

$$\delta_{m1q} = \frac{1}{[\sigma]}\left(\frac{F_{zq} + \Delta F_G + F_F}{\pi D_B} + \frac{pD_B}{4}\right) \qquad (9-90)$$

上式的壁厚对 A 型结构是必须要计算的。若 σ_{m1p} 和 σ_{m1q} 是压缩应力,必须按式(9-19)进行稳定性校核计算;对于真空或部分真空载荷状态下若纵向压缩应力小于 1.6 倍总经向薄膜压缩应力时,就不用校核计算。这个规则对圆柱壳其他部分都适用。

2. 壳体 2-2 截面上的薄膜应力和壁厚

（1）2-2 截面的薄膜应力:

$$\sigma_{m2} = \sigma_{m2p} = \sigma_{m2q} = \frac{F_F + \Delta F_G}{\pi D_B \delta_B} + \frac{pD_B}{4\delta_B} \leqslant [\sigma] \qquad (9-91)$$

（2）2-2 截面的最小计算壁厚:

$$\delta_{m2} = \frac{1}{[\sigma]}\left(\frac{\Delta F_G + F_F}{\pi D_B} + \frac{pD_B}{4}\right) \qquad (9-92)$$

对于 A 型结构,此壁厚计算是必须的。

3. 裙座 3-3 截面上的薄膜应力和壁厚

（1）图 9-24 ~ 图 9-26 所示的裙座 3-3 截面处的薄膜应力:

$$\sigma_{m3p} = \frac{F_{zp}}{\pi D_z \delta_z} \leqslant [\sigma]_z \qquad (9-93)$$

$$\sigma_{m3q} = \frac{F_{zq}}{\pi D_z \delta_z} \leqslant [\sigma]_z \qquad (9-94)$$

（2）裙座 3-3 截面的最小计算壁厚：

$$\delta_{m3p} = \frac{1}{[\sigma]_z} \frac{F_{zp}}{\pi D_z} \qquad (9-95)$$

$$\delta_{m3q} = \frac{1}{[\sigma]_z} \frac{F_{zq}}{\pi D_z} \qquad (9-96)$$

若 σ_{m3p} 和 σ_{m3q} 为压缩应力，则需要进行稳定性效核计算。对于 A 型结构，必须满足式（9-95）和式（9-96）计算的厚度值。

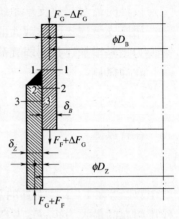

图 9-26　C 型裙座支承

9.4.4　弯曲应力计算

1. A 型结构（图 9-24）

在迎风侧和背风侧的局部弯矩：

$$M_p = 0.5(D_z - D_B)F_{zp} \qquad (9-97)$$

$$M_q = 0.5(D_z - D_B)F_{zq} \qquad (9-98)$$

在迎风侧和背风侧的支撑环的总截面模量：

$$W_p = \frac{\pi}{4}\left[(D_z + \delta_z - D_B - \delta_B)h^2 + (2\delta_B^2 - \delta_{m1p}^2 - \delta_{m2}^2)D_B + 0.5(\delta_z^2 - \delta_{m3p}^2 D_z)\right]$$

$$(9-99)$$

$$W_q = \frac{\pi}{4}\left[(D_z + \delta_z - D_B - \delta_B)h^2 + (2\delta_B^2 - \delta_{m1q}^2 - \delta_{m2}^2)D_B + 0.5(\delta_z^2 - \delta_{m3q}^2 D_z)\right]$$

$$(9-100)$$

在式（9-99）和式（9-100）中括号里第 3 项的 0.5 适用于由裙座通过连接环过渡连接结构形式，如图 9-24 的 A 型裙座支承系统。如果容器壳体的许用应力 $[\sigma]$ 或裙座的许用应力 $[\sigma]_z$ 比支承环材料的许用应力 $[\sigma]_t$ 小时，则式（9-99）和式（9-100）中括号里的第 2 项和（或）第 3 项要乘以相应的许用应力比值 $[\sigma]/[\sigma]_t$ 和 $[\sigma]_z/[\sigma]_t$。

2. B 型结构（图 9-25）

由壳壁中心线的偏量在容器迎风侧或背风侧引起的弯矩计算如下：

$$M_p = aF_{zp} \qquad (9-101)$$

$$M_q = aF_{zq} \qquad (9-102)$$

式中：偏心量为

$$a = 0.5\sqrt{\delta_B^2 + \delta_z^2 + 2\delta_B\delta_z\cos\gamma} \qquad (9-103)$$

$$\cos(\gamma) = 1 - \frac{D_B + \delta_B + \delta_z - D_z}{2(r + \delta_B)} \qquad (9-104)$$

式中：r 是碟形封头圆环折边的内半径。

在 1-1 截面至 3-3 截面外侧面上相应的弯曲应力：

278

$$\sigma_{b1po} = \sigma_{b2po} = C \frac{6M_p}{\pi D_B \delta_B^2} \qquad (9-105)$$

$$\sigma_{b1qo} = \sigma_{b2qo} = C \frac{6M_q}{\pi D_B \delta_B^2} \qquad (9-106)$$

$$\sigma_{b3po} = C \frac{6M_p}{\pi D_z \delta_z^2} \qquad (9-107)$$

$$\sigma_{b3qo} = C \frac{6M_q}{\pi D_z \delta_z^2} \qquad (9-108)$$

式中:修正系数 C 在 $0.5 \leqslant \delta_B/\delta_z \leqslant 1.25$ 范围内,近似地取

$$C = 0.63 - 0.057 \left(\frac{\delta_B}{\delta_z} \right)^2 \qquad (9-109)$$

在 $1-1$ 截面和 $2-2$ 截面区域中,上述的弯曲应力分量可以将在封头折边处由内压作用产生的弯曲影响通过叠加予以考虑,即弯曲应力为

$$\sigma_{b1p} = \sigma_{b2p} = \frac{(p + p_H) D_B}{4\delta_B} \left(\frac{\gamma}{\gamma_a} \alpha - 1 \right) \qquad (9-110)$$

式中: p_H 为静水压力。

关于应力增强系数 α 取法取决于封头类型和几何尺寸。

对于 Klopper 型封头($\gamma_a = 45°$),在 $\delta_B/D_B > 0.008$ 时:

$$\alpha = 9.3341 - 2.2877y + 0.33714y^2$$
$$y = 125 \frac{\delta_B}{D_B} \qquad (9-111)$$

对于 $\delta_B/D_B \leqslant 0.008$ 时:

$$\alpha = 6.3718 \times 2.71818^{-16y} + 3.6366 \times 2.71818^{-1.61536y} + 6.6736 \qquad (9-112)$$

对于 $\gamma_a = 40°$ 的 Korbbogen 型封头,当 $\delta_B/D_B > 0.008$ 时:

$$\alpha = 4.2 - 0.2y \qquad (9-113)$$

当 $\delta_B/D_B \leqslant 0.008$ 时:

$$\alpha = 1.51861 \times 2.71828^{-4.2335y} + 3.944 \qquad (9-114)$$

3. C 型结构(图 9-26)

在迎风侧或背风侧因壳体轴线偏心引起的弯矩:

$$M_p = 0.5(D_z - D_B) F_{zp} \qquad (9-115)$$
$$M_q = 0.5(D_z - D_B) F_{zq} \qquad (9-116)$$

在壳体 $1-1$ 截面和 $2-2$ 截面处的总弯曲应力:

$$\sigma_{b1p} = \sigma_{b2p} = \frac{3M_p}{\pi D_B \delta_B^2} \qquad (9-117)$$

$$\sigma_{b1q} = \sigma_{b2q} = \frac{3M_p}{\pi D_B \delta_B^2} \qquad (9-118)$$

在裙座 $3-3$ 截面处的弯曲应力:

$$\sigma_{b3p} = \frac{6M_p}{\pi D_z \delta_z^2} \qquad (9-119)$$

$$\sigma_{b3q} = \frac{6M_q}{\pi D_z \delta_z^2} \qquad (9-120)$$

由压力产生的弯曲应力可以不计,即

$$\sigma_{b1p} = \sigma_{b2p} = 0 \qquad (9-121)$$

9.4.5 总应力和强度条件

1. A 型结构的迎风侧

应按照下述要求效核迎风侧或背风侧的强度条件。用式(9-97)计算迎风侧局部弯矩 M_p 与由式(9-99)计算得出的总截面模量 W_p 进行强度效核计算,即

$$\frac{|M_p|}{W_p} \leqslant [\sigma]_T \qquad (9-122)$$

对于背风侧,用由式(9-98)计算的背风侧局部弯矩 M_q 和式(9-100)计算得出的截面模量 W_q 进行强度校核:

$$\frac{|M_q|}{W_q} \leqslant [\sigma]_T \qquad (9-123)$$

2. B 型和 C 型结构

(1) 在迎风侧壳体 1-1 截面的内外表面的总应力。

在内表面处:

$$\sigma_{T1pi} = \sigma_{m1p} - \sigma_{b1po} + \sigma_{b1p} \qquad (9-124)$$

在外表面处:

$$\sigma_{T1po} = \sigma_{m1p} + \sigma_{b1po} - \sigma_{b1p} \qquad (9-125)$$

(2) 在背风侧壳体 1-1 截面的总应力按下式计算。

在内表面处:

$$\sigma_{T1qi} = \sigma_{m1q} - \sigma_{b1qo} + \sigma_{b1q} \qquad (9-126)$$

在外表面处:

$$\sigma_{T1qo} = \sigma_{m1q} + \sigma_{b1qo} - \sigma_{b1q} \qquad (9-127)$$

(3) 在迎风侧壳体 2-2 截面处的总应力。

在内表面处:

$$\sigma_{T2pi} = \sigma_{m2p} - \sigma_{b2po} + \sigma_{b2p} \qquad (9-128)$$

在外表面处:

$$\sigma_{T2po} = \sigma_{m2p} + \sigma_{b2po} + \sigma_{b2p} \qquad (9-129)$$

(4) 背风侧壳体 2-2 截面处的总应力。

在内表面处:

$$\sigma_{T2qi} = \sigma_{m2q} + \sigma_{b2q} + \sigma_{b2p} \qquad (9-130)$$

在外表面处:

$$\sigma_{T2qo} = \sigma_{m2q} - \sigma_{b2qo} - \sigma_{b2p} \qquad (9-131)$$

(5) 迎风侧裙座 3-3 截面处的总应力。

在内表面处:

$$\sigma_{T3pi} = \sigma_{m3p} - \sigma_{b3p} \qquad (9-132)$$

在外表面处：

$$\sigma_{T3po} = \sigma_{m3p} + \sigma_{b3p} \tag{9-133}$$

（6）背风侧 3 - 3 截面处的总应力。

在内表面处：

$$\sigma_{T3qi} = \sigma_{m3q} - \sigma_{b3q} \tag{9-134}$$

在外表面处：

$$\sigma_{T3qo} = \sigma_{m3q} + \sigma_{b3q} \tag{9-135}$$

3. 对于韧性材料

由式(9-124)~式(9-135)求出的总应力应当满足下列要求。

（1）壳体 1 - 1 截面：

$$\sigma_{T1pi} \leqslant \left[3 - \frac{1}{1.5} \left(\frac{\sigma_{m1p}}{[\sigma]} \right)^2 \right] [\sigma]_s \tag{9-136}$$

$$\sigma_{T1po} \leqslant \left[3 - \frac{1}{1.5} \left(\frac{\sigma_{m1p}}{[\sigma]} \right)^2 \right] [\sigma]_s \tag{9-137}$$

$$\sigma_{T1gi} \leqslant \left[3 - \frac{1}{1.5} \left(\frac{\sigma_{m1q}}{[\sigma]} \right)^2 \right] [\sigma]_s \tag{9-138}$$

$$\sigma_{T1go} \leqslant \left[3 - \frac{1}{1.5} \left(\frac{\sigma_{m1q}}{[\sigma]} \right)^2 \right] [\sigma]_s \tag{9-139}$$

（2）壳体 2 - 2 截面：

$$\sigma_{T2pi} \leqslant \left[3 - \frac{1}{1.5} \left(\frac{\sigma_{m2p}}{[\sigma]} \right)^2 \right] [\sigma]_s \tag{9-140}$$

$$\sigma_{T2p0} \leqslant \left[3 - \frac{1}{1.5} \left(\frac{\sigma_{m2p}}{[\sigma]} \right)^2 \right] [\sigma]_s \tag{9-141}$$

$$\sigma_{T2qi} \leqslant \left[3 - \frac{1}{1.5} \left(\frac{\sigma_{m2q}}{[\sigma]} \right)^2 \right] [\sigma]_s \tag{9-142}$$

$$\sigma_{T2qo} \leqslant \left[3 - \frac{1}{1.5} \left(\frac{\sigma_{m2q}}{[\sigma]} \right)^2 \right] [\sigma]_s \tag{9-143}$$

（3）裙座 3 - 3 截面：

$$\sigma_{T3pi} \leqslant \left[3 - \frac{1}{1.5} \left(\frac{\sigma_{m3p}}{[\sigma]_z} \right)^2 \right] [\sigma]_s \tag{9-144}$$

$$\sigma_{T3po} \leqslant \left[3 - \frac{1}{1.5} \left(\frac{\sigma_{m3p}}{[\sigma]_z} \right)^2 \right] [\sigma]_s \tag{9-145}$$

$$\sigma_{T3qi} \leqslant \left[3 - \frac{1}{1.5} \left(\frac{\sigma_{m3q}}{[\sigma]_z} \right)^2 \right] [\sigma]_s \tag{9-146}$$

$$\sigma_{T3qo} \leqslant \left[3 - \frac{1}{1.5} \left(\frac{\sigma_{m3q}}{[\sigma]_z} \right)^2 \right] [\sigma]_s \tag{9-147}$$

上述式中：$[\sigma]$ 和 $[\sigma]_z$ 分别为壳体和裙座材料的许用应力。

4. 裙座 4 - 4 截面

图 9 - 27 所示裙座壳体 4 - 4 截面由于截面面积减少而使应力增至最大,计算参数有:作用在此截面面积上的 F_4、M_4 和由于重心轴偏移引起的力矩 $\Delta M = \varepsilon F_4$($\varepsilon$ 为重心偏移量),以及截面面积 A_4 和截面模量 W_4,由此计算截面壳体的应力。开孔区域的应力:

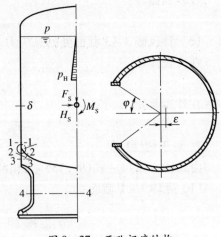

$$\sigma_{m4p} = \frac{M_4 + \Delta M_4}{W_4} - \frac{F_4}{A_4} \leq [\sigma]_z$$

$$(9 - 148)$$

$$\sigma_{m4q} = -\frac{M_4 + \Delta M_4}{W_4} - \frac{F_4}{A_4} \leq [\sigma]_z$$

$$(9 - 149)$$

图 9 - 27 开孔裙座结构

上式校核计算式是在假设壳体开孔周围无补强情况下用裙座应力削弱系数 V_A 校正最终应力的简化计算式,因此用截面面积 A_4 和无孔壳体的惯性矩 W_4 进行校核计算是可行的。

裙座壳体应力削弱系数是指在假设球壳直径等于裙座直径的条件下,开孔球壳的最大许用压力与无开孔球壳的最大许用压力的比值。

在这种情况下,按下式校核计算裙座的强度:

$$|\sigma_{m4p}| = \left[\frac{M_4}{W_4'} - \frac{F_4}{A_4'}\right]\frac{1}{V_A} \leq [\sigma]_z \qquad (9 - 150)$$

$$|\sigma_{m4q}| = \left[-\frac{M_4}{W_4'} - \frac{F_4}{A_4'}\right] \leq [\sigma]_z \qquad (9 - 151)$$

若上式的 σ_{m4p} 或 σ_{m4q} 是压缩应力,则应当进行稳定性校核计算,但是为了简化计算起见,如果开孔周边补强以防止径向变形时,也可以不用作校核计算。但是一种办法是要对开孔参数作了一定限制,即

$$\varphi\sqrt{\frac{D_z}{2\delta_z}} < 2 \qquad (9 - 152)$$

另一办法种对于开孔度 $\varphi \leq 0.8$(开孔角 <90°)情况下,将裙座壳体许用应力 $[\sigma]_z$ 再取安全系数 2,并用无削弱截面的厚度进行校核计算。

9.5 托座支承局部载荷

这种类型支承结构主要用于立式圆柱形壳体和锥壳容器,支承托座有四种形式,即 A 型、B 型、C 和 D 型,如图 9 - 28 所示。

9.5.1 托座作用力和壳体载荷

1. 托座上作用力
作用在第 i 个托座腿上的垂直作用力 F_{Vi} 按下式计算:

282

$$F_{Vi} = \frac{F}{n} + \frac{4M_A}{n[D_i + 2(a_1 + \delta_a + \delta_2)]} \qquad (9-153)$$

式中:M_A 为支承腿基座截面中心部位的总力矩;D_i 为容器壳体内径;n 为支撑腿数量;a_1 为由载荷中心线到壳体或加强圈的距离;δ_a 和 δ_2 为容器壳体壁厚和支承托座与容器壳体连接板的厚度。

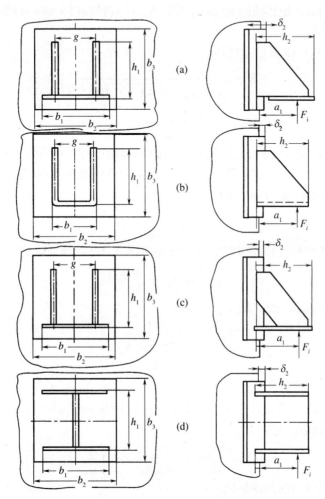

图 9-28　立式容器支承托座

作用在第 i 个托座腿基座上的水平方向力 F_{Hi}:

$$F_{Hi} = \frac{F_H}{n} \qquad (9-154)$$

在对壳体极限载荷计算和强度校核时,假设壳体材料和托座材料相同,若不是这种情况且托座材料的许用应力 $[\sigma]_t$ 时,在托座厚度 δ 计算式应乘以 $[\sigma]_s/[\sigma]_t$。

2. 壳体极限载荷计算

1）不带加强板支座最大许用载荷

$$F_{imax} = \left(\frac{\sigma_{ball}\delta_a^2 h_1}{K_{16}a_{1e}}\right)\min\left(1;05 + \frac{q}{h_1}\right) \qquad (9-155)$$

283

当量力臂：

$$a_{1e} = a_1 + \frac{F_{Hi}h}{F_{vi}} \tag{9-156}$$

式中：δ_a 为容器壳体壁厚（mm）；h 为由托座中心线到支腿基座的距离（mm）。

其他壳体尺寸如图 9-28 所示。

壳体弯曲应力 σ_{ball} 用相应的 ν_1 和 ν_2 计算 K_1，K_2，再按式（9-78）计算 σ_{ball}。

2）系数 K_{16} 计算

（1）对于 A 型、B 型和 C 型结构：

$$K_{16} = \frac{1}{\sqrt{0.36 + 0.4\lambda + 0.02\lambda^2}} \tag{9-157}$$

$$\lambda = \frac{h_1}{\sqrt{D_{eq}\delta_a}} \tag{9-158}$$

$\nu_1 = \min(0.08\lambda ; 0.3)$；而 ν_2 由式（9-80）计算，该式中的 σ_m 用 σ_{my} 代替。

用上述的 ν_1，ν_2 计算 K_1，K_2，再由式（9-78）计算许用极限弯曲应力 σ_{ball}

对于圆柱壳或圆锥壳的环向薄膜应力为

$$\sigma_{my} = \frac{D_{eq}}{2\delta_a}p \tag{9-159}$$

对于球壳或碟形封头和半椭圆形封头中央球冠部分经向薄膜应力：

$$\sigma_{my} = \sigma_{mx} = \frac{D_{eq}}{2\delta_a}p \tag{9-160}$$

（2）对于 D 型结构，系数 K_{16}：

$$K_{16} = \frac{1}{\sqrt{0.36 + 0.86\lambda^2}} \tag{9-161}$$

$$\lambda = \frac{b_1}{\sqrt{D_{eq}\delta_a}} \tag{9-162}$$

式中：$\nu_1 = \min(0.08\lambda ; 0.3)$；$\nu_2$ 用 σ_{mx} 代替式（9-80）中的 σ_m，而 σ_{mx} 按下式计算，对于圆柱形壳体的纵向薄膜应力为

$$\sigma_{mx} = \frac{D_{eq}}{4\delta_a}P + \frac{1}{\pi D_{eq}\delta_a}\left(F \pm 4\frac{M}{D_{eq}}\right) \tag{9-163}$$

对于圆锥形壳体的纵向薄膜应力：

$$\sigma_{mx} = \frac{D_{eq}}{4\delta_a}P + \frac{1}{\pi D_k\cos\alpha\delta_a}\left(F \pm 4\frac{M}{D_{eq}}\right) \tag{9-164}$$

式中：D_k 为圆锥壳体支承元件中心处内径（mm）；α 为圆锥壳半锥角（°）。

3）带加强板壳体极限载荷

托座最大许用载荷：

$$F_{imax} = \left[\frac{\sigma_{ball}\delta_a^2 b_3}{K_{17}a_{1e}}\right] \tag{9-165}$$

当量力臂：

$$a_{1e} = a_1 + \delta_2 + \frac{F_{Hi}h}{F_{vi}} \tag{9-166}$$

系数 K_{17} 按下式计算：

$$K_{17} = \frac{1}{\sqrt{0.36 + 0.5\lambda + 0.5\lambda^2}} \qquad (9-167)$$

$$\lambda = \frac{b_3}{\sqrt{D_{eq}\delta_a}} \qquad (9-168)$$

$\nu_1 = \min(0.08\lambda; 0.4)$，取其最小者；而 ν_2 计算见式（9-80），计算时用 σ_{mx} 代替 σ_m，σ_{mx} 按式（9-158）计算，σ_{ball} 按式（9-78）计算。

3. 强度校核条件

作用在支座腿上垂直力 F_{Vi} 小于或等于该支座腿的最大许用载荷 F_{imax}，即

$$F_{Vi} \leqslant F_{imax} \qquad (9-169)$$

设计时通常假设壳体材料和支座材料相同，如果材料不同，且 $[\sigma]_2 \leqslant [\sigma]$ 时，用式（9-169）校核计算的厚度按 $[\sigma]_2/[\sigma]$ 比例扣除。

9.5.2　托座设计适用条件

在使用这种方法设计计算托座时，需满足以下几个条件。

（1）$0.001 \leqslant \delta_n/D_{eq} \leqslant 0.05$

对于上述各种壳体结构的当量直径计算见表 9-5。

（2）对于 A 型、B 型和 C 型支承结构（图 9-28）：

$$0.2 \leqslant g/h_1 \leqslant 1.0$$

（3）对于 D 型结构：

$$0.5 \leqslant b_1/h_1 \leqslant 1.5$$

（4）若带有加强板，则 $\delta_2 \geqslant \delta_n$；$b_3 \leqslant 1.5h_1$；$b_2 \geqslant 0.6b_3$，$\delta_n$ 为实际厚度。

（5）托座只能与圆柱形壳体或锥形壳体连接。

（6）局部托座作用力 F_i 方向与壳体轴线方向平行。

如果只使用 2 个支座时，要特别注意结构的稳定性；若使用 3 个以上支座时，则在安装时一定要确保每个支座受力均匀。

9.6　腿式支座局部载荷

腿式支座主要用于中小型立式容器支承，通常支座支承位置在容器壳体的成形封头上，如图 9-29 所示。

9.6.1　支腿上作用载荷

1. 在支腿上承受的作用力

$$F_i = \frac{F}{n} + \frac{4M}{nd_4} \qquad (9-170)$$

式中：F 为由壳体所考虑横截面承受包括压力在内的总轴向力，拉伸应力为正值；M 为由所考虑壳体横截面承受的总力矩，总是正值；d_4 为支腿与封头连接处内径；n 为支腿数量。

2. 壳体极限载荷

壳体的极限载荷和最大许用力计算步骤如下。

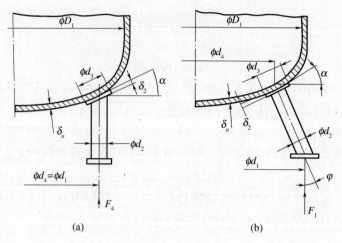

(a)   (b)

图 9 – 29   立式容器支腿

（1）这里只是按照普通球形封头强度计算式计算球形壳体的最大许用压力,若使用椭圆型封头可由表 9 – 5 中计算式计算当量内半径。

（2）最大许用力 F_{imax} 计算如下：

$$F_{imax} = [\sigma]\delta_a \frac{\cos\varphi}{\cos(\alpha - \varphi)}(1.82 + 3.6\lambda + 0.91\lambda^2) \qquad (9 - 171)$$

式中:系数 λ 计算如下

$$\lambda = \frac{d_{ef}}{\sqrt{D_{eq}\delta_a}} \qquad (9 - 172)$$

式中:d_{ef} 为支腿有效直径,对带加强板支腿,$d_{ef} = d_3$;对于不带加强板的支承腿,$d_{ef} = d_2$,其他符号如图 9 – 29 所示。

最大许用压力 p_{max} 按球壳强度计算式计算,若支承壳体为椭圆壳时,要取其当量内半径($x = d_4$)。

表 9 – 5   各种壳体当量直径

壳体形式 当量直径	圆柱壳	圆锥壳	碟形封头中心 部位和球壳	半椭球型封头
D_{eq}	D_i	$D_k/\cos\alpha$	R_i	$\frac{D_i}{4H_i}\sqrt{1 - \left(\frac{2x}{D_i}\right)^2\left[1 - \left(2\frac{H_i}{D_i}\right)^2\right]}$

注:D_i—圆柱壳内径;D_R—锥壳径;R_i—球壳内半径或碟形封头球形部位半径;H_i—成形分头由切线测得的高度

3. 强度校核

强度校核条件为

$$\frac{F_1}{F_{1max}} \leqslant 1 \qquad (9 - 173)$$

$$\frac{F_i - \pi p d_{ef}^2/4}{F_{imax}} + \frac{p}{p_{max}} \leqslant 1 \qquad (9 - 174)$$

4. 稳定性校核

所有支腿都要进行稳定性校核,以防止垮塌。校核计算时,把支腿视为在基座上铰接

286

和只能横向自由移动但不得使容器自由转动。

9.6.2　使用条件

用上述方法设计时,需满足的条件如下:

(1) $0.001 \leqslant \delta_n / D_{eq} \leqslant 0.05$。

(2) 设置加强圈时,$\delta_2 \geqslant \delta_n$,$d_3 \leqslant 1.6 d_2$。

(3) 不存在外压力。支腿移动时不得在壳体内产生附加弯曲应力。

(4) 碟形封头上支腿位置必须位于封头球冠区域。

(5) 椭圆封头上支腿应在 $0 \leqslant x \leqslant 0.4 D_i$($x$ 为椭圆封头中心线与支腿中心的距离)。

(6) 不建议使用 4 个以上支腿。

(7) 如果支腿固定在基座(地基)上,允许有力矩存在,此外,要满足 $F > \dfrac{4M}{d_4}$。

上述符号如图 9-29 所示。

9.7　吊耳支承局部载荷

成品压力容器或制造过程中的半成品组件在搬运过程中需要吊装,因此,为了保证运输安全,吊耳结构的正确设计和强度计算是十分重要的。压力容器常用的吊耳结构形式如图 9-30 所示,吊耳有纵向和环向两种布置结构。

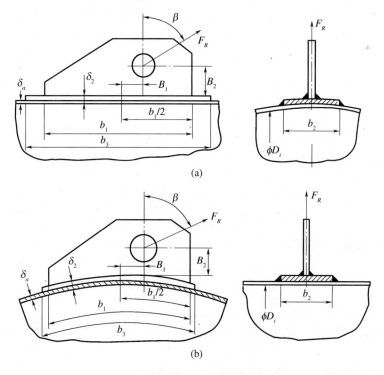

图 9-30　吊耳支承

(a) 轴向;(b) 环向。

9.7.1 吊耳上作用力和载荷

吊耳设计主要是确定吊耳最大许用载荷并于实际作用载荷进行校核比较。

1. 吊耳上作用力

对具有两个吊耳的轴对称结构,作用在吊耳上的力如图9-31所示,其值为

$$F_R = \frac{W}{2\cos\beta} \tag{9-175}$$

式中:W 为容器的总重量(N);β 为容器重量方向与吊耳作用力之间夹角,如图9-30所示。

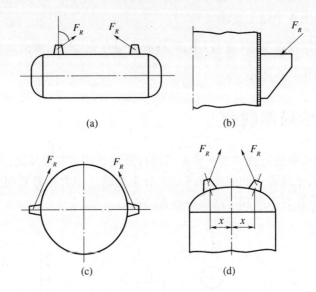

图9-31 吊耳结构受力状态

2. 吊耳最大许用载荷和实际载荷比较

在确定吊耳最大许用载荷时分两种情况,即带加强板和不带加强板。

(1) 不带加强板的吊耳:

$$F_{R\max} = \frac{\delta_a^2 \sigma_{ball}}{K_{13}|\cos\beta| + \dfrac{K_{14}|(B_2\sin\beta - B_1\cos\beta)|}{b_1}} \geqslant F_R \tag{9-176}$$

(2) 带加强板的吊耳:

$$F_{R\max} = \frac{K_{15}\delta_a^2 \sigma_{ball}}{K_{13}|\cos\beta| + \dfrac{K_{14}|[(B_2+\delta_2)\sin\beta - B_1\cos\beta]|}{b_3}} \geqslant F_R \tag{9-177}$$

式中:B_1 为作用载荷偏心量;B_2 为作用载荷与壳体或与加强板的距离,其他具体尺寸如图9-30所示。

3. 在计算时对式(9-177)需要做的一些说明

对于纵向吊耳,以 $b = b_1$ 计算各个系数值 $\lambda, \nu_1, \nu_2, K_{13}, K_{14}$;如果带加强垫板时,则用 $b = b_3$ 计算。

288

（1）如果在纵向方向为线性载荷时，则

$$\lambda = \lambda_1 = \frac{b}{\sqrt{D_{eq}\delta_a}} \tag{9-178}$$

式中：b 为线性载荷纵向长度，如图 9-23 所示。

（2）系数 K_{13} 和 K_{14} 分别为

$$K_{13} = \frac{1}{1.2\sqrt{1 + 0.06\lambda^2}} \tag{9-179}$$

$$K_{14} = \frac{1}{0.6\sqrt{1 + 0.03\lambda^2}} \tag{9-180}$$

系数 $\nu_1 = \min(0.08\lambda; 0.2)$，$\nu_2$ 用式（9-80）计算，但是式中用 σ_{my} 代替 σ_m。

对于环向吊耳，其 λ、ν_1 和 ν_2 三个系数由下式计算：

$$\lambda = \lambda_2 = \frac{b}{\sqrt{D_{eq}\delta_a}}$$

式中：b 为环向线性载荷长度。

系数 $\nu_1 = \min(0.08\lambda_2; 0.30)$，$\nu_2$ 由式（9-80）计算，但 σ_{mx} 代替 σ_m。σ_{mx} 由式（9-163）或式（9-164）计算。在计算上述参数时，不带加强垫板用 $b = b_1$；带加强垫板，用 $b = b_3$。K_{13} 按式（9-179）计算。K_{14} 由下式计算：

$$K_{14} = \frac{1}{0.6\sqrt{1 + 0.06\lambda^2}}$$

于是用上述的 λ、ν_1、ν_2 值，计算系数 K_1，K_2，再由式（9-78）计算极限弯曲应力 σ_{ball} 的值。

4. 许用力和许用力矩计算

$$F_{Lmax} = \frac{\sigma_{ball}\delta_a^2}{K_{13}} \tag{9-181}$$

$$M_{Lmax} = \frac{\sigma_{ball}\delta_a^2 b}{K_{14}} \tag{9-182}$$

5. K_{15} 计算

纵向方向布置的带加强垫板时吊耳 K_{15}：

$$K_{15} = \left[1 + 2.6\left(\frac{D_{eq}}{\delta_a}\right)^{0.3}\left(\frac{b_2}{D_{eq}}\right); 2.0\right] \tag{9-183}$$

取其较小者。

而对环向布置的带加强垫板时吊耳 K_{15}：

$$K_{15} = \left[1 + 2.65\left(\frac{D_{eq}}{\delta_a}\right)^{0.33}\left(\frac{b_2}{D_{eq}}\right); 1.8\right] \tag{9-184}$$

取其较小着。

以上设计方法是假设壳体与吊耳或加强垫板材料相同。如果材料不同且 $[\sigma]_2 < [\sigma]$ 时，则厚度 δ_2 应按 $[\sigma]_2/[\sigma]$ 比率减少。

9.7.2 应用范围

上述计算方法仅适用于下列条件。

（1）$0.001 \leqslant \delta_n / D_{eq} \leqslant 0.05$。

（2）对于带加强垫板的吊耳，$\delta_2 \geqslant \delta_n$；$b_3 \leqslant 1.5 b_1$，$b_3$ 为加强垫板长度。

（3）力 F_R 作用在吊耳平台上。

（4）对于碟形封头，吊耳应布置在其封头球冠区域内。

（5）对于椭圆封头，吊耳的位置应在 $0 \leqslant x \leqslant 0.4 D_i$ 范围内，x 为椭圆形封头中心线与吊耳中心的距离。

9.8 设计举例

例9-1　受内压和外载荷作用的带有接管圆柱形容器，设计条件如下：

（1）壳体和接管的几何尺寸。

壳体：壳体外径 $D_o = 720.0\text{mm}$，壳体内半径 $R_i = 351.0\text{mm}$，平均直径 $D = 711.0\text{mm}$，壳体实际壁厚 $\delta_n = 10.0\text{mm}$，壳体分析厚度 $\delta_a = 9.0\text{mm}$，壳体开孔补强的最大长度 $L_{so} = 79.99\text{mm}$。

接管：内插平头接管，接管外径 $d_o = 457.0\text{mm}$，接管实际厚度 $\delta_n = 10\text{mm}$，接管分析厚度 $\delta_b = 9.0\text{mm}$，接管平均直径 $d = 448.0\text{mm}$，接管的实际长度 $l_b = 150.0\text{mm}$，接管补强长度 $l_{bo} = 63.5\text{mm}$。弹性模数 $E = 203000\text{MPa}$；弹性极限 $\sigma_e = 205\text{MPa}$。

（2）设计参数：$T = 150℃$；内压力 $p = 0.9\text{MPa}$；腐蚀裕量 $c = 1.0\text{mm}$；壳体和接管材料为 Q345R，其许用应力 $[\sigma]_s$ 和 $[\sigma]_b$ 均取 137.67MPa。

（3）接管上载荷。轴向载荷 $F_z = 8000\text{N}$，环向弯矩 $M_x = 6500\text{N·m}$，纵向弯矩 $M_y = 0$，接管总弯矩 $M_b = 6500\text{N·m}$。

计算：压力载荷比并校核强度。

解：（1）最大允许压力 p_{max}（式（9-29））：

$p_{max} = 1.502\text{MPa}$

$K_p = \dfrac{0.9}{1.502} = 0.599$（式（9-37））

壳体应力截面面积 $A_{\sigma_s} = 800.9\text{mm}^2$；

接管应力截面面积 $A_{\sigma_b} = 571.5\text{mm}^2$；

焊缝应力截面面积 $A_{\sigma_w} = 0$；

壳体压力截面面积 $A_{ps} = 108281.3\text{mm}^2$；

接管压力截面面积 $A_{pb} = 15913.3\text{mm}^2$；

许用应力 $[\sigma]_{ob} = 137.67\text{MPa}$。

（2）在接管边缘处：壳体和补强圈组合分析厚度（未带补强圈）：$\delta_c = \delta_a = 9\text{mm}$

系数 $\lambda_c = d / \sqrt{D\delta_c} = 5.6$（式（9-32））；

$\delta_a / D = 0.0127$；

壳体和补强圈组合厚度：$\delta_c = \delta_a$；

$c_1 = 5.848$（式（9 - 31））；

许用轴向载荷 F_{zmax} ：

$$F_{zmax} = \delta_c^2 [\sigma] c_1 = 64738 \mathrm{N}（式（9 - 30））$$

（3）系数 c_2（式（9 - 34））： $c_2 = 7.124$

许用最大环向力矩 M_{xmax}（式（9 - 33））：

$$M_{xmax} = \frac{d}{4} \delta_c^2 [\sigma] c_2 = 8832 \mathrm{N \cdot m}$$

（4）系数 c_3（式（9 - 36））： $c_3 = 31.321$ ；

最大许用纵向力矩 M_{ymax}（式（9 - 35））；

$$M_{ymax} = \frac{d}{4} \delta_c^2 [\sigma] c_3 = 38833 \mathrm{N \cdot m}$$

（5）轴向载荷比 K_z ：

$$K_z = F_z / F_{zmax} = 0.124（式（9 - 37））$$

（6）弯曲载荷比 K_b ：

$$K_b = \sqrt{\left(\frac{M_x}{M_{xmax}}\right)^2 + \left(\frac{M_y}{M_{ymax}}\right)^2} = 0.736（式（9 - 38））$$

（7）组合载荷比：

$$\sqrt{\left[\max\left(\left|\frac{K_p}{c_4} + K_z\right|; |K_z|; \left|\frac{K_p}{c_4} - 0.2 K_z\right|\right)\right]^2 + K_b^2} = 0.994$$

考虑该容器实际结构布置情况，上式中取 $c_4 = 1.1$ 。

（8）接管纵向稳定性校核：最大纵向拉伸应力，接管平均直径 $d = 448 \mathrm{mm}$ ， $\sigma = 16.41 \mathrm{MPa}$（式（9 - 46））。

（9）最大许用压缩应力 $\sigma_{call} = \sigma_e Y = 126.68 \mathrm{MPa}$ 。系数 K ：因 $d/\delta_b = 49.777$ ， $K = 24.071$（式（9 - 26）），系数 $\alpha = 0.618$（式（9 - 27））， $Y = 0.618$（式（9 - 25））。

（10）接管纵向稳定性校核计算：

$$\frac{\sqrt{M_x^2 + M_y^2}}{M_{max}} + \frac{|F_z|}{F_{max}} = 0.036（式（9 - 47））$$

由于所有的载荷比均小于1，故所选的设计参数均合格。

例 9 - 2 卧式圆柱形容器安置在两个鞍式支座上，基本参数如下：

（1）壳体：外径 $D_o = 1908 \mathrm{mm}$ ，内径 $D_i = 1903 \mathrm{mm}$ ；容器圆柱形壳体长度 $L = 5500 \mathrm{mm}$ ；成形封头内深高度 $H_i = 215 \mathrm{mm}$ ；实际厚度 $\delta_n = 2.5$ ；分析厚度 $\delta_a = 2.5 \mathrm{mm}$ 。

（2）鞍座：鞍座型：A；双鞍座支承；鞍座支承板面夹角 $\varphi_1 = 103°$ ；鞍座宽度 $b_1 = 150 \mathrm{mm}$ ；与相邻封头切线距离 $a_1 = 815 \mathrm{mm}$ ；悬臂长度 $a_3 = a_1 + \frac{2}{3} H_1 = 958.3 \mathrm{mm}$ ，鞍座中心线间距离 $l_1 = 3870 \mathrm{mm}$ 。

（3）加强垫板设计数据：加强垫板宽度 $b_2 = 250 \mathrm{mm}$ ；垫片临界宽度 $K_{11} D_i + 1.5 b_1 = 321.62 \mathrm{mm}$ ；鞍座至加强垫板间距离 $a_2 = 195 \mathrm{mm}$ ；加强垫板支承面夹角 $\varphi_2 = 126.5°$ 。加强垫板厚度 $\delta_2 = 2.5 \mathrm{mm}$ ；组合有效厚度为 $\delta_c = \sqrt{\delta_a^2 + \delta_2^2 \min\left[1;\left(\frac{[\sigma]_2}{[\sigma]}\right)^2\right]} = 3.54 \mathrm{mm}$ 。

（4）设计参数：温度 $T = 50℃$；容器顶部压力 0.1MPa；容器底部压力 0.119MPa；内部流体密度 $\rho = 1000\text{kg/m}^3$；焊缝系数 $\phi = 1$；内壁腐蚀裕量 $c = 0$。

（5）材料：壳体和加强垫板的许用应力 $[\sigma] = 173.3\text{MPa}$，弹性模量 $E = 1.9375 \times 10^5\text{MPa}$。

解：设计计算分两种方案：

① 宽度 b_2，夹角 φ_2 和厚度 δ_a；

② 宽度 b_1，夹角 φ_1 和厚度 δ_c。

（1）参数比和系数 K：

$$\frac{L}{D_i} = 2.89；\frac{D_i}{\delta_a} = 761.2；K_2 = 1.25；$$

$$K_{11} = \frac{5}{(0.10472\varphi_1)\sqrt[3]{\dfrac{D_i}{\delta_a'}}} = \frac{5}{(0.10472 \times 103)\sqrt[3]{\dfrac{1903}{2.5}}} = 0.051$$

$K_{12} = \max(m；1)$；取 1.456；

（2）分两种情况讨论各系数：

① 宽度 $b_2 = 250\text{mm}$，夹角 $\varphi_2 = 126.5°$ 和厚度 $\delta_a = 2.5\text{mm}$；

② 宽度 $b_1 = 150\text{mm}$，夹角 $\varphi_1 = 103°$ 和厚度 $\delta_a = 3.54\text{mm}$。

符 号	计算值（1方案）	计算值（2方案）	计 算 式
D_i/δ_a	761.2	538.2497	
β	3.2983	1.6641	式（9–77）
γ	0.0439	0.0522	式（9–76）
K_3	0.2500	0.2500	式（9–68）
K_4	0.3142	0.6115	式（9–69）
K_5	0.9338	1.1404	式（9–70）
K_6	0.2512	0.6367	式（9–71）
K_7	0.5608	0.8650	式（9–72）
K_8	0.1954	0.2761	式（9–73）
K_9	0.5814	0.5483	式（9–74）
K_{10}	0.3863	0.5912	式（9–75）

（3）作用力、力矩和剪力计算：

计 算 项	符 号	计 算 值	单 位	计 算 式
容器总重量	W	170000	N	
介质重量	W_F	161885	N	
单位载荷	q	29.38	N/mm	式（9–48）
边缘处力矩	M_0	6331.9	N·m	式（9–49）
鞍座上垂直力（1或2）	F_i	85000	N	式（9–50）
第 i 个鞍座上总力矩	M_i	7158.5	N·m	式（9–51）
第 i 个鞍座上剪力	Q_i	56846.2	N	式（9–52）

（4）容器鞍座跨间最大许用压应力：

计算项	符号	计算值	单位	计算式
鞍座间距离		3870	mm	
比值	D_i/δ_a	761.2		
系数	K	1.831		式(9-26)
系数	α	0.177		式(9-27)
系数	Y	0.162		式(9-25)
弹性极限	σ_e	168	MPa	
最大许用压缩应力	$[\sigma]_c$	27.216	MPa	式(9-23)

（5）鞍座间壳体应力和弯矩：

计算项	符号	计算值	单位	计算式
鞍座1和2力矩	M_{12}	47840	N·m	式(9-54)
轴向应力	σ	32.45	MPa	式(9-58)
最大许用轴向应力	$[\sigma]_{max}$	173.33	MPa	式(9-23)
最大许用力矩	M_{max}	194044	N·m	式(9-22)

满足条件：

$$\sigma \leqslant [\sigma]_{max}; \frac{|M_{12}|}{M_{max}} \leqslant 1$$

（6）许用载荷计算。最大许用弯曲应力$[\sigma]_b$按式(9-78)计算。计算鞍座位置2和位置3部位的最大许用载荷F_{2max}，见式(9-61)。

① 1类型鞍座1($b_2 = 250mm, \varphi_2 = 126.5°, \delta_a = 2.5mm$)。部位2处和部位3处，及2类型($b_1 = 150mm, \varphi_1 = 103°, \delta_a = 3.54mm$)部位2处和部位3处的鞍座最大许用载荷$F_2$或$F_3$。

计算项 方案部位		ν_1	ν_{21}	ν_{22}	K_1	$[\sigma]_b$/MPa	F_2或F_3/kN
1方案	部位2	-0.048	-0.005	0.100	1.491	323.086	167.055
	部位3	-1.481	0	0.209	0.540	117.029	144.207
2方案	部位2	-0.142	-0.003	0.071	1.436	311.088	221.503
	部位3	-1.477	0	0.148	0.541	117.273	109.169

② 由式(9-61)和式(9-62)计算许用载荷F_{2max}或F_{3max}：

$F_{2max} = 167055N$

$F_{3max} = 109169N$

最终许用载荷取：109169N。

（7）鞍座稳定性校核：

计 算 项	符 号	计 算 值	单 位	计 算 式
比值	L/R	5.773		
当量轴向力	F_{eq}	90389	N	式(9-65)
比值	$|p|/p_{max}$	0		
最大许用轴向力	F_{cmax}	407334	N	式(9-21)
比值	$|F_{eq}|/F_{max}$	0.2219		
最大许用弯矩	M_{max}	194044	N·m	式(9-22)
比值	$|M|/M_{max}$	0.0369		
最大许用剪力	Q_{max}	179183	N	式(9-66)
比值	$(|Q|/Q_{max})^2$	0.1006		
总载荷比值		0.3594		

第 10 章 压力容器开孔和补强设计

10.1 壳体开孔概述

压力容器由于操作和维护的需要,设有各种类型开孔。例如,为了检查容器内部、检修后清洗内部及更换零部件等,需要开有人孔、手孔和检查孔;为了测量温度、压力和液面高度等工作参数,控制操作过程,需要在容器上装有接管,以便于与测量仪器和仪表连接;为了观察容器内部运行情况,需要安装视镜等装置。开孔后的容器,从结构上破坏了壳体的连续性和整体性,因此在载荷(压力)作用下,开孔和接管连结区域产生附加局部应力,如果结构承受机械载荷或者在连接处存在温差产生的温度应力,或者接管与壳体材料不同,或者制造过程残留缺陷而引发应力等,使开孔附近壳体应力分布发生了变化,应力增加,即产生所谓的应力集中。

为了使开孔附近的应力集中降低到允许的范围内,防止破坏从开孔边缘产生,通常需要进行补强。补强设计的主要任务是分析各种结构开孔在压力作用下的应力分布,选择补强设计方法,确定补强结构形式和补强范围、补强位置及补强金属量。

一般在满足生产和检修要求的基础上,开孔越少越好。开孔尺寸由其用途决定。开孔的位置除了考虑机械强度外,还要满足制造工艺和操作方便等要求。从机械强度来看,一般不应在容器应力集中区域开孔,特别是开孔应避开焊缝。开孔的尺寸由其用途决定。

1. 接管

接管主要用于连结管路、压力表、温度计或液面计等测量仪器仪表。对于中、低压容器,可以用内牙管和外牙管直接焊至容器壳体上;直径较大的接管一般用带法兰的短管连接,如图 10-1 所示。接管长度的选择应便于装配其他元件,如留有空间安装螺栓。

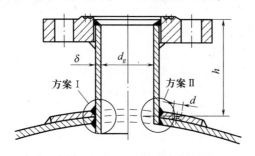

图 10-1 在圆柱壳上的接管连接结构

2. 窥视孔

窥视孔主要用于观察容器内部运行情况或指示料面高度。为了使观察视野宽广,接管长度应尽量短些,一般采用凸缘组装视镜最宜,其结构简单,采光好,视野广阔(图 10-2(a)),为观察方便,亦可采用带颈视镜结构(图 10-2(b))。

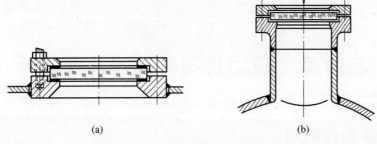

图 10 - 2　容器壳体上的窥视开孔

3. 人孔和手孔

手孔的结构形式如图 10 -3 所示。手孔直径一般要大于 150mm，以使带手套握工具的手臂能够自由地伸进开孔内并操作。

当容器直径大于 900mm 时，应开人孔，如图 10 - 4 所示。人孔的形状有圆形孔和椭圆形孔两种。圆形孔比椭圆形孔容易制造。其次，根据应力状态分析可知，设计时规定椭圆孔的长轴应垂直于圆筒形容器的纵轴。

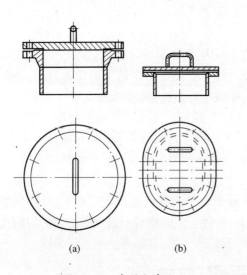

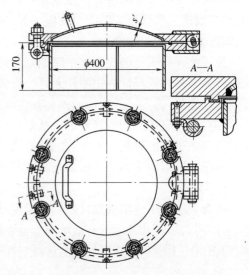

图 10 -3　容器上手孔
(a) 圆手孔；(b) 椭圆手孔。

图 10 - 4　快装人孔结构

容器开孔后，其壳体强度被削弱，因此开孔应尽量小些，以使容器壳体强度削弱程度降至最小，密封面积也随之减至最少。一般对高压容器，人孔直径取 400mm，中、低压容器取 450mm 为宜。在寒冷地区，考虑到冬季衣服穿得多，相应地加大人孔直径，一般取 500mm。对于椭圆形人孔，最小开孔尺寸为 300mm ×400mm。

如果人孔在使用过程中需要经常打开时，可采用快装人孔结构，如图 10 -4 所示。

10.2　开孔应力集中分析

10.2.1　平板小圆孔单向拉伸应力分析

分析平板开孔应力分布及其影响范围是选择开孔补强方式的理论基础，无论是我国标准,还是其他国家如美国 ASME 规范采用的开补强法都是以此应力分析得出的。

开有圆形小孔的平板,在单向均匀拉伸时小孔周围的径向应力、环向应力和剪切应力分布(图 10 – 5)由下式确定:

$$
\begin{cases}
\sigma_r = \dfrac{\sigma}{2}\Big(1 - \dfrac{a^2}{r^2}\Big) + \dfrac{\sigma}{2}\Big(1 + \dfrac{3a^4}{r^4} - \dfrac{4a^2}{r^2}\Big)\cos2\theta \\[2mm]
\sigma_\theta = \dfrac{\sigma}{2}\Big(1 + \dfrac{a^2}{r^2}\Big) - \dfrac{\sigma}{2}\Big(1 + \dfrac{3a^4}{r^4}\Big)\cos2\theta \\[2mm]
\tau_{r\theta} = -\dfrac{\sigma}{2}\Big(1 - \dfrac{3a^4}{r^4} + \dfrac{2a^2}{r^2}\Big)\sin2\theta
\end{cases}
\tag{10 – 1}
$$

式中:a 为小圆孔半径(mm);θ 为应力作用方向与微元体同小圆孔圆心连线间的夹角(°);r 为小圆孔圆心与微元体的距离(mm);σ 为均匀拉伸应力(MPa),方向如图 10 – 5 所示。

在小圆孔圆周上,即 $r = a$ 时,式(10 – 1)则为

$$
\begin{cases}
\sigma_r = 0 \\
\sigma_\theta = \sigma(1 - 2\cos2\theta) \\
\tau_{r\theta} = 0
\end{cases}
\tag{10 – 2}
$$

当 $\theta = \pm\pi/2$ 时,孔边的环向应力最大,即 $\sigma_\theta = 3\sigma$;当 $r = a$,$\theta = 0$ 或 $\theta = \pi$ 时,$\sigma_\varphi = -\sigma$。由此可见,受单向拉伸小圆孔在某一方向上具有最大应力值。尽管理论分析是以无限大平板上小圆孔为基础,但是由图 10 – 5 可见,小圆孔对应力分布的影响是有限的。实际使用时,板宽大于孔径 5 倍时,可以采用上述公式;板宽小于 5 倍时,需要进行应力分析或采用其他解决方法。

其次,由图 10 – 6 可见,在平行于拉伸方向的 m—m 截面,孔边上的应力为压应力,并切于孔边,其值等于作用在板边的均匀拉伸应力 σ。另外,应力随着离开孔边的距离增加而急剧下降。

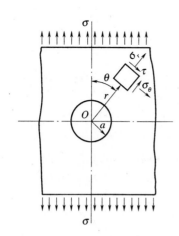

图 10 – 5 平板上小孔在拉应力作用下应力分布

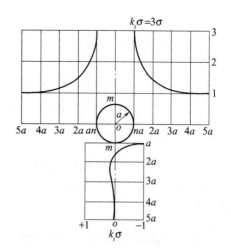

图 10 – 6 平板小孔周边应力分布

如果改变作用应力方向,如用压缩代替拉伸时,则只需要改变上述应力符号,即在 n 点上产生 3σ 的压应力,在 m 点上产生 σ 的拉应力。对于塑性材料将在具有最高绝对应

力值处发生破坏,而对于脆性材料抗压不抗拉,故裂纹往往出现在最大拉伸应力点上。

10.2.2　小圆孔双向拉伸的应力分析

(1) 双向拉伸应力分析。圆柱壳或球壳开有小圆孔,在压力作用下圆孔周边的应力集中可按照简单拉伸和压缩的原理用叠加法求得。由第 2 章可知,受内压圆柱壳的纵向应力值为环向应力值的 1/2,即 $\sigma_y/\sigma_x = 2$。因此开孔纵轴 n—n(图10-7)的最大应力为

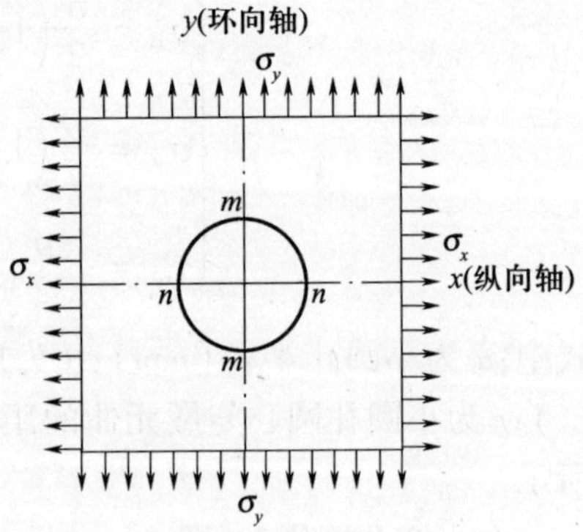

$$(\sigma_n)_{\max} = 3\sigma_y - \sigma_x = 3\sigma_y - \frac{1}{2}\sigma_y = 2.5\sigma_y$$

环向 m 点的最大应力为

$$(\sigma_m)_{\max} = 3\sigma_x - \sigma_y = \frac{3}{2}\sigma_y - \sigma_y = \frac{1}{2}\sigma_y$$

由此,得出应力集中系数为

$$k_t = \frac{2.5\sigma_y}{\sigma_y} = 2.5 \qquad (10-3)$$

图 10-7　小圆孔双向拉应力作用应力分析

(2) 圆柱壳上小圆孔上的应力分析:

$$\sigma_1 = \frac{\sigma}{2}\left(1 + \frac{a^2}{r^2}\right) - \frac{\sigma}{2}\left(1 + \frac{3a^4}{r^4}\right)\cos 2\theta + \frac{\sigma}{4}\left(1 + \frac{a^2}{r^2}\right) - \frac{\sigma}{4}\left(1 + \frac{3a^4}{r^4}\right)\cos 2\left(\theta - \frac{\pi}{2}\right)$$

$$(10-4)$$

当 $\theta = \pi/2$ 时,由式(10-4)得

$$\sigma_1 = \frac{3\sigma}{4}\left(\frac{4}{3} + \frac{a^2}{r^2} + \frac{a^4}{r^4}\right)$$

当 $r = a$ 时,有

$$\sigma_1 = 2.5\sigma$$

当 $r = 2a$ 时,有

$$\sigma_1 = 1.23\sigma$$

(3) 同理,对于受内压的球体,因主应力 $\sigma_x = \sigma_y = \sigma$,故在 $r = a$ 时应力最大:

$$\sigma_1 = \sigma_{\max} = 3\sigma_y - \sigma_x = 3\sigma - \sigma = 2\sigma$$

在 $r = 2a$ 时,有

$$\sigma_1 = 1.25\sigma$$

(4) 对于受扭矩作用的薄壁圆柱壳小圆孔受纯剪切时出现的高应力集中按下述计算。纯剪切时,$\sigma_y = -\sigma_x = \sigma$,$n$ 点的应力为 4σ,m 点为 -4σ。最大应力为均匀拉伸应力的四倍。

10.2.3　平板椭圆小孔单向拉伸的应力分析

由于圆孔易于制造,因此在容器中经常采用。但是薄壁容器和特殊要求情况下,有时需要采用椭圆开孔,如人孔或手孔。其次非径向接管在壳体上开孔也是椭圆孔。

同圆孔一样,受单向均匀拉伸作用的椭圆孔,若其长轴垂直于拉伸方向时,最大应力

发生于长轴端点(图 10 - 8),其值为

$$\sigma_1 = \sigma\left(1 + 2\frac{a}{b}\right) \tag{10 - 5}$$

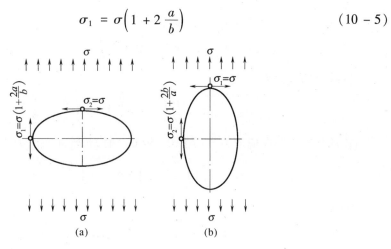

图 10 - 8　受单向拉应力作用的椭圆开孔

而在短轴端点的应力值为

$$\sigma_2 = -\sigma \tag{10 - 6}$$

式中:a 为椭圆孔长轴 $1/2$(mm);b 为椭圆孔短轴 $1/2$(mm);σ 为均匀拉伸应力(MPa)。

由式(10 -5)可见,长轴端部的应力随 a/b 比增加而增大。

同理,若长轴平行于拉伸方向时,短轴端的应力为

$$\sigma_2 = \sigma\left(1 + 2\frac{b}{a}\right) \tag{10 - 7}$$

长轴端点的应力为

$$\sigma_1 = -\sigma \tag{10 - 8}$$

由式(10 -7)可见,短轴端点的应力最大,且此应力随 b/a 比的增加而增大。

10.2.4　圆柱壳上小椭圆孔应力分析

圆柱壳上椭圆孔的应力集中分析与圆孔一样,可用叠加法求出不同位置椭圆孔长短轴端点的应力值(图 10 -9)。

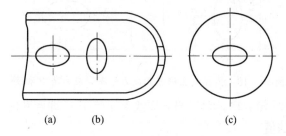

图 10 - 9　圆柱壳上椭圆孔

当长轴垂直于环向应力方向(图 10 -9(a))时,长轴端应力为

$$\sigma_1 = \sigma\left(1 + 2\frac{a}{b}\right) - \frac{\sigma}{2} = \sigma\left(\frac{1}{2} + 2\frac{a}{b}\right)$$

或

$$\sigma_1 = k_t \sigma$$

$$k_t = \frac{1}{2} + 2\frac{a}{b} \qquad (10-9)$$

短轴端点的应力为

$$\sigma_2 = -\sigma + \frac{\sigma}{2}\left(1 + 2\frac{b}{a}\right) = \sigma\left(\frac{b}{a} - \frac{1}{2}\right) \qquad (10-10)$$

当长轴平行于环向应力方向(图10-9(b))时,长轴端点应力为

$$\sigma_1 = \frac{\sigma}{2}\left(1 + 2\frac{a}{b}\right) - \sigma = \sigma\left(\frac{a}{b} - \frac{1}{2}\right) \qquad (10-11)$$

短轴端点应力为

$$\sigma_2 = \sigma\left(1 + 2\frac{b}{a}\right) - \frac{\sigma}{2} = \sigma\left(\frac{1}{2} + 2\frac{b}{a}\right) \qquad (10-12)$$

或

$$\sigma_2 = k_t \sigma$$

$$k_t = \frac{1}{2} + 2\frac{b}{a} \qquad (10-13)$$

式中:k_t 为理论应力集中系数(需要注意的是式(10-9)和式(10-13)中的 k_t 是椭圆长轴相对于环向应力方向位置不同情况下的应力集中系数,如图10-10所示;σ 为环向应力(MPa)。

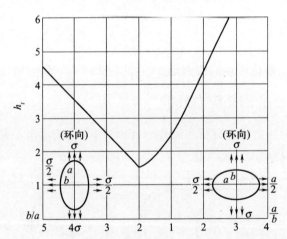

图10-10 圆柱壳上椭圆孔应力分布和应力集中系数

由式(10-9)和式(10-13)可见,当 a/b 或 b/a 等于1,即圆孔时,$k_t = 2.5$,其值完全等于式(10-3)求得的值。

椭圆孔的 $a/b < 3$ 时,其应力集中除了短轴垂直于环向方向外都比圆孔大。这种情况对实际设计特别重要,因此,一般圆柱壳上的椭圆孔都是将它的短轴垂直于环向应力方向。由图10-10明显可见,当 $a/b = 2$ 时,应力集中系数 $k_t = 1.5$。若将 $a/b = 2$ 代入式(10-13),也得出同样的值。

10.2.5 球壳上椭圆孔边缘应力分析

球壳上椭圆孔的应力集中系数也是用叠加法确定(图10-9(c)),但是与圆柱壳不同,球壳的两个主应力相等。因此,由式(10-4)和式(10-11)可得出长轴端点的应力最大,即

$$\sigma_1 = \sigma\left(1 + 2\frac{a}{b}\right) - \sigma = 2\frac{a}{b}\sigma \qquad (10-14)$$

或

$$\sigma_1 = k_t\sigma$$
$$k_t = 2\frac{a}{b} \qquad (10-15)$$

短轴端点上的应力为

$$\sigma_2 = \sigma\left(1 + 2\frac{b}{a}\right) - \sigma = 2\frac{b}{a}\sigma$$

或

$$\sigma_2 = k_t\sigma$$
$$k_t = 2\frac{b}{a} \qquad (10-16)$$

当$a/b=1$时,即为圆孔,由式(10-15)和式(10-16)得$k_t=2$。这是球壳上开孔能够获得的最小应力集中系数。由此可见,椭圆孔的应力集中系数要比圆孔的大。

10.3 开孔补强原理

10.3.1 补强要求及补强范围确定

对于压力容器上的开孔,在正常情况下因开孔而破坏了壳体完整性,使强度下降需要补强。开孔补强时,必须满足下述两个基本要求。

(1)为了补偿因开孔而削弱的壳体强度,必须要有足够的补强金属量,以满足各种补强方法所需要的强度要求。

(2)补强金属必须直接补在开孔周围的有效范围以内,同时对补强结构做出必要的规定,以防止产生过大的应力集中。

对补强设计既要满足上述的补强要求,又要节省材料,就必须正确地选择补强方法、确定补强金属量及其在有效影响范围内这些金属量的分配。然而这在实际设计时要想完全满足这些要求是比较困难的。例如,A_1为因开孔而削弱的壳体截面积,需要补强的总截面面积为A_r。对各种几何参数的圆柱壳和球壳上的接管,以不同的补强百分比A_r/A_1分析结果表明,当其比值由65%增加到115%时,对降低最大应力并不十分明显。同样试验还验证,应力对补强金属量的敏感性比对补强金属分布要小些。

补强金属分布基于开孔应力分布状态,也即依据于开孔边缘应力衰减程度。由圆柱壳上图10-11(a)和表10-1可说明应力衰减规律。图中n—n截面上受均匀拉应力σ作用的半径为a的小圆孔周围的应力,在$\theta = \pm\pi/2$、$r = a$时,孔边上的应力最大,$\sigma_1 =$

$\sigma_{max} = 2.5\sigma$。而在 $r = 2a$ 处，$\sigma_1 = 1.23\sigma$；而球壳孔边上(图 10-11(b))，$\sigma_1 = 2\sigma$，在 $r = 2a$ 处，$\sigma_1 = 1.25\sigma$。

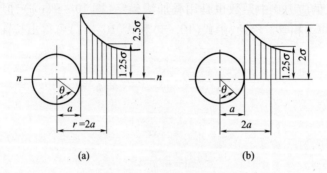

图 10-11　圆孔周边的应力变化

表 10-1　壳体圆孔在离孔边不同距离上的应力分布

最大应力值	$r = a$	$r = 2a$	$r = 3a$
平板上圆孔	3σ	1.15σ	1.07σ
圆柱壳上圆孔	2.5σ	1.23σ	1.09σ
球壳上圆孔	2σ	1.25σ	1.11σ

由上述应力分析可知，在与孔边距离等于开孔半径处的应力基本上等于或小于 1.1σ，根据第 1 章局部应力定义可知，此处应力可以不计局部应力范畴。由此也就决定了开孔补强的范围，将此距离作为补强距离 $2r$，于是整个补强的有效影响宽度如图 10-12 所示。

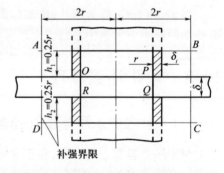

$$B = 2 \times (2r) = 2d \qquad (10-17)$$

式中：d 为接管计算直径。

图 10-12　开孔补强范围确定

因为实际补强时，不仅沿壳体宽度上补充金属材料，而且在接管上也需要补充金属，于是需要求出接管的补强高度。由应力分析能够确定接管在壳体内外侧有效补强高度，此高度由壳壁表面量起。内外侧高度为

$$h_1 = h_2 = \sqrt{2r\delta_{nt}} \qquad (10-18)$$

或接管实际外伸高度和内插深度，取其较小者。当然也可用接管的内半径 r 表示补强高度，如图 10-12 所示。$h_1 = h_2 = 0.25r$。

由此能够得出由上述通过应力分析所决定的壳体补强范围，补强时需把所有的补强金属填充在图 10-12ABCD 所限定的有效范围内的壳体和接管上。

10.3.2　接管补强位置和补强形状

除了上述补强有效范围外，经验表明，在其他因素不变的情况下，此有效补强界限内补强金属布置和截面形状对应力集中的影响也很大。由图 10-13 和图 10-14 可见，当补强金属在内外侧补强的金属量各为 50% 时，即所谓的平衡补强(图 10-14(c))，应力

集中系数最低,约为1.5。这是因为补强金属填充到壳体内外表面上不易产生局部弯曲应力或附加应力的结果。但是实际上,因为结构和生产工艺的原因,这种平衡补强是很难做得到的,通常在壳体和接管的外侧补强,如图10-14(b)所示。在这种情况下应力集中系数比相同金属量补强时的平衡补强高20%。

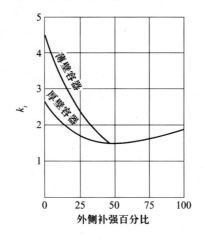

图 10 - 13　内外补强比对应力集中的影响

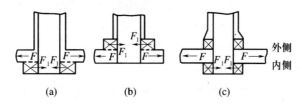

(a)　　　　　　(b)　　　　　　(c)

图 10 - 14　开补强结构配置

其次,由图10-13可见,当外侧补强比低于50%时,应力集中系数高,而薄壁壳体比厚壁壳体还高。

综上所述,对压力容器开孔补强设计应遵循三个原则:补强有效范围、补强金属量和补强金属在内、外壁面的分配比例。其次补强金属截面几何形状和过度区域的尺寸参数也十分重要,因此在规范和标准中对此作为补强条件都做出明确的规定。

对于壳体上设置两个或两个以上开孔,且两个开孔间距比较近时,就须要考虑两个开孔之间壳体(孔带)由于应力集中的相合影响,即应力集中效应的重叠作用,如图10-15所示。由前述开孔边缘应力分布可知,两个相邻接管孔带局部应力集中相互重叠距离小于 $2(r+\delta_i)$(假设两个开孔直径相等)。因此,在开孔补强设计时,必须考虑这一特殊情况。

10.3.3　补强设计方法

由上述可见,压力容器壳体由于开孔使壳体材料的承载能力削弱,开孔后在压力作用下开孔边缘区域应力集中及接管与壳体连接处形成不连续所产生附加应力,为了将该区域的总应力控制在允许范围之内,因此需要补强。目前,压力容器开孔补强的设计方法已经纳入容器规范或标准中。补强方法有几种,但是用的较为普遍的是我国、美国、日本以

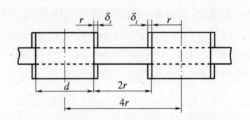

图 10 - 15   两个开孔结构参数

ASME VIII 为基础的等面积补强法和弹塑性失效补强法以及欧盟的压力面积补强法。近年来,美国又提出了压力面积应力计算法,是将等面积补强法和压力面积补强法拼合起来的一种方法。这种方法的基本原理是在补强有效范围内压力作用截面面积对壳体产生的最大局部薄膜应力控制在补强强度要求的条件以内。俄罗斯在其压力容器规范(2007 年颁布)中,开孔补强也采用等面积补强法,但是允许在圆柱壳和圆锥壳上的开孔率达到 1。

等面积补强法的基本原理是在内压力作用下的容器壳体所需要的补强金属截面面积要等于或大于壳体被削弱的截面面积。

压力面积补强法基本原理是在补强有效范围内壳体材料的反作用能力等于或大于压力载荷。前者是在补强有效范围内各元件壳体的平均薄膜应力与其应力作用截面积(Stress loaded cross - section area)乘积的总和;而后者是压力和有效范围内各压力作用截面面积(pressure loaded cross - section area)乘积的总和。

弹塑性失效开孔接管补强法是以在补强有效范围内补强后结构保持安定性设计准则提出的极限载荷设计方法。补强后应力集中系数相同,均为 3。根据安定性原理,在补强区域小范围内允许出现塑性变形并使应力重新分布,此处的最大名义应力等于或小于 2 倍的屈服强度或 3 倍的许用应力。因此,若将容器整个壳体的一次薄膜应力控制在许用应力以内,则用这种方法补强的容器整体结构是安全的。

美国 ASME VIII - Div. 1. 2008 年修订时增加两种开孔补强设计方法:内压开孔补强的另一规则、内压圆柱壳大开孔补强设计另一方法。

10.4   等面积补强

由前面各节所叙述的内容可知,等面积补强法的基本准则是容器开孔壳体在补强有效范围内需要补强的面积等于或大于壳体被削弱的开孔面积,从这一要求出发来确定在补强有效范围内的补强截面面积。

10.4.1   补强有效范围

在等面积补强法中,补强有效范围取决于壳体和封头上的开孔补强形式和结构参数,主要依据是沿容器壳体开孔边缘区域和沿接管轴线方向因压力产生的最大局部应力衰减程度来确定壳体补强宽度和接管的补强高度,也就是说在壳体上与开孔直径和最大局部应力衰减长度有关;而对于接管是最大局部应力沿着其轴线方向的衰减高度有关。前者是 d 和 $\sqrt{d\delta}$ 的函数,后者是 $\sqrt{d\delta_n}$ 的函数。我国 GB 150 和美国 ASME VIII - 1 规范对开孔补强在原理上没有区别,我国 GB 150 在补强计算中没有考虑圆柱壳体或圆锥壳体上开有非圆形孔的应力变化影响。这里以美国 ASME VIII – 1 规范(图 10 – 16)等面积补强为例说明该法的设计与计算。

美国 ASME VIII – 1 规范中对于补强有效范围的确定与我国 GB 150 没有多大的区别。对于壳体补强有效宽度同式(10 – 17)一样,按下式确定:

$$B = \max(2d; d + 2\delta + 2\delta_n)$$

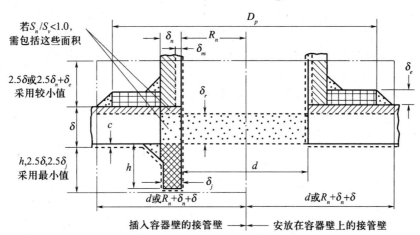

图 10 – 16　接管开孔等面积补强结构尺寸

接管部分补强高度分安放式接管和内插式接管。

安放式接管的补强有效高度 h_1 取下式中的小值:

$$h_1 = \min(2.5\delta; 2.5\delta_n + \delta_e) \qquad (10 – 19)$$

式中:δ_e 为补强圈的有效厚度。

对于内插式接管的补强有效高度 h_2 取下式三者中的较小值:

$$h_2 = \min(\delta; \delta_j; 接管实际内插深度 h) \qquad (10 – 20)$$

式中:δ_j 为内插接管的有效壁厚。

10.4.2　补强设计准则

下述条件是判定是否需要补强的基本准则:如果满足下述条件,就不用补强:

$$A = A_1 + A_2 + A_3 + A_4 + A_5 \geqslant A_r \qquad (10 – 21)$$

式中:$A_1 \sim A_5$ 为各元件能够作为补强的面积。

如果内压作用下的容器壳体开孔在补强有效范围内需要补强的截面面积,即由壳体开孔削弱的截面面积 A_r 按下式计算:

$$A_r = Fd\delta_r + 2\delta_n\delta_r F(1 - f_r) \qquad (10 – 22)$$

对于圆平封头壳体开孔削弱截面面积:

$$A_r = 0.5[d\delta_r + 2\delta_n\delta_r(1 - f_r)] \qquad (10 – 23)$$

式中:d 为开孔直径;δ_r 为壳体计算厚度;δ_n 为接管有效壁厚;f_r 为强度削弱系数(取设计温度下接管、加强圈或焊缝材料与壳体材料的许用应力之比(图 10 – 16)中 S_n/S_v 之比表示接管材料的许用应力与壳体材料许用应力之比));F 为应力修正系数(与圆柱壳体或圆锥壳体轴线任意截面上壳体的最大应力与环向应力之比值,其值为 $F = 0.5(1 - \cos^2\theta)$,也可以根据壳体轴线夹角 θ 由图 10 – 17 查取)。

10.4.3 补强有效范围内各个元件补强面积计算

在补强有效范围内的容器元件主要有壳体、接管、焊缝和补强件,对于壳体和接管实际选择的厚度并不完全等于根据强度计算所得的计算厚度,一方面是在设计时根据容器使用要求就增加了一定的裕量;另一方面所选的标准板材厚度是接近于设计厚度加上裕量的上限值,因此开孔补强设计时必须考虑在补强有效范围内除了承受压力所需要的厚度之外余下部分及焊缝对补强所起到的作用,上述这些截面面积都要分别地进行计算,如图 10 – 18 所示(图中没有标出焊缝截面积 A_4 和内插接管及其补强面积 A_3)。对于等面积补强,补强面积计算方法我国 GB 150 标准和其他国家的规范或标准都有规定,基本上没有区别。这里主要介绍美国 ASME VIII – 1 使用的方法,这个方法的主要特点是考虑在圆柱形壳体和锥形壳上非圆形开孔对截面积削弱而引入应力修正系数 F 和焊接接头强度系数 ϕ。

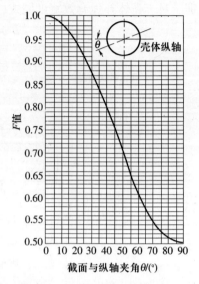

图 10 – 17　应力修正系数 F

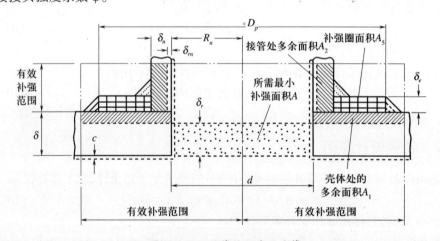

图 10 – 18　接管补强截面计算

根据式(10 – 21)和图 10 – 18,在补强范围内能够计入开孔接管补强截面面积有:壳体和接管多余截面积 A_1、A_2、内插接管截面积 A_3(图中未示出)、焊缝金属截面积 A_{4i}(主要由接管与补强圈之间、补强圈与壳体之间及内插接管外侧与壳体内表面之间三条焊缝,分别用右下角编号 1、2 和 3 表示)和补强圈的截面积 A_5 五个部分,总补强截面面积 A,即

$$A = A_1 + A_2 + A_3 + A_{4i} + A_5 \qquad (10 – 24)$$

上述式中各截面积按下式计算。

（1）壳体上计入补强的截面积 A_1：

$$A_1 = d(\delta\phi - F\delta_r) - 2\delta_n(\delta\phi - F\delta_r)(1 - f_r) \qquad (10 - 25)$$

或

$$A_1 = 2(\delta + \delta_n)(\delta\phi - F\delta_r) - 2\delta_n(\delta\phi - F\delta_r)(1 - f_r) \qquad (10 - 26)$$

取其较小者。材料强度削弱系数 f_r：

$$f_r = \frac{[\sigma]_b^t}{[\sigma]_s^t} \qquad (10 - 27)$$

式中：δ 为壳体的名义厚度（mm）；δ_r 为壳体计算厚度（mm）；δ_n 为接管有效壁厚（mm）；ϕ 为焊接接头系数，如果在焊缝上开孔，取焊接接头系数，如果不在，则取 1；$[\sigma]_b^t$ 为接管材料在设计温度时的许用应力（图 10 – 16 中用 S_n 表示）（MPa）；$[\sigma]_s^t$ 为壳体材料在设计温度时的许用应力（图 10 – 16 中用 S_v 表示）（MPa）。

（2）接管上作为补强的截面面积 A_2。补强截面面积计算分两种情况，即带补强件和不带补强件。不带补强件时：

$$A_2 = 5(\delta_n - \delta_{rn})\delta f_r \qquad (10 - 28)$$

或

$$A_2 = 5(\delta_n - \delta_{rn})\delta_n f_r \qquad (10 - 29)$$

取其较小者。式中 δ_{rn} 为接管计算壁厚（图 10 – 16）。

带补强件时：

$$A_2 = 5(\delta_n - \delta_{rn})\delta f_{r1} \qquad (10 - 30)$$

或

$$A_2 = 2(\delta_n - \delta_{rn})(2.5\delta_n + \delta_e)f_r \qquad (10 - 31)$$

式中：δ_e 为补强元件截面厚度。

（3）内插式接管计入补强的截面面积 A_3，这个部分的作为截面面积计算不论是否设置补强件，均按下式计算（图 10 – 16）：

$$A_3 = \max[2\delta_j h f_r; 5\delta\delta_j f_r; 5\delta_j\delta_j f_r] \qquad (10 - 32)$$

式中：h 为内插式接管从壳体内壁面伸出的高度；δ_j 为接管内插部分的有效壁厚。

（4）焊缝截面面积 A_{4i} 的计算，通常是根据实际截面面积计算，也可以按下述方法确定，分三种情况，即接管外侧和补强件侧，分别用 A_{41}、A_{42} 和 A_{43} 表示。

在接管外侧的焊缝截面面积，有补强件 A_{41}：

$$A_{41} = w_1^2 f_{r1} \qquad (10 - 33)$$

没有补强件时：

$$A_{41} = w_1^2 f_{r2} \qquad (10 - 34)$$

在接管内侧的焊缝截面面积：

$$A_{43} = w_3^2 f_{r1} \qquad (10 - 35)$$

在补强件侧的焊缝截面面积：

$$A_{42} = w_2^2 f_{r3} \qquad (10 - 36)$$

$$f_{r3} = \frac{[\sigma]_p^t}{[\sigma]_s^t} \qquad (10 - 37)$$

式中：$[\sigma]_p^t$ 为补强材料设计温度的许用应力；w 为焊趾宽度；f_{r2} 取 f_{r1} 和 f_{r3} 的较小者。

（5）补强元件截面面积 A_5：

$$A_5 = (D_p - d - 2\delta_n)\delta_c f_r \qquad (10 - 38)$$

式中：D_p 为加强圈外径（mm）。

于是开孔接管的补强条件为

$$A \geqslant A_r \qquad (10 - 39)$$

实际计算时，如果能够满足 $A_1 + A_2 + (A_3) + A_{4i} \geqslant A_r$ 就可以不用设置加强圈。

10.4.4　多个开孔补强

在壳体上开有两个或两个以上开孔的结构形式如图 10 - 19 所示。多个开孔补强结构分两种情况：第一是在相邻两孔补强有效范围重叠时联合补强；第二是根据相邻两孔中心距与两孔平均直径之间关系是否需要补强或如何补强。

（1）确定多个开孔结构中最近相邻两个开孔的补强有效范围是否重叠，如果重叠就需要联合补强，补强截面积的总和等于两个开孔接管单独所需要的补强截面面积之和，且在两个开孔之间补强截面面积为总补强截面面积的 50%。在计算补强截面面积时，两个开孔补强有效范围重叠部分不得将补强截面面积重复计算。

（2）多个开孔中最近两个开孔补强有效范围重叠但其之间中心距离大于该两个开孔平均直径的 1.3 倍时，采用上述的重叠补强办法进行补强；如果两个开孔中心线距小于该两个开孔平均直径的 1.3 倍时，则需要按假设单孔直径进行补强，但是假设单个开孔直径要小于相应结构所容许的最大开孔直径。在计算时不能将实际接管开孔结构中的管壁材料作为补强材料。

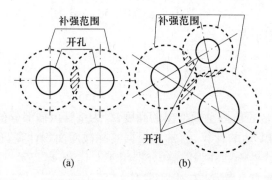

图 10 - 19　多个开孔及其补强

10.4.5　等面积补强限制条件

如前所述，开孔补强设计计算方法主要依据于大平板上的开孔在拉伸载荷作用下开孔边缘局部应力分布规律得出的，而将此原理用到具有曲率的壳体上，就会有某些偏差，受到一定的限制。因此，在具体使用时须满足一些条件。

1. 最大开孔直径

对于在圆柱形壳体上开孔，其最大开孔直径按下述要求确定：当圆柱形壳体的内径 $D_i \leqslant 1500\text{mm}$ 时，$d \leqslant D_1/2$，$d \leqslant 500\text{mm}$；当圆柱形壳体内径 $D_i > 1500\text{mm}$ 时，$d \leqslant D_i/3$，$d \leqslant 1000\text{mm}$。

对于在锥形壳体上开孔,其最大开孔直径 $d \leqslant D_i/3$, D_i 为圆锥壳体在开孔中心处的内径。

在成形封头上开孔的最大直径 $d \leqslant D_i/2$。但是如果球形或成形封头的开孔按照要求正确补强以后,开孔直径不受限制。

对于由非径向接管在壳体上开孔产生的椭圆形开孔,对其长短轴之比最大定为2。

2. 无需补强的最大开孔直径

在确定是否需要补强的最大开孔直径时,有一个判断标准,在补强有效范围内结构经过补强后的应力集中系数定为多少。因为开孔边缘的局部应力衰减与接管内径,壳体内径和壳体壁厚有关,所以,引进一个数 $\rho = f(r/\sqrt{R\delta})$ 来判断开孔接管是否需要补强的标准,若 $\rho \leqslant 0.1$ 时,即可以不用补强,由此能够计算出不需补强的最大开孔直径 $d \leqslant 0.141 \sqrt{D\delta}$。当该系数 $\rho = 0.1$ 时,在补强有效范围内补强后的应力集中系数为 2 左右。当壳体计算厚度小于 10mm 时,开孔直径不大于 89mm;当壳体计算厚度大于 10mm 时,开孔直径不大于 60mm。

我国压力容器标准 GB 150 对壳体无需补强开孔直径也作了规定。

3. 开孔接管补强结构设计

压力容器开孔补强结构形式主要有三种:加强圈补强、单独加厚接管壳体厚度、单独加厚壳体厚度,或同时加厚壳体和接管厚度的补强、整体补强。

(1)加强圈补强结构(图 10 - 20(a)、(b)、(c))。这种补强结构主要用于中、低压容器,加强圈的厚度不得超过壳体壁厚1.5倍。

(2)加厚接管或壳体壁厚,及同时加厚壳体和接管补强结构(图 10 - 20(d)、(e)、(f))。主要用于中、高压容器,特别适用于要求疲劳分析或低温操作容器。

(3)整体补强结构(图 10 - 20(g)、(h)、(i))。这种补强结构主要用于高压容器、需要疲劳分析或低温容器,但是制造工艺复杂,成本高。

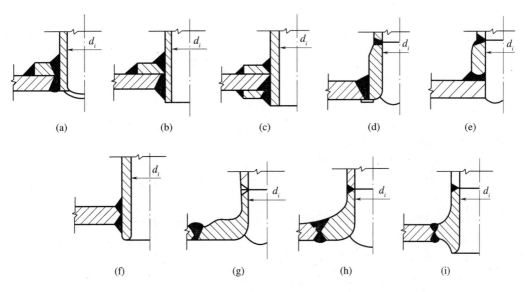

图 10 - 20　开孔接管补强结构设计

10.4.6 补强强度路径和焊缝承载能力

由接管与壳体连接处的应力分析可知,补强结构失效可能发生在焊缝区域或接管上,或者两者同时发生,因此通过试验或实践经验大致能够判断出补强系统的结构强度路径,如图 10-21 所示。这里分两种情况讨论,即内插式接管和安放式接管。

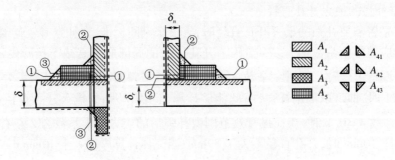

图 10-21 补强系统接管强度路径

在算出所需要的总截面积 A 后,还要计算总焊缝载荷。对于插入式接管的总焊缝载荷:

$$W = \{A - (d - 2\delta_n)(\delta\phi - F\delta_r)\,[\sigma]_a\}$$

对于安放式接管的总焊缝载荷:

$$W = (A - A_1)\,[\sigma]_a$$

在各种载荷作用下,导致补强结构失效的路径有三条:1-1、2-2 和 3-3,如图 10-21 所示,这些路径都穿过焊缝,因此需要计算各破坏路径的载荷分量。对于插入式接管结构焊缝载荷:

$$\begin{cases} W_{1-1} = (A_2 + A_5 + A_{41} + A_{42})\,[\sigma]_a \\ W_{2-2} = (A_2 + A_3 + A_{41} + A_{43} + 2\delta\delta_n f_{r1})\,[\sigma]_a \\ W_{3-3} = (A_2 + A_3 + A_5 + A_{42} + A_{43} + 2\delta\delta_n f_{r1})\,[\sigma]_a \end{cases} \qquad (10-40)$$

对于安放式接管结构焊缝载荷:

$$\begin{cases} W_{1-1} = (A_2 + A_5 + A_{41} + A_{42})\,[\sigma]_a \\ W_{2-2} = (A_2 + A_{41})\,[\sigma]_a \end{cases} \qquad (10-41)$$

10.4.7 等面积补强计算实例

如图 10-22 所示,厚壁压力容器圆柱壳开孔接管补强结构,壳体内半径 1981mm,壁厚 232mm;接管内半径 375mm,壁厚 76mm;接管上腐蚀涂层厚度 7mm,即涂层内半径 368mm,壳体上涂层 4mm,即涂层内半径 1977mm;补强圈截面宽度 250mm,补强圈截面厚度 150mm;焊缝截面厚度 80mm;容器内压 17.2MPa。壳体和接管材料的许用应力 184MPa。

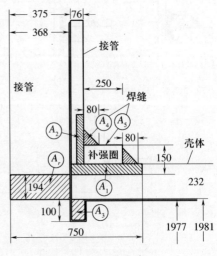

图 10-22 设计举例

试校核接管开孔补强强度。

解:(1) 壳体和接管计算壁厚(焊缝系数 ϕ 为1)。

壳体计算壁厚:

$$\delta_s = \frac{pR}{[\sigma]_s - 0.5p} = \frac{17.2 \times 1977}{184 - 0.5 \times 17.2} = 193.87\text{mm}$$

接管计算壁厚:

$$\delta_b = \frac{pr}{[\sigma]_b - 0.5p} = \frac{17.2 \times 368}{184 - 0.5 \times 17.2} = 36\text{mm}$$

(2) 补强计算。

开孔所需补强截面积:

$$A_r = d\delta_r = 2 \times (375 \times 194) = 145500\text{mm}^2$$

平行于壳体表面的从接管中心线两侧的补强宽度取 d,$d = 750\text{mm}$。而垂直于壳体表面,有壳体表面量得的补强高度取 2.5δ 或 $2.5(\delta_n + \delta_e)$ 两者较小值,于是计算得补强高度为470mm。由此计算开孔补强系统能够各计入补强的截面积。

壳体上计入补强的截面积:

$$A_1 = 2[(750 - 375)(232 - 194)] = 28500\text{mm}^2$$

接管上计入补强的截面积:

$$A_2 = 2[470(76 - 36)] = 37600\text{mm}^2$$

接管内伸部分计入补强的截面积:

$$A_3 = 2(100 \times 76) = 15200\text{mm}^2$$

所有焊缝截面积:

$$A_4 = 2[0.5 \times (80^2 + 80^2)] = 12800\text{mm}^2$$

补强圈的截面积:

$$A_5 = 2 \times [250 \times (150 - 38)] = 56000\text{mm}^2$$

能够计入补强的总截面面积:

$$A = A_1 + A_2 + A_3 + A_4 + A_5 = 150100\text{mm}^2$$

因 $A = 150100\text{mm}^2 > A_r = 145500\text{mm}^2$,故满足补强条件。

10.5 压力面积补强法

压力面积补强法是民主德国使用的一种开孔补强方法,后来纳入德国 AD 标准,2002年,欧盟制定压力容器 EN 13445-3 规范时将此法列为其中。如前所述,等面积补强法的原理是指补强面积等于容器壳体开孔失去的面积,而压力面积补强法是在补强有效范围内压力作用在容器的载荷与容器壳体、接管、焊缝和补强材料的总承载能力相平衡,也就是说压力面积补强是基于容器壳体有效补强截面积与该种材料的许用应力的乘积等于或大于补强有效范围内压力作用面积与压力的乘积,以后将前者的面积称应力作用截面面积(Stress loaded cross - sectional area),后者的面积称为压力作用截面面积(Pressure loaded cross - sectional area)。这种补强法适用范围要比面积补强法大一些,如此法允许在靠近不连续处和相邻小开孔区域补强,没有限制圆形开孔的尺寸大小;除了使用补强垫外,对斜置的圆形接管在圆柱壳上截取的椭圆形开孔有某些限制。各种开孔补强结构压力面积补强形式和补强有效范围及尺寸符号如图 10-23~图 10-27 所示。

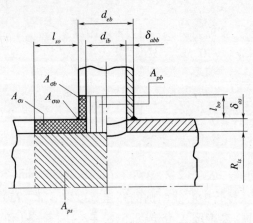

图 10-23　圆柱壳体径向接管补强结构应力作用截面和压力作用截面

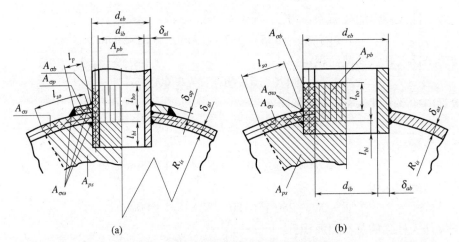

(a)　　　　　　　　　　　　　(b)

图 10-24　球壳径向接管压力面积补强

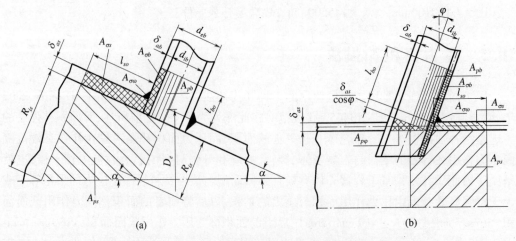

(a)　　　　　　　　　　　　　(b)

图 10-25　锥壳上径向接管的应力作用截面和压力作用截面

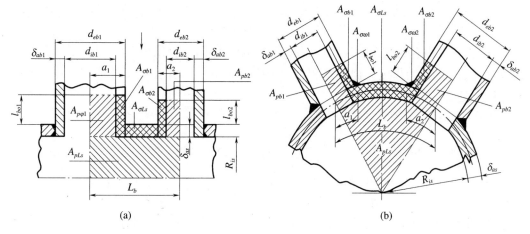

图 10 – 26 圆柱壳或球壳上两个开孔接管的结构

压力面积补强法适用于在内外压力作用下的圆柱形壳体、锥形壳体或球形壳体上的圆形、椭圆形和其他非圆形开孔补强,同样也适用于碟形封头上的位于中心半径 $0.4D_i$ 范围内的开孔补强。

补强方法上有无接管加厚壳体补强,开孔接管补强时有单独加厚壳体、单独加厚接管及同时加厚壳体和接管等补强形式。在补强形式上,该规范规定用补强圈(reinforcing plate)和补强环(reinforcing ring)的两种设计方法,并在计算式中分别用 p 和 r 区分。

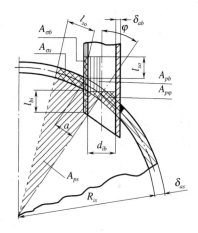

图 10 – 27 球壳上偏置接管

10.5.1 单开孔补强强度计算

压力容器壳体上单独开孔的定义系指能够满足下述条件,就认为是单个开孔,即

$$L_b \geqslant a_1 + a_2 + l_{so1} + l_{so2} \qquad (10 – 42)$$

或接管完全位于 d_c 圆内:

$$d_c = 2\sqrt{2R_s + \delta_{cs}}$$

式中: R_s 为壳体平均半径; δ_{cs} 为壳体平均壁厚。

各种形状壳体当量半径见表 10 – 2。

表 10 – 2 各种形状壳体当量半径

壳体形式	圆柱壳和球壳	半球形或碟形封头	椭圆形封头	锥形封头
R_{is}	$D_e/2 - \delta_{as}$	R	$0.44D_i^2 + 0.02D_i$	$D_e/2\cos\alpha - \delta_{as}$
注: D_e 为壳体外径; δ_{as} 为壳体有效壁厚; D_i 为壳体内径; α 为圆锥壳体半顶锥角				

根据压力面积补强法的基本原则,由图 10 – 20 中分别标出补强有效范围内的壳体、焊缝、接管应力作用截面面积 A_σ 和补强有效范围内压力作用的截面面积 A_p,这里没有标出补强材料截面面积。由此能够得出其补强计算通式为

$$A_p p \le A_\sigma \left([\sigma]_i^t - \frac{p}{2} \right) \tag{10-43}$$

式中：A_p 为在补强有效范围内压力作用截面总面积；A_σ 为在补强有效范围内壳体、接管和焊缝材料承受的应力作用截面总面积；p 为内压力；$[\sigma]_i^t$ 为开孔接管补强有效范围内各元件设计温度的许用应力。

由式(10-43)分解后便可以写为

$$\left(A_{\sigma s} + A_{\sigma \omega} \right)\left([\sigma]_s - \frac{p}{2} \right) + A_{\sigma p}\left([\sigma]_{op} - \frac{p}{2} \right) + A_{\sigma p}\left([\sigma]_{op} - \frac{p}{2} \right) \ge \tag{10-44}$$
$$\left(A_{ps} + A_{pb} + 0.5A_{p\psi} \right) p$$

式中：$A_{\sigma s}, A_{\sigma \omega}, A_{\sigma b}, A_{\sigma p}$ 分别为补强有效范围内壳体、焊缝、接管和补强圈($A_{\sigma p}$)或补强环($A_{\sigma r}$)应力作用截面面积；$[\sigma]_s, [\sigma]_w, [\sigma]_b, [\sigma]_p$ 分别是在补强范围内壳体材料、焊缝材料、接管材料和补强元件材料设计温度的许用应力。其中$[\sigma]_{ob}$取$[\sigma]_s$ 和$[\sigma]_b$ 最小值；$[\sigma]_{op}$取$[\sigma]_s$ 和$[\sigma]_p$ 最小值。如果使用焊接补强环，则用 $A_{\sigma r}$ 和 A_{pr} 代替式中的 $A_{\sigma p}$ 和 A_{pr}。如果接管是在成形封头的焊缝上或在圆柱形壳体或锥形壳体的纵向焊缝上，以及接管有纵向焊缝时，许用应力应当乘以焊缝系数 ϕ。A_{ps} 和 A_{pb} 分别是圆柱壳体有效补强范围内压力作用截面面积和接管有效补强范围内的压力作用截面面积。

除了小开孔和用焊接补强环补强外，上述通式对所有结构形式的压力面积补强都适用。对于强度不同的材料，如果$[\sigma]_b$ 或$[\sigma]_p$ 小于$[\sigma]_s$，根据式(10-44)规定的补强条件，最大压力应当按下式计算：

$$p_{\max} = \frac{\left(A_{\sigma s} + A_{\sigma \omega} \right)[\sigma]_s + A_{\sigma b}[\sigma]_{ob} + A_{\sigma p}[\sigma]_{op}}{\left(A_{ps} + A_{pb} + 0.5A_{p\varphi} \right) + 0.5\left(A_{\sigma s} + A_{\sigma b} + A_{\sigma p} \right)} \tag{10-45}$$

如果$[\sigma]_b$ 和$[\sigma]_p$ 大于$[\sigma]_s$ 时，补强条件按上述通式(10-43)计算，则有

$$\left(A_{\sigma s} + A_{\sigma \omega} + A_{\sigma p} + A_{\sigma b} \right)\left([\sigma]_s - 0.5p \right) \ge \left(A_{ps} + A_{pb} + 0.5A_{p\varphi} \right) p \tag{10-46}$$

而最大压力：

$$p_{\max} = \frac{\left(A_{\sigma s} + A_{\sigma \omega} + A_{\sigma b} + A_{\sigma p} \right)[\sigma]_s}{\left(A_{ps} + A_{pb} + 05A_{p\varphi} \right) + 0.5\left(A_{\sigma s} + A_{\sigma \omega} + A_{\sigma b} + A_{\sigma p} \right)} \tag{10-47}$$

用补强环补强且$[\sigma]_s \ge [\sigma]_r$ 时，其补强条件计算式和最大压力式分别为

$$\left(A_{\sigma b} + A_{\sigma \omega} \right)\left([\sigma]_s - 0.5p \right) + A_{\sigma r}\left([\sigma]_{or} - 0.5p \right) \ge \left(A_{ps} + A_{pr} + 0.5A_{p\varphi} \right) p \tag{10-48}$$

$$p_{\max} = \frac{\left(A_{\sigma s} + A_{\sigma \omega} \right)[\sigma]_s + A_{\sigma r}[\sigma]_{or}}{\left(A_{ps} + A_{pr} + 0.5A_{p\varphi} \right) + 0.5\left(A\sigma_{\sigma s} + A_{\sigma \omega} + A_{\sigma r} \right)} \tag{10-49}$$

式中：$[\sigma]_{or}$取$[\sigma]_s$ 和$[\sigma]_r$ 中最小值。

焊接补强环的许用应力$[\sigma]_r$ 等于或大于壳体的许用应力$[\sigma]_s$ 时，其补强计算式为

$$\left(A_{\sigma s} + A_{\sigma \omega} + A_{\sigma r} \right)\left([\sigma]_s - 0.5p \right) \ge \left(A_{ps} + A_{pr} + 0.5A_{p\varphi} \right) p \tag{10-50}$$

而最大压力则为

$$p_{\max} = \frac{\left(A_{\sigma s} + A_{\sigma \omega} + A_{\sigma r} \right)[\sigma]_s}{\left(A_{ps} + A_{pr} + 0.5A_{p\varphi} \right) + 0.5\left(A_{\sigma s} + A_{\sigma \omega} + A_{\sigma r} \right)} \tag{10-51}$$

式(10-44)补强条件计算通式适用于下述条件：

（1）圆柱壳体、锥形壳和球形壳上的开孔，但没有接管或加强元件。

314

（2）在上述各种类型的壳体上开孔,且带有补强元件,但是没有接管。

（3）在上述各种类型的壳体上带有经向接管,带或者不带补强元件。

（4）在上述各种类型的壳体上,带有与壳体倾斜的接管,带或不带补强元件。

（5）在一个壳体上有多个开孔时,式(10-44)只适用于能够满足相邻开孔间最小距离要求开孔接管结构。

（6）不适用于具有脉动载荷作用(疲劳)的开孔或接管开孔结构及在蠕变温度范围内工作和介质对应力敏感的开孔接管结构。

（7）在补强有效范围内所使用各元件材料屈强比不得大于0.67;结构焊接接头必须采用全焊透对接焊缝并要进行无损检验。

10.5.2 应力作用截面面积

由压力面积补强强度计算通式中可以看出,有效补强范围内属于应力作用截面各个部分的计算面积有 $A_{\sigma s}$, $A_{\sigma b}$, $A_{\sigma b}$, $A_{\sigma p}$,压力作用截面各个部分的计算面积有 A_{ps}, A_{pb}, $A_{p\varphi}$ 及补强有效范围内结构尺寸。对于各种补强结构形式必须计算这些数值。这里对常用的几种补强结构形式上述参数计算方法分别予以介绍。

由于在补强有效范围内承受压力作用的元件有壳体,接管,焊缝和补强材料,因此其应力作用截面面积分别是 $A_{\sigma s}$, $A_{\sigma w}$, $A_{\sigma b}$ 和 $A_{\sigma p}$。

10.5.2.1 壳体应力作用截面面积 $A_{\sigma s}$

对于壳体加厚或补强圈补强及插入接管补强结构,壳体应力作用截面面积 $A_{\sigma s}$ 按下式计算:

$$A_{\sigma s} = \delta_{cs} l'_s \qquad (10-52)$$

式中:壳体有效长度 l'_s 取壳体有效补强范围最大长度 l_{so} 和由开孔边缘到壳体不连续处量得的壳体长度或接管外径 l_s 两者中的最小值,l_{so} 和 l_s 由下式计算:

$$l_{so} = \sqrt{(2R_{is} + \delta_{cs})\delta_{cs}} \qquad (10-53)$$

$$l_s = \sqrt{D_c \delta_1} \qquad (10-54)$$

式中:δ_{cs} 为假设壳体平均厚度。

在一般情况下,可取壳体分析厚度 δ_{as},但是有些保守。因此在设计时,先将此值选小一点。D_c, δ_1 分别为圆柱壳在与其他元件连接处的的平均直径和最小壁厚。

对于安放式接管,其 $A_{\sigma s}$ 为

$$A_{\sigma s} = \delta_{cs}(\delta_b + l'_s) \qquad (10-55)$$

式中:δ_b 为补强有效范围内接管有效厚度。

10.5.2.2 加强圈补强时应力作用截面面积 $A_{\sigma p}$

对于用加强圈补强的应力作用截面面积 $A_{\sigma p}$ 的计算式:

$$A_{\sigma p} = \delta_p l'_p \qquad (10-56)$$

式中:补强圈有效宽度 l'_p 值取 l_{so} 和补强圈宽度 l_p 两者中的最小值。而用于计算 $A_{\sigma p}$ 补强圈有效厚度 δ_{ap} 不得超过1.5倍壳体分析厚度 δ_{as},即补强圈的分析厚度需满足下述条件:

$$\delta_{ap} \leq 1.5\delta_{as}$$

10.5.2.3　补强环补强时应力作用截面面积 $A_{\sigma r}$

下述计算式只适用于插入式补强环补强,在补强有效范围内补强环的应力作用截面面积 $A_{\sigma r}$:

$$A_{\sigma r} = \delta_r l_r \qquad (10-57)$$

补强环的有效高度 δ_r 取补强环分析厚度 δ_{as} 或 $(3\delta_{as},3l_r)$ 中的最小值,即

$$\delta_r = \delta_{as}$$

$$\delta_r = \max(3\delta_{as};3l_r)$$

式中:δ_r 为补强环有效高度;l_r 为补强环的壁厚值。

由于在实际设计时将补强环和壳体当作是一个整体结构,也就是说壳体从补强环内孔边开始算起,只是厚度不一样而已。因此,对这种补强结构的开孔补强宽度(从补强环孔边开始)的有效补强范围最大距离 l_o:

$$l_o = \sqrt{(2R_{is} + \delta_{am})\delta_{am}} \qquad (10-58)$$

式中:δ_{am} 是补强环在 l_o 宽度内的平均厚度;δ_{am} 是在考虑补强环高度 δ_r 和壳体壁厚 δ_{as} 并叠加计算得出的值。

$$\delta_{am} = \delta_{as} + (\delta_r - \delta_{as})\frac{l_r}{l_o} \qquad (10-59)$$

如果补强环的壁厚 l_r 大于 l_o 时,取 $l_r = l_o$。于是用于计算这种补强结构的应力作用截面面积 $A_{\sigma r}$ 的有效宽度 l'_s 取 l_s,$(l_o - l_r)$ 两者中最小值。l'_s 为

$$l'_s = \min(l_o - l_r;l_s) \qquad (10-60)$$

10.5.2.4　径向接管补强时应力作用截面面积 $A_{\sigma b}$

这种接管补强接管分为两种,如图 10-23 和图 10-24 所示,即径向接管焊在壳体外表面上的安放式接管和接管插入壳体里的插入式接管。无论是哪一种结构形式,在补强有效范围内的补强接管的长度 l_{bo} 均不得大于由下述计算的值:

$$l_{bo} \leqslant \sqrt{(d_{eb} - \delta_b)\delta_b} \qquad (10-61)$$

式中:d_{eb} 为接管外径。在计算椭圆形或其他非圆形径向接管(直径为 d_{eb})补强时,l_{bo} 取其短轴值。

(1)对于插入壳体内的插入式接管,其应力作用截面面积 $A_{\sigma b}$ 为

$$A_{\sigma b} = \delta_b(l'_b + l'_{bi} + \delta'_s) \qquad (10-62)$$

式中:l'_b 为壳体外计及补强的接管有效长度;l_{bo} 为壳体外计及补强的接管最大长度;l_b 为插入接管计及补强的接管长度。

(2)对于安放式接管应力作用截面面积 $A_{\sigma b}$ 为

$$A_{\sigma b} = \delta_b l'_b \qquad (10-63)$$

式中:l'_b 取 l_{bo} 和外 l_b 两者中的最小值,l'_{bi} 取 $0.5l_{bo}$ 和 l_{bi} 两者中的最小值,即

$$l'_b = \min(l_{bo};l_b)$$
$$l'_{bi} = \min(0.5l_{bo};l_{bi}) \qquad (10-64)$$

式中:l'_b 为壳体外计及补强的接管有效长度;l'_{bi} 为壳体内计及补强的接管有效长度;l_b 为接管外伸长度;l_{bi} 为插入壳体壁内接管长度,一般不大于 δ_{as}。

10.5.3 压力作用截面面积计算

在压力面积补强中,压力作用截面面积除了补强圈补强和接管不是垂直于壳体表面(非经向接管)外,主要有两大部分组成,即属于壳体部分和接管部分。为了能够全面地掌握各个部分压力作用截面的面积计算,下面将四种结构形式压力作用截面面积计算方法作一介绍。

10.5.3.1 壳体部分压力作用截面面积 A_{ps}

无论是只加厚壳体补强,还是补强圈补强,其压力作用截面面积 A_{ps} 均按下述要求计算。

(1) 壳体无接管和单独用补强环补时,压力作用截面面积 A_{ps}:

$$A_{ps} = A_s + 0.5d\delta_{as} + 0.5d_i\delta_p \tag{10-65}$$

式中:d_i,δ_p 分别为接管内径和补强圈有效厚度。

(2) 对于无补强圈的开孔补强,$\delta_p = 0$;上式中的 A_s 要根据不同类型壳体分别计算。

① 圆柱形壳体(在纵向截面上):

$$A_s = R_{is}(l'_s + a) \tag{10-66}$$

② 锥形壳(图10-25不考虑接管的 A_{pb})纵向截面上 A_{ps}:

$$A_s = 0.5(l'_s + a)\{R_{is} + [R_{is} + (l'_s + a)\tan\alpha]\} \tag{10-67}$$

式中:$a = 0.5d$。图10-25中,$R'_{is} = R_{is} + (l'_s + a)\tan\alpha$。

③ 球形壳体或成形封头的任何截面上及圆柱形壳体横截面上 A_s(图10-24):

$$A_s = 0.5R_{is}^2 \frac{l'_s + a}{0.5\delta_{as} + R_{is}} \tag{10-68}$$

其中

$$a = R_{ms}\arcsin k \tag{10-69}$$

$$R_{ms} = R_{is} + 0.5\delta_{as} \tag{10-70}$$

$$k = \frac{d}{2R_{ms}} \tag{10-71}$$

$$l'_s = \min(l_{so}; l_s) \tag{10-72}$$

其他符号意义同上。

10.5.3.2 接管压力作用截面面积 A_{pb} 计算

无论是插入接管,还是置于容器壳体表面的安放式接管上,其在补强有效范围内属于接管部分的压力作用截面面积 A_{pb} 按下式计算:

$$A_{pb} = 0.5d_i(\delta_{as} + l'_b) \tag{10-73}$$

式中:d_i 为补强环内径;l'_b 为接管有效长度。

10.5.3.3 计入补强环的压力作用截面面积 A_{pr} 计算

在这种情况下的压力作用截面面积为

$$A_{pr} = 0.5d_i\delta_r \tag{10-74}$$

式中:d_i 为补强环内径。

10.5.3.4 壳体壁上斜置接管压力作用截面面积 $A_{p\varphi}$ 计算(图10-27)

由于接管偏置,会产生附加面积,其按下述计算。

1. 在圆柱形壳体和锥形壳体上斜置的接管压力作用截面面积 $A_{p\varphi}$

这部分面积应当是由于接管倾斜而产生的附加面积,因此需要核准。

$$A_{pr} = \frac{d_{ib}^2}{2}\tan\varphi \qquad (10-75)$$

式中:φ 为

$$\varphi \leqslant \arcsin(1-k) \qquad (10-76)$$

而 k 为

$$k = \frac{d_{eb}}{2(R_{is} + 0.5\delta_{as})} \qquad (10-77)$$

应当在纵向和横向两个截面上进行校核。若在纵向截面上校核时,此时取 $\varphi=0$。

如果接管轴线在纵向截面倾斜度 φ 不超过 60°时,补强应当只是在纵向截面接管和壳体之间锐角侧进行校核计算。距离 a 对于两种情况下分别计算。

(1)圆柱壳体或锥壳体在纵向截面上的 a:

$$a = 0.5\frac{d_{eb}}{\cos\varphi} \qquad (10-78)$$

(2)圆柱形壳体和锥形壳在横向截面上的 a:

$$a = 0.5R_{ms}[\arcsin(k+\sin\varphi) + \arcsin(k-\sin\varphi)] \qquad (10-79)$$

式中:k 同式(10-71)。

2. 在球壳和成形封头上偏置接管(图 10-27)

这种接管结构的压力作用截面面积计算仅适用于在球壳和成形封头球冠部分接管及椭圆形封头上接管,接管轴线与球半径或与局部椭圆封头半径形成夹角 φ 且满足条件如下:

$$\varphi \leqslant P\arcsin(1-k) \qquad (10-80)$$

式中:k 由式(10-71)求得。应在接管轴线和通过接管中心线球壳半径之间形成的平面上计算补强,计算时只计及接管侧区域,其位置在接管壁与球面之间为锐角侧,但是补强壳体有效长度 l'_s 计算需考虑接管两侧,并取较小值。

10.5.4 多个开孔孔带强度计算

10.5.4.1 强度条件

若两个相邻开孔中心矩不能满足式(10-42)要求时,均要对孔带强度进行校核(另有规定者除外)。若孔带校核条件不能满足,也需要进行校核(图 10-28)。

满足相邻开孔补强强度基本条件为

$$
\begin{aligned}
&(A_{\sigma Ls} + A_{\sigma w})([\sigma]_s - 0.5p) + A_{\sigma b1}([\sigma]_{ob1} - 0.5p) + \\
&A_{\sigma p1}([\sigma]_{op1} - 0.5p) + A_{\sigma b2}([\sigma_{ob2} - 0.5p]) + \\
&A_{\sigma p2}([\sigma]_{op2} - 0.5p) \geqslant (A_{pLs} + A_{pb1} + 0.5A_{p\varphi1} + A_{pb2} + 0.5A_{p\varphi})p
\end{aligned}
$$

$$(10-81)$$

式(10-81)是指与壳体表面法线垂直且通过开孔轴线平面上的接管。如果补强元件为补强环时，$A_{\sigma r}$、A_{pr} 应当替代 $A_{\sigma b}$、A_{pb}。两个以上开孔的孔带校核计算需按两个最近开孔之间距离计算。

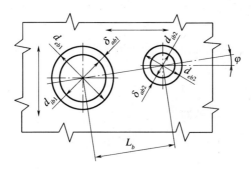

图 10-28　圆柱壳上相邻径向接管孔带校核

10.5.4.2　圆柱壳和圆锥壳上多个开孔截面计算

1. 压力作用截面面积 A_{pL}

（1）对于圆柱形壳体 A_{pLs}（图 10-26）：

$$A_{pLs} = \frac{0.5R_{is}^2 L_b(1 + \cos\varphi)}{R_{is} + 0.5\delta_{as}\cos\varphi} \qquad (10-82)$$

式中：R_{is} 按表 10-2 中圆柱壳的半径式计算；φ 为两个开孔（接管）中心线和圆柱壳体或圆锥壳体母线间夹角，如图 10-29 所示。

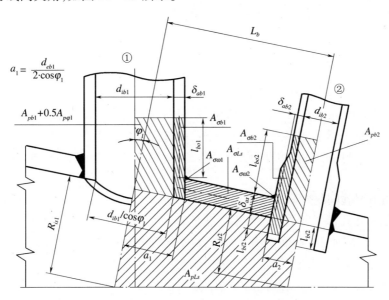

图 10-29　锥壳上相邻斜置接管孔带校核

（2）对于锥形壳 A_{pLs}：

$$A_{pLs} = \frac{0.25(R_{is1} + R_{is2})^2 L_b(1 + \cos\varphi)}{R_{is1} + R_{is2} + \delta_{as}\sin\varphi} \qquad (10-83)$$

式中:R_{is} 按表 10 - 2 中的圆锥壳直径式计算。

2. 应力作用截面面积 $A_{\sigma Ls}$

按下式计算:

$$A_{\sigma Ls} = (L_b - a_1 - a_2)\delta_{cs}$$

式中:δ_{cs} 为校核壳体开孔补强而假定的壳体壁厚,此壁厚由设计者在壳体计算壁厚 δ 和壳体分析壁厚 δ_{as} 之间选择,在以后分析计算时一直用这个壁厚。沿 L_b 的距离 a_1 和 a_2 由下式确定:

当 $\varphi = 0°$ 时,即接管在容器纵轴线上:

$$a = \frac{0.5 d_{eb}}{\cos\varphi_e} \tag{10 - 84}$$

当 $\varphi \neq 0°$ 时,即偏置接管朝向相邻开孔倾斜:

$$a = R_{0s}[\arcsin(k + \sin\varphi_e) - \varphi_e] \tag{10 - 85}$$

当偏置接管背向相邻开孔倾斜时:

$$a = R_{os}[\varphi_e + \arcsin(k - \sin\varphi_e)] \tag{10 - 86}$$

式中:R_{os},k 按下式计算

$$R_{os} = \frac{R_{is}}{\sin^2\varphi} + 0.5\delta_{as} \tag{10 - 87}$$

$$k = \frac{d}{2R_{os}} \tag{10 - 88}$$

对于在同一母线上的倾斜接管,接管轴线应在含各个开孔中心和壳体轴线形成的平面上。

10.5.4.3　在球壳和成形封头上多个开孔

对于两个相邻标准开孔,图 10 - 26 所示的只是在开孔接管位于垂直于壳体表面并含两个开孔中心线的平面上才能满足其补强强度条件的要求。为此距离 a_1,a_2 及面积 A_{pLs},$A_{\sigma Ls}$ 应当按照 $\varphi = 90°$ 由相应的计算式计算。对于两个相邻的偏置接管上述参数如图 10 - 30 所示。

10.5.4.4　所有开孔间距效核

如果上述两孔孔带强度效核条件不能满足时,就需要对所有开孔之间的间距进行效核,将计算范围扩大到较大截面面积,即包括每个接管壁和相邻壳体截面(图 10 - 31 和图 10 - 32)的大截面上进行校核计算,但是需要满足下述几个条件。

$$L_b + a'_1 + a'_2 \leqslant 2(l_{so1} + l_{so2}) \tag{10 - 89}$$

式中:a'_1 和 a'_2 为与孔带反侧方向的距离,如图 10 - 31 或图 10 - 32 所示。

其次,还需满足三个条件:将式(10 - 84)的右项乘以 0.85;没有其他开孔与此两开孔相邻;两个开孔中的任何一个都不得靠近不连续处。

除此之外,还要考虑包括两个相邻开孔总截面在内的壳体截面附加长度 L_{b1},如图 10 - 31 和图 10 - 32 所示:

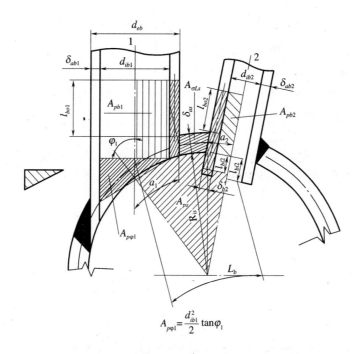

$$A_{p\varphi1} = \frac{d_{ib1}^2}{2}\tan\varphi_1$$

图 10-30 圆柱壳或球壳上偏置的非径向接管

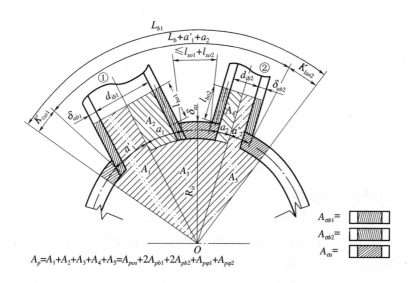

$$A_p = A_1 + A_2 + A_3 + A_4 + A_5 = A_{pos} + 2A_{pb1} + 2A_{pb2} + A_{p\varphi1} + A_{p\varphi2}$$

图 10-31 球壳上两个径向开孔接管孔带校核计算

$$L_{b1} = L_b + a'_1 + a'_2 + kl_{so1} + kl_{so2} \tag{10-90}$$

式中: L_b 由单个开孔定义式(10-42)计算,而 k 值为

$$k = 2\frac{L_b + a'_1 + a'_2}{l_{so1} + l_{so2}} \tag{10-91}$$

若 $k > 1$ 时,取 $k = 1$。

对于这种开孔接管补强需要满足的强度条件为

$$(A_{\sigma os} + A_{\sigma w})([\sigma]_s - 0.5p) + 2A_{\sigma b1}([\sigma]_{ob1} - 0.5p) + 2A_{\sigma b2}([\sigma]_{ob2} - 0.5p) +$$

$$A_{\sigma po1}([\sigma]_{po1} - 0.5p) + A_{\sigma po2}([\sigma]_{po2} - 0.5p) +$$

$$A_{\sigma pi}([\sigma]_{opi} - 0.5p) \geqslant (A_{pos} + 2A_{pb1} + A_{p\varphi1} + A_{pb2} + A_{p\varphi2})p \qquad (10-92)$$

式中: A_{pos}、距离 a_1 和 a_2, a'_1 和 a'_2 同 A_{pLs} 计算方法一样,只是 L_{b1} 代替该式的 L_b,而壳体内半径 R_{is} 按表 10-2 计算,于是有

$$A_{\sigma os} = (L_{b1} - a_1 - a_2 - a'_1 - a'_2)\delta_{cs} \qquad (10-93)$$

式中: $A_{\sigma w}$ 为在 L_{b1} 以内的焊缝总面积;对于每一个接管, A_{pb}, $A_{\sigma b}$ 和 $A_{p\varphi}$ 按单独开孔强度条件式(10-44)计算;对于 L_b 以外的补强圈, $A_{\sigma po} = \delta_p l'_p$,补强圈有效长度 l'_p,取 l_p 和 kl_{so} 较小者。

对于在接管之间和 L_b 之内的补强圈, $A_{\sigma p1} = \delta_p L_{bp}$, L_{bp} 取 l_p 和 $(L_b - a_1 - a_2)$ 两者中的较小者。

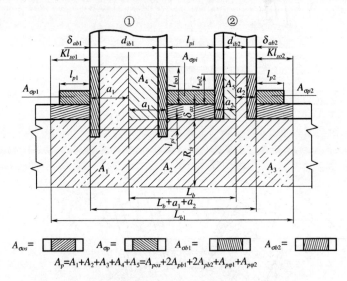

图 10-32　圆柱壳上两个径向开孔接管孔带总校核计算

10.5.4.5　孔带强度校核条件

在上述分析中,除了两个相邻开孔中心距 L_b 不能满足式(10-42)要求,需要进行开孔补强外,在两个开孔之间壳体距离不能满足下述孔带强度条件时,则需要进行总体校核。如果能够满足孔带条件,就不用总体强度校核。如果接管之间壳体距离小于下述两者中最大值时,就不存在所谓孔带概念:

$$\max(3\delta_{as}; 0.2\sqrt{(2R_{is} + \delta_{cs})\delta_{cs}}) \qquad (10-94)$$

由此可得,不需要进行孔带强度校核的基本条件如下:

(1) 接管直径总和能够满足以下条件:

$$(d_1 + d_2 + \cdots + d_n) \leqslant 0.2\sqrt{(2R_{is} + \delta_{cs})\delta_{cs}} \qquad (10-95)$$

(2) 接管位于在由下式确定的直径范围之内:

$$d_c = 2\sqrt{(2R_{is} + \delta_{cs})\delta_{cs}} \qquad (10-96)$$

(3) 接管与其他开孔或不连续部位不在直径为 d_c 圆范围之内。

10.5.5 有效补强范围和开孔限制条件

10.5.5.1 有效补强范围

由壳体开孔应力分析可知补强强度绕着开孔轴线变化,所以补强量必须在所有平面上都需确保足够;其次开孔位置与容器壳体不连续处的距离只要满足其最小距离要求时,本方法就适用。

补强有效范围取决于开孔周边壳体和接管壳体的应力分布状态,即与壳体的直径和厚度及接管的直径和厚度有关,因此补强有效范围由应力在开孔边沿壳体经线或环向方向应力分布衰减到与壳体无开孔时,用规则强度设计计算的应力比值来确定。所谓的有效补强范围是指接管中心线平面与容器壳体相交形成的截面,这个截面形状在圆柱壳或锥壳壳体上和接管在其他壳体上偏置或倾斜时的形状是不一样;有效补强长度从理论上来讲就是接管轴线平面在某一方向与容器壳体相交形成的截面宽度和高度形成的范围。在压力面积补强法中,补强有效长度是基于壳体的直径和厚度来确定的。

(1)壳体有效补强范围按下式计算

$$l_{so} = \sqrt{(2R_{is} + \delta_{cs})\delta_{cs}} \qquad (10-97)$$

式中:R_{is} 为壳体或封头开孔中心的内半径,各种壳体的内径见表 10-2;δ_{cs} 为壳体假设厚度。在一般情况下,假设厚度取壳体分析厚度 δ_{as}(有效厚度),但是选此值偏于保守,通常先选较小的假设值,以减少与相邻不连续处的距离。

(2)接管补强范围分为外伸接管和内插接管两种,外伸接管有效补强范围:

$$l_b = 1.25\sqrt{(d_{ib} - \delta_{cb})\delta_{cb}} \qquad (10-98)$$

内插接管有效补强范围:

$$l_b = 0.625\sqrt{(d_{ib} + \delta_{cb})\delta_{cb}} \qquad (10-99)$$

式中:d_{ib} 为接管内径,各种形式壳体内径的计算见表 10-2;δ_{cb} 为接管壁厚。

10.5.5.2 开孔限制条件

1. 无需补强最小开孔直径 d

无需补强最小开孔直径为

$$d \leq 0.15\sqrt{(2R_{is} + \delta_{cs})\delta_{cs}} \qquad (10-100)$$

2. 壳体上开孔限制条件

(1)无接管补强时壳体开孔限制条件:

$$\frac{d}{2R_{is}} \leq 0.5 \qquad (10-101)$$

必须注意用补强圈补强时,在补强有效范围内容器壳体壁温高于 250℃ 以上或沿壳体轴线方向温度梯度很大时,建议不用补强圈补强。如果结构需要,非要使用这种补强结构时,则要求壳体材料和补强元件材料的性能和质量相同并采取措施避免产生温度应力集中。

(2)球壳和成形壳体上独立开孔和装有接管或补强环补强结构的限制条件:

$$\frac{d}{D_e} \leq 0.6 \qquad (10-102)$$

(3)圆柱形壳体用接管补强时的开孔限制条件:

$$\frac{d}{2R_{is}} \leqslant 1.0 \qquad (10-103)$$

3. 圆柱形或非圆形径向接管在壳体上开孔直径

（1）圆柱壳或锥形壳上椭圆形或非圆形径向接管的开孔直径：

$$d = d_{min}\left(\sin^2\Omega + \frac{d_{max}}{d_{min}}\frac{(d_{min}+d_{max})}{2d_{min}}\cos^2\Omega\right) \qquad (10-104)$$

式中：d_{max} 和 d_{min} 为开孔的长轴和短轴直径；Ω 有两种情况：如果是单个接管，为壳体母线与长轴轴线的夹角，而对于两个或两个以上开孔时则为含有开孔中心的平面与长轴轴线的夹角。

（2）球面或成形壳封头上椭圆形或非圆形径向接管的开孔直径：

$$d = d_{max}\left(\frac{d_{min}+d_{max}}{2d_{min}}\right) \qquad (10-105)$$

对于椭圆和非圆形截面的接管，设计时需要考虑压力作用不仅产生薄膜应力，而且在壳体环向方向上产生附加弯曲应力，因此加厚接管或补强，以增加连接处的强度和刚度。

10.5.6 开孔与不连续处缝距离

10.5.6.1 开孔与不连续处的最短距离要求

（1）开孔圆柱形壳体与成形封头或半球形封头、锥形壳大端、平封头、管板或其他任何形式凸缘（法兰）等相连接时（图 10-33 ~ 图 10-35），开孔与这些不连续处的距离 w

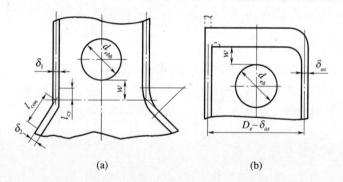

(a)   (b)

图 10-33　开孔与锥壳小端连接处或非同一轴线圆柱壳连接的最小距离

应满足如下条件：

$$w \geqslant w_{min} = \max(0.2\sqrt{(2R_{is}+\delta_{cs})\delta_{cs}}\,;3\delta_s) \qquad (10-106)$$

（2）与锥壳小端、球壳或其他凸形封头连接的圆柱壳体上开孔，以及与不是同一轴线圆柱形壳体连接的圆柱壳体上开孔（图 10-33），其与这些不连续处的最短距离 w 应满足如下要求：

$$w \geqslant w_{min} = l_c = \sqrt{D_c\delta_1} \qquad (10-107)$$

若锥壳小端与同一轴线上的圆柱壳连接，锥壳上的开孔孔边与连接处的经线长度：

$$w \geqslant w_{min} = l_{con} = \sqrt{\frac{D_c\delta_2}{\cos\alpha}} \qquad (10-108)$$

式中：D_c 为与锥形壳体小端连接的圆柱形壳体平均半径；δ_c 为与锥形壳体小端连接的圆

324

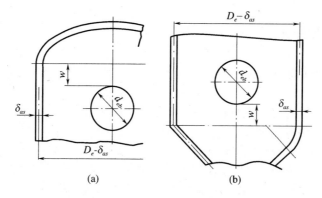

(a)   (b)

图 10-34   开孔与椭圆封头切线或锥壳大端的最小距离 w

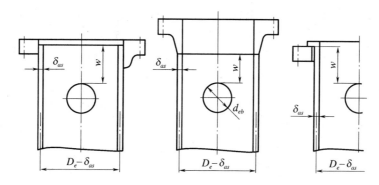

图 10-35   圆柱壳体开孔与法兰或凸缘间最小距离

柱形壳壁厚;δ_2 为锥壳壁厚。

（3）锥壳上开孔。若锥壳大端与同一轴线上的圆柱壳连接,则锥壳上开孔孔边与连接处的经线最小长度为

$$w \geq w_{\min} = \max\left(0.2\sqrt{\frac{D_c\delta_2}{\cos\alpha}};3\delta_2\right) \qquad (10-109)$$

式中:D_c 为与锥壳小端连接的圆柱壳平均直径;δ_2 为锥壳壁厚;α 为锥壳半锥顶角。

其他形式的壳体上开孔,如碟形和椭圆形壳体上开孔,其与不连续处的最小距离见该规范。

（4）开孔接近对接焊缝时,焊缝中心线与开孔中心之间的距离有一定的规定。

对于接近于壳体对接焊缝的开孔需要满足如下条件:如果开孔孔边到对接焊缝中心线的距离大于 l_{so} 值时,就不用考虑焊缝的影响;如果其距离等于或小于 l_{so} 时,在下述条件之一的情况下,需要考虑焊缝的影响:

对接焊缝中心线到开孔中心线的距离小于 $d_{ib}/6$ 时,补强计算时,需要分别校核单个开孔条件或靠近不连续处开孔的基本要求。

10.5.6.2 壁厚限制条件

接管有效厚度 δ_e 和壳体实际壁厚(实际生产时用的厚度,也称分析厚度)δ_{as} 之间有一定比例关系,δ_e/δ_{as} 之比须小于一限定值。如果超过此值,就不用补强。此比值说明接管对开孔补强的影响程度。

10.6 弹塑性补强

10.6.1 弹塑性补强原理

等面积补强和压力面积补强等补强方法对延性较好的碳素钢和低合金钢制的压力容器壳体上开孔补强是很适用的,然而对于低合金高强度钢和超高强度钢制造的压力容器壳体上开孔补强就提出更高的要求。由金属材料学可知,金属材料屈强比随着其强度增加而增大,材料的延性和断裂韧度相应地降低,对缺口或各种缺陷的敏感性随之增加,断裂的危险性也会加大。因此在设计这种容器的开孔补强时,必须把不连续处的局部应力控制在安全范围之内。根据这一要求,经过理论分析和试验研究,近年来美国压力容器研究委员会提出了以安定性为准则的开孔接管补强设计方法,也称作弹塑性失效补强法,即在开孔接管补强有效范围内,补强结构由压力作用产生的局部虚拟应力达到其材料两倍屈服极限或三倍许用应力值以内且补强后有效范围内壳体的屈服压力等于未开孔时壳体屈服压力的 98%。这种补强方法能使壳体与接管连接部位产生局部塑性变形,但是由于受周围弹性区域约束而使变形被限制,在此部位只有残余压应力存在,故使补强有效范围内结构处于安定状态。由于补强的原则是基于安定性原则,所以补强后结构的应力集中系数是一样的。

10.6.2 使用限制条件

弹塑性补强方法是圆柱壳体或球壳上单个径向接管特定条件下经过实验分析得出的,在使用时需要对补强结构有一些限制,这些限制条件主要有:

(1)圆柱形或球形封头及成形封头中球形部分上的接管是径向接管,也就是说接管的轴线与圆柱形壳体表面的轴线成直角或垂直于球壳和成形封头壳体表面的切线,对于成形封头上开孔需限定在封头壳体内径 80% 范围以内。

(2)在补强有效范围内所使用材料屈强比不得大于 0.67。

(3)接管与补强材料和壳体的补强结构需按照图 10-36 所示形式布置,各不连续部位的过渡圆角按表 10-3 确定。

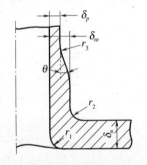

图 10-36　密集补强结构
不连续处尺寸

表 10-3　弹塑性补强结构过渡部位的尺寸要求

过渡圆角半径 r	$r_1 =$	$r_2 \geqslant$	$r_3 \geqslant$
R 值	$(1/2 \sim 1/8)\delta_n$	$\max(\sqrt{d\delta_{nt}}; \delta_n/2)$	$\max(\sqrt{d/2\delta_p}; \delta_{nt}/2)$

(4)补强结构最好采用整体锻件接管或补强环与壳体连接,通常不使用补强圈补强结构。在补强有效范围内所有元件焊接连接必须是全焊透对接焊缝,100% 无损检验。

(5)在圆柱形壳体和球形封头及成形封头的球面部分开孔的接管最大容许直径见表 10-4。

表 10－4　弹塑性失效补强允许接管直径

	圆柱壳上接管	球壳或成形封头上球冠部分接管
$d/2R_i$	$\leqslant 0.5$	$\leqslant 0.5$
$d/\sqrt{2R_{i\delta_n}}$	—	$\leqslant 0.8$
$d/\sqrt{(2R_i\delta_{nt}r_2)/\delta_n}$	$\leqslant 1.5$	—
$2R_i/\delta_n$	$10\sim100$	$10\sim100$

（6）在球壳或成形封头上，有补强强度设计计算确定的需要补强面积中的40%要补在接管和壳体连接处的外侧区域。

（7）补强材料和壳体材料质量和性能最好相同，如果补强材料的力学性能低于壳体材料时，则实际补强截面面积应当增加，增加量为壳体材料许用应力与补强材料许用应力之比。

10.6.3　弹塑性补强有效范围

弹塑性补强是把补强材料集中地补到接管和壳体的连接部位，如图10－37所示，这种补强方法所获得的效果要比按上述的补强方法好得多。例如，圆角较大密集补强，在有效补强范围内为使最大应力降到安定性条件容许的 $3[\sigma]'$ 或 $2\sigma_y$ 水平所需要的补强截面积，比用一般补强方法所需要的最少补强截面积减少 $0.8d\delta_n$。

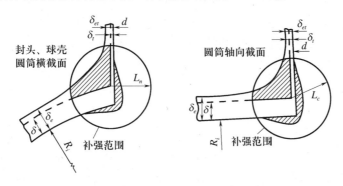

图 10－37　补强结构和补强有效范围

补强有效范围是以壳体外表面与接管外表面相交点为圆心，以 L_n 和 L_c 为半径画出的圆内区域，而 L_n 或 L_c 即为有效补强半径，其值按下式计算：

在圆柱壳体上开孔接管密集补强有效半径：

$$L_c = 0.945\left(\frac{\delta}{R_i}\right)^{2/3}R_i \tag{10-110}$$

在球壳或成形封头球冠部分上开孔接管的补强有效半径：

$$L_n = 1.26\left(\frac{\delta}{R_{ic}}\right)^{2/3}\left[R_i\left(\frac{d}{2R_i}+0.5\right)\right] \tag{10-111}$$

式中：R_i 为壳体半径；δ 为壳体计算厚度；δ_t 为接管计算厚度。

10.6.4　补强所需有效面积

弹塑性失效补强法在补强有效范围内所需要的补强面积列入表10－5中。从表中可以看出,当 $d/\sqrt{R\delta}$ 小于 0.2 时,无论是圆柱形壳体,还是球壳开孔都无需补强,也就是说,$d = 0.2\sqrt{R_i\delta}$ 为不用补强的开孔最大直径。

表 10 - 5　弹塑性补强结构最小补强截面面积

$d/\sqrt{R\delta_i}$	A_r	
	圆柱壳上接管	球壳或成形封头接管球冠部分上
<0.2	不用补强	不用补强
≥0.2<0.4	$\{4.05\sqrt{d/(\sqrt{R\delta_i})} - 1.81\}d\delta$	$\{5.4\sqrt{d/\sqrt{R\delta_i}} - 2.41\}d\delta$
≥0.4	$0.75d\delta$	$d\delta\cos\phi$
注:$\phi = \arcsin(d/2R_i)$		

图 10 - 37 中的抛物线区域内的面积为弹塑性补强截面积,这个面积是基本壳体以外所有金属截面面积。基本壳体系指圆柱壳体或球壳内半径 R_i 及其计算壁厚 δ 和接管内半径 d 及其计算壁厚 δ_i 壳体所组成的壳体,即是由强度计算得出的容器壳体,即图 10 - 36 中无虚线部分壳体截面面积。

在接管两侧有效补强范围内的补强面积至少为所需要的最少补强面积 A_r 的 1/2。所需要的最小补强面积应布置在通过接管轴线的所有平面上。

计入补强的接管壳体材料强度最好与壳体材料的强度一致。如果接管材料强度与壳体材料不同,如接管材料的许用应力低于壳体材料时,则应增加补强截面积,增加比例为接管材料许用应力与壳体材料许用应力的反比;如果接管和焊缝材料的许用应力大于壳体材料许用应力时,不得因为此强度的增加而减少补强截面积。

第11章 压力容器法兰设计

11.1 法兰连接结构

11.1.1 概述

法兰是压力容器主要部件之一。为了满足压力容器制造、安装、运输、检修和操作等方面的需要,有些容器常由几部分或组件可拆地连接在一起,因此在结构连接处,必须满足下述条件。

(1) 保证装置在整个操作过程中不泄漏。

(2) 具有足够的强度和刚性。

(3) 拆卸和装配方便,有些法兰连接,因操作要求,还应允许多次拆卸和装配。

(4) 普通标准法兰成本低,适合于批量生产。

在所有密封连接结构中,螺栓法兰连接能够较好地满足上述要求,因此在压力容器中被广泛地采用。因为法兰连接用途广,数量大,种类多,为设计、制造和使用等方便,一般对常用的法兰都制定了标准。但是对大型法兰,特殊场合使用的非标准法兰,通常还是需要进行专门设计。

11.1.2 法兰密封原理

法兰连接由一对法兰、垫片、若干个螺栓和螺母组成,如图 11 - 1 所示。若将法兰连接的压紧面和垫片放大,如图 11 - 2 所示,可以看到,不论是法兰压紧面,还是垫片表面都是凹凸不平的。扭紧螺栓后,垫片受法兰压紧面的挤压作用产生变形,填平空隙,在法兰压紧面和垫片之间形成凹凸曲折的毛细管,增加介质通过的阻力防止渗漏,以达到密封目的。因此,增加接触面介质渗漏阻力是法兰密封的基本要求,而要实现密封要求必须使阻力大于介质的压力。一些对连接结构密封要求特别严格的螺栓法兰连接结构有时把密封度作为设计准则之一。根据流体力学的黏性流动理论,通过同心环形孔的泄漏量(层流)按下式计算:

$$Q_L = \frac{\pi \Delta p \delta^3 d}{12 \mu l} \tag{11 - 1}$$

式中:Q_L 为通过间隙的泄漏量(mm^3/s);Δp 为流体流经间隙的压力差(MPa);δ 为径向间隙 $1/2$(mm);d 为间隙内直径(mm);μ 为流体绝对黏度(Ns/mm^2);l 为间隙轴向长度(mm)。

为了使泄漏量为零,间隙必须等于零,这对实际密封结构是难以实现的,况且也不经济。因此一般都在接合面间加入较软的垫片,垫片嵌入凹凸不平处,以期达到间隙为零即实现密封的目的。

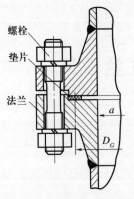

图 11 - 1 螺栓法兰连接结构总成

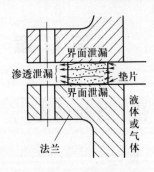

图 11 - 2 法兰密封原理

11.1.3 法兰分类

为了满足使用上的要求,法兰的形式是多种多样的。如按用途分类,有用于管路连接的管接法兰和设备盖板等连接的容器法兰;按法兰环与筒柱壳或接管连接方式来分有活套法兰、整体法兰和任意法兰,如图 11 - 3 所示。

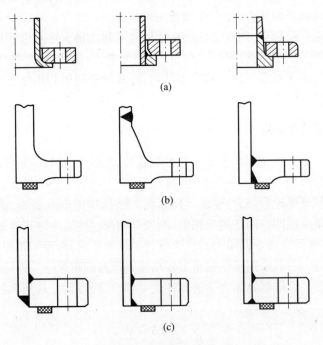

图 11 - 3 法兰分类

（a）活套法兰；（b）整体法兰；（c）任意法兰。

（1）活套法兰,又称自由法兰。这种法兰不直接与容器或管子壳体连接,而是把法兰套在容器或接管的外面,用螺栓紧固。这种法兰不产生附加弯曲应力,这对于压力较高的容器和管道有利;也特别适用于用软金属制造的薄壁容器。同时,如在有色金属容器上采用碳钢活套法兰,还可节省贵重的金属,提高法兰连接强度和刚度。这类法兰主要用在低压场合。

330

（2）整体法兰。这种法兰与法兰颈连在一起,组成整体结构,法兰刚度和强度都比较高。由于法兰与容器壳体或接管为刚性连接,故在容器壳体或接管上产生附加弯曲应力。这种形式法兰结构复杂,制造工序多,成本高。常用于压力和温度较高、设备直径较大较重要的场合。

（3）任意法兰。这种法兰是将法兰环与容器或管子直接焊接制成,是中低压容器和压力管道最常使用的一种法兰连接形式。在焊接方法上又分为带坡口焊和不带坡口焊两种。它们只在法兰厚度的两端焊接,前者的强度较后者为高。这种法兰的刚性较差。在强度计算时,一般分为两种情况,即作为整体法兰处理或作为活套法兰处理。如果 $\delta \leqslant$ 16mm, $\dfrac{D_i}{\delta} \leqslant 300$, $p_d \leqslant 2$MPa,操作温度 $T \leqslant 370℃$（δ 为法兰颈部厚度; D_i 为法兰内径（mm）; p_d 为设计压力（MPa））,则应按活套法兰计算。

11.1.4　法兰压紧面的型式

为了保证法兰连接的紧密性,合理选择压紧形式是非常重要的,在中低压压力容器中常用螺栓法兰压紧面形式有四种,如图11-4所示。

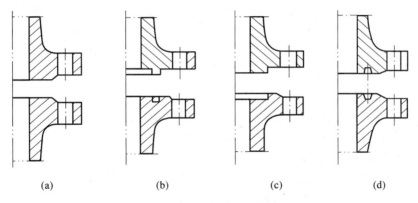

（a）　　　　　　（b）　　　　　　（c）　　　　　　（d）

图11-4　法兰压紧面结构形式

1. 平面型压紧面或光滑型压紧面（图11-4(a)）

这种压紧面是光滑的平面或在其上刻有2条~4条截面为三角形的法兰水线。扭紧螺栓后,垫片材料易往两边挤出,不易压紧,因此密封性能较差。但是结构简单,制造方便。这种形式的压紧面适用于压力较低,储存无毒介质的铸铁或其他脆性材料容器。法兰较薄,垫片一般为软质。直径 600mm 以下的容器法兰,压力可达 1.6MPa, $DN \leqslant$ 1000mm,大于此直径者,可相应地降低压力。

2. 榫槽型压紧面（图11-4(b)）

这种压紧面由一个榫面和一个凹槽面组成,垫片放在槽内。由于垫片受槽的两个侧面的限制而不能挤出去,故密封性能较好,由于密封垫片被凸型榫盖死,不被介质腐蚀。另外,由于压紧面比较窄,所以压紧垫片所需要的螺栓拉力较小。这种压紧面结构适用于 $PN \approx 20$MPa、$DN \leqslant 800$mm 场合。这种压紧面的缺点是结构较复杂,制造较困难,更换垫片不太方便,凸面部分易受损伤,装配和拆卸时需特别小心。这种压紧面适用于易燃、易爆、有毒等不允许泄漏的介质密封,也适用于压力较高的场合。

3. 凹凸面型压紧面(图 11 - 4(c))

这种压紧面由一个凸面和一个凹面组成,垫片放在凹面内。这种压紧面也称为部分约束型压紧面。垫片压紧时,因受凹面外侧的限制而不被挤出,其密封性能介于平型与榫槽型之间,使用场合与榫槽型相似,但制造和安装较榫槽型方便。用于 $PN \leqslant 6MPa$、$DN \leqslant 800mm$ 场合。这种压紧面的缺点是压紧面宽度大,因而垫片宽度大,

4. 梯形槽型压紧面(图 11 - 4(d))

这种压紧面由上下两个截面形状为梯形的槽口组成,适用于安放圆形、椭圆形或八角形断面的自紧式金属垫片。由于金属垫片密封压力大,故螺栓力也大,为了减少螺栓的截面面积,因此需要金属垫片与槽面接触尽量为线接触或者带接触。同时要求接触面的粗糙度要低。这种压紧面主要用于高压容器,也可以用于温度高、压力也较高的中压容器上。

11.1.5 垫片种类和材料

垫片是法兰连接结构的一个重要元件,它的性质和几何形状对密封性能影响很大。垫片材料有非金属、金属和金属与非金属组合等几种类型。垫片材料是根据容器操作条件,如介质种类、腐蚀性能、操作压力和温度等选择的,它应当具有下列性能。

(1) 质软而富有弹性。

(2) 致密性好。

(3) 不易受介质侵蚀破坏。

(4) 耐热性、耐久性好。

(5) 在紧固力与介质压力作用下,无过度变形与破坏。

但是,同时具备这些性能的垫片材料目前还很难找到,垫片设计时只能按主要要求选择,对其不足的地方从结构设计上予以克服。目前,压力容器法兰连接结构中常用的垫片材料有橡胶、石棉橡胶板、石棉、塑料、有色金属、钢等。一般垫片由上述材料单独制成,然而有时根据工作需要,也可以由两种以上材料制成。

石棉垫片:石棉橡胶板由于价格便宜,制造方便,在中、低压容器中用得最广。

金属包层垫片:如密封直径较大,压力较高,石棉橡胶板等垫片有可能因压力太大而被压碎,为了加强非金属垫片的强度,有时在其外面包上金属薄板。包层金属根据使用条件不同,可以是镀锌的薄铁板、不锈钢等,而内部填料可以是石棉板或者石棉橡胶板等。

金属缠绕式垫片:它是 08、15 及 1Cr18Ni9Ti 等软钢带中间夹石棉或石棉橡胶层周向缠绕制成的。它的特点是金属绕层边缘有多道密封槽,增加密封阻力,石棉或石棉橡胶板层在压紧后能改善密封性能。其次,垫片对法兰压紧面表面缺陷的敏感性不大,垫片弹性受温度变化影响也不明显,能够部分地吸收机械振动。缠绕式垫片的强度和寿命较非金属垫片高,密封性能好,压紧力比金属垫片小,螺栓载荷相对来说较小。它的缺点是制造比较麻烦。平面型压紧面使用时,不得在压紧面上开有三角形截面的小沟槽,否则会影响第二次使用。

塑料垫片:常用塑料垫片由聚四氟乙烯和其他近几年新研制成的抗高温、高压和腐蚀的塑料制成。这种垫片的化学性能稳定,耐酸、碱腐蚀,可用于很高温度,但价格

较贵。

金属垫片:金属垫片有有色金属垫片和钢制垫片等。这种垫片的截面形状有圆形、椭圆形、矩形、八角形等。金属垫片的机械强度高,且耐高温,通常用于高温高压操作的场合。

在选择法兰压紧面和垫片结构形式时,可根据压力、温度和介质参考表 11 - 1。

表 11 - 1　法兰压紧面和垫片结构及材料选用表

介　质	公称压力/MPa	介质温度/℃	法兰压紧面形式	使用垫片名称	垫 片 材 料
油气、油品、液化气、氢气、硫化催化剂、溶剂（丙烷、丙酮、苯、酚、糠、醛、异丙醇、低于25%的尿素）	≤1.6	≤200	平型	耐油石棉橡胶垫片	耐油石棉橡胶板
		201～300		缠绕式垫片	08(15)钢带 - 石棉带
	2.5	≤200	平型	耐油石棉橡胶垫片	耐油石棉橡胶板
	4.0	≤200	平型（凹凸式）	（1）缠绕式垫片（2）波形铁包石棉垫片	08(15)钢带—石棉带马口铁石棉板
	2.5～4.0	201～450			
	2.5～4.0	451～600	梯形槽型（椭圆槽式）	缠绕式合金垫片	0Cr13(1Cr13)(2Cr13)合金带—石棉带
	6.4～16	≤450		（1）椭圆形截面钢垫圈（2）八角形截面合金钢垫圈	08(10)钢
		451～600			1Cr18Ni9(1Cr18Ni9Ti)合金钢
蒸汽	1.0	≤250	平型	石棉橡胶垫片	中压石棉橡胶板
	2.5	251～450	平型（凹凸式）	（1）缠绕式垫片（2）波形铁包石棉垫片	08(15)钢带 - 石棉带马口铁石棉板
	10	450	梯形槽型（椭圆槽式）	（1）椭圆形截面钢垫圈（2）八角形截面合金钢垫圈	08(10)钢
水盐水	6.4～10	≤100			
	≤1.6	≤60	平型	橡胶垫片	橡胶板
		≤150			
气态氨、液态氨	2.5	≤150	凹凸式		
压缩空气、空气、惰性气体	≤1.6	≤200	平型	石棉橡胶垫片	中压石棉橡胶板
≤98%硫酸≤35%盐酸	≤1.6	≤90	平型		
液碱	≤1.6	≤60	平型	（1）石棉橡胶垫片（2）橡胶垫片	中压石棉橡胶板橡胶板

注:(1) 如不允许石棉纤维混入介质(如航空油)内时,则不宜采用石棉橡胶板。

(2)苯对耐油石棉橡胶垫片中的丁腈橡胶有溶解作用,故公称压力小于25MPa,温度低于200℃时,苯介质应选用缠绕式垫片。

(3) 在同一条件下有两种垫片可选用时,推荐第一种。对于水管,一般采用中压石棉橡胶垫片。橡胶垫片使用寿命较长,对于不常拆卸,使用年限较长的部位,选择橡胶垫片为宜。

(4) 对同一管路、同一压力等级的法兰,最好选用一种类型的垫片

11.1.6　垫片系数 m 和有效压紧力 y

为了使垫片与法兰压紧面密实接触防止泄漏,就必须有一定的压紧力,这种压紧力称为垫片压紧力。将垫片压紧力除以垫片的有效面积得出最小有效压紧力或叫做比压力,用 y 表示,单位为 MPa。各种垫片的最小有效压紧力由试验确定,见表 11-2。

表 11-2　垫片、垫片系数 m 和密封比压 y 等参数

形式	材料	厚度/mm	m 值	y 值/MPa	温度/℃	最高压力/bar	使用介质
缠绕式垫片	316 不锈钢/304 不锈钢 + 石墨		3(液体) 4.5(气体)	33.8~69	650	250	除浓硫酸、浓硝酸、王水等强氧化剂外所有介质
	316 不锈钢/304 不锈钢 + 聚四氟乙烯		3.0	55.2	260	250	除熔融性碱金属、氯气、氢氟酸等强腐蚀性介质外所有介质
波形活压垫片	316 不锈钢/304 不锈钢 + 石墨/聚四氟乙烯		2.3	16.6	650	250	除浓硫酸、浓硝酸等强氧化剂外所有介质
椭圆垫片、八角垫	软铁		5.5	124.1	538	420	用于高压密封结构。根据法兰结构和介质性质选择合适的金属材料
	软钢		5.5	124.1	538	420	
	蒙乃尔		6.0	150.3	816	420	
	不锈钢		6.5	179.3	816	420	
板材垫片	金属加强柔性石墨	1.0~4.0	3.0	19.3	870	140	除浓硫酸、浓硝酸等强氧化剂外所有介质
		0.8~2.4	3.0	19.3	870	140	
	聚四氟乙烯	1.6	2.6	17.2	260	10	除熔融碱金属、氯气、氢氟酸等强腐蚀性介质外所有介质
		3.0	3.0	22.1			
	红色橡胶		1.0	1.4	85	10	低温低压水
	耐油橡胶	1.6	2.3	14.5	1500	10	污水
		3.0	2.5	16.6			
	麻纤维压缩		1.0	1.4	120	15	低温低压油
	玻璃纤维填充聚四氟乙烯压缩	1.6	3.0	16.2	260	105	除熔融碱金属、氯气、氢氟酸等强腐蚀性介质外所有介质
		3.0	3.6	17.9			
	玻璃复合芳纶纤维压缩	1.6	3.0	15.2	200	25	水、盐水、200℃以下蒸汽、气体、油、不饱和脂肪烃、中等强度碱,不能用于酮类介质
		3.0	3.0	19.3			
	高含量芳纶压缩	1.6	2.4	16.6	300	50	水、盐溶剂、酒精、脂类、有机碱、碳氢化合物、油,不能用于盐酸和脂酮
		3.0	3.7	22.8			
	碳纤维特种胶黏剂	1.6	3.3	17.6	450	100	水、油、220℃以下蒸汽、碳氢化合物,不能用于盐酸和脂酮
		3.0	4.5	19.3			

形式	材 料	厚度/mm	m 值	y 值/MPa	温度/℃	最高压力/bar	使 用 介 质
板材垫片	镍化石墨,316 不锈钢平板增强石墨	1.6	2.0	17.2	870	150	除浓硫酸、浓硝酸等强氧化剂外所有介质
		3.0	2.0	17.2			
	柔性石墨	0.8 ~ 2.5	2.3	17.2	870	140	除浓硫酸、浓硝酸等强氧化剂外所有介质
	膨化聚四氟乙烯	1.6	2.2	15.9	260	210	除熔融碱金属、氯气、氢氟酸等强腐蚀性介质外所有介质
		3.0	2.7	15.9			
带状垫片	石墨	截面 3×3	2.5	18.6	650	140	除浓硫酸浓硝酸等强氧化剂外所有介质
	硅胶	截面 3×(10 ~ 25)	2.2	17.2	175	14	水、盐水和润滑油
	膨化 e – PTFE	截面 (1.5 ~ 5)×(3 ~ 50)	2.0	13.8	315	210	除熔融碱金属、氯气、氢氟酸等强腐蚀性介质外所有介质

在操作之前,垫片主要受连接螺栓的压紧力作用;开始操作之后,由于内压力(没有考虑其他载荷作用)作用,法兰压紧面间分开一距离,垫片所受的压力比操作前有所减少。如果垫片单位面积上的压紧力小到一定值以下,不足以使垫片因压缩变形而填满密封面之间的间隙时,就会产生泄漏,同时垫片也有可能被内压力产生的横推力推出去。因此,要保证操作时不发生泄漏,就必须使垫片在内压力作用下保持足够的压紧力。垫片的这种最小的必要的压紧力与内压力之比称为垫片系数,用 m 表示。m 与垫片的形状和材料性能有关。各种材料垫片的 m 值见表 11 – 2。

有效压紧力 y 与垫片系数 m 之间的关系为

$$y = p\left(\frac{D_G}{8b} + m\right) \tag{11 – 2}$$

式中:p 为设计压力(MPa);D_G 为垫片载荷作用位置处的直径(mm);b 为垫片有效密封宽度。

11.1.7 垫片选择

垫片实际宽度 N 不应选得太宽或太窄,垫片实际宽度太宽,接触面积增大,法兰初装时为达到密封要求所必需的压紧力也随之增大,这时需要增加螺栓直径或螺栓数目;垫片实际宽度太窄,则易因垫片上的预紧力太大而被压碎。

螺栓预紧时,垫片与法兰压紧面的凹凸不平处不可能完全地密实接触,因此计算预紧力时,也就不能用垫片的实际接触宽度 N,而应当采用比 N 小的垫片宽度,这个宽度称为垫片基本密封宽度 b_0,基本密封宽度与压紧面的形状有关,常用垫片基本密封宽度 b_0 值列入表 11 – 3。

表 11-3　垫片结构形式和垫片基本密封宽度

压紧面形状简图		垫片密封基本宽度 b_0	
		I	II
1a	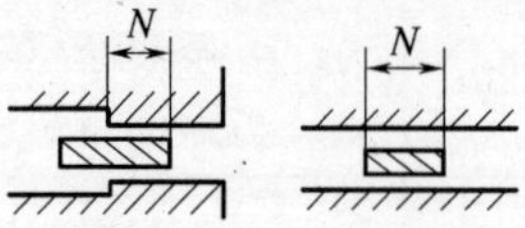	$\dfrac{N}{2}$	$\dfrac{N}{2}$
1b	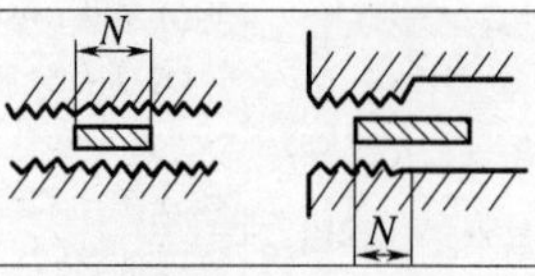		
1c	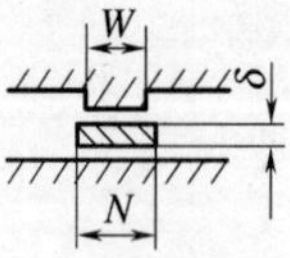 $W \leqslant N$	$\dfrac{W+\delta}{2}\left(最大为\dfrac{W+N}{4}\right)$	$\dfrac{W+\delta}{2}\left(最大为\dfrac{W+N}{4}\right)$
1d	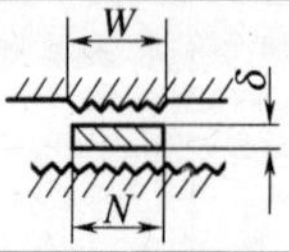 $W \leqslant N$		
2	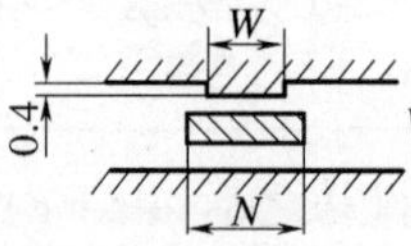 $W \leqslant N/2$	$\dfrac{W+N}{4}$	$\dfrac{W+3N}{4}$
3	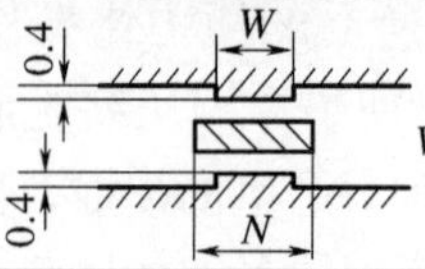 $W \leqslant N/2$	$\dfrac{W}{2}\left(\dfrac{N}{4}最小\right)$	$\dfrac{W+N}{4}\left(\dfrac{3N}{8}最小\right)$
4*	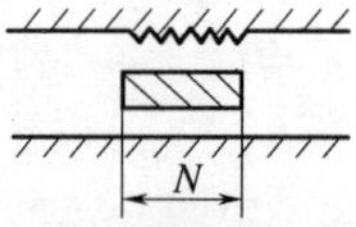	$\dfrac{3N}{8}$	$\dfrac{7N}{16}$
5*	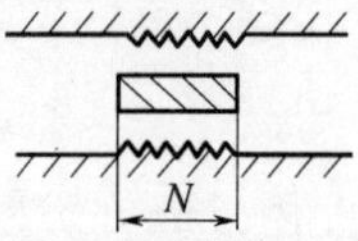	$\dfrac{N}{4}$	$\dfrac{3N}{8}$
6	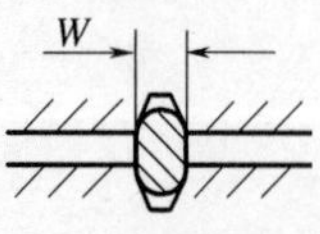	$\dfrac{W}{8}$	

注：* 当齿深不超过0.4mm、齿距不超过0.8mm时,应采用图1b和图1d的压紧面形状

　　螺栓上紧后,在螺栓力作用下,由于法兰受压应力作用将产生一定程度的倾翻(扭曲)变形,垫片沿整个宽度受力不均匀,靠外圈部分比靠内圈部分压的更紧些。当垫片基本密封宽度较大时,这种现象更明显,垫片受力更不均匀,因此在实际设计时所取的垫片有效密封宽度 b 比垫片基本密封宽度 b_0 更小些。垫片有效密封宽度 b 与基本密封宽度 b_0 及 D_G 之间关系按下述规定确定：

当 $b_0 \leqslant 6.4\text{mm}$ 时，$b = b_0$；

当 $b_0 > 6.4\text{mm}$ 时，$b = 2.53\sqrt{b_0}$。

垫片实际宽度 N 可以用下式估算：

$$N = \frac{D_{Go} - D_{Gi}}{2}$$

$$D_{Go} \geqslant D_{Gi}\sqrt{\frac{y - pm}{y - p(m + 1)}}$$

式中：p 为内压力（MPa）；D_{Go} 为垫片外径（mm）；D_{Gi} 为垫片内径（mm）；m 为垫片系数；y 为比压力（MPa）。

11.2 紧固螺栓计算

11.2.1 螺栓载荷

法兰密封结构用螺栓应具有足够的强度，以能承受压紧力和由容器操作压力引起的轴向力。螺栓的计算强度计算是根据螺栓的受力情况，求出所需要的螺栓总截面积，进而确定螺栓的个数和计算直径，然后圆整到标准螺栓直径。由于螺栓在压力容器使用之前和使用时的受力情况不同，故分两种情况介绍。

11.2.1.1 预紧状态螺栓载荷 W_a

压力容器在使用之前安装法兰时，需将螺栓拧紧，使螺栓在垫片上产生的应力不得小于该垫片的最小有效压紧应力，因此，需要的最小螺栓拉力为

$$W_a = \pi b D_G y \tag{11-3}$$

式中：b 为垫片的有效密封宽度或法兰接触面压紧宽度；D_G 为垫片载荷作用位置处的直径（图 11-11）（mm）（除图 11-4(b) 所示法兰外，其他按下述规定确定：当 $b_0 \leqslant 0.64\text{mm}$ 时，垫片有效宽度 $b = b_0$，则 D_G 等于垫片接触面的平均直径；当 $b_0 > 0.64\text{mm}$ 时，垫片有效宽度 $b = 2.53\sqrt{b_0}$，则 D_G 等于垫片接触面的外直径 D_H 减去两倍的有效宽度，即 $D_G = D_H - 2b$；对于自紧式垫片，D_G 等于垫片中心处的直径）。

11.2.1.2 操作状态螺栓载荷 W_p

操作时，螺栓不仅承受由于容器中介质压力产生的促使法兰连接分开的轴向力，同时，还受来自垫片的残余压紧力的作用，这个残余压紧力是为了保证法兰连接密封性所必须有的压紧力，这个力与垫片材料系数有关，即密封面上的压紧应力是设计压力的 $2m \sim 2.5m$ 倍或最低压力为 $2mP \sim 2.5mP$，P 为设计压力。也就是说，操作状态时，螺栓载荷 W_p 由两部分组成：介质内压力产生的轴向力 F 和保证连接密封性而在垫片或其接触面上所加的残余压紧力 F_p。

由介质内压力产生的轴向力 F_a 为

$$F_a = \frac{\pi}{4}D_G^2 p = 0.785D_G^2 p \tag{11-4}$$

式中：p 为设计压力（MPa），一般取最大压力。

参照式（11-3），垫片在操作状态下接触面总残余压紧载荷（轴向力）F_p 为

$$F_p = \pi b D_G y' \qquad\qquad (11 - 5)$$

式中:y' 为保证密封,垫片需保持的压紧应力。

根据试验,此压紧应力应大于容器的内压力,一般规定 $y' = 2mp$。

于是,式(11-5)可以写为

$$F_p = 2\pi b m D_G p \qquad\qquad (11 - 6)$$

将式(11-4)和式(11-6)相加,即可得到操作条件下的最少螺栓载荷 W_p:

$$W_p = F_a + F_p = \frac{\pi}{4} D_G^2 p + 2\pi b m D_G p \qquad\qquad (11 - 7)$$

11.2.2 螺栓所需有效截面积

由式(11-3)和式(11-7)求得的预紧状态和操作状态螺栓所需载荷 W_a 和 W_p 后,即可分别按 W_p 和 W_a 计算螺栓所需要的有效截面积,取其较大值。

螺栓在预紧状态下所需要的截面积 A_a 为

$$A_a = \frac{W_a}{[\sigma]_b} \qquad\qquad (11 - 8)$$

螺栓在操作状态下所需要的螺栓截面积 A_p 为

$$A_p = \frac{W_p}{[\sigma]_b^t} \qquad\qquad (11 - 9)$$

式中:$[\sigma]_b$ 为常温下及大气压状态下螺栓材料的许用应力(MPa);$[\sigma]_b^t$ 为螺栓材料操作状态即设计温度许用应力(MPa)。

实际计算时,选择 A_a 和 A_p 两者面积中较大值作为螺栓的计算总面积。

11.2.3 螺栓设计载荷

在预紧状态下,螺栓许用设计载荷为

$$W = \frac{A_m + A_a}{2} [\sigma] \qquad\qquad (11 - 10)$$

在操作状态下,螺栓许用设计载荷为

$$W = \frac{A_m + A_p}{2} [\sigma]^t \qquad\qquad (11 - 11)$$

式中:A_m 为所需螺栓总面积,取 A_a 和 A_p 的较大值。

当然,在按照式(11-10)计算许用螺栓预紧力时,式中所用的螺栓计算面积 A_a 应当取实际标准螺栓面积 A_b,两者平均值在乘以螺栓的许用应力取得,即为实际螺栓允许预紧力:

$$W = \frac{A_m + A_b}{2} [\sigma]_b \qquad\qquad (11 - 12)$$

11.2.4 螺栓许用应力

螺栓受力情况比较复杂,不仅受拉伸作用,而且还有一定的弯矩作用。螺栓材料的许用应力选择需要考虑两种情况,即预紧状态的许用应力 $[\sigma]$ 和在工作状态下(设计温度)

338

的许用应力$[\sigma]'$。这时就要分析各项应力是哪种状态下起有主要作用。因此,通常是用设计温度的螺栓许用应力进行校核计算,而设计力矩M_0取M_a和M_p的较大值,由此计算许用应力。按照此规定,对于预紧状态,设计力矩$M_0 = M_a \dfrac{[\sigma]^t}{[\sigma]}$。但是,一般都是将预紧状态和工作状态分开进行计算和校核。

11.2.5 螺栓个数和直径

计算所需的螺栓总面积A_m应取预紧状态下式$(11-8)A_a$和操作状态下式$(11-9)A_p$中的较大值,由此可以求出螺栓的直径和个数:

$$A_m = \frac{\pi}{4} d_0^2 n \qquad (11-13)$$

式中:d_0为螺栓根径和光径(mm);n为螺栓个数,螺栓个数应为4的倍数,一般参考法兰标准选取。

由式$(11-13)$可以计算螺纹根径d_0为

$$d_0 = \sqrt{\frac{4A_m}{\pi n}} \qquad (11-14)$$

根据螺纹标准,将计算所得的d_0值圆整到标准值d_B,然后确定螺栓的个数n。

其次,在确定螺栓尺寸以后,还要对选定的最小垫片宽度进行校核验算。验算垫片最小宽度的目的是使螺栓实际尺寸总要比式$(11-14)$计算值要大些。容器操作前预紧时的预紧力有可能超过垫片所能承受的预紧力,导致垫片压碎失效。校核条件为

$$A_b[\sigma] \leqslant 2\pi D_G W_{a\min} y$$

或

$$W_{a\min} \geqslant \frac{A_b[\sigma]}{2\pi D_G y} \qquad (11-15)$$

式中:A_b为最终选定螺栓的总横截面面积(mm^2);$[\sigma]$为螺栓材料许用应力(MPa)。

还要根据标准螺栓公称直径d_B和螺栓个数n校核相邻螺栓间的中心距L。一般规定L值为

$$\widehat{L} = (3.5 \sim 4)d_B$$

最大值为

$$\widehat{L}_{\max} = 2d_B + \frac{6\delta_f}{m + 0.5} \qquad (11-16)$$

式中:d_B为螺栓公称直径(mm);δ_f为法兰厚度(mm);m为垫片系数,查表11-2。

若L大于$\widehat{L}_{\max}$,则需要调整螺栓数目n,重新计算并确定螺栓直径。

最后应当指出的是,选择螺栓个数时一方面应当考虑法兰连接的密封性,另一方面还需顾及到安装方便简单。螺栓数目多,垫片受力均匀,密封性好、可靠,但太多了,螺栓间距缩小,放不下扭紧搬手;而螺栓直径太小,又容易折断。因此一般情况下不采用直径小于12mm小螺栓。其次,如果螺栓个数太少,则间距太大,由于法兰有一定弹性,很可能使垫片翘曲压不紧而产生泄漏现象,再则螺栓直径太大,法兰尺寸也相应地随之变大,故将造成浪费。螺栓中心最小间距及法兰环最小径向尺寸建议值见表11-4。

11.2.6 螺栓设计温度

螺栓温度与介质温度是不同的,其可根据螺栓连接结构形式确定。对于贯通的双头螺栓的设计温度按下面规定计算:

(1)紧固两个活套法兰的螺栓:

$$T_b^t = 0.9T_c$$

(2)连接整体法兰和活套法兰的螺栓:

$$T_b^t = 0.93T_c$$

(3)连接两个整体法兰的螺栓:

$$T_b^t = 0.95T_c$$

对于扭入法兰中的螺柱按下面规定计算:

(4)连接两个活套法兰的螺柱:

$$T_b^t = 0.93T_c$$

(5)连接整体法兰和活套法兰的螺柱:

$$T_b^t = 0.93T_c$$

(6)连接两个整体法兰的螺柱:

$$T_b^t = 0.97T_c$$

上述各式中,T_b^t 为法兰连接螺栓或螺柱的设计温度;T_c 为容器介质温度。

表 11-4　L_A、L_e、$\overset{\frown}{L}$ 的最小值　　　　　　（单位:mm）

螺栓公称直径 d_B	L_A		L_e	螺栓最小间距 $\overset{\frown}{L}$	螺栓公称直径 d_B	L_A		L_e	螺栓最小间距 $\overset{\frown}{L}$
	A组	B组				A组	B组		
12	20	16	16	32	30	41	35	30	70
16	24	20	18	38	36	48	38	36	80
20	30	24	20	16	42	56		42	90
22	32	26	24	52	48	60		48	102
24	34	27	26	56	56	70		55	116
27	38	30	28	62					

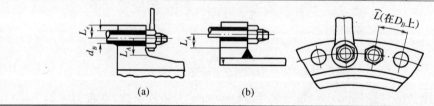

(a)　　　　　　(b)

11.3　法兰设计计算

法兰设计需要解决两个最基本的问题:连接元件具有足够的强度和刚度;保证在规定操作期间内螺栓连接密封结构不产生泄漏(或不超过允许的泄漏值)。从理论上来讲,法兰连接件强度可以通过计算解决,而螺栓法兰连接密封性能则在很大程度上取决于连接元件的材料性能和质量、制造精度和装配水平。例如,即使是同一批垫片,其质量差异也远较其他连接件大。因此,严格地说,密封性计算只能说是近似的。

目前,设计法兰有两种方法:一种是以极限载荷为依据的极限载荷设计法,适用于钢和其他塑性材料法兰的设计计算;另一种是以极限应力为依据的极限应力设计法,适用于脆性材料制造的法兰设计计算。这两种方法都是通过大量的理论研究和试验推导出来的,经长时间的使用,证明是可靠的,因此用得比较广泛。这里只介绍用极限应力设计法兰的方法。

整体法兰和活套法兰法兰受力(载荷)及结构尺寸如图 11-5 所示;各种类型法兰的受力分布如图 11-6 所示。法兰设计力矩计算分为预紧状态和操作状态两种情况。

对任意法兰,在设计计算时通常将其按结构形式划归为整体法兰和活套法兰。

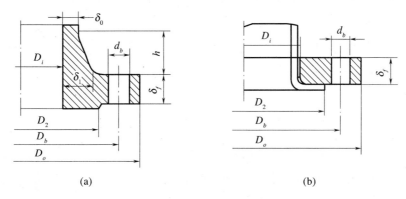

图 11-5 法兰结构尺寸

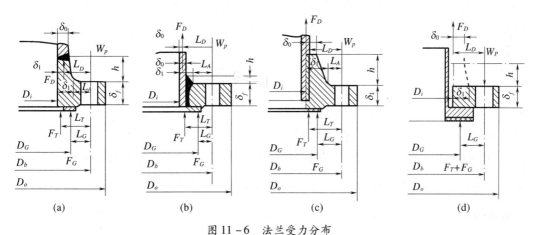

图 11-6 法兰受力分布

11.3.1 活套法兰设计

活套法兰或按活套法兰考虑的任意法兰是根据环板扭转法计算法兰壁厚的,将法兰看做一个仅受扭矩作用的矩形截面圆板,如图 11-5(b)所示。刚性不好的焊接法兰(任意法兰)亦可按活套法兰进行计算。对于受扭矩作用的圆环形板,仅存在环向应力,活套法兰受力状态如图 11-6(d)所示,法兰环上的最大环向弯曲应力 $\sigma_{T\max}$ 按下式计算:

$$\sigma_{T\max} = \frac{YM_0}{\delta_f^2 D_i} \tag{11-17}$$

活套法兰的强度条件为

$$\sigma_{T\max} \leqslant [\sigma]_f^T \tag{11-18}$$

活套法兰壁厚为

$$\delta_f = \sqrt{\frac{YM_0}{D_i [\sigma]_f^T}} \tag{11-19}$$

式中:系数 Y 由图 11 −9 查取,其他符号如图 11 −6 所示。

带颈的活套法兰,由于法兰与颈连接,故只考虑法兰环上存在环向应力和径向应力,而在法兰颈上存在轴向应力。在强度校核设计时,用整体法兰的公式即颈上轴向弯曲应力、法兰环上的环向弯曲应力和径向弯曲应力式进行计算,只是 V_1、F_1 分别用 V_L、F_L 代替。

11.3.2 整体法兰设计

带颈整体法兰或按整体法兰考虑的任意法兰设计时,需要考虑锥颈部分变截面和锥颈与法兰连接处的边缘应力。通常将这种法兰分为圆柱壳、锥颈和法兰三个部分,如图 11 −6(a)所示。法兰视为受弯曲力矩作用的环形板,圆柱壳和锥颈部分视为受内压作用的圆柱壳。由于各连接部分刚度不同,故在各连接部位分别产生不同的边缘力和边缘力矩,如图 11 −7 所示。根据第 2 章的有力矩理论的计算式,求出法兰与宽锥颈部分连接处的边缘力和边缘力矩,由此确定法兰的三个主应力。

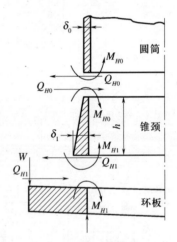

图 11 −7　整体法兰受力分析

11.3.2.1 法兰力矩计算

法兰连接时承受总力矩 M 分为两种情况:一种是初装拧紧螺栓时由螺栓拉力 W 作用在法兰上产生的外力矩;另一种是容器操作时,由介质静压力产生的轴向力和压紧垫片的残余压紧力之和在法兰上产生的外力矩。

(1)初装时法兰力矩计算。由图 11 −6(a)可知,初装扭紧螺栓时的外力矩为

$$M_a = W \frac{D_b - D_G}{2} = WL_G \tag{11-20}$$

或最大许用弯矩为

$$M_a = \frac{A_m + A_b}{2}[\sigma]L_G \tag{11-21}$$

式中:D_b 为螺栓中心圆直径(mm);D_G 为垫片平均直径(mm);L_G 为从螺栓中心圆至垫片平均直径之间的距离(mm)。

(2)操作状态下法兰力矩计算。操作状态法兰力矩计算一般是把由介质静压力产生的轴向力和操作状态时压紧垫片所需要的残余压紧力分成三个分力 F_D、F_T 和 F_G,分别作用在法兰的三个部位上,如图 11 −6 所示,其总力矩按下式计算:

$$M_p = F_D L_D + F_T L_T + F_G L_G \tag{11-22}$$

式中:F_D 为介质静压力作用在容器壳体内径 D_i 面积上的轴向力($F_D = 0.785 D_i^2 p$);F_T 为

介质静压力作用在容器内径 D_i 和垫片计算直径 D_G 之间环形面上的轴向力（$F_T = \frac{\pi}{4}D_G^2 p - \frac{\pi}{4}D_i^2 p = \frac{\pi}{4}(D_G^2 - D_i^2)p$）；$F_G$ 为垫片计算直径上的轴向力，$F_G = 2\pi D_G bmp$（在操作情况下，见式（11-6），$F_G = F_p$，F_p 系在工作状态下垫片需要的最小压紧力，$F_p = 6.28 D_G bmp$）；L_D 为螺栓中心与作用力 F_D 间的距离（mm）；L_T 为螺栓中心与作用力 F_T 位置间的距离（mm）；L_G 为螺栓中心与作用力 F_G 位置间的距离（mm）。

法兰力矩的力臂 L_D、L_T 和 L_G 按表11-5中的公式计算。

法兰的设计力矩 M_0 按下式计算：

$$M_0 = \begin{cases} M_a \dfrac{[\sigma]^t}{[\sigma]} \\ M_p \end{cases} \qquad (11-23)$$

式中：法兰力矩的力臂 L_D、L_T 和 L_G 按表11-5中的公式计算。

表 11-5　各种形式法兰力臂 L 计算式

图11-6	L_D	L_T	L_G
（a）整体法兰 （b）视为整体法兰的任意法兰	$\dfrac{D_b - D_i - \delta_1}{2}$	$0.5\left(D_b - \dfrac{D_G + D_i}{2}\right)$	$0.5(D_b - D_G)$
（b）视为不带颈活套法兰的活套法兰 （c）视为带颈活套法兰的螺纹法兰	$0.5(D_b - D_i)$	$0.5(L_D + L_G)$	$0.5(D_b - D_G)$
（d）带颈或不带颈的活套法兰	$0.5(D_b - D_i)$	$0.5(D_b - D_G)$	$0.5(D_b - D_G)$

11.3.2.2　法兰应力

法兰设计计算过程中，在确定作用在法兰设计弯矩以后，应求出法兰三个方向中的最大应力值。法兰锥颈中的轴向弯曲应力 σ_H（发生在锥颈壳体内或锥颈与法兰连接处或锥颈与圆柱壳连接处，如图11-8所示）。

$$\sigma_H = \frac{fM_0}{\lambda \delta_1^2 D_i} \qquad (11-24)$$

法兰环上径向弯曲应力 σ_R：

$$\sigma_R = \frac{(1.33\delta_f e + 1)M_0}{\lambda \delta_f^2 D_i} \qquad (11-25)$$

法兰环上环向弯曲应力 σ_T：

$$\sigma_T = \frac{YM_0}{\delta_f^2 D_i} - Z\sigma_R \qquad (11-26)$$

式（11-24）~式（11-26）中的 T、U、Y 和 Z 可以由图11-9查取，也能够用下式计算求得：

$$T = \frac{K^2(1 + 8.55246\lg K) - 1}{(1.04720 + 1.9448)K^2(K-1)}$$

$$U = \frac{K^2(1 + 8.55246\lg K) - 1}{1.36136(K^2 - 1)(K-1)}$$

$$Y = \frac{1}{K-1}\left(0.66845 + 5.71690 \times \frac{K^2 \lg K}{K^2 - 1}\right)$$

$$Z = \frac{K^2 + 1}{K^2 - 1}$$

以上各式中:δ_f 为法兰分析厚度(mm);f 为整体法兰锥颈应力修正系数,即法兰锥颈小端轴向弯曲应力与锥颈大端应力之比,由图 11-11 求得(f 值均大于 1,锥颈斜度为 0 时颈部均厚,$f=1$;如果 $f>1$ 时,表明轴向最大弯曲应力在锥颈小端);M_0 为法兰的设计力矩,由式(11-23)计算,取 M_a 或 M_p 中的较大值(N·mm);λ 为系数($\lambda = (\delta_f + 1)/T + \delta_f^3/k_1$);$k_1$ 为系数(mm)(对于整体法兰,$k_1 = Uh_0\delta_0^2/V_I$;对于带颈活套法兰,$k_1 = Uh_0\delta_0^2/V_L$);K 为法兰外径与内径之比($K = D_o/D_i$);e 为系数(整体法兰,$e = F_I/h_0$;带锥颈法兰(包括任意法兰及活套法兰),$e = F_L/h_0$);h_0 为系数,$h_0 = \sqrt{\delta_0 D_i}$(mm);$F_I$ 和 F_L 分别为整体法兰和活套法兰系数,分别查图 11-12 和图 11-13;h 为锥颈高度(mm);D_i 为法兰内直径(当 D_i 小于 $20\delta_0$ 时,可在法兰锥颈轴向弯曲应力 σ_H 的计算式(11-24)中用 D_l 代替 D_i);$D_l = D + \delta_1$(整体法兰 $f \geqslant 1$);$D = D_i + \delta_1$(带颈搭接法兰、活套法兰及 f 小于 1 的整体法兰);δ_0 为锥颈小端厚度(mm);δ_1 为锥颈大端厚度(mm);V_I 为整体法兰锥颈系数(图 11-14);V_L 为活套法兰系数(图 11-15);D_0 为法兰外直径(mm)(如法兰采用槽孔并使用活节螺栓时,则为槽孔底部直径 d,如图 11-10 所示)。

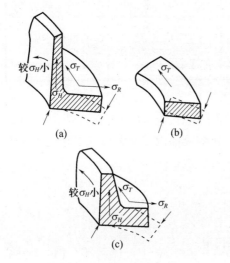

图 11-8 法兰应力分量

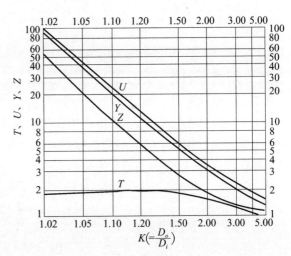

图 11-9 系数 T、U、Y、Z 算图

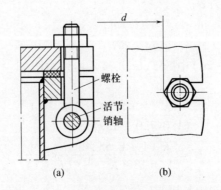

图 11-10 活节螺栓连接时槽孔底部直径

344

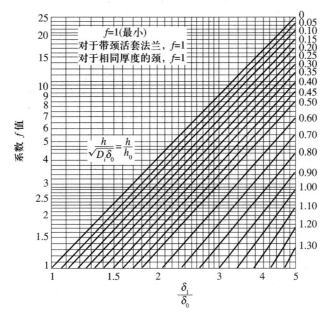

图 11-11 系数 f 算图

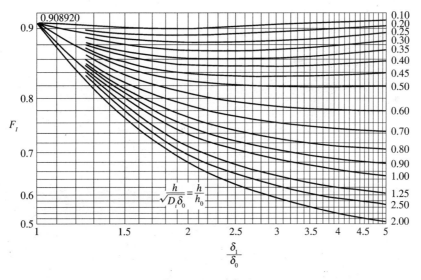

图 11-12 系数 F_I

11.3.3 法兰强度校核

按式(11-24)~式(11-26)计算出各应力后,应按下述规定进行强度校核。

铸铁法兰的轴向弯曲应力 σ_H 不得大于法兰在操作温度下的许用应力 $[\sigma]_f^t$,即 $\sigma_H \leqslant [\sigma]_f^t$。

整体法兰和按整体法兰考虑的任意法兰轴向弯曲应力分两种情况进行强度校核:整体法兰又分为锥颈大端和小端两个部位。小端部位:

$$\sigma_H \leqslant [\sigma]^t \text{ 或 } \sigma_H \leqslant 2.5 [\sigma]_n^t \qquad (11-27)$$

345

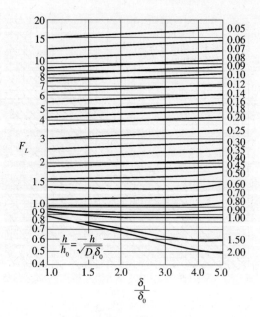

图 11 - 13　系数 F_L 算图

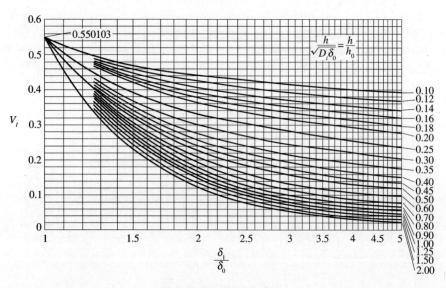

图 11 - 14　系数 V_I 算图

式中:$[\sigma]^t$ 为法兰材料许用应力(MPa);$[\sigma]_n^t$ 为与此连接圆柱壳体材料设计温度下许用应力(MPa)。

按整体法兰考虑的任意法兰,在与法兰连接圆柱壳部位的轴向弯曲应力 σ_H:

$$\sigma_H \leqslant 1.5\,[\sigma]^t \text{ 或 } 1.5\,[\sigma]_n^t \qquad (11-28)$$

对于此部位环向应力:

$$\sigma_T \leqslant [\sigma]_f^t \qquad (11-29)$$

径向应力等于或小于法兰在操作温度下的许用应力,即

$$\sigma_R \leqslant [\sigma]_f^t \qquad (11-30)$$

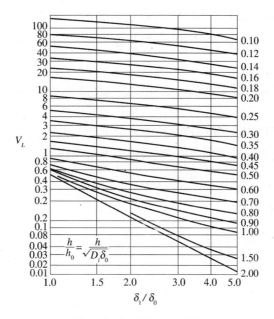

图 11 – 15　系数 V_L 算图

与此同时,还应满足锥颈或圆柱形壳体与法兰环连接强度条件:

$$\frac{\sigma_H + \sigma_R}{2} \leqslant [\sigma]_f^t \qquad (11-31)$$

及

$$\frac{\sigma_H + \sigma_T}{2} \leqslant [\sigma]_f^t \qquad (11-32)$$

任意法兰焊缝和活套法兰翻边强度校核为

$$\tau = 0.8[\sigma]^t \qquad (11-33)$$

式中:$[\sigma]_f^t$ 为操作温度下法兰材料的许用应力,在有垫片时,可取常温时数值。

在强度校核公式中,法兰颈轴向弯曲应力 $\sigma_H \leqslant 1.5[\sigma]_f^t$ 考虑了法兰颈中可能出现局部应力的影响,即允许出现局部屈服。同时,为了防止在轴向弯曲应力超过材料屈服极限 σ_y 以后,作用力矩使法兰转动产生翘曲变形,影响法兰连接刚度,破坏密封性能,故应控制法兰锥颈的轴向弯曲应力和法兰的径向应力或与环向应力之和的平均值不得大于许用应力 $[\sigma]_f^t$,即满足式(11 – 31)或式(11 – 32)的强度条件。若校核计算不能满足式 (11 –27) ~式(11 – 33)中的任何一个条件时,则应增加法兰厚度 δ_f 或改变法兰锥颈尺寸。若轴向弯曲应力过大,则增加法兰锥颈高度或厚度要比增加法兰厚度更为有效。一般取法兰锥颈的平均厚度为法兰厚度的 0.5 倍 ~0.75 倍,但不得小于 5mm。法兰锥颈的斜度为 1:4 或 1:5。

另外,法兰锥颈与圆柱壳体或法兰锥颈与法兰连接处的边缘应力具有局部衰减性质,设计时应使法兰锥颈的高度大于边缘应力影响区,即避免法兰锥颈大端、小端的边缘应力互相重叠。根据不连续处应力衰减规律,通常法兰颈高度按下式确定:

$$h = 1.1\sqrt{a\delta_p} \qquad (11-34)$$

式中:a 为法兰截面重心半径。

若法兰锥颈中轴向弯曲应力很大,可将法兰锥颈大端厚度 δ_1 增加到 $\sqrt{\sigma_H/1.5[\sigma]_f^t}$ 倍;若法兰中径向应力或环向应力很大,可将法兰厚度增加至原厚度的 $\sqrt{\sigma_R/[\sigma]_f^t}$ 倍或 $\sqrt{\sigma_T/[\sigma]_f^t}$ 倍。

在法兰锥颈与圆筒连接处或法兰锥颈与法兰连接处,为减少应力集中应有适当的过渡圆角。

用极限应力法设计法兰,从强度角度来看,偏于保守,但是法兰刚度充裕,密封可靠。然而,对于压力较高、直径较大的容器,用极限应力法设计出来的法兰往往偏厚,因此有人提出用极限载荷法计算。

11.3.4　法兰刚度校核

按照许用应力极限设计的法兰并没有足够的刚性控制法兰连接系统的泄漏,因此需要校核法兰刚度。美国 ASME Ⅲ-1 根据多年来研究和大量实践验证提出了在保证强度条件下用刚度指数(the rigidity index)防止螺栓法兰连接密封泄漏的刚度校核设计法,但是这种方法并不能保证泄漏率确定在指定的极限范围内,用刚度系数仅考虑连接系统的一部分,确保密封是由最后总装要求所决定。使用经验已证明刚度系数法对于非致死和非易燃流体当温度在 -20℃~186℃、设计压力在 1MPa 以下时可以作为法兰刚度另一准则。它是依据于法兰环在力矩作用下转动角度值推导出来的经验公式。整体法兰环的转动角度 $\theta \leqslant 0.3°$,活套法兰或以活套法兰计算的任意法兰的转动角度 $\theta \leqslant 0.2°$ 为准则,则可以得出各种类型法兰的刚度模量如下。

对整体法兰或按整体法兰设计的任意法兰:

$$J = \frac{52.14M_0V_I}{\lambda E\delta_0^2 h_0 K_I} \leqslant 1 \qquad (11-35)$$

对带有锥颈的活套法兰:

$$J = \frac{52.14M_0V_L}{\lambda E\delta_0^2 h_0 K_L} \leqslant 1 \qquad (11-36)$$

对不带锥颈的活套法兰或按活套法兰考虑的任意法兰:

$$J = \frac{109.4M_0}{E\delta_f^3 \ln(K) K_L} \qquad (11-37)$$

式中:E 为法兰材料的弹性模量(在操作状态下,取其设计温度时的弹性模量);K_I 为整体法兰或按整体法兰计算的任意法兰的刚度系数($K_I = 0.3$);K_L 为活套法兰或按活套法兰计算的任意法兰的刚度系数($K_L = 0.2$)。

经验表明上述刚度系数对大多数情况下是准确的,用户可以指定其他值。其他符号意义与式(11-24)~式(11-26)相同。

对于整体反向法兰或按不带颈活套反向法兰,刚度系数法也适用。只是 h_o 用 h_{or} 代替;λ 被 λ_r 代替。式(11-35)中求 V_I 时也是用 h_{or} 代替 h_o。

关于法兰刚度计算方法欧盟 EN 13445—3 规范和俄罗斯 GOST R 52857.2—2007 标准根据弹性理论推导出以转角角度极限值为设计准则的校核计算式,但是基本原理与上述内容基本相同。

11.4　中央开大圆孔法兰

通常把平盖上开孔率 d/D 大于 0.5 以上的单个开孔称为大开孔平盖,如图 11－16 所示。图中右半部分没有接管,而左半部分在平盖上带有类似于整体法兰的连接件或接管,所以在分析时按整体法兰考虑。

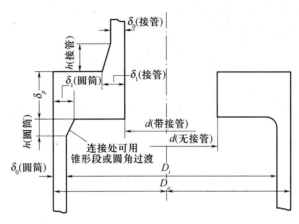

图 11－16　中央开大圆孔的平盖

图 11－16 左半部分的结构形式由平盖(法兰)、锥颈和圆柱形壳体三个部分组成,其应力分析基本上和前述的带锥颈的整体法兰一样,即在平盖(法兰)外周边处上由弯距引起的径向弯曲应力和环向弯曲应力,在锥颈与法兰连接处产生的轴向弯曲应力和锥颈与圆柱形接管连接处的轴向弯曲应力,及平盖内周边的径向弯曲应力和环向弯曲应力。

图 11－16 右半部分有平盖环外周边处的径向弯曲应力和环向弯曲应力,与圆柱形壳体连接的轴向弯曲应力及平盖环内周边处的环向弯曲应力。

下面就分别针对上述两种结构的应力进行分析。因为整个分析过程比较复杂,这里将计算过程分步骤进行,以方便于工程设计应用。

11.4.1　法兰平封头

对于这种结构需要计算并效核六个应力值,即平盖封头外周处的径向弯曲应力 σ_{RS} 和环向弯曲应力 σ_{TS}、平盖封头内周边处的径向弯曲应力 σ_{Ro} 和环向弯曲应力 σ_{To}、锥颈或圆柱形壳体轴向弯曲应力 σ_{HS} 和接管的轴向弯曲应力 σ_{Ho}。整个计算按 ASME　Ⅷ 规范步骤如下:

第 1 步,计算在工作状态下法兰上的力矩:
$$M_0 = M_D + M_G + M_T \tag{11－38}$$
式中:M_D 为接管在内压力作用下产生的力矩;M_G 为垫片压紧力作用产生的力矩;M_T 为由力 F_T 引起的力矩。

拧紧垫片时作用在法兰上的力矩为
$$M_G = \frac{D_b - D_C}{2} W_G \tag{11－39}$$

349

第 2 步，由 $K = D_o/D_i$ 计算应力。

（1）活套法兰（带锥颈或不带锥颈）。法兰锥颈轴向弯曲应力、法兰径向应力和法兰环向应力：$\sigma_H = \sigma_R = 0$，$\sigma_T = \dfrac{Y M_0}{\delta_f^2 D_i}$。

（2）整体法兰。法兰锥颈轴向弯曲应力、法兰径向应力和法兰环向应力分别按式（11-24）~式（11-26）计算。

第 3 步，系数 $E\theta$ 为弹性模量和法兰受弯矩作用在所考虑部位产生的转角的乘积，此值没有考虑法兰外径处壳体的影响。其计算为

$$(E\theta) = \frac{0.91 \left(\delta_1/\delta_0\right)^2 D_i V_I}{f h_0} \tag{11-40}$$

式中：V_I、f 和 h_0 同式（11-24）~式（11-26）。

第 4 步，法兰（平封头）外周边与圆柱形壳体连接处的力矩 M_H 计算：

$$M_H = \frac{(E\theta)}{\dfrac{1.7 h_0 V_I}{\delta_0^3 D_i} + \dfrac{(E\theta)}{M_0}\left(1 + \dfrac{F_I \delta_p}{h_0}\right)} \tag{11-41}$$

式中：δ_p 为法兰（平封头）壁厚；其他符号同式（11-24）~式（11-26）。

第 5 步，计算 X_I：

$$X_I = \frac{M_0 - M_H\left(1 + \dfrac{F_I \delta_p}{h_0}\right)}{M_0} \tag{11-42}$$

式中：M_0 按下式计算

$$M_0 = F_D L_D + F_T L_T$$

其中

$$F_D = \frac{\pi}{4} d^2 p$$

$$F_T = \frac{\pi}{4}\left(D_i^2 - d^2\right)$$

$$L_D = \frac{D_i - (d - \delta_1)}{2}$$

$$L_T = \frac{D_i - d}{4}$$

第 6 步，计算法兰（平封头）与锥颈连接处的应力值。

（1）锥颈或圆柱壳轴向弯曲应力：

$$\sigma_{HS} = X_I(E\theta) \frac{1.1 h_0 f}{\left(\dfrac{\delta_1}{\delta_0}\right)^2 D_i V_I} \tag{11-43}$$

（2）平封头上径向弯曲应力：

$$\sigma_{RS} = \frac{1.91 M_h\left(1 + \dfrac{F_I \delta_p}{h_0}\right)}{D_i \delta_p^2} + \frac{0.64 F_I M_H}{D_i h_0 \delta_p} \tag{11-44}$$

（3）平封头上环向弯曲应力：

$$\sigma_{TS} = \frac{X_I(E\theta)\delta_p}{D_i} - \frac{0.57\left(1 + \frac{F_I\delta_p}{h_0}\right)M_H}{D_i\delta_p^2} + \frac{0.64F_IZ_IM_H}{D_ih_0\delta_p} \qquad (11-45)$$

$$Z_I = \frac{K^2+1}{K^2-1}$$

$$K = \frac{D_0}{D_i}$$

第8步，计算平封头内表面与开孔即接管连接处的应力。

（1）锥颈轴向弯曲应力：

$$\sigma_{Ho} = X_I\sigma_H \qquad (11-46)$$

（2）平封头径向弯曲应力：

$$\sigma_{Ro} = X_I\sigma_R \qquad (11-47)$$

（3）平封头环向弯曲应力：

$$\sigma_{To} = X_I\sigma_T + \frac{0.64F_IZ_IM_H}{D_ih_0\delta_p} \qquad (11-48)$$

$$Z_I = \frac{2K}{K_1^2-1}, K_1 = \frac{D_o}{d}$$

式中：各符号同式（11-21）~式（11-23）。在用第7步和第8步计算出这6个应力值后，可以用下述强度条件予以控制。

对于铸铁法兰轴向弯曲应力：

$$\sigma_H \leqslant [\sigma]_f^t \qquad (11-49)$$

铸铁以外的其他法兰轴向弯曲应力：

$$\sigma_H \leqslant 1.5[\sigma]_f^t \qquad (11-50)$$

法兰径向应力：

$$\sigma_R \leqslant [\sigma]_f^t \qquad (11-51)$$

法兰环向应力：

$$\sigma_T \leqslant [\sigma]_f^t \qquad (11-52)$$

同时，对于带锥颈壳体还需满足：

$$\frac{\sigma_H + \sigma_R}{2} \leqslant [\sigma]_f^t, \frac{\sigma_H + \sigma_T}{2} \leqslant [\sigma]_f^t \qquad (11-53)$$

11.4.2 无接管大开孔平封头

在实际工程中由于不可能存在只在平封头上开孔而没有连接件的结构，通常把这种结构视为平封头上带活套法兰及其类似的法兰连接结构。对于这种结构的计算和效核主要是考虑平封头与圆柱形壳体连接部位的应力，这些应力如前所述有圆柱形壳体边缘处的轴向弯曲应力 σ_H、平封头边缘处的径向弯曲应力 σ_R 和环向弯曲应力 σ_T。这些应力按式（11-43）~式（11-45）计算。

在平封头开孔处，还有一个环向弯曲应力 σ_{To}，此应力用式（11-48）计算并校核。

在计算上述应力时,式(11-40)中的计算$(E\theta)$要用下式代替:

$$(E\theta) = \frac{d}{\delta_p}\sigma_T \qquad (11-54)$$

11.5　法兰凸形封头

这种结构设计计算应分为两个部分:法兰和封头。封头计算根据内压还是外压按照有关强度计算式计算,但是由于封头壳体与法兰连接处存在边缘应力对封头壳体的影响,因此,上述结构中有些壳体厚度就不能按照封头的普通强度计算式计算。这种法兰的尺寸和受力分析如图11-17和图11-18所示。计算时分为两个部分,即封头和法兰单独计算。这里分别介绍图11-17中的a、b、c结构的封头和法兰环厚度值计算方法。

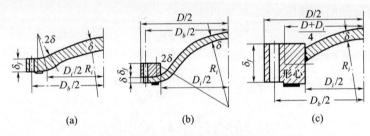

图 11-17　带法兰凸形封头结构

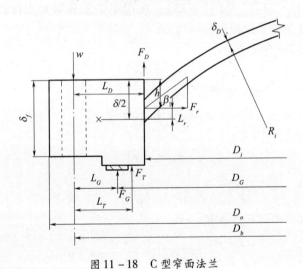

图 11-18　C型窄面法兰

11.5.1　a型结构

11.5.1.1　封头和法兰壁厚计算

1. 封头壁厚计算

在内压作用下封头壁厚(球形部分)为

$$\delta = \frac{5}{6}\frac{R_i}{[\sigma]}p \qquad (11-55)$$

在外压作用下,封头壁厚按半球形封头计算式计算。

352

2. 法兰壁厚计算

法兰壁厚计算根据所用的垫片不同而不同。对于窄垫片法兰,法兰环的壁厚:

$$\delta_f = \sqrt{\frac{M_0}{D_i \left[\sigma\right]_f^t} \frac{D + D_i}{D - D_i}} \qquad (11-56)$$

对于宽垫片法兰,法兰环的厚度:

$$\delta_f = 0.6 \sqrt{\frac{p}{\left[\sigma\right]_f^t} \frac{D_i(D + D_i)(D_b - D_i)}{D - D_i}} \qquad (11-57)$$

11.5.1.2 法兰环应力计算

(1)窄垫片法兰环的环向弯曲应力:

$$\sigma_T = \frac{M_0(D_o + D_i)}{\delta_f^2 D_i(D_o - D_i)} \qquad (11-58)$$

(2)宽垫片法兰环上最大环向弯曲应力:

$$\sigma_T = \frac{Y M_0}{\delta_f^2 D_i} \qquad (11-59)$$

式中:设计弯矩 M_0 取工作状态下轴向力与螺栓中心圆形成的力矩,即

$$M_0 = \frac{\pi}{4} D_i^2 P \left(\frac{D_b - D_i}{2}\right) \qquad (11-60)$$

11.5.2 b 型结构

对于这种结构的法兰有四种形式,分别为带有圆形螺栓孔的窄垫片法兰和宽垫片法兰;带有槽形螺栓孔的窄垫片法兰和宽垫片法兰。

1. 封头壁厚计算

同式(11-55)。

2. 法兰壁厚和应力计算

计算这种法兰结构厚度和应力时,也是分为窄垫片法兰和宽垫片法兰。而每种法兰又根据法兰螺栓孔形式分为圆形和槽型两种,下面分别介绍。

(1)对于圆形螺栓孔窄面法兰环,其壁厚为

$$\delta_f = \frac{R_i p}{4 \left[\sigma\right]_f^t} \frac{(D_b + D_i)}{(7D_b - 5D_i)} + \sqrt{\frac{1.875 M_0(D_o + D_i)}{(7D_b - 5D_i) D_i \left[\sigma\right]_f^t}} \qquad (11-61)$$

法兰环环向拉应力:

$$\sigma_\theta = \frac{R_i p}{2\delta_f} \frac{1}{1 + 6 \dfrac{D_b - D_i}{D_b + D_i}} \qquad (11-62)$$

法兰环最大弯曲应力:

$$\sigma_T = 1.875 \frac{M_0}{D_i \delta_f^2} \frac{1}{1 + 6 \dfrac{D_b - D_i}{D_b + D_i}} \qquad (11-63)$$

法兰环上的最大应力为 σ_θ 与 σ_T 之和。同时注意,在计算活套法兰的设计力矩时,式(11-19)中的矩形截面环形板系数 Y 取:

353

$$Y = \frac{1.875(D_b + D_i)}{7D_b - 5D_i} \qquad (11-64)$$

（2）窄面槽形螺栓孔，法兰环的壁厚为

$$\delta_f = \frac{R_i p}{4[\sigma]_f^t} \frac{(D_b + D_i)}{(3D_b - D_i)} + \sqrt{\frac{1.875 M_0 (D_o - D_i)}{(3D_b - D_i) D_i [\sigma]_f^t}} \qquad (11-65)$$

法兰环上环向拉应力：

$$\sigma_\theta = \frac{R_i p}{2\delta_f \left(1 + 2\dfrac{D_b - D_i}{D_b + D_i}\right)} \qquad (11-66)$$

法兰环上最大弯曲应力：

$$\sigma_T = \frac{1.875 M_0}{D_i \delta_f^2 \left(1 + 2\dfrac{D_b - D_i}{D_b + D_i}\right)} \qquad (11-67)$$

（3）宽面圆形螺栓孔，法兰环壁厚为

$$\delta_f = Q + \sqrt{Q^2 + \frac{3D_i Q(D - D_i)}{R_i}} \qquad (11-68)$$

$$Q = \frac{0.25 R_i p(D_b + D_i)}{[\sigma]_f^t (7D_b - 5D_i)} \qquad (11-69)$$

法兰环最大环向弯曲应力：

$$\sigma_T = \frac{2M_0}{D_i \delta_f^2 \left(1 + 6\dfrac{D_b - D_i}{D_b + D_i}\right)} \qquad (11-70)$$

$$M_0 = \frac{\pi}{4} D_i^2 p \frac{D_b - D_i}{2}$$

法兰环上环向拉应力：

$$\sigma_\theta = \frac{R_i p}{2\delta_f \left(1 + 6\dfrac{D_b - D_i}{D_b + D_i}\right)} \qquad (11-71)$$

（4）宽面槽形螺栓孔，法兰环壁厚为

$$\delta_f = Q + \sqrt{Q^2 + \frac{3D_i Q(D_b - D_i)}{R_i}} \qquad (11-72)$$

$$Q = \frac{R_i p(D_b + D_i)}{4[\sigma]_f^t (3D_b - D_i)}$$

法兰环环向拉应力：

$$\sigma_\theta = \frac{0.5 R_i p}{\delta_f \left(1 + 2\dfrac{D_b - D_i}{D_b + D_i}\right)} \qquad (11-73)$$

法兰环上最大弯曲应力：

$$\sigma_T = \frac{M_0}{D_i \delta_f^2 \left(1 + 2\dfrac{D_b - D_i}{D_0 + D_i}\right)} \qquad (11-74)$$

$$M_0 = \frac{\pi}{4} D_i^2 p \frac{D_b - D_i}{2}$$

11.5.3　c 型结构

这种形式结构有两种形式:窄垫片法兰和宽垫片法兰。这种法兰在设计方法上是依据于活套法兰的设计原则,并考虑封头薄膜应力对法兰环的作用,以法兰环向总应力等于或小于法兰材料许用应力为准则确定法兰环的厚度。

11.5.3.1　窄面法兰

(1) 球壳部分的壁厚计算与前面的 a 和 b 型一样,即按式(11－55)计算。

(2) 力矩计算。在预紧状态下,其力矩按式(11－20)的 M_a 计算。

在操作状态下,由图11－18可知,作用在法兰上的弯矩总和为

$$M_p = F_D L_D + F_G L_G + F_T L_T - F_r L_r \tag{11－75}$$

式中:法兰径向分力:

$$F_r = F_D \cos\beta_1 = F_D \frac{\sqrt{4R_i^2 - D_i^2}}{D_i}$$

$$F_T = \frac{F_D(4R_i^2 - D_i^2)}{D_i}$$

$$L_T = \frac{\delta_f}{2} - h'$$

式中:径向分力 F_r 和力臂 L_r 如图11－18所示;h'为法兰上面与封头壳体中性面与法兰连接点的距离,其他见式(11－22)。

(3) 法兰环在操作状态下的计算壁厚(图11－18):

$$\delta_f = \frac{D_i p \sqrt{4R_i^2 - D_i^2}}{8[\sigma]_f^t (D_o - D_i)} + \sqrt{\left[\frac{D_i p (4R_i^2 - D_i^2)^{1/2}}{8[\sigma]_f^t (D_o - D_i)}\right]^2 + \frac{|M_0|(D_o + D_i)}{D_i [\sigma]_f^t (D_o - D_i)}} \tag{11－76}$$

式中:设计弯曲力矩 M_o 按式(11－23)选取。

需要指出的是,在确定设计弯矩时,需要考虑径向分力的位置,若其位置在法兰环形心以上时,表明这时的法兰壁厚按预紧状态的总应力确定:

$$\delta_f = \sqrt{\frac{|M_0|}{[\sigma]_f^t} \frac{D_0 + D_i}{D_0 - D_i}} \tag{11－77}$$

(4) 法兰环应力计算。

法兰环在预紧状态下的环向弯曲应力

$$\sigma_T = \frac{3}{\pi} \frac{M_a(D_0 + D_i)}{D_i \delta_f^2 (D_0 + D_i)} \tag{11－78}$$

法兰在操作状态下的环向弯曲应力:

$$\sigma_T = \frac{D_i \delta_f F_r + 3|M_0|(D_0 + D_i)}{\pi(D_0 - D_i)D_i \delta_f^2} \tag{11－79}$$

法兰环内周边上的环向拉应力:

$$\sigma_\theta = \frac{pD_i}{4\delta_f} \cdot \frac{\sqrt{4R_i^2 - D_i^2}}{D_0 - D_i} \tag{11-80}$$

于是，法兰环上的环向总应力及其满足设计条件为

$$\sigma = \sigma_\theta + \sigma_T \leqslant [\sigma]_f^t \tag{11-81}$$

11.5.3.2 宽面法兰

对于宽面法兰的结构尺寸和受力状态如图 11-19 所示。这种结构形式只适用于用螺栓将穹形封头或半球形封头连接到管板上的结构，且需使用软垫片。

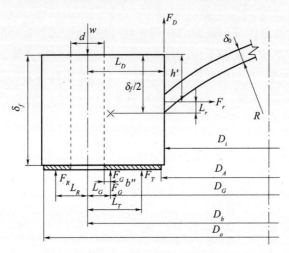

图 11-19　带法兰的宽垫片凸形封头

作用在法兰环上的力矩总和：

$$M_r = F_D L_D + F_G L_G + F_T L_T - F_r L_r \tag{11-82}$$

式中：F_D、L_D、F_T、L_T、F_G 和 L_G 计算见 11.4 节。

法兰壁厚：

$$\delta_f = \sqrt{\frac{6M_0}{(\pi D_b - nd_b)[\sigma]_f^t}} \tag{11-83}$$

对于凹面受压宽面法兰厚度和弯矩计算及其校核按步骤如下：

（1）按式（11-55）计算球壳厚度。

（2）计算 F_D、L_D、F_T、L_T、F_G 和 L_G 值。

（3）按下式计算 F_r 和 L_r：

$$F_r = F_D \frac{\sqrt{4R^2 - D_i^2}}{D_i}$$

$$L_r = \frac{\delta_f}{2} - h'$$

（4）按式（11-82）计算 M_r。

（5）按式（11-83）计算法兰壁厚，如果壁厚不够，应增加法兰壁厚，按下式校核：

$$F_r = \pi[\sigma](D_0 - D_i - 2d_b)$$

用 F_r 值作为校核条件，确保法兰环的环向应力不超过许用值。

11.6　宽面法兰

宽面法兰软垫片的结构尺寸和受力状态如图 11-20所示。由于这种法兰在螺栓中心圆以外也有垫片,螺栓圆外存在着一个平衡反作用力 F_R,设计时必须考虑这个载荷作用。

11.6.1　螺栓载荷和螺栓截面积

垫片有效密封宽度 $b' = 4\sqrt{b'_0}$,b'_0 为垫片初始扭紧时基本密封宽度,b'_0 取 $D_{u0} - D_b$ 或 $D_b - D_{wi}$ 中较小者。

在预紧状态下螺栓载荷:
$$W_a = \pi D_b b' y$$
在操作状态下螺栓载荷:
$$W_p = F + F_G + F_R$$
$$F = \frac{\pi}{4}(D_b - d_b)^2 p$$

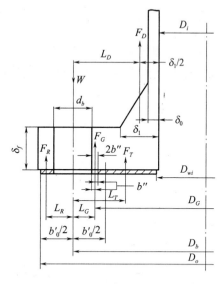

图 11-20　宽垫片法兰受力分析

式中: $F_R = \dfrac{M_R}{L_R}$,F_R 为由螺栓圆到 F_R 作用点的径向距离: $L_R = (D_{u0} - D_b + d_b)/4$。

取垫片有效密封宽度为 $2b''$,因压力作用下为保证密封所需要的压紧力 F_G:
$$F_G = 2\pi b m D_G p \tag{11-84}$$
螺栓在预紧状态和操作状态下有效面积分别为
$$A_a = \frac{W_a}{[\sigma]^t} \tag{11-85}$$
$$A_p = \frac{W_p}{[\sigma]^t_f} \tag{11-86}$$

螺栓最大间距为
$$L_b = 2d_b + \left(\frac{E^t}{E}\right)^{1/4}\left(\frac{6\delta_f}{m + 0.5}\right) \tag{11-87}$$

11.6.2　法兰上的力矩

法兰上的力矩为
$$M_R = M_D + M_G + M_T = F_D L_D + F_G L_G + F_T L_T \tag{11-88}$$
其中
$$F_T = F_D - F;$$
$$F_D = \frac{\pi}{4}D_i^2 p$$
$$F_G = 2b''\pi D_G m p$$

357

由螺栓圆到各作用力的径向距离：

$$L_T = (D_b - d_b + 2b'' - D_i)/4$$

$$L_D = (D_b - D_i - \delta_1)/2$$

$$L_G = (d_b + 2b'')/2$$

$$D_o = D_G = D_b - (d_b - 2b'')$$

式中：$2b''$ 为垫片有效密封宽度（这里取 5mm）；D_0 为垫片外径或法兰外径。

法兰环截面计算厚度，取下式中的最小值：

$$\delta_f = \sqrt{\frac{6M_R}{[\sigma]_f^t(\pi D_b - nd_b)}} \qquad (11-89)$$

$$\delta_f = \frac{m + 0.5}{(E/200000)^{0.25}} \frac{l_b - 2d_b}{6} \qquad (11-90)$$

$$\delta_f = \frac{D_{Gi} + 2\delta_1}{2[\sigma]_f} p \qquad (11-91)$$

式中：E 为弹性模量（N/mm^2）；m 为垫片系数；n 为螺栓数量（个）；l_b 为螺栓间距（mm）；d_b 为螺栓螺纹有效直径（mm）；D_{wi} 为垫片内径（mm）。

如果上下两个法兰的内径 D_i 不同时，应将两个法兰用螺栓紧固成一体的连接形式，并要满足下述条件：①计算时，需用内径较小的法兰 M_R；②较小内径法兰的厚度不得小于下式：

$$\delta_f = \sqrt{\frac{3(M_1 - M_2)(D_0 + D_i)}{\pi[\sigma]_f^t(D_0 - D_i)D_i}} \qquad (11-92)$$

式中：M_1 和 M_2 为两个法兰的 M_R 值。

11.7 反向窄面法兰

在工程压力容器中最常见的窄面反向法兰结构形式如图 11-21 所示。当法兰环的内外径之比小于 2，即 $D_o/D_f \leqslant 2$，在进行设计分析时，可以将这种法兰环视为带孔的矩形截面圆平板。关于这种法兰的设计分析按两种形式讨论：一种是视为整体法兰，如图11-21(a)所示；另一种当作任意法兰，如图 11-21(b)所示，对于这种类型反向法兰，可按活套法兰进行强度设计计算，只计算法兰环上环向弯曲应力。

图 11-21(a)所示的法兰同带锥颈的整体法兰一样，由法兰环、锥颈和圆柱壳体三个部分组成。在内压力作用下，共有四个应力需要计算和校核，即法兰和锥颈连接处的外周边缘处的径向弯曲应力 σ_{Rr} 和环向弯曲应力 σ_{Tr}、锥颈轴向应力 σ_{Hr} 和环向弯曲应力 σ_{Tbr}，此应力总是存在 $\sigma_{Hr} > \sigma_{Tbr}$。在锥颈上的这个最大轴向弯曲应力可能在锥颈的大端，也可能在锥颈的小端，如果在锥颈小端时，就同普通的整体法兰一样。

对于结构图 11-21(b)型法兰可以视为一个仅受力矩 M_0 作用的矩形截面圆环，在这种情况下只须考虑圆环的环向弯曲应力 σ_{Rr}，而与之相连接的圆柱形壳体可以按受内压作用的圆柱形壳体进行计算。

由此可见，对反向法兰的设计完全可以用普通法兰的设计方法进行计算和校核。这时需要考虑两个问题。在具体分析时，由于图 11-21 所示两种结构不同，因此需要增加

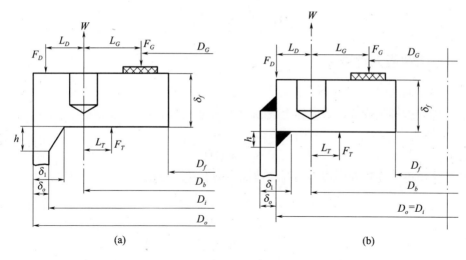

(a)

(b)

图 11 - 21　反向窄面法兰

一些附加条件和对某些参数进行修正,并用 r 注角号予以区分。

11. 7. 1　法兰力矩

(1) 对于图 11 - 21(b)所示的套入式法兰,其力矩计算式如下,由于反向法兰 $D_o = D_i$,故有

$$M_p = F_T L_T + F_D L_D \tag{11-93}$$

$$L_D = \frac{D_o - D_b}{2}$$

$$L_T = \frac{2D_b - D_G - D_i}{4}$$

$$M_0 = \frac{[\sigma]_f^t}{[\sigma]} M_a$$

$$K = \frac{D_o}{D_f}$$

(2) a 型法兰力矩计算。

在操作状态下作用在法兰上的力矩为

$$M_p = M_D + M_T + M_G = F_D L_D + F_T L_T + F_G L_G \tag{11-94}$$

$$F_D = \frac{\pi}{4} D_i^2 p ; L_D = (D_i - \delta_1 - D_b)/2 \tag{11-95}$$

$$F_T = F_A - F_D \text{ 或 } F_T = F_D - F_G ; L_T = \left(D_b - \frac{D_i + D_G}{2}\right)/2 \tag{11-96}$$

$$F_A = \frac{\pi}{4} D_G^2 p \tag{11-97}$$

$$F_G = 2\pi b m D_G p ; L_G = (D_b - D_G)/2 \tag{11-98}$$

需要注意的是,M_p 绕着螺栓孔中心顺时针时为正,反时针时为负。计算取其绝对值。

垫片预紧状态下,作用在法兰上的力矩为

$$M_a = \frac{D_b - D_G}{2} W_a \qquad (11-99)$$

11.7.2 法兰应力计算

1. a 型反向法兰

法兰外周边锥颈或圆柱形壳体上的轴向弯曲应力为

$$\sigma_{Hr} = \frac{f_r M_0}{\lambda_r \delta_1^2 D_f} \qquad (11-100)$$

法兰环与锥颈连接外周边上的径向弯曲应力和环向弯曲应力为

$$\sigma_{Rr} = \frac{(1.33 \delta_f e_r + 1) M_0}{\lambda_r \delta_f^2 D_f} \qquad (11-101)$$

$$\sigma_{Tr} = \frac{Y_r M_0}{\delta_f^2 D_f} - Z \sigma_{Rr} \frac{(0.67 \delta_f e_r + 1)}{1.33 \delta_f e_r + 1} \qquad (11-102)$$

$$e_r = \frac{F_r}{h_{or}}$$

法兰环内边缘处的环向弯曲应力为

$$\sigma_{Tri} = \frac{M_0}{\delta_f^2 D_f} \left[Y - \frac{2 K_r^2 \left(1 + \dfrac{2 \delta_f e_r}{3} \right)}{(K^2 - 1) \lambda_r} \right] \qquad (11-103)$$

2. b 型反向法兰

由于法兰环内边缘处的 $\sigma_{Hr} = \sigma_{Rr} = 0$，而环向弯曲应力为

$$\sigma_{Tr} = \frac{Y M_0}{\delta_f^2 D_f} \qquad (11-104)$$

其中

$$\lambda_r = \frac{1}{T_r} \left(1 + F_r \frac{\delta_f}{\sqrt{D_0 \delta_0}} \right) + \frac{V_r}{U_r} \frac{\delta_f^3}{\delta_0^2 \sqrt{D_0 \delta_0}}$$

$$T_r = \left(\frac{Z + 0.3}{Z - 0.3} \right) \Phi_r T$$

$$Y_r = Y \Phi_r$$

$$U_r = U \Phi_r$$

$$\Phi_r = \left[1 + \frac{0.668 (K_r + 1)}{Y} \right] \frac{1}{K_r^2}$$

式中：f_r 为反向法兰锥颈系数，用 h_{or} 代替 h_o，由 δ_1/δ_0 和 h/h_{or} 由图 11-11 查得；F_r, V_r 为系数，用 h_{or} 代替 h_o，根据 δ_1/δ_0 和 $h/\sqrt{D_o \delta_o} = h/h_{or}$ 分别从图 11-12 和图 11-14 中查取；T, U, Y, Z 为环板系数，根据反向法兰直径比 $K_r = D_o/D_i$ 由图 11-10 查得。

11.8 反向宽面法兰

反向宽面法兰结构尺寸和受力情况如图 11-22 所示，法兰设计有两种方法，在工程

上均都适用。垫片尺寸选择及螺栓载荷计算与普通法兰设计相同。需要注意的是,两种设计方法在确定预紧状态下的垫片载荷 F_G 和螺栓载荷 W_a 需按 11.5 节相关规定计算。

第一种方法和普通法兰设计方法一样;而第二种方法基于宽面(软垫片)法兰设计方法,不过这种方法设计出来的法兰螺栓直径较大。

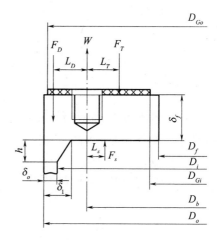

图 11 - 22　反向宽面法兰

11.8.1　借助普通法兰设计方法设计

（1）对于整体法兰,用这种方法设计时,需用附加一些条件,主要如下:

螺栓孔至垫片接触面内径之间的径向距离 L:
$$L = (D_b - D_{Gi})/2 \qquad (11 - 105)$$

压力作用在法兰表面上的静压力 F_s:
$$F_s = F_D - \frac{\pi}{4}D_{Gi}^2 p \qquad (11 - 106)$$

由螺栓孔圆到 F_s 作用圆径向距离:
$$L_s = (2D_b - D_i - D_{Gi})/4$$

普通设计方法中有些设计参数按下述替换:
$$F = \frac{\pi}{4}(D_b - d_b)^2 p \qquad (11 - 107)$$

$$F_D = \frac{\pi}{4}D_i^2 p \qquad (11 - 108)$$

$$F_G = 2\pi b m D_b p \qquad (11 - 109)$$

$$F_T = (F - F_D + F_s)/2 \qquad (11 - 110)$$

$$L_D = (D_i - \delta_1 - D_b)/2$$

（2）对于活套法兰或按活套法兰计算的反向宽面任意法兰,用这种方法设计时,需要变换的参数如下:
$$M_p = F_D L_D - F_T L_T + F_s L_s \qquad (11 - 111)$$

$$M_0 = M_p C_F/D_f$$

$$L_D = (D_o - D_b)/2$$

$$L_T = (2D_b + d_b - 2D_{Gi})/6$$

$$K = D_o/D_f$$

计算时要注意 L_s 可能为负值,在操作状态下,垫片反作用力可能为 0。

在有了上述数据之后,便可以用普通法兰设计方法计算应力和法兰厚度。

11.8.2　按 11.6 节宽面法兰设计

这种法兰设计是依据宽面法兰设计方法,增加一些附加条件和对设计参数做些变换,该设计方法仅适用于法兰同管板或平板连接。法兰结构和受力情况如图 11 - 23 所示。

（1）附加条件：

$$F_c = F_D - \frac{\pi}{4}D_b^2 p \qquad (11-112)$$

$$L_c = \frac{D_i - D_b}{4}$$

对于整体法兰,在使用宽面法兰设计方法时,有些参数需要做下述式参数变换。

（2）计算参数变换：

$$M_0 = F_D L_D - F_c L_c \qquad (11-113)$$

$$W_p = F_D - F_c + F_R \qquad (11-114)$$

$$F_D = \frac{\pi}{4}D_i^2 p \qquad (11-115)$$

$$L_D = (D_o - D_b - \delta_1)/2$$

在求出这些数值之后,便可以用前述的宽面法兰设计计算式计算。

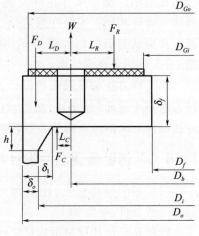

图 11-23　反向法兰结构和受力状况

11.9　金属面接触法兰

11.9.1　法兰形式和分类

金属面直接接触法兰结构尺寸和受力如图 11-24 所示,这种密封结构主要特点是两个法兰连接时法兰接触面在螺栓圆内、外为直接金属接触,螺栓预紧时由于法兰刚性比较大,故相对变形受到影响。这种法兰如前述法兰不同,按照两个法兰连接结构形式分为三种类型:Ⅰ型(图 11-25),Ⅱ型(图 11-26)、Ⅲ型(图 11-27)。

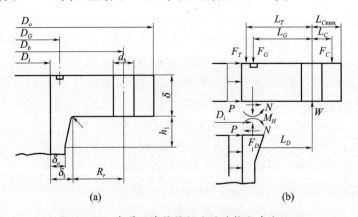

图 11-24　金属面直接接触法兰结构和受力状况

Ⅰ型结构组合:上下两个法兰结构形式、尺寸、弹性模量和许用应力均都一样。该类型法兰组合又有三种结构:①上法兰开有小形槽口,用于安放密封圈;②两个发兰间放置金属垫;③上下两个任意法兰接触面完全接触,这种类型法兰连接可以理解为两个相同尺寸管道通过金属面直接接触螺栓法兰连接结构。但是,若两个法兰材料许用应力不同,则此种类型法兰组合就不属于Ⅰ型。

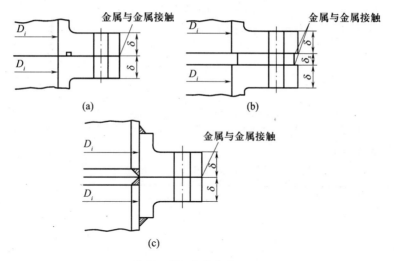

(a)   (b)

(c)

图 11 - 25   Ⅰ 型法兰

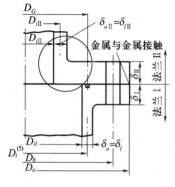

图 11 - 26   Ⅱ 型法兰

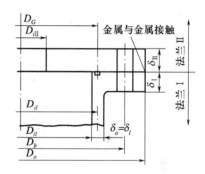

图 11 - 27   Ⅲ 型法兰

Ⅱ 型结构组合:上下两个法兰内径尺寸不同,上法兰的内径大于或等于下法兰螺栓中心圆直径的1/2。这种类型法兰连接结构可以视为下法兰与带有接管的上法兰连接结构。

Ⅲ 型法兰组合:这种类型法兰组合连接为上法兰为开孔平盖通过螺栓与下法兰连接。于是有三种情况:①上平盖的开孔内径小于组合法兰连接螺栓孔中心圆直径的1/2;②上平盖开孔必须在下法兰螺栓孔中心圆直径1/2以内,且上平盖与下法兰同心,上平盖开孔圆周要充分补强;③无开孔平盖。

同时,为了强度计算方便,参照第11.1.3节法兰分类中按法兰与圆柱壳(或接管)连接形式分为整体法兰、活套法兰和任意法兰的原则,针对金属面直接接触法兰具体结构形式同样也分为三种形式:第1种形式为整体法兰和按整体法兰考虑的任意法兰;第2种形式为带颈法兰,计算时计及法兰颈的强度;第3种形式又分为不计及法兰颈强度的活套法兰、无颈活套法兰和无颈任意法兰。计算式中用1类法兰、2类法兰和3类法兰分别表示。

11.9.2   Ⅰ型法兰设计计算

11.9.2.1   载荷分析

(1)由压力和压紧力作用引起的力矩:

363

$$M_p = F_D L_D + F_T L_T + F_G L_G \tag{11-116}$$

内压力在法兰内径面积上的作用力：

$$F_D = \frac{\pi}{4} D_i^2 p$$

$$F_T = \frac{\pi}{4} (D_i^2 - D_G^2) p$$

式中：F_G 为垫片载荷，其由预紧垫片力和垫片自紧力产生的轴向力组成的合力；力臂 L_D，L_T 和 L_G 见表 11-6。

表 11-6 法兰力臂

法 兰 类 型	L_D	L_T	L_G
作为整体装配型法兰(图 11-25)计算方法	$R_r + 0.5\delta_1$	$(R_r + \delta_1 + L_G)/2$	$(D_b - D_G)/2$
作为带锥颈法兰(图 11-24)计算方法	$(D_b - D_i)/2$	$(L_D + L_G)/2$	$(D_b - D_G)/2$

（2）法兰环和锥颈相互作用的力矩：

$$M_s = \frac{J_p F' M_p}{\delta^3 + J_s F'} \tag{11-117}$$

（3）法兰内径侧转角 θ 和其材料弹性模量 E 乘积：

$$(E\theta) = \frac{5.46}{\pi \delta_f^2} (J_s M_s + J_p M_p) \tag{11-118}$$

上述式中各参数按下式计算：

$$\begin{cases} J_p = \dfrac{1}{D_i}\left(\dfrac{2L_D}{\beta} + \dfrac{L_c}{a}\right) + \pi r_B \\ J_s = \dfrac{1}{D_i}\left(\dfrac{L_D}{\beta} + \dfrac{L_c}{a}\right) + \pi r_B \end{cases} \tag{11-119}$$

$$a = \frac{D_o + D_b}{2D_1}; D_1 = D_i + \delta_1 \tag{11-120}$$

$$\beta = \frac{D_b + D_i}{2D_i} \tag{11-121}$$

$$r_B = \frac{1}{n}\left(\frac{4}{1 + A_d^2}\arctan\sqrt{\frac{1 + A_d}{1 - A_d}} - \pi - 2A_d\right) \tag{11-122}$$

$$A_d = \frac{n d_b}{\pi D_b}$$

对于整体法兰和按整体法兰考虑的任意法兰：

$$F' = \frac{\delta_0^2 (h_0 + F\delta)}{V} \tag{11-123}$$

对于计及强度的带颈法兰：

$$F' = \frac{\delta_0^2 (h_0 + F_L\delta)}{V_L} \tag{11-124}$$

对于活套法兰

$$F' = 0 \tag{11-125}$$

式中：d_b 为螺栓孔直径。

364

（4）操作状态下螺栓载荷：

$$W_p = F + F_G + F_C \qquad (11-126)$$

$$F_D = \frac{\pi}{4}D_G^2 p$$

（5）法兰接触面反力：

$$F_c = \frac{M_p + M_s}{L_c} \qquad (11-127)$$

式中：L_c 为由螺栓孔中心至 F_c 作用点之间径向距离。

11.9.2.2 应力计算

（1）操作状态下螺栓应力：

$$\sigma_{bo} = \frac{W_p}{A_b} \qquad (11-128)$$

（2）螺栓总有效面积 A_b：

$$A_b = \frac{\pi}{4}nd_b^2 \qquad (11-129)$$

式中：d_b 为螺栓螺纹根部直径或螺栓光径纹与螺杆过渡区的最小直径，取其小者。

（3）初始螺栓应力：

$$\sigma_i = \sigma_{bo} - \frac{11.59L_c^2(M_p + M_s)}{a\delta^3 lr_E D_i} \qquad (11-130)$$

式中：l 为螺栓有效长度，其值按下式计算：$l_1 = 2\delta + \delta_s + d_b n$；$l_2 = \delta_{\mathrm{I}} + \delta_{\mathrm{II}} + d_b n$；$\delta_{\mathrm{I}}$ 和 δ_{II} 分别为带沟槽但不计入的法兰厚度；δ_s 为 I 类法兰的中间垫圈厚度（图 11-25）；δ 为不带沟槽的法兰厚度；r_E 为工作温度下法兰材料的弹性模量 E^* 与螺栓材料弹性模量 E_b^* 之比 $\left(r_E = \dfrac{E^*}{E_b^*}\right)$。

（4）螺栓中心圆处法兰径向弯曲应力：

$$\sigma_R = \frac{6(M_p + M_s)}{\delta^2(\pi D_b - nd_b)} \qquad (11-131)$$

（5）法兰内径处的径向弯曲应力：

$$\begin{cases} \sigma_R = -\left(\dfrac{2F\delta}{h_0 + F\delta} + 6\right)\dfrac{M_s}{\pi D_i \delta^2} \\[2mm] \sigma_R = -\left(\dfrac{2F_L\delta}{h_0 + F_L\delta} + 6\right)\dfrac{M_s}{\pi D_i \delta^2} \\[2mm] \sigma_R = 0 \end{cases} \qquad (11-132)$$

（6）法兰内径处的环向弯曲应力：

$$\begin{cases} \sigma_T = \dfrac{\delta(E\theta)}{D_i} + \left(\dfrac{2F\delta Z}{h_0 + F\delta} - 1.8\right)\dfrac{M_s}{\pi D_i \delta^2} \\[2mm] \sigma_T = \dfrac{\delta(E\theta)}{D_i} + \left(\dfrac{2F_L\delta Z}{h_0 + F_L\delta} - 1.8\right)\dfrac{M_s}{\pi D_i \delta^2} \\[2mm] \sigma_T = \dfrac{\delta(E\theta)}{D_i} \end{cases} \qquad (11-133)$$

式中:θ 为法兰内径侧法兰面的转角。

(7) 锥颈轴向应力:

$$
\begin{cases}
\sigma_H = \dfrac{h_0(E\theta)f}{0.91\,(\delta_1/\delta_o)^2 D_i V} \\[3mm]
\sigma_H = \dfrac{h_0(E\theta)f}{0.91\,(\delta_1/\delta_o)^2 D_i V_L} \\[3mm]
\sigma_H = 0
\end{cases}
\tag{11 - 134}
$$

式中:f、Z、F、F_L、V 和 V_L 为锥颈系数,其值由图 11 -10 ~ 图 11 -14 查得。

关 II 型和 III 型法兰设计计算,参见日本 JIS B 8265、JIS B 8266 和 JIS B 8267 标准。

11.10   法兰极限载荷设计简介

如上所述,压力容器和承压设备螺栓连接法兰的传统设计方法是基于极限应力推导出来的,其预紧状态和工作状态下垫片压紧力等于或大于为确保法兰密封连接所必须的密封压力。我国 GB 150 和 GB 4732、美国 ASME VIII、欧盟 EN13445 -3、日本 JS B8265 和 JS B8266、德国 AD – Merkblatt B8 及英国 PD 5500 等国家的规范或标准都使用这种方法。然而,用这种方法设计的螺栓连接法兰结构在实际工作状态下所表现的行为与所预期的有很大的不同,但是就现有的技术水平和理论知识还没有找到一种比目前使用的更有效的设计方法。这里介绍的极限载荷方法是民主德国使用的以极限载荷为基本强度条件的螺栓法兰结构的设计方法,据称,欧盟准备将这种方法纳入欧盟标准非强制性的附录中。下面重点介绍这个方法的基本原理和要点,供参考。

11.10.1   法兰极限载荷设计法的基本原理

极限载荷法兰设计基于两个条件:从强度计算角度,实际压紧力不得大于许用压紧力;从密封角度,实际压紧力又不得小于密封结构所需要的压紧力。于是对于螺栓法兰密封连接存在着下述关系:需要的压紧力 < 实际压紧力 < 许用压紧力。需要的压紧力值是按照不丧失密实接触(压紧力大于0)或者说确保密封所需要的最小垫片压紧力;实际压紧力计算是假设在预紧状态下和随后的工作状态下结构保持弹性变形范围以内;在所有情况下许用压紧力是以极限载荷为安全准则予以控制,且要求法兰和螺栓均为韧性材料。实践证明,基于这个原理设计的螺栓法兰连接密封结构经过多年的实践已经证明是很成功的,还没有发现泄漏或控制在允许泄漏率范围之内。例如,用这种方法设计的近 20 种实际使用的法兰(直径 50mm、100mm、400mm、1200mm)进行螺栓极限载荷和密封性能测试表明,密封所需要的预紧力和实际压紧力都在允许的范围之内。同时,为了验证这种设计方法的适用性,对现有的按极限应力设计的已经发生泄漏的螺栓连接法兰,重新用极限载荷法设计改造后,已经解决了泄漏问题。一台压力 4MPa、温度 400℃ 热交换器使用这种方法设计制造,尽管使用期间出现过由于法兰接触面不平而导致泄漏,但是经过加工修复之后,基本上解决泄漏问题,使用性能特别好。

法兰连接极限载荷设计方法主要从法兰连接的弹性问题着手分析螺栓法兰连接密封结构的强度、刚性和泄漏率问题,从而对轴对称壳体、圆锥颈壳、不带壳体的法兰环、带壳体的法兰环、螺栓弹性、垫片弹性及整体法兰连接结构弹性变形等七个问题作了较为详细的分析;在各种因素对法兰连接结构影响方面主要是以垫片宽度、垫片压紧力、在预紧状态下螺栓扭紧力分散程度、在预紧状态下和多次扭紧后的塑性变形及活套法兰载荷传递行为等五种情况进行分析计算和讨论。

11.10.2　螺栓连接法兰极限载荷设计方法的限制条件

在用这种方法进行分析计算时需作某些假设和限制:

（1）法兰结构形式和加载方式是轴对称的,螺栓的数量为偶数,最少4个螺栓。

（2）垫片为圆形,垫片接触面在螺栓圆以内,承受轴向压紧力作用,它的弹性模量随着作用在垫片上的压缩应力 σ_c 增加而增大,对于普通垫片,用修正弹性模量。

（3）法兰和壳体的结构尺寸为计算需要也设定一些条件。

第 12 章　压力容器疲劳设计

12.1　疲劳和疲劳应力

结构材料在交变载荷作用下产生的破坏称为疲劳失效。疲劳失效易出现的部位主要有：

结构不连续处，外载荷作用焊趾处，交变载荷作用接管开孔内拐角，各种支承件（如鞍座、管靴、吊耳等），裙座支承（容器壳体与裙座连接处因材料热膨胀系数不同引起），搅拌器接管和带有旋转装置的管路，夹套管线；焊缝方面：对接焊缝两焊件间不对中、双金属焊缝、与基板材料强度不同的焊缝、焊接接头熔融不够、冷垫板、焊缝根切口、似裂纹缺陷和填角焊缝根部。

结构材料疲劳失效和静载破坏行为完全不同，从外部观察疲劳破坏的特征主要有：

（1）疲劳失效时最大应力一般低于结构材料的强度极限或屈服极限，在某些情况下甚至于低于弹性极限。

（2）疲劳取决于一定应力范围的循环次数，而与载荷作用时间无关。除高温外，加载速度影响是次要的。

（3）一般结构金属材料都有一个安全范围，称为持久限或疲劳极限。若应力低于此极限值时，不论应力循环次数多少，都不会发生疲劳失效。

（4）结构表面任何凹槽、缺口及其他缺陷，包括加工粗糙度和结构不连续处均能显著地降低此处许用应力范围。

（5）循环次数一定时，产生疲劳所需的应力范围通常随加载循环载荷平均应力增加而降低。

（6）静载荷作用下表现为韧性或脆性的结构材料，在交变载荷作用下一律表现为无明显塑性变形的脆性突然断裂。

评价金属结构材料疲劳强度特性的传统方法是在一定的外加交变载荷作用下或在一定的应变幅度下测量无裂纹光滑式样的断裂循环次数，以获得应力—循环次数曲线即疲劳设计曲线。一般结构构件是依据疲劳设计曲线进行设计和选择材料的，但是在应用中却发现，对于一些重要的受交变载荷作用的结构，即便是按照疲劳强度极限再考虑安全系数后设计，仍然会产生过早的破坏。这就是说，设计的可靠性不能因为有了疲劳设计曲线就能得到充分保证。出现这种情况的主要原因是评定材料疲劳特性所用的试样与实际结构构件存在着根本的差异。换而言之，疲劳设计曲线是用经过精抛光并无任何宏观裂纹的标准试样通过试验测量数据处理后绘制而成的，所谓的持久限或疲劳强度是在交变载荷作用下试样表面不产生疲劳裂纹或产生允许的微小裂纹时的最高应力水平。因此，持久极限是结构材料固有的力学性能，也是结构材料交变载荷循环一定次数时再也不会出现断裂失效的交变应力幅值。然而实际结构并非如此，经过任何方式加工过的或者使用过的构件都会存在各种各样的缺陷或微小的裂纹,如非金属夹渣、气泡、腐蚀麻坑、锻造或轧制缺陷、加工表面刻痕等都会多少存在各种形式的裂纹。含有这种裂纹的结构构件在交变载荷作用下,根据载荷水平大小,经过一定的循环之后,裂纹开始扩展,最后导致破坏。因此,绝对不能忽视裂纹的存在及裂纹在交变载荷作用下扩展从而会导致结构材料断裂失效问题。实际上就现在的工程材料生产技术水平和元件设计方法及试验检测手段基本上可以利用断裂力学方法完全解决这个问题,参见第 14 章。其次,压力容器局部不连续处在压力、机械载荷、热负荷等作用下产生的应力以及壳体在不连续处自由变形受到约束而产生的应力等组合应力往往要高于屈服极限,如果此组合应力大到不能满足3.2 节极限载荷或安定性的设计条件时,经过一定载荷循环后,就会产生疲劳破坏,这是本章重点要介绍低循环或低周疲劳问题。

低周疲劳是指循环次数在 $500 \sim 1 \times 10^5$ 的载荷循环。低周循环过程中,应力水平很高,在局部区域甚至于超过屈服极限,进入塑性状态,这种情况下,应力会再分布,处于不稳定状态,分析时一般用应变来控制疲劳变形。

在实际压力容器设计时还是采用既简便又满足安全要求的设计方法,例如疲劳设计曲线(我国、美国规范或标准使用的方法)及欧盟 EN 13445 – 3 规范简单疲劳评估法和详细疲劳计算法。然而对于高温高压或高参数的大型压力容器在交变循环载荷作用下的高应力区疲劳分析仍需要进行详细评定和计算。如前所述,压力容器疲劳破坏通常是从局部高应力区表面的微裂纹萌生(疲劳源)开始的,并沿垂直最大法向力方向扩展,当结构材料强度不足于抵抗外载作用时便产生最后的破坏,如图 12 – 1 所示。疲劳扩展区分为三个部分:第 1 阶段裂纹萌生扩展区、第 2 阶段扩展区及裂纹最终瞬间破断区。

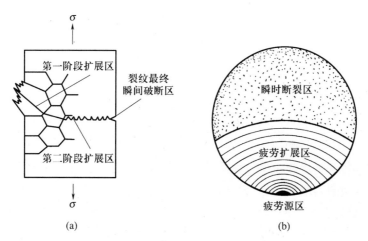

图 12 – 1　疲劳源和裂纹扩展示意图

作用在结构材料上的交变循环载荷大小和方向随时间变化,在这种交变循环作用下产生的应力称为交变应力,如图 12 – 2 所示。

平均应力 σ_m:

$$\sigma_m = \frac{\sigma_{\max} + \sigma_{\min}}{2} \qquad (12 – 1)$$

应力变化范围的 1/2 即应力幅 σ_a：

$$\sigma_a = \frac{\sigma_{\max} - \sigma_{\min}}{2} \tag{12 - 2}$$

式中：$\sigma_{\max}$ 为最大应力（MPa）；$\sigma_{\min}$ 为最小应力（MPa）。

在应力循环中，交变应力变化规律可以用应力循环中的最小应力与最大应力之比，即

$$R = \frac{\sigma_{\min}}{\sigma_{\max}} \tag{12 - 3}$$

交变应力循环有对称循环和脉动循环。对称循环的应力循环特性 $R = -1$，故其持久极限记作 σ_{-1}，同理单向非对称循环 $\sigma_{\min} = 0$，$\sigma_{\max}$ 为某一定值时的持久极限记作 σ_0，如图 12 -2 所示。若将应力范围的 1/2 与平均应力相加，即可求出非对称循环的应力值：

$$\sigma_{\max} = \sigma_m + \frac{\sigma}{2} = \sigma_m + \sigma_a \tag{12 - 4}$$

$$\sigma_{\min} = \sigma_m - \frac{\sigma}{2} = \sigma_m - \sigma_a \tag{12 - 5}$$

式中：σ_m 为平均应力（MPa）；σ_a 为交变应力幅值（MPa）；σ 为应力范围（MPa）；$\sigma_{\max}$ 为循环期间最大应力代数值（MPa）；$\sigma_{\min}$ 为循环期间最小应力代数值（MPa）。

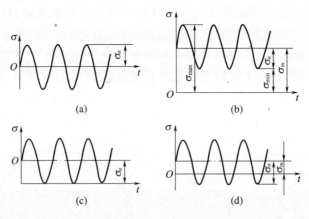

图 12 -2　交变应力
（a）对称拉压；（b）脉动拉伸；（c）波动拉伸；（d）波动拉压。

持久极限是指一种试件在交变载荷作用下，随着试验应力降低，使其产生疲劳破坏所需要的应力循环次数而增加，当应力降到某一数值，尽管循环次数增加，但试件并不发生破坏，这个应力值就称为该种材料的持久极限。也就是说，结构在低于材料持久极限应力作用下，是不会发生疲劳破坏的。

低循环疲劳应力幅值 σ_a 可能超过材料的弹性极限，试验时若用应力作控制变量，在疲劳曲线的低循环区域由于试验数据分散太大而使结果不准确；但是，试验时用应变作控制变量时，则低循环区域的试验数据分散很小，因而所得结果较为可靠。所以，材料低循环疲劳强度通常是应变幅值 ε_a 与循环次数 N 之间的试验曲线计算，图 12 -3 为碳素钢低循环总应变范围与循环次数之间的疲劳试验曲线，由该曲线可见，应变范围与循环次数之间在 $N = 10^4$ 之前呈线性关系。

12.2 疲劳设计曲线

12.2.1 疲劳寿命方程

由试验可知,各种材料的疲劳强度在低循环区域和在高循环区域的表现行为正好相反,图12-4为三种钢材(碳钢、低合金钢和高强度钢)试验结果,由图中明显可见,对任意两种材料的疲劳强度进行比较后可以得出这样的结论:在高循环区域,材料强度越高,疲劳强度越高;而在低循环区域,材料强度越高,疲劳强度也就越低。三种材料疲劳强度行为转折点大约在循环次数为10^4处。

对低碳钢、奥氏体不锈钢、镍、铜、钛、铝和铝合金等金属材料在温度低于蠕变范围时进行低于10^5次对称循环得出的应变与循环次数的关系式,即科芬—曼桑(Coffin-Manson)低循环疲劳计算式:

$$\varepsilon_p N^n = C \qquad (12-6)$$

式中:ε_p为塑性应变;N为材料疲劳断裂时的循环次数,即疲劳寿命;n为材料塑性指数(通常取$0.3 \sim 0.8$);C为常数(其值在$\frac{1}{2}\ln\frac{100}{100-A}$和$\ln\frac{100}{100-A}$之间);$A$为材料断面收缩率。

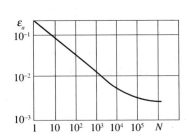

图12-3 碳素钢低循环疲劳曲线

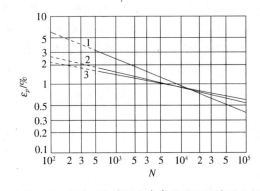

图12-4 三种钢疲劳强度在高低循环区域的比较
1—低强度高韧性钢;2—低合金中强度钢;3—高强度低韧性钢。

将上式中指数取$n=0.5$后,则有

$$\varepsilon_p \sqrt{N} = C \qquad (12-7)$$

常数C取试样拉伸试验断裂延性的$1/2$,即

$$\begin{cases} C = \dfrac{1}{2}\ln\dfrac{100}{100-A} \\[2mm] \varepsilon_p = \dfrac{1}{2}\ln\dfrac{100}{100-A}\dfrac{1}{\sqrt{N}} \end{cases} \qquad (12-8)$$

在弹性状态下,总应变范围为

$$\varepsilon = \varepsilon_e + \varepsilon_p \qquad (12-9)$$

弹性应变 ε_e 的交变应力幅 σ_a 为

$$\sigma_a = \frac{1}{2}E\varepsilon_e$$

$$\varepsilon_e = \frac{2\sigma_a}{E} \tag{12-10}$$

而弹性状态的虚拟应力幅为

$$S_a = \frac{1}{2}E\varepsilon \tag{12-11}$$

将式(12-8)、式(12-9)和式(12-10)代入式(12-11)后,于是能够得出表征应力幅与疲劳寿命之间疲劳寿命曲线计算式:

$$S_a = \frac{E}{4\sqrt{N}}\ln\frac{100}{100-A} + \sigma_a$$

取 $\sigma_{-1} = \sigma_a$,则上式为

$$S_a = \frac{E}{4\sqrt{N}}\ln\frac{100}{100-A} + \sigma_{-1} \tag{12-12}$$

由上述计算式根据材料的弹性模量 E、断面收缩率 A 和持久极限 σ_{-1} 就能够绘出疲劳寿命曲线或疲劳寿命理论曲线,如图 12-5 所示。

应当指出的是,上述疲劳寿命曲线是在平均应力为 0 时,对称应力循环推导出来的曲线方程式,然而实际情况并非如此,还存在载荷类型、结构表面状态、结构尺寸(壁厚)、应力集中、工作环境、应力幅变化和平均应力等因素对疲劳的影响,因此在实际疲劳评定时必须考虑这些因素。

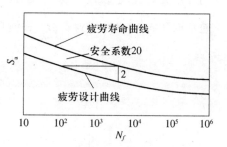

图 12-5　疲劳寿命曲线和疲劳
设计曲线关系确定

规范中对上述某些因素的影响是通过引入安全系数来考虑的。但是对于平均应力的影响需要单独分析研究。在规范设计曲线中,这个影响只是采用调低疲劳寿命曲线的办法予以解决。

在实际计算时,除了用式(12-12)计算交变应力幅值外,还要知道疲劳寿命 N。

12.2.2　平均应力影响

压力容器在低循环交变载荷作用下引起的应力往往超过材料的屈服强度,在这种应力状态下,平均应力对结构疲劳有很大的影响,故必须考虑。

12.2.2.1　平均应力特征和计算

(1)由第 3 章安定性分析可知,如图 3-10(a)所示,在名义应力大于屈服强度 $\sigma_y <$ $2\sigma_y(\sigma_y < \sigma_1 < 2\sigma_y)$ 时,第 1 次加载时,应力与应变关系按 OAB 变化,OA 为弹性变化阶段,A 至 B 塑性变化阶段,而 B 至 C 为卸载阶段,以后沿 BC 往返。因此在开始循环时的最小应力 $\sigma_{min} = 0$,而最大应力 $\sigma_{max} = \sigma_1$,应力幅 $\sigma_a = \sigma_1/2$,计算平均应力 $\sigma'_m = \sigma_1/2$。在以后沿 BC 循环中,处于弹性状态下的实际平均应力会变小,变化值为 $\sigma_a - \sigma_m$,由此得

$$\sigma_m = \frac{\sigma_1}{2} - (\sigma_1 - \sigma_y) \tag{12-13}$$

或

$$\sigma_m = \sigma_y - \sigma_a \qquad\qquad (12-14)$$

由此可以看出,在 $\sigma_y < \sigma_1 < 2\sigma_y$ 情况下,平均应力对疲劳寿命的影响将会减小。

(2) 当 $\sigma_1 > 2\sigma_y(\sigma_1 > 2\sigma_y)$ 时,如图 3-10(b) 所示,第 1 次加载循环沿 OAB,卸载沿 BC,在达到压缩屈服强度 $-\sigma_y$ 时,压缩应力不再增加,由 C 点返回 D 点。以后循环过程遵循 $DEBCD$ 往返,显而易见,实际平均应力为 0。由此能够得出一个非常重要的结论:在低应力高循环疲劳情况下,持久极限随平均应力增加而降低;反之,当应力达到屈服强度以上,即材料的塑性范围时,平均应力对疲劳强度的影响极小,甚至于没有影响。这个结论的重要性就在于压力容器在保证公称应力限制在安全范围以内的条件下,容许容器壳体不连续处的局部应力值大于其屈服强度,而进入塑像状态。关于平均应力影响原理解释如下。

平均应力与交变应力幅之间的关系如图 12-6 所示,图中纵坐标为应力幅,横坐标为平均应力,直线 AB 是纵横坐标屈服强度的连线,在此直线以内是应力幅和平均应力所允许的上限值。不论试验或实际应力循环初始条件如何,经过几次初始循环之后,应力必须落入三角形 AOB 的 A 点上。若落在三角形之外,如 C 点上,平均应力就会减少到 AB 线的 D 点为止。此平均应力调整值按下述计算,参考式(12-14),若 $\sigma_a + \sigma'_m \leqslant \sigma_y$ 时,则

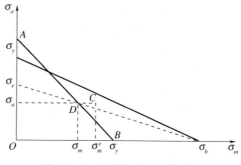

图 12-6　平均应力调整关系

$$\sigma_m = \sigma'_m$$

若 $\sigma_a + \sigma'_m > \sigma_y$ 及 $\sigma_a < \sigma_y$ 时,则

$$\sigma_m = \sigma_y - \sigma_a$$

若 $\sigma_a \geqslant \sigma_y$ 时,则

$$\sigma_m = 0$$

式中:σ'_m 为交变载荷平均应力的基本值,如图 12-6 中的 C 点值;σ_m 为平均应力的调整值。

在用上述方法具体计算平均应力调整之时,首先要求出平均应力等于 0 时的当量交变应力 σ_e。当量交变应力系指实际交变应力幅为 σ_a、平均应力不等于 0 产生的疲劳失效等同于平均应力为 0 产生的疲劳失效时的交变应力。当量交变应力能够从图 12-6 中直接求得,即将材料抗拉强度 σ_b 点与 D 点连线并延伸至纵坐标轴上,即 σ_e 点。对于近似计算,可以用下式求出当量交变应力值:

$$\sigma_e = \frac{\sigma_a}{1 - \dfrac{\sigma_m}{\sigma_b}} = \frac{\sigma_a \sigma_b}{\sigma_b - \sigma_m} \qquad\qquad (12-15)$$

由式(12-15)能够看出平均应力对疲劳强度影响程度及其与计算平均应力之间的关系。

12.2.2.2　平均应力影响允许范围

压力容器在实际使用情况下,由于焊接、试验及偶尔过载等产生的残余应力的存在,

实际平均应力是变化值而不是固定量。为了考虑平均应力最大可能影响程度应将上述的疲劳寿命曲线向低调整,此调整量可按图 12-7 进行。当平均应力为 0 时,经过 N 次循环产生破坏所需的应力幅或疲劳极限为图中 σ_N。当平均应力沿 OC' 线增加时,应力幅度则沿 EC 线减少。若将平均应力增至到 C' 点以上出现屈服时,平均应力将返回 C',因此 C' 点表示最大平均应力值,也是对疲劳强度影响最大值。实际平均应力在任何情况下都是很小的,因此 C' 点值偏于保守。σ'_N 为平均应力在 C' 点时的交变应力,如果不计平均应力的影响,则 σ'_N 值即为疲劳寿命曲线应当调整到的值。由图 12-7 的几何关系可知,当 $\sigma_N < \sigma_y$ 时,有

$$\sigma'_N = \sigma_N \left[\frac{\sigma_b - \sigma_y}{\sigma_b - \sigma_N} \right] \tag{12-16}$$

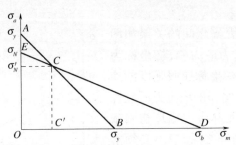

图 12-7　平均应力调整($\sigma_y = 0.5\sigma_b$)

当循环次数减少时,σ_N 增加。当 N 减少到 $\sigma_N > \sigma_y$ 时,则 $\sigma'_N = \sigma_N$。在此范围内疲劳寿命曲线不用调整。

在讨论平均应力对疲劳强度影响时,需要考虑材料屈强比对应力幅与平均应力之间关系的影响。图 12-8 为屈强比 σ_y / σ_b 约等于 0.5 的中低强度钢疲劳寿命曲线,用线性近似关系虽有保守,但误差不大;但是,对于屈强比较高的淬火回火钢($\sigma_y / \sigma_b = 0.9$),由图 12-9 明显可见,线性近似相当保守,则需要采用曲线近似办法解决,才能较为符合实际情况。

若控制应变进行低循环疲劳试验时发现,应力随循环次数变化而变化。这种变化有两种情况:应力随循环次数增加而增加,然后进入稳定状态;另一种是应力随循环次数增加而减小,然后达到稳定状态。反之,若控制应力横定时,应变也出现类似的变化情况。这种应力或应变随循环次数变化的现象称为材料循环的硬化或软化。

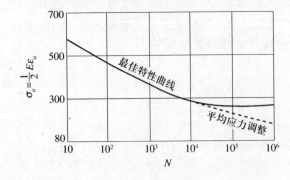

图 12-8　碳素钢和低合金钢平均应力调整

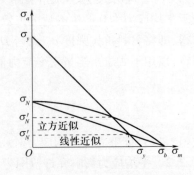

图 12-9　高强度钢平均应力影响

374

12.2.3　疲劳设计曲线

由前述可知,式(12 - 12)的疲劳寿命曲线或疲劳理论计算曲线需要考虑上面已经详细介绍的平均应力影响之外,还要考虑结构截面尺寸、表面质量状态、应力集中及工作环境等影响,以修正疲劳寿命曲线,使其成为适用于工程设计使用的疲劳曲线,即疲劳设计曲线。在我国压力容器标准 JB 4732 和 ASME Ⅷ - 2 规范中的疲劳设计曲线都是对应力幅和循环次数引入安全系数后的设计曲线。疲劳设计曲线考虑了试验数据分散、结构截面尺寸、表面质量状态和环境等因素影响。规定对试验数据分散取安全系数为2,对结构截面尺寸影响取安全系数为2.5,对表面质量状态和环境影响取安全系数为4,应力幅的安全系数为2,疲劳寿命的安全系数为 $2 \times 2.5 \times 4.5 = 20$,如图 12 - 5 所示。压力容器用的壳体材料和螺栓材料的疲劳设计曲线如图 12 - 10 ~ 图 12 - 12 所示。

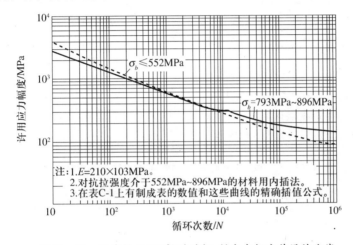

图 12 - 10　温度低于375℃的碳钢、低合金钢疲劳设计曲线

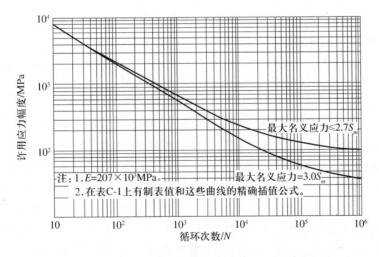

图 12 - 11　温度低于370℃高强度钢螺栓的疲劳设计曲线

在使用疲劳设计曲线时,需要考虑温度的影响,若材料设计温度与规范疲劳设计曲线规定的温度不同时,则用材料疲劳设计曲线弹性模量 E_d 与材料实际使用温度(设计温

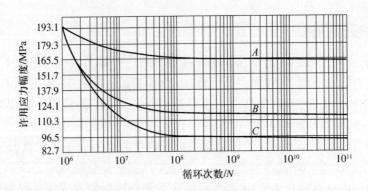

曲线适用准则：

曲 线	适用于焊缝和热影响区以外(弹性分析)	适用于焊缝和热影响区(弹性分析)
A	$P_L+P_b+Q\leqslant190MPa$	
B	$P_L+P_b+Q>190MPa$,经对平均应力调整后的S_a	$P_L+P_b+Q\leqslant190MPa$
C	$P_L+P_b+Q>190MPa$	$P_L+P_b+Q>190MPa$

注：(1) 不计经向和壁厚方向温差引起的弯曲温度应力；

    (2) 曲线A系从非弹性分析式 $S_a=\dfrac{1}{2}\Delta\varepsilon_p E$ 求得，也适用于 S_a；$\Delta\varepsilon_p$ 为总有效应变范围；

    (3) 曲线C考虑平均应力最大影响；

    (4) 在离焊缝3倍壁厚距离部位进行应力评定

图 12-12　温度低于427℃且 $S_a\leqslant195MPa$ 高合金钢、镍基合金及镍基铜合金的疲劳设计曲线

度)下弹性模量 E_t 之比进行调整，在计算设计温度下的交变应力幅时乘以此比值，即

$$S'_a = S_a\frac{E_t}{E_d}$$

式中：E_d 为疲劳设计曲线上规定的材料弹性模数。

12.3　线性累积损伤

有些压力容器承受不同类型的交变载荷和不同交变载荷幅作用，当存在两种或两种以上的有效应力循环时，即在交变应力幅值为 S_{a1} 时循环 n_1 次，在应力幅为 S_{a2} 时循环 n_2 次，以此类推，应力幅为 S_{an} 时循环 n_n 次。结构在交变循环应力连续作用下只要其应力幅值超过材料的疲劳持久极限就存在着疲劳损伤的可能性，所以不能简单地用最大应力幅值或最小应力幅值来确定交变应力幅度，这样会导致最后计算结果不准确而使结构要么过于保守，要么不安全。于是，采用线性疲劳累计损伤法来评估不同应力循环所产生的累计损伤的影响。所谓线性疲劳累计损伤系指试件在疲劳试验时，各交变应力幅作用下产生的损伤可以用应力循环次数的线性累计叠加办法进行累计，若累计损伤大到临界值时，试件就会破坏失效。也就是说疲劳累计损伤程度由交变应力循环次数 n_i 与在该交变应力幅值作用下由疲劳设计曲线查得的许用循环次数 N_i 的比值来确定。在有效交变应力幅 S_a 作用下的许用使用寿命为 N 次，断裂时的损伤度为 U，则在交变应力幅值 s_{a1} 作用下的每次循环损伤为 U/N_1，循环 n_1 次后的损伤为 $U/N_1\cdot n_1$。而在有效交变应力幅 S_{a2} 作用

下的疲劳循环寿命为 N_2，循环 n_2 次后的损伤为 $U/N_2 \cdot n_2$，依此类推，可以得出在多种有效交变应力幅作用下的总损伤度为

$$\frac{U}{N_1} \cdot n_1 + \frac{U}{N_2} \cdot n_2 + \cdots + \frac{U}{N_i} \cdot n_i = U \qquad (12-17)$$

线性累计疲劳损伤的设计准则是不同有效应力幅产生的损伤度累计叠加不超过 1，即

$$\frac{n_1}{N_1} + \frac{n_2}{N_2} + \cdots + \frac{n_i}{N_i} = \sum \frac{n_i}{N_i} \leqslant 1 \qquad (12-18)$$

容器在整个使用寿命期间，交变载荷作用产生的有效交变应力幅为 S_{1a}、S_{a2}、$\cdots$、S_{ai}、相应的有效交变循环次数为 n_1、n_2、$\cdots$、n_i。根据各个应力幅由疲劳设计曲线查得的许用疲劳循环次数为 N_1、N_2、$\cdots$、N_i。用这些数据由式(12-18)计算疲劳累计损伤度并满足要求就不用进行详细的疲劳分析计算。

在具体确定任一应力循环次数时，必须考虑不同应力循环叠加时各应力循环主应力差值叠加的影响。现在用一个例子说明：由两种形式的应力循环，一种应力变化由 0 到 400MPa，循环次数为 1000 次；另一种应力变化由 0 到 -350MPa，循环次数为 10000 次。在计算这两种载荷作用产生累积损伤时，需要考虑主应力叠加的影响。

第 1 种循环：

$$S_{a1} = 375\mathrm{MPa}, n_1 = 1000 \text{ 次}$$

第 2 种循环：

$$S_{a2} = 175\mathrm{MPa}, n_2 = 9000 \text{ 次}$$

12.4　应力集中和应力指数

12.4.1　应力集中系数 k_t

应力集中系数是通过应力分析来确定的。压力容器疲劳寿命的计算与使用材料抗疲劳性能和作用的交变应力幅有关，在计算和分析交变应力或应力幅时，需要考虑总体和局部不连续部位、开孔接管、焊缝等应力集中的影响。因此，在计算交变应力幅之前，需要确定结构应力集中部位或区域的最大弹性应力 $\sigma_{\max}$。最大应力 $\sigma_{\max}$ 是名义应力 σ 乘以应力集中系数的应力值，这个应力包含一次应力、二次应力和峰值应力在内的总应力。名义应力是根据规则设计法计算的薄膜应力。于是，应力集中系数 k_t 为

$$k_t = \frac{\sigma_{\max}}{\sigma} \qquad (12-19)$$

应力集中系数反映结构处于弹性状态下局部不连续的特性。对于脆性材料，可以直接使用此应力集中系数 k_t 评定交变应力对疲劳强度降低程度。对于韧性材料，由于应力集中对材料疲劳强度的影响程度没有脆性材料那么敏感，通常不用应力集中系数 k_t，而用下面将要讨论的疲劳强度减弱系数 k_f 表征应力集中对疲劳强度的影响。

12.4.2　疲劳强度降低系数 k_f

在交变载荷作用下的延性材料，为了反映应力集中对疲劳强度的影响，通常用疲劳强

度降低系数(FSRF)k_f代替应力集中系数,疲劳强度削弱系数通常是由疲劳试验确定。由于k_f与结构几何尺寸、材料性能和载荷水平有关,因此能更好地反映出压力容器常用的韧性材料在交变载荷作用下局部高应力部位或区域的特性,故用系数k_f来评估应力集中对疲劳强度降低程度:

$$k_f = \frac{\sigma'_a}{\sigma_a} \tag{12-20}$$

式中:σ'_a为光滑(无缺口)试件N次应变控制循环时的虚拟应力幅;σ_a为容器壳体N次应力控制循环时的名义应力幅。

通常,$k_f < k_t$,在没有k_f数据时,取k_t值代替k_f。

关于k_f取法,美国 ASME Ⅷ-2 规范 2007 年版,对各种焊接接头形式、焊缝表面处理状态和焊接质量等级给出具体的k_f值,详见规范表 5.11 和表 5.12(焊接表面疲劳强度降低系数k_f)。

12.4.3 开孔接管应力指数 k_b

应力指数是指壳体开孔接管区域等特定部位在内压作用下产生的环向、轴向和径向应力分量 σ_θ、σ_z 和 σ_r 与无开孔无补强壳体由规则设计计算的环向薄膜应力之比,如图 12-13 所示。对于球形壳体和圆柱形壳体上的径向圆柱壳接管的应力指数分别见表 12-1 和表 12-2。表中所指的应力分量是压力作用产生的应力,若在壳体或接管处还有外加载荷(非压力在和)作用引起的应力和温度应力时,应将这些应力分量分别加到此应力分量上。

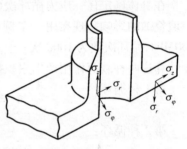

图 12-13 壳体开孔应力分量

表 12-1 球形封头和成形封头球冠部分的应力指数 k_b

最大应力点位置 应力分量	内侧转角处	外侧转角处
σ_θ	2.0	2.0
σ_z	-0.2	2.0
σ_r	$-\dfrac{2\delta}{R_i}$	0.0
σ	2.2	2.0

表 12-2 圆柱壳与接管连接处的应力指数 k_b

应力	纵 向 平 面		环 向 平 面	
	内侧转角处	外侧转角处	内侧转角处	外侧转角处
σ_θ	3.1	1.2	1.0	2.1
σ_z	-0.2	1.0	-0.2	2.6
σ_r	$\dfrac{\delta}{R_r}$	0	$\dfrac{\delta}{R_r}$	0
σ	3.3	1.2	1.2	2.6

注:δ 为不包括壳体局部加厚补强的壳体计算厚度;R_i 为壳体内半径

表 12-1 和表 12-2 中的应力指数 k_b 只有满足下述条件时才适用。

(1)非径向接管在连接处的应力指数值要比径向接管大得多,最大应力值出现在壳体椭圆孔长轴靠近接管一侧,并随着接管倾斜度增加而增大。

① 对于球壳上的非径向接管,在 $d_i/D_i \leqslant 0.15$ 时,接管内侧转角处应力分量 σ_i(取环向应力)指数 k_θ:

$$k_\theta = k_b(1 + 2\sin^2\varphi) \tag{12-21}$$

② 对于圆柱壳上的非径向接管内侧转角处应力分量 σ_i（取环向应力）的应力指数：

$$k_\theta = k_b [1 + (\tan\varphi)^{\frac{4}{3}}] \qquad (12-22)$$

式中：φ 为接管倾斜角度，即接管轴线与圆柱壳轴线间夹角（图 12-14）。

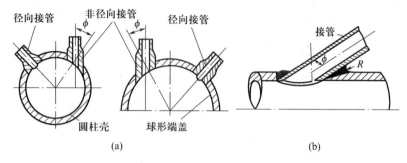

图 12-14　壳体开孔接管结构形式

（2）上述接管应力指数只适用于壳体上单个开孔接管，如果有几个开孔接管，相邻接管中心线距离要在壳体内侧测定。对于球壳或成形封头，其弧距应大于两个开孔接管内径之和的两倍；对于圆柱形壳体上开孔接管，沿其轴线侧得的距离要大于两个开孔接管内径的三倍，而沿其圆周方向量得的弧距要大于两个开孔接管内径的两倍。由此能够避免开孔接管间的应力集中相互叠加影响。

（3）使用上述的应力指数时，壳体和接管的几何尺寸应满足表 12-3 所列条件。

表 12-3　壳体和接管的几何尺寸

结构尺寸比值	圆柱壳体	球 壳	结构尺寸比值	圆柱壳体	球 壳
$\dfrac{D_i}{\delta}$	10 ~ 100	10 ~ 100	$\dfrac{d_i}{\sqrt{D_i\delta}}$	—	≤ 0.80
$\dfrac{d_i}{D_i}$	≤ 0.50	≤ 0.50	$\dfrac{d}{\sqrt{D_i\delta_n r_2/\delta}}$	≤ 1.50	—
注 D_i 为壳体内径；d_i 为接管内径；δ 为壳体壁厚；δ_n，r_2 如图 12-16 所示						

（4）采用上述接管应力指数时，接管与壳体连接处内、外侧区域过度圆角的几何尺寸应满足如下要求（图 12-15）。

① $r_1 \geqslant (0.125 \sim 0.1)\delta$。

② $r_2 \geqslant \sqrt{2r\delta_n}$ 或 $r_2 \geqslant \delta/2$，取其较大者。

③ $r_3 \geqslant \sqrt{r\delta_p}$ 或 $\delta_n/2$，取其较大者。

（5）接管及补强元件与壳体连接应为全焊透对接焊缝的整体结构。

上述接管应力指数的计算或表中数据也适用于薄壁压力容器。

12.4.4　内压和弯矩同时作用的侧向接管的应力指数

圆柱形壳体上斜置的接管如图 12-16 所示，作用在其上的三个截面的弯矩和压力分别为 M_B、M_{BT}、M_R、M_{RT} 和 p。对于这种结构，只有满足下述条件，表 12-4 中的接管应力指数才适用：

（1）接管倾斜角度不得小于 45° 以下。

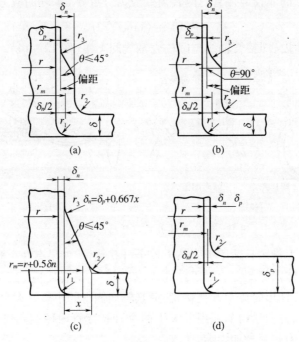

图 12 – 15 接管几何尺寸

表 12 – 4 在压力和弯矩组合作用下圆柱壳体上斜置接管相关部位的应力指数

载 荷	应力	截面区域 1		截面区域 2		截面区域 3	
		内侧面	外侧面	内侧面	外侧面	内侧面	外侧面
p	σ_{max}	5.5	0.8	3.2	0.7	1.0	1.0
	S	5.75	0.8	3.5	0.75	1.2	1.1
弯矩 M_B	σ_{max}	0.1	0.1	0.5	0.5	1.0	1.6
	S	0.1	0.1	0.5	1.8	1.0	1.6
弯矩 M_R, M_{RT}	σ_{max}	2.4	2.4	0.6	2.0	0.2	0.2
	S	2.7	2.7	0.7	—	0.3	0.3
弯矩 M_{BT}	σ_{max}	0.13	—	0.06			2.5
	S	0.22	—	0.07			2.5

注:(1) 内压作用:在截面区域 1 和 2 处由内压作用产生的应力 $\sigma = (D + \delta)p/2\delta$;在截面区域 3 处的应力 $\sigma = (d + \delta_p)p/2\delta_p$;

(2) 表和式中的符号意义:σ_{max} 为最大主应力(MPa);S 为最大应力强度(MPa);D_i 为圆柱壳体内径(mm);d 为接管内径(mm);δ 为壳体壁厚(mm);δ_p 为接管壁厚(mm)

(2) 接管的横截面为圆形(圆柱形壳体),其轴线与圆柱壳轴线相交。

(3) 按等面积法开孔补强。

(4) 几何尺寸条件见表 12 – 5。

380

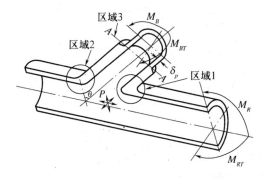

图 12-16　圆柱形壳体上斜置接管受力分析

表 12-5　几何尺寸条件

几 何 尺 寸	最 大 值
D_i/δ	40
d/D_i	0.5
$d/\sqrt{D_i\delta}$	3.0

12.4.5　接管与壳体连接处温差应力计算

1. 温差应力

容器壳体和接管任意两点间的温差应力按兰格(Langer)计算式计算。虚拟应力幅为

$$S_a = \frac{1}{2}E\varepsilon_p \qquad (12-23)$$

考虑温差应力集中系数 k_h 后,式(12-23)则可写为

$$S_a = \frac{1}{2}k_hE\varepsilon_p \qquad (12-24)$$

若塑性应变是由温差应力引起时,则

$$\varepsilon_p = \alpha\Delta T$$

故式(12-24)的交变温差应力幅为

$$S_a = \frac{1}{2}k_h\Omega E\alpha\Delta T \qquad (12-25)$$

式中:系数 Ω 为结构的几何形状系数,其值通常在 0.5~2.0 之间,这里取 $\Omega=2$,则

$$S_a = k_hE\alpha\Delta T \qquad (12-26)$$

对于瞬间温差应力的应力集中系数 $k_h=3$,则有

$$\Delta T = \frac{S_a}{3E\alpha} \qquad (12-27)$$

不同材料连接处的温差:

$$\Delta T = \frac{S_a}{3(E_1\alpha_1 - E_2\alpha_2)} \qquad (12-28)$$

或

$$S_a = 3(E_1\alpha_1 - E_2\alpha_2)\Delta T \qquad (12-29)$$

式中:ε_p 为塑性应变;E 为弹性模数;k_h 为温度应力集中系数(通常取 2~3);α_1 和 α_2 分别为所选择壳体两点温度平均值的瞬间热膨胀系数。

2. 疲劳热棘轮现象

在对压力容器或结构元件进行疲劳评估时,需要考虑所选择部位或区域由交变机械应力和稳定温度应力组合作用,或者由交变温度应力和稳定机械应力组合作用达到一定程度时将产生热棘轮现象。也就是说,只要结构存在二次当量应力和一次薄膜当量应力组合作用时就有可能产生棘轮现象。因此需要确定在稳定的总体或局部一次薄膜当量应力与热负荷引起的二次当量应力范围的许用极限。对包括总体不连续在内的壳体进行弹性应力分析认为:将一次加二次的当量应力范围限制在许用极限以内就能防止棘轮现象发生。同时由三杆模型试验可以得出一次薄膜当量应力 P_m 与平均循环温度下的材料最低屈服强度 S_y 之比,及由热负荷引起的二次当量应力范围的许用温度应力极限 S_Q 与屈服强度 σ_y 之比的关系(图 12 – 17),若一次薄膜当量应力和二次当量应力(温度应力)范围组合控制在图 12 – 17 中曲线 a 以下时,就不会引起热棘轮现象。由图中明显可见,若 P_m/P_y 之比为 0 时,$S_Q = 2S_y$。同时规范还推导出温度沿圆柱壳壁厚线性分布和抛物线分布两种情况下的 P_m/S_y 和 S_Q/S_y 之间的关系。曲线 b 是温度为线性分布,曲线 c 是温度为抛物线分布。

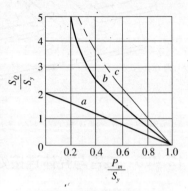

图 12 – 17 防止棘轮失效应力组合的限制条件

温度沿壳体壁厚线性分布的许用温度应力极限 S_Q:

$$S_Q = \frac{S_y^2}{P_m} \quad (0 < P_m/S_y < 0.5) \tag{12 – 30}$$

或

$$S_Q = 4S_y\left(1 - \frac{P_m}{S_y}\right) \quad (0.5 \leqslant P_m/S_y \leqslant 1.0)$$

温差沿壳壁截面抛物线分布时的许用温度应力范围 S_Q:

$$S_Q = \left(\frac{1}{0.1224 + 0.9944\left(\frac{P_m}{S_y}\right)^2}\right)S_y \quad (0 < P_m/S_y < 0.615) \tag{12 – 31}$$

或

$$S_Q = 5.2(1 - P_m/S_y) \quad (0.615 \leqslant P_m/S_y \leqslant 1.0)$$

由此,能够得出防止产生热棘轮现象的条件是:实际二次当量应力(交变温度应力)范围 ΔQ 小于许用温度应力极限 S_Q。

防止热棘轮生效的评定步骤如下:

(1) 确定一次薄膜应力与循环平均温度的最低屈服强度之比。

(2) 用弹性应力分析方法计算由热负荷引起的二次当量应力(交变温度应力)范围 ΔQ。

(3) 根据温度沿壳体壁厚分布,由式(12 – 31)确定由热负荷引起的二次当量应力范围的许用极限 S_Q。

(4) 防止产生棘轮失效的条件为

$$\Delta Q \leqslant S_Q \tag{12 – 32}$$

12.5　多向应力状态结构疲劳

压力容器实际运行过程中在载荷作用下产生的应力多为双向或三向应力状态,在多

382

向应力状态下,防止材料疲劳失效计算是将多向主应力转换成当量应力即应力强度,并与单向应力试验所得的结果相比较。当量应力计算方法一般采用最大剪应力理论即第三强度理论和最大变形能理论即第四强度理论。在大多数情况下,后者计算结果较为精确,两者偏差不超过15%。但是,对于交变应力状态,最大变形能理论不太适用。因此,在实际设计计算时,通常用最大剪应力理论。实践业已证明,对于有延性材料制成的容器或结构元件,在稳态和交变循环应力作用下,这个理论与实际结果非常符合。对于各向同性材料,若所选定点的三个主应力为σ_1、σ_2和σ_3,且其代数值存在$\sigma_1 > \sigma_2 > \sigma_3$关系,按最大剪应力理论,其应力强度$S$为三个应力差中的最大者,即

$$S_{1,3} = 2\tau = \sigma_1 - \sigma_3 \tag{12-33}$$

在低周循环范围内的疲劳设计曲线是按式(12-12)应变和循环次数之间关系绘制的,为了分析方便,通常将应变乘以弹性模量得出虚拟应力值。在三向应力状态下,由广义胡克定律可知主应力与主应变之间的关系:

$$\begin{cases} \sigma_1 = \dfrac{E}{1+\mu}\Big[\dfrac{\mu}{1-2\mu}(\varepsilon_1 + \varepsilon_2 + \varepsilon_3) + \varepsilon_1\Big] \\[2mm] \sigma_2 = \dfrac{E}{1+\mu}\Big[\dfrac{\mu}{1-2\mu}(\varepsilon_1 + \varepsilon_2 + \varepsilon_3) + \varepsilon_2\Big] \\[2mm] \sigma_3 = \dfrac{E}{1+\mu}\Big[\dfrac{\mu}{1-2\mu}(\varepsilon_1 + \varepsilon_2 + \varepsilon_3) + \varepsilon_3\Big] \end{cases} \tag{12-34}$$

由此,求出三个应力之差值,并用S_i表示当量应力强度:

$$\begin{cases} S_1 = \sigma_1 - \sigma_2 = \dfrac{E}{1+\mu}(\varepsilon_1 - \varepsilon_2) \\[2mm] S_2 = \sigma_2 - \sigma_3 = \dfrac{E}{1+\mu}(\varepsilon_2 - \varepsilon_3) \\[2mm] S_3 = \sigma_3 - \sigma_1 = \dfrac{E}{1+\mu}(\varepsilon_3 - \varepsilon_1) \end{cases} \tag{12-35}$$

取式(12-35)中最大应力差值,即最大应力强度S_i求出交变应力幅$S_a = S_i/2$。由此根据相应的疲劳设计曲线查得材料的许用循环次数。

由前述介绍的内容可知,低循环疲劳设计是用一组根据理论分析所得出的并经过实践验证行之有效的疲劳设计曲线作为依据,将结构或元件在受当量应力幅S_a作用时由疲劳设计曲线查得的许用循环次数N与在该应力幅作用下实际循环次数n进行比较,若$n < N$时便满足要求,这就是所谓的安全寿命设计法。若作用在结构或元件上的载荷是变化的,则交变循环应力幅不是恒定时,则根据每种载荷初始的应力幅由疲劳设计曲线求出许用循环次数,用上述的线性疲劳累计损伤法进行疲劳评定。或者在已知循环次数,由疲劳设计曲线查得该循环次数的最大(许用)应力幅值,并与实际应力幅比较。若实际应力幅等于或小于许用应力幅时,就不用疲劳分析。

12.6 疲劳设计

12.6.1 疲劳设计的一般要求

从各国压力容器规范或标准来看,通常把低循环疲劳设计视为分析设计的组成部分,

当压力容器或元件在指定的使用期间内受到一定次数的循环载荷作用或者用户要求进行疲劳评定或计算。只有作用在结构上的一次应力和二次应力满足规范设计要求的前提下,按照规范规定免除疲劳评定;其次,在选择评定部位时,重点放在结构局部应力强度最大、应力循环次数最多的不连续处,因为此处的交变应力值可能最大;另外,疲劳评定的强度条件为 $P_m(P_L) + P_b + Q + F$,故只是在疲劳评定时,要考虑峰值应力 F。

12.6.2 疲劳评定步骤

疲劳设计目的是压力容器在压力、热负荷及外载荷交变作用下确保在使用寿命期间的安全运行,因此需要对所考虑的结构应力集中部位或区域通过应力分析确定其当量应力及交变应力幅。基本程序是首先进行载荷分析,应力和当量应力计算,确定最大交变应力幅。然后由此应力幅按照疲劳设计曲线求出许用循环次数并与实际作用的循环次数进行比较效核;当然,也可以在知道循环次数后,由疲劳设计曲线求出许用应力幅,并与实际作用的应力幅进行比较校核。

(1)按照规则设计法求出静载状态下容器的基本尺寸,确认需要疲劳评估的评定点或部位,如结构的总体或局部不连续处、开孔接管与壳体连接处、焊接角接接头、拐角、局部载荷作用区域及温差急剧变化区域。由应力分析可知,疲劳评定点选择条件是应力最大,载荷循环次数最多的部位。从分析设计角度出发,受交变载荷作用结构疲劳评定点需满足疲劳设计条件。

(2)确定并分析疲劳载荷。根据用户设计任务书和操作条件及制造企业的要求,确定压力容器所承受的各种载荷类型和应力及其波动范围。根据载荷谱确定计算条件,即压力、温度和外载荷等。

(3)应力分析和计算。对每个评定部位,计算在整个操作期间的应力强度幅值,在应力分析报告中有应力评定点的细目、评定部位应力分布、壳体截面应力分布、最大应力和最小应力值及强度计算结果等方面的内容。

(4)用相关的载荷计数方法,绘出载荷或应力波动图谱。

(5)计算交变应力幅。分主应力方向不变和主应力方向变化两种情况。

① 评定点在循环过程中主应力方向不变。

a. 确定主应力值。对所评定点通过应力分析求出在整个循环过程中与时间相对应的由所有载荷引起的三个主应力 σ_1、σ_2 和 σ_3。

b. 确定应力差。按最大剪应力理论计算整个循环过程中与时间相应的主应力差:

$$\begin{cases} S_{12} = \sigma_1 - \sigma_2 \\ S_{23} = \sigma_2 - \sigma_3 \\ S_{31} = \sigma_3 - \sigma_1 \end{cases} \tag{12-36}$$

c. 由此求出各主应力差的最大波动范围绝对值 $|S_{ij}|$,各主应力差的交变应力幅为最大主应力波动范围的 1/2,故交变应力幅 S_a:

$$S_a = \frac{1}{2}\max(S_{ij}) = \frac{1}{2}\max(S_{12}, S_{23}, S_{31}) \tag{12-37}$$

由此 S_a 可以从疲劳设计曲线中查得许用循环次数。

② 评定点在循环过程中主应力方向变化。由于结构评定点在循环过程中主应力方

向随时间变化,故在计算交变应力幅时必须要确定所选择的评定点在循环过程中最苛刻时刻的名义应力分量。

a. 名义应力分量计算。计算整个循环过程与时间相应的由所有载荷引起的六个应力分量 $\sigma_\theta, \sigma_z, \sigma_r, \tau_{\theta z}, \tau_{zr}, \tau_{r\theta}$。

b. 选择循环条件最苛刻时间点,即极值状态(代数值最大和最小)所对应的时间,该时刻的各应力分量分别为 $\sigma_{\theta i}, \sigma_{zi}, \sigma_{ri}, \tau_{\theta zi}, \tau_{zri}, \tau_{r\theta i}$。需要指出的是,在正常情况下,只要找出循环条件最苛刻的一个时间点就够了,但是在某些情况下,还需要对不同时间点进行试算,从中找出产生最大交变应力强度那个时间点。

c. 从循环过程中的每一时间点对应的应力分量 $\sigma_\theta, \sigma_z, \sigma_r$ 中减去第 i 时刻对应的应力分量 $\sigma_{\theta i}, \sigma_{zi}, \sigma_{ri}$ 等,由此得出交变应力分量 $\sigma'_\theta, \sigma'_z, \sigma'_r$ 等。虽然在循环过程中这些主应力方向变化,但是编号不变;同时,由此交变应力分量计算出各时间点主应力,计作 $\sigma'_1, \sigma'_2, \sigma'_3$。

d. 交变主应力差计算。在整个循环过程中个相对应时间点的主应力差为

$$S'_{12} = \sigma'_1 - \sigma'_2; \quad S'_{23} = \sigma'_2 - \sigma'_3; \quad S'_{31} = \sigma'_3 - \sigma_1$$

e. 找出任一时间点交变主应力差绝对值的最大值 $|S_{rij}|$,交变应力幅为 $S_a = 0.5(S_{rij})$,于是,交变应力幅为 $S_{a12}, S_{a23}, S_{a31}$,取其中最大值由相应的疲劳设计曲线求出许用循环次数,并与实际作用的循环次数进行比较校核。

在确定一次应力加二次应力的压力强度范围的极限值时,其应控制在 $3S_m$ 以内。

12.6.3 疲劳设计载荷计数方法

1. 雨流计数法

雨流计数法计数方法(ASTM 标准 E1049)是通过数据采集得到时间历程,再根据连续的 3 个采样数据,删去不是峰值和谷值的数据点,将时间历程转化成峰谷值的载荷图谱,如图 12-18 所示。首先在具有循环应力最大值和最小值载荷图谱中找出应力强度最大值(图 12-18 中 1 点),由此开始找出紧挨着的应力强度最低值(图中 4 点),用两条水平线将 1—4 点封死,在此范围内接着找出最大和最小应力 2 点和 3 点,即应力范围 2—3。如果在此范围内往下找没有一个最小值时,就先停住,记录一个循环,依次求出这个循环的范围值、幅值和平均值。再往下找另外的循环应力最大和最小应力值,如图中 5 点和 8 点,并用水平线封死(5—8),在此范围内找出最大和最小应力点 6 和 7,记录另一个循环,求出此循环的范围值、幅值和平均值,以此类推。这种计数方法不适用于非比例加载,而对于非比例加载的交变载荷,则用最大最小循环计数法。这种计数方法是首先找出由峰值点和低谷点组成最大可能的循环,然后找出第 2 最大峰点谷点循环,依次找出第 3 最大峰点谷点循环,依次直到所有峰点计数完结。

2. 简单计数法

简单计数法是将交变作用载荷分成单独几个组,彼此之间单独考虑,如图 12-19 所示。每个载荷组里要标出应力范围和每种载荷循环次数。将应力范围和相应的循环次数绘成图谱并列表(表 12-6)。在载荷图谱中,把最小载荷放在上面,按载荷大小,由 A 到 D 依次下推。

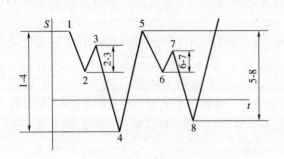

图 12-18 雨流计数法应力分布图谱

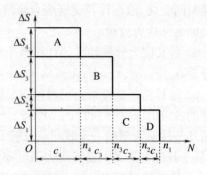

图 12-19 简单计数法

表 12-6 应力范围和循环次数列表

载 荷			加载结果			
编号	应力范围	循环次数	实例	符号	应力范围	循环次数
4	ΔS_4	n_4	开车停车;	A	$\Delta S_4 + \Delta S_3 + \Delta S_2 + \Delta S_1$	$C_4 = n_4$
3	ΔS_3	n_3	温差;压力	B	$\Delta S_3 + \Delta S_2 + \Delta S_1$	$C_3 = n_3 - n_4$
2	ΔS_2	n_2	波动;交变	C	$\Delta S_2 + \Delta S_1$	$C_2 = n_2 - n_3 - n_4$
1	ΔS_1	n_1	机械载荷等	D	ΔS_1	$C_1 = n_1 - n_2 - n_3 - n_4$

注:(1) 组合应力范围 S;

（2）循环次数 n

12.7 免予疲劳评定条件

压力容器并非都要求进行疲劳评定分析,是否需要疲劳评估取决于导致疲劳失效的原因,即与所考虑的结构部位或区域在使用寿命期间的机械(压力)循环载荷和温差波动有关,并根据弹性分析和弹塑性分析确定是否需要疲劳分析的条件,若能满足下述要求,就无需疲劳分析。ASME VIII-1 规范对低周循环压力容器结构是否需要进行疲劳评定给出两个条件(准则),即 A 条件和 B 条件。A 条件是以循环次数为基准;B 条件是以应力幅为基准。但是这两个条件都假设循环载荷作用产生的应力集中系数均不得超过 2.0。

12.7.1 A 条件

对于由抗拉强度 σ_b 小于 552MPa 材料制造的压力容器的整体结构(等面积补强和非整体连接件除外)在室温下下述四种形式循环次数总和不超过 1000 次。

（1）全幅压力循环(开车和关车)的预期(设计)循环次数。

（2）超过设计压力 20% 的操作预期压力循环次数。

（3）包括接管在内的容器壳体任意相邻两点间温度变化的有效循环次数。有效循环次数是将温差循环次数乘以金属温差系数(表 12-7)。相邻间两点距离定义如下:①表面温度差,对于壳体和成形封头在经线方向上为 $L = 2.5\sqrt{R_i\delta}$;对于圆平封头 $L = 2\sqrt{R_i a}$;

②壁厚方向是指垂直于壳体任何表面法线方向上任意两点距离。R_i 和 δ 分别是容器壳体、接管等所考虑点的有效平均半径和厚度;a 为平封头半径。

（4）两个平均线膨胀系数分别为 α_1 和 α_2 的元件焊接连接时,若操作温度变化范围为 ΔT,使($\alpha_1 - \alpha_2$)$\Delta T > 0.00034$ 时的温差环向次数。但是这个条件不适合容器壳体的衬里或复合壳体。

对于等面积补强的开孔,上述的四种循环总数不得超过 400 次,同时第（2）条规定的压力循环范围取 15% ,而不是 20% 。

表 12 - 7　金属温差系数

金属温差/℃	系数
≤28	0
29 ~ 56	1
57 ~ 83	2
84 ~ 139	4
140 ~ 194	8
195 ~ 250	12
≥251	20

12.7.2　B 条件

如果能够满足下述六个条件时,可以免予疲劳评定。

（1）包括开车、停车在内的全幅预期压力循环次数不超过由 $S_a = 3S_m = 2S_y$ 时从疲劳设计曲线查得的许用次数,S_m 为设计温度下设计应力强度。

（2）正常操作状态下,预期（设计）压力循环幅度不超过 S_a/S_m 乘以 1/3 设计压力 p,即$(p/3)(P_a/P_m)$。S_a 按照有效压力循环次数由相关疲劳设计曲线中查得应力幅值。有效压力循环是指波动幅度超过设计压力乘以 $S/3S_m$,即 $S/3S_m \times p$ 压力幅度,S 是由疲劳设计曲线在 $N = 10^6$ 查得的应力幅 S_a。

（3）在正常操作和开车、停车状态下,容器壳体任意相邻两点间温差 ΔT 不超过 $S_a/2E\alpha$。S_a 根据预期的开车和停车次数由相应的疲劳设计曲线查得的交变应力幅值。有效温度幅度是指超过 $S_a/2E\alpha$ 的温度变化量,而 S_a 为 $N = 10^6$ 次循环时的应力幅值。

（4）容器任意两个相邻点间的温差范围 ΔT 不大于超过 $S_a/2E\alpha$ 的温度变化值。S_a 为根据预期有效温差波动循环总次数由疲劳设计曲线的应力幅。有效温差系指温差总幅度超过 $S/2E\alpha$。

（5）若容器壳体是由不同材料制成时,温度总算术幅度不超过由 $S_a/2(E_1\alpha_1 - E_2\alpha_2)$。$S_a$ 是根据预期的有效温度波动循环总次数由疲劳设计曲线查得的应力幅值。在这种情况下,有效温度循环系指温度波动总偏移超过 $S/2(E_1\alpha_1 - E_2\alpha_2)$,此 S 是疲劳设计曲线在 $N = 10^6$ 时查得的 S_a 应力幅值。

（6）不包括压力,但包括管道反作用力在内的预期总机械交变载荷不得导致载荷应力强度幅超过 S_a。S_a 为按照预期有效载荷波动总循环次数由疲劳设计曲线查得的应力幅值。若预期总有效载荷波动次数超过由疲劳设计曲线规定的最大循环次数时,需取疲劳设计曲线给出的最大循环次数对应的 S_a 值。有效载荷波动是指载荷应力强度总偏移超过 S。

当然,还可依据相类似的在役压力容器运行经验或已经掌握的类似使用数据,包括结构、工况、环境等条件符合上述要求时,也允许免除疲劳分析。

12.8　2007 年版 ASME VIII-2 疲劳设计方法

美国 2007 年版 ASME VIII-2 规范在分析设计附录中关于疲劳设计有许多独到之处,但是归结到一点就是与本章前述的疲劳设计方法一样,通过定义应力、当量应力计算求出某循环当量应力幅后,由疲劳设计曲线确定该循环的循环次数,进而计算总循环的累积损伤并小于 1。

(1) 对压力容器在疲劳评定中主要是确定缺口应力,即失效部位的峰值应力、结构应力(薄膜应力 + 弯曲应力)和热点应力,也称焊趾应力,是外推应力,见图 3-4 中 C 点处应力。

(2) 2007 年版 ASME VIII-2 疲劳评定中对光滑试杆疲劳设计曲线采用缺口应力(适用于焊接件,需使用疲劳强度降低系数;非焊接件和螺栓等);对焊接件试样试验取得的曲线采用结构应力。注意:欧盟 EN 13445-3 规范在制定疲劳设计曲线时采用热点应力或焊趾应力和缺口应力。于是,在 2007 年版 ASME VIII-2 规范中有两种形式的 $S-N$ 疲劳设计曲线。

① 光滑试杆 $S-N$ 疲劳设计曲线:适用于焊接或非焊接元件,最高循环次数为曲线规定值。需要计算光滑部位或可定义缺口处的峰值应力。对焊接连接采用疲劳强度减低系数(FSRF)计算峰值应力。

② 焊接接头疲劳设计曲线:即为包括焊缝细节与 ASME VIII-2 制造质量和检验水平完全一致的用于结构应力法试件试验取得的疲劳设计曲线。该曲线仅适用于焊接接头,曲线无持久极限,适用于所有循环次数。一条 $S-N$ 设计曲线表示一种类型的焊接接头。若用该曲线进行疲劳评定及沿壁厚热梯度在某一时刻产生较大的应力差时,设计循环次数取母材较小循环次数。

(3) 三种疲劳分析方法。

① 弹性应力分析和当量应力法:这是 ASME VIII-2 过去采用的光滑试杆疲劳试验法,是正统标准疲劳分析法,包括采用泊松比修正并引入由 Adams 提出的弹塑性修正系数(疲劳损失系数)K_e。对焊缝采用疲劳强度降低系数(FSRF)。由于旧版 ASME VIII-2 设计步骤存在争议,因为新规范对 FSRF 系数的使用提出非常严格的限制。

② 弹塑性应力分析法:这是由 Kalnins 提出的方法,其是基于弹塑性应力分析结果,计算有效应变范围来评定疲劳损伤。对载荷图谱中的每一循环,用循环—循环法或双屈服法计算有效应变范围。双屈服法是在单一加载阶段进行弹塑性应力分析,该方法是基于 VIII-2 规范固定的循环应力范围—应变范围曲线和指定的一个循环载荷范围推导出来的。应力应变范围是分析的直接结果。这种方法并不需要进行卸载再加载的循环—循环分析。

③ 弹性应力分析和结构应力法:这种方法是 Battelle 联合工业项目的 Dong 博士提出的,也称为 Battelle Master $S-N$ 法。这是基于大量实践经验并认定欧洲压力容器标准根据由焊接试样验数据制定的焊接件疲劳法后,为处理区别于母材的焊接接头疲劳所需要的疲劳分析方法。这种方法是预测焊接件可靠疲劳寿命的应力计算方法。在对薄膜应力和弯曲应力引起的应分布线性化处理后,进行线弹性应力分析,用当量结构应力范围参

数计算疲劳损伤。

12.8.1 弹性应力分析和当量应力法—疲劳评定

12.8.1.1 光滑试杆 $S-N$ 疲劳设计曲线疲劳寿命计算

（1）这种方法能够使用 ASME VIII -2 针对不同材料经由抛光加工的光滑试杆而拟定的疲劳设计曲线图，如图 12 -10 ~ 图 12 -12 所示。这种方法只要引入以试验为基础的疲劳强度降低系数（FSRF）可以用于焊接接件的疲劳设计。在该设计曲线中已经考虑平均应力、结构尺寸、试验数据分散和环境影响；设计曲线的最小设计裕度为：对于应力为 2，对于循环为 20（数据分散为 2，尺寸影响为 2.5，表面粗糙度和环境为 4），适用于峰值应力，二次应力（M + B）和计及疲劳强度降低系数（FSRF）焊接件。

（2）考虑循环塑性影响，引入疲劳损失系数，即弹塑性修正系数 K_e。

（3）在 FEA 模型中，若焊缝截面图形不存在奇异性，只考虑焊缝缺口的影响。在这种情况下，FSRF =1，由 FEA 直接求出峰值交变应力。

（4）焊趾或其他无法确定的缺口，应当考虑采用 FSRF 系数，FSRF 系数与焊接接头形式、焊缝表面质量和检测水平有关。FSRF 系数具体取法见规范表 5 -11 和表 5 -12。对各种焊接接头，采用 FSRF 系数能够得出一系列的类似于英国标准 BS 和欧盟规范 EN 的焊接疲劳设计曲线。

在这种情况下，M + B（或二次应力）直接由 FEA 解出。

（5）对于已经存在缺口的非焊接区域，交变峰值应力由 FEA 直接解出。

（6）对于焊接区域由于模型的奇异性，峰值应力不可能由 FEA 直接求出，于是这个区域的峰值应力应当由二次应力或垂直于焊趾的薄膜应力加弯曲应力解出：

$$P_L + P_b + Q + F = (P_L + P_b + Q)K_f/2 \tag{12-38}$$

或

$$P_L + P_b + Q + F = (M + B)K_f/2$$

12.8.1.2 载荷循环当量应力计算

载荷循环当量应力计算分两种情况。

（1）用疲劳损失系数 $K_{e.k}$ 调整有效交变当量总应力范围 $\Delta S_{P.k}$ 中的机械应力，用泊松比效正系数 $K_{\mu.k}$ 调整温度应力范围 $\Delta S_{LT.k}$ 时，k 载荷循环有效交变当量应力幅：

$$S_{alt.k} = \frac{K_f K_{e.k}(\Delta S_{P.k} - \Delta S_{LT.k}) + K_{\mu.k}\Delta S_{LT.k}}{2} \tag{12-39}$$

k 载荷循环时包括一次、二次和峰值应力在内的当量总应力范围为

$$\Delta S_{P.k} = \frac{1}{\sqrt{2}}\left[\begin{array}{l} (\Delta\sigma_{11.k} - \Delta\sigma_{22.k})^2 + (\Delta\sigma_{11.k} - \Delta\sigma_{33.k})^2 + (\Delta\sigma_{22.k} - \Delta\sigma_{33.k})^2 + \\ 6(\Delta\sigma_{12.k}^2 + \Delta\sigma_{13.k}^2 + \Delta\sigma_{23.k}^2) \end{array} \right]^{0.5}$$

$$\tag{12-40}$$

温度应力范围为

$$\Delta S_{LT.k} = \frac{1}{\sqrt{2}}\left[(\Delta\sigma_{LT.k}^2 - \Delta\sigma_{LT.k}^2) + (\Delta\sigma_{LT.k}^2 - \Delta\sigma_{LT.k}^2) + (\Delta\sigma_{LT.k}^2 - \Delta\sigma_{LT.k}^2) \right]^{0.5}$$

式中：K_f 为疲劳强度降低系数。

这个系数取法的原则是:若在建模时没有考虑局部缺口或焊缝影响,则需根据结构局部缺口情况或焊缝处理和无损检测情况决定,详见规范 ASME VIII – 2 表 5 – 11 和表 5 – 12;若在建模时已经考虑局部缺口情况,或只是针对焊缝的疲劳分析时,因为疲劳设计曲线是由含有焊接接头试样试验得出的,故取 $K_f = 1$。

$K_{e.k}$ 为 k 载荷循环时疲劳损失系数,主要考虑元件进入塑性时,塑性循环对疲劳的影响。其是根据 k 载荷循环时的一次加二次当量应力范围 $\Delta S_{n.k}$ 相对于许用极限 S_{PS} 引入的系数:

$$K_{e.k} = 1.0 \quad (\Delta S_{n.k} \leqslant S_{PS})$$

$$K_{e.k} = 1.0 + \frac{(1-n)}{n(m-1)}\left(\frac{\Delta S_{n.k}}{S_{PS}} - 1.0\right) \quad (S_{PS} < \Delta S_{n.k} < mS_{PS})$$

$$K_{e.k} = \frac{1}{n} \quad (\Delta S_{n.k} \geqslant mS_{PS})$$

式中:$\Delta S_{n.k}$ 为一次加二次当量应力范围;一次加二次应力范围许用极限材料常数 m 和 n 见表 12 – 8。

表 12 – 8　疲劳损失系数 $K_{e.k}$

材　料	疲劳损失系数 $K_{e.k}$		最高使用温度 $T_{\max(k)}$	
	m	n	℃	℉
低合金钢	2.0	0.2	371	700
马氏体不锈钢	2.0	0.2	371	700
碳钢	3.0	0.2	371	700
奥氏体不锈钢	1.7	0.3	427	800
镍铬铁合金	1.7	0.3	427	800
镍铜合金	1.7	0.3	427	800
注:此系数适用于元件不得出现热棘轮失效和最高温度不超过规定的最高值				

泊松比修正系数为

$$K_{\mu.k} = 0.5 - 0.2\left(\frac{S_{y.k}}{S_{a.k}}\right)$$

(2) 对于当量总应力范围 $\Delta S_{P.k}$ 可能进入塑性,用疲劳损失系数 $K_{e.k}$ 调整包括机械应力和温度应力在内的整个应力范围时,不采用泊松比修正系数 $K_{\mu.k}$,k 载荷循环有效交变当量应力幅则为

$$S_{alt.k} = \frac{K_f K_{e.k} \Delta S_{P.k}}{2}$$

12.8.1.3　当量应力确定与运用

(1) $P_L + P_b + Q$ 和 $M + B$ 之间区别。$P_L + P_b + Q$ 是二次当量应力,不用确定疲劳裂纹扩展方向;只有在线性应力分布情况下,$P_L + P_b + Q$ 和 $M + B$ 才相类似;垂直于疲劳裂纹平面的 $M + B$ 应力是裂纹扩展的驱动力,因此在计算焊件疲劳时,最好采用此当量应力。

(2) $P_L + P_b + Q$ 和 $M + B$ 使用建议:

① 在 ASME VIII – 2 规范附录 5 分析设计任何评定中,对于低周循环疲劳设计计算都用 $P_L + P_b + Q$ 计算当量应力,以满足二次应力极限要求,故用此当量应力计算方便

可靠。

② 垂直于焊趾的 $M+B$ 当量应力需要计算应力状态；在多向应力状态下，垂直于焊趾的 $M+B$ 表述比较困难。

③ 尽管 P_L+P_b+Q 当量应力既安全又方便，若有更精确要求时，还是应当使用垂直于焊趾的 $M+B$ 的当量应力。

12.8.2 弹性应力分析和结构应力—焊接件疲劳评定

弹性应力分析和结构应力法是在欧洲使用多年的 Battelle 疲劳设计曲线基础上，经过修改后的疲劳设计方法，该方法充分反映各种类型焊缝疲劳寿命并考虑焊缝裂纹处的奇异性，用 Master 焊接试样试验取得焊件疲劳设计曲线，该曲线的纵坐标为当量结构应力（不包括峰值应力）范围；曲线考虑元件厚度、平均应力、循环塑性及弯曲应力与薄膜加和弯曲应力比的影响，安全系数取法依据统计信赖区间内，标准寿命曲线偏差取 3，其安全裕度：对应力为 1.7、循环为 5.47；对于环境因数，除非已经知道相应的系数，一般取 4。该曲线适用于焊缝及没有打磨光滑的焊接接头，对于非焊接区域不适用。结构应力为垂直于假设裂纹平面的薄膜应力加弯曲应力。

设计步骤：对第 k 循环根据所考虑的弹性薄膜应力 $\sigma_{m.k}^e$ 和弹性弯曲应力 $\sigma_{b.k}^e$ 计算当量结构应力范围 $\Delta S_{ess.k}$，根据所选择的焊接件材料由疲劳设计曲线图中查得许用循环次数 N_k。

（1）第 k 循环当量结构应力范围：

$$\Delta S_{ess.k} = \frac{\Delta\sigma_k}{t_{ess}^{\frac{2-m_{ss}}{2m_{ss}}} \cdot I^{\frac{1}{m_{ss}}} \cdot f_{M.k}} \tag{12-41}$$

（2）弯曲应力绝对值与薄膜应力绝对值加弯曲应力绝对值之比：

$$R_{b.k} = \frac{|\Delta\sigma_{b.k}|}{|\Delta\sigma_{m.k}| + |\Delta\sigma_{b.k}|} \tag{12-42}$$

（3）I 型裂纹的裂纹扩展参数：

$$I^{\frac{1}{m_{ess}}} = \frac{1.23 - 0.364R_{b.k} - 0.17R_{b.k}^2}{1.007 - 0.306R_{b.k} - 0.170R_{b.k}^2} \tag{12-43}$$

（4）平均应力影响：

$$f_{M.k} = (1 - R_{b.k})^{1/m_{ss}} \tag{12-44}$$

（5）相对于塑性作用弹性应力调整计算。相应的局部非线性结构应力范围 $\Delta\sigma_k$ 和应变范围 $\Delta\varepsilon_\kappa$ 及弹性计算结构应力范围 $\Delta\sigma_k^e$ 和应变范围 $\Delta\varepsilon_k^e$ 之间的关系为

$$\Delta\sigma_k\Delta\varepsilon_\kappa = \Delta\sigma_k^e\Delta\varepsilon_k^e \tag{12-45}$$

非线性结构应变范围和结构应力范围分别为

$$\Delta\varepsilon_k = \frac{\Delta\sigma_k}{E_{ya.k}} + 2\left(\frac{\Delta\sigma_k}{2K_{ess}}\right)^{1/n_{ess}} \tag{12-46}$$

$$\Delta\sigma_k = \left(\frac{E_{ya.k}}{1-\mu^2}\right)\Delta\varepsilon_k \tag{12-47}$$

按弹性法计算的结构应力范围和结构应变范围分别为

$$\Delta \sigma_k^e = \Delta \sigma_{m.k}^e + \Delta \sigma_{n.k}^e \qquad (12-48)$$

$$\Delta \varepsilon_k^e = \frac{\sigma_k^e}{E_{ya.k}} \qquad (12-49)$$

上述式中其他符号意义及详细计算见规范附录5.5.5.2。需要指出,由于 Battelle 基本数据没有厚度修正限制、没有平均应力校正、没有引入任何塑性校正系数。因此 ASME 在使用 Battelle 基本数据时做了大量修改,以满足 ASME 规范的要求。修改之处主要有:①对厚度调整系数指定极限值;②对于高循环区域内的高拉伸平均应力进行平均应力修正;③对所有载荷条件下都做了 Neuber 塑性修正,包括超出循环屈服应力时的控制载荷的低循环试验。

12.8.3 弹性应力分析疲劳设计

12.8.3.1 弹性疲劳设计步骤

(1)绘出载荷图谱(按规范附录5.B载荷循环计数方法)。

(2)根据疲劳分析筛分准则,A 筛分法和 B 筛分法,确定是否需要疲劳分析(见规范5.5.2节:疲劳分析筛分准则,A 筛分法和 B 筛分法)。

(3)选择疲劳分析方法:光滑试杆法,带 FSRF 光滑试杆法和结构应力范围法(新 Master $S-N$ 疲劳设计曲线)。规范第5.5.3节为弹性应力分析和当量应力;第5.5.4节为弹塑性应力分析和当量应力;第5.5.5节为弹性应力分析和结构应力范围(Master $S-N$ 疲劳设计曲线)。

(4)按所选择的疲劳分析方法计算应力:对于光滑试杆要求计算峰值应力;对于带 FSRF 的光滑试杆要求计算二次应力或 $M+B$ 应力,并依此计算交变峰值应力;对于结构应力范围(新 Master $S-N$)要求计算当量结构应力范围($M+B$)。

(5)由规范附录3 F各种材料的疲劳设计曲线中用计算交变当量应力幅查得许用寿命 N。

12.8.3.2 弹性疲劳设计注意事项

(1)需要考虑应力张量旋转,如循环时应力由正到负,易犯错误是在 FEA 建模中在评定当量应力时可能忽视这一点。

(2)首先计算每个应力分量(σ_x, σ_y)之间差值,然后再确定当量应力范围。

(3)规范规定的疲劳设计方法仅适用于蠕变温度以下场合。

12.8.4 弹塑性应力分析和当量应变—疲劳评定

12.8.4.1 当量总应力计算

(1)第 k 循环有效交变当量总应力:

$$S_{alt.k} = \frac{1}{2}(E_{yf}\Delta \varepsilon_{eff.k}) \qquad (12-50)$$

(2)第 k 有效应变范围 $\Delta \varepsilon_{eff.k}$ 计算:对于载荷图谱中每一个循环的有效应变范围计算方法有两种:循环—循环法和双屈服法。

①循环—循环分析法需要采用具有动态硬化的循环塑性规则系统(algorithm)。

② 双屈服法是基于稳态循环应力范围—应变范围曲线和循环的载荷范围,对单个载荷阶段进行弹塑性应力分析:

$$\Delta\varepsilon_{eff.k} = \frac{\Delta S_{P.k}}{E_{ya.k}} + \Delta\varepsilon_{peq.k} \qquad (12-51)$$

式中:$\Delta S_{P.k}$ 为应力范围,按式(12-40)计算;最大当量塑性应变范围按下式计算:

$$\Delta\varepsilon_{peq.k} = \frac{\sqrt{2}}{3}\left[\begin{array}{l}(\Delta p_{11.k} - \Delta p_{22.k})^2 + (\Delta p_{22.k} - \Delta p_{33.k})^2 + (\Delta p_{33.k} - \Delta p_{11.k})^2 + \\ 1.5(\Delta p_{12.k}^2 + \Delta p_{23.k}^2 + \Delta p_{31.k}^2)\end{array}\right]^{0.5}$$

$$(12-52)$$

为了计算元件评定点上的应力范围和应变范围,根据各种材料平均温度,采用稳态循环应力应变曲线和其他材料性能。详细计算见规范附录5.5.3。

12.8.4.2 弹塑性分析步骤

(1) 确定载荷历史,包括明显的操作载荷及其他作用在元件疲劳评定点上的载荷。

(2) 对于元件疲劳评定点,用循环计数方法确定单个应力应变循环,求出循环应力范围总数。

(3) 按规范要求和方法,确定第 k 循环起点和终点的载荷情况,用这些数据确定载荷范围(循环起始点和终点两载荷之差值)。

(4) 对第 k 循环进行单独弹塑性应力分析。若用循环—循环分析法,需采用循环应力幅—应变幅曲线,横幅载荷循环;若用双屈服分析法,循环起点的载荷为零,而终点载荷则是由第(3)步计算的载荷;分析时需要使用循环应力范围—应变范围曲线或滞后环形应力应变曲线。对于热负荷,需通过指定的初始条件循环起点温度场及单个载荷阶段终点温度场,采用双屈服法载荷范围。

(5) 计算第 k 循环有效应变范围和最大当量塑性应变范围:将第 k 循环的应力分量和塑性应变范围(循环始点和终点之差)分别用 $\Delta\sigma_{ij.k}$ 和 $\Delta p_{ij.k}$ 表示。但是在单个载荷循环阶段,要用双屈服法使用的当量应力范围,故计算的最大当量塑性应变范围 $\Delta\varepsilon_{peq.k}$ 和 Mises 当量应力范围 $\Delta S_{P.k}$ 均为应力分析直接获得的标准变量。

(6) 确定第 k 循环有效交变当量应力。

(7) 确定按第(6)步计算的交变当量应力所允许的循环次数 N_k。

(8) 确定第 k 循环的疲劳损伤,实际循环次数用表示 n_k:

$$D_{f.k} = \frac{n_k}{N_k}$$

(9) 按循环计数确定的循环,计算所有各循环的疲劳损伤。

12.8.5 2007 年版 ASME VIII-2 规范疲劳设计方法比较

上述各疲劳设计方法之间的最大区别在于焊接件的许用疲劳寿命。

① 对于不锈钢设备,结构应力法认为不锈钢和碳钢具有相同的疲劳寿命(因为假设所有材料都相同);②填角焊缝根部失效:结构应力法计算的疲劳寿命比光滑试杆法高;③对接焊缝:结构应力法得出的循环次数比光滑试杆法少(取 FSRF 等于或大于 1.2);④填角焊趾:两种方法相同;⑤当设计循环次数大于 100 万次时,光滑试杆法有持久限,而结构应力法确没有持久限。由此可以看出,结构应力法对焊接接头不像其他方法那样

敏感。

12.8.6 弹性疲劳分析有效交变应力幅计算

除了上述 2007 年版 ASME VIII – 2 规范分析设计疲劳评定的几种方法外，API579 – 1/ASME FFS – 1 2007 根据 ASME 基本准则推荐弹性疲劳分析有效交变应力和交变塑性调整系数计算法。与弹性应力分析和当量应力法的不同之处是：考虑局部温度应力和热弯曲应力影响的修正泊松比调整系数 $K_{\mu,k}$；考虑热弯曲应力作用的缺口塑性调整系数 $K_{np,k}$ 及考虑除局部温度应力和热弯曲应力之外的所有应力的非局部塑性应变再分布调整系数 $K_{nl,k}$。有效总当量应力幅主要用于计算线弹性应力分析取得的疲劳损伤，其值等于由每个循环计算得出的有效总当量应力范围值($P_L + P_b + Q + F$)的 1/2。

12.8.6.1 当量应力范围计算

第 k 循环由一次加二次加峰值应力组成的当量应力范围为

$$\Delta S_{P,k} = \frac{1}{\sqrt{2}} \left[\begin{array}{l} (\Delta\sigma_{11,k} - \Delta\sigma_{22,k})^2 + (\Delta\sigma_{11,k} - \Delta\sigma_{33,k})^2 + (\Delta\sigma_{22,k} - \Delta\sigma_{33,k})^2 + \\ 6(\Delta\sigma_{12,k}^2 + \Delta\sigma_{13,k}^2 + \Delta\sigma_{23,k}^2) \end{array} \right]^{0.5}$$

$$(12 - 53)$$

第 k 循环有效交变当量应力：

$$S_{alt,k} = 0.5 (\Delta S_{P,k})_{adj} \qquad (12 - 54)$$

第 k 循环起点时间 $^m t$ 和终点时间 $^n t$ 之间应力分量范围：

$$\Delta\sigma_{ij,k} = {}^m\sigma_{ij,k} - {}^n\sigma_{ij,k} \qquad (12 - 55)$$

对于温度沿壁厚非线性分布，由于数值法很难计算局部温度应力，故用下述方法计算局部温度应力和热弯曲应力。各时间段的温度分布分三个部分。

（1）等于沿壁厚 t 温度分布 T 平均横温值：

$$T_{avg} = \frac{1}{t} \int_0^t T \mathrm{d}x$$

（2）壁厚 t 温度分布 T 线性变化部分：

$$T_l = \frac{6}{t^2} \int_0^t T \left(\frac{t}{2} - x \right) \mathrm{d}x$$

（3）温度分布 T 非线性部分，即峰值温度分量：

$$T_p = T - \left(T_{avg} + \frac{2T_b}{t} \right)$$

假设元件截面的不均匀膨胀完全被抑制，各时间段平行于表面的局部温度应力分量为

$$\sigma_{ij,k}^{LT} = \frac{-E\alpha T_p}{1 - \mu} \quad (i = j = 1,2) \qquad (12 - 56)$$

$$\sigma_{ij,k}^{LT} = 0 \quad (i \neq j; i = j = 3) \qquad (12 - 57)$$

由式(12 – 56)和式(12 – 57)能够确定局部温度应力分量 $\Delta\sigma_{ij,k}^{LT}$，而热弯曲应力分量 $\Delta\sigma_{ij,k}^{TB}$ 可以用沿壁厚应力分布线性化方法计算。于是，一次加二次加峰值应力减去局部温度应力的当量应力范围为

394

$$\left(\Delta S_{P.k} - \Delta S_{LT.k}\right) = \frac{1}{\sqrt{2}}\left[\begin{array}{l}\left(\Delta\sigma_{11.k} - \Delta\sigma_{22.k}\right)^2 + \left(\Delta\sigma_{11.k} - \Delta\sigma_{33.k}\right)^2 + \left(\Delta\sigma_{22.k} - \Delta\sigma_{33.k}\right)^2 + \\ 6\left(\Delta\sigma_{12.k}^2 + \Delta\sigma_{23.k}^2 + \Delta\sigma_{13.k}^2\right)\end{array}\right]^{0.5}$$

$$(12-58)$$

第 k 循环时间点 $^m t$ 和 $^n t$ 间应力分量范围：

$$\Delta\sigma_{ij,k} = \left(^m\sigma_{ij,k} - ^m\sigma_{ij,k}^{LT}\right) - \left(^n\sigma_{ij,k} - ^n\sigma_{ij,k}^{LT}\right) \qquad (12-59)$$

局部温度应力加上热弯曲应力的当量应力：

$$\left(\Delta S_{LT.k} - \Delta S_{TB.k}\right) = \frac{1}{\sqrt{2}}\left[\begin{array}{l}\left(\Delta\sigma_{11.k} - \Delta\sigma_{22.k}\right)^2 + \left(\Delta\sigma_{11.k} - \Delta\sigma_{33.k}\right)^2 + \\ \left(\Delta\sigma_{22.k} - \Delta\sigma_{33.k}\right)^2 + 6\left(\Delta\sigma_{12.k}^2 + \Delta\sigma_{23.k}^2 + \Delta\sigma_{13.k}^2\right)\end{array}\right]^{0.5}$$

$$(12-60)$$

$$\Delta\sigma_{ij,k} = \left(^m\sigma_{ij,k}^{TB} - ^m\sigma_{ij,k}^{LT}\right) - \left(^n\sigma_{ij,k}^{TB} - ^n\sigma_{ij,k}^{LT}\right) \qquad (12-61)$$

12.8.6.2 调整系数计算

涉及交变应力计算的调整系数主要有三个,即泊松比温度调整系数、非局部塑性应变再分布调整系数和缺口塑性调整系数。

（1）泊松温度调整系数用于调整第 k 循环局部温度应力和热弯曲应力：

$$K_{\mu.k} = 1 \quad (S_{P.k} \leqslant S_{PS}) \qquad (12-62)$$

$$K_{\mu.k} = 0.6\left[\frac{(\Delta S_{P.k} - S_{PS})}{(\Delta S_{LT.k} + \Delta S_{TB.k})}\right] + 10 \quad (S_{P.k} > S_{PS}) \, \text{及}\, (S_{LT.k} + S_{TB.k}) > (S_{P.k} - S_{PS})$$

$$(12-63)$$

$$K_{\mu.k} = 1.6 \quad (S_{P.k} > S_{PS}) \, \text{及}\, (S_{LT.k} + S_{TB.k}) \leqslant (S_{P.k} - S_{PS}) \qquad (12-64)$$

（2）非局部塑性应变再分布调整系数主要用于调整除局部温度应力和热弯曲应力之外第 k 循环所有应力：

$$K_{nl.k} = 1 \quad (S_{n.k} \leqslant S_{PS}) \qquad (12-65)$$

$$K_{nl.k} = 1.0 + \frac{(1-n)}{n(m-1)}\left(\frac{\Delta S_{n.k}}{S_{PS}} - 1\right) \quad (S_{PS} < \Delta S_{n.k} < mS_{PS}) \qquad (12-66)$$

$$K_{nl.k} = 1/n \quad (S_{n.k} \geqslant mS_{PS}) \qquad (12-67)$$

式中：材料常数 m 和 n 见表 $12-8$。

（3）缺口塑性调整系数是在考虑由于几何应力徒增而产生附加应局部变集中情况下用于调整第 k 循环热弯曲应力,其值取决于当量应力范围,分别有直接使用数值计算结果和用应力集中系数(SCF)两种情况。

① 直接用数值计算结果：

$$K_{np.k} = 1 \quad \left[\left(\Delta S_{P.k} - S_{LT.k}\right) \leqslant S_{PS}\right] \qquad (12-68)$$

$$K_{np.k} = \max(K_1, K_2) \quad \left[\left(\Delta S_{P.k} - S_{LT.k}\right) > S_{PS}\right] \qquad (12-69)$$

$$K_1 = \left[\left(\frac{\Delta S_{P.k} - S_{LT.k}}{S_{n.k}}\right)^{\left(\frac{1-n}{1+n}\right)} - 1\right] \cdot \left[\frac{(\Delta S_{P.k} - \Delta S_{LT.k}) - S_{PS}}{(\Delta S_{P.k} - \Delta S_{LT.k})}\right] + 1.0 \quad (12-70)$$

$$K_2 = \frac{K_{nl.k}}{K_{\mu.k}} \qquad (12-71)$$

② 用应力集中系数 K_t(SCF)调整的数值计算结果：计算时需注意 K_t 和 $K_{np.k}$ 值与应力分量方向有关：

$$K_{np.k} = 1 \quad \left[(\Delta S_{n.k} K_t) \leqslant S_{PS} \right] \tag{12-72}$$

$$K_{np.k} = \max(K_1, K_2) \quad \left[(\Delta S_{n.k} K_t) > S_{PS} \right] \tag{12-73}$$

$$K_1 = \left[(K_t)^{\left(\frac{1-n}{1+n}\right)} - 1.0 \right] \cdot \left[\frac{(\Delta S_{n.k} K_t) - S_{PS}}{(\Delta S_{n.k} K_t)} \right] + 1.0 \tag{12-74}$$

$$K_2 = \frac{K_{nl.k}}{K_{\mu.k}} \tag{12-75}$$

12.8.6.3 各种调整系数的应用

（1）缺口塑性调整系数在第 k 循环的起点和终点应力分量的应用。首先计算含有塑性泊松比调整系数和缺口塑性调整系数时间点 $^m t$ 和 $^n t$ 的应力分量。计算分两种情况：

① 直接用数值计算结果，局部温度应力引起的应力分量：

$$(\sigma_{ij}^{LT})_{adj} = \sigma_{ij.k}^{LT} K_{\mu.k} \tag{12-76}$$

$$(\sigma_{ij}^{TB})_{adj} = \sigma_{ij.k}^{TB} K_{\mu.k} K_{np.k} + \sigma_{ij.k}^{TB} (K_{t.NUM} - 1) K_{np.k} \tag{12-77}$$

② 用应力集中系数调整的数值计算结果（$K_{t.LT}$ 是用于局部温度应力的应力集中系数）：

$$(\sigma_{ij}^{LT})_{adj} = \sigma_{ij.k}^{LT} K_{\mu.k} K_{t.LT} \tag{12-78}$$

$$(\sigma_{ij}^{TB})_{adj} = \sigma_{ij.k}^{TB} K_{\mu.k} K_{np.k} K_t + \sigma_{ij.k}^{TB} (K_{t.NUM} - 1) K_{np.k} \tag{12-79}$$

（2）对于时间点 $^m t$ 和 $^n t$ 非局部塑性应变再分布调整的应力分量计算也分为两种情况。

① 直接采用数值计算结果，非温度应力引起的应力分量：

$$(\sigma_{ij}^{NT})_{adj} = \left[\sigma_{ij.k} - \sigma_{ij.k}^{TB} (K - 1.0) \right] K_{np.k} \tag{12-80}$$

由数字模型决定的应力集中系数：

$$K_{t.NUM} = \frac{(\Delta S_{p.k} - \Delta S_{LT.k})}{\Delta S_{n.k}} \tag{12-81}$$

② 用应力集中系数调整的计算结果：

$$(\sigma_{ij}^{NT})_{adj} = \sigma_{ij.k}^{NT} K_{nl.k} K_t \tag{12-82}$$

第 13 章　低温压力容器设计

13.1　脆性断裂概述

低温压力容器失效主要形式是脆性断裂,脆性断裂的特点是在结构失效之前没有明显的可观察的膨胀变形,断裂速度很快,断口齐平、与最大主应力方向垂直,光亮平滑,呈晶粒状,壁厚无明显塑性变薄;脆性断裂的应力水平通常低于壳体材料的屈服强渡,甚至低于许用应力。因此脆性失效具有低应力破坏特征。应力低到什么程度导致结构失效与材料的力学性能(强度和韧性)、操作温度、缺陷形状和大小、残余应力和是否进行热处理等诸多因素有关。

根据大量的脆断失效案例和实验研究认为,产生低应力脆性断裂的条件如下:

(1) 材料是脆性的或低韧性的,包括具有低温脆性的某些金属材料。

(2) 具有一定的应力水平,包括较高的残余应力。

(3) 结构存在宏观或微观缺陷导致应力集中,尤其是焊接缺陷,如夹渣、气泡的等致使产生裂纹萌生并扩展。

(4) 厚度较大,通常壁厚大于 12mm,即增加三向应力状态。

由此可见,常温下工作的由塑性很好的碳素钢或低合金钢等低强度钢制造的薄壁压力容器,一般来说发生脆性断裂的危险性不是很大。但是对于由中、高强度金属材料焊接制成的厚壁压力容器,发生脆性断裂的概率很大,因此需要认真对待。

由于高压容器,特别是石油化工及制冷行业所用的所谓低温压力容器,具有壁厚、尺寸大、受介质腐蚀等作用,以及通常这种容器是由高强度材料制造,因此在设计这种类型的压力容器时,除了确保容器强度条件之外,还需要进行必要的防脆断设计或评定。

众所周知,压力容器强度设计是在假设用于制造容器和承压元件的材料为各向同性的理想材料,然而实际上并非如此;因为任何金属材料由于冶炼和制造工艺等原因都会产生一定的缺陷和残余应力,这些因素也会在不同程度上影响测量的防脆断性能。因此对设计者来说,需要找出最佳方案,在允许一定缺陷存在的情况下,既要使设计的压力容器经济适用,又要确保在使用寿命期间绝对的安全。这里需要定性和定量的分析脆性断裂的机理和防止脆断的措施和方法。

低温压力容器设计最为关键的问题是元件在操作状态(温度、压力、环境等)下,在规定的工作时间内不得发生脆性断裂破坏。

低温压力容器的设计方法主要有裂纹阻止法和临界裂纹控制法。这两种方法适用于压力容器的补充设计或评定,两者的区别是:裂纹阻止法是在无法保证结构中缺陷尺寸大小和变化规律的情况下,用材料的裂纹截止温度(CAT)定性控制脆断的方法。这种方法假设,有一个温度 T_z,当容器在此温度以上工作时,通常不会发生此类断裂,这个温度要大于或等于 CAT,即

$$T_z \geq \text{CAT} \tag{13-1}$$

临界裂纹长度控制法是已经知道裂纹存在和外部作用载荷变化规律的情况下,通过控制裂纹临界尺寸防止断裂的定量分析计算方法,即断裂力学法。这种分析方法依据于三个基本条件,即结构上存在裂纹、结构受载荷作用(应力水平)、材料性能和裂纹缺口韧性。

断裂力学有两个分支:线弹性断裂力学和弹塑性断裂力学。线弹性断裂力学是以线弹性理论为基础研究符合胡克定律的理想的线弹性裂纹体的力学性能,通过对裂纹尖端的应力应变场强度分析,得出应力强度因子 K。应力强度因子是表征裂纹尖端应力应变场强度的特征参数;同时,线弹性断裂力学又从能量变化角度出发,分析裂纹扩展过程的能量变化规律,得出另一个的特征参数,即能量释放率 G。线弹性断裂力学仅适用于裂纹尖端的塑性区范围与裂纹尺寸相比很小的情况下。然而当裂纹尖端的塑性区域很大,甚至于大到比裂纹的尺寸还大时,线弹性断裂力学就不适用了,这时需要以弹塑性断裂理论为基础的弹塑性断裂力学来分析裂纹的扩展和断裂问题。断裂力学分析研究的思路,对于静载状态下,是首先确定结构裂纹的性质、大小和位置,按此计算应力强度因子,然后与材料的断裂韧度比较。若存在交变载荷时,因裂纹在交变载荷作用下不断扩展,致使其达到临界值而断裂,故依此确定其疲劳寿命。

1. 低温界限

在压力容器常规设计法中,对低温温度的界定各国规范各不相同,我国 GB 150 规定低于 $-20℃$,美国 ASME Ⅷ-1 规范规定 $-30℃$。而在分析设计法,如我国 GB 4732、美国的 ASME Ⅷ-2 中,并没有对低温压力容器的温度限制做出界定,这是因为在分析设计中通过防材料脆断措施确保容器或承压元件材料在整个使用过程中具有足够的一致的韧性,以避免脆性断裂。

我国 HG-20585《钢制低温压力容器技术规定》从壳体材料强度、设计和使用温度及作用应力水平等角度对低温压力容器定义有明确的规定:材料的强度极限小于 540MPa,设计温度高于 $-46℃$,容器壳体或承压元件承受的一次薄膜应力与其常温许用应力和焊缝接头系数乘积之比小于 $0.30 \sim 0.75$ 时,且设计温度加 $0 \sim 50℃$ 后仍然高于 $-20℃$,就不列为低温压力容器范围。

2. 设计原则

低温压力容器设计的主要任务是根据操作条件和环境选择适用材料,保证压力容器和承压元件材料在低温下具有足够的韧性,避免和防止低温状态下发生脆断失效。因此,定量地评定材料的韧度水平,防止结构低温脆性断裂是低温压力容器设计基础,也是本章要讨论的主要内容。其次,低温压力容器的结构设计特别重要,主要是壳体连接焊接接头的规定,对此各国标准在低温结构设计方面都有专门的要求。另外,设计时还需要考虑制造方式对低温压力容器的要求,如应力比大于 0.34,且最低设计金属温度(MDMT)低于 $-48℃$ 时,焊缝及其热影响区必须进行焊后热处理,以消除焊接残余应力、细化晶粒改善组织;设计技术文件中应注明对壳体焊缝和热影响区取样进行冲击试验并满足韧度要求;对用冷成形方法制造的各种类型的碳钢和低合金钢壳体,用轧制方法制造的壳体当最大纤维延伸率比大 5% 时,必须在成形加工后进行热处理,以消除成形过程引起的残余应力;在压力试验方面,通常要求被试容器在液压或气压试验期间的金属温度保持在允许

MDMT 17℃以上,但不得超过 48℃,等。

3. 元件结构尺寸参数设计

根据相关规范或标准规定的安全系数由材料屈服强度或抗拉强度求出许用应力,用普通强度关系式计算壁厚和其他必要的结构参数,然后按照下述的防脆断措施和其他办法,如以后将介绍的规范 ASMEVIII - 2 规定的温度调整方法和失效评定图(FAD)等进行调整和核准。

4. 材料低温韧性

由上述叙述可知,需要定量地确定材料的韧度水平,就必须采用必要的测试手段和评定方法求得能够指导低温压力容器设计需要的标准值。目前,对于压力容器常用的材料低温测试方法是夏比 V 形缺口(CVN)冲击韧性测试法,对于转变温度确定采用落锤试验法。用夏比 V 形缺口冲击韧性法测得的冲击功、试样断口背面测向膨胀量(高强度钢)或断口纤维百分率的温度即转变温度等项指标作为材料性能指标来控制或防止元件脆断。

对于碳钢和低合金钢制造的压力容器或承压元件通常要求夏比缺口试验(CVN)冲击功不得小于 20J,并以此作为碳钢和低合金钢最低工作温度(设计温度)下夏比 V 形缺口冲击韧性的准则。我国压力容器标准采用这个准则。我国有关标准关于低温压力容器常用钢材的冲击功值见表 13 - 1。

表 13 - 1　我国常用低温钢力学性能

钢　号	板厚/mm	状　态	力 学 性 能			低温冲击功	
			σ_y/MPa	σ_b/MPa	A/%	温度/℃	KV_2/J
Q345R	3 ~ 200	正火	285 ~ 345	480 ~ 610	21	0 (-20)	≥34
09Mn2VDR	1 ~ 16 17 ~ 36	正火	290 270	440 430	22	-50	≥27
Q370R	10 ~ 60	正火	340 ~ 370	530 ~ 620		-20	≥34
18MnMoNbR	≤30		390 ~ 400	570 ~ 620		0	≥41
13MnNiMoR						0 (-20)	≥41 (≥41)
12MnNiVR	12 ~ 60	正火	≥490	610 ~ 730		-20	≥60
15MnNiDR	6 ~ 16 17 ~ 36	正火	325 305	490 470	20	-45	≥27
09MnNiDR	6 ~ 36 36 ~ 60	正火或正火 + 回火	300 270	440 430	23	-70	≥34
07MnNiMoVDR	12 ~ 60	调质	610 ~ 730	490	17	-40	≥47
07MnMoVR	12 ~ 60		610 ~ 730	≥490		-20	≥60
3.5% Ni		正火或正火 + 回火	255	450	23	-100	≥21
5% Ni		淬火 + 回火	488	655	20	-170	≥34
9% Ni		淬火 + 回火	588	686	20	-196	≥34

钢 号	板厚/mm	状 态	力 学 性 能			低温冲击功	
			σ_y/MPa	σ_b/MPa	A/%	温度/℃	KV_2/J
15Mn26Al4		热轧固熔处理	245	490	30	−196	≥118
			198	470		−253	≥118
20Mn23Al	≤16	热轧	372	686	50	−196	≥92
15CrMoR	6～150					−20	≥31

注：(1) 所列的冲击功是由 10mm×10mm×55mm 标准试样测得的数值，若采用 7.5mm×10mm×55mm 或 5mm×10mm×55mm 尺寸试样试验时，其试验结果须分别小于表中规定值的 75% 或 50%；

(2) 夏比 V 冲击试验的冲击功系按一组 3 个试样单值的算术平均值计算，允许其中一个试样单值低于规定值，但不得低于规定值的 70%

13.2　防脆断措施

13.2.1　GB 150 和 GB 4732 标准

我国压力容器标准 GB 150 和 GB 4732 两个标准都从材料方面对低温容器防止脆断提出一些指令性规定。

(1) GB 150 标准对低温压力容器定义和设计提出的要求主要有：

① 凡设计温度低于或等于 −20℃ 的压力容器均为低温容器。

② 低温容器用钢材(奥氏体不锈钢或满足有关条件之外)，若使用温度低于或等于 −20℃时，必须进行夏比 V 形缺口冲击韧性试验。

③ 低温容器用钢的冲击韧性试验温度应低于或等于容器壳体或承压元件的最低设计温度。对于使用温度低于 0℃的碳素钢和低合金钢钢板，使用状态和最低冲击试验温度列入表 13-1。

④ 引入低温低应力工况概念。所谓的低温低应力工况系指容器壳体或承压元件的设计温度低于或等于 −20℃，其环向应力小于或等于 1/6 材料屈服强度，但又不超过 50MPa。低温低应力工况的条件不适用于用抗拉强度大于 540MPa 钢材制造的低温容器。根据此准则，又提出一些规定，如在低温低应力工况下工作的容器壳体或承压元件，其设计温度加 50℃后高于 −20℃时，就不为低温容器；若设计温度经过调整后低于或等于 −20℃时，则按调整后的设计温度来处理。

⑤ 奥氏体不锈钢免除冲击韧性试验的使用温度为 −196℃。

⑥ 标准对焊接接头要求作了非常详细的规定。

(2) GB 4732 标准对低温容器材料冲击韧性试验作出如下规定。

① 免除冲击韧性试验条件。若碳钢和低合金钢容器或承压元件的使用温度下限值为 −45℃，作用的一次薄膜应力小于 40MPa；或者元件壳体无法制备 5mm×10mm×55mm 的小尺寸冲击韧性试样时可以免做冲击韧性试验，同时也规定，奥氏体不锈钢构件免除冲击韧性试验的条件是工作温度不低于 −196℃。

② 需要作冲击韧性试验而工作温度低于 0℃的钢材，应当根据实际使用温度作为试

验温度进行夏比 V 形缺口冲击韧性试验。另外又规定由所使用材料标准抗拉强度确定的低温冲击功指标值,见表 13 - 1。如对于 Q345R 和 16MnDR 钢材,若因厚度影响其标准最低抗拉强度降低至等于或低于 450MPa 时其低温冲击功指标 KV_2 为 24J。

13.2.2 ASME VIII 规范

美国 ASME VIII - 1 和 2 规范认为,低温压力容器的脆断易发生部位有容器壳体、人孔、封头、加强圈、接管、法兰、平封头、焊接后焊缝垫板、对容器整体性必不可少的直接焊到壳体上的附件及容器支承部件等。规范特别强调,对于压力容器组成元件,如壳体、封头、接管及补强件、人孔、平盖、加强圈、法兰、垫板和焊到受压件上的零件等应当作为独立元件对待,并根据 ASME VIII - 1 UCS66 材料分类类别按控制厚度和 MDMT 判断是否进行冲击试验。对于两个以上用焊接连接的组合件,按照规范规定求出各自焊接接头的控制厚度和许可的最低设计金属温度,将最高的 MDMT 作为此焊接组合件的许用 MDMT。在规范中提出防脆断的一些规定,如对脆断条件、影响断裂韧度因数、选材准则、评定方法等都提出具体要求。

13.2.2.1 几个基本概念

在研究 ASME VIII 规范材料脆断分析时有几个基本概念需要明确,主要有:

(1) MDMT。最低设计金属温度是指使结构元件仍然具有足够(最低允许)断裂韧性的最低温度。在 ASMEVIII 规范中,MDMT 涵盖三项内容:①由用户根据使用条件决定的压力容器最低许用温度,即设计 MDMT,这是压力容器在预期使用时间内的金属最低温度,其值随元件材料性能、作用应力水平、制造工艺和元件控制厚度而变;②免除冲击试验 MDMT,该温度为压力容器可以以全设计压力(满应力)的最低温度而不用对元件或零件进行冲击试验;③冲击试验 MDMT,即为容器需要进行夏比冲击试验的温度。MDMT 和最大许用工作压力(MAWP)是按照容器规范设计的压力容器两个非常重要的指标性参数。ASME VIII 规定不仅每一台容器有自己唯一的 MDMT,而且每台容器的每一个受压元件或零件也必须有其 MDMT。MDMT 和 MAWP 要标在容器的铭牌上。整体压力容器的最低设计金属温度亦即标在容器名牌上的温度是在测定容器每个元件最低设计金属温度之后确定的最高温度。需要指出,有时用户在设计技术条件中规定了 MDMT,压力容器制造者需负责验证容器使用的每一个元件或零件的实际 MDMT,且保证低于铭牌上标注的MDMT 值。

MDMT 通常按下述四个步骤确定。首先按照技术工艺条件和环境确定容器承受的预期最低温度;然后,将受压力—温度组合作用状态与每一个元件的 MDMT 进行比较;其次,按照规范 UCS - 66 规定容器使用材料的类别和控制厚度确定每一个元件是否需要进行冲击试验,决定 MDMT;最后根据每个元件的最高 MDMT 求出容器最终的 MDMT。

(2) 临界暴露温度(CET)。该温度是指与伴有压力(或压力与附加载荷组合)作用在元件上产生大于 55MPa 一次薄膜应力同时出现的操作状态下或室温状态下的最低金属温度,其值由周围环境或工作条件最低金属温度的所决定。操作条件包括开车、关车、失调和待机状态。

MDMT 和 CET 是单独的两个温度值,可以互用,但是在所有的情况下,MDMT 不得大于 CET。

（3）控制厚度。在决定对材料是否免除冲击韧性试验时的一个关键因素之一就是元件厚度,该规范提出一个控制厚度概念,对不同厚度、不同元件连接的各种焊接接头等焊接结构、铸造件、法兰凸形封头和非焊接件等控制厚度确定方法,ASME VIII-1 的 UCS-66 和 ASME VIII-2 的 3.11.2.3b)都作了规定,简要叙述如下:①对于平封头、管板和盲法兰等,控制厚度为各自相关厚度的 1/4;②对于角接接头、填角接头或搭接焊接接头,其控制厚度为连接件中较薄者;③对于对接接头,其控制厚度为最厚接头的名义厚度。

13.2.2.2　推导免除冲击试验曲线的假设条件

在推导免除冲击试验曲线时,需要一些前体条件,即假设模型,以满足低温压力容器工程设计的需要。这些假设条件有:

（1）所有材料韧度—温度曲线为单一形式的标准双曲正切曲线,如图 13-1 所示。

（2）用四个温度点(114℉、76℉、38℉和12℉)构成的免除冲击试验曲线足以涵盖所计及的 A、B、C 和 D 四组材料。

（3）曲线过度温度段宽度的 1/2 为中点,其 T_0 两侧温度 $C_R = 66℉$,没有考虑材料强度。

（4）元件含有标准半椭圆标准裂纹,与厚度无关。

（5）裂纹尖端的塑性与作用应力和屈服强度比成正比关系,而与厚度成反比。

（6）材料断裂韧度为动态韧度 K_{Id} 或高速率断裂韧度,其与 CVN 之间关系按 Barsom 推荐的关系式计算: $K_{Id} = 12\text{CVN}^2$。

（7）材料最大设计应力(许用应力)取 $2\sigma_{ys}/3$, σ_{ys} 为元件材料屈服强度。

（8）图 13-1 中纵坐标 K_{Id}/σ_{ys} 按下式计算:

$$\frac{K_{Id}}{\sigma_{ys}} = A + B\tanh\left(\frac{T - T_0}{C_R}\right)$$

式中:有关系数取法: $A = 1.7$, $B = 1.37$, $C_R = 66℉$, $T_0 = 100℉$。

（9）图 13-1 曲线上阶(Upper Shelf)部分的韧度值 $K_{Id(up)}$ 与断裂韧度的动态值或静态值无关,其由下式计算:

$$\text{CVN}_{(up)} = \frac{\left[K_{(up)}\right]^2}{5\sigma_{ys}} + \frac{\sigma_{ys}}{20}$$

以上假设条件是求解免除冲击试验曲线方程的数学基础,并由此获得规范 ASME VIII-1 UCS66 中 A、B、C 和 D 四组材料的免除试验曲线。

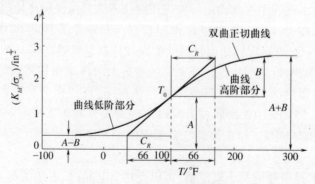

图 13-1　典型双曲切线断裂韧度曲线

13.2.2.3 免除冲击韧性试验条件

美国 ASME VIII-1 和 VIII-2 两分册关于低温压力容器设计方面有关材料免除冲击试验的基本原理和原则规定基本没有变动,但是方法有所补充和完善,内容有所增加,以适应工程实践需要。

1. ASME VIII-1 规范关于免除冲击试验规定

在 ASME VIII-1 中,对碳钢和低合金钢防脆断办法是根据材料性能、作用应力水平、结构元件厚度、似裂纹缺陷尺寸和最低设计金属温度等,用线弹性断裂力学方法计算应力强度因子并与材料临界应力强度因子即断裂韧度相比较,决定是否采取防脆断措施。规范对低温脆断危险性提出考虑厚度和材料韧度后的一个简单判断办法,即 H. Carten 推导的免除冲击曲线方程式:

$$T = T_0 + C^*[\,\text{arctanh}(\sqrt{\delta} - 1.7)/1.37\,]$$

式中:δ 为元件控制厚度;C^* 为断裂韧度系数。

上式反应出元件厚度和韧度之间的塑性关系。为了使由此方程计算的曲线更符合于被验证的现有设备的使用情况,ASME 委员会将上式做些修正,如图 13-2 所示。由图中明显可见 UCS-66 材料曲线(规范曲线)与计算曲线之间的差别,尤其在厚度 2 英寸以外更为突出。这是由于计算曲线在厚度大于 4 英寸(100mm)没有考虑裂纹尺寸影响的结果。

图 13-3 中规范曲线是根据压力容器常用的钢材按韧度性能(化学成分、力学性能和热处理工艺,详见规范表)分成 A、B、C、D 四组,A 组材料的韧性最低,依次韧性从 B、C 到 D 最高,并以最低设计金属温度(MDMT)为纵坐标,以壳体壁厚或元件厚度(焊接结构最大厚度为 102mm)为横坐标,由此判断低温结构元件是否需要进行冲击韧性试验。如果低温容器某一元件材料的最低温度和该材料厚度相交点在该组材料曲线之下,就需要进行冲击韧性试验,如果在上方,则不需要作冲击韧性试验。若要进行冲击韧性试验时,其试验温度必须低于该结构材料的 MDMT。例如,由图中可知 B 组材料只要结构厚度在 38mm 以下,最低金属工作温度大致为 9℃ 以上,该组元件材料就不用进行冲击韧性试验。

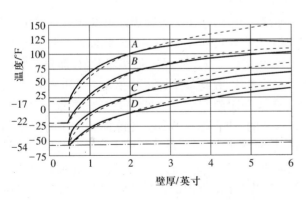

图 13-2 Carten 计算曲线与 UCS 66 规范曲线比较
实线—ASME VIII 曲线;虚线—Carten 曲线。

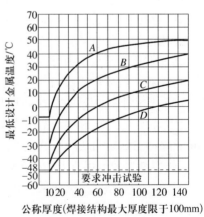

图 13-3 冲击试验免除曲线
注:各曲线免除冲击试验(公称厚度等于或小于 10mm)最低温度如下:曲线 A 为 -8℃、曲线 B 为 -29℃、曲线 C 和 D 为 -48℃。

现在以一个实践例子说明如何确定低温容器元件是否需要进行冲击试验。压力容器由圆柱壳体和半球形封头组成。壳体和封头材料均为 SA516 Gr-70,非正火;封头壁厚 12.7mm;壳体壁厚为 25.4mm。容器最低使用温度为 -16℃。因 SA516 Gr-70 属于图 13-1 中 B 曲线组材料。对于封头壁厚为 12.7mm,则查得 MDMT 为 -19.5℃,使用温度低于封头材料的 MDMT,故不用进行冲击试验。但是,对于壳体,其 MDMT 由图中查得为 -2℃,故必须进行冲击试验。若将圆柱壳材料进行正火处理,则该材料在这种状态下属于图中 D 曲线组,于是由图中查得这种状态下壳体材料的 MDMT 为 -35℃,因此可不用进行冲击试验。另外,如果在钢板订货时,就要求供应商提供 MDMT ≥ -16℃ 的材料,使用时也可不用冲击试验。

2. ASME VII-2 规范关于免除冲击试验规定

由于 ASME VIII-2 比 VIII-1 提高了抗拉强度的许用应力,且在设计时可以采用分析设计,故对容器材料选择、制造工艺、试验检测和失效准则都提出更高要求。压力容器研究委员会(PVRC)在用断裂力学方法修订旧版 ASME VIII-2 时,对目前使用的 UCS66 免除冲击试验曲线的技术理论基础和历史背景进行调查、分析、核准和完善,然后在 UCS66 曲线基础上用断裂力学和不同温度状态下夏比冲击功和断裂韧度关系拟定适用于较高设计许用应力且满足新版规范 ASME VIII-2 要求的免除冲击曲线。在上述 ASME VIII-1 的免除冲击试验曲线没有考虑元件是否进行焊后热处理和材料强度不同,因此在 2007 年版中将上述免除冲击试验曲线分成未经焊后热处理和经焊后热处理两组,而新免除冲击试验曲线根据 API-579-1/ASME FFS 第 9 部分 2 级断裂力学假设方法拟定的。在材料试验要求方面,旧版 ASME VIII-2 规范提出由 1 和 2 组 P-No.1 材料附加试样冲击试验得出的免除条件,这些材料在较低转变温度以下制造并经热处理,但是在新版 ASME VIII-2 中却不允许采用,其原因是过去使用经验证明,长时间焊后热处理过程和高焊后热处理温度会使材料韧度和强度损失;在材料韧度要求方面,除下述情况之外,碳钢和低合金钢的韧度规则基本上与旧版相同,新版 ASME VIII-2 中的免除冲击试验曲线根据断裂力学方法(考虑似裂纹缺陷和残余应力)得出并分为经焊后热处理和未经焊后热处理两组,如图 13-4 所示。

在用断裂力学推导新免除冲击试验曲线时假设:作用应力等于许用设计应力、焊接并热处理能够产生残余应力、设定平板表面上含有深度 $a = \min(t/4, 25.4mm)$、长度 $2c = 6a$ 的参考裂纹。根据作用应力和参考裂纹尺寸计算应力强度因子及其临界值,即材料断裂韧度,同时,由下述关系确定材料所需要的冲击功,并将最小冲击功值定为 20ft-lb,如图 13-5 所示。夏比冲击功与静态断裂韧度和动态断裂韧度之间关系是根据推导 ASME VIII 免除冲击试验曲线所用的模型建立起来的,应当注意 ASME 免除曲线与钢材强度无关,而材料断裂随作用应力和残余应力增加而加速,正是材料这种行为又说明断裂与材料强度有关。与材料强度无关的免除曲线取决于推导该曲线时采用的与假设有关的材料性能模型。因此,在 2007 年版 ASME VIII-2 规范最新提出的推导免除曲线所用的主要假设是在标定温度下的断裂韧度与材料屈服强度成正比,且随温度变化。于是在转变区域便存在作为温度函数的 CVN 与断裂韧度之间关系:

$$K_{IC}(T - \Delta T_s) = K_{Id} \qquad (13-2)$$

$$K_{Id} = 15\sqrt{CVN}(ksi\sqrt{in}, ft-lb) \qquad (13-3)$$

或

$$K_{\mathrm{Id}} = 14\sqrt{\mathrm{CVN}}\,(\mathrm{MPa}\sqrt{m},J) \qquad (13-4)$$

式（3-2）中由动态断裂韧度到静态断裂韧度预期的温度偏移值 ΔT_s 为

$$\Delta T_s = 42\,℃\,(75\,℉) \qquad (13-5)$$

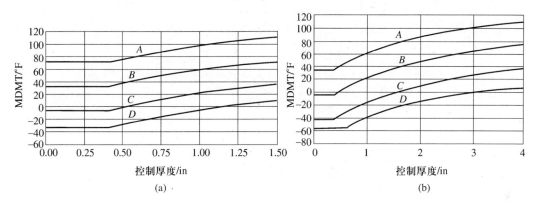

图 13-4　免除冲击试验曲线

（a）未经热处理元件；（b）经热处理合非焊接元件。

由此可得出与 ASME 免除冲击试验曲线相关的静态断裂韧度和动态断裂韧度如下：

$$K_{\mathrm{Id}} = \sigma_{ys}\left\{1.7 + \left(1.7 - \frac{27}{\sigma_{ys}}\right)\tanh\left[\frac{T-T_0}{C}\right]\right\}(\mathrm{ksi}\sqrt{\mathrm{in}},\mathrm{ksi},℉) \qquad (13-6)$$

$$K_{\mathrm{IC}} = \sigma_{ys}\left\{1.7 + \left(1.7 - \frac{27}{\sigma_{ys}}\right)\tanh\left[\frac{(T-75)-T_0}{C}\right]\right\}(\mathrm{ksi}\sqrt{\mathrm{in}},\mathrm{ksi},℉)$$

$$(13-7)$$

式中：对于 ASME 免除冲击试验曲线 A：$T_0 = 114\,℉$；曲线 B：$T_0 = 76\,℉$；曲线 C：$T_0 = 38\,℉$；曲线 D：$T_0 = 12\,℉$；$C = 66\,℉$。

用式（13-3）和式（13-6）能够得出与 ASME 免除曲线相关材料冲击功与温度之间的关系，这个关系式中，T_0 用上述不同材料组由 ASME 免除曲线确定，而断裂韧度的材料参数 C 由下式求得：

$$T = C \cdot a\tanh(R_{HT}) + T_0 \quad (R_{HT} < 0.76)(\mathrm{ft}-\mathrm{lb},\mathrm{ksi},℉) \qquad (13-8)$$

$$T = C + T_0 \quad (R_{HT} \geqslant 0.76)(\mathrm{ft}-\mathrm{lb},\mathrm{ksi},℉) \qquad (13-9)$$

式中：计算预期温度参数为

$$R_{HT} = \frac{(15\sqrt{CVN})/\sigma_{ys} - 1.7}{1.7 - 27/\sigma_{ys}} \quad (\mathrm{ft}-\mathrm{lb},\mathrm{ksi}) \qquad (13-10)$$

由夏比冲击功换算断裂韧度时需注意两种情况：①用于计算参考温度或断裂韧度的夏比冲击功数据只能代表所计及的元件，而这些数据取自于具有代表性的材料。如评定焊缝金属或热影响区的裂纹时，母材的夏比冲击功数据就不能用。②必须在相应的温度下进行评定，当应力随温度变化时，应对几个温度值进行评定，以验证最坏情况下的载荷。

3. 考虑屈服强度后免除冲击试验曲线

上述 ASME VIII-1 和 VIII-2 规范中免除冲击试验曲线尽管在是否进行焊后热处

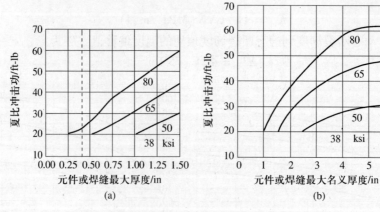

(a)   (b)

图 13 – 5   各种屈服强度碳钢和低合金钢标准试样夏比 V 形缺口冲击功

(a) 未经焊后热处理；(b) 经焊后热处理。

理方面作了区分外，但对更具体的材料强度区别没有规定，只是在厚度和最低设计金属温度坐标上按每组材料一条曲线绘出，如图 13 – 3 所示。然而实际上免除冲击试验每组材料的屈服强度是不同的，因此需要对每组材料的各种屈服强度和不同厚度规定免除冲击试验的 MDMT。图 13 – 6 为规范 UCS – 66 中 C 组包含的各种屈服强度材料经焊后热处理和未经焊后热处理的免除冲击试验曲线图。由图中明显可见，当厚度为 0.2in ～ 1.4in 时，屈服强度对最低设计金属温度的影响是很大的。

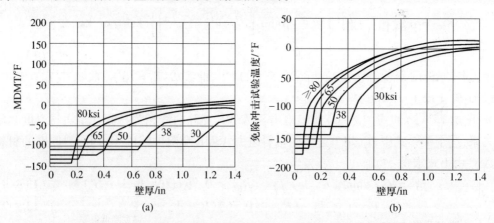

(a)   (b)

图 13 – 6   各种屈服强度的 C 组材料经焊后热处理和未经焊后热处理的免除冲击试验曲线

(a) 经焊后热处理；(b) 未经焊后热处理。

13.2.2.4   免除冲击试验温度调整

有上述假设条件得出的材料免除冲击试验曲线在确定最低设计金属温度或免除冲击试验温度与元件实际工作情况有所不同，也就是说这些曲线是在满负荷和假设模型基础上得出的，故有对这些温度进行调整的裕度。影响 MDMT 或冲击试验温度调整的因数主要有设计应力基准（作用应力与许用应力之比）、设计厚度基准（计算壁厚与名义壁厚之比）、压力比（作用压力与最大许用工作压力之比）或压力—温度额定值基准、热处理条件、夏比 V 缺口冲击试验试样标准、冲击试验速度和冲击试验温度调整计算方法等。关于厚度比、应力比和压力比的关系式如下：

$$R_{ts} = \frac{\delta_{min}\phi}{\delta_c - C_1}; R_{ts} = \frac{\sigma_a\phi}{\sigma_{MDMT}\phi^*}; R_{ts} = \frac{P_a}{P_{rat.}}$$

$$\delta_c = \delta_n - C_1; T_R = (1 - R_{ts})100; T_{MDMT} = T_{(MDMT)S} - T_R$$

式中：δ_{min} 为元件实际最小厚度；δ_c 为元件设计厚度；δ_n 为元件名义厚度；ϕ 为焊缝强度系数；ϕ^* 为系数，取 0.8；σ_a 为压力和附加载荷作用产生的作用应力（总体一次薄膜拉应力）；σ_{MDMT} 为 MDMT 下元件材料许用应力；P_a 为作用压力；$P_{rat.}$ 为 MDMT 下的元件或零件压力额定值；T_R 为调整温度。对于上述 T_R 计算式的 R_{ts} 取三个比中的最小值。

（1）设计应力基准。低应力状态下，即作用应力与许用应力之比 R_{ts} 小于 1 时，由于脆断危险性减少，可以调整免除冲击试验温度，即降低免除冲击试验温度值。需要注意，规范对壁厚比和压力比也是用 R_{ts} 表示，温度调整计算方法相同。该规范规定，若 $R_{ts} \leqslant 0.24$，则将 MDMT 定为 $-155\,℉(-104\,℃)$；若 $R_{ts} > 0.24$，则可按图 13-7 对屈服强度在 50:65ksi 材料根据 R_{ts} 的 MDMT 调低值 T_R。经焊后热处理的 T_R 由图 13-7(a) 求得；未经焊后热处理的 T_R 查图 13-7(b)。对于最小屈服强度大于 65ksi 时的 T_R 按下式计算：

$$T_R = \frac{-27.20656 - 76.98828R_{ts} + 103.0922R_{ts}^2 + 7.433649(10)^{-3}\sigma_{ys}}{1 - 1.986738R_{ts} - 1.758474(10)^2\sigma_{ys} + 6.479033(10)^{-5}\sigma_{ys}^2} \quad (℉, ksi)$$

$$(13-11)$$

MDMT 的最终值为

$$T_{(MDMT)} = T_{(MDMT)S} - T_R \qquad (13-12)$$

式中：$T_{(MDMT)S}$ 由图 13-4 查得，对于未经焊后热处理查图 13-4(a)，经焊后热热处理查图 13-4(b)。若由式(13-12)计算的 MDMT 降低值不超过 $100\,℉(55\,℃)$，就不用热处理，但是不得低于 $55\,℉(-48\,℃)$。

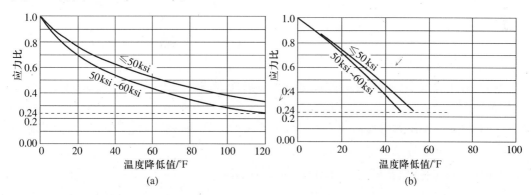

图 13-7　免除冲击试验温度调整值

（a）经过焊后热处理；（b）未经焊后热处理。

同时，规范将 R_{ts} 低于 0.35 作为不可能发生脆断的界限值，也即免除冲击试验最低设计金属温度降低值，如图 13-8 所示。

但是，ASME Ⅷ-2 规范规定，若 R_{ts} 等于或小于 0.24 时，不同屈服强度材料 MDMT 允许定在 $-155\,℉$ 并可免除冲击试验，但要满足操作应力等于或小于 10% 抗拉强度条件。

规范对焊接法兰、不受总体薄膜拉应力作用的元件（如平封头、平盖管板和法兰）的 MDMT 的温度减低值求法都作了规定。

（2）按试样调整冲击试验温度。夏比 V 形缺口冲击试验规程和试样取法要求见 ASME VIII-2 3.11.7 节。在用小尺寸试样进行冲击试验时,冲击试验温度按表 13-2 调低。

表 13-2　小尺寸试样冲击试验时冲击试验温度低于最低设计金属温度值

试样厚度/mm	10	9	8	7.5	7	6.7	6	5	4	3.3	3	2.5
温度降低值/℃	0	0	0	3	4	6	8	11	17	19	22	28

（3）指定的不同最低屈服强度(SYMS)中、低强度钢,则按表 13-3 将冲击试验温度调高,或按图 13-9 调整温度值。

表 13-3　中、低强度钢冲击试验温度增加值

指定最低屈服强度/MPa	温度增加值/℃	制定最低屈服强度/MPa	温度增加值/℃
≤280	6	>380	0
≤380	3		

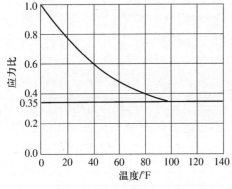

图 13-8　应力比低于 0.35 免除冲击
试验温度降低值

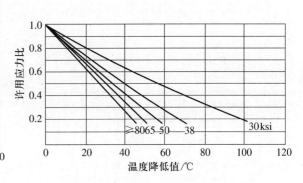

图 13-9　不同屈服强度材料温度调低值

（4）对于规范没有要求热处理但进行焊后热处理的情况下,免除冲击试验温度也视具体条件能够调低。

（5）由于冲击试验对容器制造者来说是非常费时费钱,设计者应当尽量减少或避免这项工作。一般从技术角度考虑是采用韧性较好,也即级别较高的材料;增加壁厚,以降低元件应力和减少 MDMT 下的压力。

（6）在低温压力容器使用过程中,可能产生加载速率对壳体材料断裂韧度转变温度偏移的影响,这种情况通常并没有引起人们的注意。图 13-10 示出在所计及厚度情况下满足免除曲线韧度要求所需要的夏比冲击功与加载速率(次/s)之间的关系。

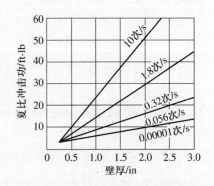

图 13-10　考虑不同厚度时加载速率
与夏比冲击功之间关系

13.2.2.5　是否免除冲击试验附加要求

ASME VIII 规范还规定了是否进行冲击韧性试验的附加要求,其条件如下:

（1）对于厚度超过102mm的焊接结构，若MDMT低于44℃时，要求进行冲击韧性试验。

（2）对于非焊接结构（无缝钢管、螺栓连接换热器端板等），若元件厚度超过153mm以上，MDMT在44℃以下时，则需要进行冲击韧性试验。

（3）对于ASME B16.5或B16.47规定的铁素体钢制法兰，若MDMT在-6℃以上时，无需做冲击韧性试验。

（4）除非结构材料在图12-3中免除冲击试验之外，若材料屈服强度最低值大于448MPa时，必须进行冲击韧性试验。

（5）已经按照单个材料性能（SA-333或SA-3500）进行过冲击韧性试验的低温钢材在设计金属温度与冲击韧性试验温度相同时也可以使用。

（6）如果容器元件的一次总体薄膜应力低于设计许用应力时，则容器元件最低设计金属温度还可能进一步地低调，元件公称厚度大于设计条件所需厚度加上腐蚀裕量后的总厚度时，也可以采用这种调低办法。

13.2.2.6 冲击功的合格值

在ASME Ⅷ规范中，根据材料厚度对其抗脆断能力的影响，即壳壁越厚，抗脆断能力越差，对抗拉强度最低值低于655MPa的碳钢和低合金钢，按照材料厚度和不同级别的屈服强度，作出标准试样（10mm×10mm×55mm）的冲击功的合格值，如图13-11所示。

然而对于屈服强度大于655MPa高强度钢则用夏比V形缺口冲击试样缺口背面侧向膨胀值评定材料的韧度值。这是针对高强度钢为了更准确地表示其抗脆断能力的性能指标。规范规定，对于抗拉强度大于655MPa碳素钢和低合金钢，是用夏比V形缺口冲击韧性试验后的冲击试样背面侧向膨胀量来判断其是否合格，如图13-12所示。

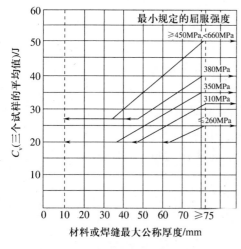

图13-11 碳钢和低合金钢全尺寸
试样冲击功合格值

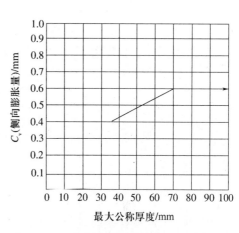

图13-12 冲击试验元件厚度与测向膨胀值

由上述分析能够看出，在ASME规范中，免除冲击试验条件、控制厚度值大小和材料性能影响都与最低设计金属温度有关，因此可以由这些因素确定容器元件的最低设计金属温度。

13.2.2.7　失效评定图

用失效评定图(Failure Assessmemt Diagram,FAD)防止具有含裂纹缺陷元件材料脆性断裂是英国 BS7910 和美国API579 – 1/ASME FFS – 1 建议采用的一种简便有效评定方法。失效评定图是英国 R6 规范采用的防止带有似裂纹缺陷或裂纹元件断裂失效的一种方法,后来又用于高温材料,即 R5。失效评定图是近年来被广泛重视的结构完整性评定方法。从断裂机理上,失效评定图提供了两个严格的失效准则:失稳断裂准则和极限载荷准则。失稳断裂准则是控制由脆性材料制造的带有似裂纹缺陷壳体的失效;极限载荷准则是控制由韧性很好材料制造的元件大塑性变形(出现大裂纹)失效;介于两者之间材料的失效为混合型,如图 13 – 13 所示。分析裂纹时主要是根据应力分析、应力强度因子、断裂韧度、作用载荷、裂纹几何尺寸和材料性能等参数分析并计算韧度比 K_r 和载荷比 L_r。在用失效评定图判断元件防脆断分析时,首先要确定几个参数。

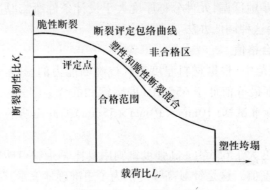

图 13 – 13　失效评定图

(1) 失效评定图分析所需的参数。

① 参考裂纹尺寸。根据规范 ASME Ⅷ 规定,参考裂纹为深度 $a = \min(\delta/4, 25.4\text{mm})$,宽度 $2c = 6a$ 的表面椭圆形裂纹。将此基本裂纹作为基准的原因是由于现代的检测方法能够较为准确地确定此裂纹尺寸值。

② 一次应力 σ_m^p 和残余应力 σ_m^{sr} 即二次应力。一次应力和二次应力按下式计算:

$$\sigma_m^p = 2\sigma_{ys}/3$$
$$\sigma_m^{sr} = 2\sigma_{ys}/3(未经焊后热处理)$$
$$\sigma_m^{sr} = 0.2\sigma_{ys}(经焊后热处理)$$

(2) 需要的材料断裂韧度比(适用厚度范围,壳体 $0.25\text{in} \leqslant \delta \leqslant 4\text{in}$;管子 $0.001\text{in} \leqslant \delta \leqslant 4\text{in}$)计算:

$$K_r = \frac{K_I^p + \Phi K_I^{sr}}{K_{\text{mat}}} \tag{13 – 13}$$

对于应力—应变关系曲线带有屈服平台的钢材,有

$$K_r = [1.0 - (L_r^p)^{2.5}]^{0.2} \tag{13 – 14}$$

$$\Phi = 0.99402985 - 0.34259558 L_r^p + 0.07849594 L_r^{sr} +$$
$$1.3153525 \left(L_r^p\right)^2 - 0.035075224 \left(L_r^{sr}\right)^2 + 0.2222982 \left(L_r^p\right) \left(L_r^{sr}\right) -$$
$$0.97610564 \left(L_r^p\right)^3 + 0.0041367592 \left(L_r^{sr}\right)^3 - 0.0062624497 \left(L_r^p\right) \left(L_r^{sr}\right)^2 -$$
$$0.16970127 \left(L_r^p\right)^2 \left(L_r^{sr}\right)$$

$$K_I^p = \sigma_m^p K_{RF}^{\text{cyl.}}$$

$$K_I^{sr} = \sigma_m^{sr} K_{RF}^{\text{cyl.}}$$

$$K_{RF}^{\text{cyl.}} = 79.22136 + 30.478223\sqrt{\delta}\ln\delta - 198.45648\sqrt{\delta} +$$

$$125.45723\ln\delta + \frac{127.66614}{\sqrt{\delta}} - \frac{12.649681}{\delta} + 13.817361\exp\delta +$$

$$\frac{0.071270789}{\sqrt{R/\delta}} - \frac{0.14373602\ln(R/\delta)}{(R/\delta)^2}$$

或

$$K_{RF}^{\text{cyl.}} = \exp\left(-0.102270708 + 0.500090962\ln\delta + \frac{0.043587868}{\ln(R/\delta)}\right)$$

式中:K_{mat} 为材料韧度通常由试验求得。将式(13-13)和式(13-14)两个断裂韧度比相等,即可得出所需要的材料韧度值:

$$K_{\text{mat}} = \frac{K_I^p + \varPhi K_I^{sr}}{\left[1 - (L_r^p)^{2.5}\right]^{0.2}} \qquad (13-15)$$

式中:K_I^p,K_I^{sr} 分别是一次应力强度因子和二次应力强度因子;$\varPhi$ 为塑性相互作用系数;$K_{RF}^{\text{cyl.}}$ 为根据参考圆柱壳裂纹计算的应力强度。

计算步骤如下:①确定裂纹尺寸并进行应力分析;②计算应力强度因子 K_I^p,K_I^{sr};③确定材料韧度 K_{mat};④计算断裂韧度比 K_r。

(3) 一次应力和二次应力(残余应力)载荷比:

$$L_r^p = \frac{\sigma_m^p R_{RF}^{\text{cyl.}}}{\sigma_{ys}} \qquad (13-16)$$

$$L_r^{sr} = \frac{\sigma_m^{sr} R_{RF}^{\text{cyl.}}}{\sigma_{ys}} \qquad (13-17)$$

$$R_{RF}^{\text{cyl.}} = 0.99829577 + 0.0071541778\delta + 1.3018206\frac{\delta}{R/\delta} -$$

$$0.0019047184\,(\delta)^2 - \frac{4.3132859}{(R/\delta)^2} - \frac{0.042484369\delta}{R/\delta} +$$

$$0.00011487158\,(\delta)^3 + \frac{5.4284626}{(R/\delta)^3} + \frac{0.126750018\delta}{(R/\delta)^2} - \frac{0.0033013072\,(\delta)^2}{R/\delta}$$

$$(13-18)$$

或

$$R_{RF}^{\text{cyl.}} = 1.00255011 + \frac{0.3656047958}{R/\delta} - \frac{0.507558524}{(R/\delta)^2} + 0.2401731622\exp\left[-\left(\frac{R}{\delta}\right)\right]$$

式(13-20)适用范围:对于壳体,0.25in≤δ≤4in;对于管子,0.001in≤δ≤4in。

分析计算步骤如下:①确定裂纹尺寸并进行应力分析;②确定壳体材料屈服强度 σ_{ys} 和计算参考应力 σ_{ref}^p。

13.2.2.8 夏比冲击功与断裂韧度

材料断裂韧度 $K_{\text{mat}}(t)$ 在给定参考温度和作用应力情况下为厚度的函数。以厚度和屈服强度作为函数推导材料 CVN 时,将 CVN 过渡曲线分为下、上阶和过渡段三个部分。

1. 下阶附近夏比冲击功(Lower Shelf Vicinity CVN)

在接近曲线下阶的过渡区域每个部分的夏比冲击功只为厚度函数,当下阶 CVN $CVN_{nls} \leqslant 0.45\sigma_{ys}$时:

$$CVN_{nls} = \left[\frac{K_{mat}(t)}{15}\right]^2 \tag{13-19}$$

2. 上阶区域夏比冲击功(Upper Shelf Region CVN)

对于规范 ASME 免除冲击试验曲线(A、B、C 和 D)是在温度 T 时指定屈服强度 σ_{ys} 下一组温度 T_0 的动态断裂韧度,其计算式如下:

$$K_{ld} = \sigma_{ys}\left[\sqrt{3} + \left(\sqrt{3} - \frac{27}{\sigma_{ys}}\right)\tanh\left(\frac{T-T_0}{C}\right)\right] \quad (ksi\sqrt{in},°F)$$

从动态断裂韧度角度上述关系式较 Corten 简化式更为合理,尤其在接近下阶重要区域计算结果非常精确,因为 Corten 式对低屈服强度钢得出不太合理的韧度值。对过渡段以上温度,即上阶断裂韧度为

$$K_{us} = K_{ld} = \sigma_{ys}\left[2\sqrt{3}\,\sigma_{ys} - 27\right] \tag{13-20}$$

对于上阶 CVN、上阶断裂韧度和屈服强度三者之间关系按 Rolfe-Novak-Barsom 式计算:

$$CVN_{us} = \frac{K_{us}^2}{5\sigma_{ys}} + \frac{\sigma_{ys}}{20} \tag{13-21}$$

3. 对于经过模型化处理的过渡区域的 CVN

计算式是根据断裂韧度和冲击功之间比例关系推导出的:

$$CVN_{us}(t) = \left\{\left[\frac{K_{mat}(t) - K_{nls}(t)}{K_{us} - K_{nls}(t)}\right]\sqrt{CVN_{us} - CVN_{nls}(t)} + \sqrt{CVN_{nls}(t)}\right\}^2 \tag{13-22}$$

4. 最终冲击功确定

对于未经焊后热处理元件所需要的最终冲击功值为屈服强度和公称厚度函数,按规范 ASMEVIII-2 规定计算:

$$CVN(t) = \max\left[CVN_{min}, CVN_{nls}(t), CVN_{trans}(t), CVN_{us}(t)\right] \tag{13-23}$$

13.2.3　断裂分析图

上述各国规范已经非常详细地从低温压力容器用材料性能、材料冲击韧性或冲击功 A_{KV} 及为防脆断措施等角度考虑低温容器设计或评定问题,对这方面的要求都有严格的规定。下述内容是从低温压力容器结构材料转变温度方面,利用 FAD 分析低温容器设计。断裂分析图是由 W. S. Pellini 和 Puzak 提出的,为具有转变温度性能的带裂纹材料防脆断提供评定规则或判据,如图 12-12 所示,图中有四个临界转变温度范围参考点。必须指出这种方法只能定性进行评估设计。

13.2.3.1　无韧性转变温度(NDT)

各种材料韧性与温度之间的关系能够通过夏比 V 形缺口冲击试验的确定,由试验结果能够看出,对于某些材料如面心立方结构(fcc)的奥氏体钢、镍、铜和铝等金属韧性对温

度的敏感性很低,即使是温度很低时,其韧性变化并不大,仍然具有足够的韧性。然而对于体心立方结构(bcc)金属材料在试验整个过程中的某一温度范围,冲击韧性由塑性转变为脆性,此温度(范围)称为 NDT 值的大小与材料性能、试验条件和环境有关。

NDT 是指在某些状态下表现为韧性的材料,若条件改变后则变为脆性,而这些条件中温度对韧性的影响是最主要的,许多钢材在高温时为韧性断裂,而在低温时则变成脆性断裂。一种材料在某一温度以上表现为韧性,在此温度以下表现为脆性,则此温度就称为无韧性转化温度。此温度是个范围值,不是精确的定量值,不同材料,NDT 也不一样。就是一种材料 NDT 值也是与材料的机械加工工艺、热处理制度、材料性能和化学成分等不同而不同。

NDT 值可由标准试样通过不同的试验方法取得,这些方法中主要有夏比 V 形缺口冲击法、落锤试验法(DWT)、动态撕裂试验法(DT)、爆炸裂纹源试验法及宽板拉伸试验法等。

在工程上 NDT 值通常是通过落锤试验发测得的。需要指出的是,由厚度不超过 25mm 小试样落锤试验确定的 NDT 值只适用于 50mm 以下的截面尺寸的结构,当厚度增加时,转变温度范围明显地增大,到了塑性转变温度(ETP)时,NDT 与 ETP 的差值更大;其次,由于试验误差和材料性能的各异,以及应力、温度波动等因素的影响,NDT 和 CAT 的计算只能是粗略的,一般要在试验值的基础上再加上附加温度值 $\Delta T = 20℃$。

另外,残余应力的影响也是不可忽视的因素,这主要是针对焊接容器或焊接结构。通常是把残余应力加到载荷引起的应力上,两个应力的代数和作为有效应力。有效应力计算见表 13 - 4。

表 13 - 4　有效应力计算

裂纹位置	焊接条件	σ	裂纹位置	焊接条件	σ
高应力集中区域	消除应力集中状态①	σ	靠近应力集中区域	消除应力集中状态	$k\sigma$②
	焊后状态	$\sigma + \sigma_y$		焊后状态	$k\sigma + \sigma_y$
① 所谓的消除应力状态系指结构不存在任何的残余应力,实际并非如此;					
② 表中系数 k 为焊接区和热应力影响区域的应力集中系数					

13.2.3.2　断裂分析图评估法

压力容器的脆性断裂不仅与材料转变温度温度有关,而且与材料本身的固有的缺陷,尤其是裂纹性质和作用应力水平有关,为了说明它们之间的相互关系并能提供一种为实际设计可用的方法,现在就以应力为纵坐标、以温度为横坐标,计入裂纹的影响,绘成所谓的断裂分析图,如图 13 - 14 所示,由此分析三者之间的关系。由图中可见一条最重要的曲线,即裂纹截止温度曲线 CAT。

在使用 FAD 之前,首先需要进行落锤试验,由试验所确定的 NDT 是断裂分析图的基础。在 FAD 中,NDT 系指材料微小裂纹在屈服应力作用下由裂纹扩展阶段变为不稳定扩展(速裂)的最高突变温度。用落锤试验测得的 NDT 值可以用作确定弹性断裂转变温度 FTE 和塑性断裂转变温度 FTP,他们之间的关系由 NDT + ΔT 简单地表示。首先以碳素钢为例说明 FAD 的名义应力、裂纹尺寸和转变温度三者之间的关系。如图 13 - 14 所示,图中纵坐标为名义应力,横坐标为转变温度。图中左下方的三条曲线 A、E 和 H 为含有不同尺寸裂纹的试件的断裂应力 σ_f。由图 13 - 14 可以明显看出，标准试件的屈服强度 σ_y 随温度升高而降低，它的抗拉强度 σ_b 和断裂应力（失效应力）σ_f 在 T_D 和 T_y 之间随着温度上升而增加，但是在高于 T_y 温度以后，则随着温度升高而下降。但是对含有不同尺寸裂纹的试件的断裂应力 σ_f（曲线 A、E 和 H）随着温度升高而增加，并与标准试样的屈服强度 σ_y 分别交于 B、F 和 I 点，与抗拉强度 σ_b 分别交于 H、K 和 J 点。根据转变温度定

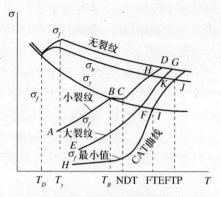

图 13 - 14 材料断裂分析图

义，I、J 点分别对应于温度为 FTE 和 FTP。对于低碳钢。图中 $ABCD$ 曲线是含有效裂纹的试样测得的转变温度曲线。在 AB 温度范围内，断裂应力小雨屈服强度，即 $\sigma_f < \sigma_y$；而在 BC 温度范围内，断裂应力接近屈服强度，即 $\sigma_f \approx \sigma_y$；$C$ 点以上的温度，断裂应力大于屈服强度，即 $\sigma_f > \sigma_y$，C 点相对应的温度为 NDT。对于低碳钢的 NDT 通常为 $-50℃ \sim 15℃$。

其次，对于不同强度的低碳钢，其 CAT 曲线也是不同的。

图 13 - 15 为无裂纹低碳钢元件 NDT 与 FTE 和 FTP 之间关系。由图中可见，NDT + 15℃为断裂应力 $\sigma_f = \sigma_y/2$ 时相对应的裂纹截止温度；NDT + 30℃为断裂应力 $\sigma_f = \sigma_y$ 时相对应的裂纹截止温度，即为完全弹性载荷断裂的最高温度 FTE 点；NDT + 60℃即为塑性断裂转变温度 FTP 点，超过此温度值时全部为剪切断裂。因此，用落锤试验确定 NDT 的基准值后，就能求出裂纹截止温度曲线的位置，从而避免繁杂的试验。

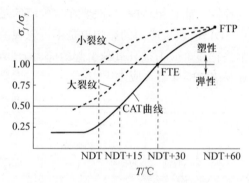

图 13 - 15 没有计及裂纹的碳钢元件 CAT 曲线与温度间关系

13.2.3.3 断裂分析图（FAD）的应用

如上所述，对于钢制低温压力容器工作温度最低限定值是由温度下降导致韧性断裂转变到脆性断裂时的无塑性转变温度（范围）所决定的，同时还要考虑在这种温度状态下壳体材料断裂应力值不得超过材料的屈服强度。在总体考虑上述各种因素之后，能够得出直接与温度相关的断裂安全设计分析图，即为延性较好的中、低碳钢或低强度合金钢，ASME 规范提出了下述的设计准则：

（1）NDT 设计准则（NDT 温度参考点）：最大主应力不超过 34.5MPa，以确保温度在 NDT 温度之上不发生断裂。

（2）NDT + 17℃设计准则（NDT + FTE/2 参考点）：温度必须保持在 NDT + 17℃以上，以确保名义应力水平不超过 1/2 屈服强度时结构不发生脆断。

（3）NDT + 33℃设计准则（NDT + FTE 参考点）：温度必须保持在 NDT + 33℃以上，以确保名义应力水平部超过屈服极限时结构不发生脆断。

（4）NDT + 67℃设计准则（NDT + FTP 参考点）：只要温度保持在 NDT + 67℃以上，对

414

于任何应力水平都不会产生脆断。

由此能够得出:在作用载荷(应力)确定情况下,断裂就是温度问题了。此外,按下述要求选择材料:

(1) 最低的使用温度。

(2) 取上述四个设计参考准则中的一个温度。

必须指出的是,FAD 中没有涉及元件厚度,故在使用时要考虑厚度的影响也就是说 FAD 过度温度范围随元件厚度增加,即机械约束加大而明显地扩大。关于裂纹尺寸的影响归结如下:

(1) 小裂纹(几毫米)曲线对断面厚度影响不大。

(2) 大裂纹曲线族在厚度增加时(机械约束增加),转变温度向高温方向转移(图 13-16)。

(3) CAT 曲线都是从 NDT 开始,与截面厚度无关。不过截面厚度大的 CAT 曲线上的 FTE 和 FTP 温度间的差值较大。

防止结构脆断的主要措施除了控制温度、应力水平和裂纹尺寸外,还与容器设计、制造(尤其热处理)、操作环境和条件有关。

FAD 评定步骤如下:

(1) 用落锤试验确定具有裂纹结构材料的无塑性转变温度(NDT),求出其在温度坐标中的位置。

(2) 确定失效使用温度(金属最低温度)值,并标在断裂分析图上。

(3) 求出名义应力值。

(4) 确定裂纹尺寸。

对碳钢或低合金钢材料,由于具有标定的塑性转变温度特性,用 FAD 进行防断裂设计是一种很有效的设计方法。而对于标定转变温度不明显或根本观察不到的材料,如奥氏体钢、铝、钛合金等,FAD 就不适用。另外用 FAD 控制材料脆性断裂的方法没有明显的物理概念,设计时仅限于经验。由于在 FAD 中没有定量地计及裂纹影响,不能从理论上得出应力水平、裂纹尺寸和材料性能之间的精确关系,所以,这种方法也只能作为特定条件和使用场合时断裂设计参考。

总而言之,防止压力容器发生脆性断裂失效的主要措施有三个方面:裂纹、结构缺陷和材料选择。设计上在考虑裂纹存在的情况下,通过无损检验,确定裂纹的尺寸和性质,利用 FAD 方法,评估裂纹的安全性,确保容器在规定的使用寿命里,不能发生脆性断裂失效;对容器结构在制造过程中从工艺和质量评定方面尽量防止产生缺陷,选择先进的焊接工艺,减少焊缝等;在选择材料方面,根据容器壳壁或元件的厚度、载荷和应力水平、最低设计金属温度及介质等提出冲击功值,并保持在允许的范围内。

13.2.4 EN13445 规范防脆断措施

规范提供三个可选择的防止金属材料低温脆断判断准则,适用于钢板、钢带、钢管、容器附件、铸件、法兰、阀体、紧固件和焊缝形式的承压件。这些准则是基于母材、焊缝、焊接热影响区在指定温度下冲击能制定的。制定准则的方法有三个。

(1) 根据操作经验而总结的技术准则,其适用于所有金属材料,但需具有材料厚度对

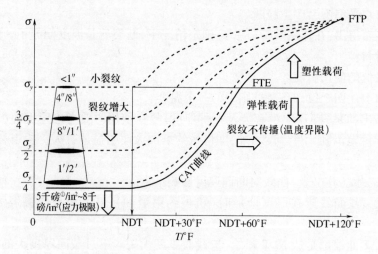

图13-16　FAD关于裂纹截止温度实用举例

脆断影响的实际经验数据,适用于较薄壳体。

（2）由断裂力学和操作经验总结的技术准则,使用范围仅限于碳素钢和低合金钢,且屈服强度下限值小于或等于460MPa。适用厚度比上述（1）条宽得多。对于较薄材料比（1）条限制要少得多。

（3）断裂力学分析准则。这个准则除适用于上述（1）和（2）外,主要用于下面将要介绍的方法2和方法3。关于断裂力学在压力容器的应用详见第14章。

上述三个准则只要能够满足其中一个要求就可以单独使用。

13.2.4.1　几个基本术语和定义

（1）最低金属温度:T_M由下述任何条件所决定的最低温度:①正常操作情况;②开车和关车过程;③操作过程可能出现的波动,如流体冲击等;④压力试验或密封试验。

（2）温度调整量T_S:此调整量与设计参考温度计算有关,取决于元件最低金属温度时的计算拉伸薄膜应力。

（3）设计参考温度T_R:用于确定冲击功的温度,其值为温度调整量加上最低金属温度,即$T_R = T_M + T_S$。

（4）冲击试验温度T_{KV}:按照规范EN 10045-1进行夏比V形缺口冲击试验时,材料试样的吸收能。

（5）参考厚度e_B:所计及元件的厚度,与元件设计参考温度T_R和其冲击适用温度T_{KV}有关。对于非焊接件,参考厚度等于公称厚度（包括腐蚀余量）,对于焊接件参考厚度见规范EN 13445-2表B.4-1。

（6）欧盟规范EN 13445材料和欧盟规范EN 13445-2压力容器和承压元件所采用的钢材见该规范表A2-1,材料分类见表A1-1。表A1-1将压力容器用钢分成11组,主要有碳钢、低合金钢和不锈钢。对于这些钢材的焊接结构,其母材、热影响区和焊缝材料冲击功要满足表13-5要求。

---

① 1磅(lb)≈0.45kg。

13.2.4.2 方法1

这种方法着重从壳体厚度考虑提出防脆断措施。设计参考温度 T_R 应当根据表13 – 7的温度调整量 T_s 由金属温度 T_M 计算。设计时应考虑最低金属温度和温度调整量的所有组合及用可能的最低设计参考温度确定所要求的冲击试验温度。参考厚度大于5mm防脆断基本要求见表13 –5；元件实际厚度等于或小于5mm见表13 –6。

表13 –5 规范 EN 13445 对元件参考厚度大于5mm 防脆断的基本要求

材料	冲击功/J	冲击试验温度 T_{KV}/℃	参考厚度 δ_R/mm	注 记
1.5% ~5% 铁素体钢和含镍合金钢	27	T_R	对于焊接件 $\leqslant 30$	R_p $\leqslant 310\text{MPa}$
	27	T_R①	焊后热处理 $\leqslant 60$	$310\text{MPa} \leqslant R_p$ $\leqslant 460\text{MPa}$
9% 镍合金钢	40	–196	—	—
奥氏体钢焊接件④ 和奥氏体钢②铸件	40③	–196④	任意	—
奥氏体—铁素体不锈钢	40	T_M	$\leqslant 30\text{mm}$⑤	限于 $T_M \geqslant -30$℃

① 产品试板应在 $T_{KV} = T_R$ 温度试验，要求焊缝、焊接热影响区和母材的冲击功标准值为27J；
② 压力容器用的奥氏体钢的最低设计金属温度 T_M 见 EN 13445 –2 表 B.2 –2(–270℃和 –196℃)；
③ 若在材料技术条件中要求较高的冲击功值时，对于焊接材料在 $T_{KV} \leqslant -196$℃ ($T_R \leqslant -196$℃)时，应满足这个要求；
④ 对于 $T_R \leqslant -196$℃条件下，应在 $T_{KV} = -196$℃温度下进行试验(关于母材的要求已在相应的材料标准中列出)；
⑤ 实际厚度

表13 –6 材料实际厚度小于或等于5mm 防脆断的基本要求

材 料	最低金属温度/℃	备 注
低于3.5% Ni 含量的镍合金	–60	焊接和焊后热处理
≥3.5Ni；<5% Ni 含量的镍合金	–100	焊接和焊后热处理
≥5% Ni；<9% Ni 含量的镍合金	–120	焊接和焊后热处理
≥9% Ni 含量的镍合金	–200	焊接和焊后热处理
铁素体钢	根据母材标准 $KV = 27\text{J}$ 的试验温度	非焊接
奥氏体—铁素体不锈钢	仅对无焊接条件及 $T_M \geqslant -50$℃	非焊接

若结构元件处于低应力水平时，冲击试验温度为最低设计金属温度加上计及结构元件应力水平后的调整值 T_s，其值见表13 –7。

对于铁素体钢制螺栓和螺母在最低金属温度 $T_M \geqslant -10$℃，冲击试验温度为室温时的最低冲击功为40J；若最低金属温度低于 –10℃时，冲击试验温度 $T_{KV} \leqslant T_M$ 情况下，最低冲击功为40J。

13.2.4.3 方法2

这是从断裂力学角度防范材料脆断的基本方法。该方法根据最低设计金属温度和结构厚度确定冲击试验温度，对厚度小、韧性好的材料适用。

417

表 13 - 7　温度调节值 T_s

状态	由压力引起的一次薄膜应力与最大许用设计应力之比			薄膜应力[2]
	>75%	>50% ≤75%	≤50%	≤50MPa
非焊接,焊后热处理[1]	0℃	+10℃	+25℃	+50℃
焊接状态,参考厚度<30mm	0℃	0℃	0℃	+40℃

① 也适用于这样的设备:所有接管和非临时焊接附件首先焊到容器部件上,组成分装件,且在用对结焊接到设备之前,这些分装件均进行焊后热处理,但主焊缝随后不作焊后热处理;
② 薄膜应力是由内、外压力和静载荷单独作用或其组合作用引起的应力,对于换热器的壳壁和管子还要考虑其管子自由端位移的约束

方法 2 对表 13 - 5 中的铁索体钢(C、CMn 和细晶粒钢)及 1.5% ~5% 镍合金钢的防脆断方法提出另一种措施。当设计参考温度 T_R 低于表 13 - 5 和表 13 - 6 中给定值时可用这种方法。基于断裂力学的这种方法用于屈服强度低于或等于 460MPa 的碳钢和低合金钢的防脆断失效。注意冲击试验温度 T_{KV} 并不等于设计参考温度 T_R。

母材、焊缝和焊接热影响区应满足冲击试验温度 T_{KV} 时的冲击功值。规范规定不同厚度焊接的或非焊接的母材在不同屈服强度下各冲击试验温度 T_{KV} 所要求的冲击功或设计参考温度见表 13 - 8。

图 13 - 8　冲击功和冲击试验温度

母材屈服强度/MPa	冲击功 KV(10mm×10mm 标准试样)/J	冲击试验温度 T_{KV}(见规范 EN 13445 -2 中图)	
		非焊接和焊后热处理	焊接
$R_e \leqslant 310$	27	B.4-1	B.4-2
$310 < R_e \leqslant 360$	40	B.4-1	B.4-2
	27	B.4-3	B.4-4
$360 < R_e \leqslant 460$	40	B.4-1	B.4-2
	27	B.4-3	B.4-5

13.2.4.4　方法3

断裂力学法主要用于下述条件。

(1) 表 13 -5 中不包括的材料。

(2) 对于低温应用,方法(1)或方法(2)不能满足要求的情况。

(3) 在按规范要求无损检验发现超出验收标准缺陷的情况。

(4) 使用材料厚度大于由防低温脆断条件要求的允许值。

在该规范防脆断措施中,三向应力状态下的三个拉伸应力中最小应力值,若大于最大拉应力值 1/2 时,防止脆断的条件为

$$\max(\sigma_1, \sigma_2, \sigma_3) \leqslant [\sigma]'$$

第14章　压力容器断裂力学设计

14.1　断裂力学基本概念

14.1.1　断裂力学基本概念

断裂力学是研究具有裂纹(缺陷)结构断裂规律并防止断裂失效的一门固体力学学科,根据裂纹尖端的应力状态(塑性区域大小)分为线弹性断裂力学和弹塑性断裂力学。压力容器设计中断裂力学主要用于含裂纹结构强度设计评定和材料选择,及对在役压力容器的安全评估和裂纹容限计算等。

断裂力学的最大特点是为防止有裂纹结构发生断裂失效建立了一系列的强度指标,主要有:静载状态下线弹性断裂力学的断裂韧度 K_{IC} 和应变能量释放率 G;弹塑性断裂力学的裂纹尖端的裂纹张开位移临界值 COD 和裂纹尖端临界位移 δ_c 及 J 积分的临界值 J_c;交变循环载荷作用下疲劳裂纹扩展速率 da/dN 和疲劳裂纹扩展的门槛值 ΔK_{th};材料高温状态下的蠕变韧度和蠕变裂纹扩展速率 da/dN 及结构在应力腐蚀环境中应力强度因子和应力腐蚀速率 da/dt 等。断裂力学在压力容器和承压元件尤其是防脆断设计中的应用已经取得了很大的进展。例如,用线弹性断裂力学,根据裂纹大小和作用在裂纹上应力就能够计算结构裂纹应力强度因子 $K = Y\sigma\sqrt{\pi a}$,并将其与其临界值即断裂韧度 K_{IC} 比较,若 K 小于断裂韧度 K_{IC},结构就不会失效。压力容器和承压设备常用的钢材断裂韧度 K_{IC} 是在常温下由试验测得的。若对某种材料在最低温度下测量其 K_{IC} 值比较困难,则用夏比 V 形缺口冲击试验的冲击功(CVN)J 与 K_{IC} 之间的定量关系确定 K_{IC}。

这里介绍一种在工程上使用非常方便又比较准确的断裂韧度 K_{IC} 与夏比 V 形冲击韧性试验得出的冲击功(CVN)之间关系的 Barsom-Rolfe-Novak 经验式。这是由 11 种屈服强度在 0.76GPa ~ 1.7GPa 范围、K_{IC} 在 96MPa $\sqrt{m}$ ~ 271MPa $\sqrt{m}$ 之间和 CVN 在 22J ~ 121J 钢材试验分析得出的经验式,继而又有人用普通的中强度钢和合金钢对此进行试验验证其准确性:

$$\left(\frac{K_{IC}}{\sigma_y}\right)^2 = 0.64\left(\frac{CVN}{\sigma_y} - 0.01\right) \qquad (14-1)$$

及 WRC265 建议的 K_{IC} 与 CVN 的换算关系:

$$\left(\frac{K_{IC}}{\sigma_y}\right)^2 = 0.52\left(\frac{CVN}{\sigma_y} - 0.02\right)$$

上述关系式中断裂韧度、屈服强度和冲击功单位分别是:K_{IC} 为 MPa $\sqrt{m}$;σ_y 为 MPa;CVN 为 J。

美国 ASME Ⅷ 规范中,规定取裂纹深度为 $a = \delta/4$ 或 25mm(较大者)、裂纹长度为

$2c = 6a$ 的表面裂纹作为参考裂纹,用断裂力学方法直接计算应力强度因子,且按照 $K_I \leqslant K_{IC}$ 判据来判断结构是否会产生断裂失效。

14.1.2 裂纹类型

受外载荷作用,结构材料裂纹有三种扩展方式或类型,分别是张开型、滑开型和撕开型,如图 14 – 1 所示。

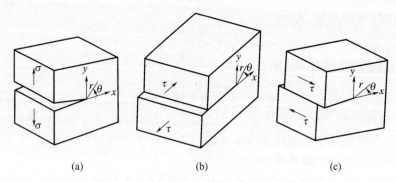

图 14 – 1 裂纹类型

(a) 张开型裂纹;(b) 滑开型裂纹;(c) 撕开型裂纹。

(1) 张开型裂纹。在垂直于裂纹面方向外加应力作用下,裂纹尖端张开扩展,其扩展方向与外加应力方向垂直。通常称为 I 型裂纹。圆柱壳体的纵向裂纹,在环向应力作用下的裂纹扩展就是这种类型裂纹。

(2) 撕开型裂纹。在平行于裂纹面的剪应力作用下,裂纹尖端滑开扩展,这种裂纹称为滑开型裂纹。通常称为 II 型裂纹。

(3) 裂纹在垂直于裂纹方向的剪应力作用下沿裂纹面错开,称为撕开型裂纹。通常称为 III 型裂纹。

实际结构由于外力作用产生的张开型裂纹是最危险的,易产生低应力断裂,因此在用断裂力学评估结构裂纹强度时主要考虑这种类型的裂纹。实际结构裂纹形状多为复合型裂纹,为简化计算起见,一般也将复合裂纹视为张开型裂纹对待,因此在压力容器断裂力学分析时,主要研究张开型裂纹。

14.2 线弹性断裂力学

线弹性断裂力学是以线弹性理论为基础研究分析结构中裂纹尖端区域应力应变场强度变化,并得出其强度特征参数即应力强度因子 K,以及裂纹扩展过程中能量的变化,得出裂纹扩展的能量变化参数,即能量释放率 G。

14.2.1 裂纹尖端的应力场

如图 14 – 2 所示,在一块无限大的平板上,有一

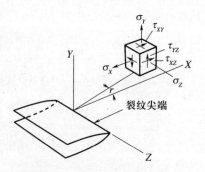

图 14 – 2 裂纹尖端应力分析

长为 $2a$ 的穿透裂纹,在远处均匀应力 σ 作用下裂纹张开,为 I 型裂纹。若板很薄,则为平面应力状态,若元件比较厚,为平面应变状态。利用弹性力学方法能够得出裂纹尖端区域在 r 处的应力场:

$$
\begin{cases}
\sigma_x = \dfrac{\sigma\sqrt{\pi a}}{\sqrt{2\pi r}}\cos\dfrac{\theta}{2}\left(1 - \sin\dfrac{\theta}{2}\sin\dfrac{3\theta}{2}\right) \\[4mm]
\sigma_y = \dfrac{\sigma\sqrt{\pi a}}{\sqrt{2\pi r}}\cos\dfrac{\theta}{2}\left(1 + \sin\dfrac{\theta}{2}\sin\dfrac{3\theta}{2}\right) \\[4mm]
\sigma_z = \mu(\sigma_x + \sigma_y) \\[4mm]
\tau_{xy} = \dfrac{\sigma\sqrt{\pi a}}{\sqrt{2\pi r}}\sin\dfrac{\theta}{2}\cos\dfrac{\theta}{2}\cos\dfrac{3\theta}{2} \\[4mm]
\tau_{xz} = \tau_{yz} = 0
\end{cases}
\tag{14 - 2}
$$

式(14 - 2)是裂纹尖端附近应力分量的近似表达式,越是接近裂纹尖端,其计算应力分量值也就越高。

14.2.2 应力强度因子

式(14 - 2)可以写为

$$
\begin{cases}
\sigma_x = \dfrac{K_I}{\sqrt{2\pi r}}\cos\dfrac{\theta}{2}\left(1 - \sin\dfrac{\theta}{2}\sin\dfrac{3\theta}{2}\right) \\[4mm]
\sigma_y = \dfrac{K_I}{\sqrt{2\pi r}}\cos\dfrac{\theta}{2}\left(1 + \sin\dfrac{\theta}{2}\sin\dfrac{3\theta}{2}\right) \\[4mm]
\sigma_z = \mu(\sigma_x + \sigma_y) \\[4mm]
\tau_{xy} = \dfrac{K_I}{\sqrt{2\pi r}}\sin\dfrac{\theta}{2}\cos\dfrac{\theta}{2}\cos\dfrac{3\theta}{2} \\[4mm]
\tau_{xz} = \tau_{yz} = 0
\end{cases}
\tag{14 - 3}
$$

式中:K_I 为张开型裂纹(I 型裂纹)的应力强度因子。其值为

$$
K_I = \sigma\sqrt{\pi\alpha}
\tag{14 - 4}
$$

由此可知,上述 I 型裂纹应力场的应力分量计算式可以看出裂纹尖端的应力场分为两个部分:一部分是与所考虑点位置有关的应力场分布状态;另一部分是与裂纹尺寸和应力有关的应力场强度,与位置无关,称为应力强度因子 K_I,单位为 $MPa\sqrt{m}$。由此,能够得出表达普通裂纹尖端区域的应力场通式为

$$\sigma_{ij} = Kf_{ij}(\theta)/\sqrt{2\pi r} \qquad\qquad (14-5)$$

式中:K 为应力强度因子,用下式表示:

$$K = Y\sigma\sqrt{\pi r} \qquad (14-6)$$

式中:Y 是与裂纹体几何形状、裂纹特征和应力作用性质有关的系数,通常大于1。对于 I 型裂纹,各种裂纹形状及其应力强度因子 K_I 的计算式列入表 14-1。

由式(14-6)可见,当 r 接近零时,应力分量趋于无限大,这就表明在裂纹尖端处为应力场的奇点,如图 14-3 所示。因此应力强度因子是用来描述裂纹尖端应力场奇异性的力学参量。

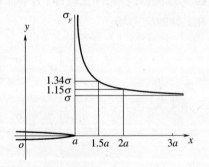

图 14-3　裂纹尖端应力场
奇异性示意图

表 14-1　I 型裂纹应力强度因子 K_I 计算式

裂纹和载荷特征	应力强度因子计算式
1. 无限大板,中心穿透裂纹远处作用均匀应力 σ,τ,τ_1	$K_I = \sigma\sqrt{\pi\alpha}$ $K_I = \tau\sqrt{\pi\alpha}$ $K_I = \tau_1\sqrt{\pi\alpha}$
2. 无限大板,在同一轴线上均匀分布多个穿透性裂纹,远处作用均匀应力	$K_I = \sigma\sqrt{\pi a}\left(\dfrac{2b}{\pi a}\tan\dfrac{\pi a}{2b}\right)^{1/2}$
3. 无限大板,中心有穿透裂纹,远处作用与裂纹成 β 角的均匀应力	$K_I = \sigma\sqrt{\pi a}\sin^2\beta$ $K_I = \sigma\sqrt{\pi a}\sin\beta\cos\beta$
4. 半无限大板,半边有穿透裂纹,远处作用均匀应力	$K_I = 1.215\sigma\sqrt{\pi a}$

裂纹和载荷特征	应力强度因子计算式

5. 一长圆柱壳内表面有一条径向深度为 a 的轴向裂纹,受内压作用

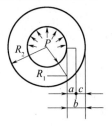

$$K_I = \frac{2pR_2^2\sqrt{\pi a}}{R_2^2 - R_1^2}F$$

F 值:

b/R_1 \ a/b	1/8	1/4	1/2	3/4
1/5	1.19	1.38	2.10	3.30
1/10	1.20	1.44	2.36	4.23
1/20	1.20	1.45	2.51	5.25

6. 一内半径为 R_1,外半径为 R_2 圆柱壳的内表面上有一环向裂纹,圆柱壳端部受拉应力 σ 作用

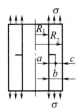

$$K_I = \sigma\sqrt{\pi a}\,F$$

加载点位移:$\Delta = \dfrac{4\sigma a}{E'}V$

F 和 V 值:

b/R_1 \ a/b	1/8	1/4	1/2	3/4
$\dfrac{1}{5}\cdot\dfrac{F}{V}$	1.16	1.26	1.61	2.15
	0.117	0.225	0.743	1.67
$\dfrac{1}{10}\cdot\dfrac{F}{V}$	1.19	1.32	1.82	2.49
	0.180	0.290	0.885	2.09
$\dfrac{1}{20}\cdot\dfrac{F}{V}$	1.22	1.36	2.03	2.89
	0.220	0.315	1.04	2.74

7. 相对无限厚体内有一椭圆形裂纹,两端受均匀拉应力 σ 作用

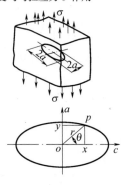

P 点处:

$$K_I = \frac{\sigma\sqrt{\pi a}}{\Phi_0}\left(\sin^2\beta + \frac{a^2}{c^2}\cos^2\beta\right)^{1/4}$$

$\beta = \dfrac{\pi}{2}:K_I = \dfrac{\sigma\sqrt{\pi a}}{\Phi_0}$

a/c	0	0.05	0.10	0.15	0.20	0.25
Φ_0	1.000	1.0045	1.0148	1.0314	1.0505	1.0723
a/c	0.30	0.35	0.40	0.45	0.50	0.55
Φ_0	1.0965	1.1227	1.1507	1.1802	1.2111	1.2432
a/c	0.60	0.65	0.70	0.75	0.80	0.85
Φ_0	1.2764	1.3105	1.3456	1.3815	1.4181	1.4769
a/c	0.90	0.95	0.10			
Φ_0	1.4935	1.5318	1.5708			

裂纹和载荷特征	应力强度因子计算式

裂纹前缘应力强度因子：

$$K_I = MM_1M_2\sigma\sqrt{\frac{\pi a}{Q}}\left[\left(\frac{a}{c}\right)^2\sin^2\theta + \cos^2\theta\right]^{1/4}\quad\left(\frac{a}{c}\leqslant 1\right)$$

$$K_I = MM_1M_2\sigma\sqrt{\frac{\pi a}{Q}}\left[\sin^2\theta + \left(\frac{c}{a}\right)^2\cos^2\theta\right]^{1/4}\quad\left(\frac{a}{c} > 1\right)$$

8. 厚度为 h 板上有一圆孔，孔边两端相对应各有一 $1/4$ 椭圆形裂纹，板受拉应力 σ 作用

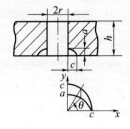

M 值见 11；

Q 值见 10；

$$M_1 = 1 + 0.12\left(1 - \frac{a}{2c}\right)^2$$

M_2 值：

$\theta(°)$ c/h	0	30	60	90
0.4	1.000	1.000	1.000	1.000
0.6	1.025	1.020	1.015	1.010
0.8	1.100	1.080	1.045	1.020
0.9	1.200	1.160	1.075	1.030

---

9. 厚度为 h 板上有一圆孔，孔边有一 $1/4$ 的椭圆形裂纹，板受拉应力 σ 作用

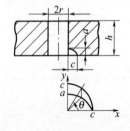

裂纹前缘的应力强度因子：

$$K_I = MM_1M_2\sqrt{\frac{2r + \pi ac/4h}{2r + 2\pi ac/4h}}\sigma\sqrt{\frac{\pi a}{Q}}\left[\left(\frac{a}{c}\right)^2\sin^2\theta + \cos^2\theta\right]^{1/4}$$

$$\left(\frac{a}{c}\leqslant 1\right)$$

$$K_I = MM_1M_2\sqrt{\frac{2r + \pi ac/4h}{2r + 2\pi ac/4h}}\sigma\sqrt{\frac{\pi c}{Q}}\left[\sin^2\theta + \left(\frac{c}{a}\right)^2\cos^2\theta\right]^{1/4}$$

$$\left(\frac{a}{c} > 1\right)$$

Q 为形状因子，见 10；

M 同 11；

M_1，M_2 见 8

---

10. 厚度为 h 板的表面上有一垂直于板面的半椭圆形裂纹，在垂直于裂纹平面方向上作用应力 σ

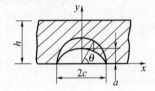

裂纹前缘各点的应力强度因子：

$$K_I = M\sigma\frac{\sqrt{\pi a}}{E(k)}\left[\sin^2\theta + \left(\frac{a}{c}\right)^2\cos^2\theta\right]^{1/4}$$

$E(k)$ 为第二类完全椭圆积分，$k^2 = 1 - a^2/c^2$，a 为椭圆短半轴，c 为椭圆长半轴。裂纹最深点的应力强度因子：

$$K_I = M\sigma\frac{\sqrt{\pi a}}{E(k)}$$

若考虑裂纹尖端小范围屈服修正后，裂纹最深点处的应力强度因子为

$$K_I = M\sigma\sqrt{\frac{\pi a}{Q}}$$

裂纹形状因子为

$$Q = E^2(k) - 212\left(\frac{\sigma}{\sigma_y}\right)^2$$

裂纹和载荷特征	应力强度因子计算式
	形状因子 Q 数值：

形状因子 Q 数值：

σ/σ_y \ $a/2c$	0.10	0.20	0.25	0.30	0.40
1.0	0.88	1.02	1.21	1.38	1.76
0.9	0.91	1.12	1.24	1.41	1.79
0.8	0.95	1.15	1.27	1.45	1.83
0.7	0.98	1.17	1.31	1.48	1.87
0.8	1.02	1.22	1.35	1.52	1.90
< 0.6	1.10	1.29	1.43	1.60	1.98

M 数值：

$a/2c$ \ a/h	0	0.2	0.4	0.6	0.8
0.10	1.10	1.11	1.14	1.21	1.39
0.20	1.08	1.08	1.10	1.16	1.30
0.30	1.06	1.06	1.08	1.11	1.23
0.40	1.04	1.04	1.04	1.08	1.17
0.50	1.02	1.02	1.02	1.06	1.13

11. 板上一圆孔上有一对相对的半椭圆形裂纹，远处作用拉应力 σ

剖面 A—A

L 裂纹前缘各点的应力强度因子：

$$K_I = M\sigma\sqrt{\frac{\pi c}{Q}}\left[\left(\frac{c}{a}\right)^2\sin^2\theta + \cos^2\theta\right]^{1/4}\left(\frac{c}{a}\leqslant 1\right)$$

$$K_I = M\sigma\sqrt{\frac{\pi a}{Q}}\left[\sin^2\theta + \left(\frac{a}{c}\right)^2\cos^2\theta\right]^{1/4}\left(\frac{c}{a} > 1\right)$$

Q 为形状因子，同 10

M 由下表查取：

c/r \ $\theta/(°)$	0	20	40	60	90
0.1	2.90	2.80	2.70	2.62	2.60
0.2	2.80	2.64	2.47	2.35	2.30
0.4	2.65	2.35	2.13	1.98	1.92
0.6	2.55	2.15	1.90	1.75	1.70
1.0	2.35	1.85	1.63	1.50	1.47
2.0	2.15	1.54	1.34	1.28	1.24
5.0	1.75	1.23	1.14	1.10	1.08
10	1.50	1.10	1.07	1.05	1.04

14.2.3 裂纹尖端塑性区及其修正

由式(14-6)可知，裂纹尖端区域的应力场分布是随 r 减小，应力分量值加大，当接近

裂纹尖端点即 $r = 0$ 时,从理论上来讲,应力为无限大值,如图 $14 - 3$ 所示,但是在实际上这是不可能的。因为在裂纹尖端一定范围内,由于金属具有塑性则会在出现很小的塑性区,应力重新分布,此处的应力只是名义应力。这种塑性区的出现,影响了按线弹性断裂力学分析得出的应力场计算的精度,同时也影响其使用范围,因此需要做些修正。

根据第四强度理论,可以描述裂纹尖端塑性区的形状,如图 $14 - 4$ 所示。其尺寸范围由下式确定。

平面应力:

$$r_\theta = \frac{K_I^2}{2\pi\sigma_y} \cos^2 \frac{\theta}{2} \left(1 + 3 \sin^2 \frac{\theta}{2} \right) \quad (14 - 7)$$

平面应变:

$$r_\theta = \frac{K_I^2}{2\pi\sigma_y^2} \cos^2 \frac{\theta}{2} \left[(1 - 2\mu)^2 + 3 \sin^2 \frac{\theta}{2} \right]$$

$$(14 - 8)$$

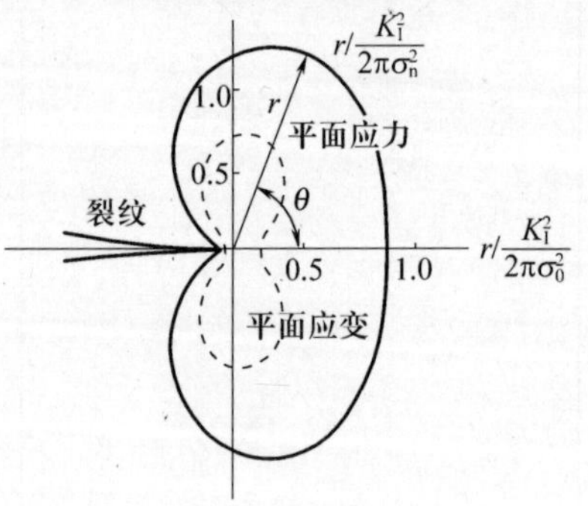

图 $14 - 4$ 裂纹尖端塑性区修正

如果计入金属材料应力松弛和硬化等因素,由于塑性区变化由 r_θ 扩大到 R_y;平面应力:

$$R_y = \frac{K_I^2}{(1 + n)\pi\sigma_y^2} \quad (14 - 9)$$

平面应变:

$$R_y = \frac{(1 - 2\mu)^2 K_I^2}{(1 - n)\pi\sigma_y^2} \quad (14 - 10)$$

式中:n 为金属材料的硬化指数。

裂纹尖端产生塑性区使裂纹刚性下降,这对应力强度因子影响很大,相当于增加裂纹长度。因此在计算 K 值时要考虑这个影响须予以修正。对于无限大平板有一穿透裂纹的应力强度因子,其修正值如下:

平面应力状态:

$$K'_I = \frac{\sigma \sqrt{\pi a}}{\sqrt{1 - \left(\frac{\sigma}{\sigma_y}\right)^2 / 2}} \quad (14 - 11)$$

平面应变状态:

$$K'_I = \frac{\sigma \sqrt{\pi a}}{\sqrt{1 - (1 - 2\mu)^2 \left(\frac{\sigma}{\sigma_y}\right)^2 / 2}} \quad (14 - 12)$$

由于线弹性断裂力学研究的是弹性状态下裂纹尖端区域的应力场,只适用于弹性范围,不适用于塑性区,因此式 $(14 - 7)$ 的 r_θ 值有一个限度,即适用范围。其下限值为塑性区 R_y,其上限值为 $r_\theta \leqslant a$。对于无限大板,中心有穿透裂纹 a,平面应变状态下的适用范围为

$$a \geqslant 2.5 \left(\frac{K_{IC}}{\sigma_y}\right)^2 \quad (14 - 13)$$

$$b = B - a \geqslant 2.5 \left(\frac{K_{IC}}{\sigma_y} \right)^2 \qquad\qquad (14-14)$$

式中：B 为试样宽度。

14.2.4 断裂韧度及断裂判据

1. 断裂韧度

断裂韧度为应力强度因子的临界值,是表征材料抗断裂能力的力学性能指标,当试样厚度大到一定程度时测得的断裂韧度 K_{IC} 为平面应变的断裂韧度,在线弹性断裂力学中断裂韧度为材料平面应变断裂韧度。因此试样厚度值需大于 $2.5 (K_{IC}/\sigma_y)^2$,σ_y 为屈服强度。断裂韧度与材料性能、制造工艺和热处理制度等因素有关。常用金属材料的断裂韧度列入表 14-2 中。

表 14-2　材料室温下断裂韧度 K_{IC}

序号	材料	热处理1制度	强度指标/MPa		K_{IC}/MPa $\sqrt{m}$	主要用途
			σ_y	σ_b		
1	Q235A	热轧(纵向取样)	303	454	120.7; 126.5	一般用途螺栓,拉杆等结构件
2	Q235A(F)	热轧	256	428	178.2 186.8	
3	20	920℃正火	307	463	84.6	应力较低韧度大零件
4	Q235R	热轧	277	432	149.6	压力低于6MPa,温度小于450℃的锅炉及附件
5	16Mn	热轧	361	586	92.7	一般结构承载件
6	Q345R	热轧	348	582	97.3	中低压压力容器
7	16Mng	热轧	369	553	106.7	中低压锅炉
8	16MnV	880℃正火	392	612	120.5	压力容器
9	14MnMoNbB	920℃淬火,620℃回火	834	883	152~166	压力容器1
10	14SiMnCrNiMoV	930℃淬火,610℃回火	834	873	82.8~88.1	高压气瓶
11	12CrNiMoV	930℃正火,930℃淬火,610℃回火	834	873	115.4	高压气瓶
12	18MnMoNiCr	880℃×3h,空冷,660℃×8h空冷	490	—	276	厚壁压力容器
13	30SiMnCrMo	930℃淬火,520℃回火	1138~1167	1265~1314	163~164	船舶用钢板
14	30SiMnCrNiMo	860℃淬火,400℃回火	1402	—	93.0	船舶用钢板
15	30CrMnSiA	660℃淬火,500℃回火	1079	1152	98.9	高强度钢管
16	30CrMnSiMo	热轧状态	1177	1373	148.8	高强度厚板

序号	材 料	热处理1制度		强度指标/MPa		K_{IC}/MPa$\sqrt{m}$	主 要 用 途
				σ_y	σ_b		
17	30CrMnSiNi	900℃淬火,280℃回火		1412	1677	83.7	超高强度钢:主要用于薄壁结构件,紧固件,高压容器,扭力杆,高强度螺栓等重要机构件
18	30CrMnSiNi2	870℃淬火,200℃回火		1373~1530	1569~1765	66.1	
		890℃淬火,280℃回火		1510	—	71.9	
		890℃淬火,400℃回火		1383	—	85.3	
19	30SiMnWMoV	调质		1608	1814	84.7~96.1	
20	30Si2Mn2MoWV	950℃淬火,250℃回火		1470	1680	110	
21	32SiMnMoV	920℃淬火,250℃回火		1608	1922	75.7	
22	32Si2Mn2MoV	920℃淬火,320℃回火		1530~1706	1765~1922	77.5~86.8	
23	33CrNiMoV	870℃淬火,550℃回火		1324	1471	139.5	
24	14MnMoVBRE	930℃正火		522	762	141.7	0℃~500℃工况压力容器和结构件
25	40CrMnSiMoV	920℃加热,180℃等温,260℃回火,空冷		1446	1826	70.8	高强度结构件,轴和螺栓等重要受力件
		920℃加热,300℃等温,空冷		1306	1760	65.7	
		920℃油淬,260℃回火,空冷		1530	1909	71.2	
26	30CrNi4MoA	850 油淬	520℃回火	1166	1303	157	大截面构件
			540℃回火	1098	1225	167	
			560℃回火	1068	1186	173	
			580℃回火	990	1112	178	
27	30CrMnSiNi2A	900 油淬	200℃回火	1499	1836	68.3	高强度连接件,轴件
			230℃回火	1384	1817	65.9	
			250℃回火	1420	1796	64.8	
			270℃回火	1427	1796	69.5	
			300℃回火	1399	1775	72.5	
			360℃回火	1375	1677	62.2	
		900 加热	200℃等温,200 回火℃	1106	1818	63.2	
			250℃等温,250℃回火	1018	1724	62.7	
28	BHW35	920 正火,620 回火		538	670	154.0	动力,化工及原子能设备用管道,压力容器
29	18MnMoNb	970℃正火,630℃回火		520	630	130.3	高压锅炉汽包,大型化工容器
30	19Mn5	900℃正火,600℃消除应力退火		372	539	101.8	大型锅炉汽包和压力容器结构件

序号	材 料	热处理1制度		强度指标/MPa		$K_{IC}/MPa\sqrt{m}$	主 要 用 途
				σ_y	σ_b		
31	28CrNiMoV	950℃油淬,700℃回火		575	748	98.6	大型锻件
32	SA299	热轧		334	558	168.1	锅炉汽包
33	14MnMoNbB	920℃淬火,620℃回火		834	883	152~166	压力容器
34	30CrMnSiA	880℃淬火,500℃回火		1079	1152	98.9	高强度钢管
35	30CrMnSiMo	热轧状态		1177	1373	148.8	高强度厚板
36	40SiMnCrMoV	920℃淬火,200℃~300℃回火		1422~1510	1893~1922	63~71.3	
37	30CrMnSiNi2A	900℃油脆,200℃回火		1499	1836	68.3	高强度构件和螺栓
		900℃油淬,230℃回火		1384	1817	65.9	
		900℃油淬,250℃回火		1420	1796	64.8	
		900℃油淬,270℃回火		1427	1796	69.5	
		900℃油淬,300℃回火		1399	1775	72.5	
		900℃油淬,360℃回火		1375	1677	62.2	
		900℃加热	200℃等温+200℃回火	1106	1818	63.2	
			230℃等温+200℃回火	900	1811	65.3	
			250℃等温+250℃回火	1018	1721	62.7	
			270℃等温+250℃回火	1064	1690	69.9	
			300℃等温+250℃回火	1062	1642	69.2	
			300℃等温,空冷	1192	1550	88.7	
		900℃加热,260℃等温,250℃回火,空冷	w_c/%				
			0.27~0.28	1334	1645	93.3	
			0.31~0.32	1496	1672	83.4	
			0.33~0.34	1395	1620	73.8	
38	30CrNi4MoA	850℃油淬,520℃回火		1166	1303	157	大截面结构件或元件
		850℃油淬,540℃回火		1098	1225	167	
		850℃油淬,560℃回火		1068	1186	173	
		850℃油淬,580℃回火		990	1112	178	

序号	材料	热处理1制度	强度指标/MPa		K_{IC}/MPa$\sqrt{m}$	主要用途
			σ_y	σ_b		
39	34CrNiMm	850℃淬火,290℃回火	1432	1657	96	薄壁结构,壳体,高强度螺栓等
		850℃淬火,400℃回火	1402	1588	94	
		850℃淬火,500℃回火	1314	1412	127	
40	40SiMnCrNiMoV	870℃淬火,260℃回火	1657	1912	79	
		890℃淬火,600℃回火	1630	1910	80.6	
		890℃淬火,260℃回火	1402	1515	94.0	
		1000℃淬火,260℃回火	1579	1883	86	
41	38Cr2Mo2VA	1000℃油淬,600℃回火二次,空冷	—	1733	53~63	在550℃以下工作的高强度点结构件
		1000℃油淬,630℃回火二次,空冷	—	—	93	
42	00Ni8CoMo5TiAl	850℃固溶处理1h,空冷,480℃时效3h,空冷	1755	1863	110~118	高压容器,薄壁壳体,高强度螺栓
43	30SiMnWMoV	调质	1608	1814	84.7~96.1	
44	30Si2Mn2MoWV	920℃淬火,250℃回火	1470	1860	110	
45	32SiMnMoV	920℃淬火,250℃回火	1608	1922	75.7	
46	32SiMn2MoV	920淬火,320℃回火	1530~1706	1765~1922	77.5~86.8	
47	38Cr2Mo2VA	1000℃油淬,630℃回火二次	1420	1555	93	550℃以下工作的高强度结构件
		1000℃油淬,630℃回火二次	1530	1725	59	
48	37Si2MnCrNiMoV	920℃淬火,280℃回火	1550~1760	1844~1991	80	超高强度钢:主要用作薄壁结构、飞行壳体、紧固件、高压容器、高强度螺栓等
49	37SiMnCrNiMoV（236钢）	930℃油淬,300℃回火	1672	1961	70.9	
		930℃油淬,400℃回火	1599	1834	49.9	
		930℃油淬,550℃回火	1383	1437	59.2	
50	40CrNiMoA	860℃淬火,200℃回火	1579	1942	42.2	
		860℃淬火,380℃回火	1383	1491	63.3	
		860℃淬火,430℃回火	1334	1393	90.0	
		860℃淬火,500℃回火	1147	1187	126.2	
		860℃淬火,560℃回火	914	1010	142.6	
51	40CrNi2Mo	850℃淬火,220℃回火	1550~1608	1883~2020	54.9~71.9	
52	40SiMnCrMoV	920℃淬火,200~300℃回火	1422~1510	1893~1922	63~71.3	
53	6Cr4Mo3Ni2WV	1120℃淬火,560℃回火二次	—	2452~2648	25.4~40.3	
54	00Ni18Cr8Mo5TiAl	815℃固溶处理1h,空冷480℃时效3h空冷	1755	1863	110~118	
55	0Cr18Ni9	1080℃~1130℃水淬	220	613	32.4	深冲成形零件,输酸管道,容器

序号	材料	热处理1制度	强度指标/MPa		K_{IC}/MPa$\sqrt{m}$	主要用途
			σ_y	σ_b		
56	1Cr18Ni9Ti	1050℃空冷或水冷	275	608	110.8	耐酸容器及设备衬里
57	1Cr18Ni9Ti	1030℃油淬,550℃回火	937	1085	90.4	潮湿环境下工作的承力件
58	1Cr17Ni2	850℃正火	678	824	67.9	在腐蚀环境和冲击载荷条件下工作的中等强度零件
59	13MnNiMoNb	930℃正火,630℃回火	564	676	210.5	工作温度<400℃电站锅炉汽包及压力容器等

实际计算结构材料断裂强度时,有了材料的断裂韧度值,就很容易计算含有裂纹材料的裂纹临界长度 a_c。若能满足材料初始裂纹尺寸小于其临界裂纹长度,则该裂纹不会扩展而导致结构失效。需要指出的是,断裂韧度是材料强度和塑性的综合力学性能,这和传统的材料力学的力学性能指标(σ_y,σ_b,A,δ)是不一样的。只要知道作用在结构上应力值和裂纹尺寸,就能够计算出材料的断裂韧度值。

2. 应力强度因子判据

当应力强度因子 K 增大到其临界值 K_C 时,裂纹就失稳而扩展;若应力强度因子 K 值小于其临界值即断裂韧度 K_C 时,裂纹不会失稳扩展,结构就不能发生断裂失效,于是裂纹体的断裂判据(Ⅰ型裂纹)为

$$K_I \leqslant K_{IC}$$

3. 最大环向应力判据

这个判据适用于Ⅰ型和Ⅱ型混合裂纹,如图14-5所示裂纹垂直于最大环向应力 σ_{max},其与新开裂裂纹之间夹角为 β,原裂纹方向与新裂纹方向之间的夹角为 θ_0,其间关系为

$$K_I \sin \theta_0 + K_{II}(3\cos \theta_0 - 1) = 0 \qquad (14-15)$$

裂纹沿 θ_0 方向扩展,应力 $\sigma_\theta(r,\theta_0)$ 与新裂纹方向垂直,其与Ⅰ型裂纹的应力相似,可以参考Ⅰ型裂纹的应力强度因子 K_I,用相应的当量应力强度因 K_e 计算,即

$$K_e = \cos \frac{\theta_0}{2} \left(K_I \cos^2 \frac{\theta_0}{2} - \frac{3}{2} K_{II} \sin \theta_0 \right) \qquad (14-16)$$

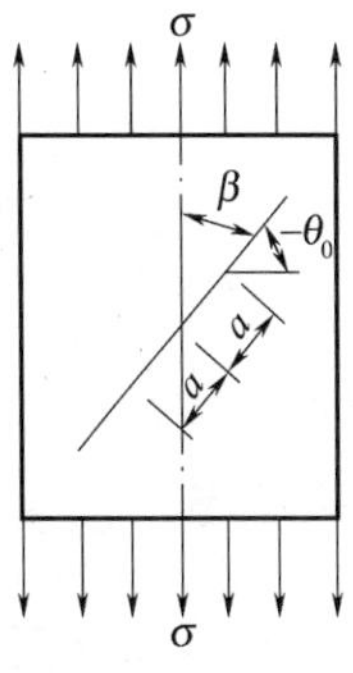

图 14-5 Ⅰ和Ⅱ型复合裂纹

由表14-1中的序号3中查得无限大板、中心穿透裂纹,远处作用与裂纹成 β 角的均匀应力 σ 的应力强度因子 K_I 和 K_{II} 的计算式为

$$K_I = \sigma \sqrt{\pi a} \sin^2 \beta \qquad (14-17)$$

$$K_{II} = \sigma \sqrt{\pi a} \sin \beta \cos \beta \qquad (14-18)$$

将式(14-18)代入式(14-15)后,便可得出新裂纹开裂角 θ_0 与 β 之间的关系:

$$\sin \theta_0 - (3\cos \theta_0 - 1)\cos \beta = 0 \qquad (14-19)$$

由于 β 角是已知的角度,故由式(14-19)求出 θ_0 角度。由式(14-17)、式(14-18)能够解出临界断裂应力为

$$\sigma_e = \frac{2K_{\mathrm{IC}}}{\sqrt{\pi\alpha}\cos\dfrac{\theta_o}{2}\left[(1+\cos\theta)\sin^2\beta - 3\sin\theta_0\sin\alpha\cos\beta\right]} \quad (14-20)$$

由此便能计算出应力强度因子 K_{I} 和 K_{II},并与材料断裂韧度进行比较。

4. 各种因素对断裂韧度的影响

1)结构宽度影响

裂纹扩展方式取决于结构材料宽度(B),如图14-6所示。若窄板受沿其宽度均布载荷作用,由于在宽度方向应变不受约束,故在裂纹扩展过程中容易产生塑性流动,平面应力占主要地位。在这种情况下,金属材料断口呈45°剪断,裂纹为Ⅰ型和Ⅱ型的混合型。若宽板受沿其厚度均布载荷作用,由于在宽度方向的应变受到约束,故在裂纹扩展过程中塑性流动部分很小,平面应变则占主要地位。当垂直于平板表面方向的应变等于零时,便出现平面应变状态。而介于两者之间的板厚,称为过渡区域,裂纹断口为混合型。由图14-6还能够看出,材

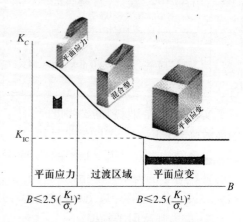

图14-6 结构宽度对断裂韧度的影响

料断裂韧度随着板厚增加而减小,但是在满足平面应变条件之后,断裂韧度值与材料厚度没有太大的关系,保持不变,这就是为什么在断裂力学中取平面应变的断裂韧度作为标准的原因。这样偏于安全。对于一定材料,要造就平面应变状态,须使结构材料厚度要大于某一尺寸。根据经验和理论分析,平面应变状态需要满足下述要求:

$$B \geqslant 2.5\left(\frac{K_{\mathrm{IC}}}{\sigma_y}\right)^2 \quad (14-21)$$

2)材料性能的影响

对某些金属材料,断裂韧度 K_{IC} 随屈服强度和抗拉强度的增加而降低。同时钢材中杂质(主要是硫含量)对断裂韧度的影响也非常明显,杂质越少,断裂韧度越高。

14.2.5 应变能量释放率 G 与断裂韧度 K_{IC} 之间关系

应变能量释放率 G 是指裂纹扩展能量率,也是材料断裂韧性的度量参数值,因此,与应力强度因子 K 和断裂韧度 K_{IC} 有着直接关系。对于Ⅰ型裂纹在平面应力状态下,有

$$G_{\mathrm{I}} = \frac{K_{\mathrm{I}}^2}{E} \quad (14-22)$$

在平面应变状态下,有

$$G_{\mathrm{I}} = (1-\mu^2)\frac{K_{\mathrm{I}}^2}{E} \quad (14-23)$$

对于裂纹临界的平面应力状态下,有

432

$$G_{Ic} = \frac{K_{Ic}^2}{E} \qquad (14-24)$$

对于平面应变状态下,有

$$G_{Ic} = (1-\mu^2)\frac{K_{Ic}^2}{E} \qquad (14-25)$$

14.3 弹塑性断裂力学

如前所述,线弹性断裂力学适合于分析解决裂纹尖端的塑性区域很小的场合,而对于裂纹尖端周围材料的塑性区很大时,线弹性断裂力学就不适用,这时必须用弹塑性断裂力学来分析裂纹体的强度;其次在压力容器和元件的高应力部位或区域,由于名义应力大于屈服强度而在这一区域完全屈服,在这种情况下,解决裂纹开裂、扩展和断裂的问题只能依靠弹塑性断裂力学。弹塑性断裂力学的基础是弹塑性力学理论。

弹塑性断裂力学的分析方法有两种:裂纹尖端张开位移(COD)法和 J 积分法。

14.3.1 裂纹尖端张开位移

顾名思义,COD 是评定裂纹尖端的裂纹表面张开的位移量 COD,其值用 δ 表示。对于延性金属材料,当裂纹受到垂直于裂纹表面的拉力作用时,裂纹尖端的上下表面就会张开,拉力越大,张开量也就越大,由此能够看出,COD 表征裂纹尖端应力应变场的强度。其次,当裂纹在外载作用下,由于裂纹尖端的应力集中,使得高应力区域的材料发生滑移,导致裂纹尖端钝化,如图 14-7 所示。随着外载增加,δ 也增大,当 δ 达到临界值 δ_c 时,裂纹开始扩展。δ_c 为材料断裂韧度的指标,是不随材料尺寸变化的材料常数。由此得出裂纹尖端位移的判据:

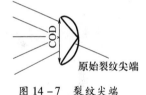

图 14-7 裂纹尖端
钝化示意图

$$\delta \leqslant \delta_c$$

对具有中心穿透裂纹的无限大的平板,受均匀拉力作用,若应力水平 $\sigma \leqslant \sigma_y$ 时,则可用弹性力学方法计算其 COD 值为

$$\delta = \frac{8\sigma_y a}{\pi E}\text{lnsec}\frac{\pi\sigma}{2\sigma_y} \qquad (14-26)$$

而裂纹尖端区域全面塑性屈服,COD 值为

$$\delta = 2\pi a\varepsilon \qquad (14-27)$$

式中:δ 为名义应变。

在裂纹扩展临界状态下的 δ_c:

$$\delta_c = \frac{8\sigma_y a}{\pi E}\ln\sec\frac{\pi\sigma_c}{2\sigma_y} \qquad (14-28)$$

临界裂纹尺寸:

$$a_c = \frac{1}{2\pi\left(\dfrac{\varepsilon}{\varepsilon_y}-0.25\right)}\frac{\delta_c}{\varepsilon_y} \qquad (14-29)$$

14.3.2　J积分法

J积分是表征裂纹周围区域应力应变场强度的量。它与积分路线无关,可以避开裂纹尖端复杂的应力应变状态,于是计算方法较为严密。但是J积分是平面积分,由此只能分析二维问题。

平面应力下J积分:

$$J = \frac{8a\sigma_y^2}{\pi E} \ln \sec \left(\frac{\pi\sigma}{2\sigma_y} \right) \tag{14-30}$$

全屈服区域内小裂纹的J积分式为

$$J = \frac{2K_{\mathrm{I}}^2}{\sigma} \int \sigma \mathrm{d}\varepsilon = 2\pi y^2 \int \sigma \mathrm{d}\varepsilon \tag{14-31}$$

式中:y为裂纹形状因子,其按下式计算:

$$y = \frac{K_{\mathrm{I}}}{\sigma \sqrt{\pi a}}$$

J积分可以作为裂纹尖端应力应变场强度的度量指标,当J积分值大到其临界值时,裂纹就开始不稳定扩展。此临界值计为J_{c},是断裂韧度指标,于是断裂判据有

$$J \leqslant J_{\mathrm{c}} \tag{14-32}$$

J积分与应力强度因子K_{I}之间的关系,在平面应变状态下:

$$J_{\mathrm{c}} = \frac{(1-\mu^2)K_{\mathrm{I}c}^2}{E} \tag{14-33}$$

在平面应力状态下:

$$J = \frac{K_{\mathrm{I}}^2}{E} \tag{14-34}$$

14.4　交变载荷裂纹扩展

由疲劳断裂力学可知,对于含有裂纹的结构在交变载荷作用下,即使应力强度因子远小于材料断裂韧度时,也会发生疲劳失效。现在分两种类型载荷作用情况讨论:一种是恒幅载荷循环;另一种是变幅载荷循环。

14.4.1　横幅交变载荷裂纹扩展

横幅交变载荷作用下的疲劳裂纹扩展速率与应力强度因子之间关系如图14-8所示。由图中可见,裂纹扩展分为三个区段,即A、B和C。A区段中$\Delta K = \Delta K_{\mathrm{th}}$,$\Delta K_{\mathrm{th}}$为疲劳裂纹扩展应力强度因子幅度的门槛值。在这个阶段中,当ΔK减小并靠近ΔK_{th}时,$\mathrm{d}a/\mathrm{d}N$趋向于0;B区段为裂纹稳定扩展主要阶段,在该阶段里$\mathrm{d}a/\mathrm{d}N$在双对数坐标中近似于直线;C阶段为裂纹快速扩展区,也是裂纹不稳定扩展阶段,存在一个极限值即材料的断裂韧度$K_{\mathrm{I}c}$,在此阶段内$\mathrm{d}a/\mathrm{d}N$急剧增加并导致材料迅速断裂失效。在分析研究疲劳裂纹扩展时,主要是针对裂纹稳定扩展的B区段。

14.4.1.1　扩展速率及计算

疲劳载荷作用下的材料裂纹扩展速率$\mathrm{d}a/\mathrm{d}N$是指载荷作用下每一次循环的裂纹扩

展量。而应力强度因子幅度 ΔK 也是裂纹扩展的基本参数。裂纹扩展速率 $\mathrm{d}a/\mathrm{d}N$ 为应力强度因子幅度的函数。目前在压力容器设计中比较常用的裂纹扩展速率的计算式有三种。

1. Paris 裂纹扩展速率式

$$\frac{\mathrm{d}a}{\mathrm{d}N} = C\,(\Delta K)^n \qquad (14-35)$$

式中: $\Delta K = F\Delta\sigma\sqrt{\pi a}$, F 为裂纹形状系数,与裂纹尺寸 a 有关; n 系数,其值等于 $\lg\,(\mathrm{d}a/\mathrm{d}N)$ 与 $\lg\,\Delta K_1$ 之间关系曲线的斜率,对于碳素钢和低合金钢, $n = 3 \sim 4$; C 为裂纹扩展速率系数,各种材料的 n 和 C 值由表 14-4 查得。

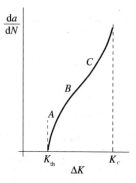

图 14-8 交变载荷作用下裂纹扩展

2. Forman 裂纹扩展速率式

Foreman 式表征不同应力比时的裂纹扩展速率的能力,适用于裂纹扩展 B 和 C 的疲劳裂纹扩展两个阶段,当应力强度因子的最大值 $K_{\max}$ 接近临界值时,该式能够表征裂纹快速扩展特性,所以 Forman 式应用范围比较广。

$$\frac{\mathrm{d}a}{\mathrm{d}N} = \frac{C\,(\Delta K)^n}{(1-r)K_{\mathrm{C}} - \Delta K} \qquad (14-36)$$

或

$$\frac{\mathrm{d}a}{\mathrm{d}N} = \frac{C\,(1-r)^{n-1}K_{\max}^n}{K_{\mathrm{C}} - K_{\max}} \qquad (14-37)$$

式中: r 为载荷(应力)比; K_{C} 为材料平面应变断裂韧度; $K_{\max}$ 为最大应力强度因子。

3. Walker 裂纹扩展速率式

该式适用于疲劳裂纹扩展特性的 B 区段。同时式中考虑了压缩载荷对扩展速率亦即负应力比的影响,计算精度较高,应用范围也比较广。Walker 式为

$$\frac{\mathrm{d}a}{\mathrm{d}N} = C\left[(1-r)^{n-1}\Delta K\right]^n \qquad (14-38)$$

或

$$\frac{\mathrm{d}a}{\mathrm{d}N} = C\left[(1-r)^n K_{\max}\right]^n \qquad (14-39)$$

在使用上述计算式时,必须注意式中常数 C 和 n 并不是互用的,Paris 式中的 C 和 n 仅适用于 Walker 式,而不适用于 Foreman 式;其次,材料常数 C 和 n 与计算式的使用范围有关。各种材料裂纹扩展速率式($\mathrm{d}a/\mathrm{d}N = C(\Delta K)^n$)中的系数 C 和 n 由表 14-3 查得。

表 14-3 各种材料裂纹扩展速率计算公式中系数 C 和 n ($\mathrm{d}a/\mathrm{d}N = C\,(\Delta K)^n$)

	材料	热处理状态	σ_y/MPa	σ_b/MPa	C	n	r
1	Q235A	热轧(纵向取样)	303	454	2.68×10^{-10}	3.78	0.1
2	Q235(F)	热轧	256	428	4.86×10^{-10}	3.64	0.1
3	Q235B	热轧	300	441	3.16×10^{-8}	2.83	0.1
4	20	920℃正火,保温 1.5h,空冷	307	463	2.11×10^{-11}	3.46	0.1
5	Q345R	热轧	277	432	2.10×10^{-8}	2.49	0.2

	材 料	热处理状态	σ_y/MPa	σ_b/MPa	C	n	r
6	45	850℃正火	377	624	1.04×10^{-10}	4.39	—
		840℃水淬,560℃回火	518	735	4.55×10^{-9}	3.36	—
7	10Cr2Mo1	915℃正火,700℃回火	391	568	7.24×10^{-11}	2.92	0.1
8	13MnNiMoNb	930℃正火,630℃回火	564	676	1.39×10^{-10}	4.17	0.1
9	BHW35	920℃正火 620℃回火	538	670	1.88×10^{-10}	3.10	0.2
10	19Mn5	900℃正火,600℃消除应力退火	372	539	1.60×10^{-9}	3.54	0.1
11	25Cr12Ni3MoV	840℃喷水冷却 600℃回火	737	854	3.63×10^{-11}	3.26	0.1
12	28CrNiMoV	950℃油淬,700℃回火	575	748	5.56×10^{-9}	2.79	0.2
13	30Cr1Mo1V	预热处理后955℃加热,风冷,680℃回火,炉冷,再消除应力处理	632	789	4.20×10^{-12}	2.93	0.1
14	ZG15Cr2Mo	950℃正火 705℃回火	399	575	2.93×10^{-11}	3.10	0.1
15	SA299	热轧	334	558	9.50×10^{-15}	3.44	0.1
16	34CrNi3Mo	840℃正火,600℃回火	623	796	4.74×10^{-9}	3.07	0.1
17	20Cr3WMoV	1150℃正火,1050℃油淬,700℃回火	746	877	1.16×10^{-9}	3.37	—
18	30Cr2Ni4MoV	830℃~1010℃正火,二次回火	766	874	1.65×10^{-9}	3.26	0.1
19	QT600-3	930℃正火 600℃回火	525	896	2.04×10^{-9}	3.78	0.2
20	ZG317-570	840℃水淬,550℃回火	915	1012	6.75×10^{-15}	3.49	0.4
21	ZG340-640	830℃水淬,600℃回火	973	1044	6.55×10^{-9}	2.83	—
22	ZG20SiMn	900℃~920℃正火,随炉冷到250℃,空冷	327	516	2.26×10^{-10}	3.99	0.11
23	30Cr2MoV	—	—	—	5.69×10^{-10}	3.68	
24	2A/14 铝合金	—	—	—	2.35×10^{-7}	3.44	
25	7A09 铝合金	—	—	—	2.16×10^{-8}	3.96	

注:(1) r 为载荷比;

(2) $\dfrac{\mathrm{d}a}{\mathrm{d}N} = C(\Delta K)^2$ 中 ΔK 以 MPa $\sqrt{\mathrm{m}}$ 计,$\dfrac{\mathrm{d}a}{\mathrm{d}N}$ 以 mm/c 计,若以 m/c 计时,C 应乘上 10^{-3}

4. 裂纹扩展速率简化式

除了上述裂纹扩展速率计算式外,也可以针对不同材料和操作环境计算裂纹扩展速率。

铁索体钢和奥氏体钢在操作温度100℃以下,空气和无腐蚀环境时:

$$\frac{\mathrm{d}a}{\mathrm{d}N} = 1.65 \times 10^{-8} (\Delta K)^3 \quad (\Delta K > \Delta K_{\mathrm{th}})$$

铁索体钢和奥氏体钢在操作温度100℃~600℃范围,空气和无腐蚀环境,循环频率等于或大于1Hz时:

$$\frac{\mathrm{d}a}{\mathrm{d}N} = 1.65 \times 10^{-8} \left(\frac{E}{E_T} \Delta K\right)^3 \quad (\Delta K > \Delta K_{\mathrm{th}})$$

在海洋环境下(20℃):

$$\frac{\mathrm{d}a}{\mathrm{d}N} = 7.27 \times 10^{-8} (\Delta K)^3 \quad (\Delta K > \Delta K_{\mathrm{th}})$$

门槛值 ΔK_{th} 取 $2.0\mathrm{MPa}\sqrt{\mathrm{m}}$。$\mathrm{d}a/\mathrm{d}N$ 单位为 $\mathrm{mm/s}$。

14.4.1.2 横幅疲劳载荷作用下裂纹扩展寿命计算

只要对式(14-35)~式(14-39)的裂纹扩展速率式积分后就可以计算横幅交变载荷下裂纹扩展寿命 N。对于 Paris 式:

$$N = \int_{a_o}^{a_c} \frac{\mathrm{d}a}{C(\Delta K)^n} \tag{14-40}$$

$$N = \frac{2}{(n-2)c(F\Delta\sigma\sqrt{\pi})^n}(a^{1-n/2} - a_c^{1-n/2}) \quad (n \neq 2) \tag{14-41}$$

$$N = \frac{1}{C(F\Delta\sigma\sqrt{\pi})^2}\ln\frac{a_c}{a_o} \quad (n = 2) \tag{14-42}$$

对于 Forman 式,则有

$$N = \frac{2(1-r)K_C}{(n-2)C(F\Delta\sigma\sqrt{\pi})^2}(a_o^{1-n/2} - a_c^{1-n/2}) \quad (n \neq 2) \tag{14-43}$$

$$N = \frac{(1-r)K_C}{C(F\Delta\sigma\sqrt{\pi})^2}\ln\frac{a_c}{a_o} - \frac{2}{C\Delta\sigma\sqrt{\pi}}(\sqrt{a_c} - \sqrt{a_o}) \quad (n = 2) \tag{14-44}$$

式中: a_o 为裂纹初始尺寸(mm); a_c 为裂纹临界尺寸(mm); ΔK 为应力强度因子幅度(MPa$\sqrt{\mathrm{m}}$)。

14.4.2 变幅疲劳载荷作用下裂纹扩展

1. 超载延迟效应

在交变载荷作用下的带裂纹的结构,由于载荷谱中有能使裂纹尖端产生较大屈服的高幅值载荷,而使以后一段时间内的裂纹扩展速率降低,这就是所谓的裂纹扩展超载延迟效应。很明显这个效应会增加裂纹扩展寿命,因此在计算裂纹扩展寿命时,必须考虑此效应的影响。

2. 变幅疲劳载荷下的裂纹扩展寿命计算

这种计算方法是利用线性累计损伤原理计算各个载荷幅值引起的裂纹扩展量,然后算术相加得出裂纹在各类型载荷作用下的总扩展量。这种计算方法和结构疲劳计算方法一样,如在载荷或应力 σ_i 作用下循环次数为 N_i,σ_i 开始时的裂纹尺寸为 a_{i-1},经过 N_i 次的循环后,裂纹尺寸为 a_i,此值由下式计算:

$$a_i = \left[a_{i-1}^{1-n/2} - \frac{N_i}{2}(n-2)C(F\Delta\sigma_i\sqrt{\pi})^n\right]^{\frac{2}{2-n}} \quad (n \neq 2) \tag{14-45}$$

$$a_i = a_{i-1}\exp[N_iC(F\Delta\sigma_i\sqrt{\pi})^2] \quad (n = 2) \tag{14-46}$$

由此即可计算在一种类型载荷循环次数为 N_i 次时的裂纹尺寸 a_i,最后将每种载荷循环产生的裂纹尺寸累计相加就是使用寿命 N,即

$$N = \sum_{i=} N_i \qquad (14-47)$$

对于稳态随机载荷,也可以用应力强度因子范围(ΔK_m)计算疲劳裂纹扩展速率。式中的 σ_m 为应力幅值的均方根值。

在计算时不得将各种幅度的载荷循环次序随意颠倒。

14.5 断裂力学在压力容器设计中的应用

14.5.1 圆柱壳体上穿透斜裂纹

在半径为 R、厚度为 δ 的受内压作用的圆柱形容器壳体上有一穿透斜裂纹(图14-5),裂纹长度为 $2a$,裂纹方向与圆柱壳轴线方向为 $\beta = 45°$。试计算能使此裂纹开裂的最大压力。

由材料力学计算垂直于裂纹方向的正应力为

$$\sigma = \frac{1}{2}(\sigma_1 + \sigma_2) - \frac{1}{2}(\sigma_1 + \sigma_2)\cos^2\beta = \frac{pR}{4\delta}(3 - \cos 2\beta) \qquad (14-48)$$

剪应力为

$$\tau = \frac{1}{2}(\sigma_1 - \sigma_2)\sin 2\beta = \frac{pR}{4\delta}\sin 2\beta \qquad (14-49)$$

因 $\beta = 45°$,故式(14-49)有

$$\sigma = \frac{3}{4}\frac{pR}{\delta}; \tau = \frac{pR}{4\delta} \qquad (14-50)$$

裂纹的应力强度因子:

$$K_{\mathrm{I}} = \sigma\sqrt{\pi a} = \frac{3}{4}\frac{pR}{\delta}\sqrt{\pi a}$$
$$\qquad (14-51)$$
$$K_{\mathrm{II}} = \tau\sqrt{\pi a} = \frac{pR}{4\delta}\sqrt{\pi a}$$

有式(14-19)能解出 $\theta_0 = 37°22'$。根据最大环向应力判据可知,裂纹开裂扩展方向与原裂纹的方向成 $31°22'$。于是,当量应力强度因子为

$$K_e = \cos\frac{\theta_o}{2}\left(K_{\mathrm{I}}\cos^2\frac{\theta_o}{2} - \frac{3}{2}K_{\mathrm{II}}\sin\theta_o\right) = 0.85\frac{pR}{\delta}\sqrt{\pi a} \qquad (14-52)$$

由此根据 $K_e = K_{\mathrm{IC}}$ 判据即可求出容器的开裂压力 p_c:

$$p = 1.166\frac{\delta}{R}\frac{K_{\mathrm{IC}}}{\sqrt{\pi a}} \qquad (14-53)$$

14.5.2 COD 判据在压力壳体和高应力区的应用

14.5.2.1 $\varepsilon/\varepsilon_y < 1.0$

由前述可知,对于用屈强比 $\sigma_y/\sigma_b \leqslant 0.615$ 材料制的压力容器和管道,设计时取许用

应力$[\sigma] = 2\sigma_y/3$,这时$0.5 \leqslant \varepsilon/\varepsilon_y < 1.0(0.5 \leqslant \sigma/\sigma_y < 1.0)$,因$\varepsilon_y = \sigma_y/E$,故可由薄板裂纹张开位移$\delta$、裂纹长度$a$和作用应力$\sigma$三者关系的 D – M 模型,即式(14 – 26)有

$$\delta_c = \frac{8\varepsilon_y a_c}{\pi}\ln \sec \frac{\pi\sigma}{2\sigma_y} \qquad (14 - 54)$$

代入$[\sigma] = 2\sigma_y/3$后,得临界裂纹长度:

$$a_c = \frac{\pi}{8\ln \sec \frac{\pi}{3}}\left(\frac{\delta_c}{\varepsilon_y}\right) = 0.57\left(\frac{\delta_c}{\varepsilon_y}\right) \qquad (14 - 55)$$

水压试验时,取试验压力为设计压力的 1.3 倍,即$\sigma = 1.3 \times 2\sigma_y/3 = 0.87\sigma_y$,$\varepsilon/\varepsilon_y = 0.87$,于是有

$$a_c = 0.25\frac{\delta_c}{\varepsilon_y} = 0.25\left(\frac{K_{IC}}{\sigma_y}\right)^2 \qquad (14 - 56)$$

14.5.2.2 $\varepsilon/\varepsilon_y > 1.0$

对于压力容器或管道结构的高应变区域,如焊缝区、局部不连续部位的裂纹,用断裂力学分析特别重要。这里介绍压力容器焊缝区域、退火状态或未退火状态接管连接局部高应力区域裂纹大范围屈服的 COD 计算方法。在大范围屈服区($\varepsilon/\varepsilon_y > 0.5$)的裂纹张开位移或裂纹临界长度按下式计算:

$$\delta = 2\pi a(\varepsilon - 0.25\varepsilon_y) \qquad (14 - 57)$$

或

$$a_c = \frac{1}{2\pi\left(\dfrac{\varepsilon}{\varepsilon_y} - 0.25\right)}\frac{\delta_c}{\varepsilon_y} \qquad (14 - 58)$$

若δ_c,ε均为已知数值,则可用上式计算出最大允许裂纹尺寸,即设计临界尺寸。

1. 壳体焊缝区域未经退火处理的裂纹临界值

由于焊缝区未经退火处理,故由于焊缝中存在能够超过材料屈服强度的很高的残余应力而产生很大的残余应变。假设最大残余应力达到屈服应力时,则相应的最大残余应变为ε_y。取设计应力产生的应变为$\varepsilon = 0.63\varepsilon_y$,总应变为$\varepsilon = (1 + 0.63)\varepsilon_y = 1.63\varepsilon_y$,由式(14 – 54)得许用裂纹的尺寸$a_c = 0.115\delta_c/\varepsilon_y$. 而对于水压试验压力产生的应变为$\varepsilon = 0.87\varepsilon_y$,总应变$\varepsilon = 1.87\varepsilon_y$。为了安全起见,通常取总应变$\varepsilon = 2\varepsilon_y$。于是,未退火焊缝区域允许最大裂纹长度为

$$a_c = 0.09\left(\frac{\delta_c}{\varepsilon_y}\right) = 0.09\left(\frac{K_{IC}}{\sigma_y}\right)^2 \qquad (14 - 59)$$

2. 退火状态接管连接处高应力区域裂纹临界尺寸

由开孔连接处高应力区域的应力分布可知,当许用应力取 2/3 屈服强度σ_y时,局部最大应变$\varepsilon \approx 2\varepsilon_y$,于是由式(14 – 54)得

$$a_c = 0.09\left(\frac{\delta_c}{\varepsilon_y}\right) = 0.09\left(\frac{K_{IC}}{\sigma_y}\right)^2 \qquad (14 - 60)$$

水压试验时,压力引起的应力$\sigma = 0.87\sigma_y$,试验表明此时总应变$\varepsilon \approx 6\varepsilon_y$,将其代入式(14 – 54),有

$$a_c = 0.028\left(\frac{\delta_c}{\varepsilon_y}\right) = 0.028\left(\frac{K_{\mathrm{I}C}}{\sigma_y}\right)^2 \qquad (14-61)$$

3. 接管与壳体连接处高应力区域未经退火处理时允许的最大裂纹长度

开孔接管处许用应变为 $\varepsilon = 2\varepsilon_y$，残余应变 $\varepsilon = \varepsilon_y$，总应变 $\varepsilon = 3\varepsilon_y$，代入式（14－54），得

$$a_c = 0.06\left(\frac{\delta_c}{\varepsilon_y}\right) = 0.06\left(\frac{K_{\mathrm{I}C}}{\sigma_y}\right)^2 \qquad (14-62)$$

水压试验时，由压力产生的应变 $\varepsilon = 6\varepsilon_y$，残余应变为 $\varepsilon = \varepsilon_y$，总应变 $\varepsilon = 7\varepsilon_y$ 代入式（14－54），有

$$a_c = 0.024\left(\frac{\delta_c}{\varepsilon_y}\right) = 0.024\left(\frac{K_{\mathrm{I}C}}{\sigma_y}\right)^2 \qquad (14-63)$$

由上述各计算式即可求出压力壳体、焊缝区域及接管连接高应力区域许用最大裂纹尺寸，即临界裂纹值，将其汇总于表14－4。

表14－4　压力容器结构有关部位最大允许裂纹尺寸 a_c

应力水平	设计应力 $\sigma = 2\sigma_y/3$			水压试验应力 $\sigma = 0.87\sigma_y$			
裂纹部位	圆柱壳（AT）	圆柱壳（NAT）接管（AT）	接管（NAT）	圆柱壳（AT）	圆柱壳（NAT）	接管（AT）	接管（NAT）
a_c　$\dfrac{\delta_c}{\varepsilon_y}\times$	0.5	0.09	0.06	0.25	0.09	0.03	0.24
$\left(\dfrac{K_{\mathrm{IC}}}{\sigma_y}\right)^2\times$	0.5	0.09	0.06	0.25	0.09	0.03	0.24

注：AT 为退火处理；NAT 为未退火处理

14.5.3　未爆先漏

未爆先漏准则是由欧文（Irwin）等人提出的评定裂纹在未使壳体断裂之前穿透容器壳壁产生泄漏的一种裂纹扩展评定方法，其设计准则是具有一定韧性的容器结构或元件在迅速断裂之前裂纹扩展已经穿透壁厚，从而导致泄漏，避免爆裂。也就是说，未裂先漏的判据是：与材料设计应力水平相应的临界裂纹深度 a_c 大于容器或管子的壁厚时，便会发生泄漏。于是可以求出满足这个判据所需要的平面应变断裂韧度：

$$\frac{\pi\sigma^2}{1-\frac{1}{2}\left(\frac{\sigma}{\sigma_y}\right)^2} = \frac{K_{\mathrm{I}C}^2}{B}\left[1 + 1.4\left(\frac{K_{\mathrm{I}C}^2}{B\sigma_y^2}\right)^2\right] \qquad (14-64)$$

式中：σ 为名义设计应力；σ_y 为壳体材料屈服强度；B 为壁厚。

由式（14－64）可以看出，当作用的应力增加时，满足这个判据所需要的断裂韧度也随之增加。若 $\sigma = \sigma_y$ 时，裂纹处于临界状态，故式（14－64）能够简化为

$$2\pi\sigma_y^2 = \frac{1.4K_{\mathrm{I}C}^8}{B^3\sigma_y^4} + \frac{K_{\mathrm{I}C}^2}{B} \qquad (14-65)$$

由于在裂纹深度 a 扩展达到壁厚时会发生泄漏失效，故此裂纹扩展至临界值即壳体壁厚 B，$a_c = B$，于是就能够求出未爆先漏的临界裂纹尺寸值。具体设计步骤如下：根据所选择的材料，从相关的材料性能表中查出屈服强度和断裂韧度值，由式（14－65）就能够计算

出未爆先漏的壁厚值 B 或在已知壳体壁厚情况下,计算出未爆先漏的最大压力值。

14.6　当量裂纹计算

（1）实际上压力容器或压力管道上经常见到的无论是表面裂纹、穿透裂纹,还是埋入裂纹的几何形状、尺寸和性质都不会与表 14-1 中所示的那样规则有序,计算时必须对其作模型化处理,如图 14-9(a)所示。除了穿透形裂纹之外,通常把深埋裂纹模型化成圆形或椭圆形裂纹,把表面裂纹模型化成半圆形裂纹;而对于密集型裂纹,若两个表面裂纹之间的距离很近时,则把其作为一个半圆形裂纹,条件为

$$s < c_1 + c_2 \tag{14-66}$$

上述情况则可作为深为 a_2、长为 $2(c_1 + c_2) + s$ 的表面裂纹;对于两个深埋裂纹 C 和 D,若裂纹尺寸取深为 $2t = 2(t_1 + t_2) + s_2$,长为 $2l = 2(l_1 + l_2) + s_1$,则可作为一个深埋椭圆形裂纹。

用超声波探伤方法测得的尺寸是当量尺寸,实际尺寸是当量尺寸的 2 倍~3 倍。

对于表面裂纹很浅很长,探伤不易发现的裂纹,可假设形状为 $a/2c = 0.3$ 的半椭圆形裂纹,裂纹深度为探伤能够测得的最小值。

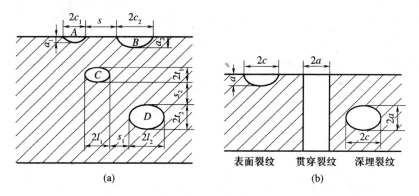

图 14-9　密集缺陷处理简图

（2）当量裂纹实际设计时几个具体问题的处理。

① 按上述方法介绍的裂纹为 I 型裂纹,裂纹深度为 a,长度为 1。

② 当多个裂纹聚集在一起,存在裂纹间应力场的相互影响,且相邻裂纹间距小于或等于缺陷深度时,把这些裂纹进行当量处理,即把包含在此范围内裂纹视为一个当量化裂纹。

③ 若多个裂纹在壳体内一个层面上共存,即共面裂纹聚集成一个大裂纹时,由于其危险性比较大,必须进行当量化处理。

④ 层状缺陷的长度和宽度所在平面与元件表面相交角度在 10° 以内时,则将此缺陷作为层状缺陷。

关于各种形式裂纹模型化处理见 API-579/ASME FFS-1(2007 年版)和 BS7910 等规范。

14.7 失效评定图

失效评定图(FAD)是英国中央电力局 CEGB 标准 R6 含裂纹结构完整性评定法,该方法在考虑裂纹尺寸、材料性能、结构形式和载荷状态的情况下,依据线弹性断裂和塑性垮塌两种极限状态的参数为基础,根据 J 积分断裂准则建立起来的含裂纹结构失效评定图。失效评定图由纵坐标(K_r)、横坐标(L_r)和失效评定曲线组成,如图 14 – 10 所示。失效评定曲线是一条根据带状屈服模型和实验结果将脆性断裂和塑性垮塌两种失效形式之间关系联系起来的包络曲线。这条曲线大致上分为三个部分:脆性断裂、塑性垮塌和两者期间的脆性和塑性混合。由图中还能够看出合格范围和非合格范围。

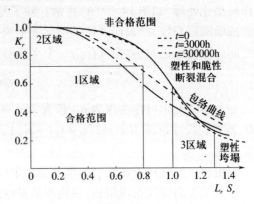

图 14 – 10　失效评定图

14.7.1 失效评定图概述

失效评定图用于确定裂纹萌生(开裂)、裂纹稳态扩展和裂纹非稳态扩展三个阶段的载荷;预测含裂纹或缺陷结构能否承受给定的载荷;求出在规定的使用时间内产生的裂纹扩展量 Δa。失效评定图涉及两个非常重要参数,即脆性断裂 K_r 和塑性垮塌 L_r,其值分别按下式计算:

$$K_r = \frac{K}{K_{\text{mat}}} = \frac{K_{\text{I}}}{K_{\text{I C}}} \qquad (14 - 67)$$

$$L_r = \frac{\sigma}{\sigma_f} = \frac{\sigma_{\text{ref}}}{\sigma_y} = \frac{P}{P_y} \qquad (14 - 68)$$

式中:σ_f 为平均流变应力,流变应力系指具有硬化性能材料的有效屈服强度,其计算方法较多(当 $\sigma_f < 1.2\sigma_y$ 时,$\sigma_f = (\sigma_y + \sigma_b)/2$;其他情况,$\sigma_f = 1.2\sigma_y$);$\sigma_y$ 为材料屈服强度;σ_b 为材料抗拉强度;σ_{ref} 为参考应力;σ 为作用在裂纹尖端的应力;K 为弹性应力强度因子,计算应力强度因子时,需要考虑一次载荷和二次载荷(温度应力和残余应力)作用;K_{mat} 为材料断裂抗力或断裂韧度;P 为作用载荷;P_y 为塑性屈服极限载荷。

式(14 – 68)中塑性垮塌载荷的截点值 $L_{r.\max}$ 通常与流变应力 σ_f 和材料屈服强度 σ_y 比有关。

14.7.2 失效评定曲线

由于失效评定曲线是由函数 $K_r = f(L_r)$ 决定的包络曲线,故用不同的 K_r,L_r 关系值作图便能够绘出失效评定曲线(FAC),如图 14 – 10 所示。英国标准 R6(第 4 版)规定,失效评定曲线表达式根据分析程度和输入数据或已知条件分为第 1、第 2 和第 3 三个选择,第 1 选择输入数据或已知条件最少,计算简单,但误差较大;第 3 选择要求输入数据最多,计算也特别复杂,但是精度很高,下面分别介绍各种选择方案。

第 1 选择也称普通失效分析曲线式。该式与结构形式、材料性能和外加载荷无关,适用于脆性断裂(线弹性断裂力学)状态,绘制失效平定曲线时只需要输入材料屈服强度和夏比冲击功等最基本数据,而材料断裂韧度可以由夏比冲击功换算。因此计算比较便捷,适用于校核计算。根据材料性能失效评定曲线分两种表达式:无屈服平台和有屈服平台。

(1)无屈服平台材料的失效评定曲线:

$$f(L_r)_1 = (1 + 0.5L_r^2)^{-1/2}[0.3 + 0.7\exp(-0.65L_r^6)] \quad (L_r \leqslant L_{r.\max})$$

$$(14-69)$$

$$L_{r.\max} = \frac{\sigma_y + \sigma_b}{2\sigma_y} = 1 + \left(\frac{150}{\sigma_y}\right)^{25} \tag{14-70}$$

(2)有屈服平台材料的失效评定曲线:

$$f(L_r)_1 = (1 + 0.5L_r^2)^{-1/2} \tag{14-71}$$

$$L_{r.\max} = 1$$

第2选择与材料性能有关,而与结构形式和外加载荷无关。计算曲线所需的数据或已知条件有应力应变关系曲线、材料力学性能和断裂韧度。该选择方案有两个表达式,其一表达式为

$$f(L_r)_{21}^1 = \left[\frac{E\varepsilon_{\text{ref}}}{\sigma_y L_r} + \frac{L_r^3\sigma_y}{2E\varepsilon_{\text{ref}}}\right]^{-0.5} = \left[\frac{E\varepsilon_{\text{ref}}}{\sigma_{\text{ref}}} + \frac{L_r^2}{2E\varepsilon_{\text{ref}}/\sigma_{\text{ref}}}\right]^{-0.5} (L_r \leqslant L_{r.\max})$$

$$(14-72)$$

$$f(L_r)_{21}^2 = 0 \quad (L_r = L_{r.\max}) \tag{14-73}$$

$$\sigma_{\text{ref}} = L_r\sigma_y \tag{14-74}$$

其二表达式:在不知材料应力应变关系曲线,只有材料力学性能时,失效评定曲线表达式分两种情况:无屈服平台材料和有屈服平台材料。

(1)无屈服平台材料:

$$f(L_r)_{22}^1 = (1 + 0.5L_r^2)^{-1/2}[0.3 + 0.7\exp(-\mu L_r^6)] \quad (L_r \leqslant 1) \tag{14-75}$$

$$f(L_r = 1) = (1 + 0.5L_r^2)^{-0.5} \quad (L_r = 1) \tag{14-76}$$

$$f(L_r)_{22}^2 = f(L_r = 1)L_r^{(N-1)/2N} \quad (1 < L_r < L_{r.\max}) \tag{14-77}$$

其中

$$\mu = \min[0.001E/\sigma_y, 0.6]$$

$$N = 0.3[1 - \sigma_y/\sigma_b]$$

$$L_{r.\max} = (\sigma_y + \sigma_b)/(2\sigma_y)$$

(2)有屈服平台材料:

$$f(L_r)_{23}^1 = (1 + 0.5L_r^2)^{-0.5} \quad (L_r \leqslant 1) \tag{14-78}$$

$$f(L_r = 1) = (1\lambda + 1/2\lambda)^{-0.5} \quad (L_r = 1) \tag{14-79}$$

$$f(L_r)_{23}^2 = f(L_r = 1)L_r^{(N-1)/2N} \quad (1 < L_r < L_{r.\max}) \tag{14-80}$$

其中

$$\lambda = 1 + E\Delta\varepsilon/\sigma_y \tag{14-81}$$

屈服平台长度为

$$\Delta\varepsilon = 0.0375(1 - \sigma_y/1000) \tag{14-82}$$

$$L_{r.\max} = (\sigma_y + \sigma_b)/(2\sigma_y)$$

第3选择为 J 积分失效评定曲线表达式,与材料性能、裂纹几何尺寸、结构形式和外

加载荷状态有关。输入数据或已知条件为材料应力应变关系曲线和其他分析计算所必要的材料力学性能相关数据,是非常严格的表达式,但是分析计算特别复杂,适用于无焊缝结构和焊缝何母材强度不匹配结构,其表达式为

$$f(L_r)_3 = \frac{J_e}{J_p} \tag{14-83}$$

式中:J_e 为线弹性积分;J_p 为塑性屈服极限载荷。

除了上述叙述的失效评定曲线表达式之外,欧盟 SINTAP/FITNET 基于相同原理提出有关失效评定曲线表达式的规定,只不过是根据分析复杂程度和已知条件多少,对曲线表达式分的更细些,由简单到复杂,由粗糙到精确。例如:SINTAP 就分成 7 级:从第 0 级到第 6 级,其中第 0 级、第 1 级、第 2 级和第 3 级前四级最为重要,尤其是第 2 级关于焊缝和母材强度不匹配时的失效评定曲线表达式较为重要,常常用于含裂纹或缺陷压力管道结构整体性的评定。

由于我国生产的压力容器用钢具有较长的屈服平台,对这种钢材失效评定曲线表达式与上述略有区别。

14.7.3　失效评定曲线应用举例

为了说明失效评定图使用方法,现已一个实例介绍其计算步骤。用无损检验方法在圆柱形容器上发现一条纵向浅裂纹 a,试评定此裂纹的安全性,亦即结构的整体性。

圆柱形壳体的基本参数:圆柱形壳体直径 $D = 1066.8\mathrm{mm}$,壁厚 $\delta = 16.16\mathrm{mm}$,壳体材料屈服强度 $\sigma_y = 410\mathrm{MPa}$,抗拉强度 $\sigma_b = 528\mathrm{MPa}$,断裂韧度 $K_{\mathrm{I}C} = 120\mathrm{MPa}\sqrt{m}$,弹性模量 $E = 2.03 \times 10^5 \mathrm{MPa}$,泊松比 $\mu = 0.3$。

(1) 应力强度因子 K_{I} 计算:设裂纹深度与壁厚之比 a/δ 分别为 0.2、0.3、0.4、0.5、0.6 和 0.7;设计压力分为两个:分别为 $p = 6\mathrm{MPa}$ 和 $p = 7\mathrm{MPa}$。由此压力计算得出壳体壁厚分为两个;应力强度因子也分为两个,而且随设计压力增加而增加,尤其是当裂纹尺寸较大时更为明显。这是因为裂纹深度增加,壳体截面厚度减少,对设计压力特别敏感。由于壳体材料断裂韧度 $K_{\mathrm{I}C} = 120\mathrm{MPa}$,在设计压力 $p = 6\mathrm{MPa}$ 时,临界裂纹尺寸 $a_c = 9.534\mathrm{mm}$,临界裂纹壁厚比 $a/\delta = 0.59$;当设计压力 $p = 7\mathrm{MPa}$ 时,临界裂纹尺寸 $a_c = 8.89\mathrm{mm}$,临界裂纹壁厚比 $a/\delta = 0.55$。为了计算脆断的安全性,需要计算塑性垮塌比 L_r,并在算出脆断比 K_r 之后,即可绘出断裂评定图 FAD。

(2) 塑性垮塌比 L_r 计算:由式(14-67)计算 L_r,计算时将 a/δ 取为 0.2~0.6,$\sigma_f = 469\mathrm{MPa}$,作用在裂纹尖端上应力 σ 为圆柱壳体的环向应力 σ_θ,其按下式计算:

$$\sigma_\theta = \frac{pR_m}{(\delta - a)} \tag{14-84}$$

(3) 断裂评定图绘制:根据 $a/\delta = 0.2, 0.3, 0.4, 0.5, 0.6$ 分别计算出 L_r 和 K_r。

由上述计算结果并参见图 14-10 后能够看出:在区域 1 内基本上为脆性断裂,上述分析计算是安全的,但是在区域 2 断裂并非完全是由于脆断所造成,可能还有部分韧性撕裂。所以当作用在裂纹尖端的应力 σ 超过材料屈服强度时必须考虑该塑性区的小塑性变形。

由断裂评定图明显看出裂纹长度随设计压力及裂纹尺寸大小的影响程度有关。

14.8 断裂力学设计举例

设计条件:圆柱形容器,封头为半球形壳体,材料为高强度低合金钢,用于盛装氨水。容器壳体材料力学参数:屈服强度 $\sigma_y = 712\text{MPa}$,弹性模量 $E = 2.07 \times 10^5\text{MPa}$,断裂韧度 $K_{IC} = 80\text{MPa}\sqrt{m}$。在半圆形封头与圆柱壳焊接连接处的热影响区域材料转变为未回火马氏体,故此部分材料的屈服强度 $\sigma_y = 940\text{MPa}$,断裂韧度 $K_{IC} = 39\text{MPa}\sqrt{m}$。

在焊缝热影响区域检测发现一深度 $a = 1\text{mm}$,长度 $2c = 4\text{mm}$ 裂纹;由表 14-1 之 10 可知,裂纹最深点处的 $K_I = M\sigma\sqrt{\pi a/Q}$,系数 $M = 1.09 \approx 1.1$,裂纹形状系数 $Q = 1.21$,设计应力 $\sigma_d = 230\text{MPa}$;主要受应力腐蚀,裂纹扩展率 300nm/h。

试求:(1) 能量释放率 G;

(2) 在设计应力和裂纹扩展率作用下,容器的使用寿命。

解:(1) 能量释放率 G_c:

$$G_c = K_{IC}^2/E = 80^2/2.07 \times 10^5 = 30.92\text{kJ/m}^2$$

(2) 断裂韧度 K_{IC}:

$$K_{IC} = (1.1\sigma\sqrt{\pi a})/\sqrt{F} = \sigma\sqrt{\pi a}$$

$$\sigma_f = K_{IC}/\sqrt{\pi a_c}$$

$$G_c = K_{IC}/E = \sigma_y^2\pi a_c/E = 30.917\text{kJ/m}^2$$

由上式可求出临界裂纹深度 a_c:

$$a_c = G_c E/\pi\sigma_y = 0.004\text{m}$$

(3) 焊缝热影响区域壳体使用寿命计算:

$$\sigma_y = 940\text{MPa}, \sigma_d = 230\text{MPa}, K_{IC} = 39\text{MPa}\sqrt{m}; a = 0.001\text{mm}$$

$$裂纹扩展率 = 300\text{nm/h} = 8.33 \times 10^{-11}\text{m/s}$$

最大允许裂纹深度:

$$a_{max} = K_{IC}/\pi\sigma_d = 39^2/3.14 \times 230^2 = 0.009\text{m}$$

裂纹由已经测得深度 0.001m 扩展到最大允许深度 0.009m 时,即扩展 0.008m 所需要的时间:

$$t = 0.008 \times (1/8.33 \times 10^{-11}) = 9.6 \times 10^7\text{b} = 26677\text{h}$$

第15章 压力容器高温蠕变设计

15.1 蠕变和蠕变机理

15.1.1 概述

结构在蠕变温度范围内的变形分为稳态载荷作用下的蠕变变形和交变载荷作用下的蠕变疲劳。稳态载荷作用下蠕变是指金属材料在恒定温度和恒定应力作用下,随着时间增加慢慢产生永久塑性变形的现象。蠕变强度是指金属材料在一定时间内产生一定变形速度或一定变形量的应力。因此蠕变极限有两种表示方法,一种是在一定温度下和一定时间内产生一定量蠕变变形的应力即持久极限,也是在规定的蠕变条件下结构材料不失效的最大承载能力。如 $\sigma_{0.2/1000}^{700}$ 表示工作温度为700℃经1000h后,允许蠕变变形0.2%的应力值,持久极限在金属材料表中可查得;另一种是在一定温度下产生一定蠕变变形速率的应力值,如 $\sigma_{1\times10^{-5}}^{600}$ 表示工作温度为600℃、蠕变速度为 $1\times10^{-5}\%/h$ 的蠕变变形极限,也就是经100000h蠕变变形1%时的应力值即蠕变极限,在金属材料力学性能表中可以查到蠕变极限值。

同时,金属材料在一定应力作用下蠕变断裂时所需要的时间为蠕变断裂寿命。

无论是蠕变极限,还是持久极限均是压力容器在蠕变条件下壳体材料两个重要的强度指标。目前各国压力容器设计规范或标准中,通常将在恒定设计温度下经100000h产生1%蠕变变形量时的应力作为极限值予以控制即蠕变极限;同样将在恒定温度下经100000h产生断裂时的应力,即持久极限作为材料参数列入标准材料性能表中,高温压力容器蠕变设计时主要是根据其高温持久极限或蠕变极限两个参数。由此可见,蠕变极限和持久极限都是金属材料在高温下对蠕变变形的抗力,两者之间没有定量关系。但是对于同一金属材料,其持久极限要大于蠕变极限1.3倍~2倍。

由上述的蠕变极限和持久极限定义可知,影响蠕变除了金属材料性能之外,主要还有温度、时间、应力和载荷等因素,这是表征蠕变特性的主要影响因素。因此,由试验所得的蠕变变形为温度、时间和应力的函数,通常情况下,这些因素对蠕变的作用可以是分离的。

(1)温度系指蠕变温度,是一个范围值。蠕变温度是影响金属材料蠕变最重要的因素。通常情况下金属材料蠕变温度范围与该材料的熔化温度之间有下述关系:

$$T_c > (0.35 \sim 0.45)T_m$$

在蠕变温度范围内,温度对结构材料使用寿命影响程度之大可以用一个实例说明:一台设计使用寿命为40年的压力容器在蠕变温度范围内如果将工作温度由538℃提高到566℃时,其使用寿命下降7倍,仅为原来的14%。

石化工业典型生产工艺、高温工况、压力和使用材料等见表15-1。我国压力容器常用钢材使用温度上限见表15-2。作为参考值,一般情况下金属材料发生蠕变时的大致温度如下:碳素钢400℃;低合金钢450℃;合金结构钢600℃。一些特殊高温合金蠕变温度更高,具体见金属材料性能标准。

表 15-1　石化工业中典型生产工艺及其要求

名　称		工　况			材　料	产品或目的
		温度/℃	压力/MPa	组　成		
热分解	乙烯	700~950	0.20~0.49	碳氢混合物,蒸汽,氢,乙烯	Incoloy800, HK-40,HP	乙烯
	黏度裂解	400~500	1.96~4.90	上等原油,重质原料油	Cr-Mo钢,SUS321, SUS316	重质油,降低残油的黏度
接触分解	氢化分解	350~500	6.86~12.74	氢50%,碳氢化合物	Cr-Mo钢,SUS321	LPG,汽油,煤油
	流动接触分解	450~500	0.098~0.20	汽油,轻油,蒸汽	Cr-Mo钢,SUS316	汽油
接触转换	石油接触分解	420~580	3.43~4.90	氢65%,碳氢化合物	Cr-Mo钢	提高汽油辛烷值
	水蒸气接触分解	350~950	0.49~4.9	蒸汽50%,氢35%, CO_2,CO,甲烷	Incoloy800,HK-40, SUS310,SUS316	氢,都是气体
其他	氨合成	350~600	9.8~98	氢60%,氮,氨	Cr-Mo钢,SUS316	氨
	甲醇合成	350~370	14.70~33.62	氢30%,CO,CO_2	Cr-Mo钢	甲醇
	部分氧化（合成气）	800~900	0.98~2.94	氢60%,CO35%, CO_2,甲烷	HK-40,Incoloy800	
	脱烃	600~700	1.96~4.90	氢50%,碳氢化合物	Cr-Mo钢, SUS316,Incoloy800	苯
	氧化脱硫	200~500	2.94~19.6	氢50%,H_2S 0.1%~10%,碳氢化合物	SUS321, SUS347,Cr-Mo钢	脱硫
	高温气冷却炉（原子能）	800~1200	1.96~4.90	氢	Incoloy800, HK-40,Inconel600	能源

表 15-2　常用高温用钢使用温度参考表

钢　种	标准使用温度范围/℃	钢　种	标准使用温度范围/℃
碳钢(0.20%~0.28%C)	350~450	1Cr18Ni9Ti 钢	815
0.5Mo 钢	400~500	Cr25Ni20 或 Cr25Ni12 钢	800~1200
1.25Cr-0.5Mo 钢	450~550	Alloy 800H	800~980
2.25Cr-1Mo 钢	371~649		
5.0Cr-0.5Mo 钢	600	Alloy B(72Ni-28Mo)	426~760
2.75Cr-1Mo 钢	525~575	Alloy C-276	426~1090
4.25Cr-1Mo 钢	550~600	Alloy 617	816
5Cr-0.5Mo 钢	200~600	Nickel 200	648~800
9Cr-1Mo 钢	450~600	Nickel 201	648~800
0Cr18Ni9 钢	482	Alloy 400	482~538
00Cr18Ni9 钢	600~800		

在蠕变分析中,需要确定蠕变变形与温度之间的函数关系。在假设温度、时间和应力的作用可以分离且等温的条件下,蠕变变形与应力之间的关系式为

$$\varepsilon = Bt^m\sigma^n \tag{15-1}$$

式中:B、m、n 为常数。

式(15-1)是一个很重要的关系式。

(2)时间和温度一样是影响金属材料蠕变变形的另一个重要因素。因为蠕变变形随时间增加而逐渐增大,压力容器蠕变设计时将时间以使用寿命作为参数在设计条件中予以规定。对于各种不同用途的压力容器或承载元件所要求的使用寿命是不一样的,通常在压力容器规范或标准中使用寿命取 5 万 h、10 万 h 和 20 万 h。蠕变变形与时间的函数关系的表达式比较多,但是由于高温下金属微结构变化特别大,要想得到一个真正的定量的函数关系是很困难的。

(3)应力是金属结构材料在蠕变温度范围内产生蠕变变形必要条件,各种金属材料的蠕变极限和持久极限见相关材料力学性能表。

(4)压力容器蠕变设计中载荷工况影响着蠕变设计和蠕变效核方法的选择。载荷种类很多,如压力容器设计基础中已经说明,而载荷作用方式一般有两种:单一类型载荷和多种类型载荷,具体内容后面介绍。

15.1.2 蠕变曲线

为了描述金属材料在高温下产生蠕变变形过程,通常将标准试样在专用蠕变实验机上按照预先设计的温度和载荷条件对标准试样进行拉伸并连续测量其轴向变形量,经过误差分析和数据处理后得出一条应变与时间关系曲线即蠕变曲线,如图 15-1 所示。由图中可见,标准试样金属材料蠕变曲线大致分为三个部分:蠕变不稳定阶段、蠕变稳定阶段和加速蠕变阶段。

第 I 阶段(曲线 AB):此阶段是蠕变率逐渐下降阶段,或不稳定蠕变阶段。这是由于试样金属材料在拉伸变形过程处于应变硬化和高温退火消除硬化的不稳定变形状态。此阶段包含有弹性变形、塑性变形和蠕变变形,该阶段根据材料性能、温度高低和应力大小,其时间长短是不同的,一般为几小时到几百小时不等。

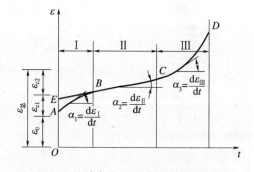

图 15-1 材料在蠕变范围时的蠕变曲线

第 II 阶段(曲线 BC):此阶段是蠕变率几乎保持不变的稳定阶段,蠕变曲线基本呈直线且与其他两阶段相比直线部分即蠕变变形时间很长。这是由于标准试样金属材料塑性应变引起的硬化与高温退火导致的软化相互抵消使蠕变速度最低并保持稳定的阶段,这段时间很长,因此是蠕变设计依据。

第 III 阶段(曲线 CD):此是蠕变变形加快导致断裂阶段,蠕变曲线呈小曲率弧形,这是由于试样金属材料内部产生空穴而导致缩颈,使应力增大,最后断裂。

蠕变曲线的形式与材料、温度和应力有关。如同一种材料在某一温度下应力很小时

448

蠕变速度非常小,在这种状态下蠕变曲线只有两个阶段且第Ⅱ阶段时间特别的长,如图15 - 2中的曲线Ⅲ所示;当应力很大时,可能没有第Ⅱ阶段,如图15 - 2中曲线Ⅰ所示。若蠕变持续时间不同,应力应变之间变化在应变一定时,蠕变时间越长,应力越低,如图15 - 3所示。

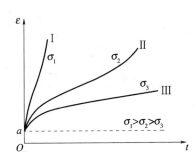

图 15 - 2　同一温度下不同应力作用的蠕变曲线

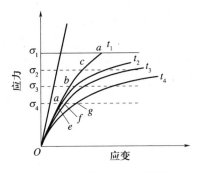

图 15 - 3　不同蠕变作用时间的应力
与应变之间关系

15.1.3　蠕变方程

由上述可知,导致结构金属材料高温蠕变变形的参数有蠕变温度(高温)、应力和时间等,从理论上还没有将蠕变整个过程中这几个参数之间的关系用一个数学解析式予以表述。从蠕变曲线可以看出,除了曲线第二阶段为直线外,其他两段为非线性曲线且不同金属材料蠕变曲线形状也不一样,因此用一个数学表达式描述整条曲线是很困难的,所以必须做些技术处理。若将图15 - 1中BC直线部分延到纵坐标轴E点上。由于A点与E点距离很近,之间差别不大,故可简化得出该金属材料指定的温度下,计算在规定的时间内蠕变的总应变量ε为

$$\varepsilon = \varepsilon_0 + \varepsilon_c \tag{15 - 2}$$

式中:ε_0为蠕变初始变形量;ε_c为蠕变变形量。

对大量实验数据进行统计归纳后,上式中初始屈服蠕变变形ε_0和蠕变变形ε_c与应力之间的关系分别有

$$\varepsilon_0 = A\sigma^m \tag{15 - 3}$$

$$\varepsilon_c = tB\sigma^n \tag{15 - 4}$$

于是将式(15 - 3)、式(15 - 4)代入式(15 - 2)后,则可由总变形量计算断裂应力或由断裂应力算出总变形量计算式,即

$$\varepsilon = A\sigma^m + tB\sigma^n \tag{15 - 5}$$

式中:A、B、m和n均为材料系数,其与工作温度和材料性能有关;t为时间。

在实际应用中,对于要求长时间在蠕变温度范围工作的金属结构材料,式(15 - 5)中的初始屈服变形量同稳态蠕变变形量相比很小,可以忽略不计,这时式(15 - 5)写为

$$\varepsilon = \varepsilon_c = tB\sigma^n \tag{15 - 6}$$

压力容器设计时常要知道蠕变变形速率,即为图15 - 2中的直线部分的斜率,对式(15 - 6)求导,蠕变变形速率为

$$\dot{\varepsilon} = \frac{\mathrm{d}\varepsilon_c}{\mathrm{d}t} = \tan \alpha = B\sigma^n \tag{15 - 7}$$

对于某些钢材，B 和 n 两个系数可以从表 15 - 3 中查出。

表 15 - 3　几种钢材蠕变速率常数

材料（钢的成分）	试验延续时间/h	应力范围/MPa	温度/℃	n	$B/(1/MPa^n \cdot h)$
含有 0.3%C 钢	—	—	400	6.9	1.5×10^{-30}
含有 0.39%C 钢	—	—	400	8.6	5.1×10^{-29}
含有 0.45%C 钢	400	20~49	540	5.9	1.2×10^{-20}
含有 3.5%Ni 合金钢	400	24.5~46	540	7.2	6.0×10^{-24}
含有 0.4%Mo 合金钢	—	—	450	3.2	4.1×10^{-21}
含有 12%Cr 合金钢	—	—	455	4.4	4.9×10^{-22}
含有 19%Ni6%Cr1%Si 合金钢	400	134~190	540	13.1	1.8×10^{-47}
含有 8%Ni18%Cr0.5%Si 合金钢	400	106~144	540	14.8	2.0×10^{-51}
含有 2%Ni0.8%Cr0.4%Mo 合金钢	—	—	460	3.0	1.2×10^{-16}
含有 0.3%C1.4%Mn 合金钢	—	—	450	4.7	8.6×10^{-21}
316SS 不锈钢	—	—	600	5.0	1.0×10^{-18}

15.2　蠕变设计准则

15.2.1　蠕变控制准则

在蠕变温度范围内工作的压力容器和承压元件，其失效方式主要是因为蠕变变形量超过规定值而导致失效和在一定应力作用下蠕变断裂而丧失工作能力。由此可见，防止蠕变破坏的设计准则有两个：控制蠕变变形量设计准则和控制蠕变断裂设计准则。

各种不同用途压力容器或承压元件，设计使用寿命是由其使用功能和条件所决定的。对于要求保证长时间绝对安全运行的设备，例如核反应堆压力容器通常规定连续安全工作几十年，设计时除了保证其强度要求外，另一个最重要的准则就是要控制压力容器在高温下运行时蠕变速度并将蠕变变形限制在规定的范围内；而对于工作时间要求比较短的受压装置，如火箭压力壳体，其使用寿命要求很短，一般是几百小时，设计时需要保证不出现蠕变断裂。我国和其他国家的压力容器规范或规则中，通常将使用寿命定为不少于 10 万 h，在 EN 13445 规范中，蠕变范围使用时间不得少于 1000h，如果没有指出使用时间，用户可以设定使用时间，但至少是 10 万 h。

15.2.1.1　控制蠕变变形量准则

这是依据蠕变极限设计准则控制蠕变变形量，即容器或元件在规定的使用寿命期间蠕变变形量不得超过指定值，据此可算出蠕变速率 $\dot{\varepsilon}$，求得出应力值，即蠕变极限 σ_n^t。对于各种材料不同温度下 σ_{10-3}^t、σ_{10-4}^t 和 σ_{10-5}^t 值可从材料力学性能表查取。对于蠕变极限的许用应力：

$$[\sigma] = \frac{\sigma_n^t}{n_n} \qquad (15-8)$$

式中：n_n 为安全系数，对于钢材取 $n_n = 1$。

450

15.2.1.2 控制蠕变断裂准则

这是依据持久极限的设计准则,确保金属材料在设计使用寿命内不发生断裂。一般情况下,压力容器取其使用寿命断裂时的应力作为持久极限 σ_{105}^t。例如,在材料性能表中列出不同温度下的 1 万 h、10 万 h 和 20 万 h 的持久限值。于是,许用应力为

$$[\sigma] = \frac{\sigma_d}{n_d} \qquad (15-9)$$

式中:n_d 为安全系数(对于钢材,取 1.5 ~ 1.6)。

15.2.1.3 等时应力应变曲线

高温压力容器设计方法上经常采用等时应力应变曲线,等时应力应变曲线系指给定时间和温度下结构材料的应力应变关系,由下述蠕变方程式或试验测定。图 15 - 4 为 617 合金的等时应力应变曲线图。由图中明显可见,若将应变限定一定值如 1%,应力随时间减少而增加;当应变小于 0.5% 时,应力与时间之间关系特别突出。

蠕变总变形方程为

$$\varepsilon = \varepsilon_e + \varepsilon_p + \varepsilon_c$$

式中:ε_e,ε_p,ε_c 分别为弹性变形、塑性变形和蠕变变形。

在总变形中弹性变形由胡克定律计算, $\varepsilon_e = \sigma/E$;塑性变形为

$$\varepsilon_p = \left(\frac{\sigma}{K_p}\right)^{1/n}$$

$$n = \frac{\log \sigma_1 - \log \sigma_{0.2}}{\log 5}$$

$$K_p = \frac{\sigma_1}{10^{-2n}}$$

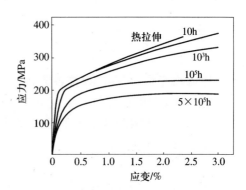

图 15 - 4　617 合金等时应力应变曲线

式中:σ_1,$\sigma_{0.2}$ 为壳体材料的弹限强度。

蠕变变形按式(15 - 1)计算,$\varepsilon_c = B\sigma^n t^m$。对于 10CrMo910 耐热钢,其系数 $B = 1.5 \times 10^{-9}$,$n = 2.1$,$m = 0.39$。其他材料除系数 m 之外,见表 15 - 3。

15.2.1.4 高温压力容器设计原则

高温压力容器一般多用控制蠕变断裂准则进行蠕变设计。但是必须指出的是目前高温压力容器蠕变设计是根据室温下常规设计计算式进行强度计算,而许用应力取其持久极限或蠕变极限。

15.2.2 蠕变设计基本要求

压力容器蠕变设计时要考虑的问题有:

(1)在设计文件中要有用户指定的或设计部门设定的使用寿命。

(2)如果在蠕变范围内存在无蠕变载荷作用时,那么载荷情况完全单独考虑;至于有蠕变载荷作用的受载情况必须从整个使用期间进行详细分析。

(3)如果计算温度低于蠕变范围,可以不用蠕变设计校核。

(4)如果下述两个强度指标值中的最小者大于计算温度下的屈服强度 $\sigma_y(\sigma_{0.2})$,就

不要求进行蠕变设计校核,这两个条件:①相关计算温度和使用寿命的持久极限乘以1.2值;②相关计算温度和使用寿命的蠕变极限乘以1.5值。若上述两个值中最少者小于计算温度的屈服极限 $\sigma_{0.2}$,则要求做蠕变设计校核。

(5)持久限 σ_D^t 和蠕变极限 σ_n^t 均为材料力学表中的平均值,其依据是假定实验数据分散带为20%以下,如果分散带比较大时,则将分散带最小值乘以1.25代替其平均值。

(6)针对不同用途的压力容器进行蠕变设计时,必须根据具体情况选用蠕变极限和持久极限作为强度设计准则。

(7)压力容器及元件在实际工作时处于复杂应力状态,而蠕变设计基本参数和计算式又是从标准试样轴向拉伸试验所得的数据取得的,因此需要找出两者之间的计算关系。关于在蠕变范围内多向应力状态下当量应力计算将在下面介绍。其次,由于在蠕变温度范围内的应力分布为非线性的、变化的,于是存在应力再分布问题,因此在进行蠕变设计应力分析时要考虑这种情况。

(8)一般情况下,高温压力容器和元件的结构尺寸是根据规则设计法计算的,没有考虑结构总体的和局部的不连续部位应力集中及焊缝和热影响区复杂应力分布的影响,只是用安全系数和焊接连接系数来控制。在欧盟压力容器标准 EN 13445 - 3 中对于在蠕变温度范围内工作的结构,其焊接接头强度和热影响区的强度是用一个焊接蠕变强度降低系数 Z_c 乘以焊接系数 Z 予以控制。焊接蠕变强度降低系数 Z_c 取法如下:若使用寿命为10万h,设计温度下焊接材料的持久极限最低值和蠕变极限最低值大于母体材料持久极限和蠕变极限平均值减去20%时,则焊接蠕变强度降低系数 $Z_c = 1$,其他情况下 $Z_c = 0.8$ 。

15.3 蠕变设计方法

我国压力容器标准中没有关于压力容器蠕变设计的相关内容,美国 ASME Ⅷ - NH(相关案例)和欧盟 EN 13445 - 3 规范以及英国 R5 和法国 RCC - RM 标准(CODAP 2005 Div.2 也列入蠕变设计一节)都是压力容器高温蠕变设计和效核计算的权威规范。下面简要介绍美国 ASME - Ⅲ NH 规范(规范案例 N - 47),英国 R5 和欧盟 EN 13445 - 3 新增补的蠕变设计和设计校核。需要指出的是,对于带有缺陷或裂纹结构的高温和蠕变设计方法除了 R5 外,还有英国 BS7910、法国的 A16 和日本的 JNC 等评定方法,都是目前最常用的规范。

15.3.1 美国 ASME Ⅷ - NH 蠕变设计方法

美国 ASME Ⅷ - NH 蠕变设计方法是防止压力容器可能发生的如下几种失效方式:①在一次载荷作用下蠕变断裂;②在一次载荷作用下过度塑性变形;③由稳态一次和交变的二次载荷作用下引起的交变蠕变棘轮现象;④由交变一次应力、二次应力和峰值应力引起的蠕变疲劳;⑤蠕变裂纹扩展和无韧性断裂;⑥蠕变垮塌等。这种设计方法适用于铁索体钢温度在371℃以上和奥氏体温度在423℃以上应用场合,规范同样也适用于评定元件在使用期间是否出现裂纹的危险性。

上述失效方式中,第②和④条对非弹性应力应变分析是必须的。

设计时需要具备材料的基本数据有:①材料的力学和物理性能(弹性极限、屈服强度和抗拉强度平均值和最小值,弹性模量及泊松比的平均值);②应力应变曲线(平均值和最小值);③母材和焊缝应力和蠕变断裂时间;④总应变达到1%时时间和应力关系(最小值或平均值);⑤第三阶段蠕变开始时的应力与时间的关系值;⑥为进行与时间和温度有关的应力应变分析时所需要的本构方程;⑦等时应力应变曲线(平均值);⑧在应变率最大时作为应变范围函数的连续循环的疲劳寿命;⑨各种应变范围循环和蠕变持续时间的蠕变疲劳循环寿命。

在核反应堆压力容器中,NH规范适用材料品种较少,通常有304和316奥氏体不锈钢(最高许用金属温度816℃);1Cr0.5MoV、9Cr1MoV和2.25Cr1Mo钢(593℃);合金800H(760℃,除螺栓外均可使用)、合金718(566℃,用于螺栓)、合金617(950℃)和其他高温镍基合金等。

由于长时间暴露在高温环境下引起的热时效、脱碳导致金属材料损失和性能变化等也应当考虑。

15.3.1.1 一次应力极限

1. 弹性分析

1) 母材与时间有关的一次应力极限

除了在常规设计时使用的与时间无关的设计应力强度 S_m 外,在蠕变设计时要引入一个与时间和温度有关的应力极限 S_t,此应力极限为如图15-1所示的标准蠕变曲线的应力。对每一给定时间 t 和温度 T,母材的应力极限 S_t 值取下三者中的较小值:

(1) 由弹性的、塑性的、一次蠕变和二次蠕变产生1%总蠕变变形量所需要的100%平均应力。

(2) 蠕变第三阶段开始最小应力值的80%。

(3) 断裂时最小应力的67%。

需要注意的是,有些镍基合金蠕变曲线中的第Ⅰ和第Ⅱ阶段没有明显的区分,因此对极限应力 S_t 需要作修正。其次,在高温设计时还要引出一个基本一次应力极限值 S_{mt},此应力为时间和温度的函数,其值取 S_m 和 S_t 较小者。

2) 高温焊缝材料基本一次应力极限

在高温下焊缝材料基本一次应力极限 S_{mt} 是母材应力极限 S_{mt} 和 $0.8S_r R$ 两者的较小值。R 为焊缝材料与母材蠕变断裂强度之比值;S_r 是母材最小应力断裂强度。与时间和温度有关的焊缝材料应力强度极限 S_t 取母材的应力极限 S_t 和 $0.8S_r R$ 的较小值。

3) 一次总体薄膜应力极限

由3.1.2小节可知按 ASME-Ⅲ 规范设计的压力容器在使用条件分别为 A、B、C、D 级时各种应力强度限制条件(应力极限)。对此根据高温的具体条件,在 A、B、C、和 D 级状态下的许用应力极限按下式计算:

A 和 B 级工况:

$$P_m \leqslant S_{mt}$$

C 级工况:

$$P_m \leqslant 1.25S_m \ \text{或} \ S_t$$

D 级工况:

$$P_m \leqslant (2.4S_m; 0.7S_u; 0.67S_r; 0.8RS_r)$$

上述 A 至 C 级工况各式要确保一次应力与外部载荷处于静平衡,小于屈服强度和抗拉强度,同时保持在正常工作、启动和紧急状态下壳体平均厚度的蠕变变形值小于 1%。而在 D 级状态下必须使一次应力控制在抗拉强度和蠕变断裂强度以下,但是允许超过能够产生明显塑性变形的屈服强度。

4)一次局部薄膜应力加一次弯曲应力

高温下的应力极限值(许用应力强度)也是分为 A、B、C、D 级计算。

A 和 B 级工况:

$$P_L + P_b \leqslant K_t S_m \text{ 和 } P_L + P_b / K_t \leqslant S_t$$

式中:K_t 是蠕变弯曲形状系数,其考虑因蠕变引起外表面弯曲应力松弛影响,其值为

$$K_t = (K + 1)/2$$

式中:K 为使壳体整个截面产生屈服时的载荷与壳体外表面开始屈服时载荷之比,对于壳体或实心截面取 $K = 1.5$。

C 级工况:

$$P_L + P_b \leqslant 1.2K_t S_m \text{ 和 } P_L + P_b / K_t \leqslant S_t$$

D 级工况:

$$P_L + P_b < 3.6S_m \text{ 和 } P_L + P_b < 1.05S_u,$$
$$\text{及 } P_L + P_b / K_t \leqslant 0.67S_r \text{ 和 } P_L + P_b \leqslant 0.8RS_r (S_u \text{ 为抗拉强度})$$

对于 A、B 和 C 级的一次薄膜应力加弯曲应力垮塌载荷或在正常工作、启动和紧急状态下不得引起过大的蠕变变形,但是不能产生导致断裂的明显塑性变形。根据塑性下限原理,外部载荷为实际垮塌载荷的下限值,于是上述的应力极限能够确保结构不发生过大蠕变变形和蠕变垮塌。但是,对于 D 级工况允许产生明显塑性变形,但不得断裂。

2. 非弹性分析

当容器壳体处于蠕变温度受交变载荷作用(奥氏体不锈钢在 427℃ 以上和铁素体钢在 371℃ 以上温度)时,蠕变作用是非常明显的,对于这种载荷状态需要进行非弹性分析,定量地评估结构元件的应变和变形,就当前的计算技术水平及实验方法和手段,可以通过非常复杂的分析计算才能获得比较接近实际的效果。但是,有时也可以用简化的非弹性分析计算变形、应变、应变幅度和最大应力的安全极限值。但必须说明,详细非弹性分析本构方程对某些材料不适用。NH 规范没有包含能够满足一次应力极限的非弹性分析,但是必须满足该规范 3.4.5 小节规定的非弹性应变极限要求。

关于高温下的应变,变形和疲劳极限分析在 ASME – BVP(Code Case N – 47,T)的非强制性附录 T – 1413 和 T – 1414 有规定,这些设计准则能够满足弹性或非弹性分析要求。

15.3.1.2 高温棘轮极限

高温棘轮现象分析的目的是确保压力容器在其整个使用期间(A、B、C 级使用条件下)任何部位最大累积主拉伸非弹性应变值不得超过下述的非弹性应变极限值,而对于 D 级工作状态可以不满足这个应变极限值要求。

(1)母材非弹性应变极限。母材的非弹性应变极限规定如下:

① 总厚度的应变平均值(1%)。

② 壳体表面上(沿壳体壁厚等效曲线线性分布)的应变值(2%)。

③ 壳体任何部位的局部应变(5%)。

(2)焊缝材料非弹性应变极限:由于焊缝材料在高温下的有限韧性和焊缝热影响区的高应变集中,在焊缝区域(焊缝中心线两侧3倍于壳体壁厚的距离)累积产生的非弹性应变值不得超过上述母材非极限应变值的1/2。

(3)在该规范中,同时详细地介绍高温棘轮现象的弹性分析和简化非弹性分析方法。

15.3.2　ASME Ⅷ简化设计法

美国原子能科学技术局组织制定的第四代原子能压力壳高温应用简化设计规程给出第四代反应堆用特高温受压元件蠕变设计的简化设计方法,尽管该法是针对合金617建立起来的,但是也适用于其他类似用途的金属材料,如合金800H、9Cr1Mo钢等。由于当温度接近1000℃时应力应变曲线很难得到,所以就目前来说此法就显得有使用价值。其次结构材料在蠕变温度下连续变形和应力应变重新分布使高温设计要比低于蠕变温度范围下的设计复杂得多。

在具体分析研究时,简化法在应力分类上与普通分析设计没有区别,但是引入新的概念,将传统应力分类中的一次应力、二次应力和峰值应力分别用载荷控制极限和应变控制极限代之,即用载荷极限控制一次应力,用应变极限控制二次应力和峰值应力,又将变形控制分为应变极限和蠕变疲劳评估。在讨论之前几个基本概念需要介绍如下。

1. 载荷控制极限

这是高温下载荷控制应力的设计准则,除某些特殊情况外,其与低于蠕变范围的设计准则相类似。在高温情况下,许用应力与时间有关,是载荷作用时间的函数。又由于应变重新分布的影响,一次弯曲应力在与一次薄膜应力分量组合之前已用形状因子函数(shape factor function)调整,因此设计准则同弹性分析相同,两者都是以平衡外部载荷作用产生的应力分析为基础。结构温度若在蠕变范围以下,载荷控制应力的失效是垮塌破坏,而温度在蠕变范围内存在与断裂有关的失效机制,断裂是由与垮塌无关的应力产生的。

2. 变形控制极限

变形控制极限有两个分析路线:完全非弹性分析和弹性分析。与时间有关的完全非弹性分析将元件危险部位的整个应力应变历史作为时间函数考虑,因此是非弹性分析的基本方法。另一种方法是弹性分析法,这是比完全非弹性分析法要简单的方法,这种方法不要求建立与时间有关分析模型。

其次,在简化法中,与美国ASME Ⅷ NB相似,也存在一次应力加二次应力强度条件问题($P_L + P_b + Q$),但是从概念上其涵义是不同的。在NB规范中,载荷极限基于弹性安定性原则,一次应力加二次应力是总应力线性化处理后单项参数;而NH规范载荷极限是基于限制棘轮现象产生和确保元件核心部分处于弹性应力状态,且要求将设计寿命期间的最大一次应力和二次应力范围单独计算。

3. 蠕变范围简单设计方法

在采用简化设计法时,需要解决影响将NH设计准则应用到基本设计方法中的几个问题。尽管有限元法能够相对容易处理特别复杂的应力分类,但是在工程上用起来还是麻烦的。因此简化法的目的是消除或至少减少应力分类过程,尤其是结构不连续处应力分类。这里的关键是用便捷"规则设计法"计算元件所需要的壁厚。

其次,NH 规范的蠕变疲劳损伤计算是相当复杂和不确定的,其根本问题是在特高温状态下线性损伤累积方法的准确性,对此,还是采用以前高温规范案例使用的在设计曲线中直接含有持续时间对蠕变疲劳寿命影响的弹性分析蠕变疲劳方法。

另外,目前的 NB 和 NH 规范中是在一次应力和壁厚确定之后及循环寿命评定之前计算一次应力加二次应力(应变)极限的,这完全符合交互作用分析程序。但是在简化法中,应变计算推迟到壁厚尺寸和循环寿命已经确定之后,这样调整使高温准则更加与 NB 规范相近,避免将一次应力和二次应力分开。

由于规则设计法壁厚计算依据于各种类型载荷的一次薄面应力强度极限,因此对于 A 和 B 级载荷状态的许用应力为基本一次应力极限值 S_{mt}。

4. 载荷控制极限法壁厚计算

同 ASME NB-3300 规范压力容器的壁厚计算采用规则设计方法一样,简化法也是用"规则设计法"强度计算式计算容器各种元件包括开孔补强结构尺寸,于是在各种类型载荷作用下,用与作用载荷条件相符的许用一次薄膜应力计算所需要的壁厚,然后用下式计算最终的壁厚:

$$\delta = \delta_1 (1 + \delta_2/\delta_1 + \cdots + \delta_n/\delta_1)^{1/5} \qquad (15-10)$$

$$\delta_1 > \delta_2 > \delta_3 > \cdots > \delta_{n-1} > \delta_n$$

式中: δ 为组合载荷作用的最终的设计壁厚; δ_1 为一种类型载荷作用下的最大的设计壁厚; δ_n 为第 n 种载荷作用下最大设计壁厚。

例如在两种载荷作用下, $\delta_1 \approx \delta_2$, $\delta \approx 1.15\delta_1$;三种载荷时, $\delta_2 \approx \delta_3 \approx 0.667\delta_1$, $\delta \approx 1.2\delta_1$ 。因为 $\delta_{n-1}/\delta_n > 1$,在大多数情况下由组合载荷作用条件计算出的总壁厚要比单一载荷求出的最大壁厚大 20% 左右。

在该规范中还介绍确定接管载荷的三条意见,可供参考。

5. 变形控制极限法

如前所述,蠕变疲劳简化法还是采用以前的高温规范案例使用的弹性分析蠕变疲劳法,于是存在如何计算应变幅度,以便于应用疲劳设计曲线。关于应变幅度计算方法有两种:①基于严格的弹性有限元法;②采用等时应力应变曲线。两种方法中最大应变值是至关重要的设计参数。

变形控制极限法计算分两个方面:蠕变疲劳计算和应变极限计算。

6. 蠕变疲劳分析应变幅度计算

每次循环应变幅度按下式计算:

当 $K\Delta\varepsilon_{\max} \leq 3S_m/E$ 时:

$$\Delta\varepsilon = K\Delta\varepsilon_{\max}$$

当 $K\Delta\varepsilon_{\max} > 3S_mE$ 时:

$$\Delta\varepsilon = (K/3 S_m/E) K\Delta\varepsilon_{\max}$$

式中: $K\Delta\varepsilon_m$ 为由弹性有限元计算得出的总应变; K 为理论弹性应力集中系数; S_m 为与应力强度和应力循环极值状态下松弛强度相关的应力,具体取法见 T-1324(c),但需用 S_t 代替 S_r 。

456

在用有限元非弹性分析中,还有另一种较为精确和符合实际状态的应变幅度计算方法。这种方法是用参考循环时间1000h的等时应力应变曲线计算应变幅度值。

7. 应变极限计算

NH对应变极限有两种控制方法。第一是通过完全弹性分析限制薄膜应变、薄膜应变加弯曲应变和薄膜应变加弯曲应变加峰值应变的累计值;第二通过弹性或所谓的简化非弹性分析控制应变。由于这两种方法在工程上用起来比较麻烦,故NH提出满足应变极限条件的简化设计准则,即如果下述条件成立,也就满足应变极限:

$$(P + P_L + Q)_{range} \leqslant 3S_m \tag{15-11}$$

式中:$3S_m$ 取 $3S_m$ 和 $1.5(S_m + S_{rH})$ 或 $(S_{rH} + S_{rL})$ 较小者。其中 $1.5(S_m + S_{rH})$ 为蠕变范围内出现一个应力循环极值状态;而 $(S_{rH} + S_{rL})$ 为蠕变范围内出现两个应力循环极值状态。S_{rH} 和 S_{rL} 分别为与应力循环最大极值和最小极值相关的松弛强度。

$(P + P_L + Q)$ 值是将弹性有限元分析结果线性化处理后取得的,因此没有把峰值应力 F 包括在内。但是在有些情况下,峰值热应力必须考虑,是不能忽略的。同样,如果总应力范围 $(P + P_L + Q)_{range} \approx 3S_m$ 时,上述的设计准则也能满足,这样可以免去应力等效化分析过程。

8. 应力集中

该规范考虑容器壳体与封头连接总体不连续处高温下局部峰值应力松弛并用应力集中系数来控制其影响,应力集中系数:

$$K = Z/(Z-1) \tag{15-12}$$

式中:Z 为总体弹性随动系数,具体值取法见15.6节,通常 Z 值在 $1.4 \sim 2.7$ 之间,这里取 $Z = 2$,于是 $K = 2$。

NH规范对焊接接头部位应力的处理是在考虑焊接材料蠕变断裂强度低于母材蠕变断裂强度时用焊接强度降低系数来解决的,并提出如下建议值:把焊接接头一次薄膜应力许用值减少到0.67倍;同样对蠕变疲劳设计曲线的许用应变范围也是取系数0.67;焊接接头结构应力集中系数取1.5。

15.3.3 英国R5蠕变设计和评定法

英国R5是由R6引伸的一套完整的高温蠕变或蠕变疲劳裂纹扩展的设计评定方法,R5评定方法目的是避免无缺陷或有缺陷元件产生蠕变断裂失效,其最大特点是对存在缺陷或裂纹结构进行蠕变评定和校核,这是与其他规范的根本区别。由于R5评定法在计算元件使用寿命时基于参考应力,故使计算结果较为安全。若在设计时已经具有材料的基本数据,R5评定法允许采用蠕变韧度耗损法;如果没有可以借用ASME Ⅲ NH线性累积损伤法。主要内容有R5断裂评定法、R5与时间有关的断裂评定图(TDFAD)、R5裂纹扩展评定法和R5蠕变疲劳裂纹萌生评定法。

在R5蠕变断裂设计评定法中,该标准考虑防止各种蠕变断裂失效方式。①过大蠕变塑性变形;②蠕变断裂;③棘轮现象或渐增垮塌;④由于蠕变和疲劳组合作用结果,从而引起应力重新分布、蠕变裂纹萌生、蠕变裂纹扩展和因蠕变损伤失效等;⑤因循环载荷作用增大蠕变变形。

在进行R5评定时,需要提供的原始资料和数据:①裂纹萌生尺寸(a);②应力分布或载荷状态;③用极限分析方法求出塑性垮塌载荷;④从蠕变损伤扩展到整个结构失效所需要的时间;⑤从初始弹性应变到蠕变松弛所需要的再分布时间;⑥参考应力;⑦裂纹萌生时间;⑧裂纹扩展时间。

15.3.3.1 蠕变断裂评定

这个评定方法主要是确定结构在稳态载荷作用下蠕变断裂。步骤如下：

（1）首先是计算与极限载荷相关的参考应力 σ_{ref}，对于等温结构或元件，参考应力按下式计算：

$$\sigma_{ref} = \frac{\sigma_y}{P_L}P_w \qquad (15-13)$$

式中：P_w 为作用载荷；P_L 为与屈服强度 σ_y 相应的极限载荷或垮塌载荷。

（2）韧性材料蠕变断裂参考应力 σ_{refR} 则为

$$\sigma_{refR} = [1 + 0.13(k-1)]\sigma_{ref} \qquad (15-14)$$

式中：k 为一次载荷参考应力的应力集中修正系数，由下式计算：

$$k = \frac{\sigma_{emax}}{\sigma_{ref}} \qquad (15-15)$$

式中：σ_{emax} 是与参考应力 σ_{ref} 相应的载荷作用下当量应力最大计算值，亦即为所选择的壳体截面处当量应力最大弹性计算值；通常 k 值小于 4，对于裂纹或缺陷等局部应力骤升部位，需取较大的 k 值。

（3）蠕变断裂评定。蠕变损伤系数 D 的表达式为

$$D_c = \sum_r^n \left[\frac{t}{t_f} \right] \qquad (15-16)$$

式中：r 为循环特征；t 为稳态载荷作用时间，是指蠕变在所有 r 型循环中所占主要的时间；n 为循环类型数量；t_f 为与参考温度 T_{ref} 和参考应力 σ_{ref} 有关的总许用时间，从断裂曲线查得。对于等温结构，参考温度即为结构蠕变时的温度，计算时允许考虑以前温度变化历史。

（4）每种结构元件的 D_c 值应当满足下述条件：

$$D_c \leqslant 1 \qquad (15-17)$$

15.3.3.2　R5 与时间有关的蠕变裂纹评定图（TDFAD）

对于蠕变范围内带裂纹结构的断裂问题，该规则采用与时间有关的断裂评定图 TDFAD 法。该方法适用于两种情况：①确定在指定的评定时间内是否能够获得规定的裂纹尺寸；②确定引起限定裂纹尺寸所需要的时间。同时取裂纹萌生（裂纹开裂）尺寸 0.2mm 和 0.5mm 两个数值。

这种方法特点：①不用对裂纹尖端应力状态和性质进行详细的分析计算；②不用事先确定断裂区域；③能够区分是由裂纹扩展来控制失效，还是由蠕变断裂来控制失效。

TDFAD 方法仅适用于Ⅰ型裂纹、裂纹萌生阶段和比缺陷或元件壁厚小的裂纹。

这种设计评定方法是以蠕变塑性垮塌和线弹性断裂两种极限状态在直角坐标绘制失效评定包络曲线，按照被评定缺陷的应力水平、载荷状态和几何尺寸计算评定点在该曲线中的位置，确定缺陷的安全性。

蠕变失效与塑性垮塌参数 L_r 和脆断参数 K_r 两个变量有关。

（1）脆断参数：

$$K_r = K/K_{cmat}$$

式中：K 为线弹性断裂力学应力强度因子；K_{cmat} 为材料蠕变断裂韧度值，其值等于一定时间内、指定裂纹尺寸的韧度值。蠕变断裂韧度值的确定与时间和温度有关。例如 2.25Cr1Mo耐热钢，其蠕变断裂韧度随时间增加而减少；随温度增高而增高（此种特性与不锈钢和 C‐Mn 钢不同）。各种材料蠕变断裂韧度值是通过实验取得的。K_{cmat} 的计算式较多，Ainsworth 等提出一个蠕变断裂韧度 K_{cmat} 经验计算式：

$$K_{cmax} = [E (B + \Delta\alpha/A)^{1/q} t^{-(1/q-1)}/(1 - \mu^2)]^{1/2}$$

式中：A、B 和 q 均为材料常数。对于 2.25Cr1Mo 钢，在温度 565℃ 时，其由试验获取的材料常数为：$A = 0.012$，$B = 0.24$，$q = 0.85$。

（2）塑性垮塌参数 L_r：

$$L_r = \frac{\sigma_{ref}}{\sigma_{0.2e}} \tag{15-18}$$

式中：σ_{ref} 为参考应力，见式（15‐13）；$\sigma_{0.2e}$ 为在等时应力应变曲线上与 0.2% 非弹性应变（塑性应变加蠕变应变）相对应的应力，其值根据指定温度和时间由等时应力应变曲线查取，其基本原理如图 15‐5 所示，$\sigma_{0.2e}$ 随时间增加而降低。

（3）蠕变失效或塑性垮塌参数 L_r 的截止点值为 L_{rmax}，L_{rmax} 为与时间有关材料参数：

$$L_{rmax} = \frac{\sigma_f^t}{\sigma_{0.2e}} \tag{15-19}$$

式中：σ_f^t 为高温流变应力，$\sigma_f^t = (\sigma_r + \sigma_{0.2e})/2$，$\sigma_r$ 是与 $\sigma_{0.2e}$ 相同时间内产生的蠕变断裂应力，其值可根据材料等时应力应变曲线求得。如果 L_r 超过 L_{rmax}，就会产生蠕变断裂。

（4）由下式确定指定时间断裂失效评定曲线表达式（关于失效评定曲线详见 14.7 节）：

$$K_r = \left(\frac{E\varepsilon_{ref}}{L_r\sigma_{0.2e}} + \frac{L_r^3\sigma_{0.2e}}{2E\varepsilon_{ref}} \right)^{-1/2} \quad (L_r \leqslant L_{rmax}) \tag{15-20}$$

$$K_r = 0 \quad (L_r > L_{rmax}) \tag{15-21}$$

式中：E 为弹性模量；ε_{ref} 为根据指定的时间和温度由等时应力应变曲线中应力等于参考应力的总应变值，如图 15‐5 所示（参考应力 $\sigma_{ref} = L_r\sigma_{0.2e}$）。

图 15‐5 为 316 奥氏体钢在温度 650℃ 时经 0、100h、1000h 和 100000h 的蠕变断裂评定曲线图。

上述评定方法主要依据于材料蠕变韧度 K_{cmat}，其值与失效评定图一起使用时保证在评定时间内裂纹扩展小于 Δa。

将等时应力应变曲线查得的值和材料常数代入式（15‐20），由式（15‐18）和式（15‐20）的 K_r 和 L_r 分别为纵、横坐标，便能绘制失效评定图，如图 15‐5 所示，图中标出常温下 R6 方案 1 失效评定曲线，详见 14.7 节。如果评定点（L_r 和 K_r）落在由式（15‐18）和式（15‐20）所决定的曲线以内时，则裂纹扩展就小于 Δa，从而避免蠕变断裂。另外，上述评定法也可以预测到裂纹扩展达到 Δa 时所需要的时间。

15.3.3.3　TDFAD 评定步骤

（1）首先确定缺陷形状和性质、载荷状况、温度等。

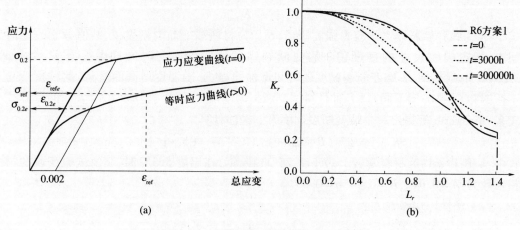

图 15-5　316 钢 650℃ 时断裂评定曲线图

（2）确定最大许用裂纹尺寸限度，或者若能预测裂纹萌生时间时，指定裂纹萌生长度 Δa。

（3）求出操作温度下指定时间内单轴蠕变数据，如 σ_r、$\sigma_{0.2e}$。

（4）用式（15-20）绘制各时间的 TDFAD 图和等时应力应变曲线。

（5）根据最大许用裂纹值或裂纹萌生长度范围 Δa 确定各时间的材料蠕变断裂韧度值。

（6）根据已有的裂纹长度范围值计算 L_r、K_r 值。在评估裂纹萌生时间时，初始裂纹长度 a_o 采用相应值（若初始裂纹范围 $\Delta a \ll a_o$，裂纹尺寸变化对计算影响可以忽略不计）。

（7）在 TDFAD 图中标出 L_r、K_r 点。若此点在 FAD 以内，则裂纹范围小于 Δa，在所评定的时间内不会发生断裂。另外，在确定裂纹萌生时间 t_i 时，需要绘制 L、K 点的时间轨迹，以便求得不同时间点各个裂纹长度 a_o，将此轨迹与相关时间失效评定曲线相交即能得出裂纹范围 Δa。

15.3.4　欧盟 EN 13445 标准蠕变设计方法

欧盟 EN 13445-3 标准在 2002 年颁布时并没有蠕变设计方面的内容，后来通过增补提出蠕变设计和校核的规定，2009 年又作了修改补充。从其内容上来看，应当更准确地说是蠕变评估方法。该方法主要是防止压力容器结构的过渡塑性变形、渐增塑性变形、疲劳失效、结构失稳和结构不平衡等失效。蠕变设计的重点是设计应力的选择，而在具体设计时，该标准提出对压力容器在运行过程中进行监测或不进行监测两种状况下，设计应力选择方法。这里所说的监测是指对压力容器或承压元件整个运行过程的操作压力与时间、温度与时间的关系进行观察、记录并作分析，确认这些参数没有超过设计容许值，保证设备安全运行。

15.3.4.1　运行过程无检测时设计应力确定

在这种情况下，压力容器和元件的蠕变设计应力取名义设计应力、持久限和蠕变极限三值中最小者：

$$\sigma = \min\left\{\sigma', \frac{\sigma_D^t}{n_D}, \frac{\sigma_n^t}{n_n}\right\} \qquad (15-22)$$

式中:σ'为名义设计应力(许用应力$[\sigma]$)(MPa),对于已选定的材料其值由材料标准力学性能表查得;σ_D^t为温度为T时的持久极限(MPa),其值由材料性能表中查取;σ_n^t为温度为T时的蠕变极限(MPa),其值由材料性能表中查得;n_D为蠕变断裂安全系数(取1.25);n_n为蠕变变形安全系数(取1.5)。

15.3.4.2 运行过程中需要检测时设计应力确定

在这种情况下压力容器和元件的蠕变设计应力取名义设计应力和持久极限两值中较小者,即

$$\sigma = \min\left\{\sigma', \frac{\sigma_D^t}{n_D}\right\} \qquad (15-23)$$

式中:符号意义同式(15-22)。

如果在金属材料性能表中能够直接查出设计温度下的持久极限σ_D^t和蠕变极限σ_n^t时,可直接用表中给定值,如果表中没有时,则需要按下述方法进行计算。

15.3.4.3 名义设计应力选择条件

名义设计应力可以计算求得,也可以从材料标准表中直接查出。在确定名义设计应力时,需要满足如下几个基本条件。

(1)计算温度T不得超过材料最高温度$T_h + 200℃$以上,T_h为材料标准性能表中的温度值。

(2)如果计算温度$T > T_h + 200℃$时,不得取式(15-22)中的名义应力σ'值。该式中其他两项即持久限σ_D^t和蠕变极限σ_n^t则由使用寿命确定,但是不得低于材料性能表中给定的最短使用寿命的应力值。

(3)如果压力容器设计条件中没有规定使用寿命时,则在确定名义应力σ'时,取使用寿命为10万h的应力值。

(4)名义设计应力σ'与使用寿命之间关系曲线如图15-6所示,图中常用使用寿命t_B可在材料标准表中由蠕变强度数据查出。

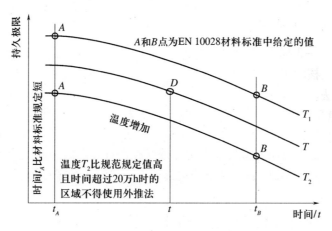

图15-6 名义设计应力与使用寿命关系曲线

461

蠕变设计时,对于各种载荷状态下,名义设计应力、各种类型载荷作用时间 t 及材料持久极限与断裂时间的关系如图 15 – 7 所示,由累积损伤规则确定蠕变累积损伤和寿命。

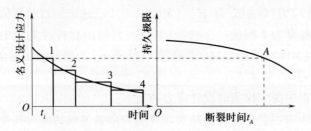

图 15 – 7　各种类型载荷作用累积时间与在名义设计应力作用下断裂时间关系

15.3.4.4　蠕变持久极限 σ_D^t 和蠕变极限 σ_n^t

在确定持久极限 σ_D^t 和蠕变极限 σ_n^t 时,可以从材料标准表中根据设计温度和使用时间查出。因为材料性能表中给出的都是特定的值,所以实际使用时如果参数中一个或两个没有指定或从材料性能表中查不出时,则需要按下述内插法或外推法进行计算。这里有三种情况:①已知使用寿命时的持久极限和蠕变极限,但不知计算温度的持久极限和蠕变极限;②已知计算温度时的持久极限和蠕变极限,但不知使用寿命的持久极限和屈服极限;③计算温度和使用寿命的持久极限和屈服极限都不知。关于内推法和外推法求取材料性能表中未列出的持久极限或蠕变极限的方法如图 15 – 6 所示的原理进行。下面分别进行介绍。

1. 已知使用寿命持久极限和屈服极限,计算温度持久极限 σ_D^t 和蠕变极限 σ_n^t 未知时计算方法

若在设计条件中只给出计算温度,而据此温度在材料标准表中查不到持久极限 σ_D^t 和蠕变极限 σ_n^t 值,这时可用下式计算。

1) 持久极限 σ_D^t

当 $T_2 - T_1 \leqslant 20$ 时:

$$\sigma_D^t = \frac{\sigma_D^{T_1}(T_2 - T) + \sigma_D^{T_2}(T - T_1)}{T_2 - T_1} \tag{15 – 24}$$

当 $T_2 - T_1 > 20$ 时:

$$\sigma_D^t = \sigma_D^{T_1}\left(\frac{\sigma_D^{T_2}}{\sigma_D^{T_1}}\right)^{Z_D} \tag{15 – 25}$$

其中

$$Z_D = \frac{\lg T - \lg T_1}{\lg T_2 - \lg T_1}$$

式中:T_1 和 T_2 分别是在材料标准性能表中可按此查得持久限值的温度(T_1 是低于且最接近于设计温度 T 的温度值;T_2 是且高于最接近于设计温度 T 的温度值)。

2) 1% 蠕变极限

当 $T_2 - T_1 \leqslant 20$ 时:

$$\sigma_n^t = \frac{\sigma_n^{T_1}(T_2 - T) + \sigma_n^{T_2}(T - T_1)}{T_2 - T_1} \tag{15 – 26}$$

当 $T_2 - T_1 > 20$ 时：

$$\sigma_n^t = \sigma_n^{T_1} \left(\frac{\sigma_n^{T_2}}{\sigma_n^{T_1}} \right)^{Z_n} \tag{15-27}$$

其中

$$Z_n = \frac{\lg T - \lg T_1}{\lg T_2 - \lg T_1}$$

式中：T_1 和 T_2 分别是在材料标准性能表中可按此查得蠕变极限的温度值（T_1 低于且最接近于设计使用寿命 T 的温度；T_2 高于且最接近于设计使用寿命 T 的温度）。

2. 已知计算温度持久极限和屈服极限，指定使用寿命时持久极限 σ_D^t 和蠕变极限 σ_n^t 未知时计算

若在设计条件中给出计算温度 T，据此在材料标准性能表中查不出指定使用寿命时的持久极限 σ_D^t 和蠕变极限 σ_n^t。可以使用下述计算方法求出。

1）持久极限 σ_D^t

持久极限为

$$\sigma_D^t = \sigma_D^{t_A} \left(\frac{\sigma_D^{t_B}}{\sigma_D^{t_A}} \right)^{X_D} \tag{15-28}$$

其中

$$X_D = \frac{\lg t - \lg t_A}{\lg t_B - \lg t_A} \tag{15-29}$$

式中：$\sigma_D^{t_A}$ 和 $\sigma_D^{t_B}$ 分别是材料标准表可查出此使用寿命时的持久极限（$\sigma_D^{t_A}$ 是 t_A 低于且最接近于 t 的持久极限；$\sigma_D^{t_B}$ 是 t_B 高于且最接近于 t 时的持久极限）。

设计时需要考虑下述几个问题。

（1）如果设计条件规定的使用寿命 t 比材料标准性能表中能查出持久极限的使用寿命 t_B 还短，式（15-28）和式（15-29）中就用材料标准性能表中时间 t_A 和 t_B 的 $\sigma_D^{t_A}$ 和 $\sigma_D^{t_B}$ 代入。

（2）如果设计规定的使用寿命 t 比在材料标准性能表能查得持久极限的使用寿命还长时，则可用外推法算出。

2）蠕变极限 σ_n^t

蠕变极限为

$$\sigma_n^t = \sigma_n^{t_A} \left(\frac{\sigma_n^{t_B}}{\sigma_n^{t_A}} \right)^{X_n} \tag{15-30}$$

其中

$$X_n = \frac{\lg t - \lg t_A}{\lg t_B - \lg t_A} \tag{15-31}$$

式中：$\sigma_n^{t_A}$ 和 $\sigma_n^{t_B}$ 是使用寿命为 t_A 和 t_B 时的蠕变极限（t_A 低于且最接近于设计使用寿命 t；t_B 高于且最接近于设计使用寿命 t）。如果设计使用寿命 t 比材料标准性能表可查出最短使用寿命蠕变极限的时间还短时，则不用考虑式（15-30）中蠕变极限 σ_n^t；如果设计使用寿命 t 比材料标准性能表能查出最长使用时间的蠕变极限更长时，就取材料标准性能表中能查出最长时间的蠕变极限值。

3. 计算温度和使用寿命持久极限 σ'_D 和蠕变极限 σ'_n 都未知计算

对于计算温度 T 和设计使用寿命 t 两者在材料标准性能表中都查不出持久极限 σ'_D 和蠕变极限 σ'_D 时,可以先按上述 15.3.4.1 计算,然后再按 15.3.4.2 计算。

在选择并确定设计应力、持久限和蠕变极限后,用其较小者根据强度计算式就能够计算压力容器或元件在蠕变温度范围受稳态载荷作用下蠕变强度。

15.3.4.5 多种形式载荷作用下线性累积蠕变损伤评定

作用在压力容器和元件上的载荷有单一类型载荷或多种类型载荷。如果是单一类型载荷,只要将设计名义应力代入"规则设计法"中相关强度设计式计算,解出需要的应力参数值并小于许用值就可以了。如果是多种类型荷载作用时,蠕变设计有两种方法:简化设计法和线性累积蠕变损伤评定法(即时间分数法)。简化设计法是指结构在恒定蠕变范围温度作用下,把各种类型载荷中最大载荷取作设计载荷,计算寿命是各不同类型载荷作用时间的总和,按照上述的单一类型载荷设计方法进行计算。而时间分数法是对不同类型载荷下的损伤分别进行评定,这种方法要分别计算各种类型载荷作用时虚拟设计应力 σ'_f。

用分数法计算时,把各种压力(载荷)和厚度分别代入规则设计普通强度计算式,求出名义应力值,计算时可使用时间分数法,如图 14-7 所示。由此可见,对于这种载荷情况下的蠕变设计是采用多种类型载荷线性累积蠕变损伤准则进行评定,评定步骤如下:

第一步:设定壁厚 δ_e。此壁厚可根据每种载荷(压力)由压力容器规则设计壁厚计算式计算得出或根据实践经验设定,但是要考虑厚度附加值,此壁厚称为分析厚度。

第二步:计算虚拟应力 σ'_f,求出壁厚 δ 精确值。按照不同类型载荷作用下计算出的壁厚值 δ 代入相关的设计式中,求出各种载荷作用下的虚拟应力 σ'_f,并计算出各自的精确壁厚值 δ。此虚拟应力 σ'_f 是设计应力 σ 的最小值。同时要满足该载荷下壳体厚度计算的相关条件。

第三步:计算每种载荷状态下损伤允许时间 t_i。如果虚拟应力 $\sigma'_f > \sigma'$ 时,需要增加厚度并重复计算,如果 $\sigma'_f \leqslant \sigma'$ 时,则取下式最小值:

$$t' = \{t'_D; t'_n\} \qquad (15-32)$$

式中:t'_D 为蠕变断裂时间(h);t'_n 为达到蠕变变形指定值时的时间(h)。

15.3.4.6 蠕变断裂允许时间 t_D 计算

蠕变断裂允许时间为

$$t_D = t_A \left(\frac{t_B}{t_A} \right)^{y_D} \qquad (15-33)$$

其中

$$y_D = \frac{\lg \sigma'_f - \lg \sigma^A_D}{\lg \sigma^B_D - \lg \sigma^A_D} \qquad (14-34)$$

式中:$\sigma^A_D = \dfrac{\sigma^A_{Di}}{n_D}$;$\sigma^B_D = \dfrac{\sigma^B_{Di}}{n_D}$。

σ^A_D 和 σ^B_D 是在满足 $\sigma^A_D \geqslant \sigma^B_D \leqslant \sigma'_f$ 条件下分别为使用寿命 t_A 和 t_B 时最接近于虚拟应力 σ'_f 的持久极限,此值可以从材料标准性能表中直接查出。

如果虚拟应力 σ'_f 小于 σ_D^B 时,则用下式代替式(15-33),取其最小者:

$$t_D = \min \{t_{Dex}, t_{Dmax}\} \qquad (15-35)$$

式中: t_{Dex} 为材料在虚拟应力 σ'_f 和温度 T_i 作用下允许损伤时间(h)。

$$t_{Dex} = t_A \left(\frac{t_B}{t_A}\right)^{y_D} \qquad (15-36)$$

式中: t_{Dmax} 为可以用外推法求得的最长时间(h)(通常取 $t_{Dmax} = 2t_B$); t_B 为在材料标准性能表中可查出持久限的最长时间(h); t_A 为比设计时间 t 较短的在材料标准性能表中可查出持久限的使用时间(h); y_D 为指数。

这里需要指出的是,所用的外推法没有经过实验验证其精确性,因为没有考虑由于长时间蠕变使微结构变化时而导致其强度的改变。

15.3.4.7 01% 蠕变极限允许时间 t_n 计算

如果压力容器在运行过程中要求进行监测时,时间 t_n 可以不计;如果不需要监测时,其允许时间为

$$t_n = t_A \left(\frac{t_B}{t_A}\right)^{y_n} \qquad (15-37)$$

其中

$$y_n = \frac{\lg \sigma'_f - \lg \sigma_n^A}{\lg \sigma_n^B - \lg \sigma_n^A} \qquad (15-38)$$

式中: $\sigma_n^A = \sigma_{np}^B$; $\sigma_n^B = \sigma_{np}^B$ 。

式(15-38)中的 σ_n^A 和 σ_n^B 是在满足 $\sigma_n^A \geqslant \sigma'_f \geqslant \sigma_n^B$ 条件下,分别是寿命 t_A 和 t_B 时由材料标准性能表中直接查出的蠕变极限值;如果 σ'_f 小于 σ_n^B 时, t_n 不予考虑。

如果实际压力容器或承压元件结构是由不同材料制成时,则需对不同材料分别进行计算。

计算损伤允许时间的目的是求出保证满足全部设计条件要求时的壁厚值。

所有形式载荷作用下产生的最终累计蠕变损伤可以按下式评定,当然也是线性累积蠕变损伤的判据:

$$\sum_i^n \frac{t_i}{t_D} \leqslant 1.0 \qquad (15-39)$$

15.4 多向应力状态蠕变强度分析

15.4.1 多向应力状态屈服条件

如前所述,目前压力容器蠕变设计数据主要是依据单向应力实验基本数据进行误差分析和技术处理后得出的,然而实际情况是压力容器和元件在各种形式载荷作用下处于多向应力状态。如何把实际多向应力状态同按蠕变拉伸实验得出单向应力状态联系起来,也就是用单向拉伸数据求出的应力与多向应力状态能定量联系起来考虑。实际上结构在蠕变稳定范围内多向应力分布是不均匀和变化的,即与时间相关的应变在蠕变过程中也是不断的变化,因此就产生应力应变重新分配的问题。Johnson 等人对工程用钢的多

向性进行系统分析研究后,提出多向应力状态下蠕变变形判据和多向应力蠕变断裂判据。这两个判据都是把单向应力状态下的屈服与通过最大剪应力理论或最大变形能理论计算得出的当量应力(多向应力状态下屈服时所需要的当量应力)联系起来。在这种情况下,因此需要用最大剪应力理论和最大变形能理论来确定其屈服条件。

15.4.1.1　最大剪应力屈服条件

在多向应力状态下最大剪应力屈服条件定义是指多种形式载荷作用下出现的最大剪应力同单向拉伸实验取得的最大剪应力相等时,就会发生屈服。于是可得出多向应力状态下屈服时剪应力与剪应变之间的关系,当量应力和当量应变为

$$\sigma_e = \tau_{\max} = \frac{\sigma_1 - \sigma_3}{2} \qquad (15-40)$$

$$\varepsilon_e = \gamma_{\max} = \varepsilon_1 - \varepsilon_3 \qquad (15-41)$$

式中:$\tau_{\max}$ 为最大剪应力(MPa);$\gamma_{\max}$ 为最大剪应变。

15.4.1.2　最大变形能屈服条件

最大变形能屈服条件是假设用三个主应力的剪切变形控制屈服条件,当量应力为

$$\sigma_e = \frac{1}{\sqrt{2}} \sqrt{(\sigma_1 - \sigma_2)^2 + (\sigma_2 - \sigma_3)^2 + (\sigma_3 - \sigma_1)^2} \qquad (15-42)$$

当量应变为

$$\varepsilon_e = \frac{2}{\sqrt{3}} \sqrt{(\varepsilon_1 - \varepsilon_2)^2 + (\varepsilon_2 - \varepsilon_3)^2 + (\varepsilon_3 - \varepsilon_1)^2} \qquad (15-43)$$

15.4.2　多向应力状态下蠕变断裂应力

除了上述由两个强度理论计算多向应力状态下屈服应力外,Soderberg 等人把多向应力状态下的塑性判据运用到多向应变状态下的蠕变变形,为了描述多向蠕变时金属材料的变形行为,又做了一些假设:

(1) 材料是同质和各向同性的。

(2) 静压应力变化时体积不变,即 $\varepsilon_1 + \varepsilon_2 + \varepsilon_3 = 0$,对蠕变变形没有影响。

(3) 剪应力引起变形,主剪应变率与主剪应力成正比例:

$$\frac{\dot{\varepsilon}_1 - \dot{\varepsilon}_2}{\sigma_1 - \sigma_2} = \frac{\dot{\varepsilon}_2 - \dot{\varepsilon}_3}{\sigma_2 - \sigma_3} = \frac{\dot{\varepsilon}_3 - \dot{\varepsilon}_1}{\sigma_3 - \sigma_1} = 2\varphi$$

(4) 式中 φ 由实验确定,用当量应变项求蠕变变形当量应变率:

$$\dot{\varepsilon}_e = \frac{2}{\sqrt{3}} \sqrt{(\dot{\varepsilon}_1 - \dot{\varepsilon}_2)^2 + (\dot{\varepsilon}_2 - \dot{\varepsilon}_3)^2 + (\dot{\varepsilon}_3 - \dot{\varepsilon}_1)^2} \qquad (15-44)$$

参照式(15-7),式(15-44)可写为

$$\dot{\varepsilon}_e = B(\sigma_e)^n \qquad (15-45)$$

上式包括蠕变变形初始屈服阶段,一次蠕变和二次蠕变三个过程。

(5) 正交各向主应变率:

$$\dot{\varepsilon}_i = \frac{3}{2} \frac{\dot{\varepsilon}_e}{\sigma_e} (\sigma_i - \sigma_h) \qquad (15-46)$$

由此可以得出蠕变变形第二阶段多向蠕变时的主蠕变应变值:

$$
\begin{cases}
\dot{\varepsilon}_1 = B\sigma_e^{n-1}\left[\sigma_1 - \dfrac{1}{2}(\sigma_2 - \sigma_3)\right] \\[2mm]
\dot{\varepsilon}_2 = B\sigma_e^{n-1}\left[\sigma_2 - \dfrac{1}{2}(\sigma_3 + \sigma_1)\right] \\[2mm]
\dot{\varepsilon}_3 = B\sigma_e^{n-1}\left[\sigma_3 - \dfrac{1}{2}(\sigma_1 + \sigma_2)\right]
\end{cases}
\tag{15-47}
$$

利用式(15-47)可以分别求出复杂应力状态下的蠕变率 $\dot{\varepsilon}$,并能计算结构任意一点上的总应变。

于是,包含最大主应力和当量应力项的 Soderberg 混合蠕变断裂应力,即由最大主应力与当量应力之间关系得出的多向应力状态下蠕变断裂应力(蠕变当量应力):

$$
\sigma_{ec} = \lambda\sigma_1 + (1-\lambda)\sigma_e
\tag{15-48}
$$

式中:系数 λ 一般取 0.5。

Hayhurst 对上述 Soderberg 断裂条件做了修改后,即多向应力状态下的蠕变断裂应力(蠕变当量应力)则为

$$
\sigma_{ec} = \alpha\sigma_1 + \beta I_1 + \gamma J_2^{0.5}
\tag{15-49}
$$

式中:$\alpha + \beta + \gamma = 1$。

当 $\alpha = 1$、$\beta = 0$、$\gamma = 0$ 时为最大主应力蠕变断裂条件;当 $\alpha = 0$、$\beta = 1$、$\gamma = 0$ 时为最大静水应力蠕变断裂条件;当 $\alpha = 0$、$\beta = 0$、$\gamma = 1$ 时为八面体剪应力蠕变断裂条件。

对主应力变量 I_1 和 J_2 分别按下式计算:

$$
I_1 = \sigma_1 + \sigma_2 + \sigma_3
\tag{15-50}
$$

$$
J_2 = \frac{1}{6}\left[(\sigma_1 + \sigma_2)^2 + (\sigma_2 + \sigma_3)^2 + (\sigma_3 + \sigma_1)^2\right]
\tag{15-51}
$$

应当指出,上式蠕变断裂应力计算结果对某些材料是很精确的,但是对某些金属材料还是存在一些误差,例如压力容器常用的 2.25 Cr1Mo 钢,在由高应力时用当量应力控制断裂到低应力时用最大主应力控制断裂进行分析研究后,发现误差就比较大些。因此,Huddlestton 以非弹性分析推出一个蠕变当量应力简化计算式(ASME N47):

$$
\sigma_{ec} = \sigma_{eM}\exp\left[C\left(\frac{J_1}{S_s} - 1\right)\right]
\tag{15-52}
$$

或(RCC-MR)

$$
\sigma_{ec} = 0.867\sigma_{eM} + 0.133 J_1
$$

式中:$J_1 = I_1 = \sigma_1 + \sigma_2 + \sigma_3$;$S_s = \sqrt{\sigma_1^2 + \sigma_2^2 + \sigma_3^2}$;$\sigma_{eM}$ 为按最大变形能理论计算的当量应力,按式(15-42)计算;C 为材料系数,是由奥氏体不锈钢材料由实验推导出来的。对于 304 和 316 不锈钢,$C = 0.24$;对于 800H 合金和 2.25Cr1Mo 钢,$C = 0$。

15.4.3 圆柱形容器蠕变强度计算

由式(15-47)能够推导出圆柱壳体蠕变的环向、径向和轴向应力的计算式,将该式中的 $\sigma_1 = \sigma_\theta$,$\sigma_2 = \sigma_r$,$\sigma_3 = \sigma_z$ 替换后,则可得出圆柱壳体的环向应力、径向应力和轴向应力:

$$
\begin{cases}
\sigma_\theta = \dfrac{1 + \left(\dfrac{2-n}{n}\right)\left(\dfrac{R_0}{r}\right)^{2/n}}{\left(\dfrac{R_0}{R_i}\right)^{2/n} - 1}\, p \\[4mm]
\sigma_r = -\dfrac{\left(\dfrac{R_0}{r}\right)^{2/n} - 1}{\left(\dfrac{R_0}{R_I}\right)^{2/n} - 1}\, p \\[4mm]
\sigma_z = \dfrac{\left(\dfrac{1-n}{n}\right)\left(\dfrac{R_0}{r}\right)^{2/n}}{\left(\dfrac{R_0}{R_i}\right)^{2/n} - 1}\, p
\end{cases}
\tag{15-53}
$$

由式(15-47)能够得出圆柱壳体环向应变速率和径向应变速率计算式：

$$
\dot{\varepsilon}_{e\theta} = -\dot{\varepsilon}_{er} = B\left(\frac{\sqrt{3}}{2}\right)^{n+1}(\sigma_\theta + \sigma_r)^2
\tag{15-54}
$$

将式(15-47)代入式(15-54)后,得

$$
\dot{\varepsilon}_{e\theta} = -\dot{\varepsilon}_{er} = B(3)^{(n+1)/2}\left(\frac{R_0}{r}\right)^2\left(\frac{1}{n}\right)^n\left[\frac{p}{\left(\dfrac{R_0}{R_i}\right)^{2/n} - 1}\right]^n
\tag{15-55}
$$

式中:B 和 n 为材料常数,由表 15-3 查得;R_0,R_i 分别为圆柱壳外、内半径(mm);r 为壳体壁厚内任一半径(mm);p 为内压(MPa)。

由此能够计算圆柱壳体内、外壁面和壳体内任一点的环向和径向总应变速率。若设计条件中给出容器使用寿命后,则可依据下式计算总变形量:

$$
\varepsilon_e = \dot{\varepsilon}_e t
$$

式中:t 为使用寿命(h)。

于是可以计算圆柱形容器内、外壁面的总变形量,在内壁面:

$$
\varepsilon_{ei} = \frac{tB}{2}(3)^{(n+1)/2}\left(\frac{R_0}{R_i}\right)^2\left(\frac{1}{n}\right)^n\left[\frac{p}{\left(\dfrac{R_o}{R_i}\right)^{2/n} - 1}\right]^n
\tag{15-56}
$$

在外壁面:

$$
\varepsilon_{eo} = \frac{tB}{2}(3)^{(n+1)/2}\left(\frac{1}{n}\right)^n\left[\frac{p}{\left(\dfrac{R_o}{R_i}\right)^{2/n} - 1}\right]^n
\tag{15-57}
$$

在工程实际中,为了能够控制容器壳体蠕变变形量,通常测量圆柱壳体的径向变形量,故壳体任一点的直径增大值为

$$
\Delta D = \varepsilon_{e\theta} D
\tag{15-58}
$$

这样圆柱壳体内外壁面的直径增大量为

468

$$\Delta D_i = 3^{(n+1)/2} tBR_i \left(\frac{R_o}{R_i}\right)^2 \left(\frac{1}{n}\right)^n \left[\frac{p}{\left(\frac{R_o}{R_i}\right)^{2/n} - 1}\right]^n$$

$$\Delta D_o = 3^{(n+1)/2} tBR_o \left(\frac{1}{n}\right)^n \left[\frac{p}{\left(\frac{R_o}{R_i}\right)^{2/n} - 1}\right]^n$$

(15 – 59)

15.5 应力松弛

金属材料构件处于高温和应力状态时,在保持总变形不变的情况下,应力随时间逐渐降低的现象称为应力松弛,松弛是应力变化过程,也可以说是在一定温度和应力长期作用下产生不能恢复的永久塑性变形过程,松弛也可以看做是在总变形不变条件下应力逐渐降低的蠕变。就此而言,应力松弛和蠕变都是由材料黏弹性性能所决定,是一个问题两个方面。由于总变形量不变,松弛也是金属结构弹性变形量减少,塑性变形量增加的过程。由蠕变定义可见,蠕变所产生的塑性变形随时间增加而增加,而应力松弛只是不同形式变形量的变化,这就是两者的区别。在蠕变状态下:$\varepsilon_{(t)} = \frac{\sigma}{E}(t)$;在应力松弛状态下:$\sigma_{(t)} = \varepsilon E(t)$。其中 ε、σ、E 分别是与时间有关的应变、应力和弹性模量,(t) 是蠕变和松弛为时间的函数。

由此可见,应力松弛的总应变是弹性应变和塑性应变之和,即

$$\varepsilon_0 = \varepsilon_e + \varepsilon_p = 常数$$

(15 – 60)

式中:ε_0 为总应变;ε_e 为弹性应变;ε_p 为塑性应变。

发生应力松弛的典型实例是法兰螺栓预紧后在高温下长期工作后会产生缓慢的蠕变变形,由此拧紧螺栓中的弹性应力也随之降低,密封压紧力减少,最后导致密封结构泄漏失效。

金属构件在高温下应力松弛不仅导致设备或装置泄漏失效,也可能产生断裂破坏。因此,分析蠕变温度范围内结构蠕变应力松弛机制和防止蠕变应力松弛失效是压力容器蠕变设计的一个重要内容。

15.5.1 应力松弛曲线

与图 15 – 1 蠕变曲线相同,也可以通过拉伸实验等方法,以应力为纵坐标和以时间为横坐标绘出应力松弛曲线图,如图 15 – 8 所示。由图中曲线可见,应力松弛分为三个阶段。第 I 阶段是应力急剧下降阶段,即由时间从 0 到 t_B(曲线从 A 到 B),此时应力松弛是由晶界扩散引起的;第 II 阶段是应力成比例缓慢下降阶段,即时间由 t_B 到 t_D(曲线从 B 到 D),松弛主要发生在晶内;第 III 阶段是应力平缓阶段,表明在一定初始应力 σ_0 和一定温度作用下,不再发生应力松弛。此时的应力是剩余应力 σ_r,也称应力松弛极限。

如果将应力松弛第 II 阶段的直线延到纵坐标轴的 E 点上,于是可得出松弛应力下降速度和应力与时间的关系,该阶段的应力下降速度由应力松弛曲线第 II 阶段曲线斜率决定:

$$\tan \alpha = \frac{\mathrm{d}\sigma}{\mathrm{d}t} \tag{14-61}$$

而在该阶段的应力与时间的经验关系式：

$$\sigma = \sigma_0 e^{\frac{t}{t_0}} \tag{14-62}$$

对式两边取对数后,有

$$\lg \sigma = \lg \sigma_0 - \frac{t}{t_0}\lg e \tag{14-63}$$

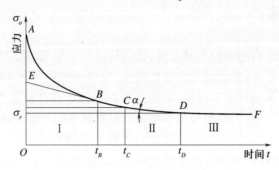

图 15-8　应力松弛曲线

由此式可明显看出,应力的对数值与时间之间呈线性关系。

Feltham 等人提出应力松弛与时间关系的另一个计算式：

$$\frac{\sigma}{\sigma_0} = B\lg \left(\frac{bt}{Z} + 1\right) \tag{15-64}$$

式中：σ_0 为初始应力(MPa)；Z 为弹性随动系数,具体值取法见 15.6.1.5 小节；B 和 b 为系数(对于 1CrMoV 钢,$B = 0.0484$,$b = 8819.4$；对于 316SS 钢,$B = 0.0615$,$b = 19.775$)。

15.5.2　螺栓应力松弛

由法兰密封螺栓受力分析得知,螺栓受力分两个过程即预紧力产生的应力和工作时受压力作用产生的应力变化。但是高温时螺栓还受到因蠕变作用而所产生应力松弛的影响,高温下螺栓应力松弛计算的目的是找出经过多少时间后,因螺栓初始预紧产生的应力下降使结构松弛导致结构失去功能而失效。螺栓预紧时没有应力松弛,应变是弹性应变：

$$\sigma_0 = E\varepsilon_e \text{ 或 } \varepsilon_e = \frac{\sigma_0}{E} \tag{15-65}$$

式中：σ_0 为预紧时的初应力(MPa)；E 为螺栓材料弹性模量(MPa)。

由于预紧阶段没有应力松弛,此时式(15-62)弹性应变就是总应变,故

$$\varepsilon_e = \varepsilon_0 = \frac{\sigma_0}{E} \tag{15-66}$$

在工作状态下,螺栓受到应力和温度作用随着时间增加塑性应变 ε_p 逐渐增加,弹性应变 ε_e 随之减少,螺栓应力下降到松弛曲线的 D 点,即残余应变 ε_r。

弹性应力由松弛前的 σ_0 下降到 σ,螺栓中的弹性应变为

$$\varepsilon = \frac{\sigma}{E} \tag{15-67}$$

于是式(15 – 60)为

$$\frac{\sigma_0}{E} = \varepsilon_p + \frac{\sigma}{E} \qquad (15 - 68)$$

由式(15 – 68)可知松弛时螺栓中的应力与应变之间的关系,但还是不能解决实际中存在的应力松弛失效时间问题,即是确定应力松弛时应力与时间之间关系,将式(15 – 68)对时间 t 求导,并整理后即可求出螺栓应力松弛过程应力由 σ_0 到 σ 需要的时间,其推导过程如下:

$$\frac{\mathrm{d}\varepsilon_p}{\mathrm{d}t} = -\frac{1}{E}\frac{\mathrm{d}\sigma}{\mathrm{d}t}$$

由式(15 – 7)可知:$\dot{\varepsilon}_f = \mathrm{d}\varepsilon_p / \mathrm{d}t = B\sigma^n$,得

$$B\sigma^n = -\frac{1}{E}\frac{\mathrm{d}\sigma}{\mathrm{d}t};\mathrm{d}t = -\frac{1}{BE}\frac{\mathrm{d}\sigma}{\sigma^n} \ 或 \frac{\mathrm{d}\sigma}{\sigma^n} = -BE\mathrm{d}t$$

对上式积分,时间由 0 到 t,松弛应力由 σ_0 到 σ(图 15 – 8 中的 E 点到 D 点之间):

$$\int_{\sigma_0}^{\sigma}\frac{\mathrm{d}\sigma}{\sigma^n} = -BE\int_0^t \mathrm{d}t = -EBt$$

$$\sigma = \frac{\sigma_0}{\left[1 + E(n-1)\sigma_0^{n-1}t\right]^{1/(n-1)}} \qquad (14 - 69)$$

有上式能够求出应力由 σ_0 松弛到 σ 时所需要的时间:

$$t = \frac{1}{(n-1)BE\sigma^{(n-1)}}\left[1 - \left(\frac{\sigma}{\sigma_0}\right)^{n-1}\right] \qquad (14 - 70)$$

式中:t 为应力松弛时间(h);σ 为经 t 小时后螺栓中的应力(MPa);σ_0 为预紧初始应力;E 为螺栓材料在工作温度下的弹性模量(MPa);B 和 n 为常数,见表 15 – 3。

需要指出,在推导式(15 – 70)时,没有考虑法兰在高温下的塑性变形,因此由此式计算的时间可能偏于危险,一般是在每次拧紧螺栓时适当地将预紧应力提高,通常提高量为初始应力 σ_0 的 60% 左右。

15.6 蠕变疲劳交互作用

通常情况下,压力容器高温蠕变伴有疲劳作用,蠕变和疲劳交互作用产生的失效是非常重要的一种破坏形式,尤其是在复杂载荷状态下高温高压容器对这种失效危害性更大,因此在设计压力容器蠕变时必须重视这个问题。除了载荷变化因素之外,温度变化也是发生蠕变疲劳的重要原因。这种因温度变化在结构内温差应力场引起的蠕变疲劳是热疲劳;而除温差变化引起的温度载荷之外,若同时还有循环变化的机械载荷作用时所产生的蠕变疲劳称为热机械疲劳。

对于高温蠕变疲劳设计评定权威规范是美国 ASME III – NH 规范和英国 R5 高温蠕变疲劳评定规程。关于 ASME 规范蠕变疲劳交互作用评定方法见规范相关内容,这里主要介绍 R5 – 第 2 卷:蠕变疲劳裂纹萌生评定步骤(R5 Creep – Fatigue Crack Initiation-assessment Procedure)。R5 规程规定无缺陷元件蠕变疲劳整个评定方法,共有 18 个步骤。蠕变疲劳寿命预测是将蠕变损伤与疲劳损伤分开计算,然后根据交互作用原理计算导致

蠕变疲劳失效的时间或循环次数。蠕变损伤通常按 ASME 规范采用的时间分数法,但是由于蠕变断裂曲线所取安全系数不同,时间分数法在各国规范中使用也是不同的。另外,与时间分数法相对应的方法是 R5 使用的韧度耗损法。R5 蠕变疲劳评定法是防止结构过渡变形;渐增塑性变形;断裂蠕变;蠕变和疲劳损伤组合作用作结构材料开裂和裂纹扩展;循环载荷作用导致蠕变变形;蠕变和蠕变疲劳作用下不同焊接材料破坏。

总之,蠕变疲劳设计准则是将结构使用寿命内蠕变疲劳裂纹尺寸控制在允许的范围之内,通过分别计算疲劳累积损伤 D_f 和蠕变累积损伤 D_c,用当裂纹萌生时两者之和 $D_f + D_c$ 等于 1 来确定蠕变疲劳载荷下的持久极限。此持久极限是指产生一定裂纹萌生深度 a_0 时的循环次数,对于厚截面元件,其 a_0 可以假定为单轴持久限试样的直径 a_l;而对于薄截面的元件,a_0 为其截面厚度的 10% ,小于试样直径 a_l。一般情况下,$a_0 \leqslant a_l$。评定的办法是采用线性损伤累积法,即蠕变累积损伤和疲劳累积损伤的算术叠加之和不得超过 1,即

$$D_c + D_f \leqslant D = 1 \qquad (15-71)$$

15.6.1 蠕变累积损伤 D_c

15.6.1.1 蠕变断裂持久限

对于交变载荷情况下,每次循环的蠕变损伤为

$$d_c = \frac{t_h}{t_f} \qquad (15-72)$$

式中:t_h 为蠕变持续时间;t_f 为在最高参考温度 T_{ref} 状态下,每种类型循环 j 的循环总次数 n_j 所需要的最长时间,也即稳态蠕变应力为 σ_c 时材料断裂时间,σ_c 应力等于断裂参考应力 σ_{refR},断裂参考应力的计算式如下,见式(15-14)。对于蠕变韧性材料,断裂参考应力:

$$\sigma_{\text{refR}} = \left[1 + 0.13(k-1) \right] \sigma_{\text{ref}} \qquad (15-73)$$

对于其他所有材料,断裂参考应力:

$$\sigma_{\text{refR}} = \left[1 + \frac{1}{n}(k-1) \right] \sigma_{\text{ref}} \qquad (15-74)$$

应力集中系数 k:

$$k = \sigma_{e\max} / \sigma_{\text{ref}} \qquad (15-75)$$

式中:n 为蠕变第 Ⅱ 阶段蠕变应力指数,上式也可用于 $n > 7$ 的蠕变韧性材料;$\sigma_{e\max}$ 为评定壳体截面处当量应力最大弹性计算值。

一般情况下,k 小于 4;对含有缺陷和裂纹的局部高应力部位,则 k 值要取得大一些。在多向应力很高状态(如缺口)下,还要考虑应力缺口对蠕变变形速率和蠕变韧度的影响。在应力值不变的情况下,蠕变应变率取决于 Mises 当量应力值。

于是,蠕变累积损伤 D_c:

$$D_c = \sum_j^{n_j} \frac{t_h}{t_f} \leqslant 1 \qquad (15-76)$$

15.6.1.2 蠕变韧度耗损评定

通常用韧度耗损模型评定蠕变损伤。每次循环蠕变损伤表达式为

$$d_c = \int_0^{t_h} \frac{\dot{\bar{\varepsilon}}_c}{\bar{\varepsilon}_f(\dot{\bar{\varepsilon}}_c)} \mathrm{d}t \qquad (15-77)$$

式中:$\dot{\bar{\varepsilon}}_c$ 为在蠕变持续时间内瞬间当量蠕变应变速率;$\bar{\varepsilon}_f(\dot{\bar{\varepsilon}}_c)$ 为考虑应力状态和应变率影响的蠕变韧度。

式(15-77)对所有情况都适用,若要特别注意整个蠕变期间内蠕变韧度随蠕变应变率瞬间值变化而变化和随应力状态变化而变化时,则需要进行非弹性有限元分析. 因此可以选择整个蠕变期间最苛刻的应力状态,并使用与应变率无关的考虑应力状态因素的蠕变韧度下限值 $\bar{\varepsilon}_L$ 后,便可评定每次循环蠕变损伤:

$$d_c = \frac{Z\Delta\sigma_e}{E_e \bar{\varepsilon}_L} \qquad (15-78)$$

式中:$\Delta\sigma_e$ 为蠕变期间当量应力幅降低值;Z 为弹性随动系数;E_e 为有效弹性模量,其是根据弹性和非弹性之间泊松比不同而修正的弹性模量。当 $Z=1$ 时按下式计算:

$$E_e = \frac{E}{2(\sigma_1-\sigma_2)^2 + 3(\sigma_1-\sigma_2)^3}\left[\frac{(\sigma_1+\sigma_2)^2}{1-\mu} + \frac{9(\sigma_1-\sigma_2)^2}{1+\mu}\right] \quad (15-79)$$

式中:σ_1 和 σ_2 为主应力。

或简化成

$$E_e = 3E/2(1+\mu)$$

如果出现应力松弛时,主应力也以不同的速率随之松弛。如果应力降低值没有低于蠕变开始应力值的 40% 时,主应力比值是近似的。

如果在蠕变期间内出现循环压缩分量时,则要用单轴蠕变韧度的上限值计算蠕变损伤,即

$$d_c = \frac{Z\Delta\sigma_e}{E_e \bar{\varepsilon}_u} \qquad (15-80)$$

式中:$\bar{\varepsilon}_u$ 为蠕变韧度上限值。

15.6.1.3 多向应力状态蠕变韧度

在计算蠕变损伤时,需要考虑应力状态对蠕变韧度的影响。用 316 和 304 奥氏体不锈钢双向蠕变试验数据所得的蠕变裂纹萌生时蠕变韧度经验式为

$$\frac{\bar{\varepsilon}_f}{\varepsilon_f} = \exp\left[p\left(1-\frac{\sigma_1}{\sigma_e}\right)\right]\exp\left[q\left(\frac{1}{2}-\frac{3\sigma_p}{\sigma_e}\right)\right] \qquad (15-81)$$

当 $\sigma_2/\sigma_1 < 0.5$ 时,则为

$$\frac{\bar{\varepsilon}_f}{\varepsilon_f} = \left(1+\frac{\sigma_2}{\sigma_1}\right)$$

式中:$\bar{\varepsilon}_f$ 为 Mises 当量蠕变韧度,也称多向韧度;ε_f 为单向蠕变韧度;σ_1、σ_2、σ_e 和 σ_p 分别为主应力、当量应力和静水应力;p 和 q 为系数(其取法:对于单向蠕变韧度随应力减少而降低的材料,$p=2.38$,$q=1.04$;蠕变韧度对应力不太敏感的材料,$p=0.15$,$q=1.25$)。

15.6.1.4 当量应变

当量应变由下式计算,即

$$\varepsilon_e = \frac{\sigma_{0e}-\sigma_{re}}{E_e} \qquad (15-82)$$

式中：σ_{re} 为蠕变结束时的当量应力；σ_{0e} 为蠕变开始时的当量应力；E_e 为当量弹性模量。

15.6.1.5 系数 Z 和应力降低值

结构在高温下的载荷主要由可能超过屈服强度的循环温度应力和相对比较小的稳定机械载荷组成，在这种情况下，由于在稳态高温下材料产生较高的应力松弛，从而弹性应变被蠕变应变所代替，在这个过程中，由于弹性随动作用，结果使总应变增加，于是有

$$\frac{\mathrm{d}\varepsilon_e}{\mathrm{d}t} + \frac{Z}{E_e}\frac{\mathrm{d}\sigma_e}{\mathrm{d}t} = 0 \tag{15 - 83}$$

弹性随动系数 Z 有三种选择方法，无论是哪一种方法都需要对每一种类型的载荷分别进行计算。第 1，最简单的方法是不考虑在蠕变之前出现的任何应力松弛，用蠕变期间数据计算损伤，这等于取最大的 Z 值。因此，使任何状态下的蠕变损伤计算都偏于保守。第 2，假设结构等热且任何部位的温差变化不超过 10℃ 及一次载荷与二次载荷相比较小，并能满足 $P_L + P_b \le 0.2\sigma_0$ 时，Z 可取 3，σ_0 为蠕变持续开始时应力。第 3 种方法是 R5 建议方法，通过非弹性分析计算 Z 值：

$$Z = \frac{\Delta\bar{\varepsilon}_t + \Delta\sigma_{tD}/E_e}{\Delta\sigma_{tD}/E_e} \tag{15 - 84}$$

式中：$\Delta\bar{\varepsilon}_t$ 为总应变增量；$\Delta\sigma_{tD}$ 为在参考温度 T_{ref} 下初始应力 σ_0 经指定的蠕变时间后应力降低值（σ_0 为松弛试验初始应力）。

当 Z 大于 1 时，使应力降低速率减慢，$\Delta\sigma_{tD}$ 可以用 $\Delta\sigma_e$ 代替。而 $\Delta\sigma_e$ 能够从考虑到 Z 值的循环松弛数据求得。经过重复计算便能取得 $\Delta\sigma_e$ 和 Z 相容的值。R5 认为弹性随动系数之与裂纹尺寸和形式有关，裂纹小，Z 值大；也与载荷形式有关，组合载荷的 Z 值比单纯只有残余应力存在时高。关于 R5 的弹性随动系数详细分析和取值方法见其相关附录。

总的来说，对于高温下结构的弹性随动系数取法分为长时间应力松弛和短时间两种情况：长时间高温的弹性随动系数通常是由有限元分析得出。如圆柱形壳体，若评定部位的裂纹或缺陷只有残余应力作用时，$Z = 1.7$；若残余应力和轴向应力组合作用时，$Z = 2.3$；而对于短时间高温的弹性随动系数，若圆柱形壳体中的缺陷或裂纹区域残余应力分布均匀时 Z 值相对较高。对于无缺陷的壳体，$Z = 3$。例如，通过对奥氏体不锈钢 316SS 和 1CrMoV 钢试样在不同状态下有限元分析得出这两种钢的弹性随动系数分别为 3.57 和 1.84 ~ 2.52。

15.6.2 疲劳累积损伤 D_f

疲劳损伤过程由两个阶段组成：第一个阶段为缺陷尺寸 a_i 为 0.02mm 晶核形成阶段；第二阶段为此缺陷开裂扩展到确定深度 a_0 阶段，此深度值也是裂纹萌生许用值。如果实际结构尺寸比试样尺寸大的多时，则可把试样断裂时的循环次数作为结构产生裂纹萌生或出现缺陷时的循环次数。于是对厚壁壳体许用裂纹 a_0 取试样断裂时裂纹尺寸 a_l；对于薄壁截面元件 a_0 取截面厚度的 10%，通常选择循环塑性区域半径 r_p 值。

疲劳累积损伤用 Miner 法则计算，每次循环产生的疲劳损伤 d_f 是其循环次数的倒数，即

$$d_f = 1/N_o \tag{15 - 85}$$

式中：N_0 为幅度 $\Delta\bar{\varepsilon}_f$ 作用下产生裂纹尺寸为 a_0 时的循环次数。

总疲劳损伤为每次疲劳损伤的总和，即

$$D_f = \sum (n/N) \tag{15-86}$$

15.6.2.1 循环次数 N_0 计算

连续循环载荷作用下产生裂纹尺寸 a_0 时的循环次数 N_0 值计算如下。

用 N_i 表示晶核形成的循环次数；N_l 表示缺陷开裂并开始扩展的循环次数，如图 15 – 9（a）所示。两者均为总应变范围的函数：

$$\ln(N_i) = \ln(N_l) - 8.06 N_l^{-0.28} \tag{15-87}$$

式中：N_l 为试样单向疲劳断裂时循环次数；N_i 为产生 a_i 裂纹时的循环次数。

$$N_0 = N_i + N'_g \tag{15-88}$$

用 N'_g 表示从裂纹萌生 $a_i = 0.02\text{mm}$ 到指定裂纹尺寸为 a_0 所需要的循环次数，如图 15 –9（b）所示。由裂纹萌生尺寸 a_i 增长到 a_0 时循环次数 $N'_g = MN_g$，M 由下式计算：

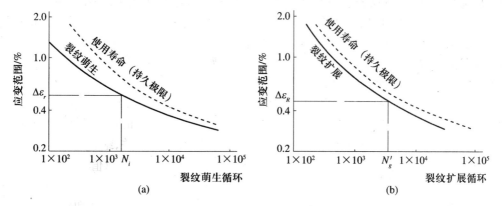

图 15 – 9　裂纹萌生和扩展循环次数

当 $a_i > a_m$ 时：

$$M = \frac{a_m \ln \dfrac{a_0}{a_m} + (a_m - a_i)}{a_m \ln \dfrac{a_l}{a_m} + (a_m - a_i)} \tag{15-89}$$

当 $a_i < a_m$ 时：

$$M = \frac{a_0 - a_i}{a_m \ln \dfrac{a_l}{a_m} + (a_m - a_i)} \tag{15-90}$$

$$N_g = N_l - N_i \tag{15-91}$$

通常取 $a_m = 0.2\text{mm}$。如果 $a_0 < a_l$ 且 $N_g' < N_g$ 时，就要考虑尺寸影响来修正裂纹扩展曲线；如果 $a_0 > a_l$ 时，$N'_g = N_g$ 和 $N_0 = N_l$。

对于表面裂纹的 N_o 还可以用下式计算：

$$N_o = 0.5[N_l \lg(a_{os}) + 1] \tag{15-92}$$

式（15 –92）表明容器壳体表面上产生裂纹长度为 a_{os} 时的循环次数。同时假设表面裂纹为椭圆形，裂纹长度与深度比为 10∶1。

15.6.2.2 蠕变疲劳总累积损伤

在整个蠕变疲劳期间,总损伤是蠕变损伤 D_c 和疲劳损伤 D_f 的线性总合,即

$$D_c + D_f = D \tag{15-93}$$

$$D_f = \sum_j \frac{n_j}{N_{0j}} = \sum_j n_j d_{fj} \tag{15-94}$$

式中:n 为 j 型载荷(应力)循环的循环次数;N_0 为相应循环形式的 N_0 和 d_f。

如果 $D < 1$,可以避免裂纹萌生;如果 $D \geqslant 1$ 时,则需要评定产生裂纹萌生并进行蠕变或蠕变疲劳裂纹扩展计算。

15.7 蠕变范围焊接接头系数

对于焊接接头蠕变断裂强度与母材蠕变断裂强度之间关系是用焊接强度减少系数来考虑的,同样,对于焊接接头疲劳强度与结构母材疲劳强度相比,取疲劳强度减少系数等于 2 来计算。同时须注意到,焊接结构蠕变疲劳裂纹萌生计算要使用表明最危险部位的应力应变集中系数。对于焊缝有限的韧度储备也要考虑,设计时须避免在结构最苛刻受力区域安排焊缝。

参 考 文 献

[1] GB 150—1998 钢制压力容器.

[2] JB 4732—95 钢制压力容器—分析设计标准.

[3] ASME 锅炉及压力容器规范,第 VIII 卷第 1、2、3 分册,2004.

[4] ASME 锅炉及压力容器规范,第 VIII 卷第 1 分册,2007.

[5] ASME 锅炉及压力容器规范,第 III 卷,2004.

[6] 97/23/EC 承压设备指令,1997.

[7] EN 13445 – 3 Unfired Pressure Vessel,2003.

[8] 王心明. 工程压力容器设计与计算. 北京:国防工业出版社,1986.

[9] 王非. 化工压力容器设计. 北京:化学工业出版社,2009.

[10] 丁伯民,曹文辉. 承压容器. 北京:化学工业出版社,2008.

[11] 丁伯民. ASME 压力容器规范分析和应用. 北京:化学工业出版社,2009.

[12] James R. Farr Maan H. Jawad. ASME 压力容器设计指南,第 2 版. 郑津洋,徐平,方晓斌,译. 北京:化学工业出版社,2002.

[13] 西蒙. 厄兰,戴维. 纳什,比尔加登. 欧盟承压设备实用指南. 郑津洋,孙国有,陈志伟,译. 北京:化学工业出版社,2005.

[14] 任凌波,任晓蕾. 压力容器腐蚀与控制. 北京:化学工业出版社,2003.

[15] ASME VIII Division 1 Rule for constructiong of pressure vessel 2008a Addenda,2009.

[16] David R. Thornton. Modernization of Pressure Vessel Design Code,2009.

[17] 日本规格协会. JIS 压力容器·锅炉 2009.

[18] 李世玉,张迎恺. 固定式压力容器安全技术监察规程. 设计,2009.

[19] David A. Osage. An Overview of the New ASME Section VIII,Division,Pressure Vessel Code,2007.

[20] Y. Lee. A review of limit load solutions for cylinders with axial cracks and development of new solutions,2008.

[21] Josef. L. Zeman. The European Approach to Design by Analysis,2002.

[22] Josef. L. Zeman,etc. Design of Modern Pressure Vessel,2008.

[23] Kihiu J M etc. Stress Characterization of Autofrettaged Thick-walled Cylinders,1994.

[24] Keith N. Pelletier,etc. Influence of Stress Relaxation on Waterright Integrity of Hybrid Bolted Joints,1998.

[25] Booth P,Budden p. j. etc. Validation of the Shakedown Route in R5 for the Assessment of Creep Fatigue Crack Initiation,1997.

[26] Wasmer K,Nikbin K M and Webster G A. Creep Crack Initiation and Growth in Thick Section Steel Pipe Under Internal Pressure,1999.

[27] Jetter R I,McGreevy T E. Simplified Design Criteria for Very High Temperature Applications in Generation IV Reactors,2004.

[28] EPERC Report. European Approach for considering Creep of Engineering Materials Under Multiaxial Stresses in Design Codes and Remanent Life Estimations of Elevated Temperature Components,2004.

[29] M. Staat,Michael Heitzer. Numerical Methods for Limit and Shakedown Analysis,2002.

[30] Abdalla H F,etc. Asimplified Technique for Shakedown Load Determination,2006.

[31] VU DUC KHOI. Dual Limit and Shakedown Analysis of Structures,2001.

[32] L. P. Antalffy etc. Comparision on Pressure Vessel Code ASME Section VIII and EN13445. 2006.

[33] 2010 Edition of ASME Boiler and Pressure Vessel Code (BPVC),Summary of Changes,2010.

[34] V. N. Shah, S. Majumdar, etc. Review and Assessment of Codes and Procedures for HTGR Components, 2003.

[35] Franc Vodopivec, Bojan Breskvar, etc. Change of Fracture Mode in CVN Toughness Transition Temperature Range, 1999.

[36] C. H. Wang. Introduction to Fracture Mechanics, 1996.

[37] S. T. Rolfe: Fracture and Fatigue Control in Steel Structures, 1988.

[38] Henrik Sieurin. Fracture Toughness Properties of Duplex Stainless Steels, 2006.

[39] IAEA Report. Applicability of the Leak before Break Concept.

[40] Stress Intensity Factor and Limit Load Handbook, 1998.

[41] Kiyokazu Kobatake, Tatsuhiko Tanaka, Seiko Abe: Studies of Load Cycle Effcts on Creep Fracture Life at Elevated Temperatures, 2001.

[42] The Grade 22 Low Alloy Steel Handbook(2 – 1/4Cr – Mo, 10CrMo), STPA242005.

[43] S. M. Ben, S. Abdullah, etc. Fatigue Life Assessment of Different Steel – Based Shell Materials Under Variable Amplitude Loading, 2009.

[44] J. Aktaa, M. Weick, M. Walter. High Temperature Creep – Fatigue Structural Design Criteria for Fusion Components.

[45] M. Starczewcki. Non – Circular Pressure Vessel, 1981.

[46] Milne I, Anisworth R A. Assessment of the Integrity of structures Containing Defects, CEGB Report. R6. J PVP. 1988.

[47] 李建国. 压力容器设计的力学基础及其标准应用. 北京: 机械工业出版社, 2003.

[48] RCC – MR, Design and Construction Rules for Mechanical Components of FBR Nuclear Islands, AFCEN, 1995.

[49] British Energy Generation Ltd. : R6: Assessment of the Integrity of Structures Containing Defects, Revision 4. 2001.

[50] ГОСТ Р 52857—2007 : 1. Обещие требание; 2. Расчет цилиндрических и кенических обечаек выпуклых и пласких длищ и крышек; 3. Уклепиние отверстии в обечаиках и длищ при внутреннем и внешнем давлеиияx; 4. Расчет на прочность и гермечность фланцевых соединиию; 5. Расчет обечаек и днищ от воздеиствия опорных нагрузокю; 6. Расчет на проность при малоцикловых нагрузках.

[51] И. А. Биргер, Б. Ф. Шорр, Г. Б. Иосилевич: Расчет на прочность деталеи мащин. 1979.